After Effects 标准培训教程

董明秀 ◎主编

清華大学出版社
北 京

内容简介

本书根据多位业界资深设计师的实践经验，为想在较短时间内学习并掌握After Effects软件在影视制作中的使用方法和技巧的读者量身打造。本书共分为9章，前5章以基础内容为主，配合大量实战实例详细讲解视频基础及电影蒙太奇表现手法、After Effects快速入门、层的基础动画及文字特效、内置视频特效、动画的渲染与输出等基础知识，后4章精选最常用、最实用的完美光线特效、影视特效、常见插件特效和商业包装案例实战等特效应用案例进行技术剖析和操作详解。

本书的配套资源不但包含本书所有案例的工程文件，而且包含了所有案例的教学视频、素材和PPT课件，以帮助读者迅速掌握使用After Effects进行影视后期特效合成与电视栏目包装制作的精髓。读者可扫描书中二维码及封底的“文泉云盘”二维码，在线观看学习并下载学习资料。

本书案例丰富，讲解由浅入深，注重激发学习兴趣和培养动手能力，可作为影视制作、栏目包装、电视广告、后期编辑与合成从业人士的参考手册，也可作为培训学校、大中专院校相关专业的教学配套用书或上机实践指导用书。

图书在版编目（CIP）数据

After Effects标准培训教程 / 董明秀主编. —北京： 清华大学出版社，2024.5
ISBN 978-7-302-66281-5

Ⅰ. ①A… Ⅱ. ①董… Ⅲ. ①图像处理软件—教材 Ⅳ. ①TP391.413

中国国家版本馆CIP数据核字（2024）第098084号

责任编辑：贾旭龙
封面设计：秦 丽
版式设计：文森时代
责任校对：马军令
责任印制：杨 艳

出版发行：清华大学出版社
网　址：https://www.tup.com.cn，https://www.wqxuetang.com
地　址：北京清华大学学研大厦A座　　**邮　编**：100084
社 总 机：010-83470000　　**邮　购**：010-62786544
投稿与读者服务：010-62776969，c-service@tup.tsinghua.edu.cn
质 量 反 馈：010-62772015，zhiliang@tup.tsinghua.edu.cn
印 装 者：北京联兴盛业印刷股份有限公司
经　销：全国新华书店
开　本：203mm×260mm　　**印　张**：19.75　　**字　数**：453千字
版　次：2024年6月第1版　　**印　次**：2024年6月第1次印刷
定　价：89.80元

产品编号：100397-01

前言

PREFACE

After Effects 是 Adobe 公司开发的一款视频剪辑及特效制作软件，其功能非常强大，是进行动态影像设计不可或缺的辅助工具，是视频后期合成处理的专业非线性编辑软件，可以高效且精确地制作多种引人注目的动态图形和震撼人心的视觉效果，涵盖影视、广告、多媒体以及网页等合成制作。

现在，After Effects 已经被广泛应用于影视的后期制作中，新兴的多媒体和互联网也为 After Effects 软件提供了宽广的应用空间。After Effects 使用业界的动画和构图标准呈现电影般的视觉效果和细腻的动态图形，让创作者可以掌控自己的创意。

本书在编写过程中很好地把握了循序渐进和例学的教学模式，首先对 After Effects 软件的工作界面和基本操作进行详解，侧重于后期合成所需要的基础知识，同时结合大量的实战案例，将影视特效制作的设计理念和计算机制作技术巧妙结合，详尽地讲述了用 After Effects 进行合成、校色、动画制作、视觉特效和影视栏目包装的方法和技巧。

本书的主要特色包括以下 3 点。

（1）一线作者团队。本书由一线高级讲师为入门级用户量身定制，以深入浅出、平实幽默的教学风格，将 After Effects 化繁为简，浓缩其精华，帮助读者彻底掌握操作技能。

（2）完备的基础功能及商业案例详解。本书共 9 章，包括 5 章基础内容、4 章精彩特效及商业包装动画综合实战，全盘解析 After Effects，帮助读者从入门到入行，从新手到高手。

（3）超大容量教学视频。本书附带同步多媒体教学视频，超长教学时间，超大容量，包括软件入门、基础动画、文字与层动画、内置视频特效、完美光线特效、影视特效、常见插件与商业栏目包装等实战动画，真正做到多媒体教学与图书互动，使读者从零起飞，快速跨入高手行列。

本书由董明秀主编，参与编写的有王红卫、崔鹏、郭庆改、王世迪、吕保成、王红启、王翠花、夏红军、王巧伶、王香、石珍珍等同志，在此感谢所有创作人员对本书付出的艰辛。当然，在创作的过程中，由于时间仓促，不足在所难免，希望广大读者批评指正。如果在学习过程中发现问题，或有更好的建议，读者可扫描封底的“文泉云盘”二维码获取作者联系方式，与我们沟通交流。

编　者

2024 年 3 月

目录

CATALOG

第 1 章 视频基础及电影蒙太奇表现手法 ············ 1

1.1 影视视频基础 ························ 2

1.1.1 视频和帧的概念 ······················ 2

1.1.2 帧率和帧长度比 ······················ 2

1.1.3 场的概念 ·························· 2

1.1.4 电视的制式 ························ 3

1.2 镜头表现手法 ························ 4

1.2.1 推镜头 ···························· 4

1.2.2 移镜头 ···························· 4

1.2.3 跟镜头 ···························· 4

1.2.4 摇镜头 ···························· 4

1.2.5 旋转镜头 ·························· 5

1.2.6 拉镜头 ···························· 5

1.2.7 甩镜头 ···························· 5

1.2.8 晃镜头 ···························· 5

1.3 电影蒙太奇表现手法 ················ 6

1.3.1 蒙太奇技巧的作用 ·················· 6

1.3.2 镜头组接蒙太奇 ···················· 6

1.3.3 声画组接蒙太奇 ···················· 7

1.4 非线性编辑操作流程 ················ 9

第 2 章 After Effects 快速入门 ···················· 11

2.1 After Effects 操作界面简介 ······ 12

2.1.1 启动 After Effects ···················· 12

2.1.2 预置工作界面介绍 ·················· 13

2.2 面板、窗口及工具栏 ·············· 14

2.2.1 【项目】面板 ························ 14

2.2.2 【时间轴】面板 ···················· 14

2.2.3 【合成】窗口 ························ 15

2.2.4 【效果和预设】面板 ················ 15

2.2.5 【效果控件】面板 ·················· 16

2.2.6 【字符】面板 ························ 16

2.2.7 【对齐】面板 ························ 16

2.2.8 【信息】面板 ························ 16

2.2.9 【图层】窗口 ························ 17

2.2.10 【预览】面板 ······················ 17

2.2.11 工具栏 ···························· 18

2.3 项目合成文件的操作 ·············· 18

2.3.1 课堂案例——创建项目及合成文件 ··· 18

2.3.2 课堂案例——保存项目文件 ········ 19

2.3.3 使用文件夹归类管理素材 ·········· 20

2.3.4 课堂案例——重命名文件夹 ········ 20

2.3.5 查看素材 …… 20
2.3.6 移动素材 …… 21
2.3.7 设置入点和出点 …… 21

2.4 课后上机实操 …… 23

2.4.1 上机实操 1——自定义工作界面 …… 23
2.4.2 上机实操 2——添加素材 …… 23

第 3 章 层和文字工具 …… 24

3.1 层属性设置 …… 25

3.1.1 层列表 …… 25
3.1.2 锚点 …… 25
3.1.3 位置 …… 26
3.1.4 课堂案例——位移动画 …… 26
3.1.5 缩放 …… 27
3.1.6 课堂案例——缩放动画 …… 28
3.1.7 旋转 …… 29
3.1.8 课堂案例——旋转动画 …… 29
3.1.9 不透明度 …… 30
3.1.10 课堂案例——不透明度动画 …… 31

3.2 文字工具介绍 …… 32

3.2.1 创建文字 …… 32
3.2.2 【字符】和【段落】面板 …… 32

3.3 文字属性介绍 …… 33

3.3.1 动画 …… 33
3.3.2 路径 …… 33

3.4 基础文字动画制作 …… 34

3.4.1 课堂案例——路径文字动画 …… 34
3.4.2 课堂案例——清新文字 …… 36
3.4.3 课堂案例——卡片翻转文字 …… 39
3.4.4 课堂案例——变色文字效果 …… 41

3.5 影视文字特效 …… 43

3.5.1 课堂案例——粉笔字 …… 43
3.5.2 课堂案例——古诗散落 …… 45
3.5.3 课堂案例——被风吹走的文字 …… 47
3.5.4 课堂案例——光效闪字 …… 49
3.5.5 课堂案例——机打字效果 …… 52

3.6 课后上机实操 …… 54

3.6.1 上机实操 1——花纹字动画制作 …… 54
3.6.2 上机实操 2——复古星光字动画制作 …… 55

第 4 章 内置视频特效 …… 56

4.1 快速了解内置特效的使用 …… 57

4.1.1 调用项目文件 …… 57
4.1.2 使用内置特效 …… 57
4.1.3 应用其他内置特效 …… 58

4.2 常用特效实战案例讲解 …… 59

4.2.1 课堂案例——利用 CC 下雨特效制作暴雨效果 …… 59
4.2.2 课堂案例——利用 CC 下雪特效制作下雪效果 …… 61
4.2.3 课堂案例——利用无线电波特效制作水波浪效果 …… 63
4.2.4 课堂案例——利用高级闪电特效制作闪电动画 …… 67
4.2.5 课堂案例——使用 CC 万花筒特效制作万花筒效果 …… 68

4.2.6 课堂案例——利用更改为颜色特效改变影片颜色 ······ 70
4.2.7 课堂案例——利用 CC 镜头特效制作水晶球效果 ······ 71
4.2.8 课堂案例——利用音频波形特效制作电光线效果 ······ 72
4.2.9 课堂案例——利用涂写特效制作手绘效果 ······ 74
4.2.10 课堂案例——利用 CC 吹泡泡特效制作泡泡上升动画 ······ 76
4.2.11 课堂案例——利用 CC 卷页特效制作卷页效果 ······ 77
4.2.12 课堂案例——利用放大特效制作放大镜动画 ······ 79
4.2.13 课堂案例——利用极坐标和镜头光晕特效制作炫彩空间效果 ······ 81

4.3 课后上机实操 ······ 84

4.3.1 上机实操 1——利用 CC 玻璃擦除特效制作转场动画 ······ 84
4.3.2 上机实操 2——利用破碎特效制作破碎动画 ······ 85

第 5 章 动画的渲染与输出 ··· 86

5.1 数字视频压缩 ······ 87

5.1.1 压缩的类别 ······ 87
5.1.2 压缩的方式 ······ 87

5.2 图像格式 ······ 88

5.2.1 静态图像格式 ······ 88
5.2.2 视频格式 ······ 89
5.2.3 音频的格式 ······ 89

5.3 渲染工作区的设置 ······ 89

5.3.1 手动调整渲染工作区 ······ 90
5.3.2 利用快捷键调整渲染工作区 ······ 90

5.4 渲染队列窗口的启用 ······ 90

5.5 渲染队列窗口 ······ 91

5.5.1 当前渲染 ······ 91
5.5.2 渲染组 ······ 91

5.6 设置渲染模板 ······ 93

5.6.1 更改渲染模板 ······ 93
5.6.2 渲染设置 ······ 94
5.6.3 创建渲染模板 ······ 95
5.6.4 创建输出模块模板 ······ 96

5.7 输出模块设置 ······ 96

5.7.1 课堂案例——输出 AVI 格式文件 ······ 97
5.7.2 课堂案例——输出 MP4 格式文件 ······ 98

5.8 课后上机实操 ······ 100

5.8.1 上机实操 1——输出序列图片 ······ 100
5.8.2 上机实操 2——输出音频文件 ······ 100

第 6 章 完美光线特效 ······ 101

6.1 延时光线 ······ 102
6.2 旋转的星星 ······ 104
6.3 电光球特效 ······ 106

6.3.1 建立“光球”层 ······ 107
6.3.2 创建“闪光”特效 ······ 108

6.3.3 制作闪电旋转动画 …… 109
6.3.4 复制“闪光” …… 110

6.4 连动光线 …… 111

6.4.1 绘制笔触并添加特效 …… 111
6.4.2 制作线与点的变化 …… 115
6.4.3 添加星光特效 …… 117

6.5 舞动的精灵 …… 118

6.5.1 为纯色层添加特效 …… 119
6.5.2 建立合成 …… 121
6.5.3 复制“光线” …… 122

6.6 课后上机实操 …… 123

6.6.1 上机实操 1——电路光效制作 …… 123
6.6.2 上机实操 2——科幻光环制作 …… 124

第 7 章 影视特效 …… 125

7.1 滴血文字 …… 126
7.2 意境风景 …… 127

7.2.1 制作风效果 …… 128
7.2.2 制作动态效果 …… 129

7.3 魔法火焰 …… 131

7.3.1 制作烟火合成 …… 132
7.3.2 制作中心光 …… 133
7.3.3 制作爆炸光 …… 135
7.3.4 制作总合成 …… 144

7.4 数字头像 …… 148

7.4.1 新建【数字】合成 …… 148
7.4.2 新建【数字头像】合成 …… 150

7.5 课后上机实操 …… 151

7.5.1 上机实操 1——武士游戏开场动画制作 …… 151
7.5.2 上机实操 2——史诗游戏开场动画制作 …… 152

第 8 章 常见插件特效 …… 153

8.1 制作动态背景 …… 154
8.2 炫丽扫光文字 …… 156
8.3 旋转粒子球 …… 158
8.4 飞舞的彩色粒子 …… 160
8.5 流光线条 …… 163

8.5.1 利用蒙版制作背景 …… 164
8.5.2 添加特效调整画面 …… 165
8.5.3 添加“圆环”素材 …… 167
8.5.4 添加摄像机 …… 169

8.6 炫丽光带 …… 170

8.6.1 绘制光带运动路径 …… 171
8.6.2 制作光带特效 …… 171
8.6.3 添加发光特效 …… 173

8.7 课后上机实操 …… 174

8.7.1 上机实操 1——动态光效背景 …… 174
8.7.2 上机实操 2——点阵发光 …… 175

第 9 章 商业包装案例实战 …… 176

9.1 电视特效表现——与激情共舞 …… 177

9.1.1 制作胶片字的运动 …………………… 177
9.1.2 制作流动的烟雾背景 ……………… 179
9.1.3 制作素材位移动画 ………………… 181
9.1.4 制作发光体 ………………………… 183
9.1.5 制作文字定版 ……………………… 185

9.2 财经栏目包装——理财指南… 187

9.2.1 导入素材 …………………………… 189
9.2.2 制作风车合成动画 ………………… 189
9.2.3 制作圆环动画 ……………………… 192
9.2.4 制作镜头 1 动画 …………………… 194
9.2.5 制作镜头 2 动画 …………………… 200
9.2.6 制作镜头 3 动画 …………………… 204
9.2.7 制作镜头 4 动画 …………………… 208
9.2.8 制作镜头 5 动画 …………………… 212
9.2.9 制作总合成动画 …………………… 220

9.3 音乐栏目包装——时尚音乐… 223

9.3.1 制作跳动的音波 …………………… 224
9.3.2 制作文字合成 ……………………… 227
9.3.3 制作滚动的标志 …………………… 228
9.3.4 制作镜头 1 图像的倒影 …………… 232
9.3.5 制作镜头 1 动画 …………………… 235
9.3.6 制作镜头 2 图像的倒影 …………… 238
9.3.7 制作镜头 2 动画 …………………… 241
9.3.8 制作镜头 3 动画 …………………… 243
9.3.9 制作镜头 4 动画 …………………… 247

9.4 电视栏目包装——节目导视… 249

9.4.1 制作方块合成 ……………………… 250
9.4.2 制作文字合成 ……………………… 255
9.4.3 制作节目导视合成 ………………… 257

9.5 电视 ID 演绎——Music 频道… 260

9.5.1 导入素材与建立合成 ……………… 261
9.5.2 制作 Music 动画 …………………… 262
9.5.3 制作光线动画 ……………………… 263
9.5.4 制作光动画 ………………………… 266
9.5.5 制作最终合成动画 ………………… 270

9.6 频道特效表现——水墨中国风 ………………………… 275

9.6.1 导入素材 …………………………… 276
9.6.2 制作镜头 1 动画 …………………… 276
9.6.3 制作荡漾的墨 ……………………… 279
9.6.4 制作镜头 2 动画 …………………… 282
9.6.5 制作镜头 3 动画 …………………… 286
9.6.6 制作合成动画 ……………………… 290

9.7 电视栏目包装——公益宣传片 ………………………… 292

9.7.1 制作合成场景一动画 ……………… 293
9.7.2 制作合成场景二动画 ……………… 296
9.7.3 最终合成场景动画 ………………… 300

9.8 课后上机实操 ………………… 303

9.8.1 上机实操 1——高楼坍塌 ………… 303
9.8.2 上机实操 2——神秘宇宙探索 …… 304

第1章 视频基础及电影蒙太奇表现手法

内容摘要

本章主要对视频基础及电影蒙太奇表现手法的基础知识进行讲解，其中先对视频、帧、场、电视的制式等进行介绍，然后对镜头表现手法、电影蒙太奇表现手法、非线性编辑操作流程等进行讲解。

教学目标

- 了解帧、频率和场的概念
- 掌握影视镜头的表现手法
- 了解电影蒙太奇表现手法
- 掌握非线性编辑操作流程

1.1 影视视频基础

1.1.1 视频和帧的概念

视频是由一系列单独的静止图像组成的，如图 1.1 所示。每秒连续播放一定数量的静止图像时，由于人眼的视觉暂留现象，观者眼中就产生了平滑而连续活动的影像。

图 1.1

帧是扫描获得的一幅完整图像的模拟信号，是视频图像的最小单位。在日常的电视或电影中，视频画面其实是由一系列的单帧图片构成的。将这些单帧图片以合适的速度连续播放，就产生了动态画面效果，而这些连续播放的图片中的每一个画面就称为一帧。比如一个影片的播放速度为 25 帧 / 秒，表示该影片每秒播放 25 个单帧静态画面。

1.1.2 帧率和帧长度比

帧率有时也叫帧速或帧速率，表示在影片播放中，每秒所扫描的帧数。比如对于 PAL 制式电视系统，帧率为 25 帧 / 秒；而对于 NTSC 制式电视系统，帧率为 30 帧 / 秒。

帧长度比是指图像的长度和宽度的比例，平时我们常说的 4 ∶ 3 和 16 ∶ 9，其实就是指图像的长宽比例。4 ∶ 3 画面显示效果如图 1.2 所示；16 ∶ 9 画面显示效果如图 1.3 所示。

图 1.2

图 1.3

1.1.3 场的概念

场是视频的扫描过程，一段分为逐行扫描和隔行扫描，逐行扫描中，一帧即一个垂直扫描场；隔行扫描中，一帧由两行构成——奇数场和偶数场，即用两个隔行扫描场表示一帧。

电视机由于受到信号带宽的限制，采用的就是隔行扫描。隔行扫描是目前很多电视系统的电子束采用的一种技术，它将一幅完整的图像按照水平方向分成很多细小的行，用两次扫描来交错显示，即先扫描视频图像的偶数行，再扫描奇数行，从而完成一帧的扫描。每扫描一次，叫作一场。对于摄像机和显示器屏幕，获得或显示一幅图像都要扫描两遍才行。隔行扫描比较适合对分辨率要求不高的系统。

在电视播放中，由于扫描场的作用，其实我们所看到的电视屏幕出现的画面不是完整的画面，而是一个“半帧”画面，如图 1.4 所示。因为 25 Hz 的帧频率能以最少的信号容量有效地利用人眼的视觉暂留特性，让人以为看到的图像是完整的（但闪烁的现象还是可以感觉出来的），完整的图像如图 1.5 所示。我国电视画面传输率是每秒 25 帧、50 场。50 Hz 的场频率隔行扫描把一帧分为奇、偶两场，奇、偶场的交错扫描相当于遮挡板的作用。

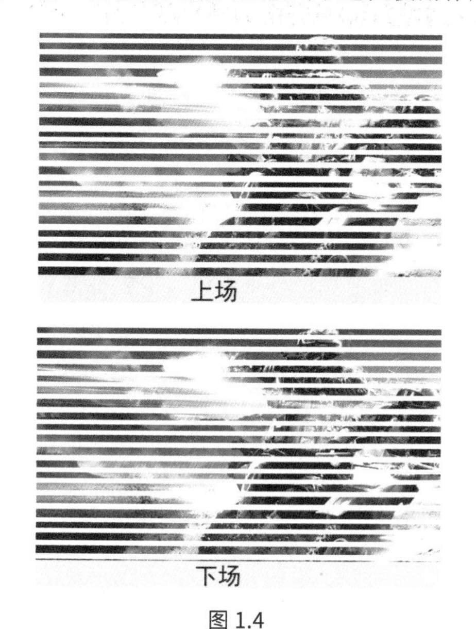

图 1.4

图 1.5

1.1.4 电视的制式

电视的制式就是电视信号的标准。它的区分主要在帧频、分辨率、信号带宽以及载频、色彩空间的转换关系上。不同制式的电视机只能接收和处理相应制式的电视信号。现在出现了多制式或全制式的电视机，为处理不同制式的电视信号提供了极大的方便。全制式电视机可以在各个国家的不同地区使用。目前各个国家的电视制式并不统一，常见的有 3 种。

1. PAL 制式

PAL 是 phase alteration line 的缩写，其含义为逐行倒相。PAL 制式即逐行倒相正交平衡调幅制。它是联邦德国在 1962 年制定的彩色电视广播标准，克服了 NTSC 制式相对相位失真敏感而引起色彩失真的缺点。中国、新加坡、澳大利亚、新西兰，以及英国等西欧国家使用 PAL 制式。根据不同的参数细节，PAL 制式又可以分为 G、I、D 等制式，其中 PAL-D 是我国采用的主要制式。PAL 制式电视的帧频为每秒 25 帧，场频为每秒 50 场。

2. NTSC 制式（N 制）

NTSC 是 national television system committee 的缩写。NTSC 制式是由美国国家电视标准委员会于 1952 年制定的彩色广播标准，采用正交平衡调幅技术（正交平衡调幅制）。NTSC 制式有色彩失真的缺陷。NTSC 制式电视的帧频为每秒 29.97 帧，场频为每秒 60 场。美国、加拿大等大多西半球国家以及中国台湾、日本、韩国等采用这种制式。

3. SECAM 制式

SECAM 是法文 séquentiel couleur à mémoire 的缩写，含义为顺序传送彩色信号与存储恢复彩色信号制，是法国于 1956 年提出、1966 年制定的一种新的彩色电视制式。它也克服了 NTSC 制式相位失真的缺点，采用时间分隔法来逐行依次传送两个色差信号，不怕干扰，色彩保真度高，但是兼容性较差。SECAM 制成的帧频为每秒 25 帧，场频为每秒 50 场。法国、东欧和中东一带使用这种制式。

1.2 镜头表现手法

镜头是影视创作的基本单位。一个完整的影视作品是由一个一个的镜头组成的，离开独立的镜头，也就没有了影视作品。因此镜头的应用技巧将直接影响影视作品的最终效果。那么在影视拍摄中，常用镜头是如何表现的呢？下面来详细讲解常用镜头的使用技巧。

1.2.1 推镜头

推镜头是比较常用的一种拍摄手法，它主要利用摄像机前移或变焦来完成，是将镜头逐渐靠近要表现的主体对象，使人感觉一步一步迈进要观察的事物，从而近距离观看某个事物。它可以表现同一个对象从远到近的变化，也可以表现从一个对象到另一个对象的变化，这种镜头的运用主要为了突出要拍摄的对象或对象的某个部位，从而更清楚地表现细节的变化。

图 1.6 所示为推镜头的应用效果。

图 1.6

1.2.2 移镜头

移镜头也叫移动拍摄，它是将摄像机固定在移动的物体上来拍摄不动的物体，使不动的物体产生运动效果。拍摄时将画面逐步呈现，形成巡视或展示的视觉效果。该手法将一些对象连贯起来加以表现，形成动态效果，从而以影视动画展现出来，可以表现出逐渐认识的效果，并能使主题逐渐明了。

图 1.7 所示为移镜头的应用效果。

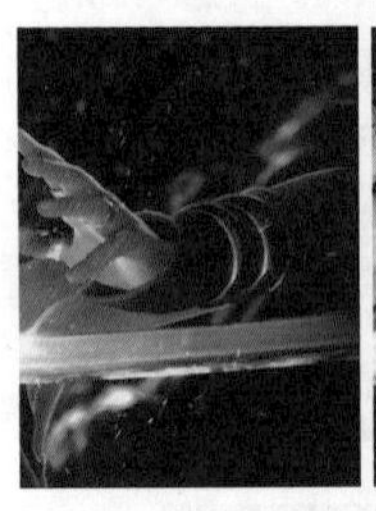

图 1.7

1.2.3 跟镜头

跟镜头也称为跟拍，是指在拍摄过程中找到兴趣点，然后跟随目标进行拍摄。跟镜头要表现的对象在画面中的位置通常是不变的，只是跟随它所走过的画面有所变化，就如同一个人跟着另一个人穿过大街小巷一样，周围的事物在变化，而本身的跟随是没有变化的。跟镜头也是影视拍摄中比较常见的一种方法，它可以很好地突出主体，表现主体的运动速度、方向及体态等信息，给人一种身临其境的感觉。

图 1.8 所示为跟镜头的应用效果。

图 1.8

1.2.4 摇镜头

摇镜头也称为摇拍，拍摄时摄像机不动，只摇动镜头做左右、上下移动或旋转等运动，就像一个人站立不动，只转动脖子来环视四周一样。

摇镜头也是影视拍摄中经常用到的手法，主要用来表现事物的逐渐呈现过程，用一个又一个的画面从渐入镜头到渐出镜头来呈现整个事物的发展。

图 1.9 所示为摇镜头的应用效果。

图 1.9

1.2.5 旋转镜头

旋转镜头是指使被拍摄对象呈旋转的画面效果，镜头沿镜头光轴或接近镜头光轴的角度旋转拍摄，这种拍摄手法多用于表现人物的晕眩感觉，是影视拍摄中常用的一种拍摄手法。

图 1.10 所示为旋转镜头的应用效果。

图 1.10

1.2.6 拉镜头

拉镜头与推镜头正好相反，它主要是利用摄像机后移或变焦来完成，逐渐远离要表现的主体对象，使人感觉正一步一步远离要观察的事物，从而从远距离观看某个事物的整体效果。拉镜头可以表现同一个对象从近到远的变化，也可以表现从一个对象到另一个对象的变化。应用这种镜头，可突出要拍摄的对象与整体的关系，从而把握全局。

图 1.11 所示为拉镜头的应用效果。

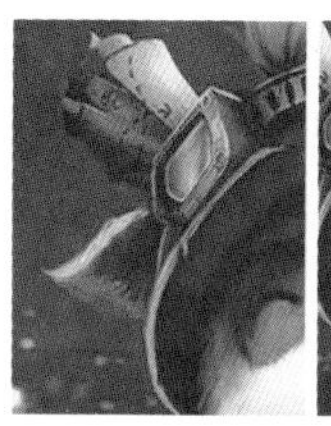

图 1.11

1.2.7 甩镜头

甩镜头是指快速地摇动镜头，极快地将镜头转移到另一个景物，从而将画面切换到另一个内容，而中间过程则表现模糊。这种拍摄手法可以表现画面内容的突然变化。

图 1.12 所示为甩镜头的应用效果。

图 1.12

1.2.8 晃镜头

相对于前面的几种拍摄方式，晃镜头应用得要少一些。它主要应用在特定的环境中，让画面产生上下、左右或前后等的摇摆效果，主要用于表现精神恍惚、头晕目眩等效果。比如表现一个喝醉酒的人物时，可以使用晃镜头。

图 1.13 所示为晃镜头的应用效果。

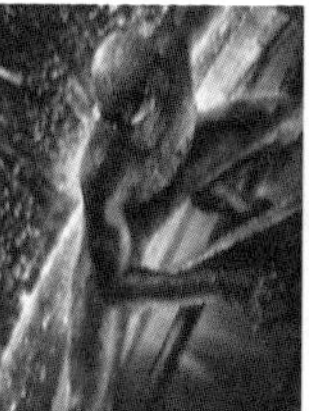
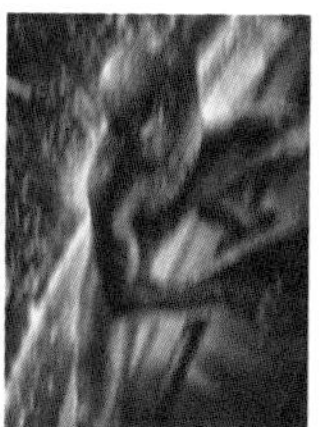

图 1.13

1.3 电影蒙太奇表现手法

蒙太奇是法语 Montage 的译音，原为建筑学用语，意为构成、装配。在 20 世纪中期，电影艺术家将蒙太奇引入电影艺术领域，意思转变为组合剪接。在无声电影时代，蒙太奇表现技巧和理论只局限于画面之间的剪接，后来出现有声电影之后，影片的蒙太奇表现技巧和理论又包括了声画蒙太奇和声音蒙太奇，含义更加广泛。蒙太奇的含义有狭义和广义之分。狭义的蒙太奇专指对镜头画面、声音、色彩诸元素编排组合的手段，其中最基本的意义是画面的组合；而广义的蒙太奇不仅指镜头画面的组接，也指影视剧作从开始到完成的整个过程中艺术家的一种独特艺术思维方式。

1.3.1 蒙太奇技巧的作用

蒙太奇组接镜头与音效的技巧是决定一个影片成功与否的重要因素。在影片中，蒙太奇技巧的作用如下。

1. 表达寓意，创造意境

镜头的分割与组合，声画的有机结合、相互作用，可以让观众产生新的思考和感受。单个的镜头或者单独的画面只能表达其本身的具体含义，而如果使用蒙太奇技巧和表现手法，就可以使一系列没有任何关联的镜头或者画面产生特殊的含义，表达出创作者的寓意，甚至还可以产生特定的含义。

2. 选择和取舍，概括与集中

形成影片的镜头是从许多素材镜头中挑选出来的。这些素材镜头不仅在内容、构图、场面调度等方面均不相同，甚至连摄像机的运动速度都有很大的差异，有些时候还存在一些重复的情况。因此编导必须根据影片所要表现的主题和内容，认真对素材进行分析和研究，慎重且大胆地进行取舍和筛选，重新进行镜头的组合，尽量增强画面的可视性。

3. 吸引观众注意力，激发联想

每一个单独的镜头都只能表现一定的具体内容，但组接后就有了一定的顺序，可以引导、影响观众的情绪和心理，启迪观众进行思考。

4. 创造银幕（屏幕）上的时空概念

运用蒙太奇技巧可以给影视的时空转换带来极大的自由，可以延伸银幕（屏幕）的空间，达到跨越时空的作用。

5. 使影片的画面形成不同的节奏

蒙太奇可以对客观因素（人物和镜头的运动速度、色彩效果、音频效果以及特技处理等）和主观因素（观众的心理感受）进行综合研究，通过镜头之间的组接，将内部节奏和外部节奏、视觉节奏和听觉节奏有机地结合在一起，使影片丰富多彩、生动自然而又和谐统一，产生强烈的艺术感染力。

1.3.2 镜头组接蒙太奇

镜头组接蒙太奇不考虑音频效果和其他因素，根据其表现形式，这种蒙太奇可分为两大类：叙述蒙太奇和表现蒙太奇。

1. 叙述蒙太奇

叙述蒙太奇在影视艺术中又被称为叙述性蒙太奇，它按照情节的发展时间、空间、逻辑顺序以及因果关系来组接镜头、场景和段落，表现了事件的连贯性，推动情节的发展，引导观众理解内容，是影视节目中最基本、最常用的叙述方法。其优点是脉络清晰、逻辑连贯。叙述蒙太奇的叙述方法在具体的操作中还分为连续蒙太奇、平行蒙太奇、交叉蒙太奇以及重复蒙太奇等。

1）连续蒙太奇

这种影视叙述方法类似于小说叙述手法中的顺序方式。一般来讲，它有一个明朗的主线，按照事件发展的逻辑顺序，有节奏地连续叙述。这种叙述方法比较简单，在线索上也比较明朗，能使所要叙述的事件通俗易懂。但同时也有自己的不足，一个影片中过多地使用连续蒙太奇手法会给人拖沓冗长的感觉。因此我们在进行非线性编辑时，需要考虑到这一点，最好与其他的叙述方式有机结合，互相配合使用。

2）平行蒙太奇

这是一种分叙式表达方法，是将两个或者两个以上的情节线索分头叙述，但仍统一在一个完整的情节之中。这种方法有利于概括集中，从而节省篇幅、扩大影片的容量，且由于平行表现、相互衬托，可以形成对比、呼应，产生多种艺术效果。

3）交叉蒙太奇

这种叙述方法与平行蒙太奇相似。平行蒙太奇重视情节的统一和主题的一致，以及事件的内在联系和主线的明朗；而交叉蒙太奇强调的是并列的多个线索之间的交叉关系和事件的统一性和对比性，以及这些事件之间的相互影响和相互促进，最后将几条线索汇合为一。交叉蒙太奇能产生强烈的对比和激烈的气氛，加强矛盾冲突，引起悬念，是控制观众情绪的一个重要手段。

4）重复蒙太奇

这种叙述方法是让代表一定寓意的镜头或者场面在关键时刻反复出现，形成强调、对比、呼应、渲染等艺术效果，以达到加深寓意之效。

2. 表现蒙太奇

表现蒙太奇在影视艺术中也被称作对称蒙太奇。它是以镜头序列为基础，通过相连或相叠镜头在形式或者内容上的相互对照、冲击，产生单独一个镜头本身不具有的或者更为丰富的含义，以表达创作者的某种情感，也给观众在视觉上和心理上造成强烈冲击，增加感染力，激发观众的联想，启迪观众思考。使用这种蒙太奇技巧的目的不是叙述情节，而是表达情绪、表现寓意和揭示内在的含义。这种蒙太奇表现形式又分为以下几种。

1）隐喻蒙太奇

这种表现手法通过镜头（或者场面）的队列或交叉，含蓄而形象地表达创作者的某种寓意或者对某个事件的主观情绪。它往往是将不同事物之间所具有的某种相似的特征表现出来，目的是引起观众的联想，让观众领会创作者的寓意。这种表现手法具有强烈的感染力和形象表现力。制作节目时，必须将要隐喻的因素与所要叙述的线索相结合，这样才能达到我们想要表达的艺术效果。用来隐喻的要素必须与所要表达的主题一致，并且能够在表现手法上补充说明主题，而不能脱离情节生硬插入，因而要求这一手法必须运用得贴切、自然、含蓄和新颖。

2）对比蒙太奇

这种蒙太奇表现手法就是在镜头的内容上或者形式上造成一种对比，给人一种反差感。通过内容的相互协调和对比冲突，表达作者的某种寓意、情绪和思想。

3）心理蒙太奇

这种表现技巧通过镜头组接，直接而生动地表现人物的心理活动、精神状态，如人物的回忆、梦境、幻觉以及想象等，甚至是潜意识的活动。这种手法往往用在表现追忆的镜头中。

心理蒙太奇表现手法的特点是：形象的片段性、叙述的不连贯性，多用于交叉、队列以及穿插的手法表现，带有强烈的主观色彩。

1.3.3 声画组接蒙太奇

1927年以前，电影都是无声的，主要以演员的表情和动作来引起观众的联想。后来通过幕后语言配合或者人工声响，如钢琴、留声机、乐队的伴奏等与屏幕结合，才有了声画融合的艺术效果。为了真正达到声画一致，人们使用了声电光感应胶片技术和磁带录音技术，从而声音也被作为影视艺术的一个有机组成部分合并到影视节目之中。

1. 影视语言

影视艺术是声、画艺术的结合物，二者缺一不可。声音元素包含影视的语言元素。影视艺术对语言的要求是不同于其他艺术形式的，它有着自己特殊的要求和规则，可以归纳为以下几个方面。

1）语言的连贯性，声画和谐

在影视节目中，如果把语言分离出来，会发现它不像一篇完整的文章，段落之间也不一定有严密的逻辑性。但如果我们将语言与画面相配合，就可以看出节目整体的不可分割性和严密的逻辑性。这种逻辑性表现在语言和画面上是互相渗透、有机结合的。在声画组合中，有些时候是以画面为主，声音只用于说明画面的抽象内涵；有些时候是以声音为主，画面只是作为形象的提示。根据以上分析，影视语言有以下特点和作用：深化和升华主题，将形象的画面用语言表达出来；抽象概括画面，将具体的画面表现为抽象的概念；作为旁白，表现不同人物的性格和心态；衔接画面，使镜头过渡流畅；代替画面，省略一些不必要的画面。

2）语言的口语化、通俗化

影视节目面对的观众是多层次的，除一些特定的影片外，都应该使用通俗语言。所谓的通俗语言，就是影片中使用的口头语、大白话。如果语言不通俗、费解、难懂，会让观众在观看时分心，这种听觉上的障碍会影响视觉功能，也就会影响观众对画面的感受和理解，当然也就不会有良好的视听效果。

3）语言简明扼要

影视艺术是以画面为基础的，所以影视语言必须简明扼要，点明则止。剩下的时间和空间都要用画面来表达，让观众在有限的时空里自由想象。

解说词也不宜过多，否则会使观众的听觉和视觉都处于紧张状态，顾此失彼。

4）语言准确贴切

由于影视画面是展示在观众眼前的，任何细节对观众来说都是一览无余的，因此对影视语言的要求是相当高的。每句台词都必须经得起推敲。另外，观众既能看清画面，又能听见声音，会将二者互相对照，稍有差错就能够被观众轻易地发现。

2. 语言录音

影视节目中的语言录音包括对白、解说、旁白、独白等。为了得到好的录音效果，必须提高相关人员的声音素质，掌握录音的技巧以及方式。

1）相关人员的声音素质

一名合格的演员或解说员必须充分理解剧本，对剧本内容的重点做到心中有数，必须理解一些比较专业的词语，还要抓住主题，确定语音的基调，即总的气氛和情调。在台词对白上必须符合人物形象的性格，表达要清晰流畅，不能含混不清。

2）录音技巧

录音时要尽量创造有利的物质条件，为保证良好的音质音量，尽量在专业的录音棚进行录制。在进行解说录音时，需要先对画面进行编辑，然后让配音员观看后配音。

3）解说的形式

在影视节目中，解说的形式多种多样，需要根据影片的内容而定，大致可以分为3类，即第一人称解说、第三人称解说以及第一人称解说与第三人称解说交替的自由形式等。

3. 影视音乐

在电影史上，默片电影一出现就与音乐有着密切的关系。早在1896年，卢米埃尔兄弟的影片就使用了钢琴伴奏的形式。后来逐渐完善，将音乐渗透到影片中，而不再使用外部的伴奏形式。有声电影出现后，影视音乐更是发展到了一个更加丰富多彩的阶段。

1）影视音乐的特点和作用

一般音乐是作为一种独特的听觉艺术形式来满

足人们的艺术欣赏要求的。而一旦成为影视音乐，它将丧失自己的独立性，成为某一个节目的组成部分，服从影视节目的总要求，以影视的形式表现。

2）影视音乐的目的性

影视节目的内容、观看形式不同，决定了各种影视节目音乐的表现形式各有特点，即使同一首歌或者同一段乐曲，在不同的影视节目中也会有不同的目的，产生不同的作用。

3）影视音乐的融合性

融合性是指影视音乐必须和其他影视因素相结合，因为音乐本身在表达感情的程度上往往不够准确，但如果与语言、音响和画面相融合，就可以突破这种局限性。

4）影视音乐的分类

按照影视节目的内容可将影视音乐划分为故事片音乐、新闻片音乐、科教片音乐、美术片音乐以及广告片音乐。

按照音乐的性质可将影视音乐划分为抒情音乐、描绘性音乐、说明性音乐、色彩性音乐、戏剧性音乐、幻想性音乐、气氛性音乐以及效果性音乐。

按照影视节目的段落可将影视音乐划分为片头主体音乐、片尾音乐、片中插曲以及情节性音乐。

5）音乐与画面的结合形式

（1）音乐与画面同步：表现为音乐与画面紧密结合，音乐情绪与画面情绪基本一致，音乐节奏与画面节奏完全吻合。音乐强调画面提供的视觉内容，起到解释画面、烘托气氛的作用。

（2）音乐与画面平行：音乐不是直接地追随或者解释画面内容，也不是与画面处于对立状态，而是以自身独特的表现方式从整体上揭示影片的内容。

（3）音乐与画面对立：音乐与画面在情绪、气氛、节奏乃至内容上互相对立，使音乐具有寓意性，从而深化影片的主题。

6）影视音乐的设计与制作

（1）专门谱曲：音乐创作者和导演充分交换对影片的构思后进行设计。其中包括音乐的风格、主题音乐的特征、主体音乐的特征、主题音乐的性格特征、音乐的布局以及高潮的分布等要素。

（2）音乐资料改编：根据需要将现有的音乐进行改编，但所配的音乐要与画面的时间保持一致，有头有尾。改编的方法有很多，如将曲子中间一些不需要的段落舍去、去掉重复的段落，还可以对音乐的节奏进行调整，这在非线性编辑系统中是相当容易实现的。

7）影视音乐的转换技巧

在非线性编辑中，画面需要转换技巧，音乐也需要转换技巧，并且很多画面转换技巧对于音乐同样是适用的。

（1）切：音乐的切入点和切出点最好选择在解说和音响之间，这样不容易引起观众的注意。音乐的开始也最好选择在这个时候，这样会切得不露痕迹。

（2）淡：在配乐的时候，如果找不到合适长度的音乐，可以截取其中的一段，如头部或者尾部。在录音的时候，可以对其进行淡入处理或者淡出处理。

1.4 非线性编辑操作流程

一般可以将非线性编辑操作流程简单地分为导入、编辑处理和输出影片三大部分。由于所使用的非线性编辑软件不同，其操作流程又可以细分为更多的操作步骤。以 After Effects 为例，可以将非线性编辑操作流程分为 5 个步骤，具体说明如下。

1. 总体规划和准备

在制作影视节目前，首先要清楚创作意图和表达的主题，应该有一个分镜头脚本，由此确定作品的风格。其主要内容包括素材的取舍、各个片段持续的时间、片段之间的连接顺序和转换效果，以及片段需要的视频特效、抠像处理和运动处理等。

确定了创作意图和表达的主题后，要着手准备需要的各种素材，包括静态图片、动态视频、序列素材、音频文件等，并可以利用相关的软件对素材进行处理，达到需要的尺寸和效果，还要将素材格式转换为After Effects所支持的格式，比如使用DV拍摄的素材可以通过1394卡进行采集，然后将其转换到计算机中，并按照类别放置在不同的文件夹目录下，以便于素材的查找和导入。

2. 创建项目并导入素材

前期的工作做完以后，接下来制作影片。首先要创建新项目，并根据需要设置符合影片的参数，如编辑模式可以使用PAL制或NTSC制的DV、VCD或DVD；设置影片的帧速率，如编辑电影时设置基数为24，如果使用PAL制式来编辑视频，则应设置基数为25；设置视频画面的大小，如PAL制式的标准默认尺寸是720px×576px，NTSC制式的为720px×480px；还要指定音频的采样频率等，从而创建一个新项目。

新项目创建完成后，可以根据需要创建不同的文件夹，并根据文件夹的属性导入不同的素材，如静态素材、动态视频、序列素材、音频素材等，并进行前期的编辑，如设置素材入点和出点、持续时间等。

3. 制作特效

创建项目并导入素材后，就开始了最精彩的制作部分。根据分镜脚本将素材添加到时间线并进行剪辑编辑，添加相关的特效，如视频特效、运动特效、抠像特效、视频转场等，制作完美的影片效果，然后添加字幕和音频文件，完成整个影片的制作。

4. 保存和预演

影片制作完成后，将影片的源文件保存起来，默认的保存格式为.aep。保存影片的同时也保存了After Effects当时所有窗口的状态，如窗口的位置、大小和参数等，便于以后修改。

保存影片源文件后，可以对影片的效果进行预演，以此检查影片的各种实际效果是否达到设计的目的，以防在输出最终影片时出现错误。

5. 输出影片

预演只是查看效果，并不生成最后的文件，要想得到最终的影片效果，就需要将影片输出，生成一个可以单独播放的最终作品。After Effects可以生成的影片格式有很多种，如可以输出.bmp、.tif、.tga等静态图片格式的文件，也可以输出Animated GIF、.avi、QuickTime等视频格式的文件，还可以输出Windows Waveform等音频格式的文件。常用的是.avi文件，该格式的文件可以在许多多媒体软件中播放。

第 2 章 After Effects 快速入门

内容摘要

本章主要引领读者快速认识After Effects，学习界面的自定义及相关工具、面板、窗口的应用。首先对 After Effects 工作界面的操作和各种浮动的面板、窗口和工具进行讲解，然后详细讲解项目及合成文件的创建与保存、文件夹的使用与素材的添加，让读者快速掌握 After Effects 的工作环境。

教学目标

- 了解 After Effects 操作界面
- 掌握自定义 After Effects 工作模式
- 认识常用面板、窗口及工具
- 掌握项目及合成文件的创建与保存

2.1 After Effects 操作界面简介

After Effects 的操作界面越来越人性化，最近推出的几个版本将界面中的各个窗口和面板合并在一起，不再是单独的浮动状态，这样在操作时免去了拖来拖去的麻烦。

2.1.1 启动 After Effects

启动 After Effects 软件，如图 2.1 所示。

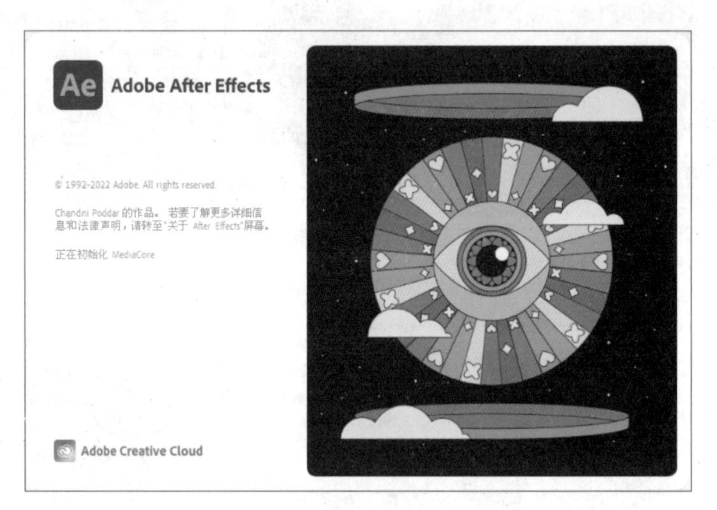

图 2.1

等待一段时间后，After Effects 工作界面呈现出来，如图 2.2 所示。

图 2.2

2.1.2 预置工作界面介绍

新版的 After Effects 在界面上更加合理地分配了各个窗口的位置，根据制作内容的不同，可以将界面设置成不同的模式，如动画、绘图、特效等，执行菜单栏中的【窗口】|【工作区】命令，可以看到其子菜单中包含多种工作模式子选项，包括【所用面板】【动画】【效果】【绘画】【标准】等。

执行菜单栏中的【窗口】|【工作区】|【动画】命令，操作界面切换到动画工作界面，整个界面以动画控制窗口为主，突出显示了动画控制区，如图 2.3 所示。

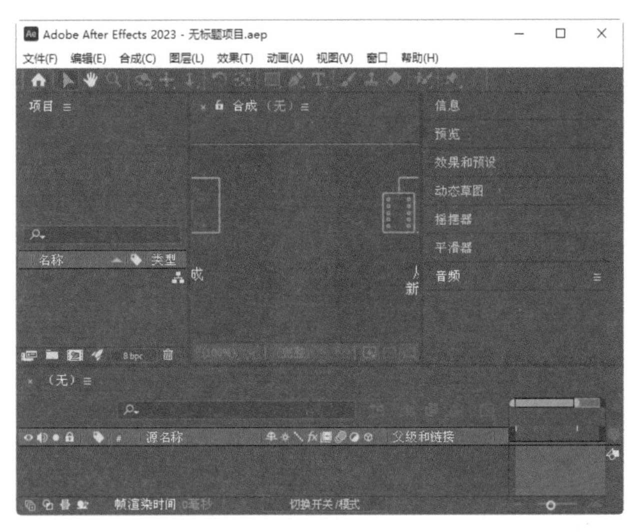

图 2.3

执行菜单栏中的【窗口】|【工作区】|【绘画】命令，操作界面切换到绘图工作界面，整个界面以绘图控制窗口为主，突出显示了绘图控制区，如图 2.4 所示。

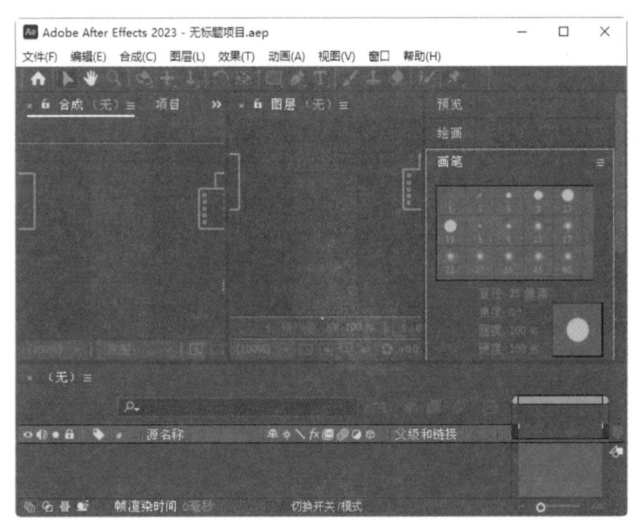

图 2.4

2.2 面板、窗口及工具栏

新版 After Effects 延续了以前版本中面板、窗口及工具栏排列的特点，用户可以将面板、窗口及工具栏单独浮动显示，也可以合并起来。下面讲解这些面板、窗口及工具栏的基本性能。

2.2.1 【项目】面板

【项目】面板位于界面的左上角，主要用来组织、管理视频节目中所使用的素材。视频制作所使用的素材都要首先导入【项目】面板。在此面板中可以对素材进行预览。

可以通过文件夹的形式管理【项目】面板，将不同的素材以不同的文件夹分类导入，以便编辑视频。文件夹可以展开也可以折叠，这样更便于【项目】的管理，如图 2.5 所示。

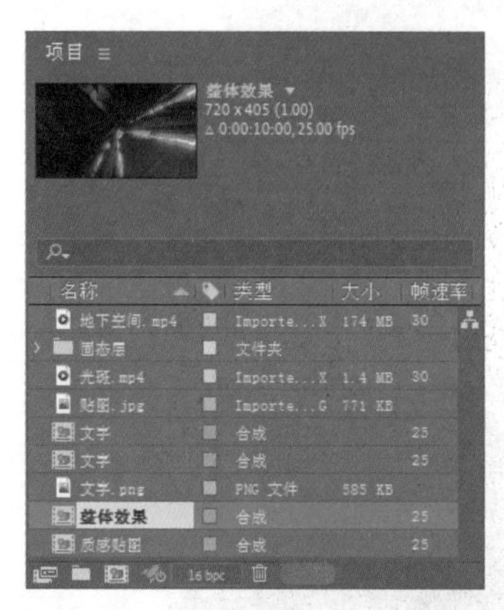

图 2.5

在素材目录区的上方表头标明了素材、合成或文件夹的属性，显示了每个素材不同的属性。

- 名称：显示素材、合成或文件夹的名称，单击该图标，可以将素材以名称方式进行排序。
- 标记：可以利用不同的颜色来区分项目文件，单击该图标，可以将素材以标记的方式进行排序。如果要修改某个素材的标记颜色，直接单击该素材右侧的颜色按钮，在弹出的快捷菜单中选择适合的颜色即可。
- 类型：显示素材的类型，如合成、图像或音频文件。单击该图标，可以将素材以类型的方式进行排序。
- 大小：显示素材文件的大小。单击该图标，可以将素材以大小的方式进行排序。
- 媒体持续时间：显示素材的持续时间。单击该图标，可以将素材以持续时间的方式进行排序。
- 文件路径：显示素材的存储路径，以便于素材的更新与查找，方便素材的管理。
- 日期：显示素材文件创建的时间及日期，以便更精确地管理素材文件。
- 注释：单击需要备注的素材的位置，激活文件并输入文字对素材进行备注说明。

属性区域的显示可以自行设定，从项目菜单中的【列数】子菜单中选择打开或关闭属性信息的显示。

2.2.2 【时间轴】面板

【时间轴】面板也叫【时间线】面板，是工作界面的核心部分，视频编辑工作的大部分操作都是在该面板中进行的。它是进行素材组织的主要操作区域，在添加不同的素材后，将产生多层效果，然后通过层的控制来完成动画的制作，如图 2.6 所示。

在【时间线】面板中，有时会创建多条时间线，多条时间线将并列排列在时间线标签处。如果要关闭某个时间线，可以在该时间线标签位置，单击【关闭】按钮；如果想再次打开该时间线，可以在【项目】面板中双击该合成对象。

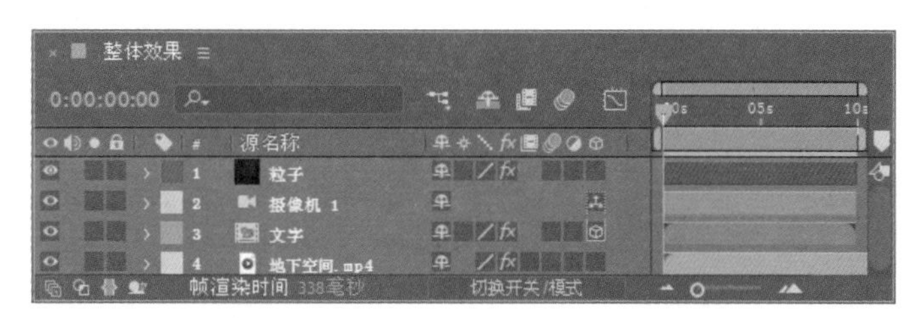

图 2.6

提示

时间滑块下方有一条线，用于显示是否预览缓存，当进行预览后会变成绿色，小键盘数字 0 是快速预览键。

2.2.3 【合成】窗口

【合成】窗口是视频效果的预览区，在进行视频项目的安排时，它是最重要的窗口，如图 2.7 所示。在该窗口中可以预览编辑时每一帧的效果，如果要在节目窗口中显示画面，首先要将素材添加到时间线上，并将时间滑块移动到当前素材的有效帧内，才可以显示。

图 2.7

2.2.4 【效果和预设】面板

【效果和预设】面板包含了【动画预置】【音频】【模糊和锐化】【通道】【颜色校正】等多种特效，是进行视频编辑的重要部分，主要针对时间线上的素材进行特效处理，常见的特效都是利用【效果和预设】面板中的特效来完成的。【效果和预设】面板如图 2.8 所示。

图 2.8

2.2.5 【效果控件】面板

【效果控件】面板主要用于对各种特效进行参数设置，当一种特效添加到素材上面时，该面板将显示该特效的相关参数，可以通过参数的设置对特效进行修改，以达到所需要的最佳效果，如图 2.9 所示。

图 2.9

2.2.6 【字符】面板

通过工具栏或执行菜单栏中的【窗口】|【字符】命令可打开【字符】面板，如图 2.10 所示。【字符】面板主要用来对输入的文字进行相关属性的设置，包括字体、大小、颜色、描边、行距等参数。

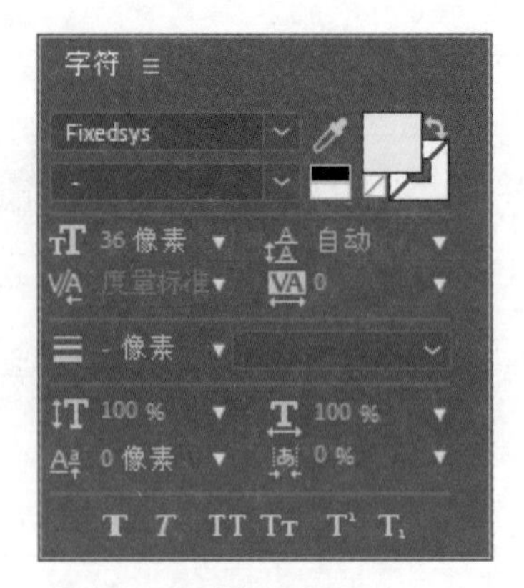

图 2.10

2.2.7 【对齐】面板

执行菜单栏中的【窗口】|【对齐】命令，可以打开或关闭【对齐】面板，如图 2.11 所示。【对齐】面板主要对素材进行对齐与分布处理。

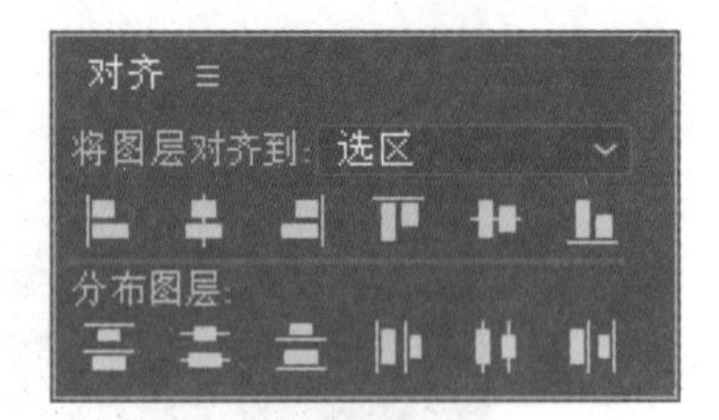

图 2.11

2.2.8 【信息】面板

执行菜单栏中的【窗口】|【信息】命令，或按 Ctrl+2 组合键，可以打开或关闭【信息】面板，如图 2.12 所示。

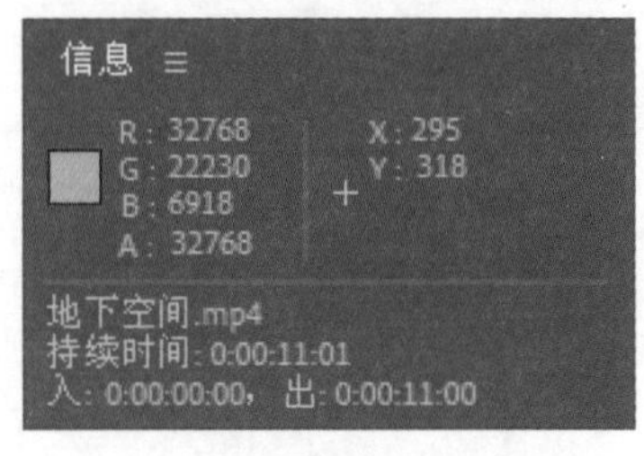

图 2.12

【信息】面板主要用来显示素材的相关信息，在【信息】面板的上部，主要显示如RGB值、Alpha通道值、鼠标指针在合成窗口中的X和Y轴坐标位置；在【信息】面板的下部，根据选择素材的不同，主要显示选择素材的名称、持续时间、出点和入点等信息。

2.2.9 【图层】窗口

在【图层】窗口中，默认情况下是不显示图像的，如果要在【图层】窗口中显示画面，有两种方法可以实现。一种是双击【项目】面板中的素材，以【素材】窗口的方式显示；另一种是直接在【时间线】面板中，双击该素材层，以【图层】窗口的方式显示，如图2.13所示。

图2.13

【图层】窗口是进行素材修剪的重要部分，一般素材的前期处理，以入点和出点的设置为例，处理的方法有两种：一种是在时间布局窗口，直接通过拖动的方式改变层的入点和出点；另一种是在【图层】窗口中，移动时间滑块到相应位置，单击【入点】按钮设置素材入点，单击【出点】按钮设置素材出点。在处理完成后将素材加入轨道中，然后在【合成】窗口中进行编排，以制作出符合要求的视频文件。

2.2.10 【预览】面板

执行菜单栏中的【窗口】|【预览】命令，或按Ctrl+3组合键，将打开或关闭【预览】面板，如图2.14所示。

【预览】面板中的命令主要用来控制动画的播放与停止、进行合成内容的预演操作，还可以进行预演的相关设置。

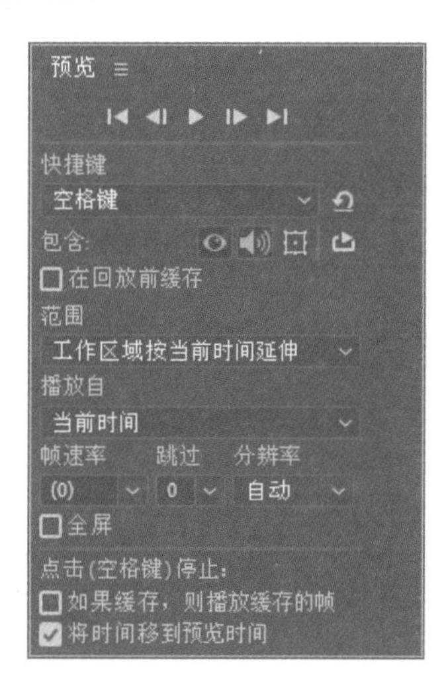

图2.14

2.2.11 工具栏

执行菜单栏中的【窗口】|【工具】命令，或按 Ctrl+1 组合键，可打开或关闭工具栏，如图 2.15 所示。工具栏中包含常用的编辑工具，使用这些工具可以在【合成】窗口中对素材进行编辑操作，如移动、缩放、旋转、输入文字、创建遮罩、绘制图形等。

图 2.15

提示 在工具栏中，有些工具按钮的右下角有一个三角形箭头，表示该工具按钮还包含其他工具，在该工具按钮上按住鼠标不放，即可显示出其他的工具。

2.3 项目合成文件的操作

本节将通过几个简单实例讲解创建项目和保存项目的基本步骤。虽然这些实例的效果和操作都比较简单，但是包括许多基本操作，初步体现了使用 After Effects 的乐趣。本节的重点在于熟悉和掌握基本步骤和基本操作，强调总体步骤的清晰明确。

2.3.1 课堂案例——创建项目及合成文件

实例解析

在编辑视频文件时，首先要做的就是创建一个项目文件，规划好项目的名称及用途，根据不同的视频用途来创建不同的项目文件，创建项目文件的方法如下。

教学视频

难易程度：★☆☆☆☆

工程文件：无

操作步骤

1 执行菜单栏中的【文件】|【新建】|【新建项目】命令，或按 Ctrl+Alt+N 组合键，创建一个项目文件。

提示 创建项目文件后还不能进行视频的编辑操作，还要创建一个合成文件，这是 After Effects 软件与一般软件不同的地方。

2 执行菜单栏中的【合成】|【新建合成】命令，也可以在【项目】面板中右击，在弹出的快捷菜单中选择【新建合成】命令，打开【合成设置】对话框，如图 2.16 所示。

3 在【合成设置】对话框中输入合适的合成名称、宽度、高度、帧速率、持续时间等内容后，单击【确定】按钮，即可创建一个合成文件，在【项目】面板中可以看到此文件。

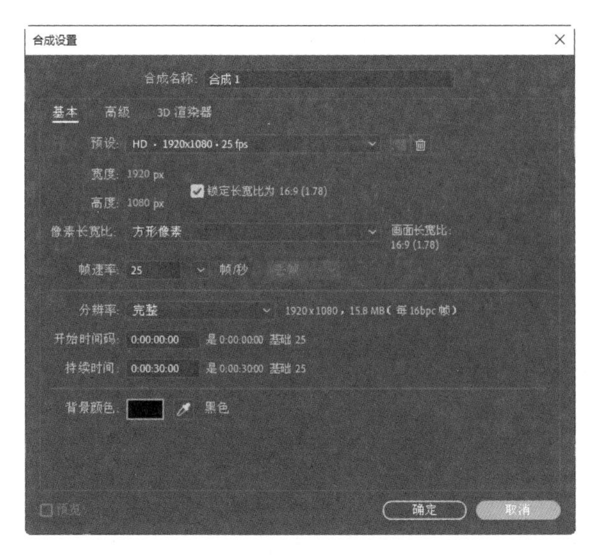

图 2.16

提示

创建合成文件后，如果想在后面的操作中修改合成设置，可以执行菜单栏中的【合成】|【合成设置】命令，打开【合成设置】对话框，对参数进行修改。

2.3.2 课堂案例——保存项目文件

实例解析

在制作完项目及合成文件后，需要及时地将项目文件进行保存，以免计算机出错或突然停电带来不必要的损失。保存项目文件的方法有如下 3 种。

教学视频

难易程度：★☆☆☆☆

工程文件：无

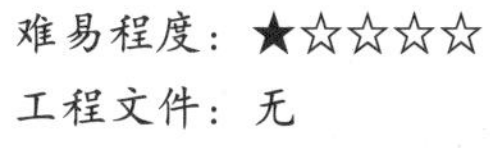

操作步骤

1 如果是新创建的项目文件，可以执行菜单栏中的【文件】|【保存】命令，或按 Ctrl+S 组合键，此时将打开【另存为】对话框，如图 2.17 所示。在该对话框中，设置适当的保存位置、文件名和保存类型，然后单击【保存】按钮即可将文件保存。

图 2.17

提示

如果是第一次保存文件，系统将自动打开【另存为】对话框，如果已经保存过文件，则再次应用保存命令时，不会再打开【另存为】对话框，而是直接将文件按原来设置的位置进行覆盖保存。

2 如果不想覆盖原文件，而要另外保存一个副本，可以执行菜单栏中的【文件】|【另存为】|【另存为】命令，打开【另存为】对话框，设置相关的参数，保存为另外的副本。

3 可以将文件以副本的形式在原文件保存的位置进行另存，这样不会影响原文件的保存效果。执行菜单栏中的【文件】|【另存为】|【保存副本】命令，将文件以副本的形式另存，其参数设置与保存原文件的参数相同。

提示

【另存为】与【保存副本】的不同之处在于：使用【另存为】命令后，若要再次修改项目文件内容，应用保存命令时保存的位置为另存为后的位置，而不是第一次保存的位置；而使用【保存副本】命令后，再次修改项目文件内容时，应用保存命令时保存的位置为第一次保存的位置。

2.3.3 使用文件夹归类管理素材

虽然在视频编辑中应用的素材很多，但所使用的素材还是有规律可循的，一般来说可以分为静态图像素材、视频动画素材、声音素材、标题字幕、合成素材等，可以创建一些文件夹放置相同类型的素材文件，以便于快速查找。

在【项目】面板中，创建文件夹的方法有多种，下面是几种常见的方法。

- 执行菜单栏中的【文件】|【新建】|【新建文件夹】命令。
- 在【项目】面板中右击，在弹出的快捷菜单中选择【新建文件夹】命令。
- 在【项目】面板的下方单击【新建文件夹】按钮。
- 按 Shift+Ctrl+Alt+N 组合键。

2.3.4 课堂案例——重命名文件夹

实例解析

新创建的文件夹默认以“系统未命名 1”“系统未命名 2”……为名，为了便于操作，需要对文件夹进行重新命名，重命名的方法如下。

教学视频

难易程度：★☆☆☆☆

工程文件：无

操作步骤

1 在【项目】面板中，选择需要重命名的文件夹。

2 按 Enter 键，激活输入框。

3 输入新的文件夹名称，图 2.18 所示为重新命名文件夹后的效果。

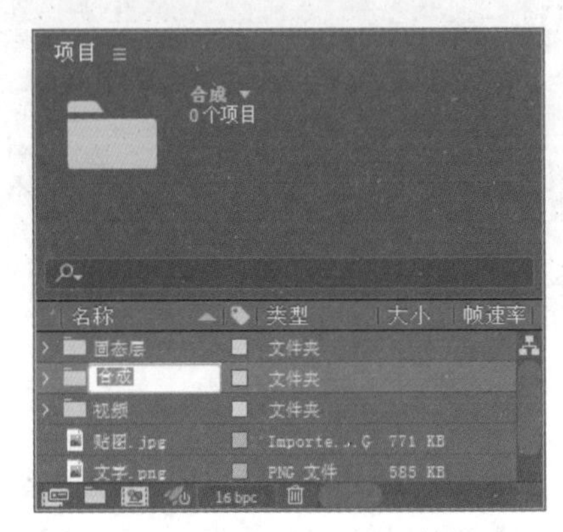

图 2.18

2.3.5 查看素材

查看某个素材，可以在【项目】面板中直接双击这个素材，系统将根据不同类型的素材打开不同的浏览工具，如静态素材将打开【素材】窗口，动态素材将打开对应的视频播放软件进行播放，静态和动态素材的预览效果分别如图 2.19 和图 2.20 所示。

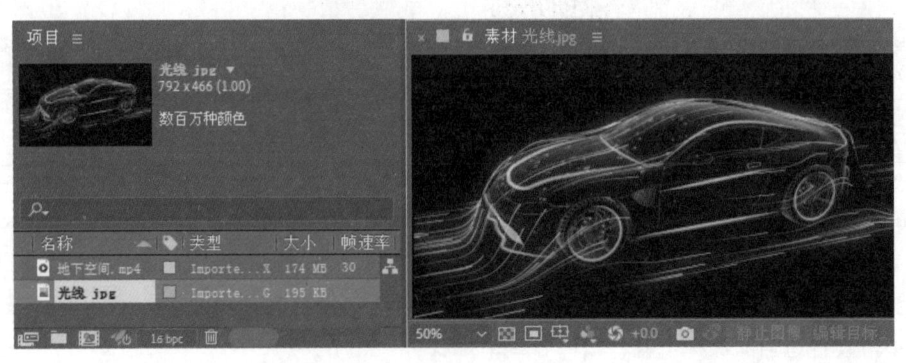

图 2.19

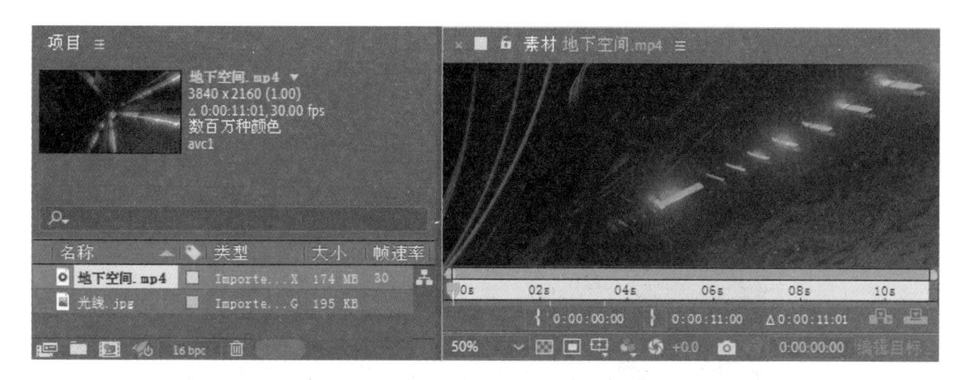

图 2.20

如果想在【素材】窗口中显示动态素材，可以按住 Alt 键，然后在【项目】面板中双击该素材即可。

2.3.6 移动素材

默认情况下，添加的素材起点都位于 0:00:00:00 的位置，如果想将起点位于其他时间的位置，可以通过拖动持续时间条的方法来改变，拖动的效果如图 2.21 所示。

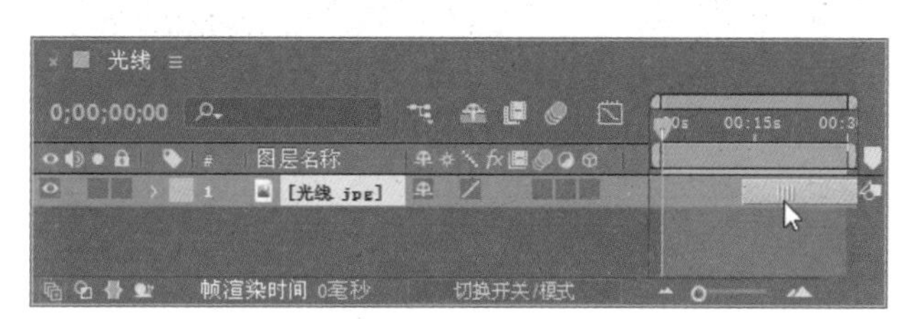

图 2.21

在拖动持续时间条时，不但可以将起点后移，也可以将起点前移，即持续时间条可以向后或向前随意移动。

2.3.7 设置入点和出点

视频编辑中角色的设置一般都有不同的出场顺序，有些贯穿整个影片，有些只显示数秒，这样就形成了角色的入点和出点的不同设置。所谓入点，就是影片开始的时间位置；所谓出点，就是影片结束的时间位置。素材的入点和出点可以在【素材】窗口或【时间线】面板中进行设置。

1. 在【素材】窗口设置入点与出点

首先将素材添加到【时间线】面板，然后在【时间线】面板中双击该素材，将打开该层所对应的【素材】窗口，如图 2.22 所示。

在【素材】窗口中，拖动时间滑块到需要设置入点的位置，然后单击【将入点设置为当前时间】按钮，即可在当前时间位置为素材设置入点。用同样的方法，将时间滑块拖动到需要设置出点的位置，然后单击【将出点设置为当前时间】按钮，即可在当前时间位置为素材设置出点。入点和出点设置后的效果如图 2.23 所示。

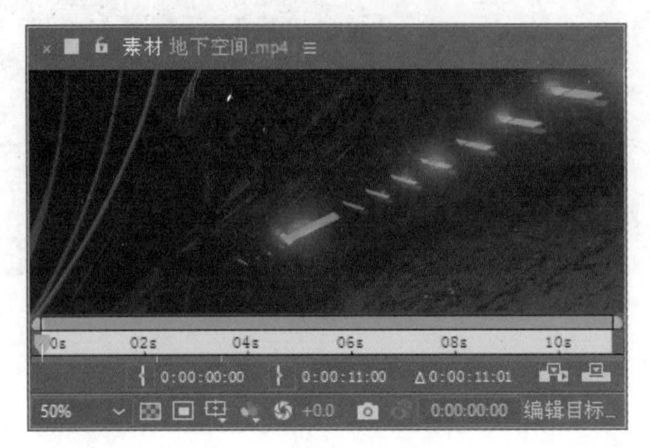

图 2.22

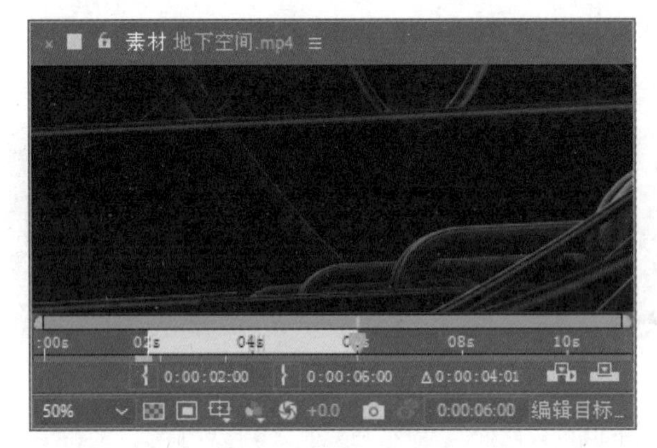

图 2.23

2. 在【时间线】面板设置入点与出点

在【时间线】面板中设置素材的入点和出点，首先要将素材添加到【时间线】面板中，然后将鼠标指针放置在素材持续时间条的开始或结束位置，当指针变成双箭头时，向左或向右拖动鼠标，即可修改素材的入点或出点的位置。图 2.24 所示为修改入点的操作效果。

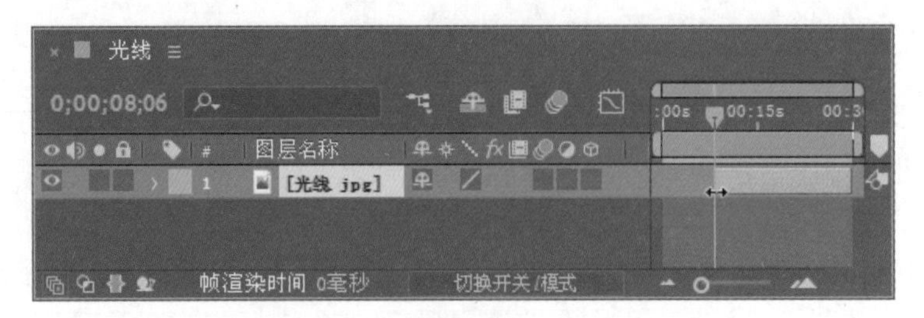

图 2.24

2.4 课后上机实操

本章通过两个课后上机实操，让读者快速掌握After Effects软件的重点内容，只有了解并掌握了这些基础知识，才能在以后的学习中事半功倍。

2.4.1 上机实操1——自定义工作界面

实例解析

不同的用户对工作模式的要求也不尽相同，如果在预设的工作模式中没有找到自己需要的模式，可以根据自己的喜好来设置工作模式。

难易程度：★★☆☆☆

工程文件：无

教学视频

知识点

自定义工作界面

2.4.2 上机实操2——添加素材

实例解析

要进行视频制作，首先要将素材添加到【时间线】面板。本例将讲解添加素材的方法。

难易程度：★☆☆☆☆

工程文件：无

知识点

素材的添加

第3章 层和文字工具

内容摘要

本章主要对层和文字的使用以及层属性设置进行讲解。首先讲解层的基本操作、层列表、缩放、旋转、透明度等，然后讲解文字工具的属性及动画应用。通过本章内容，让读者了解层属性设置及简单动画制作，掌握文字工具的使用及文字动画的制作技巧。

教学目标

- 掌握常见层属性的设置技巧
- 掌握利用层属性制作动画的技巧
- 了解文字工具的使用
- 掌握文字属性的设置及动画制作技巧

3.1 层属性设置

【时间线】面板中，每个层都有相同的基本属性设置，包括层的锚点、位置、缩放、旋转和不透明度，这些常用层属性是进行动画设置的基础，也是修改素材比较常用的属性设置，是掌握基础动画制作的关键所在。

3.1.1 层列表

当创建一个层时，层列表也相应出现，应用的特效越多，层列表的选项也就越多，层的大部分属性修改、动画设置可以通过层列表中的选项来完成。

层列表具有多重性，有时一个层的下方有多个层列表，在应用时可以一一展开进行属性的修改。

展开层列表，可以单击层前方的箭头按钮，当按钮变成状态时，表明层列表被展开，如果单击按钮，使其变成状态时，表明层列表被关闭，图 3.1 所示为层列表的显示效果。

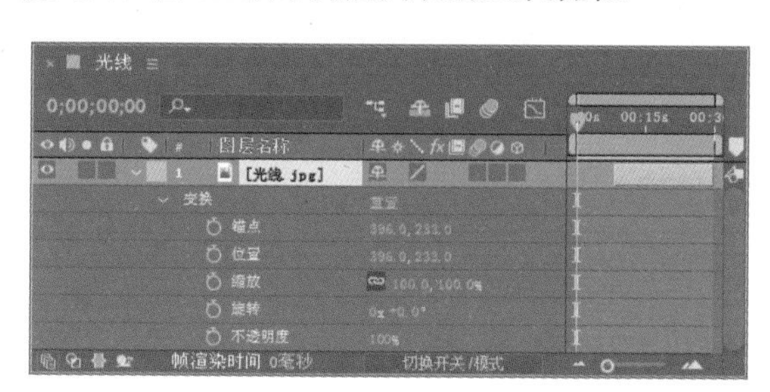

图 3.1

提示：在层列表中还可以快速应用组合键打开相应的属性选项，如按 A 键可以打开【锚点】选项，按 P 键可以打开【位置】选项等。

3.1.2 锚点

【锚点】主要用来控制素材的旋转中心，即素材的旋转中心点位置。默认的素材锚点位置，一般位于素材的中心位置，在【合成】窗口中，选择素材后，可以看到一个十字标记，这就是锚点，如图 3.2 所示。

图 3.2

可以通过下面 3 种方法来修改锚点。

- 方法 1：使用【向后平移（锚点）工具】。首先选择当前层，然后单击工具栏中的【向后平移（锚点）工具】，或按 Y 键，将鼠标指针移动到【合成】窗口中，拖动锚点到指定的位置后，释放鼠标即可，如图 3.3 所示。

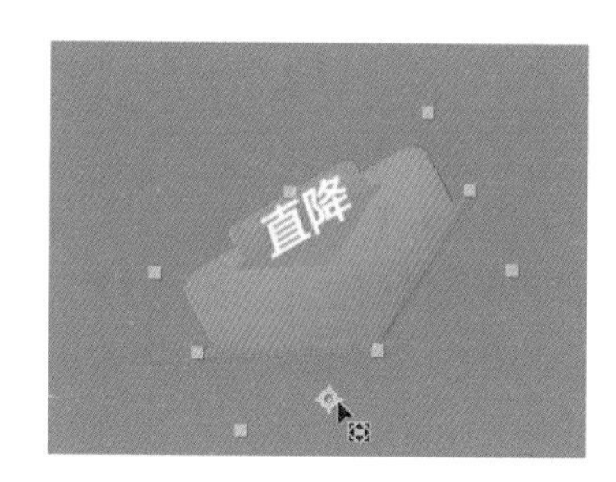

图 3.3

- 方法 2：修改数值。单击展开当前层列表，或按 A 键，将指针移动到【锚点】右侧的数值上，当指针变成手形时，按住鼠标拖动，即可修改锚点的位置，如图 3.4 所示。

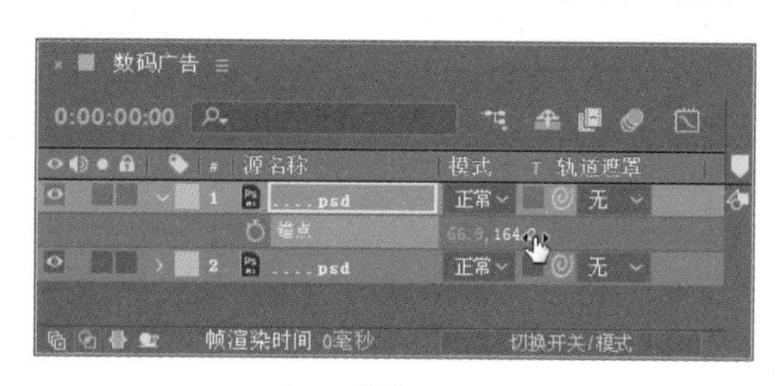

图 3.4

- 方法3：利用【编辑值】命令修改。在【锚点】上右击，在弹出的快捷菜单中选择【编辑值】命令，打开【锚点】对话框，如图3.5所示。

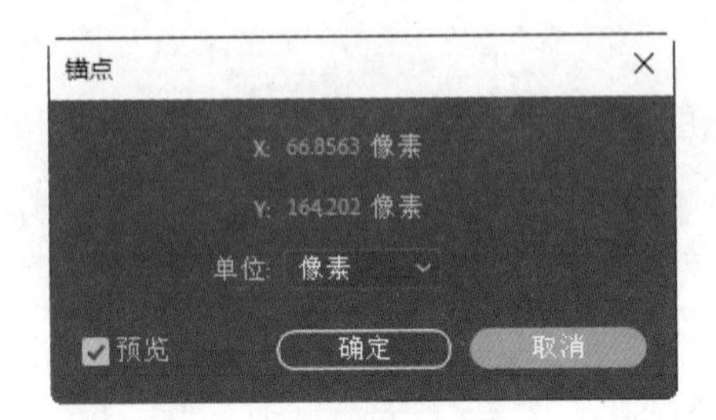

图 3.5

3.1.3 位置

【位置】用来控制素材在【合成】窗口中的相对位置，为了获得更好的效果，一般将【位置】和【锚点】参数结合应用。它的修改也有3种方法。

- 方法1：直接拖动。在【时间线】或【合成】窗口中选择素材，然后使用【选取工具】，在【合成】窗口中按住鼠标拖动素材到合适的位置，如图3.6所示。如果按住Shift键拖动，可以将素材沿水平或垂直方向移动。

图 3.6

- 方法2：快捷键修改。选择素材后，按键盘上的方向键来修改位置，每按一次，素材将向相应方向移动1个像素，如果同时按住Shift键，素材将向相应方向一次移动10个像素。
- 方法3：修改数值。单击展开层列表，或直接按P键，然后单击【位置】右侧的数值，激活后直接输入数值来修改素材位置。也可以在【位置】上右击，在弹出的快捷菜单中选择【编辑值】命令，打开【位置】对话框，重新设置参数，以修改素材位置，如图3.7所示。

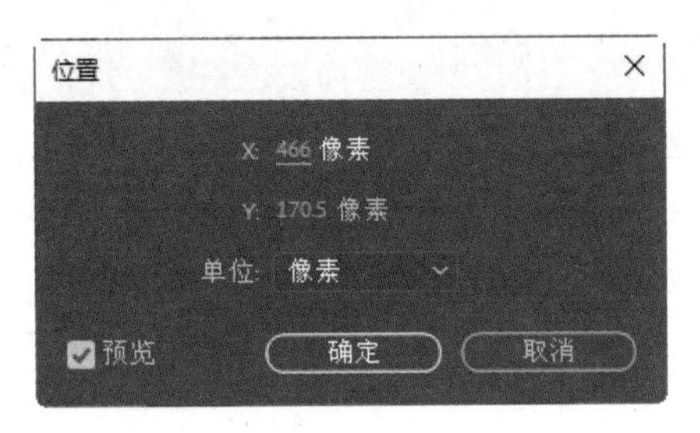

图 3.7

3.1.4 课堂案例——位移动画

实例解析

通过修改素材的位置，可以很轻松地制作出精彩的位置动画效果。下面就来制作一个位置动画。通过该实例的制作，学习帧时间的调整方法，了解关键帧的使用，掌握位移动画的制作方法。

教学视频

难易程度：★★★☆☆

工程文件：第3章\位移动画

操作步骤

1 打开工程文件。执行菜单栏中的【文件】|【打开项目】命令，打开“位移动画练习.aep”文件。

2 将时间调整到0:00:00:00的位置。选择【跑车】层，按P键，单击【位置】左侧的码表按钮，在当前时间设置一个关键帧，如图3.8所示。

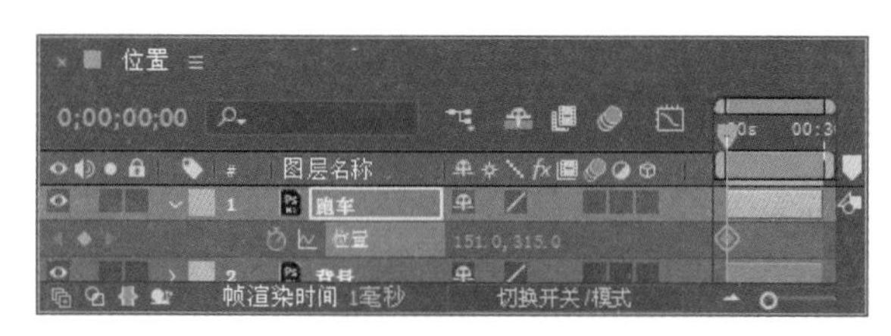

图 3.8

3 将时间调整到 0:00:04:00 的位置。在【时间线】面板中，修改【位置】的值为（579.0，315.0），如图 3.9 所示。

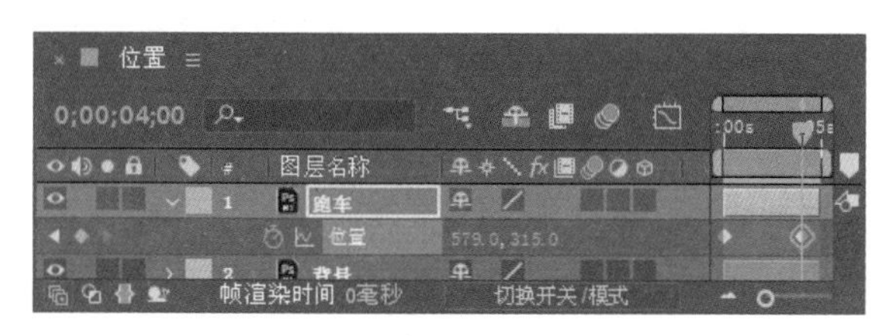

图 3.9

> 提示
> 当【在当前时间添加或移除关键帧】为未选中状时，单击该按钮，将添加一个关键帧；如果当前时间在某个关键帧位置，则【在当前时间添加或移除关键帧】将变成选中状，此时单击该按钮，将删除当前关键帧。

4 修改完关键帧位置后，素材的位置也将跟着变化，此时【合成】窗口中的素材效果如图 3.10 所示。

图 3.10

5 这样就完成了位移动画的制作，按空格键或小键盘上的 0 键，可以预览动画的效果，其中几帧的画面如图 3.11 所示。

图 3.11

3.1.5 缩放

【缩放】属性用来控制素材的大小，可以通过直接拖动的方法来改变素材大小，也可以通过修改数值来改变素材的大小。输入负值，还可以翻转素材，修改的方法有以下 3 种。

- 方法 1：直接拖动缩放。在【合成】窗口中，使用输入工具选择素材，可以看到素材上出现 8 个控制点，拖动控制点就可以完成素材的缩放。其中，4 个角的点可以在水平、垂直方向上同时缩放素材；两个中间的水平方向的点可以水平缩放素材；两个中间的垂直方向的点可以垂直缩放素材，如图 3.12 所示。

图 3.12

- 方法 2：修改数值。展开层列表，或按 S 键，然后单击【缩放】右侧的数值，激活后直接输入数值来修改素材大小，如图 3.13 所示。

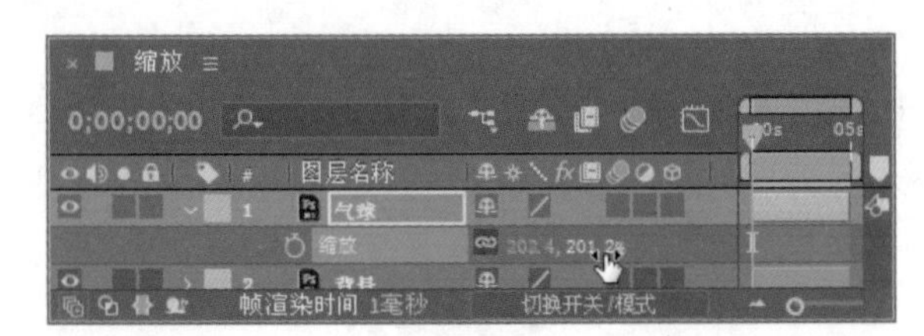

图 3.13

- 方法 3：利用【编辑值】命令修改。在【缩放】上右击，在弹出的快捷菜单中选择【编辑值】命令，打开【缩放】对话框，如图 3.14 所示，在该对话框中设置新的数值即可。

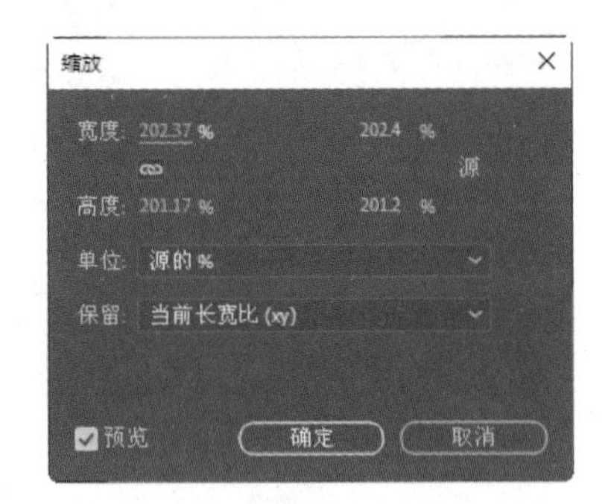

图 3.14

如果当前层为3D层，还将显示一个【深度】选项，表示素材在 Z 轴上的缩放，同时在【停留】右侧的下拉列表中，【当前长度比（xyz）】将处于可用状态，表示在三维空间中保持缩放比例。

3.1.6 课堂案例——缩放动画

实例解析

下面通过实例来讲解缩放动画的应用。通过对本例的学习，读者可以掌握缩放动画的制作技巧。

难易程度：★★★☆☆

工程文件：第 3 章\缩放动画

教学视频

操作步骤

1 打开工程文件。执行菜单栏中的【文件】|【打开项目】命令，打开“缩放动画练习.aep”文件。

2 在【时间线】面板中，将时间调整到 0:00:00:00 的位置。选择【气球】层，然后按 S 键，单击【缩放】左侧的码表按钮，在当前时间设置一个关键帧，如图 3.15 所示。

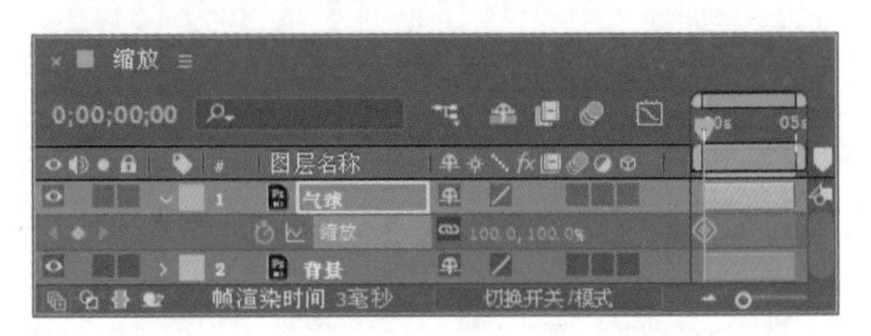

图 3.15

3 将时间调整到 0:00:04:00 的位置。修改【缩放】的值为（180.0，180.0%），系统将自动记录关键帧，如图 3.16 所示。

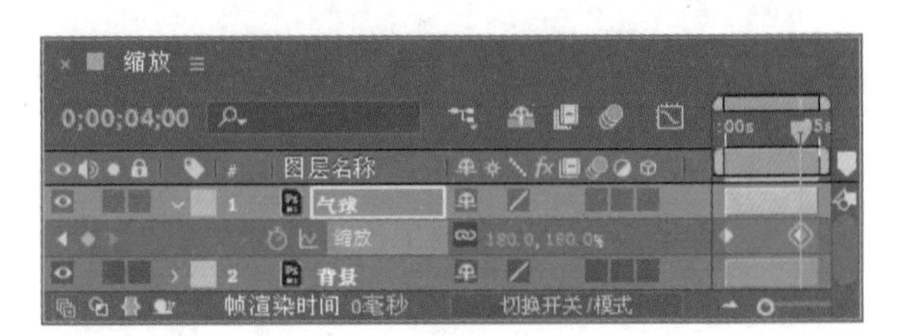

图 3.16

4 修改完关键帧位置后，素材的缩放也将跟着变化，此时，【合成】窗口中的素材效果如图 3.17 所示。

图 3.17

5 这样，就完成了缩放动画的制作，按空格键或小键盘上的 0 键，可以预览动画的效果，其中几帧的画面如图 3.18 所示。

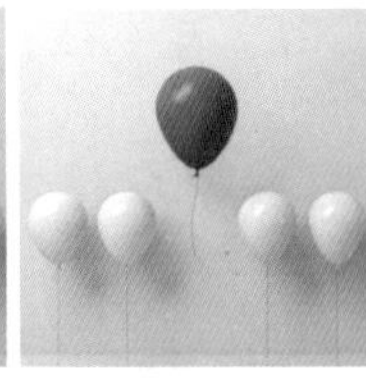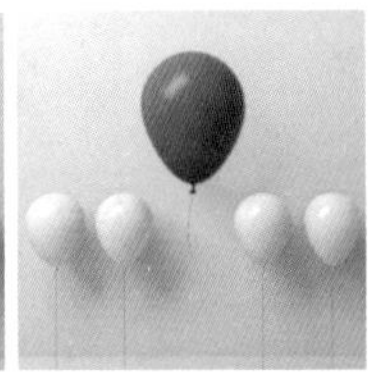

图 3.18

3.1.7 旋转

【旋转】属性用来控制素材的旋转角度。依据锚点的位置使用旋转属性，可以使素材产生相应的旋转变化，可以通过以下 3 种方式进行旋转操作。

- 方法 1：利用工具旋转。选择素材并选择工具栏中的【旋转工具】，或按 W 键，选择旋转工具，然后移动鼠标到【合成】窗口中的素材上，可以看到光标呈旋转状，将光标放在素材上直接拖动鼠标，即可进行素材的旋转，如图 3.19 所示。

图 3.19

- 方法 2：修改数值。单击展开层列表，或按 R 键，然后单击【旋转】右侧的数值，激活后直接输入数值来修改素材旋转度数，如图 3.20 所示。

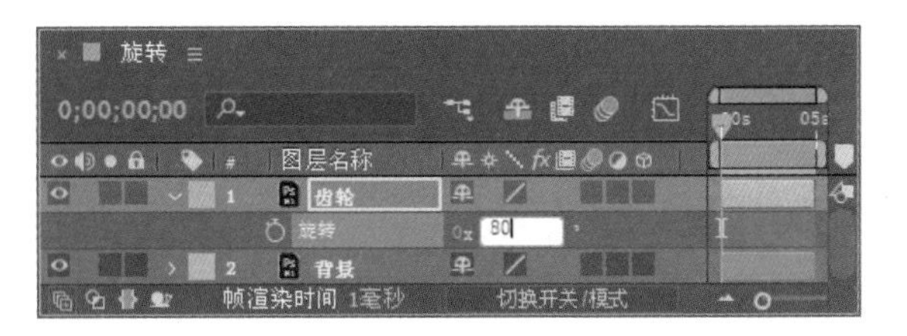

图 3.20

提示

旋转的数值不同于其他数值，它的表现方式为 0x+0.0，在这里，加号前面的 0x 表示旋转的周数，如旋转 1 周，输入 1x，即旋转 360°，旋转 2 周，输入 2x，以此类推。加号后面的 0.0 表示旋转的度数，它是一个小于 360°的数值，比如输入 30.0，表示将素材旋转 30°。输入正值，素材将按顺时针方向旋转；输入负值，素材将按逆时针方向旋转。

- 方法 3：利用【编辑值】命令修改。展开层列表后，在【旋转】上右击，在弹出的快捷菜单中选择【编辑值】命令，打开【旋转】对话框，如图 3.21 所示，在该对话框中设置新的数值即可。

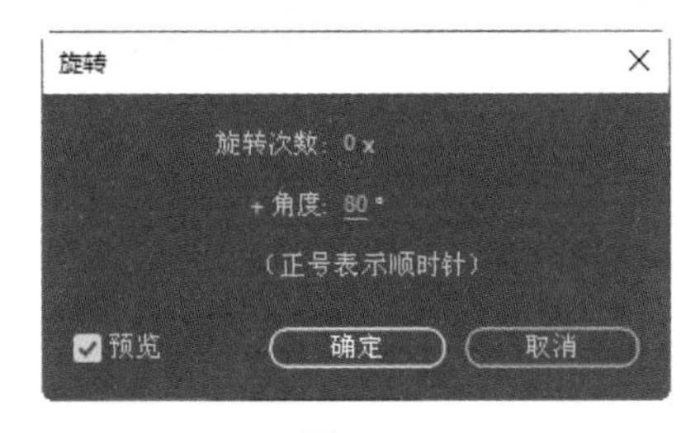

图 3.21

3.1.8 课堂案例——旋转动画

实例解析

下面将利用【旋转】属性来制作旋转动画。通过本例，读者将学会旋转属性的设置技巧。

难易程度：★★★☆☆ 教学视频
工程文件：第 3 章\旋转动画

操作步骤

1 打开工程文件。执行菜单栏中的【文件】|【打开项目】命令，打开“旋转动画练习.aep”文件。

2 将时间调整到0:00:00:00的位置，单击【齿轮】素材层，按R键打开【旋转】属性，单击【旋转】属性左侧的码表按钮，在当前时间设置一个关键帧，如图3.22所示。

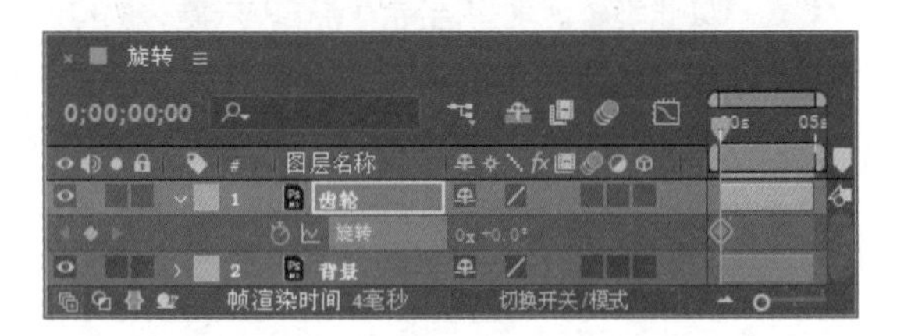

图3.22

3 调整时间到0:00:02:00的位置，修改【旋转】的值为（0x+180.0°），此时会自动建立新的关键帧，如图3.23所示。

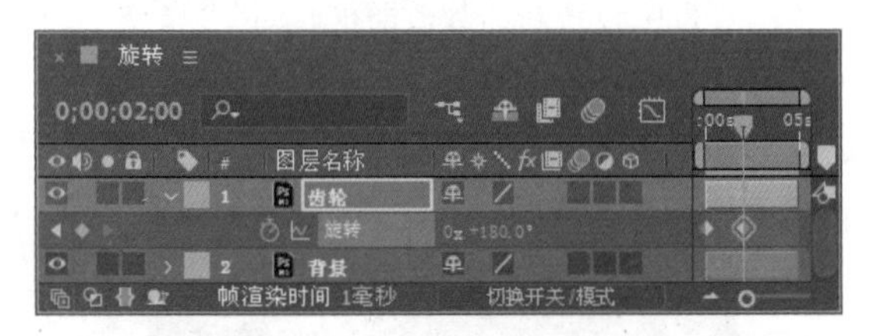

图3.23

4 调整时间到0:00:04:00的位置，设置【旋转】的值为（0x−180.0°），在当前时间设置一个关键帧，如图3.24所示。

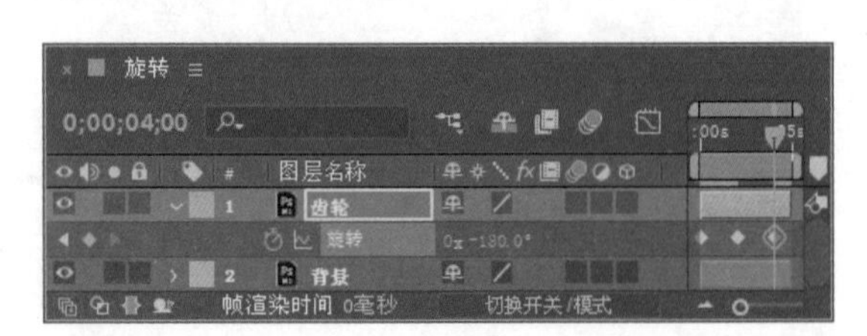

图3.24

5 修改完关键帧位置后，素材的旋转也将跟着变化，此时【合成】窗口中的素材效果如图3.25所示。

图3.25

6 这样就完成了旋转动画的制作，按空格键或小键盘上的0键，可以预览动画的效果，其中几帧的画面如图3.26所示。

图3.26

3.1.9 不透明度

【不透明度】属性用来控制素材的透明程度。一般来说，除了包含通道的素材具有透明区域，其他素材都以不透明的形式出现，要想让素材透明，就要使用透明度属性来修改，透明度的修改方式有以下两种。

- 方法1：修改数值。单击展开层列表，或按T键，然后单击【不透明度】右侧的数值，激活后直接输入数值来修改素材透明度，如图3.27所示。
- 方法2：利用【编辑值】命令修改。展开层列表后，在【不透明度】上右击，在弹出的快捷菜单中选择【编辑值】命令，打开【不透明度】对话框，如图3.28所示，在该对话框中设置新的数值即可。

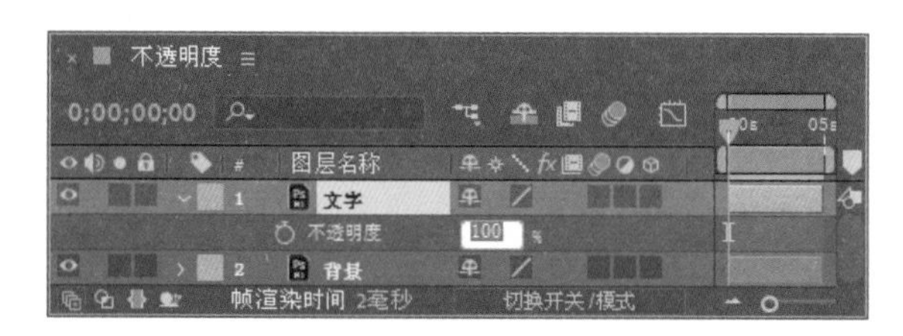

图 3.27

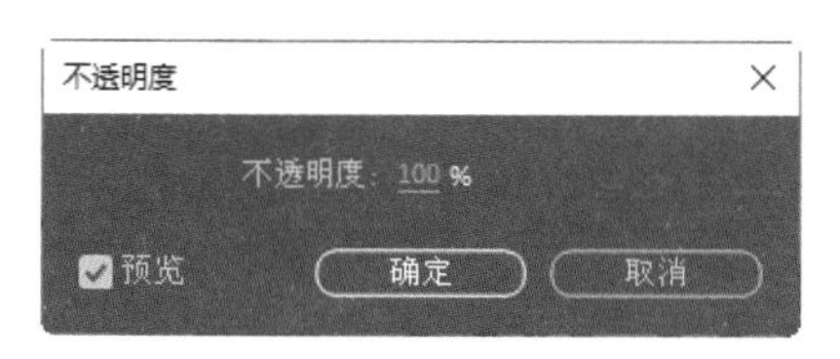

图 3.28

3.1.10 课堂案例——不透明度动画

实例解析

前面讲解了不透明度应用的基本知识，下面通过实例详细讲解不透明度动画的制作过程。通过本例，读者将掌握不透明度的设置方法及动画制作技巧。

教学视频

难易程度：★★★☆☆

工程文件：第 3 章 \ 不透明度动画

操作步骤

1 打开工程文件。执行菜单栏中的【文件】|【打开项目】命令，打开“不透明度动画练习.aep”文件。

2 调整时间到 0:00:00:00 的位置，单击【文字】素材层，按 T 键打开【不透明度】属性，设置【不透明度】的值为 0%，单击【不透明度】属性左侧的码表按钮，在当前时间设置一个关键帧，如图 3.29 所示。

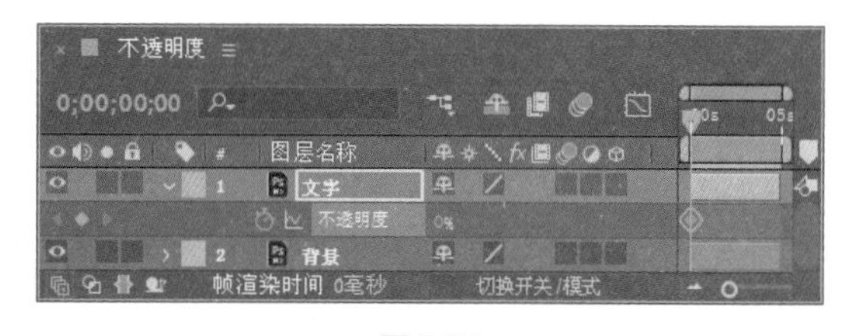

图 3.29

3 调整时间到 0:00:02:00 的位置，设置【不透明度】的值为 100%，系统自动记录关键帧，如图 3.30 所示。

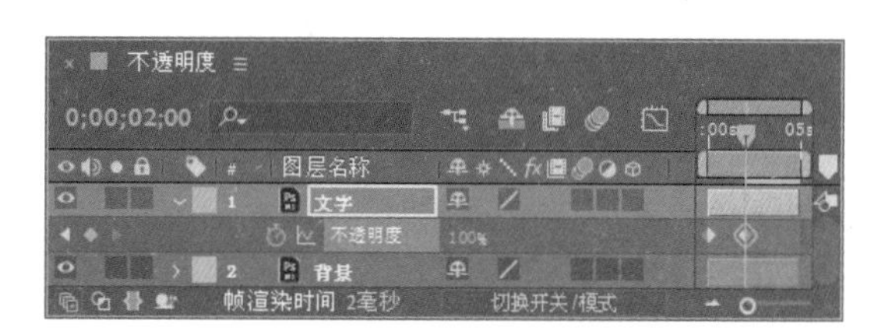

图 3.30

4 调整时间到 0:00:04:00 的位置，修改【不透明度】的值为 0%，系统自动记录关键帧，如图 3.31 所示。

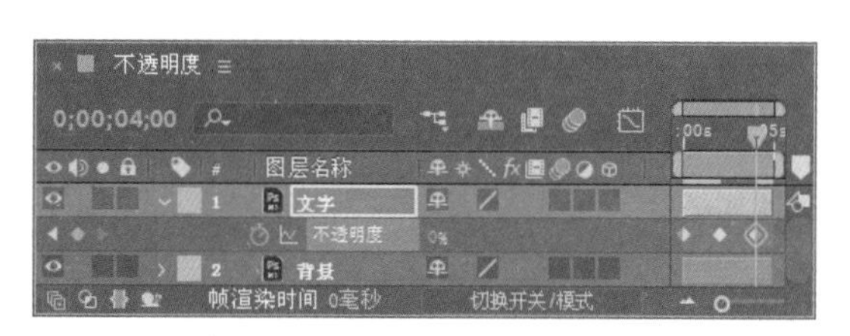

图 3.31

5 修改完关键帧位置后，素材的旋转也将跟着变化，此时【合成】窗口中的素材效果如图 3.32 所示。

图 3.32

6 这样就完成了不透明度动画的制作。按空格键或小键盘上的 0 键预览动画，其中几帧的动画效果如图 3.33 所示。

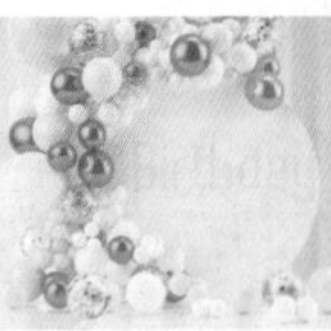

图 3.33

3.2 文字工具介绍

在影视作品中，除了图像，文字也是很重要的一项内容。尽管 After Effects 是一个视频编辑软件，但其文字处理功能也是十分强大的。

3.2.1 创建文字

直接创建文字的方法有两种，可以使用菜单，也可以使用工具栏中的文字工具，具体方法如下。

- 方法 1：使用菜单。执行菜单栏中的【图层】|【新建】|【文本】命令，此时【合成】窗口中将出现一个光标效果，在【时间线】面板中将出现一个文字层。使用合适的输入法，直接输入文字即可。
- 方法 2：使用文字工具。单击工具栏中的【横排文字工具】按钮或【直排文字工具】按钮，使用横排或直排文字工具直接在【合成】窗口中单击并输入文字，横排文字和直排文字的效果如图 3.34 所示。

图 3.34

- 方法 3：按 Ctrl+T 组合键，选择文字工具。反复按该组合键，可以在横排和直排文字间切换。

3.2.2 【字符】和【段落】面板

【字符】和【段落】面板用于对文字进行修改。利用【字符】面板，可以对文字的字体、字号、颜色等属性进行修改；利用【段落】面板可以对文字进行对齐、缩进等的修改。打开【字符】和【段落】面板的方法有以下两种。

- 方法 1：利用菜单。执行菜单栏中的【窗口】|【字符】或【段落】命令，即可打开【字符】或【段落】面板。
- 方法 2：利用工具栏。在工具栏中选择文字工具，或输入的文字处于激活状态时，在工具栏中单击【切换字符和段落面板】按钮。【字符】和【段落】面板分别如图 3.35 和图 3.36 所示。

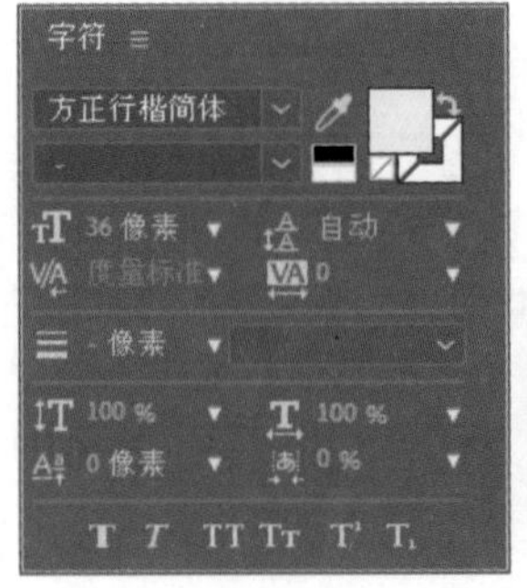

图 3.35

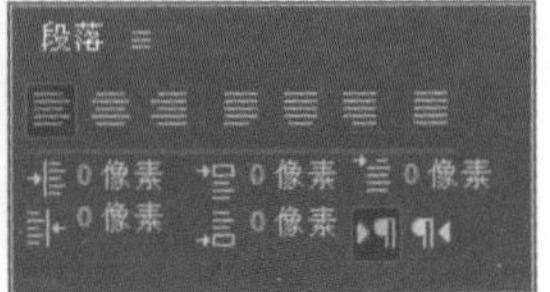

图 3.36

3.3 文字属性介绍

创建文字后，在【时间线】面板中将出现一个文字层，展开【文本】列表，将显示文字属性选项，如图 3.37 所示。在这里可以修改文字的基本属性。

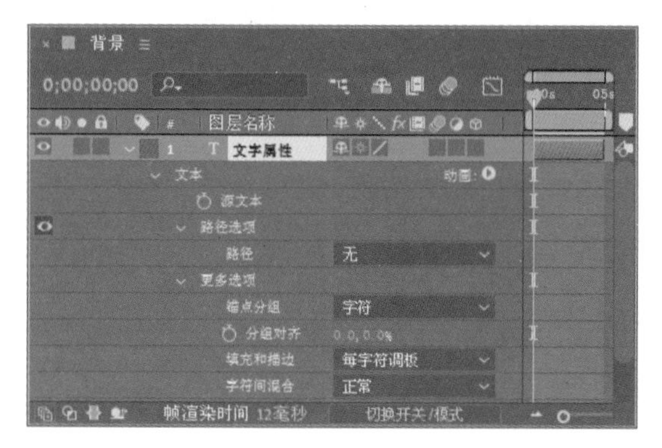

图 3.37

3.3.1 动画

在【文本】列表选项右侧有一个【动画】动画:按钮，单击该按钮，将弹出一个菜单。该菜单包含了文字的动画制作命令，执行某个命令后，在【文本】列表选项中将添加该命令的动画选项，通过该选项，可以制作出更加丰富的文字动画效果，动画菜单如图 3.38 所示。

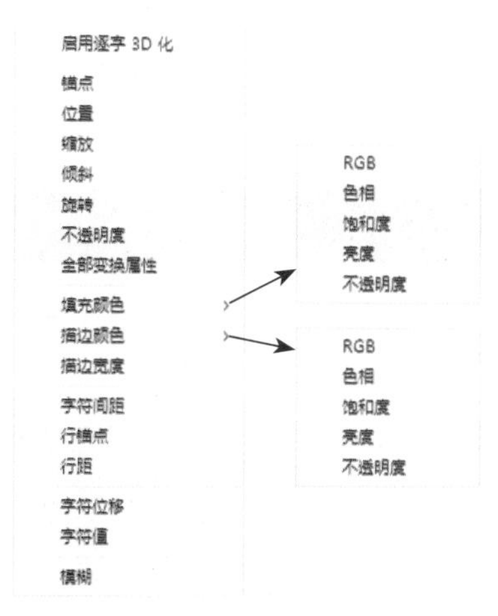

图 3.38

3.3.2 路径

在【路径选项】列表中有一个【路径】选项，通过它可以制作一个路径文字，在【合成】窗口创建文字并绘制路径，然后通过【路径】右侧的菜单，可以制作路径文字效果。路径文字设置及显示效果如图 3.39 所示。

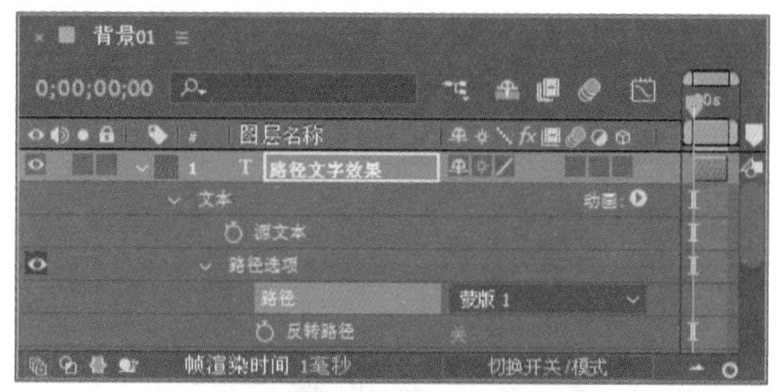

图 3.39

在应用路径文字后，在【路径选项】列表中将多出 5 个选项，用来控制文字与路径的排列关系，如图 3.40 所示。

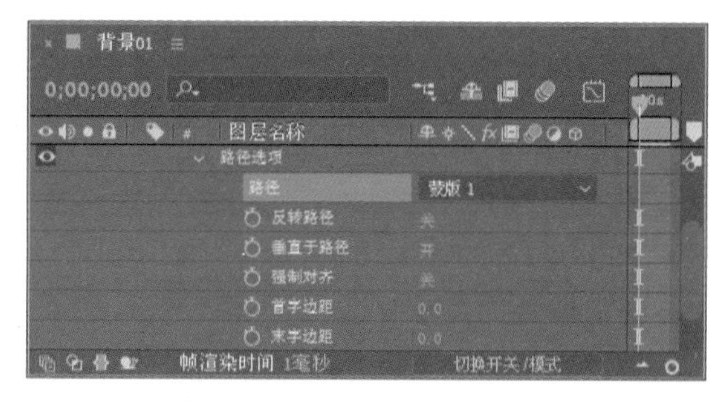

图 3.40

这 5 个选项的应用及说明具体如下。

- 反转路径：该选项可以将路径上的文字进行反转，反转前后的效果如图 3.41 所示。

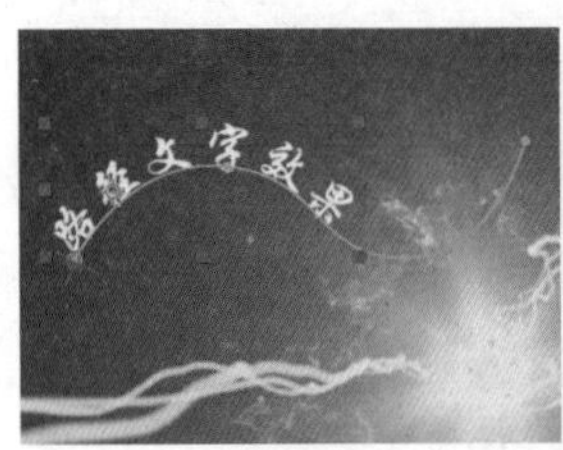

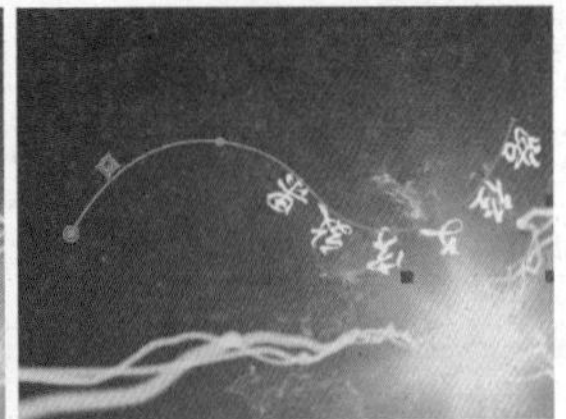

图 3.41

- 垂直于路径：该选项控制文字与路径的垂直关系，如果开启垂直功能，不管路径如何变化，文字始终与路径保持垂直，应用前后的效果对比如图 3.42 所示。

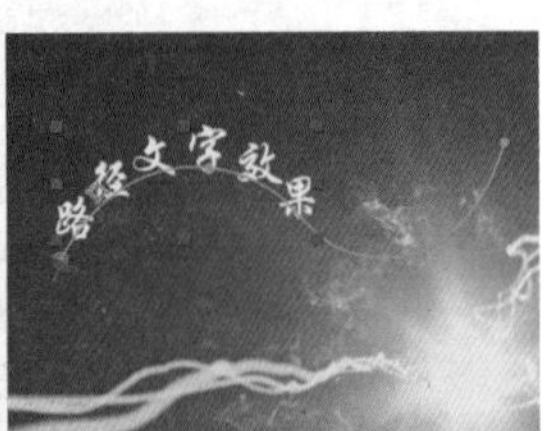

图 3.42

- 强制对齐：强制将文字与路径两端对齐。如果文字过少，将出现文字分散的效果，应用前后的效果对比如图 3.43 所示。
- 首字边距：用来控制开始文字的位置，通过后面的参数调整，可以改变首字在路径上的位置。应用前后的效果对比如图 3.44 所示。

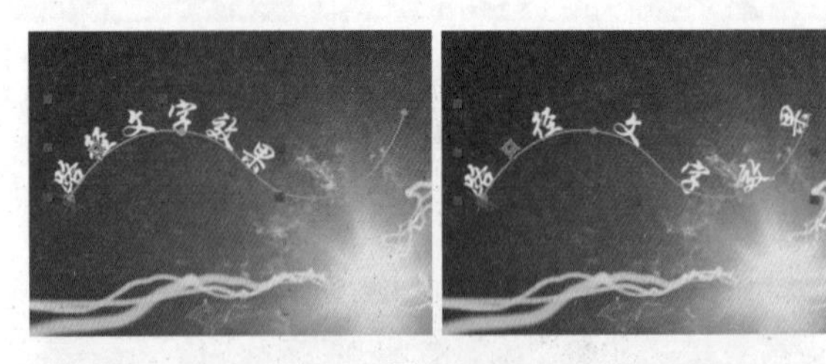

图 3.43

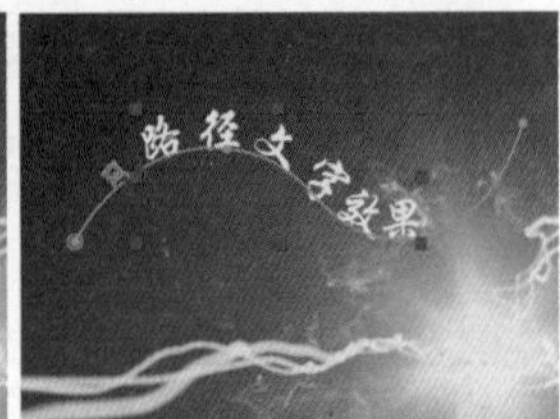

图 3.44

- 末字边距：用来控制结束文字的位置，通过后面的参数调整，可以改变终点文字在路径上的位置。应用前后的效果对比如图 3.45 所示。

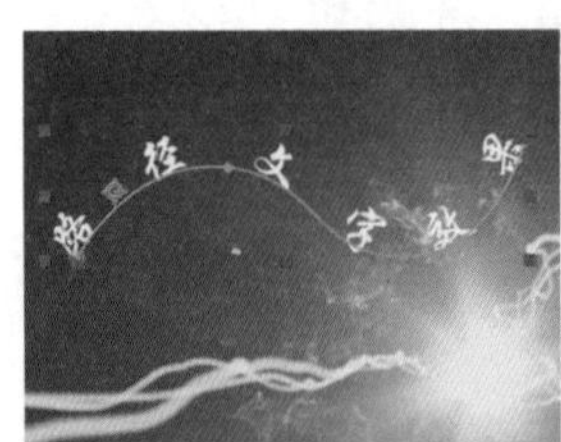
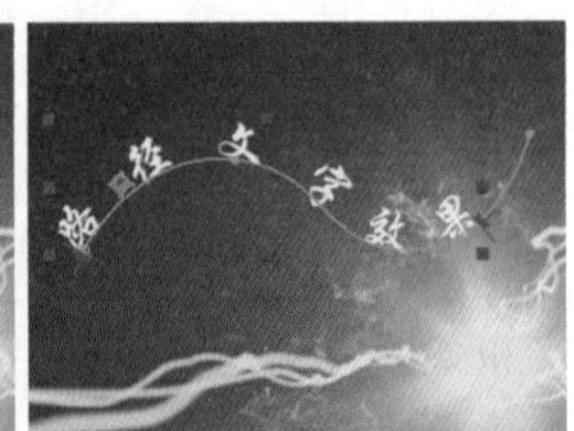

图 3.45

3.4 基础文字动画制作

前面学习了文字的基础知识，下面通过一些基础的文字动画，学习制作基础文字动画的方法。

3.4.1 课堂案例——路径文字动画

实例解析

本例将利用【钢笔工具】及【路径选项】属性制作路径文字动画效果。完成的动画效果如图 3.46 所示。

难易程度：★★★☆☆

工程文件：第 3 章 \ 路径文字动画

图 3.46

教学视频

知识点

1. 钢笔工具
2. 路径选项

操作步骤

1 执行菜单栏中的【文件】|【打开项目】命令，选择“路径文字动画练习.aep”文件，将文件打开。

2 执行菜单栏中的【图层】|【新建】|【文本】命令，在【合成】窗口中输入 Cease to struggle and you cease to live，设置文字字体为 Birch Std，字号为 40 像素，字体颜色为白色，参数如图 3.47 所示，合成窗口效果如图 3.48 所示。

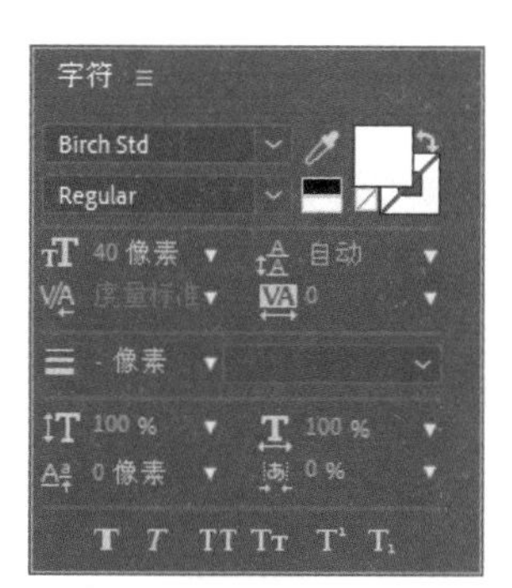

图 3.47

3 选中文字层，在工具栏中选择【钢笔工具】，绘制一个路径，如图 3.49 所示。

图 3.48

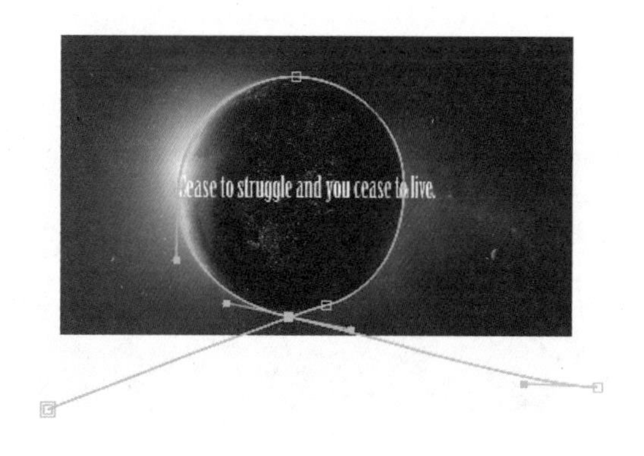

图 3.49

4 展开【文本】|【路径选项】，在【路径】右侧的下拉列表中选择【蒙版 1】，将时间调整到 0:00:00:00 的位置，设置【首字边距】的值为 -200.0，单击【首字边距】左侧的码表按钮，在当前位置设置关键帧，效果如图 3.50 所示。

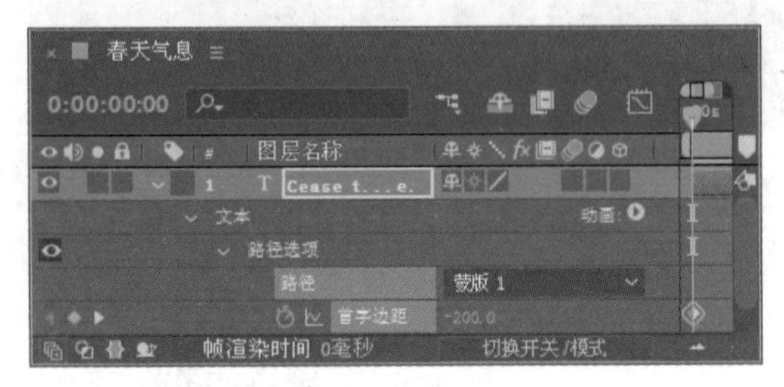

图 3.50

5 将时间调整到 0:00:04:00 的位置，设置【首字边距】的值为 1800.0，系统会自动设置关键帧，如图 3.51 所示，【合成】窗口效果如图 3.52 所示。

6 这样就完成了整体动画的制作，按小键盘上的 0 键，即可在【合成】窗口中预览动画。

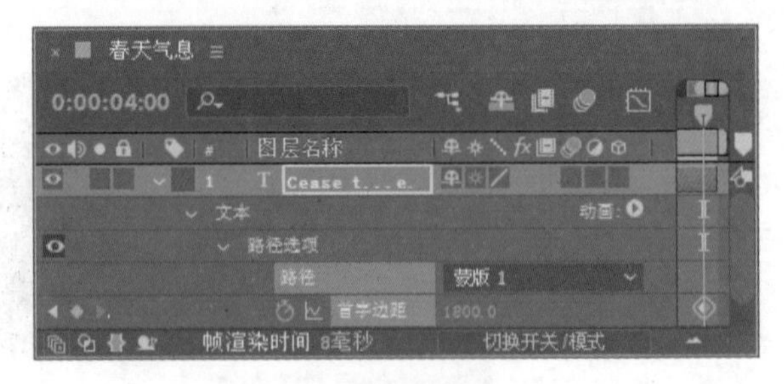

图 3.51

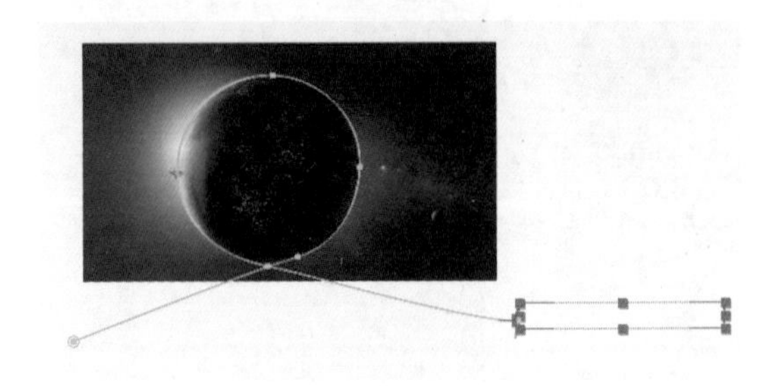

图 3.52

3.4.2 课堂案例——清新文字

实例解析

本例将利用【缩放】属性制作清新文字效果。完成的动画效果如图 3.53 所示。

难易程度：★★★☆☆

工程文件：第 3 章\清新文字

图 3.53

知识点

1. 缩放
2. 不透明度
3. 模糊

教学视频

操作步骤

1 执行菜单栏中的【文件】|【打开项目】命令，选择“清新文字练习.aep”文件，将文件打开。

2 执行菜单栏中的【图层】|【新建】|【文本】命令，输入 Fantastic Eternity。在【字符】面板中设置文字字体 ChopinScript，字号为 94 像素，字体颜色为白色，参数如图 3.54 所示，【合成】窗口效果如图 3.55 所示。

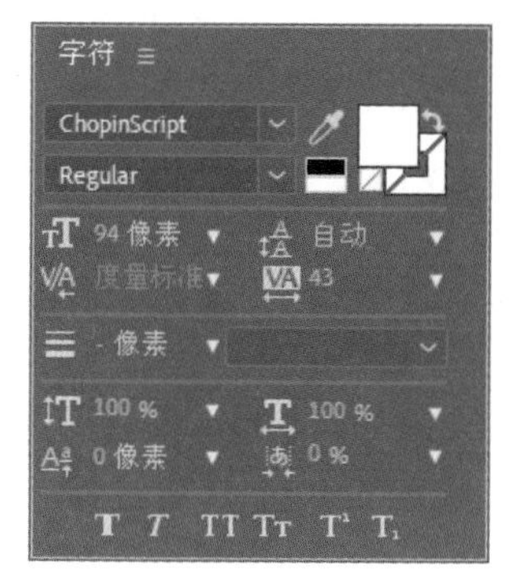

图 3.54

图 3.55

3 选择文字层，在【效果和预设】面板中展开【生成】特效组，双击【梯度渐变】特效。

4 在【效果控件】面板中，设置【渐变起点】的值为（88.0，82.0），【起始颜色】为绿色（R：156，G：255，B：86），【渐变终点】的值为（596.0，267.0），【结束颜色】为白色，如图 3.56 所示，【合成】窗口效果如图 3.57 所示。

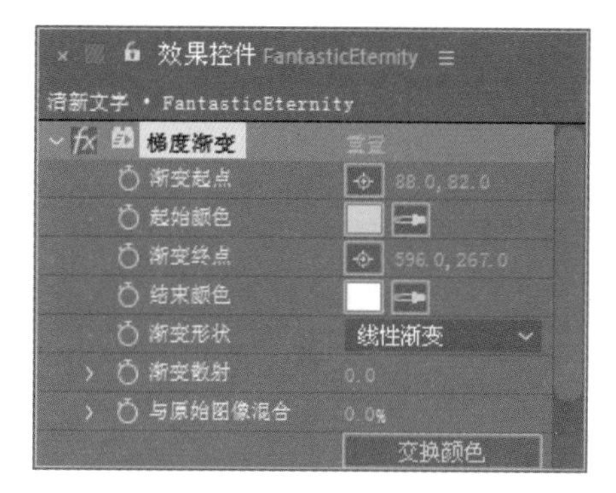

图 3.56

图 3.57

5 选择文字层，在【效果和预设】面板中展开【透视】特效组，双击【投影】特效。

6 在【效果控件】面板中，设置【阴影颜色】为暗绿色（R：89，G：140，B：30），【柔和度】的值为 18.0，如图 3.58 所示，【合成】窗口效果如

图 3.59 所示。

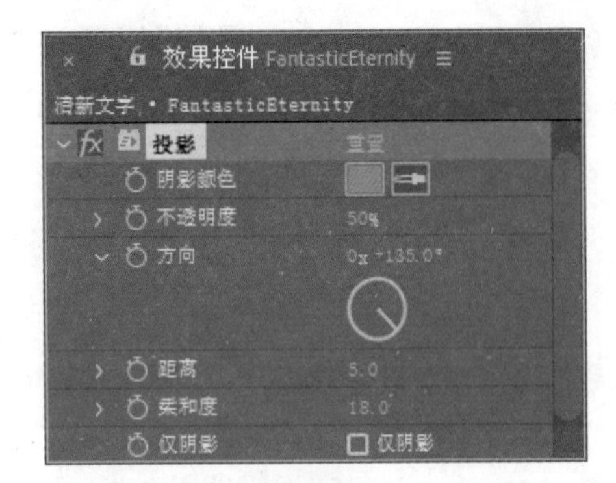

图 3.58

图 3.59

7 在【时间线】面板中展开文字层，单击【文本】右侧的【动画】动画:按钮，在下拉列表中选择【缩放】选项，设置【缩放】的值为（300.0，300.0%）。单击【动画制作工具 1】右侧的【添加】添加:按钮，从下拉列表中选择【属性】|【不透明度】和【属性】|【模糊】选项，设置【不透明度】的值为 0%，【模糊】的值为（200.0，200.0），如图 3.60 所示，【合成】窗口效果如图 3.61 所示。

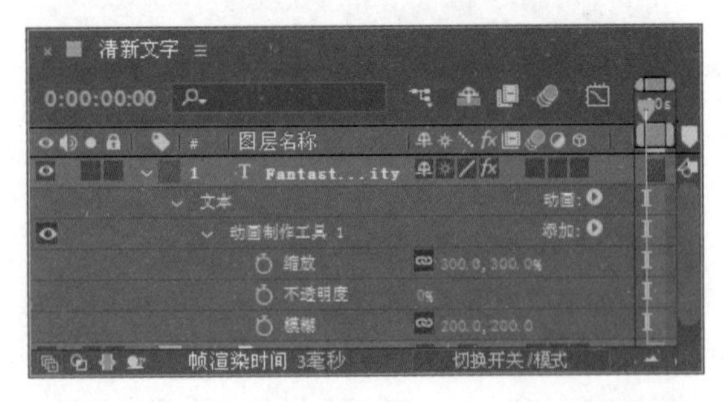

图 3.60

图 3.61

8 展开【动画制作工具 1】|【范围选择器 1】|【高级】选项组，在【单位】右侧的下拉列表中选择【索引】，在【形状】右侧的下拉列表中选择【上斜坡】，设置【缓和低】的值为 100%，【随机排序】为【开】，如图 3.62 所示，【合成】窗口效果如图 3.63 所示。

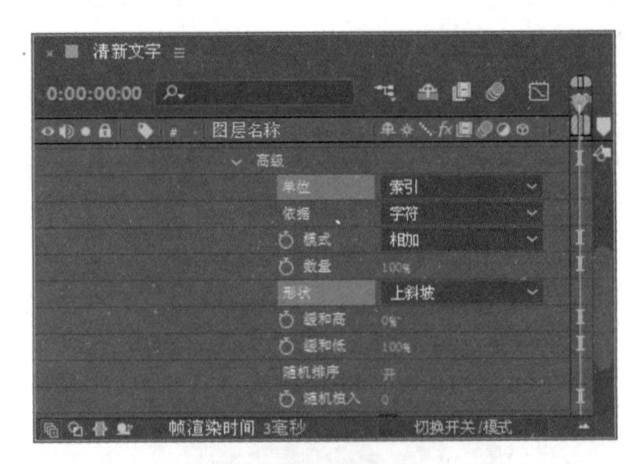

图 3.62

图 3.63

9 调整时间到 0:00:00:00 的位置，展开【范围选择器 1】选项，设置【结束】的值为 10，【偏移】的值为 −10，单击【偏移】左侧的码表按钮，在此位置设置关键帧。

10 调整时间到 0:00:02:00 的位置，设置【偏移】的值为 23.0，系统将自动添加关键帧，如图 3.64 所示，【合成】窗口效果如图 3.65 所示。

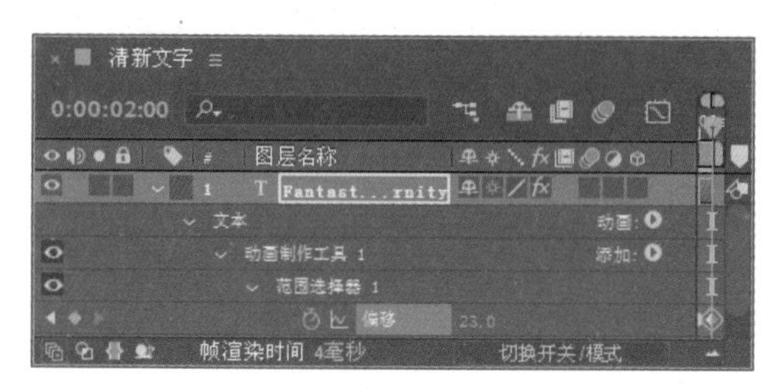

图 3.64

图 3.65

11 这样就完成了动画的整体制作，按小键盘上的 0 键，即可在【合成】窗口中预览动画。

3.4.3 课堂案例——卡片翻转文字

实例解析

本例将利用【缩放】文本属性制作卡片翻转效果。最终的动画效果如图 3.66 所示。

难易程度：★★★☆☆

工程文件：第 3 章 \ 卡片翻转文字

图 3.66

知识点

1. 启用逐字 3D 化
2. 缩放
3. 旋转
4. 模糊

教学视频

操作步骤

1 执行菜单栏中的【文件】|【打开项目】命令，选择“卡片翻转文字练习.aep”文件，将文件打开。

2 在【时间线】面板中展开文字层，单击【文本】右侧的【动画】动画：按钮，在下拉列表中依次选择【启用逐字 3D 化】和【缩放】选项，如图 3.67 所示。

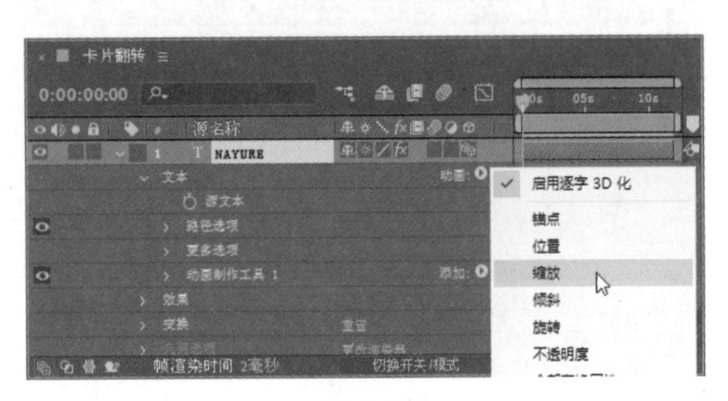

图 3.67

3 此时在【文本】层中出现一个【动画制作工具 1】选项组，单击【动画制作工具 1】右侧的【添加】添加：按钮，在下拉列表中依次选择【属性】|【旋转】、【属性】|【不透明度】和【属性】|【模糊】选项，如图 3.68 所示。

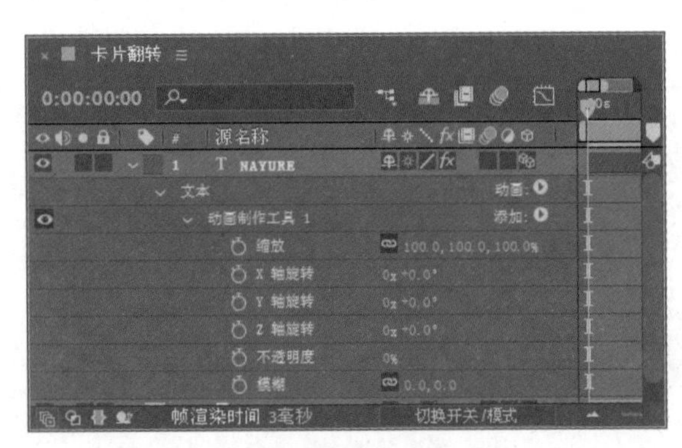

图 3.68

4 展开【动画制作工具 1】|【范围选择器 1】|【高级】选项组，在【形状】右侧的下拉列表中选择【上斜坡】，如图 3.69 所示。

5 在【动画制作工具 1】选项下设置【缩放】的值为（400.0，400.0，400.0%），【不透明度】的值为 0%，【Y 轴旋转】的值为（−1x+0.0°），【模糊】的值为（5.0，5.0），如图 3.70 所示。

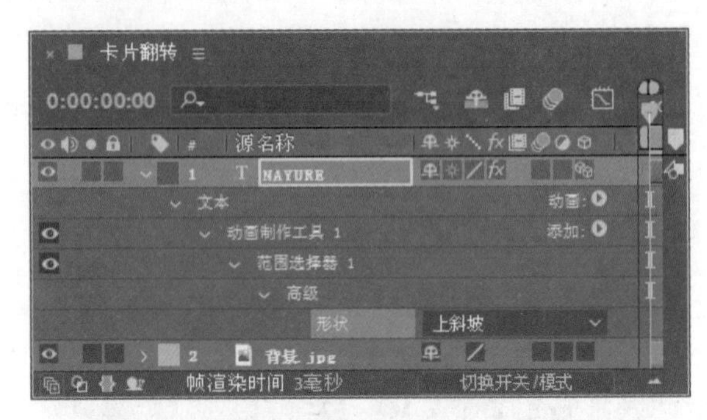

图 3.69

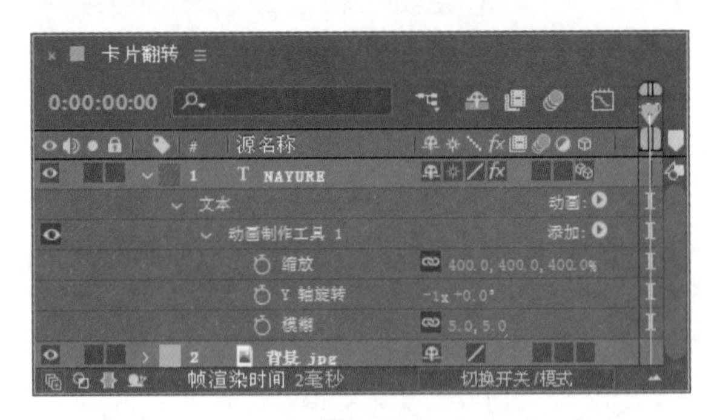

图 3.70

6 调整时间到 0:00:00:00 的位置，展开【范围选择器 1】选项，设置【偏移】的值为 −100%，单击【偏移】左侧的码表按钮，在此位置设置关键帧，如图 3.71 所示。

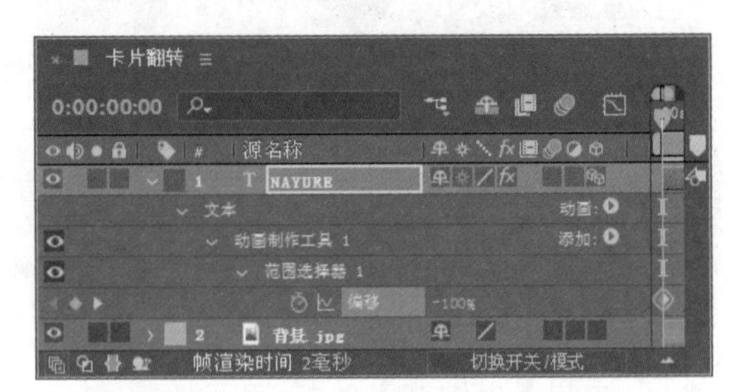

图 3.71

7 调整时间到 0:00:05:00 的位置，设置【偏移】的值为 100%，系统自动添加关键帧，如图 3.72 所示。

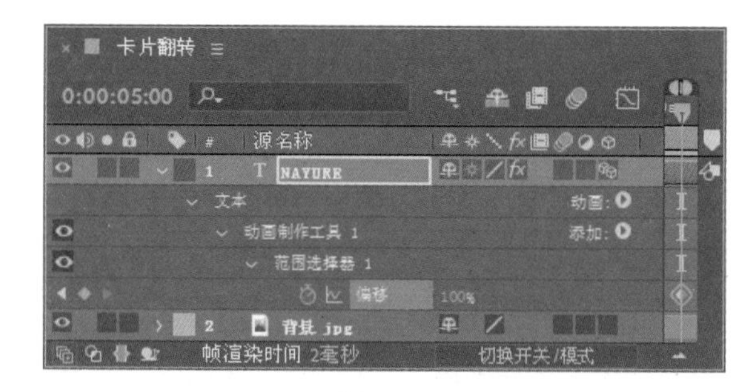

图 3.72

8 选择文字层，在【效果和预设】面板中展开【生成】特效组，双击【梯度渐变】特效，如图 3.73 所示。

图 3.73

9 在【效果和预设】面板中设置【渐变起点】的值为（112.0，156.0），【起始颜色】为绿色（H：154，S：100，B：86），【渐变终点】的值为（606.0，272.0），【结束颜色】为黄色（H：51，S：76，B：100），如图 3.74 所示。

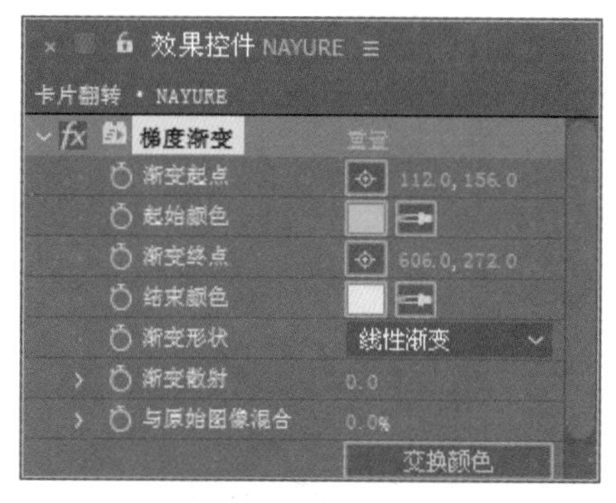

图 3.74

10 这样就完成了动画的整体制作，按小键盘上的 0 键，即可在【合成】窗口中预览动画。

3.4.4 课堂案例——变色文字效果

实例解析

本例将利用【填充色相】属性制作变色文字效果。完成的动画效果如图 3.75 所示。

难易程度：★★★☆☆

工程文件：第 3 章 \ 变色文字效果

图 3.75

教学视频

知识点

1. 填充色相
2. 毛边

操作步骤

1 执行菜单栏中的【文件】|【打开项目】命令，选择“变色文字效果练习.aep”文件，将文件打开。

2 执行菜单栏中的【图层】|【新建】|【文本】命令，在【合成】窗口中输入DO ONE THING AT A TIME, AND DO WELL.，设置文字字体为Aparajita，字号为63像素，行距的值为36，字体颜色为红色（R：255，G：0，B：0），如图3.76所示，【合成】窗口效果如图3.77所示。

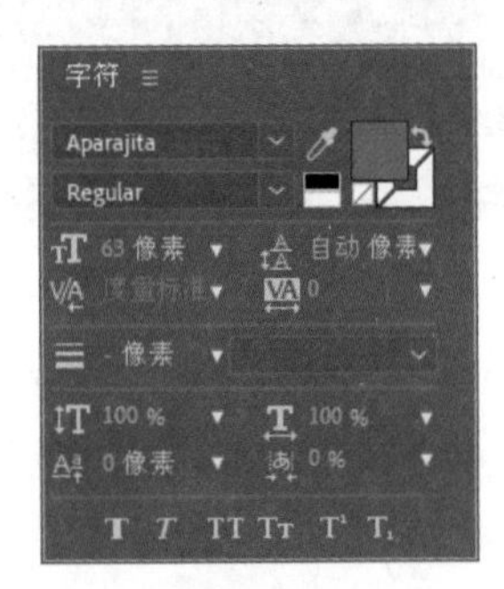

图 3.76

图 3.77

3 将时间调整到0:00:00:00的位置，展开文字层，单击【文本】右侧的【动画】按钮，从下拉列表中选择【填充颜色】|【色相】选项，设置【填充色相】的值为（0x+0.0°），单击【填充色相】左侧的码表按钮，在当前位置设置关键帧，如图3.78所示，【合成】窗口效果如图3.79所示。

4 将时间调整到0:00:02:24的位置，设置【填充色相】的值为（3x+164.0°），系统会自动设置关键帧，如图3.80所示，【合成】窗口效果如图3.81所示。

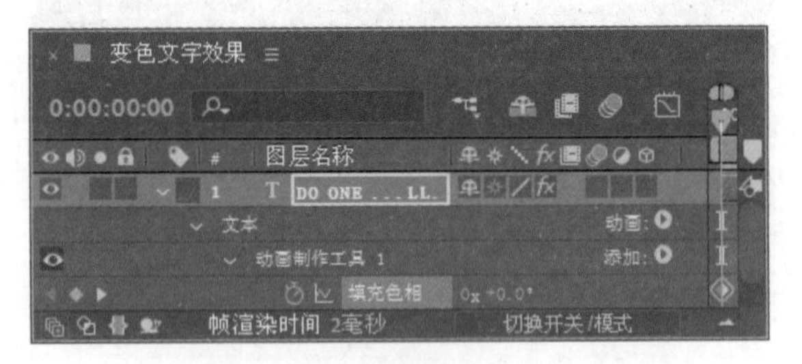

图 3.78

图 3.79

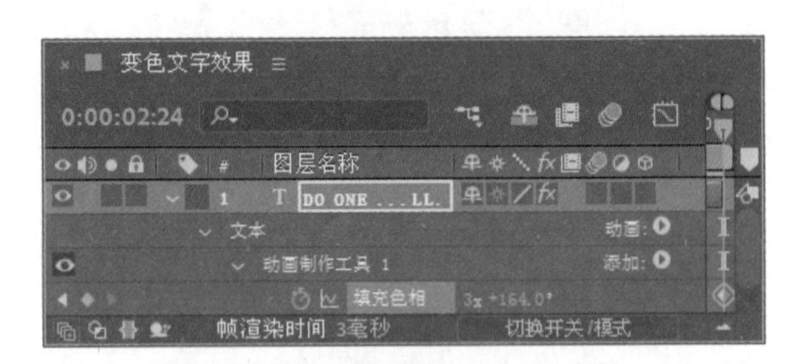

图 3.80

图 3.81

5 为了让文字有更好的效果，为其添加特效。在【效果和预设】面板中展开【风格化】特效组，然后双击【毛边】特效。

6 在【效果控件】面板中，从【边缘类型】下拉列表中选择【刺状】选项，设置【边界】的值为 3.60，【分形影响】的值为 0.80，如图 3.82 所示，【合成】窗口效果如图 3.83 所示。

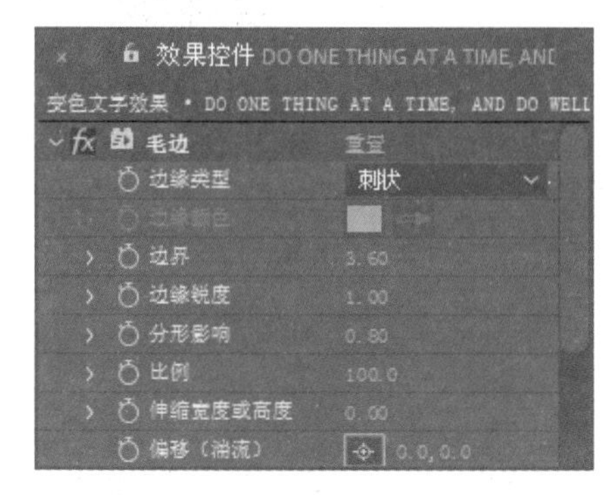

图 3.82

图 3.83

7 这样就完成了整体动画制作，按小键盘上的 0 键，即可在【合成】窗口中预览动画。

3.5 影视文字特效

文字在影视特效中也是很常用的，这些特效文字虽然看上去非常炫酷，但是制作起来并不复杂。下面通过几个实例，讲解常见影视文字特效的制作方法。

3.5.1 课堂案例——粉笔字

实例解析

本例主要讲解粉笔字的制作，首先输入文字并创建文字蒙版，然后添加【涂写】特效制作动画。完成的动画流程画面如图 3.84 所示。

难易程度：★★★☆☆

工程文件：第 3 章 \ 粉笔字

图 3.84

知识点

1. 从文字创建蒙版
2. 涂写

教学视频

操作步骤

1 执行菜单栏中的【合成】|【新建合成】命令，打开【合成设置】对话框，设置【合成名称】为“粉笔字”，【宽度】为720，【高度】为480，【帧速率】为25，并设置【持续时间】为0:00:05:00，如图3.85所示。

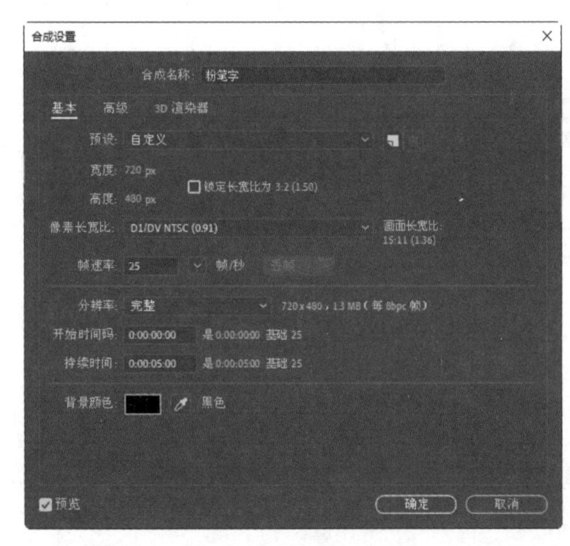

图 3.85

2 执行菜单栏中的【文件】|【导入】|【文件】命令，选择“背景.jpg”素材，单击【导入】按钮。

3 在【项目】面板中选择“背景.jpg”素材，将其拖动到【粉笔字】合成的【时间线】面板中。

4 选择【横排文字工具】，在【合成】窗口中单击并输入文字“粉笔”，在【字符】面板中设置文字的大小为175像素，字体的填充颜色为白色，如图3.86所示。

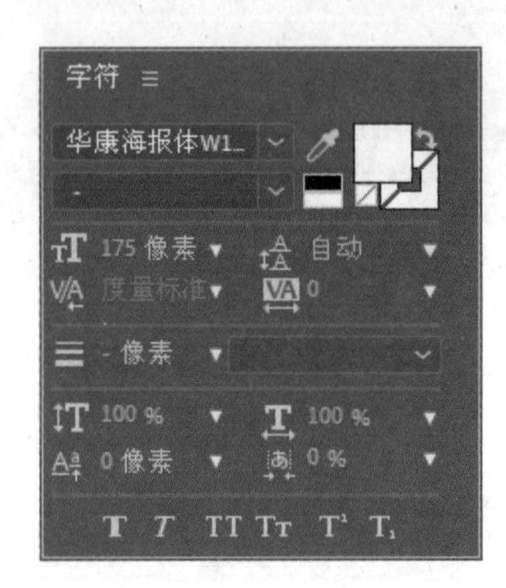

图 3.86

5 选中【粉笔】层，执行菜单栏中的【图层】|【创建】|【从文字创建蒙版】命令，在【时间线】面板中，系统会自动创建一个文字轮廓层——【“粉笔”轮廓】，单击【粉笔】层视频眼睛隐藏与关闭按钮，隐藏该层，如图3.87所示。

图 3.87

6 选中【“粉笔”轮廓】层，在【效果和预设】面板中展开【生成】特效组，双击【涂写】特效。

7 在【效果控制】面板中，从【涂抹】右

侧的下拉列表中选择【所有蒙版】，设置【角度】的值为（0x+30.0°），【描边宽度】的值为 4.0，如图 3.88 所示。

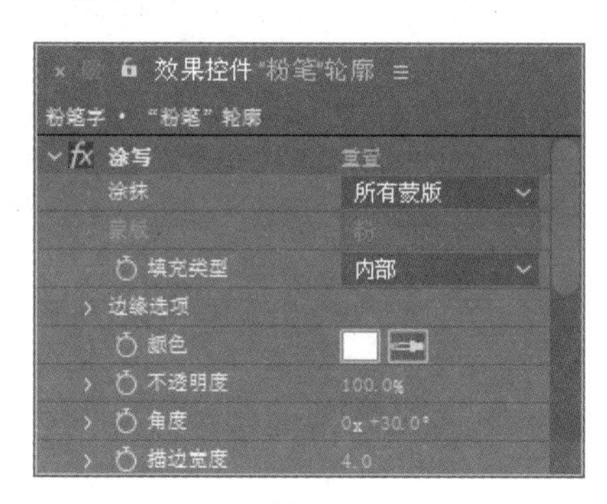

图 3.88

8 将时间调整到0:00:00:00的位置，设置【结束】的值为 0%，单击码表按钮，在当前位置添加关键帧。将时间调整到 0:00:04:00 的位置，设置【结束】的值为 100.0%，系统会自动添加关键帧，如图 3.89 所示。

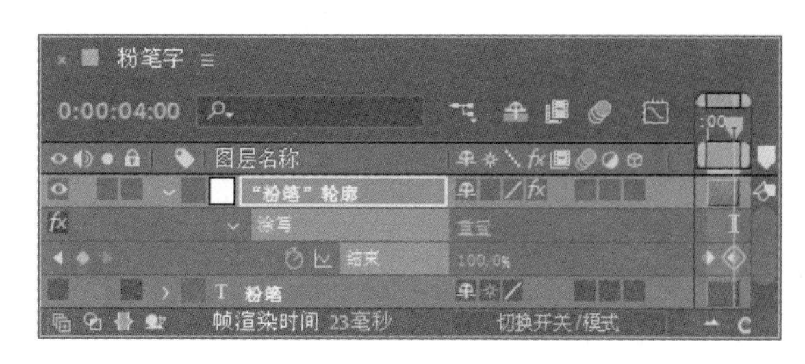

图 3.89

9 这样就完成了动画的整体制作，按小键盘上的 0 键，可在【合成】窗口中预览动画效果。

3.5.2 课堂案例——古诗散落

实例解析

本例将利用【字符位移】属性制作古诗散落效果。本例最终的动画效果如图 3.90 所示。

难易程度：★★★☆☆

工程文件：第 3 章 \ 古诗散落

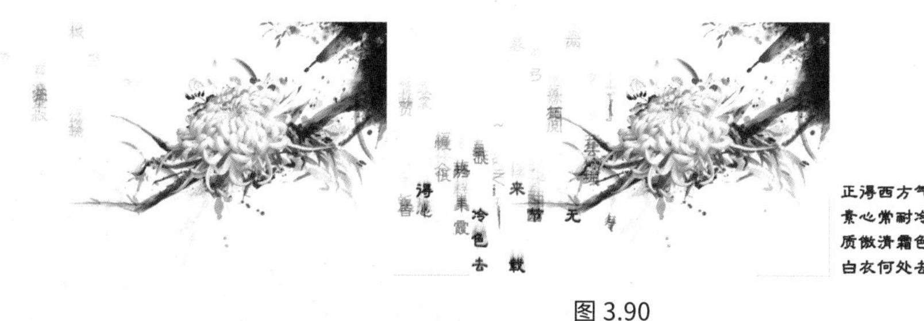

图 3.90

知识点

1. 字符位移
2. 不透明度
3. 位置

操作步骤

1 执行菜单栏中的【文件】|【打开项目】命令，选择“古诗散落练习.aep”文件，将文件打开。

2 执行菜单栏中的【图层】|【新建】|【文本】命令，新建文字层，输入“正得西方气，来开篱下花。素心常耐冷，晚节本无瑕。质傲清霜色，香含秋露华。白衣何处去？载酒问陶家”。设置文字字体为方正隶变简体，字号为30像素，行间距为40像素，字间距为0，字体颜色为黑色，并加粗，参数如图3.91所示，【合成】窗口效果如图3.92所示。

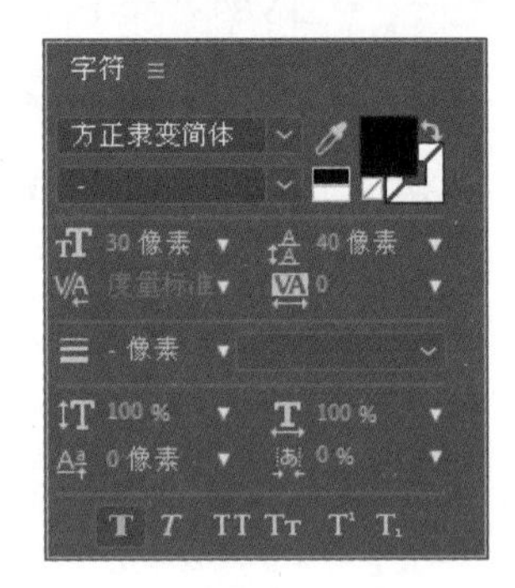

图 3.91

图 3.92

3 将时间调整到0:00:00:00的位置，将【正得西方气……】文字层名称改为“菊”，展开【菊】文字层，单击【文本】右侧的【动画】动画:按钮，从下拉列表中选择【字符位移】选项，设置【字符位移】的值为44。单击【动画制作工具1】右侧的【添加】添加:按钮，从下拉列表中选择【属性】|【位置】和【不透明度】选项，设置【位置】的值为(0.0, −420.0)，【不透明度】的值为0%，如图3.93所示，【合成】窗口效果如图3.94所示。

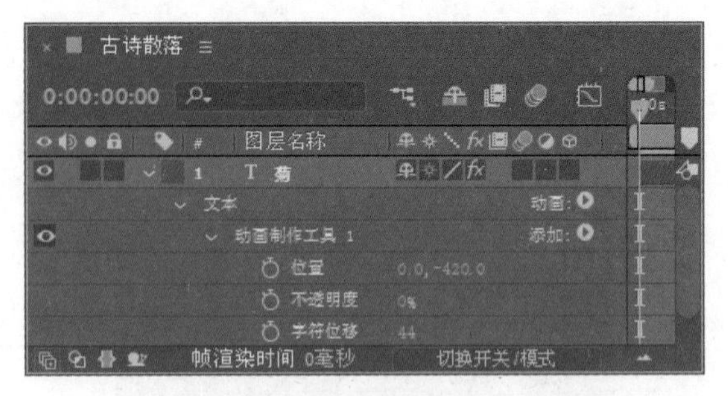

图 3.93

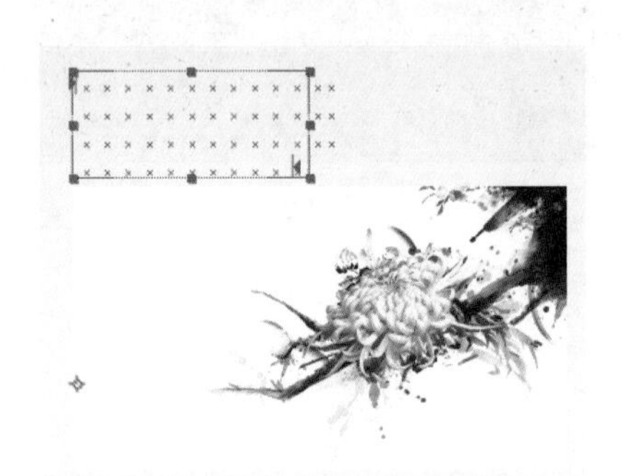

图 3.94

4 展开【文本】|【动画制作工具1】|【范围选择器1】|【高级】选项组，在【形状】右侧下拉列表中选择【上倾斜】选项，设置【缓和低】的值为50%，【随机排序】为【开】，【随机植入】的值为1，设置【偏移】的值为−100%，单击【偏移】左侧的码表按钮，在当前位置设置关键帧，【合成】窗口效果如图3.95所示。

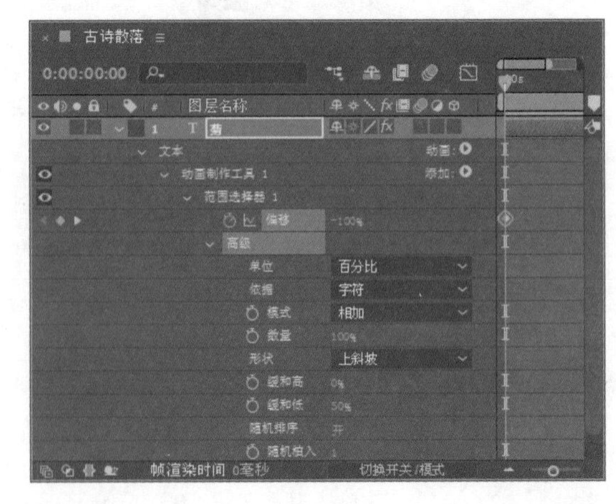

图 3.95

5 将时间调整到 0:00:03:15 的位置，设置【偏移】的值为 100%，系统会自动设置关键帧，【合成】窗口效果如图 3.96 所示。

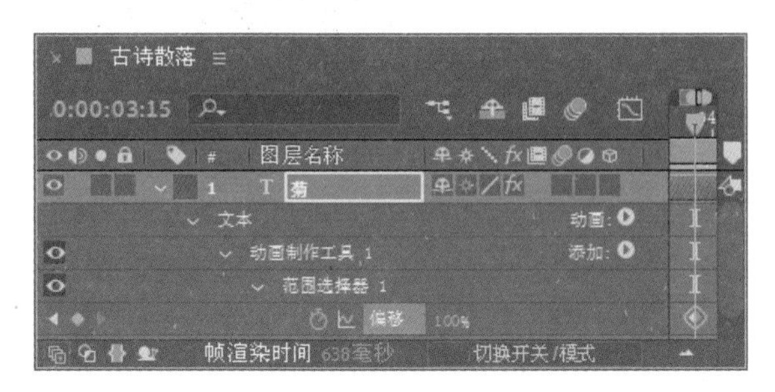

图 3.96

6 选择【菊】文字层。在【效果和预设】面板中展开【时间】特效组，然后双击【残影】特效。

7 在【效果控件】面板中设置【残影数量】的值为 56，【起始强度】的值为 0.70，【衰减】的值为 0.80，如图 3.97 所示，【合成】窗口效果如图 3.98 所示。

8 这样就完成了动画的整体制作，按小键盘上的 0 键，即可在【合成】窗口中预览动画。

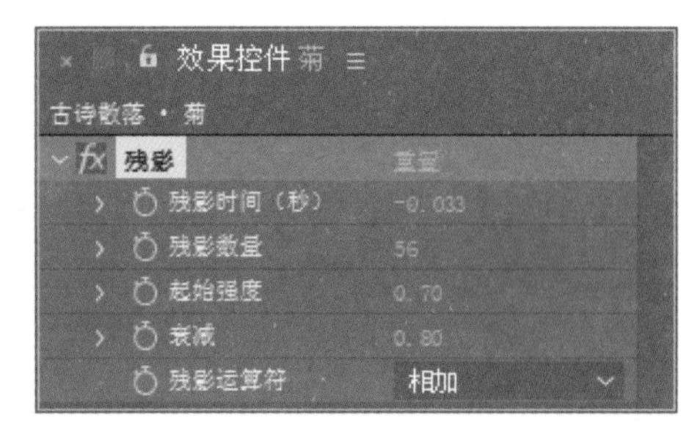

图 3.97

图 3.98

3.5.3 课堂案例——被风吹走的文字

实例解析

本例将利用【缩放】属性制作炫丽光效文字效果。完成的动画效果如图 3.99 所示。

难易程度：★★★☆☆

工程文件：第 3 章 \ 被风吹走的文字

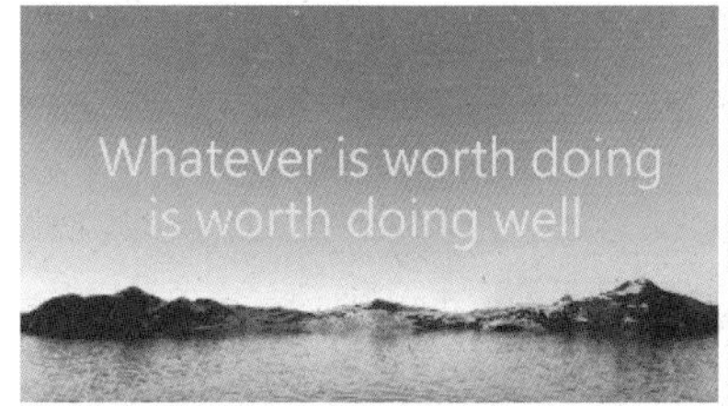

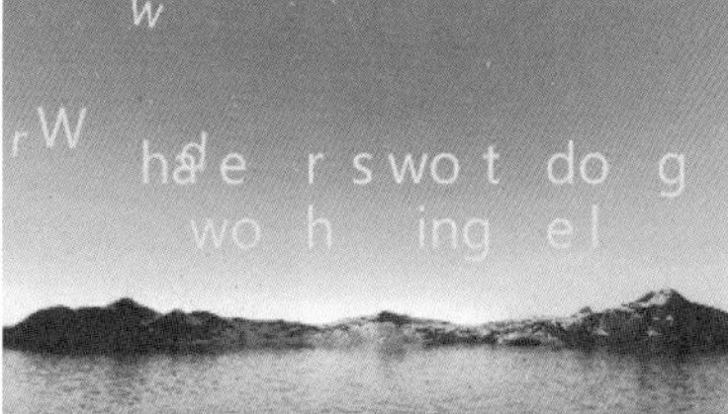

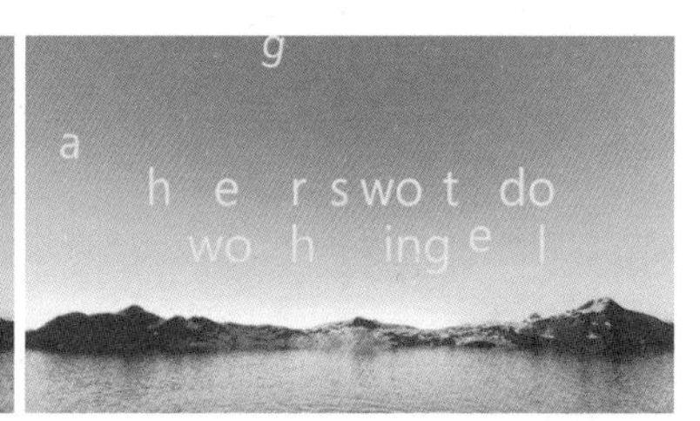

图 3.99

知识点

1. 模糊
2. 不透明度
3. 缩放

教学视频

操作步骤

1 执行菜单栏中的【文件】|【打开项目】命令，选择“被风吹走的文字练习.aep”文件，将文件打开。

2 执行菜单栏中的【图层】|【新建】|【文本】命令，在【合成】窗口中输入 Whatever is worth doing is worth doing well.，设置文字字体为 Microsoft JhengHei，字号为 50 像素，字体颜色为黄绿色（R：215，G：255，B：14），参数如图 3.100 所示，【合成】窗口效果如图 3.101 所示。

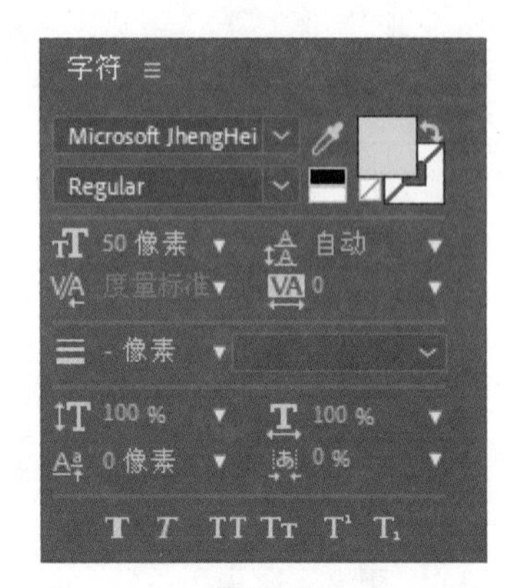

图 3.100

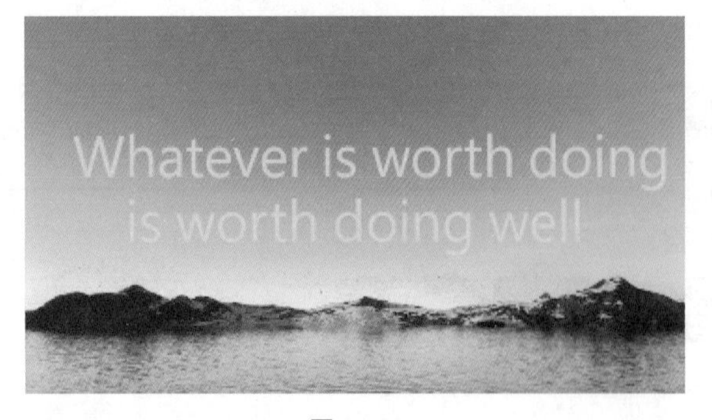

图 3.101

3 展开文字层，单击【文本】层右侧的【动画】 按钮，从下拉列表中分别选择【旋转】和【启用逐字 3D 化】选项，设置【X 轴旋转】的值为（0x+92.0°），【Y 轴旋转】的值为（0x−11.0°），【Z 轴旋转】的值为（0x+151.0°），展开【更多选项】，设置【分组对齐】的值为（5000.0，−5000.0%），如图 3.102 所示。

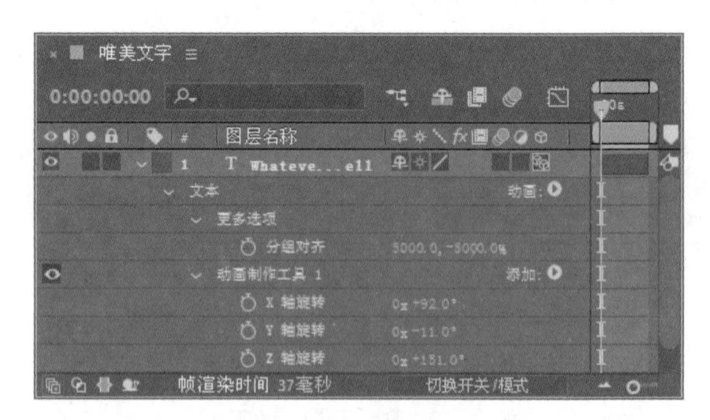

图 3.102

4 展开【文字】|【动画制作工具 1】|【范围选择器 1】|【高级】选项组，在【形状】右侧下拉列表中选择【下斜坡】选项，并将【随机排序】设置为【开】，如图 3.103 所示。

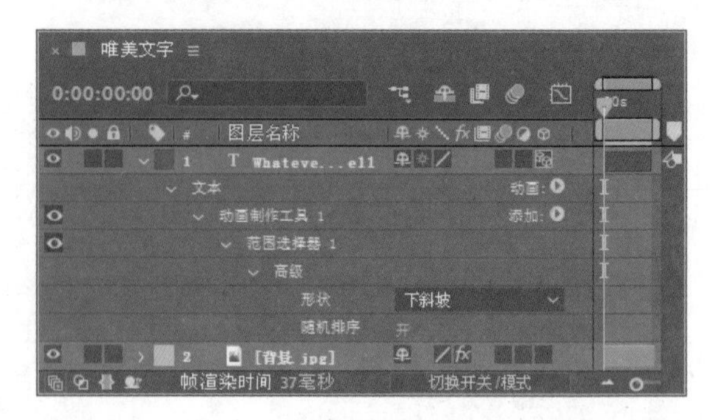

图 3.103

5 将时间调整到0:00:00:00的位置，展开【动画制作工具1】|【范围选择器1】选项组，设置【偏移】的值为-100%，并单击【偏移】左侧的码表按钮，在此位置添加关键帧，如图3.104所示。

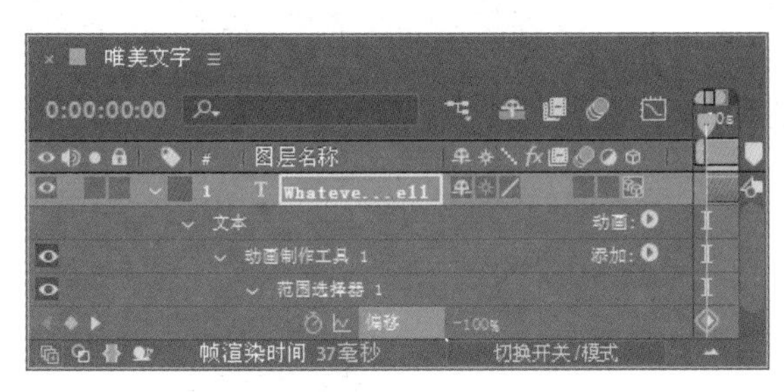

图 3.104

6 调整时间到0:00:08:24的位置，设置【偏移】的值为100%，系统自动添加关键帧，如图3.105所示。

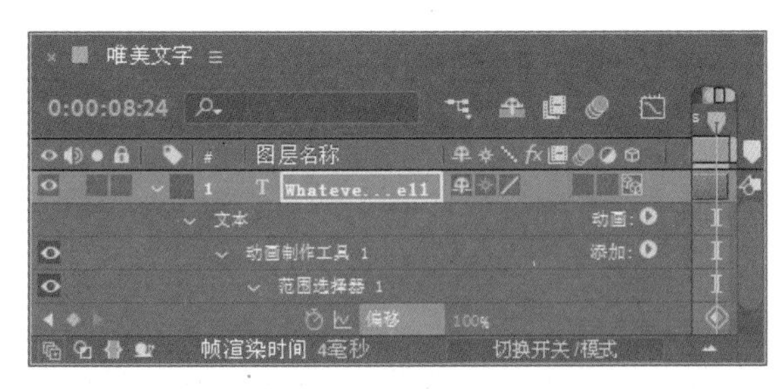

图 3.105

7 调整时间到0:00:00:00的位置，按P键展开【位置】属性，设置【位置】的值为（85.0，175.0，0.0），并单击【位置】左侧的码表按钮，在此位置添加关键帧，如图3.106所示。

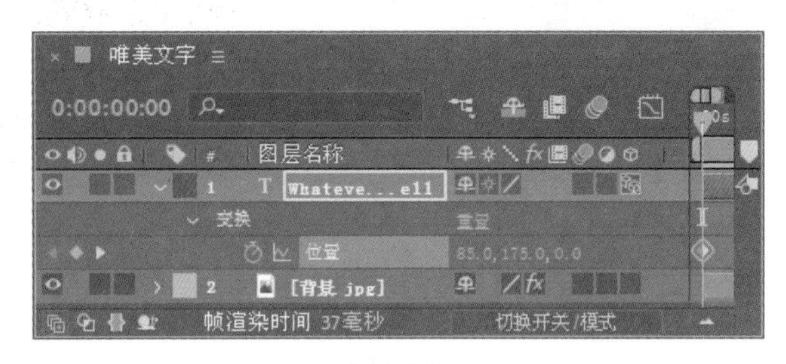

图 3.106

8 调整时间到0:00:08:11的位置，设置【位置】的值为（76.0，190.0，0.0），系统自动添加关键帧，如图3.107所示。

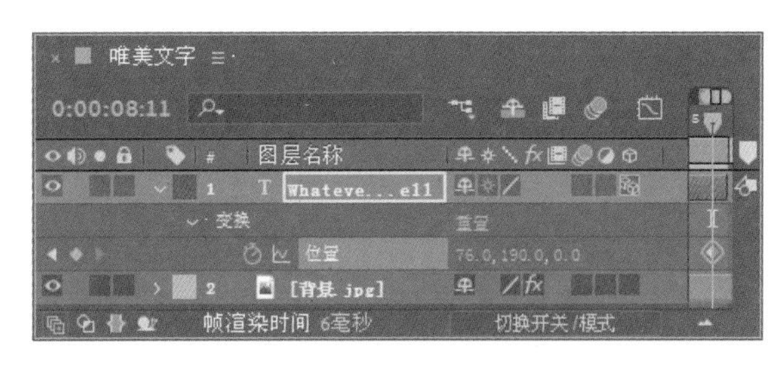

图 3.107

9 这样就完成了整体动画的制作，按小键盘上的0键，即可在【合成】窗口中预览动画。

3.5.4 课堂案例——光效闪字

实例解析

本例主要讲解光效闪字动画的制作，通过【镜头光晕】特效产生光效效果，从而制作出光效闪字的效果。完成的动画效果如图3.108所示。

难易程度：★★★☆☆

工程文件：第3章\光效闪字

图 3.108

知识点

1. 模糊
2. 镜头光晕
3. 色相 / 饱和度

教学视频

操作步骤

1 执行菜单栏中的【合成】|【新建合成】命令，打开【合成设置】对话框，设置【合成名称】为“光效闪字”，【宽度】为720，【高度】为480，【帧速率】为25，并设置【持续时间】为0:00:02:00，如图3.109所示。

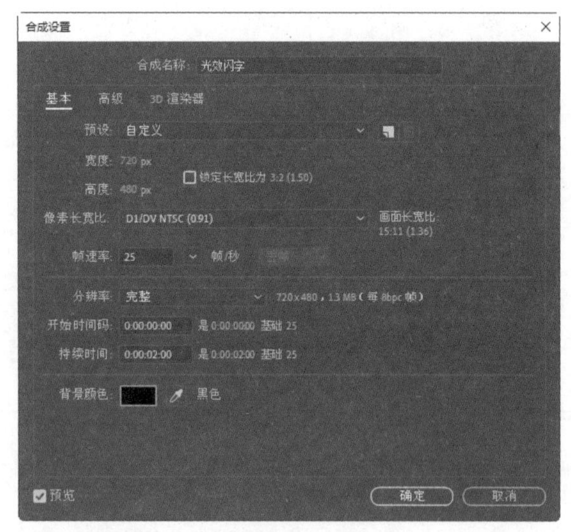

图 3.109

2 执行菜单栏中的【文件】|【导入】|【文件】命令，选择“背景.jpg”素材，单击【导入】按钮。

3 在【项目】面板中选择“背景.jpg”素材，将其拖动到合成的【时间线】面板中，如图3.110所示。

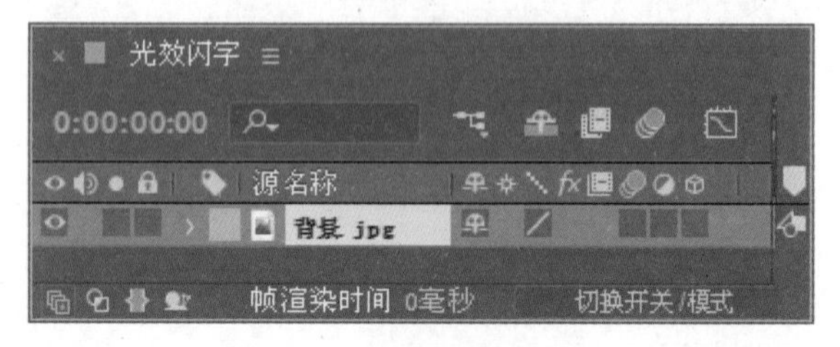

图 3.110

4 单击工具栏中的【横排文字工具】按钮，选择文字工具，在【合成】窗口中单击并输入文字SANCTUM，在【字符】面板中设置文字的字体为Futura Md BT，字符的大小为70像素，字体的填充颜色为白色，如图3.111所示。

5 将时间调整到0:00:00:00的位置，展开【SANCTUM】层，单击【文本】右侧的【动画】动画:按钮，从下拉列表中选择【模糊】选项，设置【模糊】的值为（100.0，100.0）。单击【动画制作工具1】右侧的【添加】添加:按钮，从下拉

列表中选择【属性】|【缩放】和【不透明度】选项，设置【缩放】的值为（500.0，500.0%），【不透明度】的值为0%。展开【范围选择器1】选项组，设置【起始】的值为100%，【结束】的值为0%，【偏移】的值为0%，单击【偏移】左侧的码表按钮，在当前位置添加关键帧，如图3.112所示。

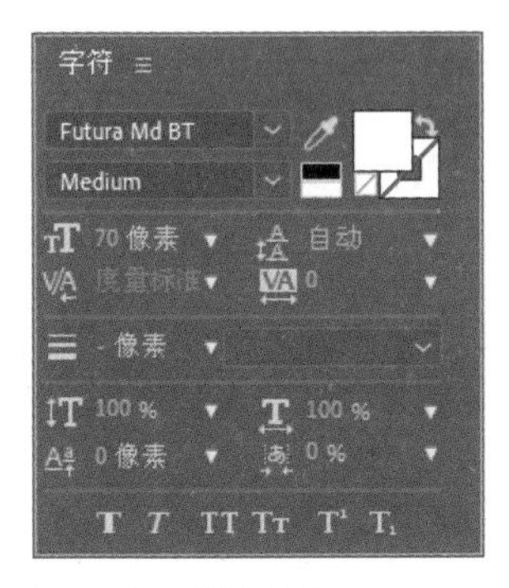

图3.111

图3.112

6 将时间调整到0:00:01:00的位置，设置【偏移】的值为-100%，系统会自动设置关键帧，如图3.113如示。

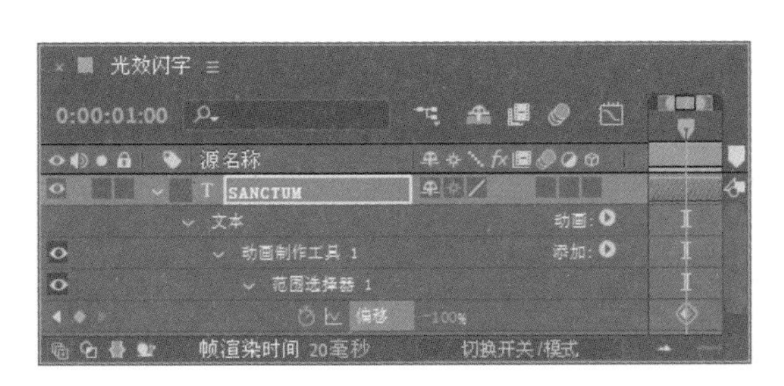

图3.113

7 在【时间线】面板中选择【SANCTUM】层，按Ctrl+D组合键复制出一个新的图层，按S键打开【缩放】属性，单击【缩放】左侧的【约束比例】按钮，取消约束，设置【缩放】的值为（100.0，-100.0%），按T键打开【不透明度】属性，设置【不透明度】的值为15%，如图3.114所示。

图3.114

8 执行菜单栏中的【图层】|【新建】|【纯色】命令，打开【纯色设置】对话框，设置【名称】为“光晕”，【颜色】为黑色，如图3.115所示。

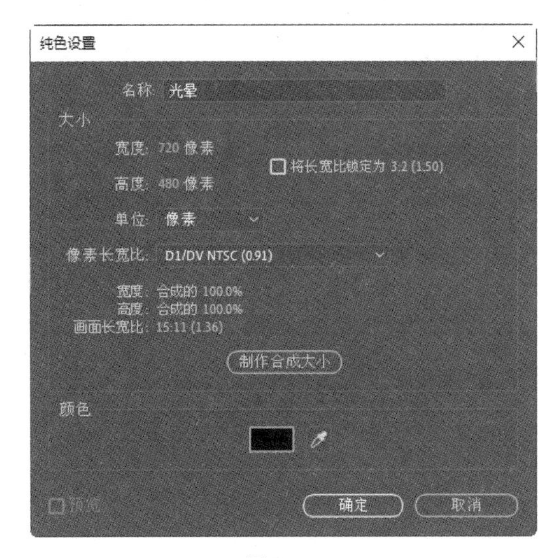

图3.115

9 选中【光晕】层，在【效果和预设】面板中展开【生成】特效组，双击【镜头光晕】特效。

10 在【效果控件】面板中，从【镜头类型】右侧的下拉列表中选择【105毫米定焦】，将时间调整到0:00:00:00的位置，设置【光晕中心】的值为（734.0，368.0），单击【光晕中心】左侧的码表按钮，在当前位置添加关键帧，如图3.116所示。

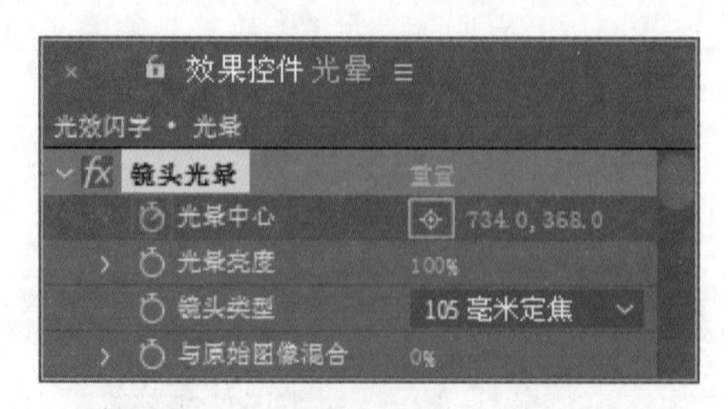

图 3.116

11 将时间调整到0:00:00:11的位置，设置【光晕中心】的值为（190.0，382.0），系统会自动设置关键帧，如图3.117所示。

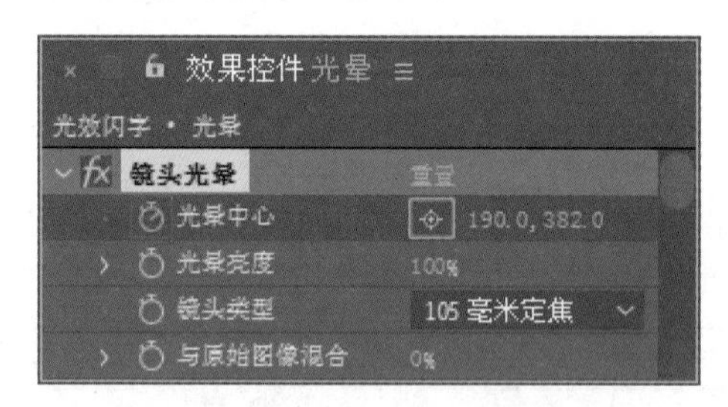

图 3.117

12 将时间调整到0:00:00:22的位置，设置【光晕中心】的值为（738.0，378.0），系统会自动设置关键帧，如图3.118所示。

13 选中【光晕】层，在【效果和预设】面板中展开【颜色较正】特效组，双击【色相/饱和度】特效。

图 3.118

14 在【效果控件】面板中选中【彩色化】复选框，设置【着色色相】为（0x+200.0°），【着色饱和度】的值为45，如图3.119所示。

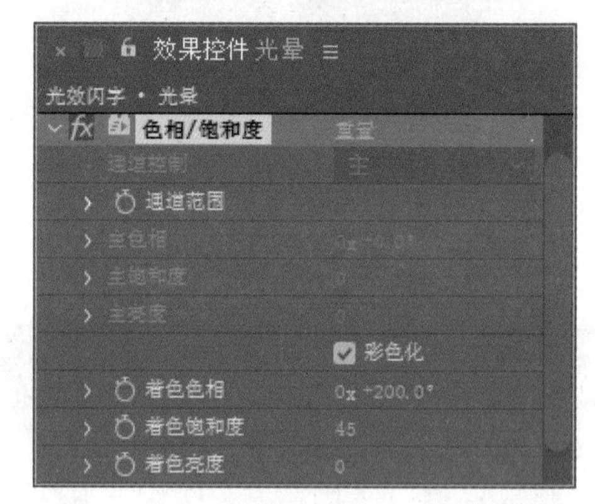

图 3.119

15 在【时间线】面板中，修改【光晕】层的模式为【屏幕】，这样就完成了动画的整体制作，按小键盘上的0键，可在【合成】窗口中预览动画效果。

3.5.5 课堂案例——机打字效果

实例解析

本例将利用【字符位移】属性制作机打字效果。完成的动画效果如图3.120所示。

难易程度：★★★☆☆

工程文件：第3章\机打字效果

图 3.120

教学视频

知识点

1. 字符位移
2. 不透明度

操作步骤

1 执行菜单栏中的【文件】|【打开项目】命令，选择“机打字练习.aep”文件，将文件打开。

2 选择工具栏中的【直排文字工具】，输入“大江东去，浪淘尽，千古风流人物。故垒西边，人道是，三国周郎赤壁。乱石穿空，惊涛拍岸，卷起千堆雪。江山如画，一时多少豪杰”。在【字符】面板中设置文字字号为 32 像素，字体颜色为黑色，其他参数如图 3.121 所示，【合成】窗口效果如图 3.122 所示。

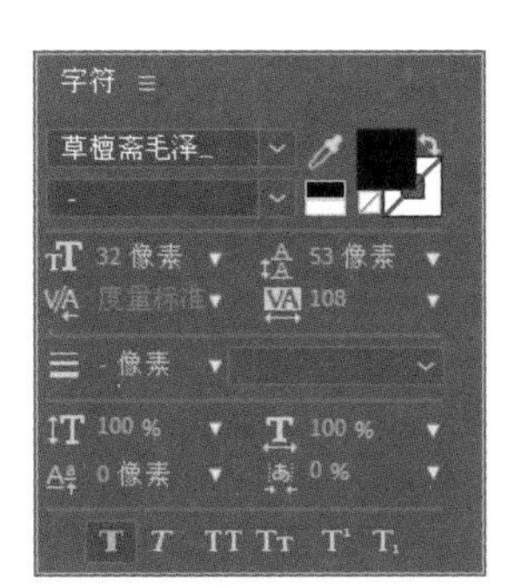

图 3.121

3 将时间调整到 0:00:00:00 的位置，展开文字层，单击【文本】右侧的【动画】动画: 按钮，从下拉列表中选择【字符位移】选项，设置【字符位移】的值为 20。单击【动画制作工具 1】右侧的【添加】添加: 按钮，从下拉列表中选择【属性】|【不透明度】选项，设置【不透明度】的值为 0%。展开【范围选择器】选项组，设置【起始】的值为 0%，单击【起始】左侧的码表按钮，在当前位置设置关键帧，如图 3.123 所示。【合成】窗口效果如图 3.124 所示。

图 3.122

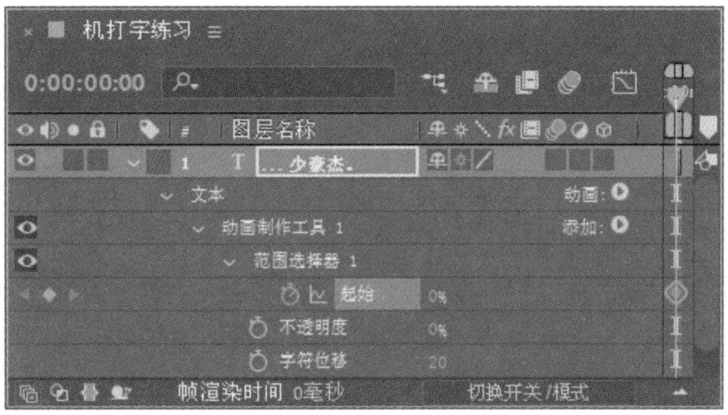

图 3.123

图 3.124

4 将时间调整到 0:00:02:00 的位置，设置【起始】的值为 100%，系统会自动设置关键帧，如图 3.125 所示。

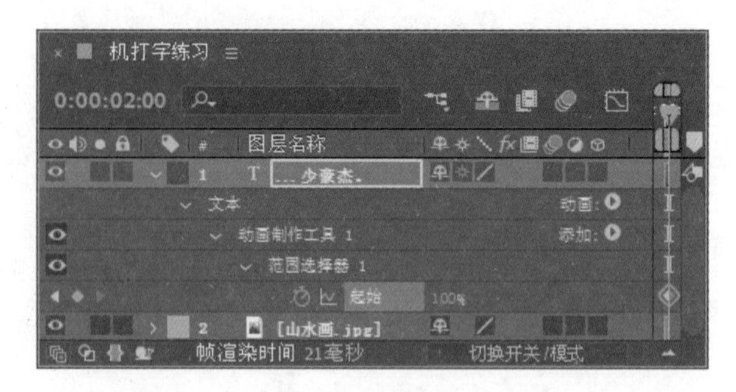

图 3.125

5 这样就完成了动画效果的整体制作，按小键盘上的 0 键，即可在【合成】窗口中预览动画。

3.6 课后上机实操

本章通过两个课后上机实操，包括花纹字动画制作、复古星光字动画制作，提高读者制作各种特效文字动画的水平。

3.6.1 上机实操 1——花纹字动画制作

实例解析

本例主要讲解制作花纹字动画。整个动画制作过程比较简单，只需要为素材图像制作位置动画即可完成整个文字动画效果制作。最终效果如图 3.126 所示。

难易程度：★★★☆☆

工程文件：第 3 章 \ 花纹字动画制作

图 3.126

知识点

教学视频

1．位置
2．轨道遮罩

3.6.2 上机实操 2——复古星光字动画制作

实例解析

本例主要讲解复古星光字动画的制作。在制作过程中需要为输入的文字添加效果控件，最后再更改图层模式即可完成整个动画效果制作。最终效果如图 3.127 所示。

难易程度：★★★☆☆

工程文件：第 3 章 \ 复古星光字动画制作

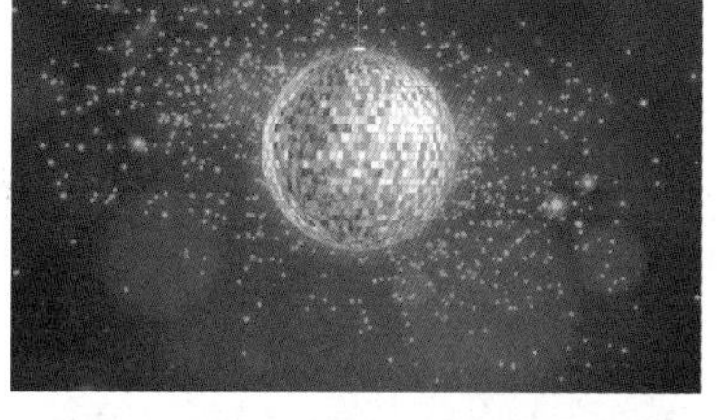

图 3.127

知识点

教学视频

1．四色渐变
2．CC Ball Action（CC 滚珠操作）
3．Starglow（星光）

第 4 章

内置视频特效

内容摘要

在影视作品中，一般离不开特效的使用。所谓视频特效，就是为视频文件添加特殊的处理，使其产生丰富多彩的效果，以更好地表现作品主题，达到视频制作的目的。本章旨在通过数十个内置特效实例的讲解，帮助读者掌握各种视频特效的应用。只有掌握了各种视频特效的应用特点，才能轻松地制作炫丽的视频作品。

教学目标

◎ 了解内置特效的使用方法

◎ 掌握各种视频特效的实战应用技巧

4.1 快速了解内置特效的使用

在学习AE软件之前，先带领大家了解一下AE动画的制作流程，以便快速掌握AE动画制作的方法，进而学习AE动画的制作技巧。

4.1.1 调用项目文件

1 执行菜单栏中的【文件】|【打开项目】命令，选择“纷飞粒子精灵练习.aep”文件，将文件打开。

2 执行菜单栏中的【图层】|【新建】|【纯色】命令，打开【纯色设置】对话框，设置【名称】为“粒子”，【颜色】为橙色（R：253，G：141，B：61）。

4.1.2 使用内置特效

1 为【粒子】层添加特效。在【效果和预设】面板中展开【模拟】特效组，然后双击【CC Particle World（CC粒子世界）】特效，如图4.1所示。

图4.1

2 在【效果控件】面板中设置【Birth Rate（生长速率）】的值为0.6，【Longevity（寿命）】的值为2.09。展开【Producer（产生点）】选项组，设置【Radius Z（Z轴半径）】的值为0.435。将时间调整到0:00:00:00的位置，设置【Position X（X轴位置）】的值为-0.53，【Position Y（Y轴位置）】的值为0.03，同时单击【Position X（X轴位置）】和【Position Y（Y轴位置）】左侧的码表按钮，在当前位置设置关键帧，如图4.2所示。

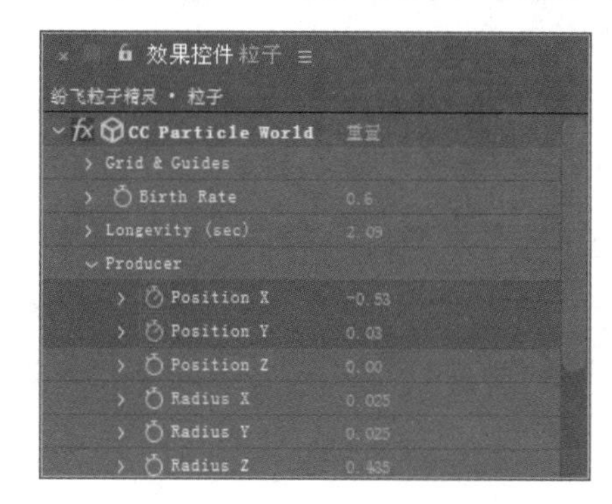

图4.2

3 将时间调整到0:00:03:00的位置，设置【Position X（X轴位置）】的值为0.78，【Position Y（Y轴位置）】的值为0.01，系统会自动设置关键帧，如图4.3所示，【合成】窗口效果如图4.4所示。

图4.3

图4.4

4 展开【Physics（物理学）】选项组，从【Animation（动画）】下拉列表中选择【Viscouse（黏性）】选项，设置【Velocity（速率）】的值为1.06，【Gravity（重力）】的值为0.000。展开【Particle

（粒子）】选项组，从【Particle Type（粒子类型）】下拉列表中选择【Lens Convex（凸透镜）】选项，设置【Birth Size（生长大小）】的值为 0.357，【Death Size（消逝大小）】的值为 0.587，如图 4.5 所示，【合成】窗口效果如图 4.6 所示。

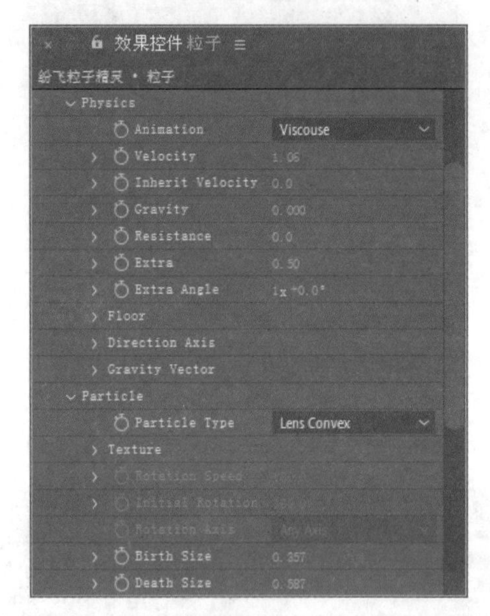

图 4.5

图 4.6

4.1.3 应用其他内置特效

1 选中【粒子】层，将其图层【模式】设置为【相加】，然后按 Ctrl+D 组合键复制出另一个图层，将该图层名称更改为“粒子 2”，如图 4.7 所示。

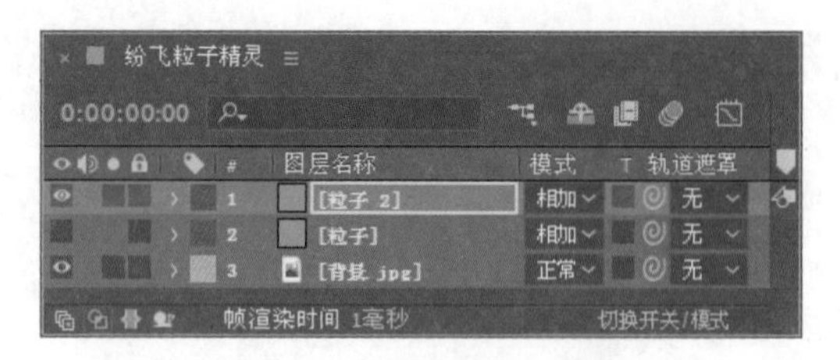

图 4.7

2 为【粒子 2】文字层添加特效。在【效果和预设】面板中展开【模糊和锐化】特效组，然后双击【快速方框模糊】特效，如图 4.8 所示。

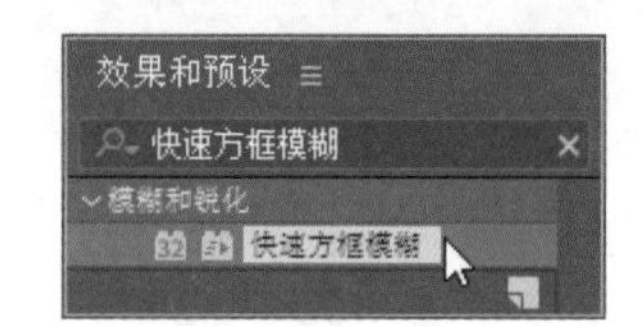

图 4.8

3 在【效果控件】面板中设置【模糊半径】的值为 7，如图 4.9 所示，【合成】窗口效果如图 4.10 所示。

图 4.9

图 4.10

4 选中【粒子 2】层，在【效果控件】面板中展开【Physics（物理学）】选项组，设置【Velocity（速率）】的值为 0.84，如图 4.11 所示，【合成】窗口效果如图 4.12 所示。

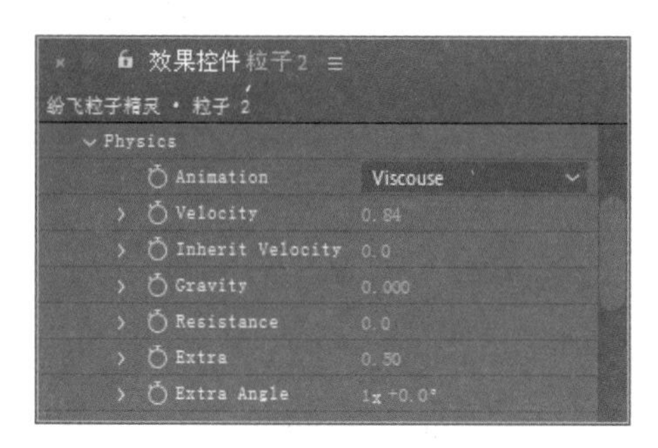

图 4.11

图 4.12

5 这样就完成了整体动画的制作，按小键盘上的 0 键，即可在【合成】窗口中预览动画。

4.2 常用特效实战案例讲解

4.2.1 课堂案例——利用 CC 下雨特效制作暴雨效果

实例解析

本例将利用【CC Rainfall（CC 下雨）】特效制作暴雨效果。完成的动画流程画面如图 4.13 所示。

难易程度：★☆☆☆☆

工程文件：第 4 章 \ 暴雨效果

图 4.13

教学视频

知识点

1. CC Rainfall（CC 下雨）
2. 摄像机镜头模糊

操作步骤

1 执行菜单栏中的【文件】|【打开项目】命令，选择“暴雨效果练习.aep”文件，将文件打开。

2 选择【背景.jpg】层。在【效果和预设】面板中展开【模糊和锐化】特效组，然后双击【摄像机镜头模糊】特效，如图 4.14 所示，【合成】窗口效果如图 4.15 所示。

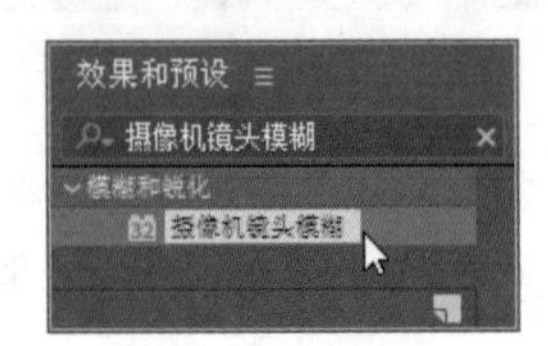

图 4.14

图 4.15

3 将时间调整到 0:00:00:00 的位置，在【效果控件】面板中设置【模糊半径】的值为 0.0，单击【模糊半径】左侧的码表按钮，在当前位置设置关键帧，如图 4.16 所示，【合成】窗口效果如图 4.17 所示。

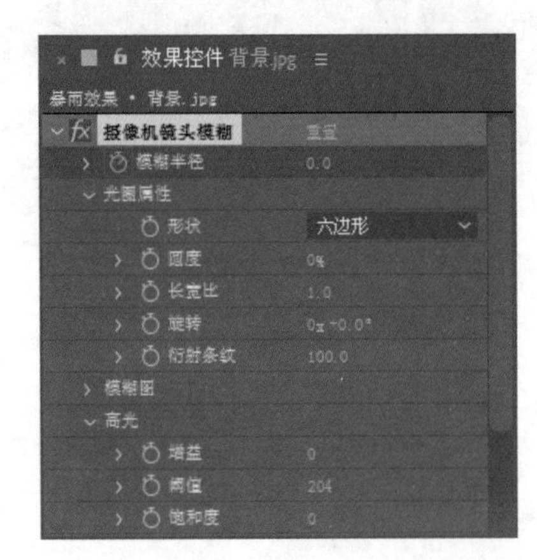

图 4.16

图 4.17

4 将时间调整到 0:00:03:00 的位置，设置【模糊半径】的值为 8.0，系统会自动设置关键帧，如图 4.18 所示，【合成】窗口效果如图 4.19 所示。

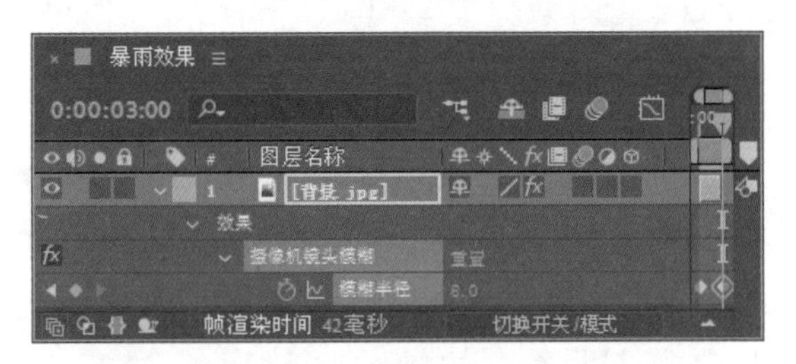

图 4.18

图 4.19

5 为【背景.jpg】层添加特效。在【效果和预设】面板中展开【模拟】特效组，然后双击【CC Rainfall（CC 下雨）】特效，如图 4.20 所示，【合成】窗口效果如图 4.21 所示。

图 4.20

图 4.21

6 将时间调整到 0:00:00:00 的位置，在【效果控件】面板中设置【Size（大小）】的值为 3，【Wind（风力）】的值为 0.0，并单击【Size（大小）】和【Wind（风力）】左侧的码表按钮，在当前位置设置关键帧，如图 4.22 所示，【合成】窗口效果如图 4.23 所示。

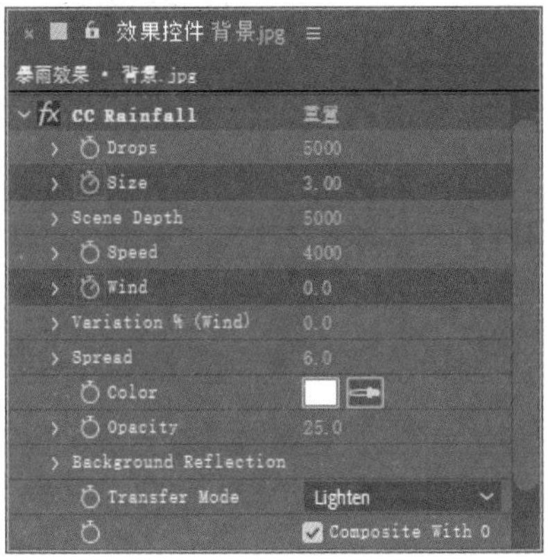

效果控件 背景.jpg
暴雨效果 • 背景.jpg

CC Rainfall	重置
Drops	5000
Size	3.00
Scene Depth	5000
Speed	4000
Wind	0.0
Variation % (Wind)	0.0
Spread	6.0
Color	
Opacity	25.0
Background Reflection	
Transfer Mode	Lighten
	Composite With O

图 4.22

7 将时间调整到 0:00:03:00 的位置，设置【Size（大小）】的值为 5.00，【Wind（风力）】的值为 900.0，系统会自动设置关键帧，如图 4.24 所示，【合成】窗口效果如图 4.25 所示。

图 4.23

图 4.24

图 4.25

8 这样就完成了整体动画的制作，按小键盘上的 0 键，即可在【合成】窗口中预览动画。

4.2.2 课堂案例——利用 CC 下雪特效制作下雪效果

实例解析

本例将利用【CC Snowfall（CC 下雪）】特效制作下雪动画效果。本例最终的动画流程效果如图 4.26 所示。

难易程度：★☆☆☆☆

工程文件：第 4 章 \ 下雪动画

图 4.26

知识点

CC Snowfall（CC 下雪）

操作步骤

1 执行菜单栏中的【文件】|【打开项目】命令，选择“下雪动画练习.aep”文件，将文件打开。

2 选择【背景.jpg】层。在【效果和预设】面板中展开【模拟】特效组，然后双击【CC Snowfall（CC 下雪）】特效。

3 在【效果控件】面板中设置【Size（大小）】的值为 12.00，【Speed（速度）】的值为 250.0，【Wind（风力）】的值为 80.0，【Opacity（不透明度）】的值为 100.0，如图 4.27 所示，【合成】窗口效果如图 4.28 所示。

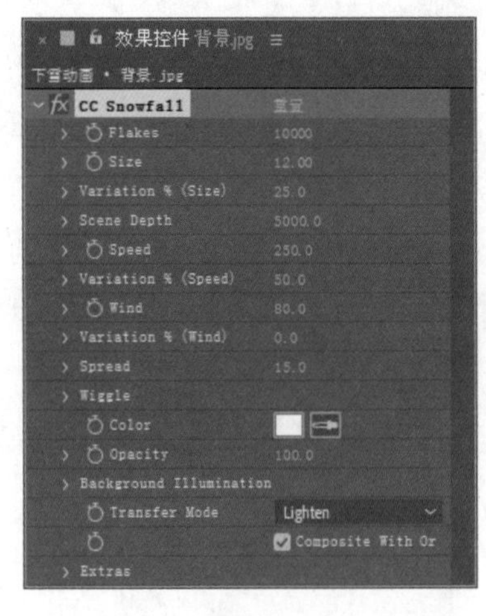

图 4.27

图 4.28

4 这样就完成了下雪效果的整体制作，按小键盘上的 0 键，即可在【合成】窗口中预览动画。

4.2.3 课堂案例——利用无线电波特效制作水波浪效果

实例解析

本例将利用【无线电波】特效制作水波浪效果。本例最终的动画流程效果如图 4.29 所示。

难易程度：★★★☆☆

工程文件：第 4 章 \ 水波浪

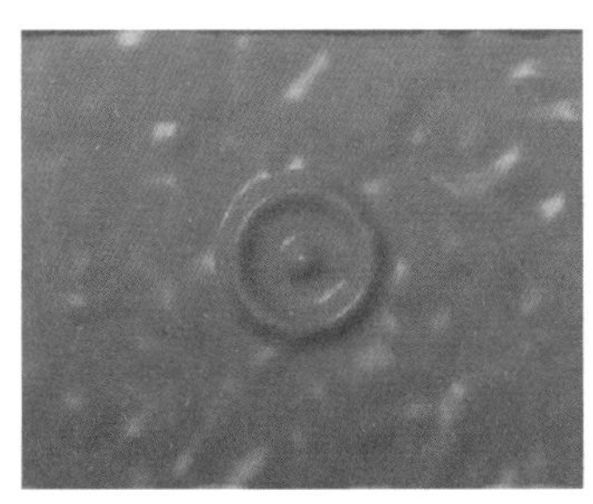 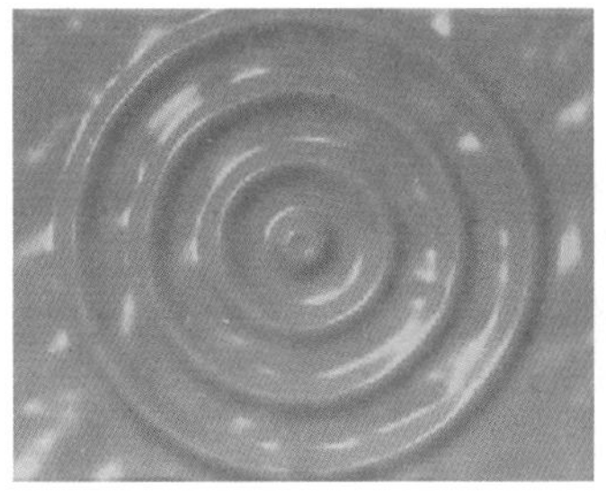 

图 4.29

知识点

1. 无线电波
2. 分形杂色
3. Fast Blur（快速模糊）
4. Displacement Map（置换贴图）
5. CC Glass（CC 玻璃）

操作步骤

1 执行菜单栏中的【合成】|【新建合成】命令，打开【合成设置】对话框，设置【合成名称】为“波浪纹理”，【宽度】的值为 720，【高度】的值为 576，【帧速率】的值为 25，并设置【持续时间】为 0:00:10:00，如图 4.30 所示。

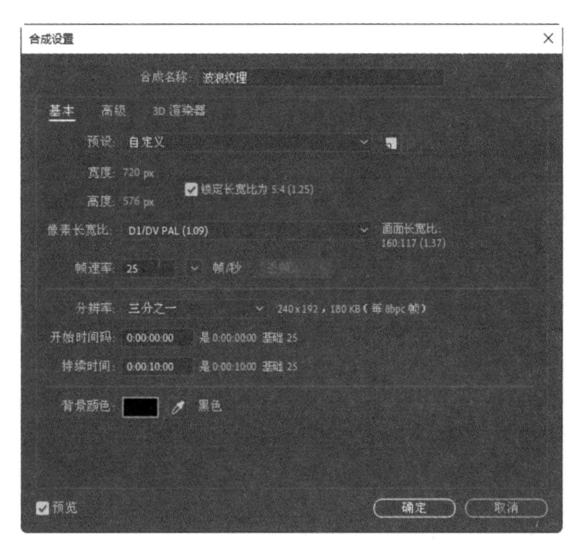

图 4.30

2 执行菜单栏中的【图层】|【新建】|【纯色】命令，打开【纯色设置】对话框，设置【名称】为“噪波”，【颜色】为黑色。

3 为【噪波】层添加特效。在【效果和预设】面板中展开【杂色和颗粒】特效组，然后双击【分形杂色】特效。

4 在【效果控件】面板中，从【分形类型】下拉列表中选择【涡旋】，设置【对比度】的值为110.0，【亮度】的值为-50.0。将时间调整到0:00:00:00的位置，设置【演化】的值为(0x+0.0°)，单击【演化】左侧的码表按钮，在当前位置设置关键帧，如图4.31所示。

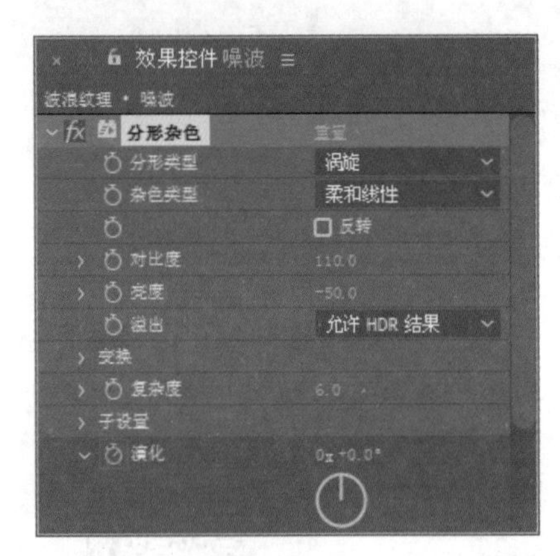

图 4.31

5 将时间调整到0:00:09:24的位置，设置【演化】的值为(3x+0.0°)，系统会自动设置关键帧，如图4.32所示，【合成】窗口效果如图4.33所示。

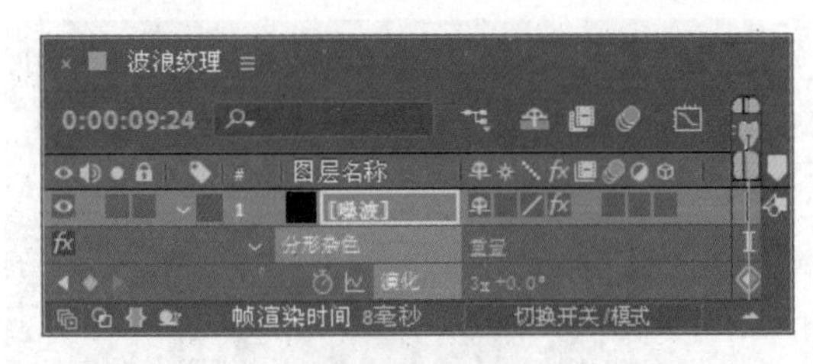

图 4.32

6 执行菜单栏中的【图层】|【新建】|【纯色】命令，打开【纯色设置】对话框，设置【名称】为“波纹”，【颜色】为黑色。

7 为【波纹】层添加特效。在【效果和预设】面板中展开【生成】特效组，然后双击【无线电波】特效。

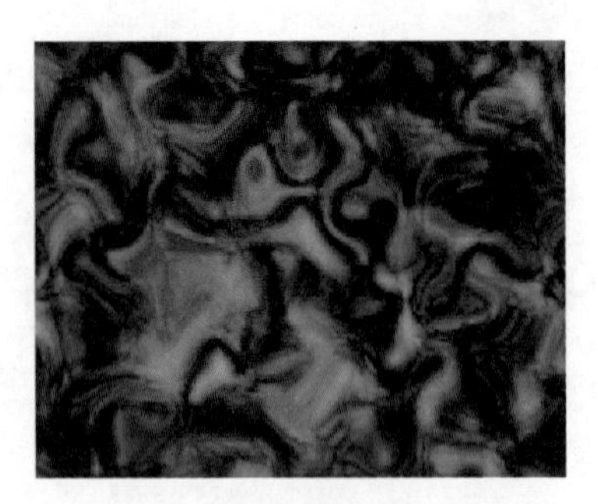

图 4.33

8 在【效果控件】面板中，将时间调整到0:00:00:00的位置，展开【波动】选项组，设置【频率】的值为2，【扩展】的值为5，【寿命】的值为10，单击【频率】【扩展】【寿命】左侧的码表按钮，在当前位置设置关键帧，【合成】窗口效果如图4.34所示。

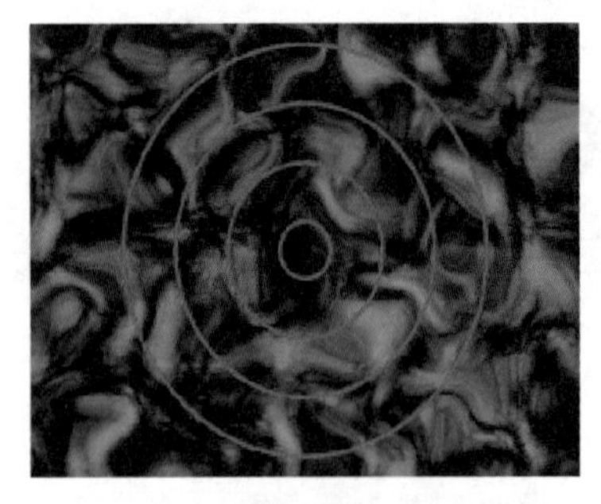

图 4.34

9 将时间调整到0:00:09:24的位置，设置【频率】的值为0.00，【扩展】的值为0.00，【寿命】的值为0.000，如图4.35所示。

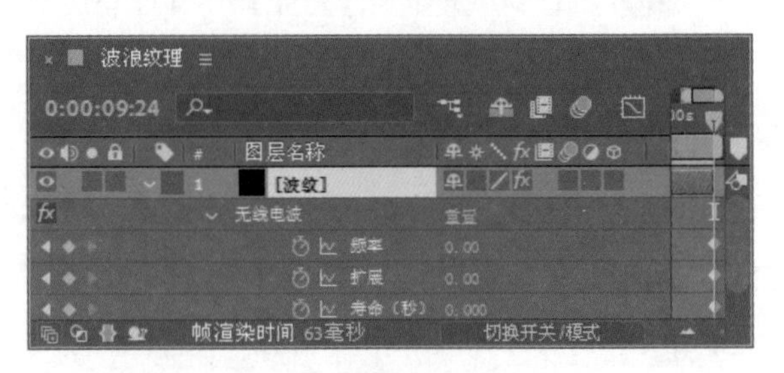

图 4.35

10 展开【描边】选项组，从【配置文件】下拉列表中选择【高斯分布】，设置【颜色】为白色，

【开始宽度】的值为 30.00，【末端宽度】的值为 50.00，如图 4.36 所示，【合成】窗口效果如图 4.37 所示。

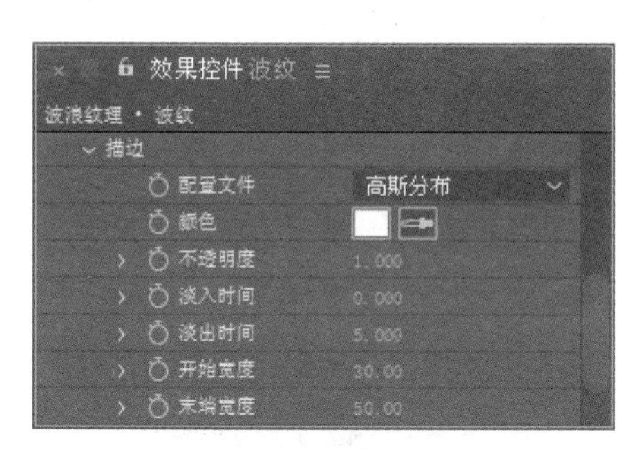

图 4.36

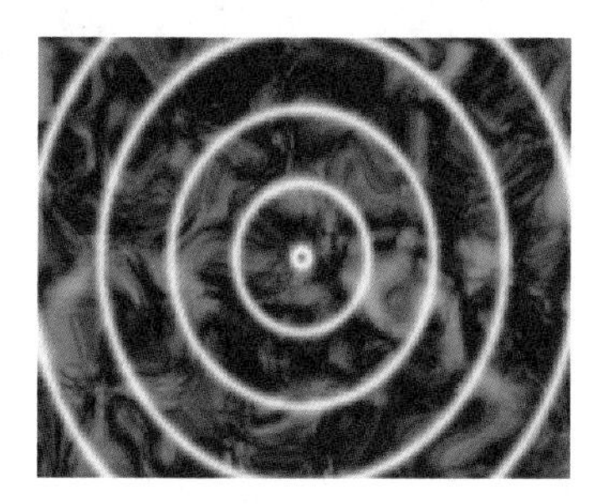

图 4.37

11 执行菜单栏中的【图层】|【新建】|【调整图层】命令，添加一个【调整图层 1】，在【效果和预设】面板中展开【模糊与锐化】特效组，然后双击【快速方框模糊】特效。

12 在【效果控件】面板中，选中【重复边缘像素】复选框。将时间调整到 0:00:00:00 的位置，设置【模糊半径】的值为 5.0，单击【模糊半径】左侧的码表按钮，在当前位置设置关键帧。

13 将时间调整到 0:00:09:24 的位置，设置【模糊半径】的值为 25.0，系统会自动设置关键帧，如图 4.38 所示，【合成】窗口效果如图 4.39 所示。

14 在【时间线】面板中，选择【波纹】层，按 Ctrl+D 组合键复制出另一个新的图层，将该图层名称更改为“波纹 2”，在【效果控件】面板中修改【无线电波】特效的参数。展开【描边】选项组，从【配置文件】下拉列表中选择【入点锯齿】选项，【合成】窗口效果如图 4.40 所示。

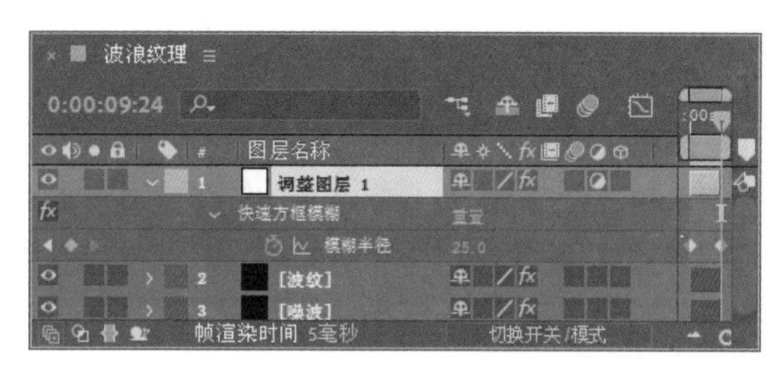

图 4.38

图 4.39

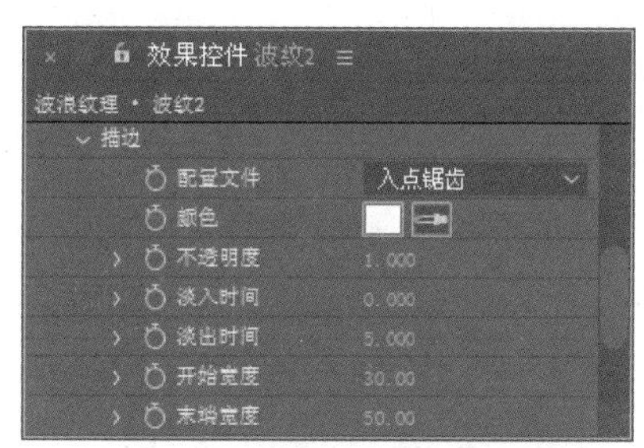

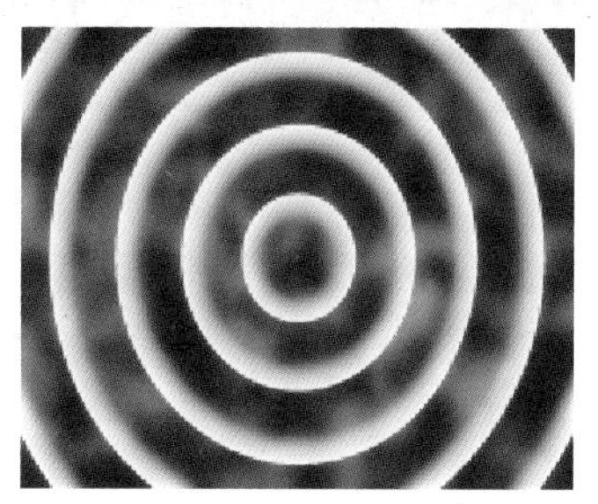

图 4.40

15 为【波纹 2】层添加特效。在【效果和预设】面板中展开【模糊与锐化】特效组，然后双击【快速方框模糊】特效。

16 在【效果控件】面板中设置【模糊半径】

的值为 1.5，【合成】窗口效果如图 4.41 所示。

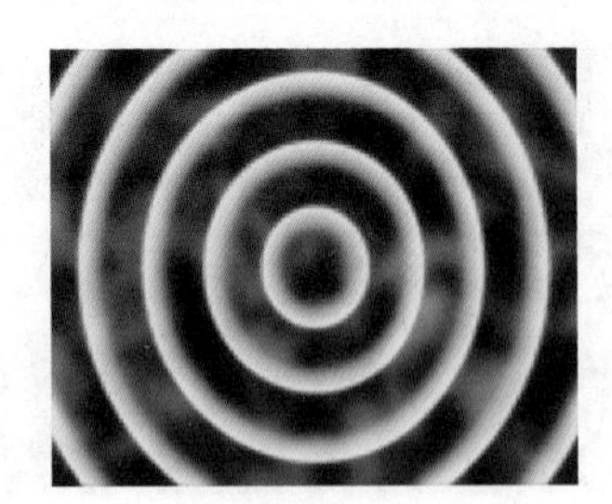

图 4.41

17 执行菜单栏中的【合成】|【新建合成】命令，打开【合成设置】对话框，设置【合成名称】为“水波浪”，【宽度】的值为 720，【高度】的值为 576，【帧速率】的值为 25，并设置【持续时间】为 0:00:10:00，如图 4.42 所示。

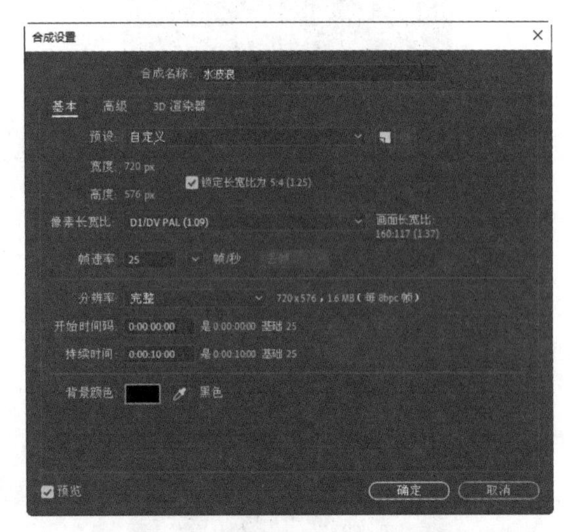

图 4.42

18 执行菜单栏中的【图层】|【新建】|【纯色】命令，打开【纯色设置】对话框，设置【名称】为“背景”，【颜色】为黑色。

19 选择【背景】层。在【效果和预设】面板中展开【生成】特效组，然后双击【梯度渐变】特效。

20 在【效果控件】面板中，设置【起始颜色】为蓝色（R：0，G：144，B：255）；将时间调整到 0:00:00:00 的位置，设置【结束颜色】为深蓝色（R：1，G：67，B：101），单击【结束颜色】左侧的码表按钮，在当前位置设置关键帧。

21 将时间调整到 0:00:01:20 的位置，设置【结束颜色】为蓝色（R：0，G：168，B：255），系统会自动设置关键帧。

22 将时间调整到 0:00:09:24 的位置，设置【结束颜色】为淡蓝色（R：0，G：140，B：212），如图 4.43 所示。

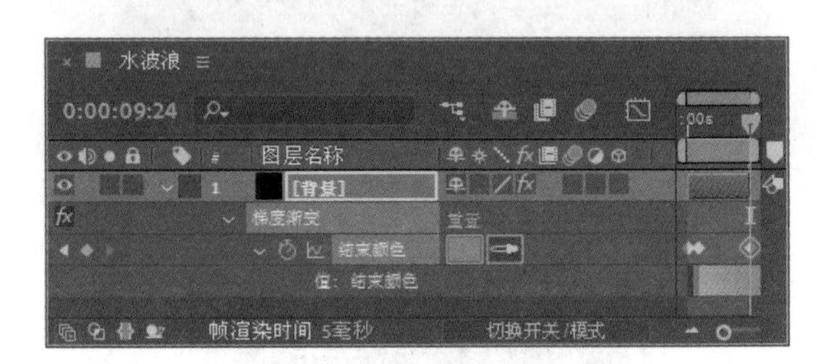

图 4.43

23 在【项目】面板中选择【波浪纹理】合成，将其拖动到【水波浪】合成的【时间线】面板中。

24 执行菜单栏中的【图层】|【新建】|【调整图层】命令，创建一个调整图层，在【效果和预设】面板中展开【扭曲】特效组，然后双击【置换图】特效。

25 在【效果控件】面板中，从【置换图层】下拉列表中选择【2.波浪纹理】，设置【最大水平置换】的值为 60.0，【最大垂直置换】的值为 10.0，选中【像素回绕】复选框，如图 4.44 所示。

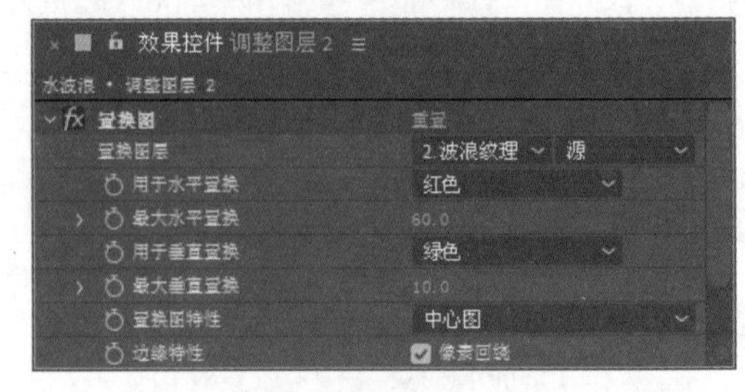

图 4.44

26 为调整图层添加特效。在【效果和预设】面板中展开【风格化】特效组，然后双击【CC Glass（CC 玻璃）】特效。

27 在【效果控件】面板中展开【Surface（表面）】选项组，从【Bump Map（凹凸贴图）】下拉列表中选择【2.波浪纹理】选项，如图 4.45 所示。【合成】窗口效果如图 4.46 所示。

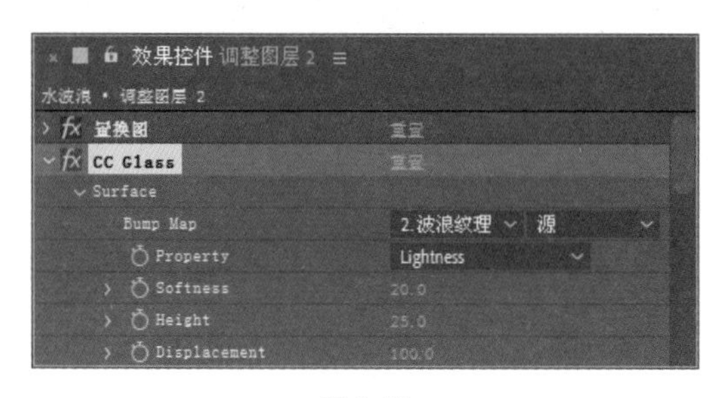

图 4.45

图 4.46

28 这样就完成了水波浪的整体制作，按小键盘上的 0 键，即可在【合成】窗口中预览动画。

4.2.4 课堂案例——利用高级闪电特效制作闪电动画

实例解析

本例将利用【高级闪电】特效制作闪电动画。本例最终的动画流程效果如图 4.47 所示。

难易程度：★★☆☆☆

工程文件：第 4 章 \ 闪电动画

图 4.47

教学视频

知识点

高级闪电

操作步骤

1 执行菜单栏中的【文件】|【打开项目】命令，选择“闪电动画练习.aep”文件，将文件打开。

2 选择【背景.jpg】层。在【效果和预设】面板中展开【生成】特效组，然后双击【高级闪电】特效，如图 4.48 所示。

图 4.48

3 在【效果控件】面板中设置【源点】的值为（301.0，108.0），【方向】的值为（327.0，412.0），【衰减】的值为 0.40，选中【主核心衰减】和【在原始图像上合成】复选框。将时间调整到 0:00:00:00 的位置，设置【传导率状态】的值为 0.0，单击【传导率状态】左侧的码表按钮，在当前位置设置关键帧，如图 4.49 所示。

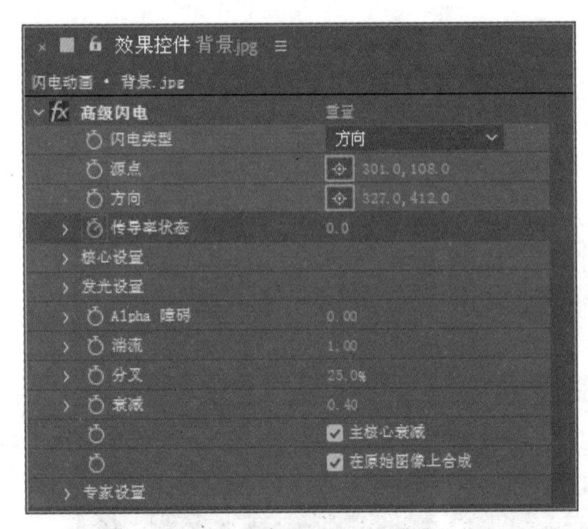

图 4.49

4 将时间调整到 0:00:04:24 的位置，设置【传导率状态】的值为 18.0，系统会自动设置关键帧，如图 4.50 所示，【合成】窗口效果如图 4.51 所示。

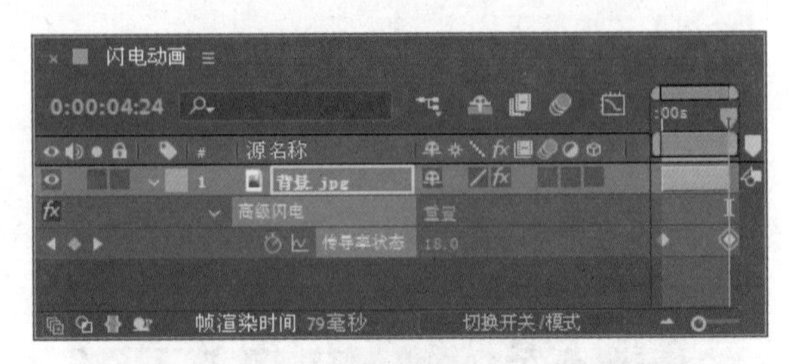

图 4.50

图 4.51

5 这样就完成了闪电动画的整体制作，按小键盘上的 0 键，即可在【合成】窗口中预览动画。

4.2.5 课堂案例——使用 CC 万花筒特效制作万花筒效果

实例解析

本例将利用【CC Kaleida（CC 万花筒）】特效制作万花筒动画效果。通过本例的学习，读者将掌握【CC Kaleida（CC 万花筒）】特效的使用技巧。完成的动画流程画面如图 4.52 所示。

难易程度：★☆☆☆☆

工程文件：第 4 章 \ 万花筒动画

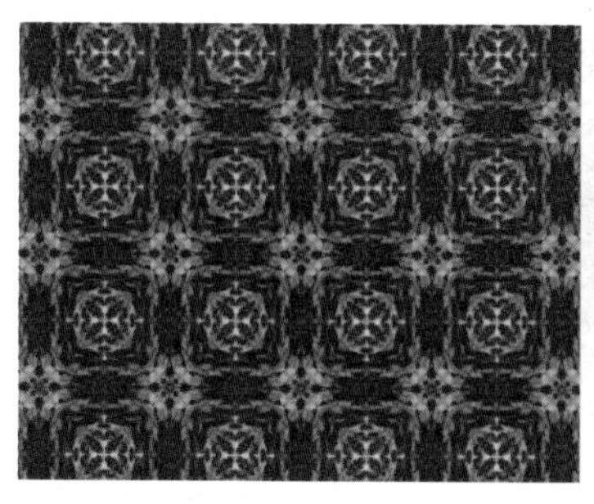  

图 4.52

知识点

CC Kaleida（CC 万花筒）

操作步骤

1 执行菜单栏中的【文件】|【打开项目】命令，选择“万花筒动画练习.aep”文件，将文件打开。

2 选择【花.jpg】层。在【效果和预设】面板中展开【风格化】特效组，然后双击【CC Kaleida（CC 万花筒）】特效，如图 4.53 所示。

图 4.53

3 将时间调整到 0:00:00:00 的位置，在【效果控件】面板中设置【Size（大小）】的值为 20.0，【Rotation（旋转）】的值为（0x+0.0°），单击【Size（大小）】和【Rotation（旋转）】左侧的码表按钮，在当前位置设置关键帧，如图 4.54 所示。

4 将时间调整到 0:00:02:24 的位置，设置【Size（大小）】的值为 37.0，【Rotation（旋转）】的值为（0x+212.0°），系统会自动设置关键帧，如图 4.55 所示，【合成】窗口效果如图 4.56 所示。

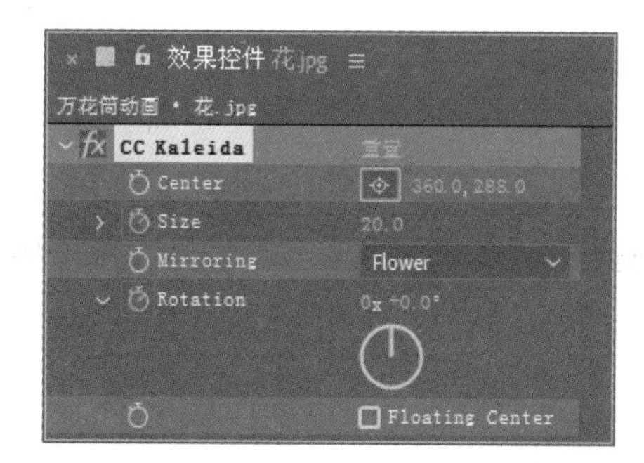

图 4.54

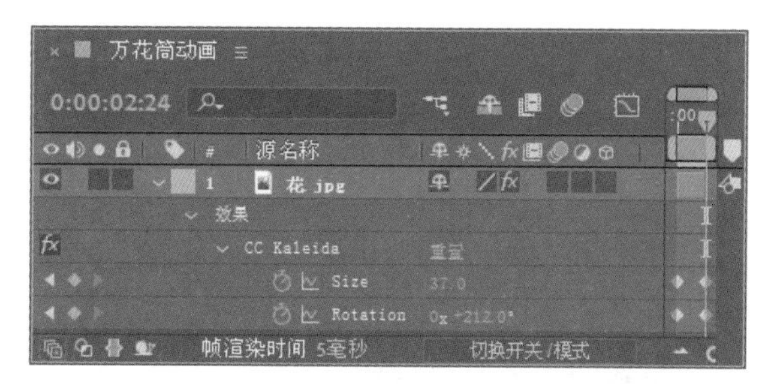

图 4.55

图 4.56

5 这样就完成了万花筒效果的整体制作，按小键盘上的 0 键，即可在【合成】窗口中预览动画。

4.2.6 课堂案例——利用更改为颜色特效改变影片颜色

实例解析

本例将利用【更改为颜色】特效改变影片颜色。完成的动画流程画面如图 4.57 所示。

难易程度：★★☆☆☆

工程文件：第 4 章 \ 改变影片颜色

图 4.57

视频文件

知识点

更改为颜色

操作步骤

1 执行菜单栏中的【文件】|【打开项目】命令，选择“改变影片颜色练习.aep”文件，将文件打开。

2 选择【动画学院大讲堂.mov】层。在【效果和预设】面板中展开【颜色校正】特效组，然后双击【更改为颜色】特效。

3 在【效果控件】面板中设置【自】为蓝色（R：0，G：55，B：235），如图 4.58 所示，【合成】窗口效果如图 4.59 所示。

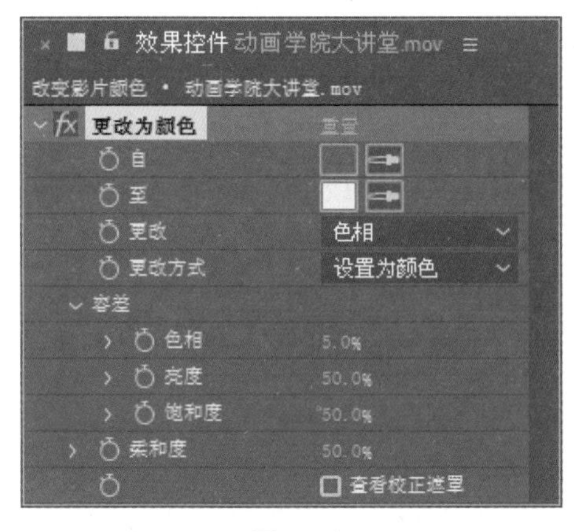

图 4.58

图 4.59

4 这样就完成了整体制作，按小键盘上的 0 键，即可在【合成】窗口中预览动画。

4.2.7 课堂案例——利用 CC 镜头特效制作水晶球效果

实例解析

本例将利用【CC Lens（CC 镜头）】特效制作水晶球效果。完成的动画流程画面如图 4.60 所示。

难易程度：★★☆☆☆

工程文件：第 4 章 \ 水晶球

图 4.60

教学视频

知识点

CC Lens（CC 镜头）

操作步骤

1 执行菜单栏中的【文件】|【打开项目】命令，选择“水晶球练习.aep”文件，将文件打开。

2 执行菜单栏中的【合成】|【新建合成】命令，打开【合成设置】对话框，设置【合成名称】为“水

晶球背景”，【宽度】的值为720，【高度】的值为576，【帧速率】的值为25，并设置【持续时间】为0:00:03:00。

3 在【项目】面板中选择“载体.jpg”素材，将其拖动到【水晶球背景】合成的【时间线】面板中，选中【载体.jpg】层，按P键打开【位置】属性，按住Alt键单击【位置】左侧的码表按钮，在空白处输入wiggle(1,200)，如图4.61所示，【合成】窗口效果如图4.62所示。

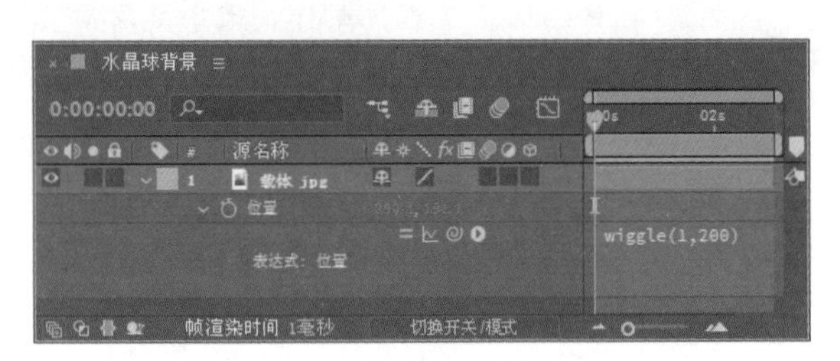

图4.61

图4.62

4 打开【水晶球】合成，在【项目】面板中选择【水晶球背景】合成，将其拖动到【水晶球】合成的【时间线】面板中。

5 选择【水晶球背景】层。在【效果和预设】面板中展开【扭曲】特效组，然后双击【CCLens（CC镜头）】特效。

6 在【效果控件】面板中设置【Size（大小）】的值为48.0，如图4.63所示，【合成】窗口效果如图4.64所示。

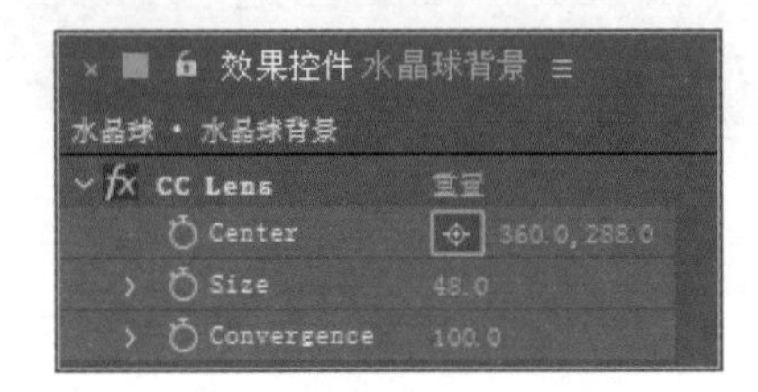

图4.63

图4.64

7 这样就完成了整体制作，按小键盘上的0键，即可在【合成】窗口中预览动画。

4.2.8 课堂案例——利用音频波形特效制作电光线效果

实例解析

本例将利用【音频波形】特效制作电光线效果。最终的动画流程效果如图4.65所示。

难易程度：★★☆☆☆

工程文件：第4章\电光线效果

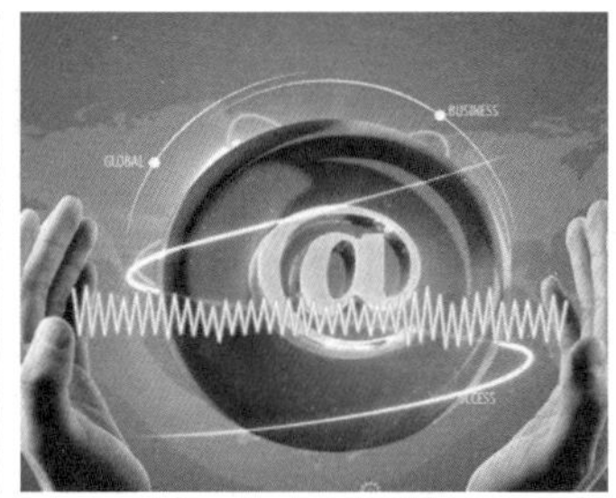
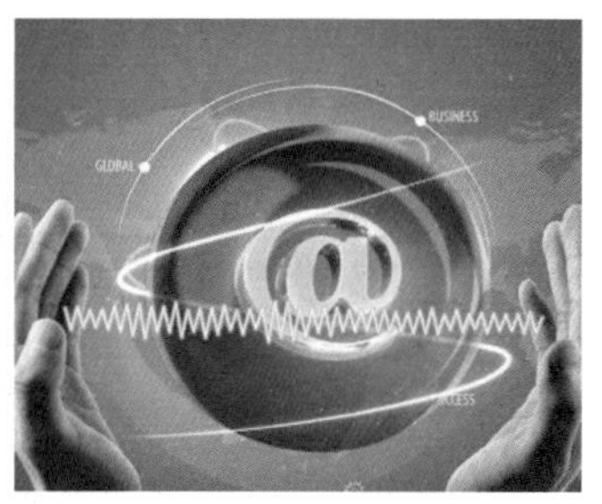

图 4.65

知识点

音频波形

操作步骤

1 执行菜单栏中的【文件】|【打开项目】命令，选择“电光线效果练习.aep”文件，将文件打开。

2 执行菜单栏中的【图层】|【新建】|【纯色】命令，打开【纯色设置】对话框，设置【名称】为“电光线”，【颜色】为黑色，如图 4.66 所示。

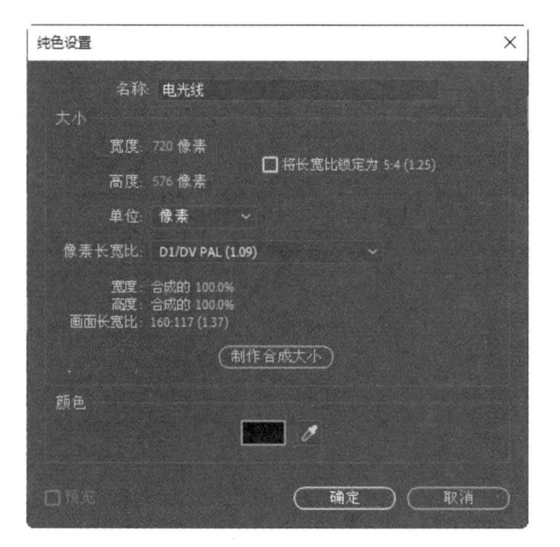

图 4.66

3 选择【电光线】层，在【效果和预设】面板中展开【生成】特效组，然后双击【音频波形】特效。

4 在【效果控件】面板中，从【音频层】下拉列表中选择【1.音频.mp3】，设置【起始点】的值为（64.0，366.0），【结束点】的值为（676.0，370.0），【显示的范例】的值为 80，【最大高度】的值为 300.0，【音频持续时间】的值为 900.00，【厚度】的值为 6.00，【内部颜色】为白色，【外部颜色】为青色（R：0，G：174，B：255），如图 4.67 所示，【合成】窗口效果如图 4.68 所示。

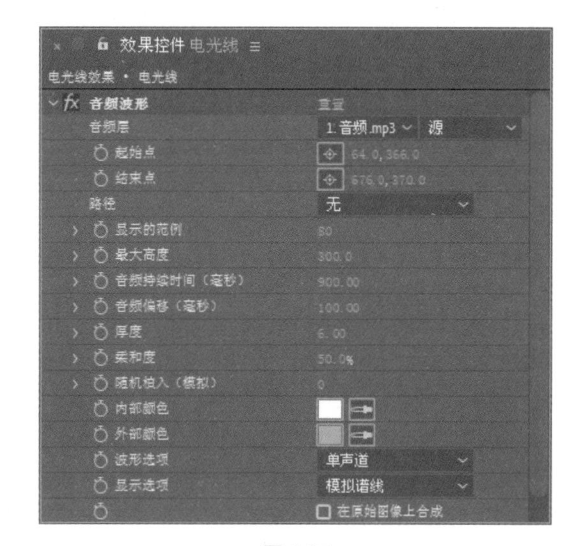

图 4.67

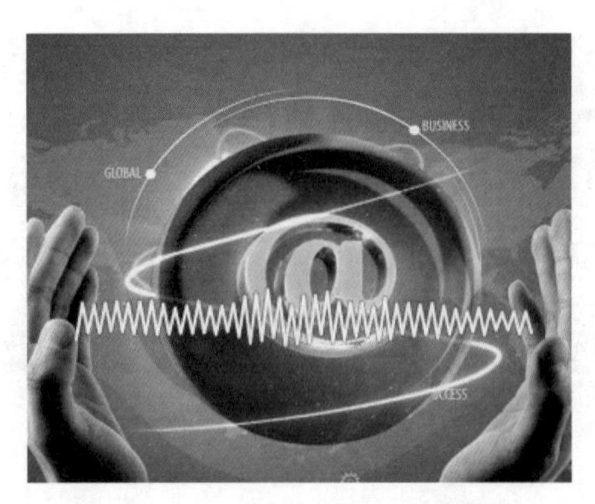

图 4.68

5 这样就完成了电光线效果的整体制作，按小键盘上的 0 键，即可在【合成】窗口中预览动画。

4.2.9 课堂案例——利用涂写特效制作手绘效果

实例解析

本例将利用【涂写】特效制作手绘效果。完成的动画流程画面如图 4.69 所示。

难易程度：★★☆☆☆

工程文件：第 4 章 \ 手绘效果

图 4.69

视频文件

知识点

涂写

操作步骤

1 执行菜单栏中的【文件】|【打开项目】命令，选择“手绘效果练习.aep”文件，将文件打开。

2 执行菜单栏中的【图层】|【新建】|【纯色】命令，打开【纯色设置】对话框，设置【名称】为“心”，【颜色】为白色，如图 4.70 所示。

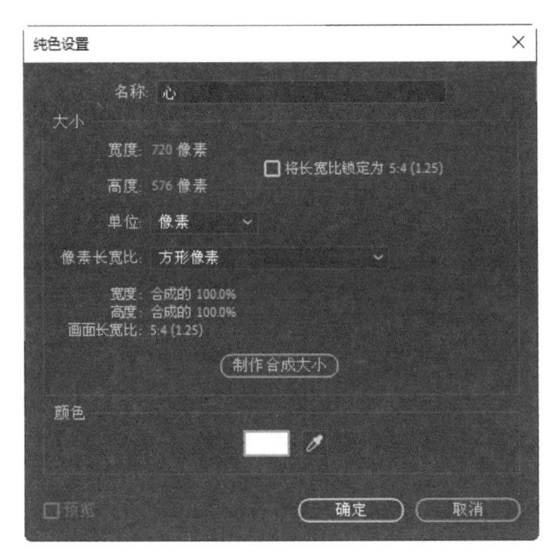

图 4.70

3 选择【心】层，在工具栏中选择【钢笔工具】，在文字层上绘制一个心形路径，如图 4.71 所示。

图 4.71

4 选择【心】层，在【效果和预设】面板中展开【生成】特效组，然后双击【涂写】特效。

5 在【效果控件】面板中，从【蒙版】下拉列表中选择【蒙版 1】选项，设置【颜色】的值为红色（R：255，G：20，B：20），【角度】的值为（0x+129.0°），【描边宽度】的值为 1.6。将时间调整到 0:00:01:22 的位置，设置【不透明度】的值为 100.0%，单击【不透明度】左侧的码表按钮，在当前位置设置关键帧，如图 4.72 所示。

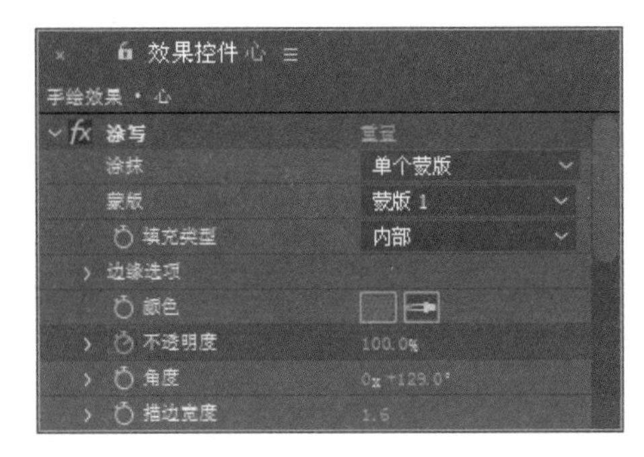

图 4.72

6 将时间调整到 0:00:02:06 的位置，设置【不透明度】的值为 1.0%，系统会自动设置关键帧，如图 4.73 所示。

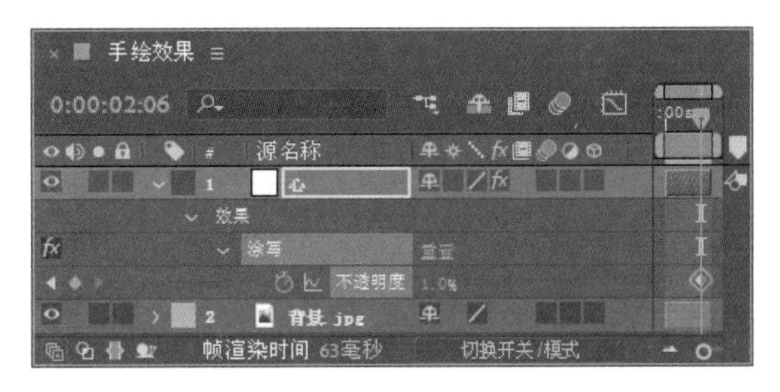

图 4.73

7 将时间调整到 0:00:00:00 的位置，设置【结束】的值为 0.0%，单击【结束】左侧的码表按钮，在当前位置设置关键帧。

8 将时间调整到 0:00:01:00 的位置，设置【结束】的值为 100.0%，系统会自动设置关键帧，如图 4.74 所示，【合成】窗口效果如图 4.75 所示。

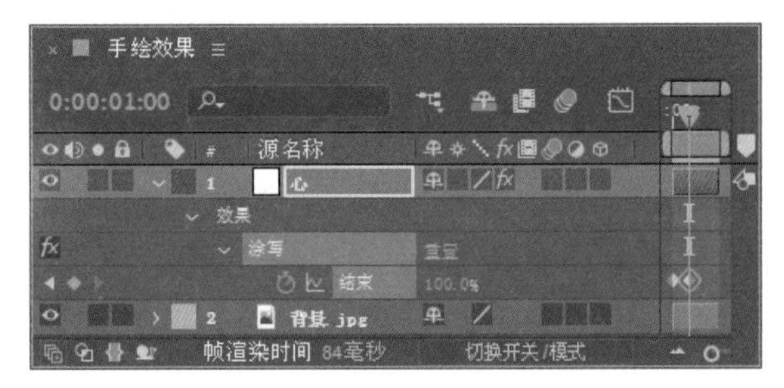

图 4.74

图 4.75

9 这样就完成了手绘效果的整体制作，按小键盘上的 0 键，即可在【合成】窗口中预览动画。

4.2.10 课堂案例——利用 CC 吹泡泡特效制作泡泡上升动画

实例解析

本例将利用【CC Bubbles（CC 吹泡泡）】特效制作泡泡上升动画。最终的动画流程画面如图 4.76 所示。

难易程度：★☆☆☆☆

工程文件：第 4 章\泡泡上升动画

图 4.76

视频文件

知识点

CC Bubbles（CC 吹泡泡）

操作步骤

1 执行菜单栏中的【文件】|【打开项目】命令，选择“泡泡上升动画练习.aep”文件，将文件打开。

2 执行菜单栏中的【图层】|【新建】|【纯色】命令，打开【纯色设置】对话框，设置【名称】为“载体”，【颜色】为淡黄色（R：254，G：234，B：193），如图 4.77 所示。

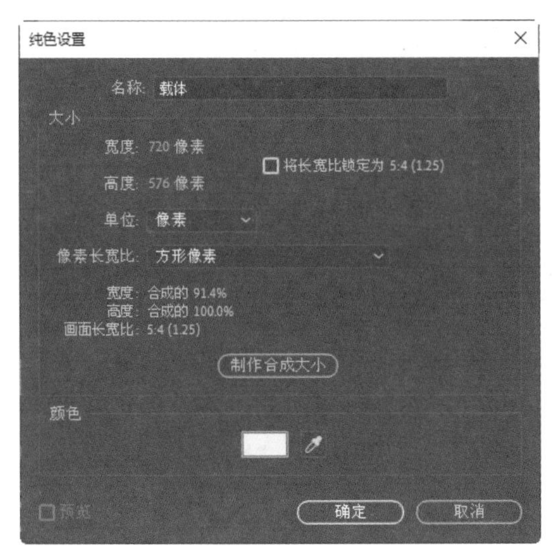

图 4.77

3 选择【载体】层，在【效果和预设】面板中展开【模拟】特效组，然后双击【CC Bubbles（CC 吹泡泡）】特效，如图 4.78 所示。

图 4.78

4 这样就完成了动画的整体制作，按小键盘上的 0 键，即可在【合成】窗口中预览动画。

4.2.11 课堂案例——利用 CC 卷页特效制作卷页效果

实例解析

本例将利用【CC Page Turn（CC 卷页）】特效制作卷页效果。通过本例的学习，读者将掌握【CC Page Turn（CC 卷页）】特效的使用。本例最终的动画流程效果如图 4.79 所示。

难易程度：★★★☆☆

工程文件：第 4 章\卷页效果

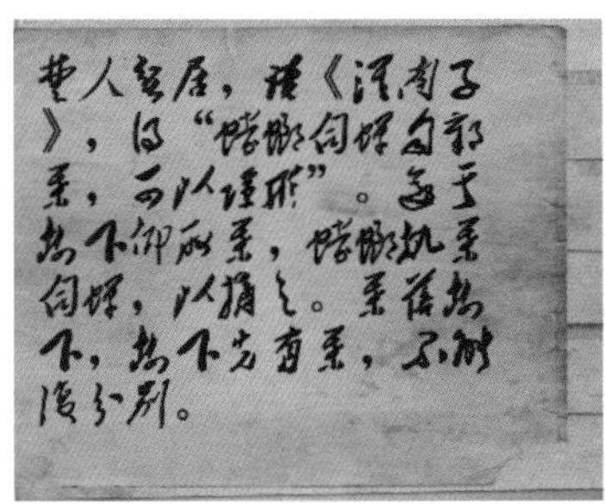 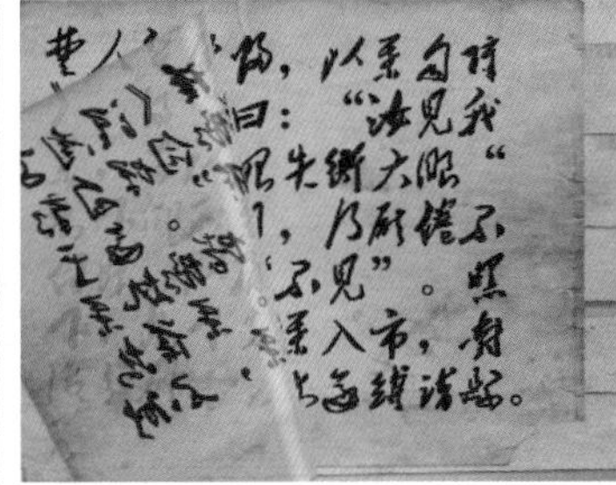 

图 4.79

知识点

CC Page Turn（CC 卷页）

操作步骤

1 执行菜单栏中的【文件】|【打开项目】命令，选择“卷页效果练习.aep”文件，将文件打开。

2 选择【书页 1】层。在【效果和预设】面板中，展开【扭曲】特效组，然后双击【CC Page Turn（CC 卷页）】特效。

3 在【效果控件】面板中设置【Fold Direction（折叠方向）】的值为（0x−104.0°），将时间调整到 0:00:00:00 的位置，设置【Fold Position（折叠位置）】的值为（680.0，236.0），单击【Fold Position（折叠位置）】左侧的码表按钮，在当前位置设置关键帧，如图 4.80 所示。

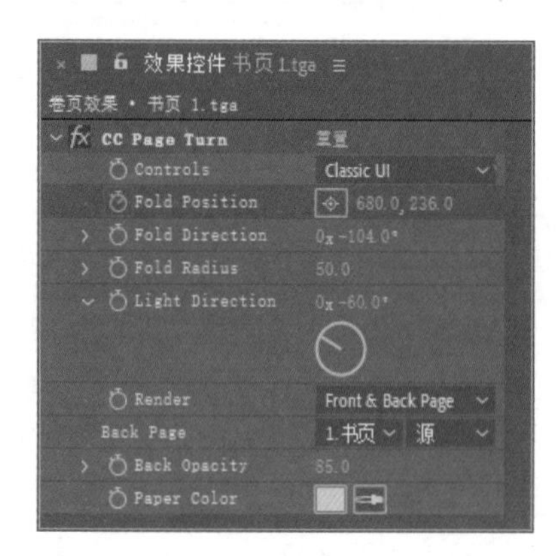

图 4.80

4 将时间调整到 0:00:01:00 的位置，设置【Fold Position（折叠位置）】的值为（−48.0，530.0），系统会自动设置关键帧，如图 4.81 所示，【合成】窗口效果如图 4.82 所示。

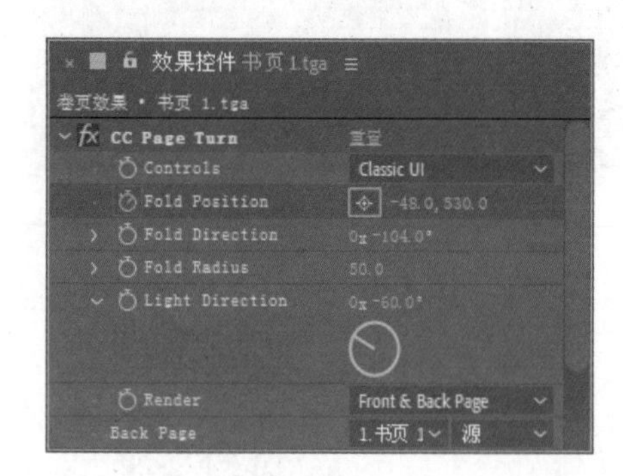

图 4.81

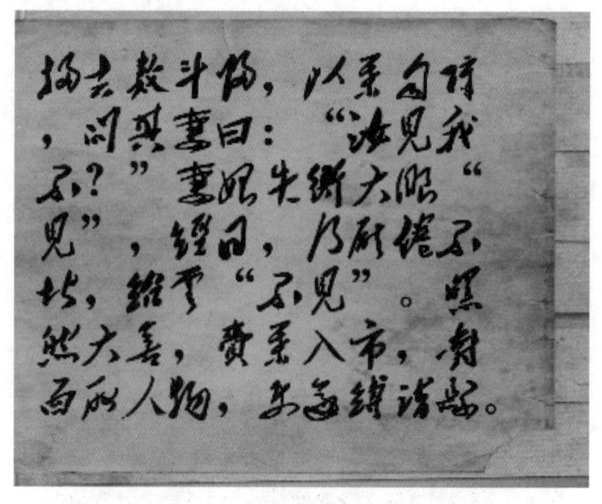

图 4.82

5 选择【书页 2.tga】层，在【效果和预设】面板中展开【扭曲】特效组，然后双击【CC Page Turn（CC 卷页）】特效。

6 在【效果控件】面板中设置【Fold Direction（折叠方向）】的值为（0x−104.0°）。将时间调整到 0:00:01:00 的位置，设置【Fold Position（折叠位置）】的值为（680.0，236.0），单击【Fold Position（折叠位置）】左侧的码表按钮，在当前位置设置关键帧，如图 4.83 所示。

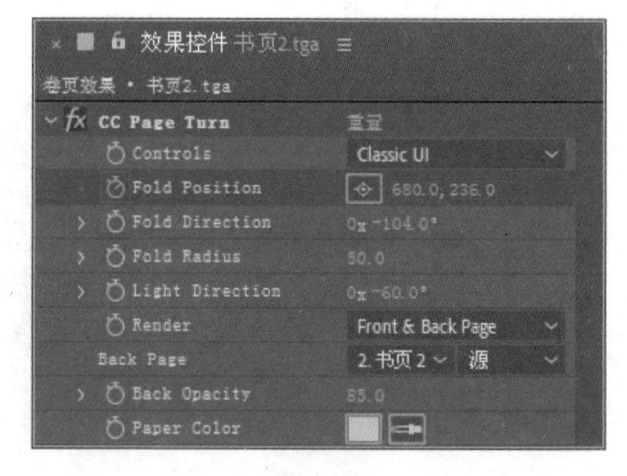

图 4.83

7 将时间调整到 0:00:02:00 的位置，设置【Fold Position（折叠位置）】的值为（−48.0，530.0），系统会自动设置关键帧，如图 4.84 所示，【合成】窗口效果如图 4.85 所示。

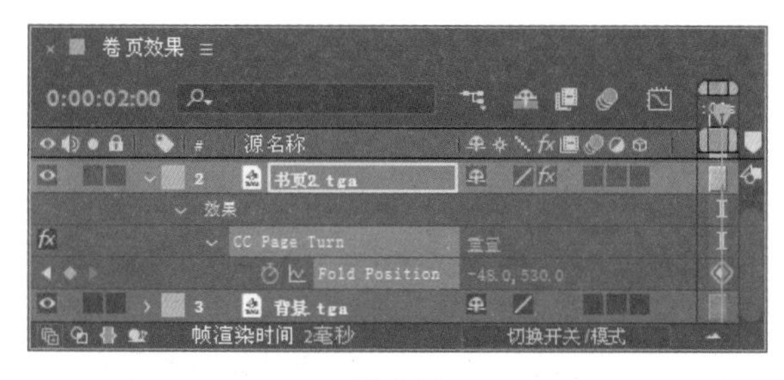

图 4.84

8 这样就完成了卷页效果的整体制作，按小键盘上的 0 键，即可在【合成】窗口中预览动画。

图 4.85

4.2.12 课堂案例——利用放大特效制作放大镜动画

实例解析

本例将利用【放大】特效制作放大镜动画。完成的动画流程画面如图 4.86 所示。

难易程度：★★☆☆☆

工程文件：第 4 章 \ 放大镜动画

图 4.86

教学视频

知识点

放大

操作步骤

1 执行菜单栏中的【文件】|【打开项目】命令，选择“放大镜动画练习 .aep”文件，将文件打开。

2 选中【放大镜.tga】层，设置【缩放】的值为（39.0，39.0%）。将时间调整到0:00:00:00的位置，设置【位置】的值为（179.0，188.0），单击【位置】左侧的码表按钮，在当前位置设置关键帧，如图4.87所示。

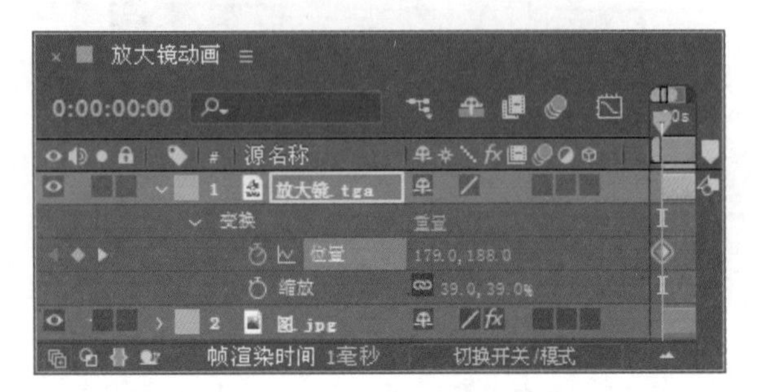

图 4.87

3 将时间调整到0:00:02:24的位置，设置【位置】的值为（675.0，344.0），系统会自动设置关键帧，如图4.88所示。

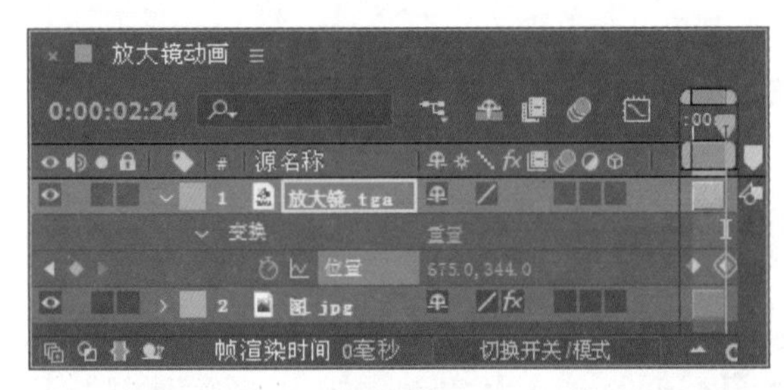

图 4.88

4 选择【图.jpg】层，在【效果和预设】面板中展开【扭曲】特效组，然后双击【放大】特效。

5 在【效果控件】面板中设置【放大率】的值为200.0，【大小】的值为52.0。将时间调整到0:00:00:00的位置，设置【中心】的值为（116.0，146.0），单击【中心】左侧的码表按钮，在当前位置设置关键帧，如图4.89所示。

6 将时间调整到0:00:02:24的位置，设置【中心】的值为（611.0，303.0），系统会自动设置关键帧，如图4.90所示，【合成】窗口效果如图4.91所示。

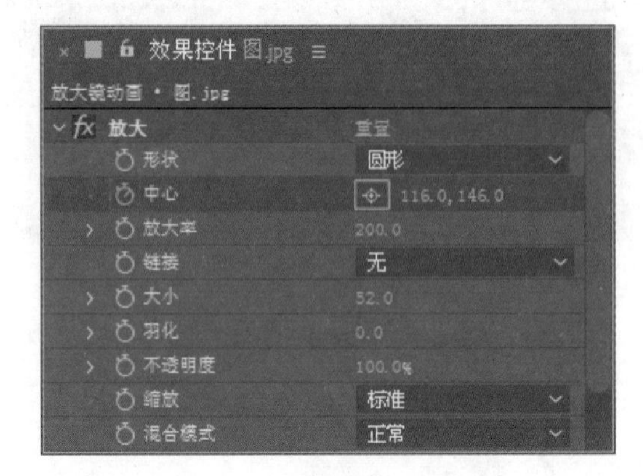

图 4.89

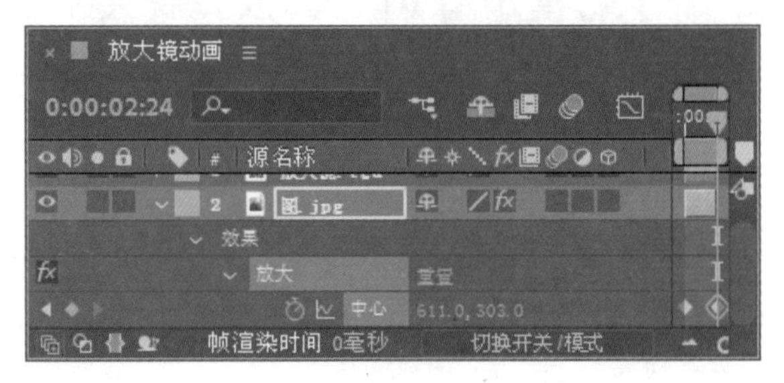

图 4.90

图 4.91

7 这样就完成了动画的整体制作，按小键盘上的0键，即可在【合成】窗口中预览动画。

4.2.13 课堂案例——利用极坐标和镜头光晕特效制作炫彩空间效果

实例解析

本例将利用【极坐标】和【镜头光晕】特效制作炫彩空间效果。完成的动画流程画面如图 4.92 所示。

难易程度：★★★☆☆

工程文件：第 4 章 \ 炫彩空间

图 4.92

知识点

1. 镜头光晕
2. 分形杂色
3. 发光
4. 极坐标

教学视频

操作步骤

1 执行菜单栏中的【合成】|【新建合成】命令，打开【合成设置】对话框，设置【合成名称】为“炫彩空间”，【宽度】的值为 720，【高度】的值为 405，【帧速率】的值为 25，并设置【持续时间】为 0:00:04:00，如图 4.93 所示。

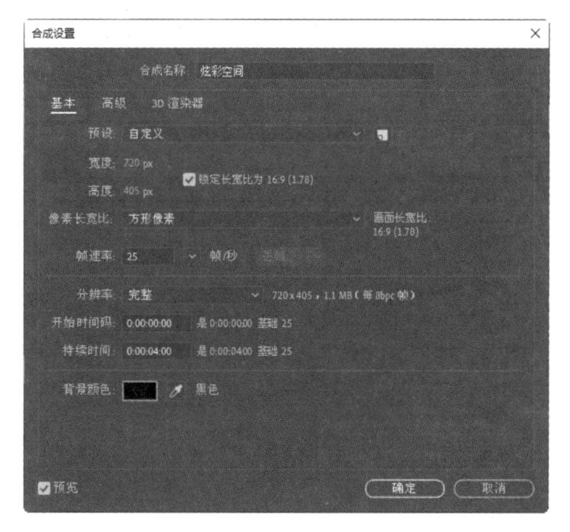

图 4.93

2 按 Ctrl+Y 组合键，打开【纯色设置】对话框，设置纯色【名称】为“红光”，【颜色】为黑色。

3 选择【红光】层，在【效果和预设】面板中展开【杂色和颗粒】特效组，然后双击【分形杂色】特效。

4 在【效果控件】面板中设置【对比度】的值为 200.0，【亮度】的值为 -60.0，从【溢出】下拉列表中选择【剪切】选项。展开【变换】选项组，设置【旋转】的值为（0x+32.0°），取消选中【统一缩放】复选框，设置【缩放宽度】的值为 7.0，【缩放高度】的值为 10000.0，【复杂度】的值为 1.0，将时间调整到 0:00:00:00 的位置，设置【演化】的值为（0x+0.0°），单击【演化】左侧的码表按钮，在当前位置设置关键帧，如图 4.94 所示，【合成】窗口效果如图 4.95 所示。

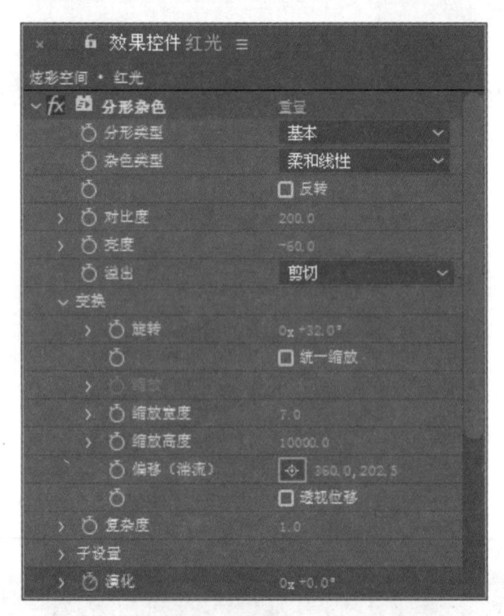

图 4.94

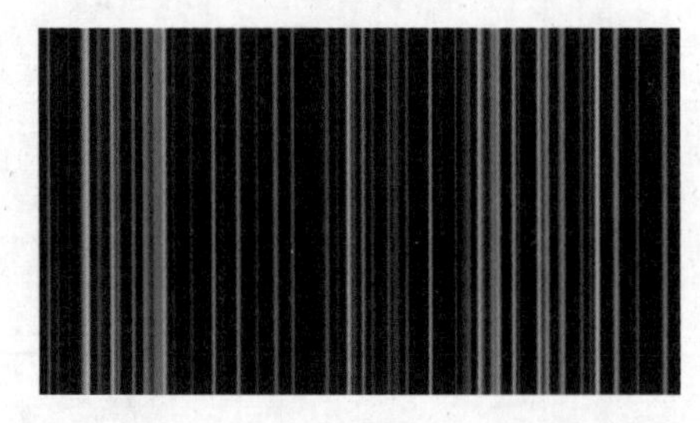

图 4.95

5 将时间调整到 0:00:03:24 的位置，设置【演化】的值为（2x+0.0°），系统会自动设置关键帧，如图 4.96 所示，【合成】窗口效果如图 4.97 所示。

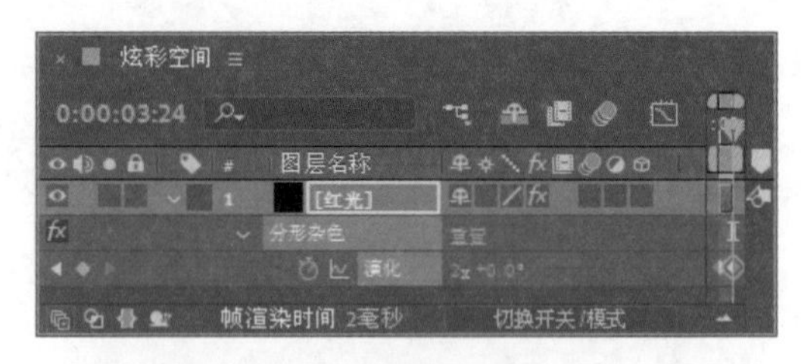

图 4.96

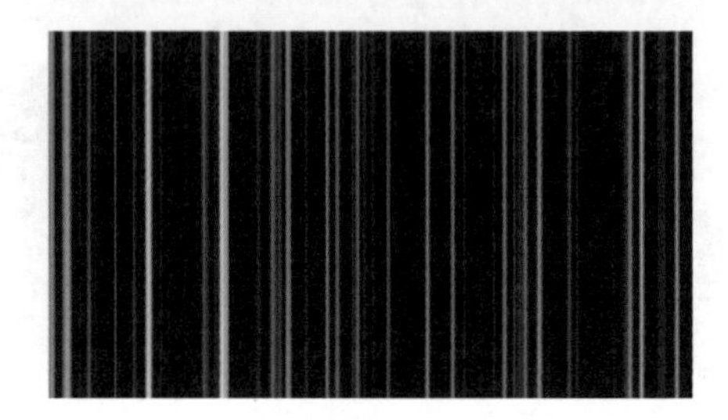

图 4.97

6 选择【红光】层，在【效果和预设】面板中展开【风格化】特效组，然后双击【发光】特效。

7 在【效果控件】面板中设置【发光阈值】的值为 17.0%，【发光半径】的值为 58.0，【发光强度】的值为 7.0，从【发光颜色】下拉列表中选择【A 和 B 颜色】选项，设置【颜色 A】为蓝色（R：0，G：108，B：255），【颜色 B】为红色（R：255，G：0，B：0），如图 4.98 所示，【合成】窗口效果如图 4.99 所示。

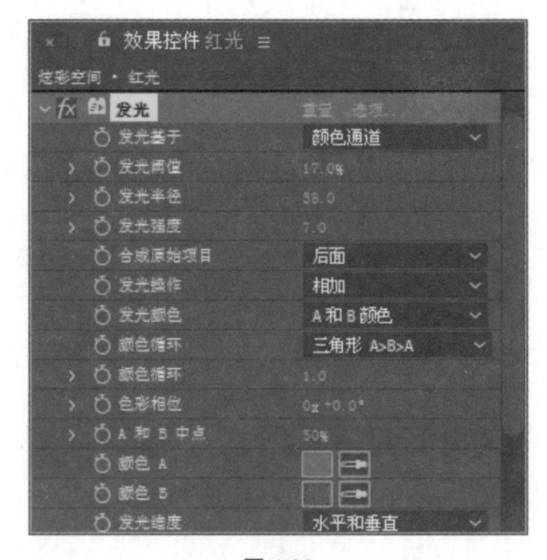

图 4.98

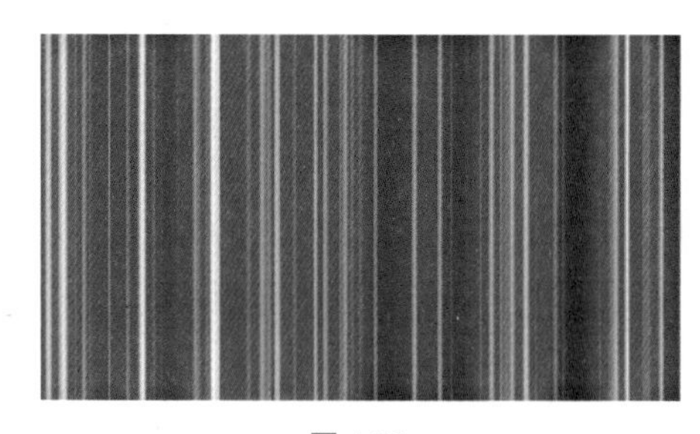

图 4.99

8 选择【红光】层，在【效果和预设】面板中展开【扭曲】特效组，然后双击【极坐标】特效。

9 在【效果控件】面板中设置【插值】的值为 100.0%，从【转换类型】下拉列表中选择【矩形到极线】选项，如图 4.100 所示。

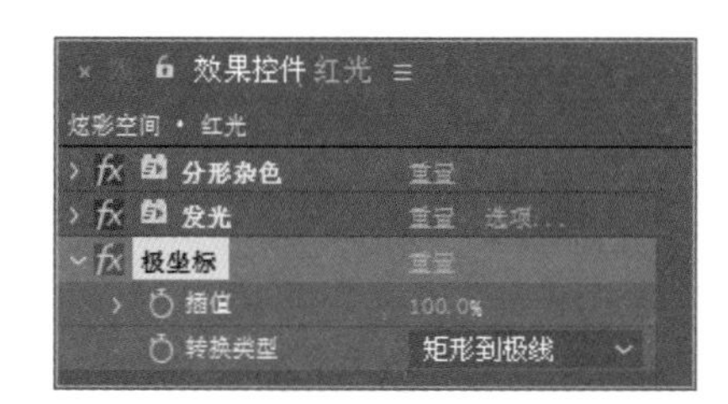

图 4.100

10 选择【红光】层，设置【缩放】的值为（200.0，200.0%），效果如图 4.101 所示。

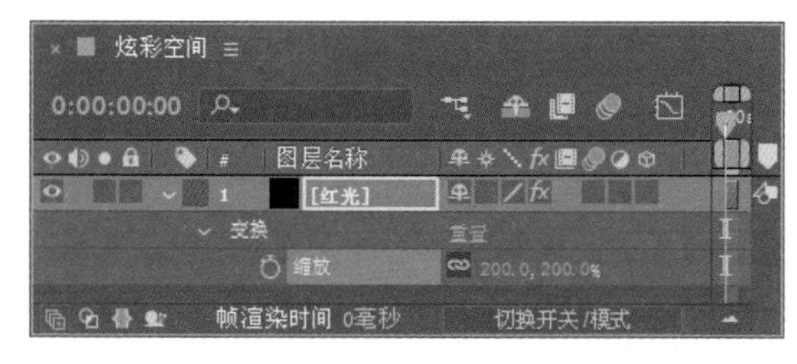

图 4.101

11 选择【红光】层，按 Ctrl+D 组合键复制出另一个新的图层，将该图层重命名为“蓝光”。打开【效果控件】面板，修改【分形杂色】特效参数，设置【对比度】的值为 100.0，【亮度】的值为 −63.0，如图 4.102 所示。

12 展开【发光】特效，设置【颜色 A】为青色（R：0，G：255，B：255），【颜色 B】为黄绿色（R：162，G：255，B：0），如图 4.103 所示。

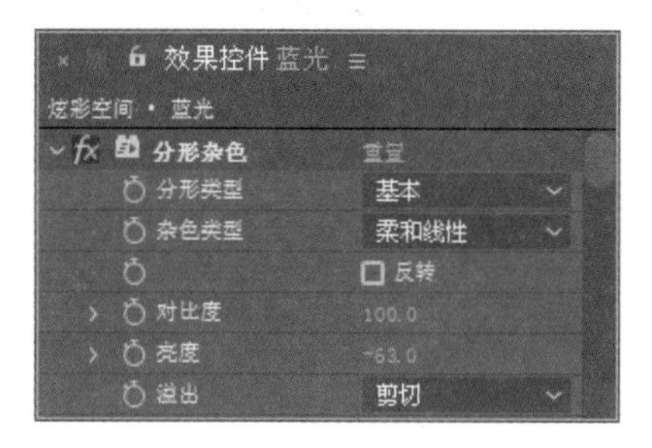

图 4.102

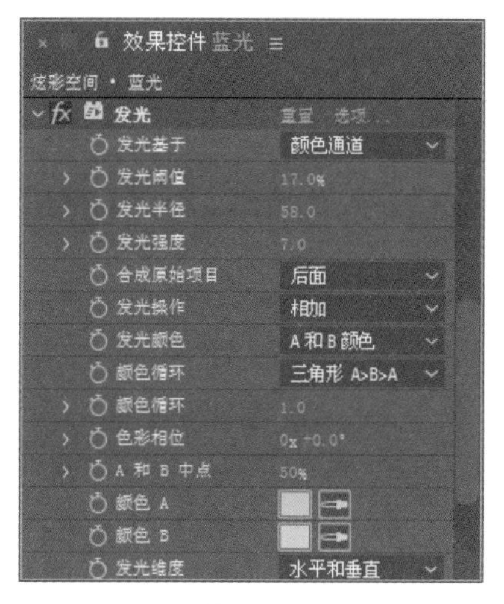

图 4.103

13 选择【蓝光】层，将其图层【模式】设置为【屏幕】，如图 4.104 所示，【合成】窗口效果如图 4.105 所示。

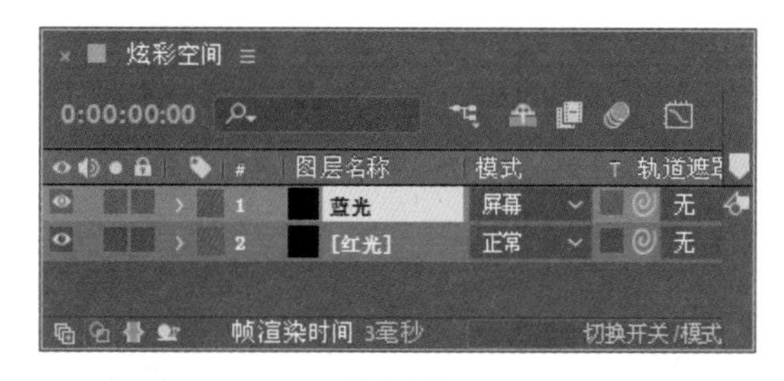

图 4.104

14 按 Ctrl+Y 组合键，打开【纯色设置】对话框，设置纯色【名称】为“光斑”，【颜色】为黑色。

图 4.105

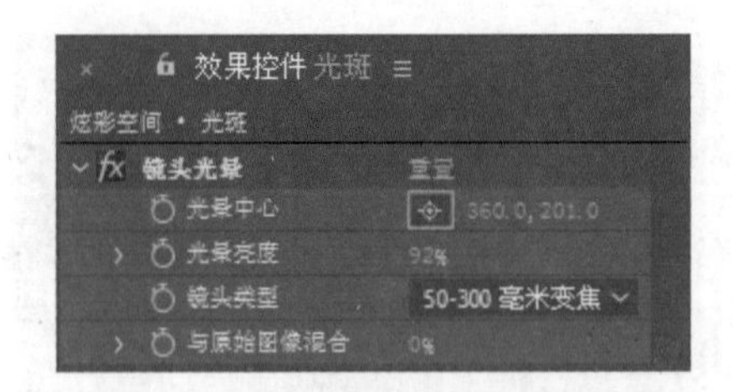

图 4.106

15 在【时间线】面板中选择【光斑】层，在【效果和预设】面板中展开【生成】特效组，然后双击【镜头光晕】特效。

16 在【效果控件】面板中设置【光晕中心】的值为（360.0，201.0），【光晕亮度】的值为 92%，如图 4.106 所示。

17 在【时间线】面板中选择【光斑】层，设置【缩放】的值为（200.0，200.0%），并设置图层【模式】为【屏幕】，如图 4.107 所示。

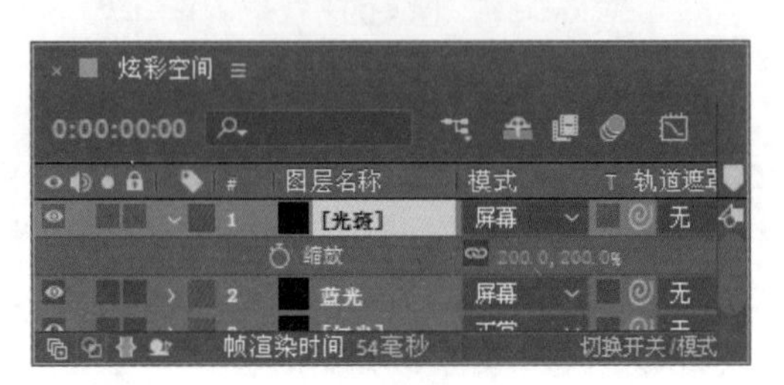

图 4.107

18 这样就完成了整体动画的制作，按小键盘上的 0 键，即可在【合成】窗口中预览动画。

4.3 课后上机实操

本章通过两个课后上机实操，让读者对内置特效的使用有深入了解，帮助读者掌握内置特效应用方法和技巧，以便在日后的动画制作中更好地应用。

4.3.1 上机实操 1——利用 CC 玻璃擦除特效制作转场动画

实例解析

本例将制作转场动画。转场动画是视频动画中十分常见的动画表现形式，通过添加转场效果可以使画面的衔接更加自然，最终效果如图 4.108 所示。

难易程度：★★☆☆☆

工程文件：第 4 章 \ 转场动画

图 4.108

知识点

CC Glass Wipe（CC 玻璃擦除）

教学视频

4.3.2 上机实操 2——利用破碎特效制作破碎动画

实例解析

本例将制作破碎动画，该动画的制作比较简单，只需要添加破碎效果控件即可完成整个动画的制作，最终效果如图 4.109 所示。

难易程度：★★☆☆☆

工程文件：第 4 章 \ 破碎动画

图 4.109

教学视频

知识点

破碎

第5章 动画的渲染与输出

内容摘要

本章主要讲解动画的渲染与输出。在影视动画的制作过程中，渲染是经常要用到的。一部制作完成的动画，要按照需要的格式渲染输出，制作成电影成品。渲染及输出的时间与影片的长度、内容的复杂性、画面的大小等方面有关，因此不同影片的输出时间相差很大。本章讲解影片的渲染和输出的相关设置。

教学目标

- 了解视频压缩的类别和方式
- 了解常见图像格式和音频格式的含义
- 学习渲染队列窗口的参数含义及使用
- 掌握常见动画及图像格式的输出

5.1 数字视频压缩

5.1.1 压缩的类别

视频压缩是视频输出工作中不可缺少的一部分，由于计算机硬件和网络传输速率的限制，在存储或传输视频时会出现文件过大的情况，为了避免这种情况，在输出文件时就会选择合适的方式对文件进行压缩，这样才能很好地解决传输和存储时出现的问题。压缩就是将视频文件的数据信息通过特殊的方式进行重组或删除，以达到减小文件大小的目的。压缩可以分为以下几种。

- 软件压缩：通过计算机压缩软件来压缩，这是使用较为普遍的一种压缩方式。
- 硬件压缩：通过安装一些配套的硬件压缩卡来完成，这种方式具有比软件压缩更高的效率，但成本较高。
- 有损压缩：在压缩的过程中，为了达到更小的空间，将素材进行压缩，丢失一部分数据或是画面色彩，达到压缩的目的，这种压缩方式可以更小地压缩文件，但会牺牲更多的文件信息。
- 无损压缩：它与有损压缩相反，在压缩过程中，不会丢失数据，但一般压缩的程度较小。

5.1.2 压缩的方式

压缩不是单纯地为了减少文件的大小，而是要在保证画面清晰的同时达到压缩的目的，不能只管压缩而不计损失，要根据文件的类别来选择合适的压缩方式，这样才能更好地达到压缩的目的。常用的视频和音频压缩方式有以下几种。

1. Microsoft Video 1

这种方式是针对模拟视频信号进行压缩，是一种有损压缩方式。它支持8位或16位的影像深度，适用于 Windows 平台。

2. IntelIndeo（R）Video R3.2

这种方式适合制作在 CD-ROM 中播放的 24 位的数字电影，和 Microsoft Video 1 相比，该方式能得到更高的压缩比和质量以及更快的回放速度。

3. DivX MPEG-4(Fast-Motion) 和 DivX MPEG-4(Low-Motion)

这两种压缩方式是 Premiere Pro 增加的算法，它们压缩基于 DivX 播放的视频文件。

4. Cinepak Codec by Radius

这种压缩方式可以压缩彩色或黑白图像，适合压缩 24 位的视频信号，制作用于 CD-ROM 播放或网上发布的文件。和其他压缩方式相比，利用这种压缩方式可以获得更高的压缩比和更快的回放速度，但压缩速度较慢，而且只适用于 Windows 平台。

5. Microsoft RLE

这种方式适合压缩具有大面积色块的影像素材，例如动画或计算机合成图像等。它使用 RLE（spatial 8-bit run-length encoding）方式进行压缩，是一种无损压缩方案，适用于 Windows 平台。

6. Intel Indeo 5.10

这种方式适合于所有基于 MMX 技术或 Pentium II 以上处理器的计算机。它具有快速的压缩选项，可以灵活设置关键帧，具有很好的回访效果。适用于 Windows 平台，作品适于网上发布。

7. MPEG

在非线性编辑中最常用的是 MJPEG 算法，即 Motion JPEG。它将视频信号 50 场/秒（PAL 制式）变为 25 帧/秒，然后按照 25 帧/秒的速度使用 JPEG 算法对每一帧压缩。通常压缩倍数在 3.5 ～ 5 倍时可以达到 Betacam 的图像质量。MPEG 算法是适用于动态视频的压缩算法，其除了对单幅图像进行编码，还利用图像序列中的相关原则，将冗余去掉，这样可以大大提高视频的压缩比。目前，MPEG-I用于VCD节目中，MPEG-II用于VOD、DVD节目中。

此外，还有很多其他方式，比如Planar RGB、Cinepak、Graphics、Motion JPEG A和Motion JPEG B、DV NTSC和DV PAL、Sorenson、Photo-JPEG、H.263、Animation、None等。

5.2 图像格式

图像格式是指计算机表示、存储图像信息的格式。同一幅图像可以使用不同的格式来存储，不同的格式所包含的图像信息并不完全相同，文件大小也有很大的差别。用户在使用时可以根据自己的需要选用适当的格式。下面介绍常见的几种格式。

5.2.1 静态图像格式

1. PSD

PSD（Photoshop document，PSD）是Adobe公司的图像处理软件Photoshop的专用格式。PSD其实是Photoshop进行平面设计的一张“草稿图”，里面有图层、通道、透明度等多种设计样稿，可以让用户在下一次打开文件时修改上一次的设计。在Photoshop支持的各种图像格式中，PSD的存取速度比其他格式快很多，功能也很强大。由于Photoshop的广泛应用，我们有理由相信，这种格式会逐步流行起来。

2. BMP

BMP是标准的Windows及OS/2的图像文件格式，是英文Bitmap（位图）的缩写，Microsoft的BMP格式是专门为“画笔”和“画图”程序建立的。这种格式支持1～24位颜色深度，使用的颜色模式有RGB、索引颜色、灰度和位图等，且与设备无关。但因为这种格式的特点是包含图像信息较丰富，几乎不对图像进行压缩，所以其缺点是占用磁盘空间过大。正因为如此，目前BMP格式在单机上比较流行。

3. GIF

GIF是由CompuServe提供的一种图像格式。由于GIF格式可以使用LZW方式进行压缩，所以被广泛用于通信领域和HTML网页文档中。不过，这种格式只支持8位图像文件。当选用该格式保存文件时，会自动转换成索引颜色模式。

4. JPEG

JPEG是一种带压缩的文件格式。其压缩率是目前各种图像文件格式中最高的。但是，JPEG在压缩时存在一定程度的失真，因此，在制作印刷制品时最好不要用这种格式。JPEG格式支持RGB、CMYK和灰度颜色模式，但不支持Alpha通道。它主要用于图像预览和制作HTML网页。

5. TIFF

TIFF是Aldus公司专门为苹果计算机设计的一种图像文件格式，可以跨平台操作。TIFF格式的出现是为了便于应用软件之间进行图像数据的交换，其全名是“Tagged图像文件格式”（标志图像文件格式）。因此TIFF文件格式的应用非常广泛，可以在许多图像软件之间转换。TIFF格式支持RGB、CMYK、Lab、Indexed-颜色、位图模式和灰度的色彩模式，并且在RGB、CMYK和灰度3种色彩模式中还支持使用Alpha通道。TIFF格式独立于操作系统和文件，它对PC和Mac一视同仁，大多数扫描仪都输出TIFF格式的图像文件。

6. PCX

PCX 文件格式是由 Zsoft 公司在 20 世纪 80 年代初期设计的，当时专用于存储该公司开发的 PC Paintbrush 绘图软件所生成的图像画面数据，后来成为 MS-DOS 平台下常用的格式。在 DOS 系统时代，这一平台下的绘图、排版软件都用 PCX 格式。进入 Windows 操作系统后，其仍是 PC 上较为流行的图像文件格式。

5.2.2 视频格式

1. AVI

AVI 是 Video for Windows 视频文件的存储格式，它播放的视频文件的分辨率并不高，帧频率小于 25 帧/秒（PAL 制）或者 30 帧/秒（NTSC）。

2. MOV

MOV 原来是苹果公司开发的专用视频格式，后来移植到 PC 上使用。和 AVI 一样，MOV 属于网络上的视频格式之一，在 PC 上没有 AVI 普及，因为该格式需要专门的播放软件——QuickTime。

3. RM

RM 属于网络实时播放软件，压缩比较大，视频和声音都可以压缩进 RM 文件中，并可用 RealPlay 播放。

4. MPG

MPG 是压缩视频的基本格式，如 VCD 碟片。其压缩方法是将视频信号分段取样，然后忽略相邻各帧不变的画面，只记录已经变化的内容，因此其压缩比很大。这可以从 VCD 和 CD 的容量看出来。

5. DV

After Effects 支持 DV 格式的视频文件。

5.2.3 音频的格式

1. MP3

MP3 是现在非常流行的音频格式之一。它将 WAV 文件以 MPEG2 的多媒体标准进行压缩，压缩后的体积只有原来的 1/10 甚至 1/15，而音质能基本保持不变。

2. WAV

WAV 是 Windows 记录声音所用的文件格式。

3. MP4

MP4 是在 MP3 基础上发展起来的，其压缩比高于 MP3。

4. MID

MID 文件又叫 MIDI 文件，它们的体积都很小，一首十多分钟的音乐只有几十千字节（KB）。

5. RA

RA 格式的压缩比大于 MP3，而且音质较好，可用 RealPlay 播放。

5.3 渲染工作区的设置

制作完成一部影片，最终需要将其渲染出来。但有些时候渲染的并不一定是整个工作区的影片，而只是渲染其中的一部分，这时就需要对渲染工作区进行设置。

渲染工作区位于【时间线】面板，由【工作区域开头】和【工作区域结尾】两点控制渲染区域，如图 5.1 所示。

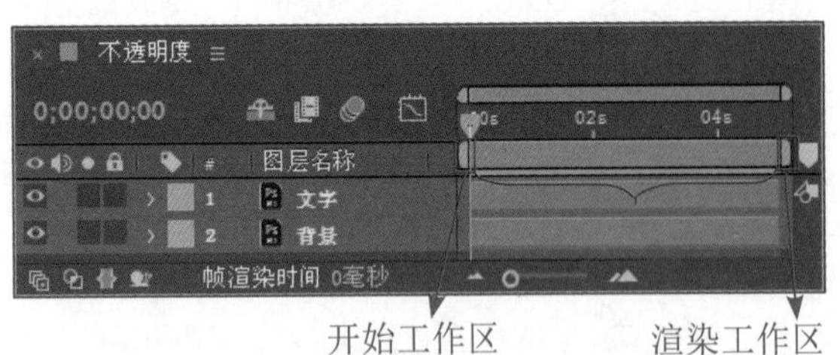

图 5.1

5.3.1 手动调整渲染工作区

手动调整渲染工作区的操作方法很简单，只需要对开始和结束工作区的位置进行调整，就可以改变渲染工作区，具体操作如下。

（1）在【时间线】面板中，将鼠标指针放在【工作区域开头】位置，当指针变成箭头时按住鼠标向左或向右拖动，即可修改开始工作区的位置，如图 5.2 所示。

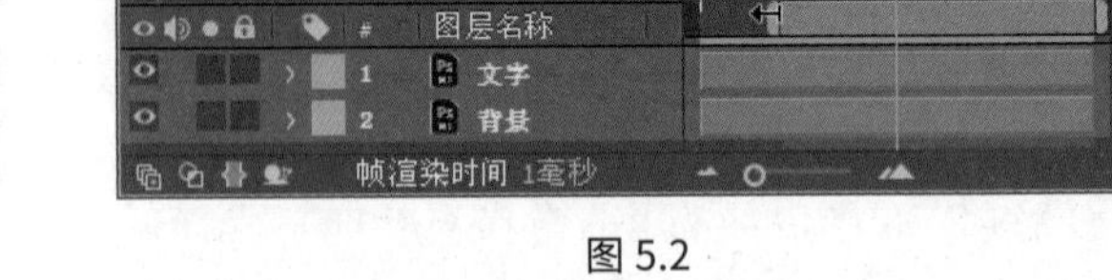

图 5.2

（2）用同样的方法，将鼠标指针放在【工作区域结尾】位置，当指针变成箭头时按住鼠标左键向左或向右拖动，即可修改结束工作区的位置，如图 5.3 所示。调整完成后，渲染工作区即被修改，这样在渲染时，就可以只渲染工作区内的动画。

图 5.3

提示 在手动调整开始和结束工作区时，要想精确地控制开始或结束工作区的时间帧位置，可以先将时间设置到需要的位置，即将时间滑块调整到相应的位置，然后在按住 Shift 键的同时拖动开始或结束工作区，就可以以吸附的形式将其调整到时间滑块位置。

5.3.2 利用快捷键调整渲染工作区

除了前面讲过的手动调整渲染工作区的方法，我们还可以利用快捷键来调整渲染工作区，具体操作如下。

（1）在【时间线】面板中，拖动时间滑块到需要的时间位置，确定开始工作区的时间位置，然后按 B 键，即可将开始工作区调整到当前位置。

（2）在【时间线】面板中，拖动时间滑块到需要的时间位置，确定结束工作区的时间位置，然后按 N 键，即可将结束工作区调整到当前位置。

提示 在利用快捷键调整工作区时，要想精确地控制开始或结束工作区的时间帧位置，可以在时间编码位置单击，或按 Shift+Alt+J 快捷键，打开【转到时间】对话框，在该对话框中输入相应的时间帧位置，然后再使用快捷键。

5.4 渲染队列窗口的启用

要进行影片的渲染，首先要启动渲染队列窗口，启动后的【渲染队列】窗口如图 5.4 所示。可以通过以下两种方法来快速启动渲染队列窗口。

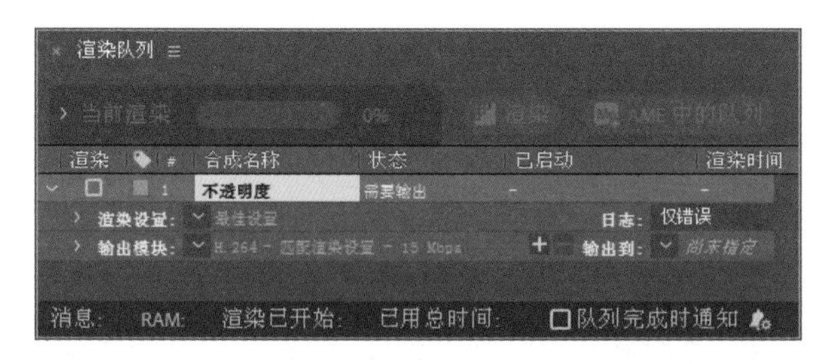

图 5.4

- 方法 1：在【项目】面板中，选择某个合成文件，按 Ctrl+M 组合键，即可启动渲染队列窗口。
- 方法 2：在【项目】面板中，选择某个合成文件，然后执行菜单栏中的【合成】|【添加到渲染队列】命令，或按 Shift+Ctrl+/ 组合键，即可启动渲染队列窗口。

5.5 渲染队列窗口

在 After Effects 软件中，渲染影片主要应用渲染队列窗口，它是渲染输出的重要部分，通过该窗口可以全面地进行渲染设置。

5.5.1 当前渲染

【当前渲染】区域显示了当前渲染的影片信息，包括渲染的名称、用时、渲染进度等信息，如图 5.5 所示。

图 5.5

【当前渲染】区参数含义如下。

- 正在渲染“×××”：显示当前渲染的影片名称。
- 剩余时间：显示渲染整个影片估计使用的时间长度。
- 【渲染】按钮：单击该按钮，即可进行影片的渲染。
- 【暂停】按钮：在影片渲染过程中，单击该按钮，可以暂停渲染。
- 【继续】按钮：单击该按钮，可以继续渲染影片。
- 【停止】按钮：在影片渲染过程中，单击该按钮，将结束影片的渲染。

提示

在渲染过程中，可以单击【暂停】按钮和【继续】按钮转换。

5.5.2 渲染组

渲染组显示了要进行渲染的合成列表，并显示了渲染的合成名称、状态、渲染时间等信息。用户可通过参数修改渲染的相关设置，如图 5.6 所示。

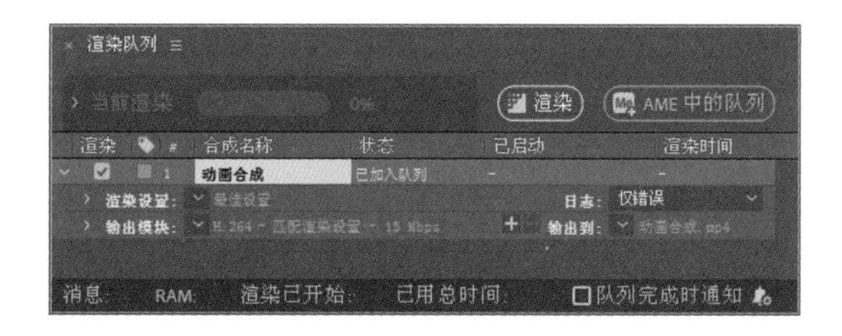

图 5.6

1. 渲染组合成项目的添加

要想进行多影片的渲染，就需要将影片添加到渲染组中，渲染组合成项目的添加有以下 3 种方法。

- 方法 1：在【项目】面板中，选择一个合成文件，然后按 Ctrl+M 组合键。
- 方法 2：在【项目】面板中，选择一个或多个合成文件，然后执行菜单栏中的【合成】|【添加到渲染队列】命令。
- 方法 3：在【项目】面板中，选择一个或多个合成文件直接拖动到渲染组队列中。

2. 渲染组合成项目的删除

渲染组队列中，有些合成项目不再需要，此时就需要将该项目删除。合成项目的删除有以下两种方法。

- 方法 1：在渲染组中，选择一个或多个要删除的合成项目（这里可以使用 Shift 和 Ctrl 键来多选），然后执行菜单栏中的【编辑】|【清除】命令。
- 方法 2：在渲染组中，选择一个或多个要删除的合成项目，然后按 Delete 键。

3. 修改渲染顺序

如果有多个渲染合成项目，系统默认是从上向下依次渲染影片，如果想修改渲染的顺序，可以将影片进行位置的移动，移动方法如下。

（1）在渲染组中选择一个或多个合成项目。

（2）按住鼠标左键拖动合成到需要的位置，当有一条粗的长线出现时，释放鼠标即可实现位置的移动，如图 5.7 所示。

4. 渲染组标题的参数含义

渲染组标题内容丰富，包括渲染、标签、序号、合成名称和状态等，对应的参数含义如下。

- 渲染：设置影片是否参与渲染。在影片没有渲染前，每个合成的前面，都有一个复选框标记，选中该复选框，表示该影片参与渲染，在单击【渲染】按钮后，影片会按从上向下的顺序进行逐一渲染。如果某个影片没有选中，则不进行渲染。

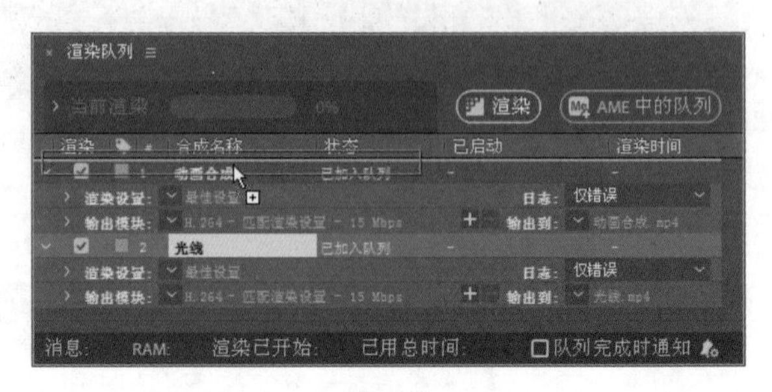

图 5.7

- （标签）：对应灰色的方块，用来为影片设置不同的标签颜色，单击某个影片前面的颜色方块，将打开一个菜单，可以为标签选择不同的颜色。包括【红色】【黄色】【浅绿色】【粉色】等，如图 5.8 所示。

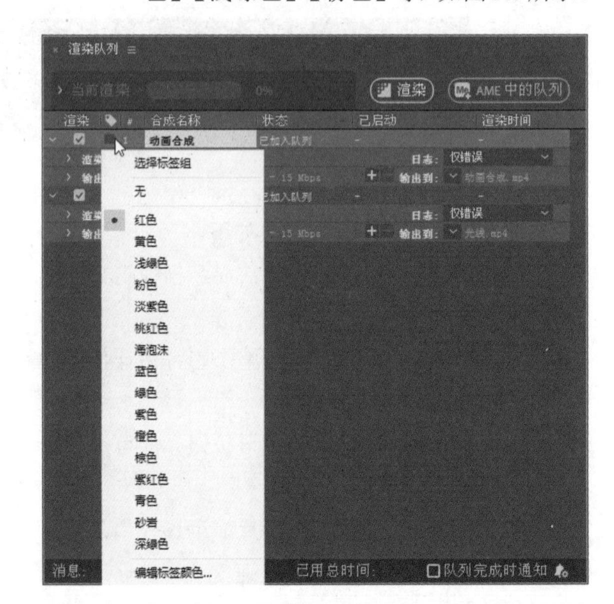

图 5.8

- （序号）：对应渲染队列的排序，如 1、2 等。
- 合成名称：显示渲染影片的合成名称。
- 状态：显示影片的渲染状态。一般包括 5

种，【未加入队列】表示渲染时忽略该合成，只有勾选其前面的复选框，才可以渲染；【用户已停止】表示在渲染过程中单击停止按钮停止了渲染；【完成】表示已经完成渲染；【正在渲染】表示影片正在渲染中；【已加入队列】表示勾选了合成前面的复选框，正在等待渲染的影片。

5.6 设置渲染模板

在应用渲染队列渲染影片时，可以对渲染影片应用软件提供的渲染模板，这样可以更快捷地渲染出需要的影片效果。

5.6.1 更改渲染模板

渲染组提供了几种常用的渲染模板，用户可以根据自己的需要，直接使用现有模板来渲染影片。

在渲染组中展开合成文件，单击【渲染设置】右侧的三角箭头按钮打开渲染设置下拉列表，其中显示了当前模板的相关设置，如图 5.9 所示。

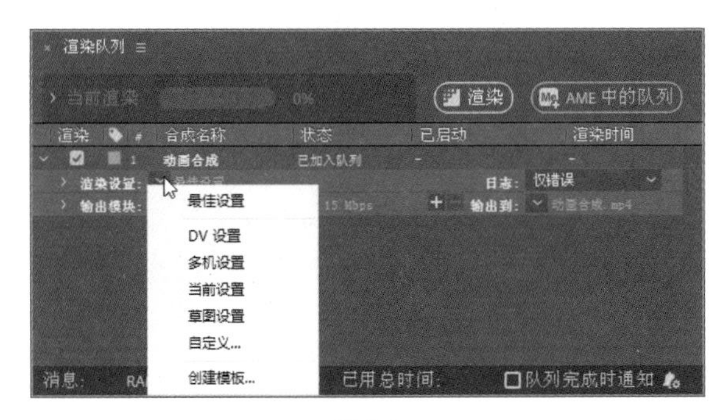

图 5.9

渲染设置下拉列表中显示了几种常用的模板。通过移动鼠标并单击，可以选择需要的渲染模板，各模板的含义如下。

- 最佳设置：以最好质量渲染当前影片。
- DV 设置：以符合 DV 文件的设置渲染当前影片。
- 多机设置：可以在多机联合渲染时，各机分工协作进行渲染设置。
- 当前设置：使用在【合成】窗口中的参数设置。
- 草图设置：以草稿质量渲染影片，一般是为了测试、观察影片的最终效果。
- 自定义：自定义渲染设置。选择该项将打开【渲染设置】对话框。
- 创建模板：用户可以制作自己的模板。选择该项，可以打开【渲染设置模板】对话框。

单击【输出模块】右侧的三角箭头按钮，将打开默认输出模块下拉列表，可以选择不同的输出模块，如图 5.10 所示。

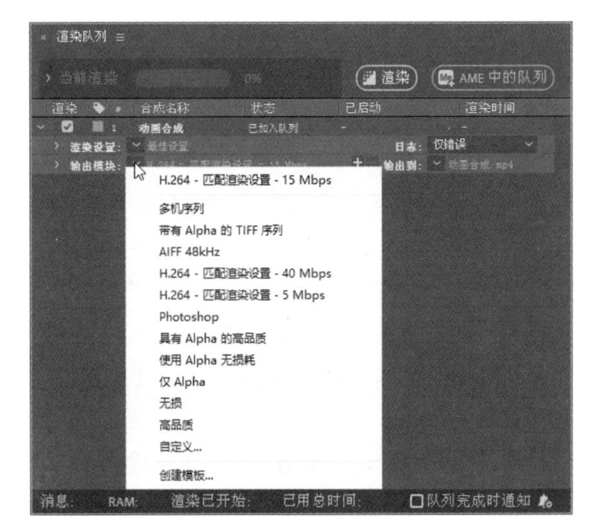

图 5.10

另外，【日志】项用于设置渲染影片的日志显示信息，【输出到】选项用于设置输出影片的位置和名称。

5.6.2 渲染设置

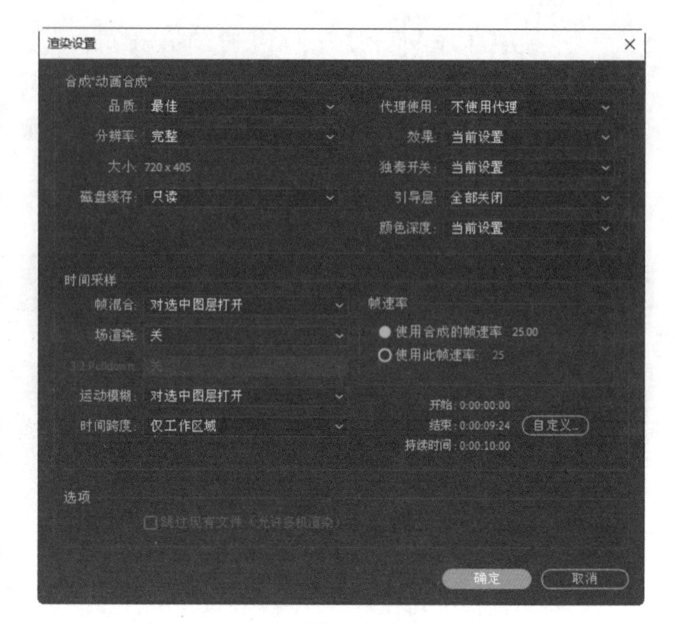

图 5.11

在渲染组中单击【渲染设置】右侧的三角箭头按钮，在下拉列表中选择【自定义】选项，或直接单击三角箭头右侧的蓝色文字，将打开【渲染设置】对话框，如图 5.11 所示。

在【渲染设置】对话框中，参数的设置主要包括影片的品质、分辨率、尺寸、磁盘缓存、时间采样等，具体含义如下。

- 品质：设置影片的渲染质量，包括【最佳】【草图】【线框】3 个选项。对应层中的【质量和采样】设置。
- 分辨率：设置渲染影片的分辨率，包括【完整】【二分之一】【三分之一】【四分之一】【自定义】5 个选项。
- 大小：显示当前合成项目的尺寸大小。
- 磁盘缓存：设置是否使用缓存设置，如果选择【只读】选项，表示采用缓存设置。【磁盘缓存】可以通过选择【编辑】|【首选项】|【媒体和磁盘缓存】来设置。
- 代理使用：设置影片渲染的代理。包括【使用所有代理】【仅使用合成代理】【不使用代理】3 个选项。
- 效果：设置渲染影片时是否关闭特效，包括【全部开启】【全部关闭】。对应层中的【效果】设置。
- 独奏开关：设置渲染影片时是否关闭独奏。选择【全部关闭】将关闭所有独奏。对应层中的【独奏】设置。
- 引导层：设置渲染影片是否关闭所有辅助层。选择【全部关闭】将关闭所有引导层。
- 颜色深度：设置渲染影片的每一个通道颜色深度为多少位色彩深度，包括【每通道 8 位】【每通道 16 位】【每通道 32 位】3 个选项。
- 帧混合：设置帧融合开关，包括【对选中图层打开】和【对所有图层关闭】两个选项。对应层中的【帧混合】设置。
- 场渲染：设置渲染影片时，是否使用场渲染，包括【关】【高场优先】【低场优先】3 个选项。如果渲染非交错场影片，选择【关】选项；如果渲染交错场影片，选择上场或下场优先渲染。
- 3:2 Pulldown（3:2 折叠）：设置 3:2 下拉的引导相位法。
- 运动模糊：设置渲染影片运动模糊是否使用，包括【对选中图层打开】和【对所有图层关闭】两个选项。对应层中的【运动模糊】设置。
- 时间跨度：设置有效的渲染片段，包括【合成长度】【仅工作区域】【自定义】3 个选项。如果选择【自定义】选项，也可以单击右侧的【自定义】按钮，打开【自定义时间范围】对话框，在该对话框中，可以设置渲染的时间范围。
- 使用合成的帧速率：使用合成影片中的帧速率，即创建影片时设置的合成帧速率。

- 使用此帧速率：可以在右侧的文本框中，输入一个新的帧速率，渲染影片将按这个新指定的帧速率进行渲染输出。
- 跳过现有文件：在渲染影片时，允许渲染一系列文件的一部分，而不在先前已渲染的帧上浪费时间。在渲染一系列文件时，After Effects 会找到属于当前序列的一部分文件，识别缺失的帧，然后仅渲染那些帧，在序列中对应的位置处插入这些帧；也可以使用此选项在多个计算机上渲染图像序列。

5.6.3 创建渲染模板

现有模板往往不能满足用户的需要，这时，用户可以根据自己的需要来制作渲染模板，并将其保存起来，在以后的应用中，就可以直接调用了。

执行菜单栏中的【编辑】|【模板】|【渲染设置】命令，或单击【渲染设置】右侧的三角箭头按钮，在下拉列表中选择【创建模板】选项，打开【渲染设置模板】对话框，如图 5.12 所示。

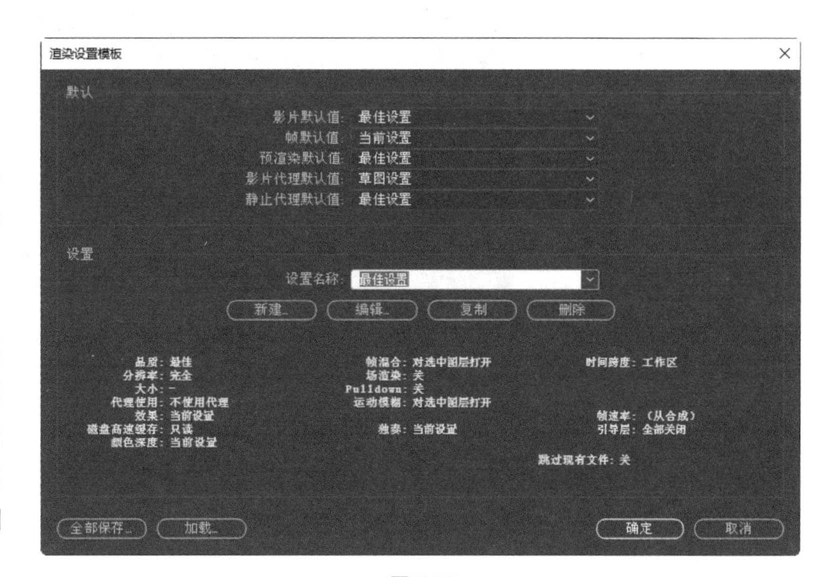

图 5.12

在【渲染设置模板】对话框中，参数的设置包括影片默认值、帧默认值、模板的名称、编辑、删除等，具体含义如下。

- 影片默认值：可以从右侧的下拉列表中，选择一种默认的影片模板。
- 帧默认值：可以从右侧的下拉列表中，选择一种默认的帧模板。
- 预渲染默认值：可以从右侧的下拉列表中，选择一种默认的预览模板。
- 影片代理默认值：可以从右侧的下拉列表中，选择一种默认的影片代理模板。
- 静止代理默认值：可以从右侧的下拉列表中，选择一种默认的静态图片模板。
- 设置名称：可以在右侧的文本框中，输入设置名称，也可以通过单击右侧的三角箭头按钮，从下拉列表中选择一个名称。
- 【新建】按钮：单击该按钮，将打开【渲染设置】对话框，创建一个新的模板并设置新模板的相关参数。
- 【编辑】按钮：通过【设置名称】选项，选择一个要修改的模板名称，然后单击该按钮，可以对当前的模板进行再修改操作。
- 【复制】按钮：单击该按钮，可以将当前选择的模板复制出一个副本。
- 【删除】按钮：单击该按钮，可以将当前选择的模板删除。
- 【全部保存】按钮：单击该按钮，可以将模板存储为一个后缀为 .ars 的文件，便于以后使用。
- 【加载】按钮：将后缀为 .ars 模板载入使用。

5.6.4 创建输出模块模板

执行菜单栏中的【编辑】|【模板】|【输出模块】命令，或单击【输出模块】右侧的三角箭头按钮，在下拉列表中选择【创建模板】选项，打开【输出模块模板】对话框，如图 5.13 所示。

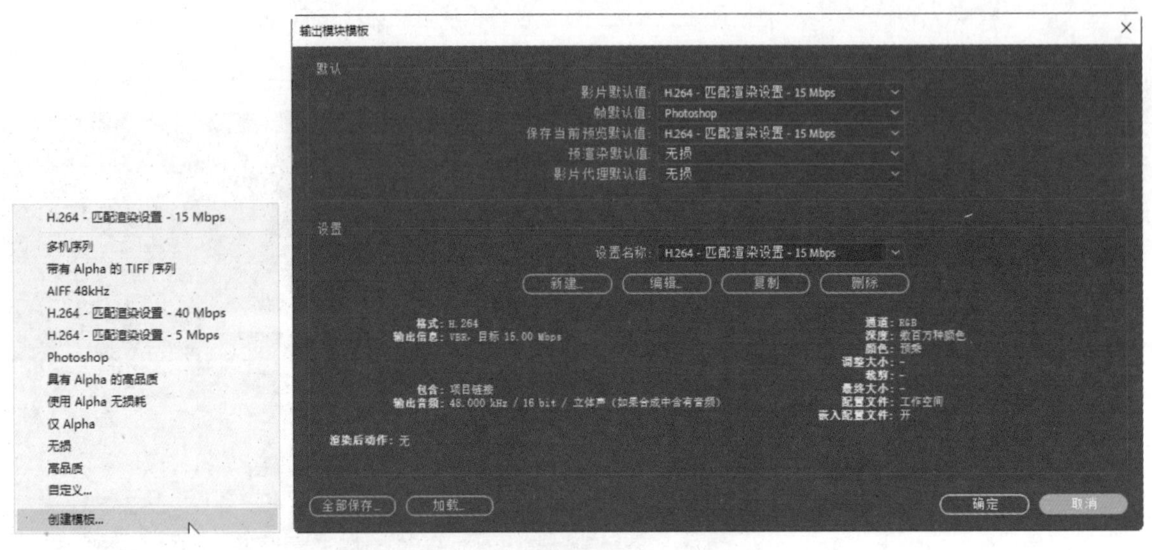

图 5.13

在【输出模块模板】对话框中，参数的设置包括影片默认值、帧默认值、模板的名称、编辑、删除等，具体含义与模板参数相同。这里只介绍几种格式的使用。

- 多机序列：在多机联合的情况下输出多机序列文件。
- 带有 Alpha 的 TIFF 序列：输出带有 Alpha 通道的 TIFF 格式的序列文件。
- AIFF 48kHz：输出 AIFF 48kHz 的音频文件。
- H.264- 匹配渲染设置 -15 Mbps（40 Mbps/5 Mbps）：输出 H.264 编码的视频文件。
- Photoshop：输出 Photoshop 的 PSD 格式序列文件。
- 具有 Alpha 的高品质：输出带有 Alpha 通道的高品质影片。
- 使用 Alpha 无损耗：输出带有 Alpha 通道的无损压缩影片。
- 仅 Alpha：只输出 Alpha 通道的影片。
- 无损：输出的影片为无损压缩。
- 高品质：输出高品质的影片。

5.7 输出模块设置

当一个视频或音频文件制作完成后，就要将最终的结果输出，以发布成最终作品，After Effects 提供了多种输出方式，通过不同的设置，快速输出需要的影片。

单击【输出模块】三角箭头右侧的蓝色文字，打开【输出模块设置】对话框，在【格式】下拉列表中选择需要的格式并进行设置，即可输出影片，如图 5.14 所示。

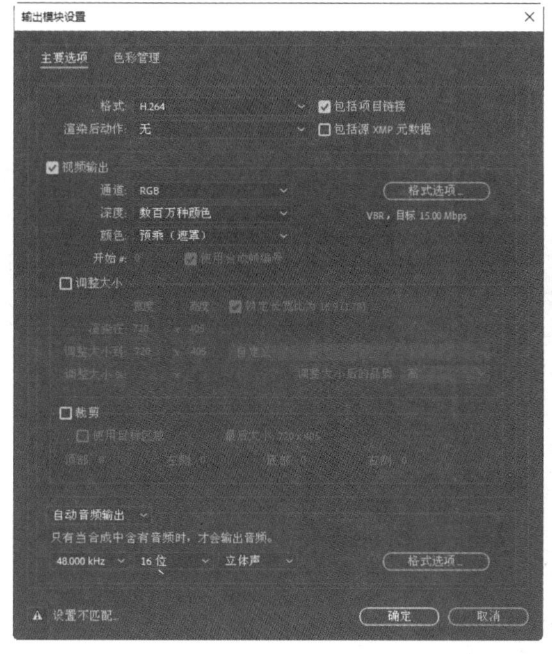

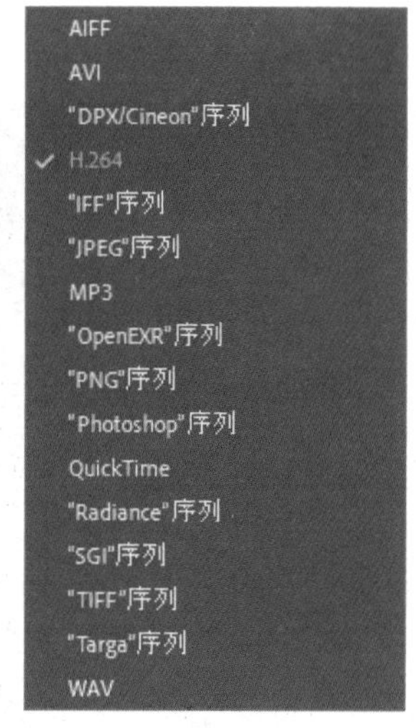

图 5.14

5.7.1 课堂案例——输出 AVI 格式文件

实例解析

AVI 格式是视频中经常使用的一种格式，它不但占用空间少，而且压缩失真较小。本例讲解将动画输出成 AVI 格式的方法。

难易程度：★☆☆☆☆

工程文件：第 5 章 \ 抽奖大转盘动画设计 .aep

教学视频

知识点

学习 AVI 格式的输出方法

操作步骤

1 执行菜单栏中的【文件】|【打开项目】命令，打开“抽奖大转盘动画设计.aep”文件。

2 执行菜单栏中的【合成】|【添加到渲染队列】命令，或按 Ctrl+M 组合键，打开【渲染队列】面板，如图 5.15 所示。

图 5.15

3 单击【输出模块】三角箭头右侧的蓝色文字，打开【输出模块设置】对话框，从【格式】下拉列表中选择 AVI 格式，单击【确定】按钮，如图 5.16 所示。

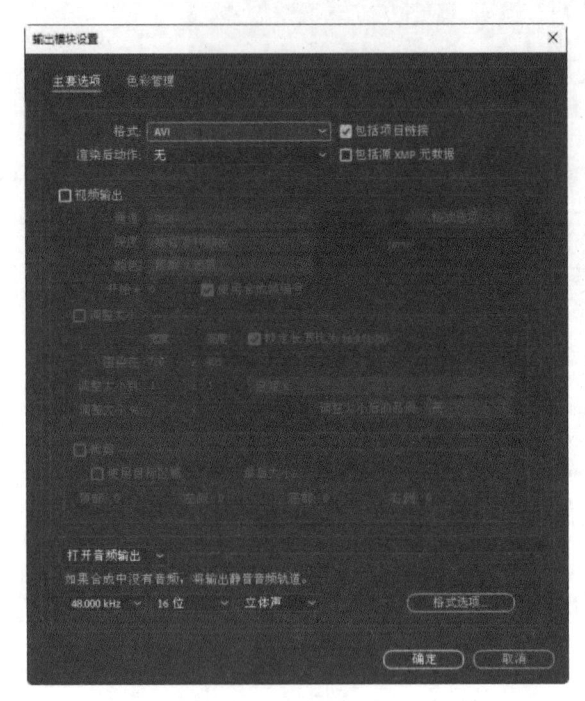

图 5.16

4 单击【输出到】三角箭头右侧的蓝色文字，打开【将影片输出到】对话框选择输出文件放置的位置。

5 输出的路径设置好后，单击【渲染】按钮开始渲染影片，渲染过程中面板上方的进度条会走动，渲染完毕后会有声音提示，如图 5.17 所示。

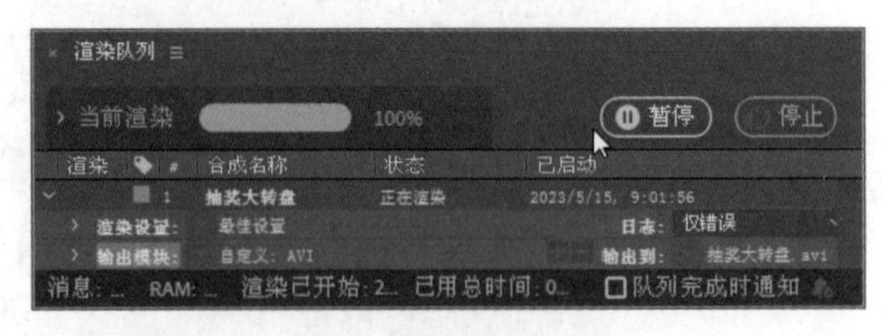

图 5.17

6 渲染完毕后，在路径设置的文件夹里可找到 AVI 格式文件，如图 5.18 所示。双击该文件，可在播放器中进行观看。

图 5.18

5.7.2 课堂案例——输出 MP4 格式文件

实例解析

对于制作的动画，有时需要将其输出成 MP4 格式的文件。本例将讲解 MP4 格式文件的输出方法。

难易程度：★☆☆☆☆

工程文件：第 5 章 \ 卡通标志动画设计 .aep

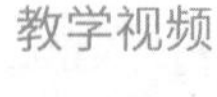

知识点

学习 MP4 格式文件的输出方法

操作步骤

1 执行菜单栏中的【文件】|【打开项目】命令，打开“卡通标志动画设计.aep”文件。

2 执行菜单栏中的【合成】|【添加到渲染队列】命令，或按 Ctrl+M 组合键，打开【渲染队列】面板，如图 5.19 所示。

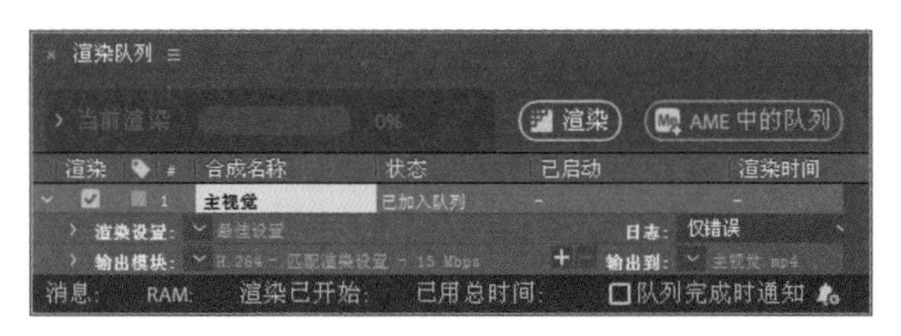

图 5.19

3 单击【输出模块】三角箭头右侧的蓝色文字，打开【输出模块设置】对话框，从【格式】下拉列表中选择 H.264 格式，单击【确定】按钮，如图 5.20 所示。

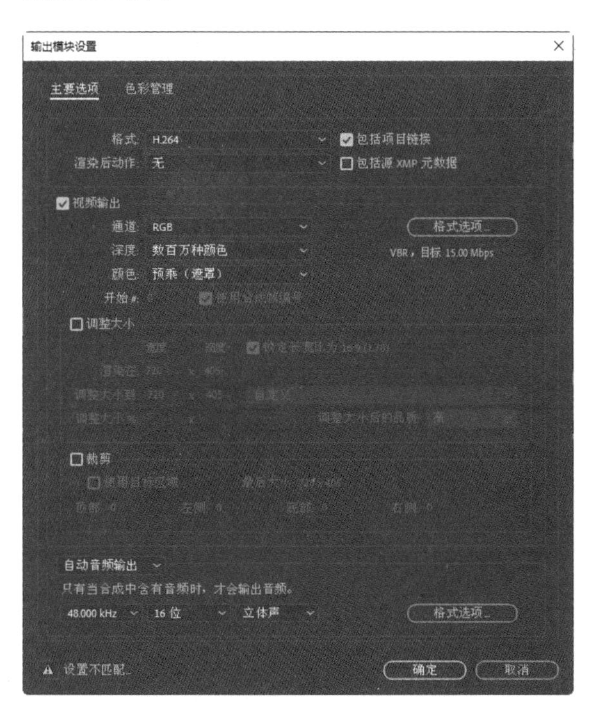

图 5.20

4 单击【输出到】三角箭头右侧的蓝色文字，打开【将影片输出到】对话框选择输出文件放置的位置及名称，如图 5.21 所示。

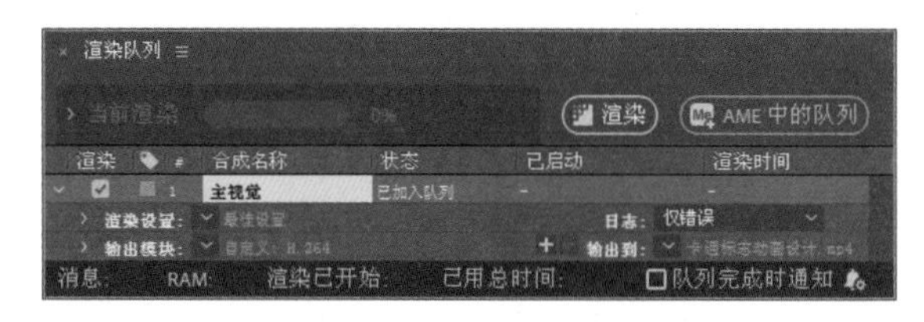

图 5.21

5 设置好输出路径后，单击【渲染】按钮开始渲染影片，渲染过程中面板上方的进度条会走动，渲染完毕后会有声音提示，如图 5.22 所示。

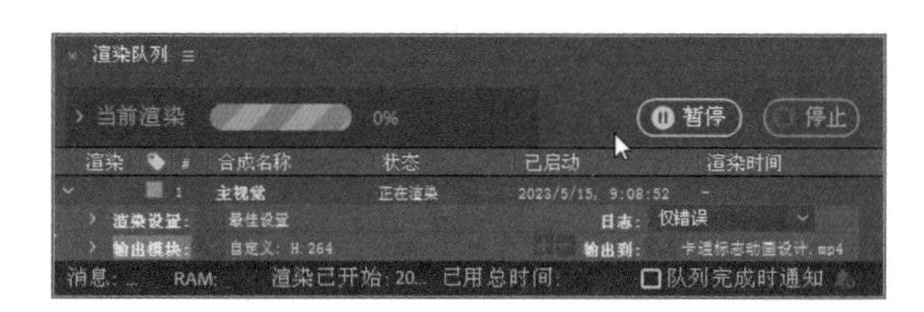

图 5.22

6 渲染完毕后，在输出路径的文件夹里可找到 AVI 格式文件，如图 5.23 所示。双击该文件，可在播放器中进行观看。

图 5.23

5.8 课后上机实操

本章通过两个课后上机实操，将前面内容中没有讲解的输出种类进行分类讲解，以便读者能够更加全面地掌握输出方法，进而适应不同的输出需求。

5.8.1 上机实操1——输出序列图片

实例解析

序列图片在动画制作中非常实用，特别是在与其他软件配合使用时。例如，在3d max、Maya等软件中制作特效，然后将其应用在After Effects中时，或将After Effects中制作的动画输出成序列用于其他用途时，就会用到序列图片。本例就来讲解序列图片的输出方法。

难易程度：★☆☆☆☆

工程文件：第5章\爆炸冲击波.aep

教学视频

知识点

学习序列图片的输出方法

5.8.2 上机实操2——输出音频文件

实例解析

有时候我们并不需要动画画面，只是对动画中的音乐感兴趣，想将其保存下来，此时就可以只将音频文件输出。本例就来讲解音频文件的输出方法。

难易程度：★☆☆☆☆

工程文件：第5章\跳动的声波.aep

教学视频

知识点

学习音频文件的输出方法

第 6 章

完美光线特效

内容摘要

本章主要讲解完美光线特效的制作。在动漫、栏目包装及影视特效中经常可以看到运用光效对整体动画进行点缀，光效不仅可以作用在动画的背景上，使动画整体更加绚丽，也可以运用到动画的主体上，使主题更加突出。本章将通过几个具体的实例，讲解光线特效的制作方法。

教学目标

- 学习延时光线的制作
- 学习旋转的星星动画的制作
- 掌握电光球特效动画的制作
- 掌握连动光线动画的制作
- 掌握舞动精灵光线的制作

6.1 延时光线

实例解析

本例将利用【描边】特效制作延时光线效果。完成的动画流程画面如图 6.1 所示。

难易程度：★☆☆☆☆

工程文件：第 6 章 \ 延时光线

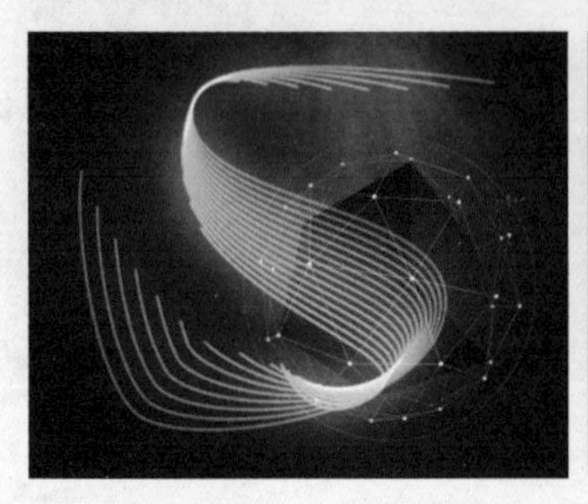
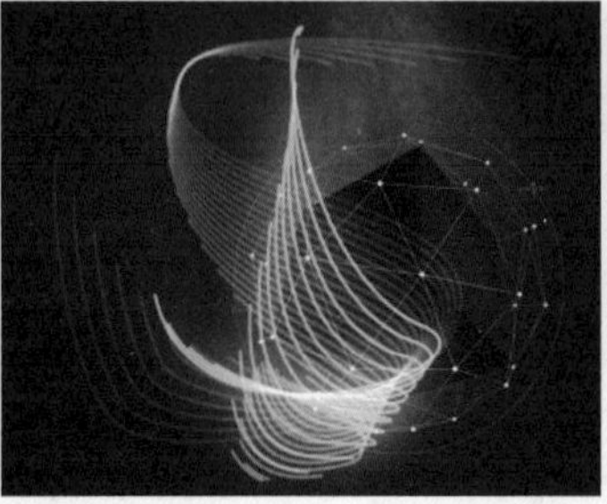
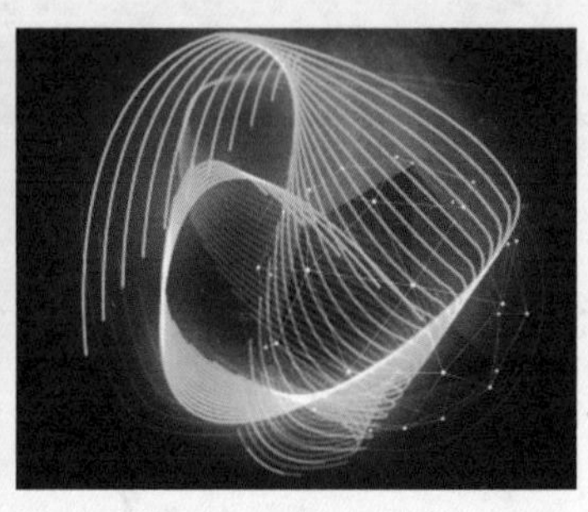

图 6.1

知识点

1. 描边
2. 残影
3. 发光

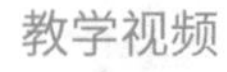

操作步骤

1 执行菜单栏中的【合成】|【新建合成】命令，打开【合成设置】对话框，设置【合成名称】为“延时光线”，【宽度】的值为 720，【高度】的值为 576，【帧速率】的值为 25，并设置【持续时间】为 0:00:05:00。

2 执行菜单栏中的【图层】|【新建】|【纯色】命令，打开【纯色设置】对话框，设置【名称】为“路径”，【颜色】为黑色。

3 在【时间线】面板中选中【路径】层，选择工具栏中的【钢笔工具】，在图层上绘制一个 S 形路径，按 M 键打开【蒙版路径】属性，将时间调整到 0:00:00:00 的位置，单击【蒙版路径】左侧的码表按钮，在当前位置设置关键帧，如图 6.2 所示。

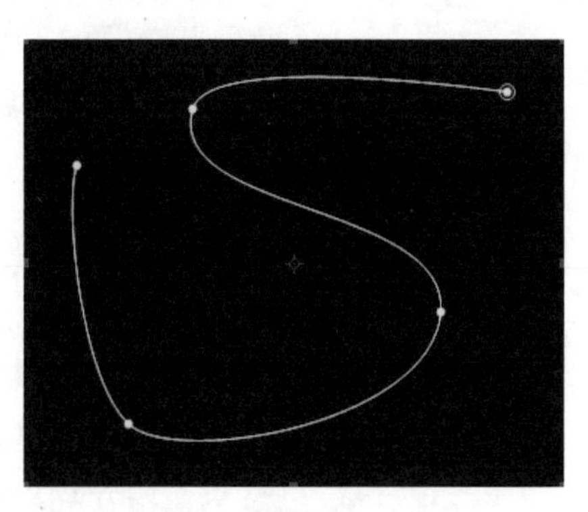

图 6.2

4 将时间调整到0:00:02:13的位置，调整路径形状，如图6.3所示。

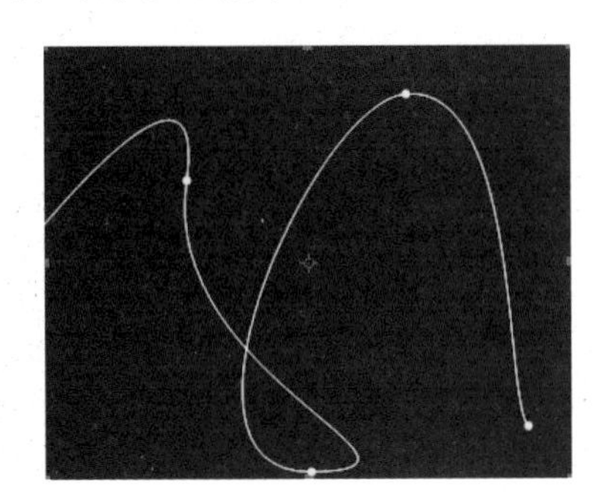
图 6.3

5 将时间调整到0:00:04:24的位置，调整路径形状，如图6.4所示。

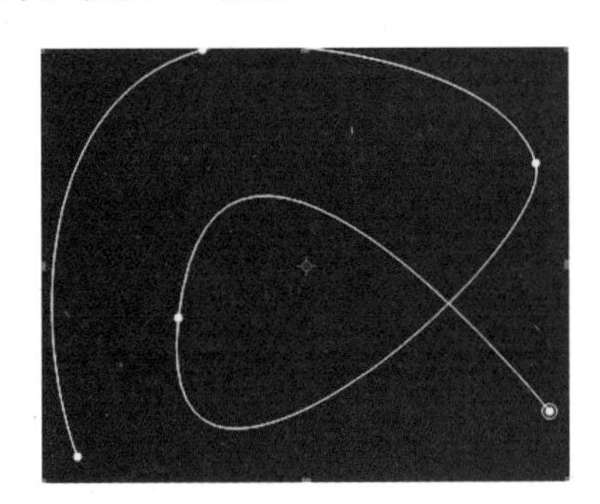
图 6.4

6 选择【路径】层，在【效果和预设】面板中展开【生成】特效组，然后双击【描边】特效。

7 在【效果控件】面板中设置【颜色】为青色（R：100，G：244，B：246），【画笔大小】的值为3，【画笔硬度】的值为25%。将时间调整到0:00:00:00的位置，设置【起始】的值为0.0%，【结束】的值为100.0%，单击【起始】和【结束】左侧的码表按钮，在当前位置设置关键帧。

8 将时间调整到0:00:04:24的位置，设置【起始】的值为100.0%，【结束】的值为0.0%，系统会自动设置关键帧，如图6.5所示，【合成】窗口效果如图6.6所示。

9 执行菜单栏中的【图层】|【新建】|【调整图层】命令，创建一个【调整图层1】图层。

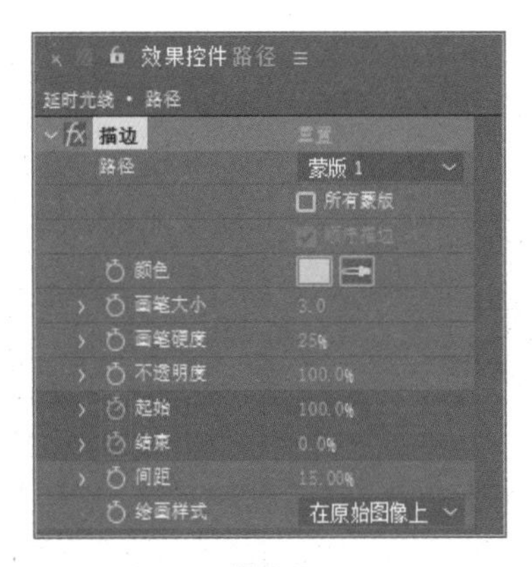

图 6.5

图 6.6

10 为【调整图层1】层添加特效。在【效果和预设】面板中展开【时间】特效组，然后双击【残影】特效。

11 在【效果控件】面板中设置【残影时间】的值为-0.100，【残影数量】的值为50，【起始强度】的值为0.85，【衰减】的值为0.95，如图6.7所示，【合成】窗口效果如图6.8所示。

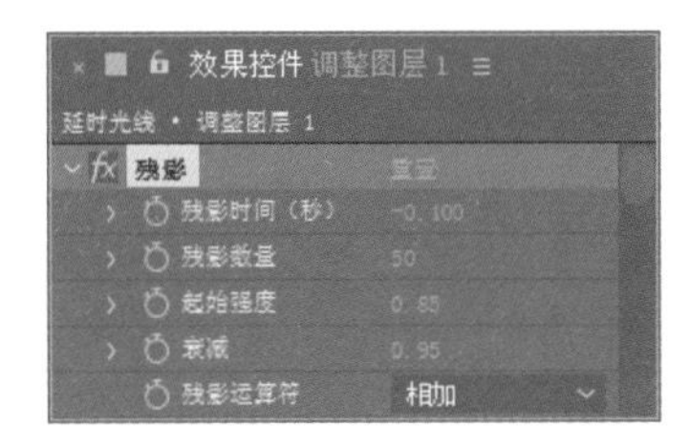

图 6.7

12 选择【调整图层1】层。在【效果和预设】面板中展开【风格化】特效组，然后双击【发光】特效。

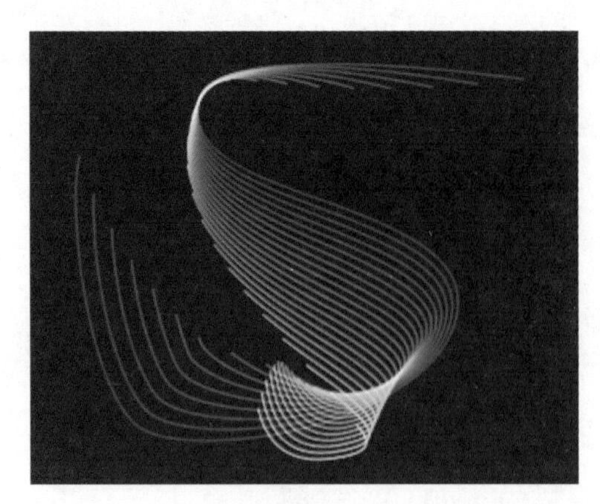

图 6.8

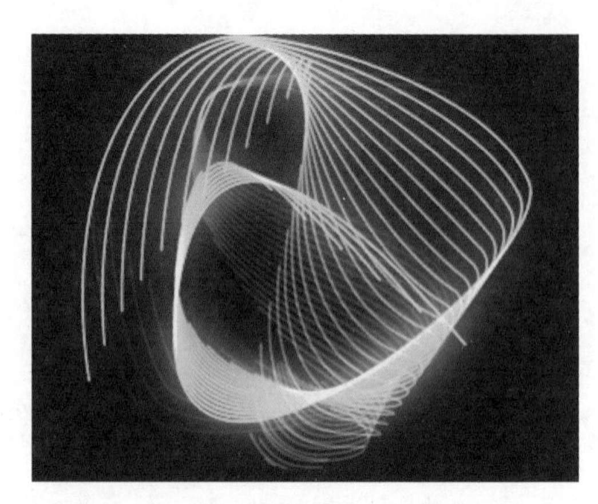

图 6.10

13 在【效果控件】面板中设置【发光阈值】的值为 40.0%，【发光半径】的值为 80.0，如图 6.9 所示，【合成】窗口效果如图 6.10 所示。

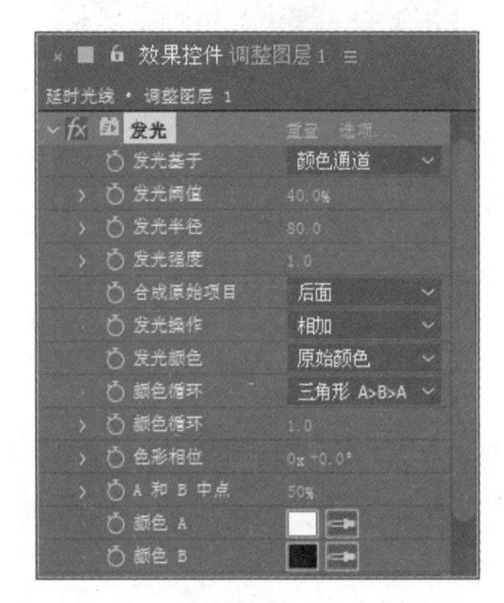

图 6.9

14 执行菜单栏中的【文件】|【导入】|【文件】命令，打开“背景.jpg”素材，将其拖动到【时间线】面板中，放置到所有层的上方，修改【背景】层的【模式】为【相加】，如图 6.11 所示。

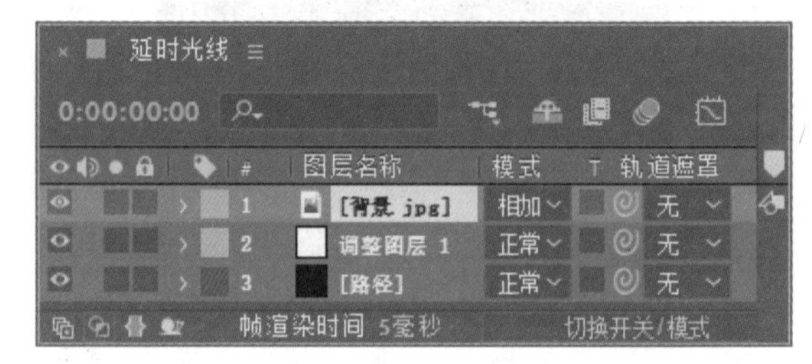

图 6.11

15 这样就完成了延时光线的整体制作，按小键盘上的 0 键，即可在【合成】窗口中预览动画。

6.2 旋转的星星

实例解析

本例将利用【无线电波】特效制作旋转的星星。完成的动画流程画面如图 6.12 所示。

难易程度：★☆☆☆☆

工程文件：第 6 章 \ 旋转的星星

 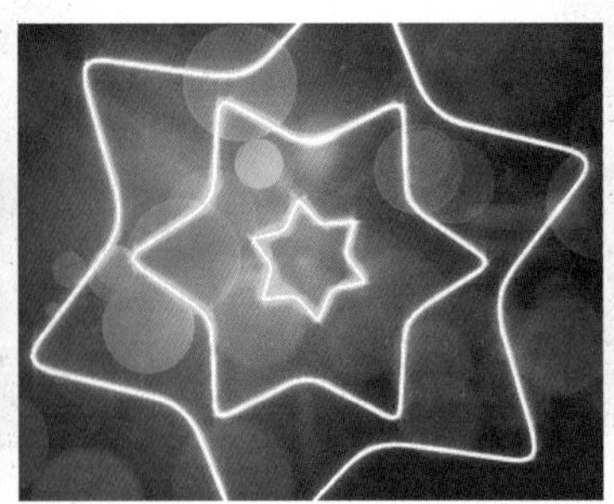 

图 6.12

教学视频

知识点

1. 无线电波
2. Starglow（星光）

操作步骤

1 执行菜单栏中的【合成】|【新建合成】命令，打开【合成设置】对话框，设置【合成名称】为“星星”，【宽度】的值为 720，【高度】的值为 576，【帧速率】的值为 25，并设置【持续时间】为 0:00:10:00。

2 执行菜单栏中的【图层】|【新建】|【纯色】命令，打开【纯色设置】对话框，设置【名称】为“五角星”，【颜色】为黑色。

3 选择【五角星】层，在【效果和预设】面板中展开【生成】特效组，然后双击【无线电波】特效。

4 在【效果控件】面板中设置【渲染品质】的值为 10。展开【多边形】选项组，设置【边】的值为 6，【曲线大小】的值为 0.500，【曲线弯曲度】的值为 0.250，选中【星形】复选框，设置【星深度】的值为 -0.30；展开【波动】选项组，设置【旋转】的值为 40.00；展开【描边】选项组，设置【颜色】为白色，如图 6.13 所示，【合成】窗口效果如图 6.14 所示。

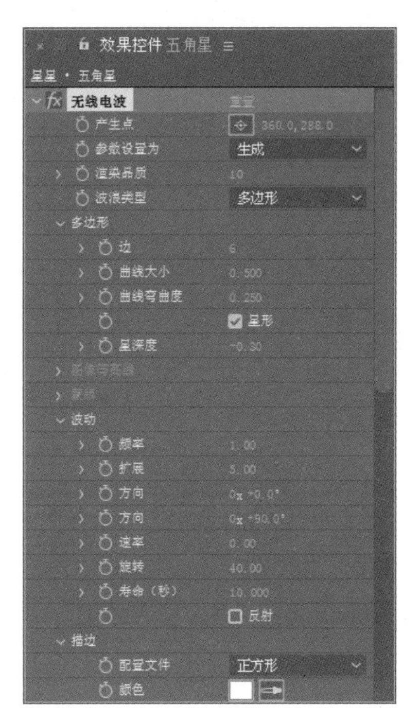

图 6.13

5 为【五角星】层添加特效。在【效果和预设】面板中展开【RG Trapcode】特效组，然后双击【Starglow（星光）】特效。

图 6.14

6 在【效果控件】面板的【Preset（预设）】下拉列表中选择【Cold Heaven 2（冷天 2）】选项，设置【Streak Length（光线长度）】的值为 7.0，如图 6.15 所示，【合成】窗口效果如图 6.16 所示。

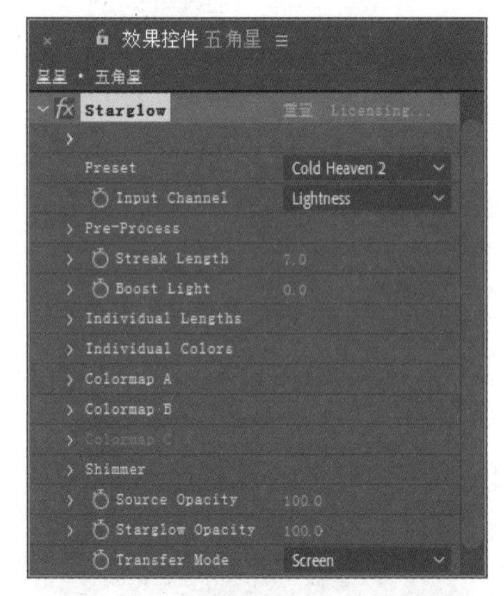

图 6.15

图 6.16

7 执行菜单栏中的【文件】|【导入】|【文件】命令，打开“背景 .jpg”素材，将其拖动到【时间线】面板中，放置在【五角星】层的下方，修改【五角星】层的模式为【经典颜色减淡】，如图 6.17 所示。

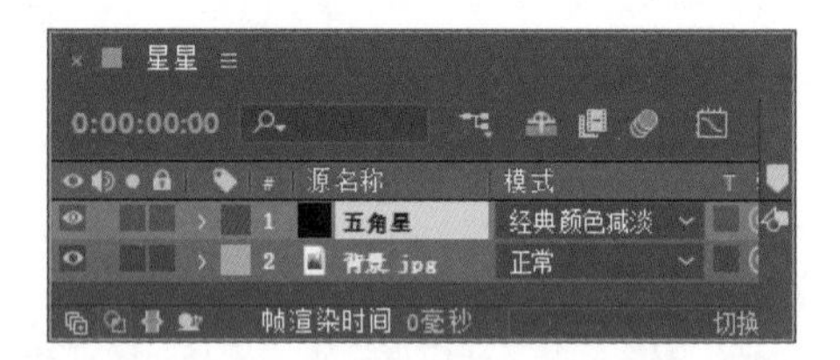

图 6.17

8 这样就完成了旋转的星星整体动画的制作，按小键盘上的 0 键，即可在【合成】窗口中预览动画。完成的动画流程画面如图 6.18 所示。

图 6.18

6.3 电光球特效

实例解析

本例主要讲解电光球特效的制作。首先利用【高级闪电】特效制作出电光线效果，然后通过【CC Lens（CC 镜头）】特效制作出球形效果。本例最终的动画流程效果如图 6.19 所示。

难易程度：★★☆☆☆

工程文件：第 6 章 \ 电光球特效

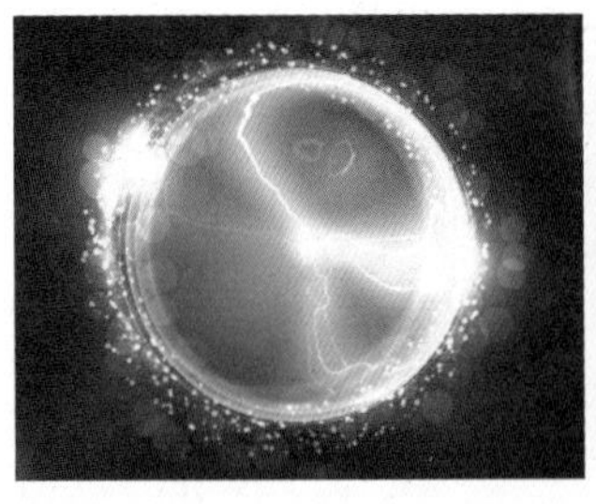
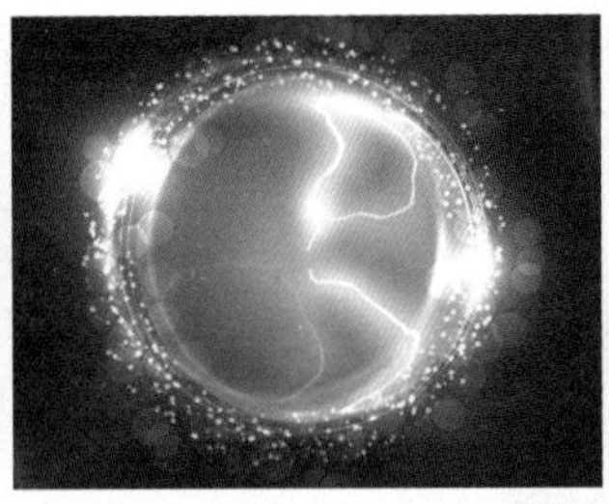
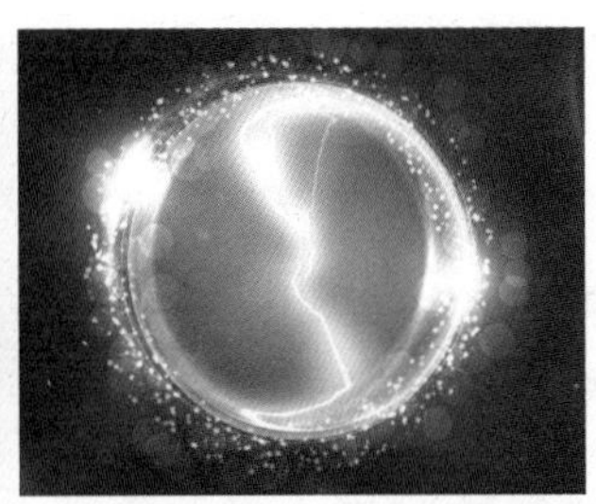

图 6.19

教学视频

知识点

1. 高级闪电
2. CC Lens（CC 镜头）

操作步骤

6.3.1 建立“光球”层

1 执行菜单栏中的【合成】|【新建合成】命令，打开【合成设置】对话框，设置【合成名称】为“光球”，【宽度】的值为 720，【高度】的值为 576，【帧速率】的值为 25，并设置【持续时间】为 0:00:10:00，如图 6.20 所示。执行菜单栏中的【文件】|【导入】|【文件】命令，打开“背景.jpg”素材，将其拖动到时间线面板中。

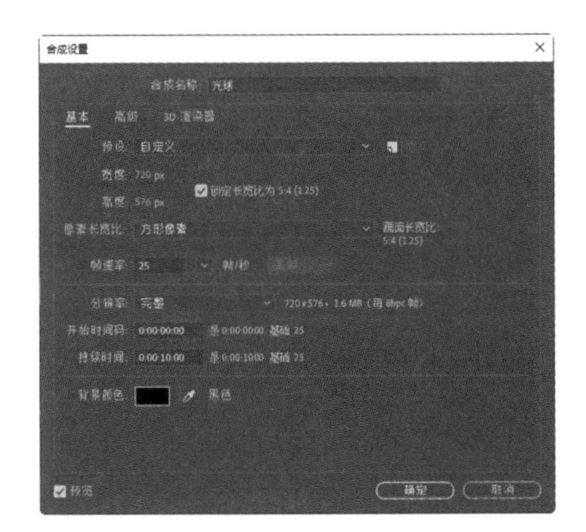

图 6.20

2 按 Ctrl+Y 组合键，打开【纯色设置】对话框，修改【名称】为“光球”，设置【颜色】为浅黄色（R：250，G：202，B：145），如图 6.21 所示。

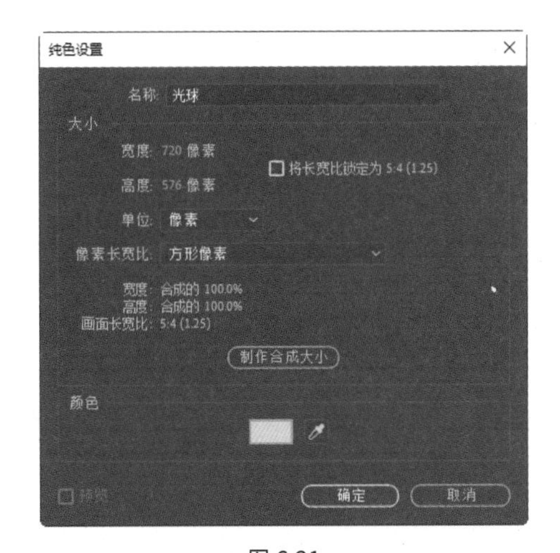

图 6.21

3 在【效果和预设】面板中展开【生成】特效组，然后双击【圆形】特效，如图 6.22 所示。

图 6.22

4 在【效果控件】面板中设置【羽化外侧边缘】的值为350.0，从【混合模式】下拉列表中选择【模板 Alpha】，如图 6.23 所示。

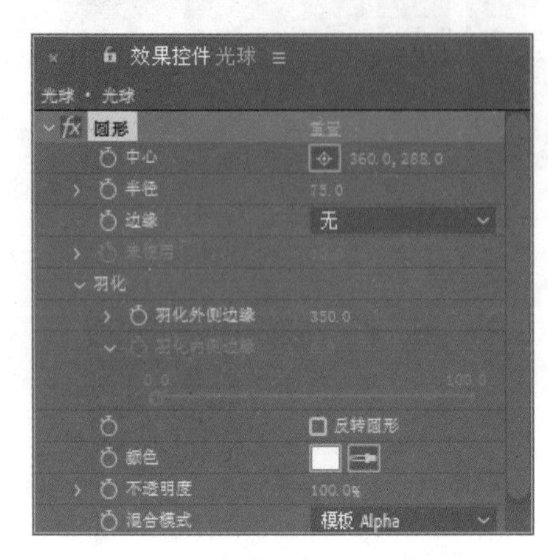

图 6.23

6.3.2 创建“闪光”特效

1 按 Ctrl+Y 组合键，打开【纯色设置】对话框，修改【名称】为“闪光”，设置【颜色】为黑色，如图 6.24 所示。

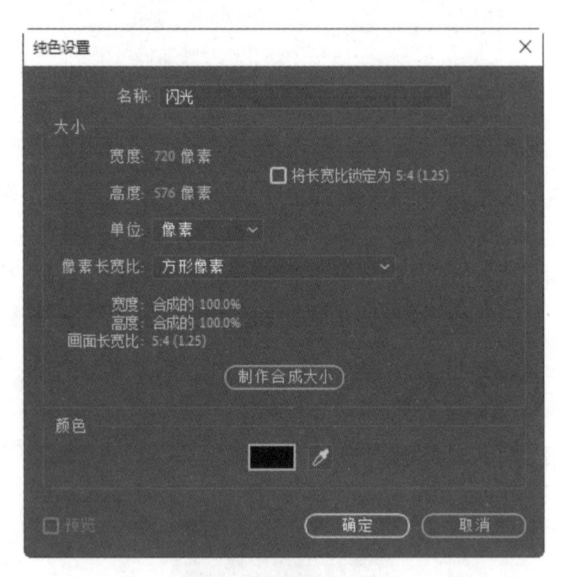

图 6.24

2 在【效果和预设】面板中展开【生成】特效组，然后双击【高级闪电】特效，如图 6.25 所示。

图 6.25

3 在【效果控件】面板中设置【闪电类型】为【随机】，【源点】的值为（360.0，288.0），【发光颜色】为浅黄色（R：250，G：202，B：145），如图 6.26 所示。

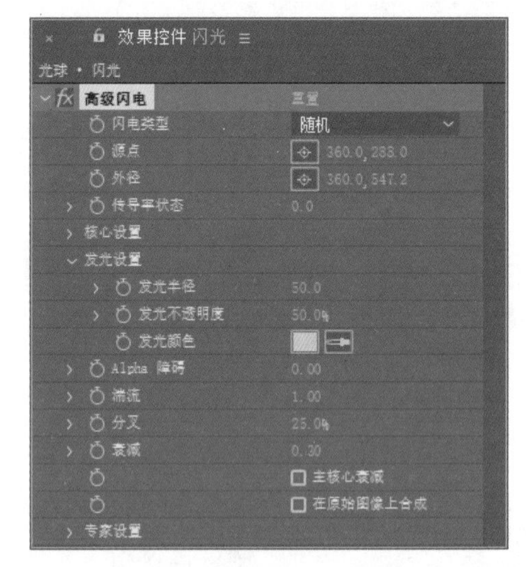

图 6.26

4 设置特效参数后，可在【合成】窗口中看到特效的效果，如图 6.27 所示。

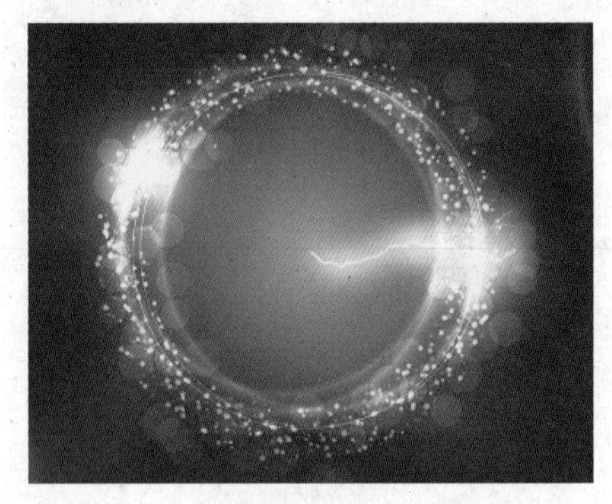

图 6.27

5 确认选择闪光纯色层，在【效果和预设】面板中，展开【扭曲】特效组，然后双击【CC Lens（CC镜头）】特效，如图 6.28 所示。

图 6.28

6 在【效果控件】面板中修改【Size（大小）】的值为 57.0，如图 6.29 所示。

图 6.29

6.3.3 制作闪电旋转动画

1 在【时间线】面板修改【闪光】和【光球】层的【模式】为【屏幕】，并修改【缩放】的值为（78.0，78.0%），如图 6.30 所示。

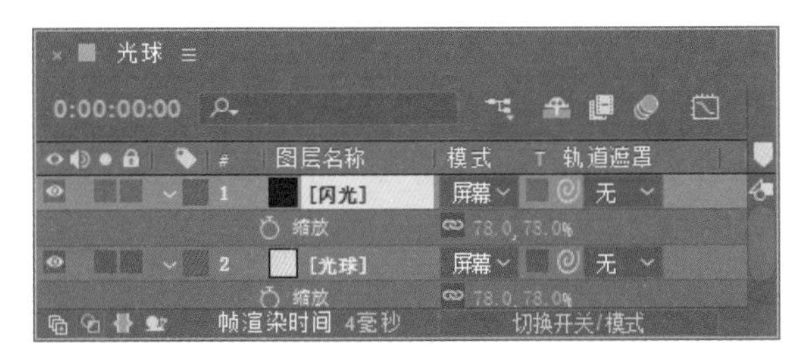

图 6.30

2 调整时间到 0:00:00:00 的位置，在【效果控件】面板中单击【外径】和【外导率状态】左侧的码表按钮，在当前建立关键帧，设置【外径】的值为（300.0，0.0），【传导率状态】的值为 10.0，如图 6.31 所示。此时【合成】窗口中的画面效果如图 6.32 所示。

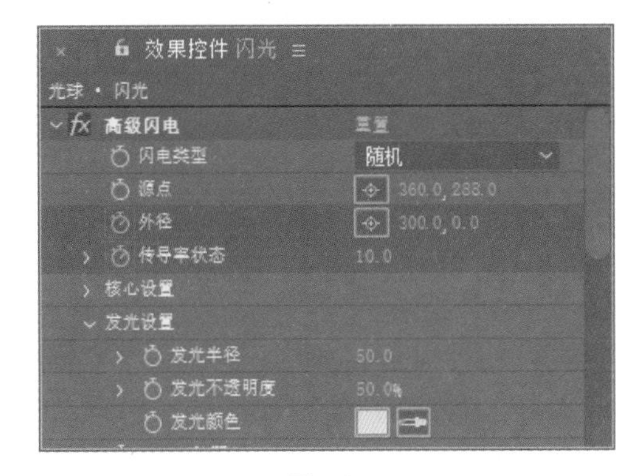

图 6.31

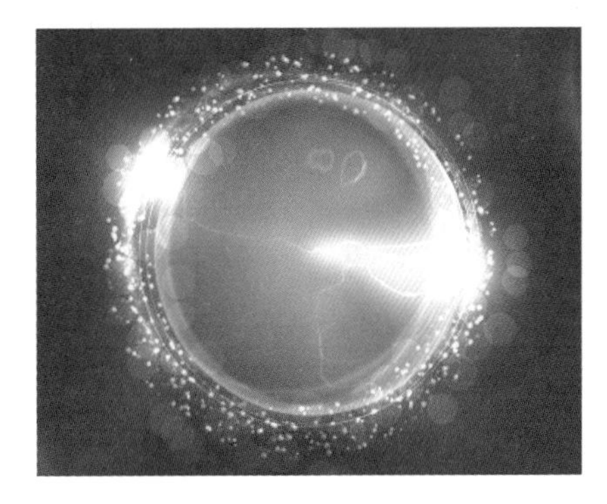

图 6.32

3 调整时间到 0:00:02:00 的位置，调整【外径】的值为（600.0，240.0），如图 6.33 所示。此时【合成】窗口中的效果如图 6.34 所示。

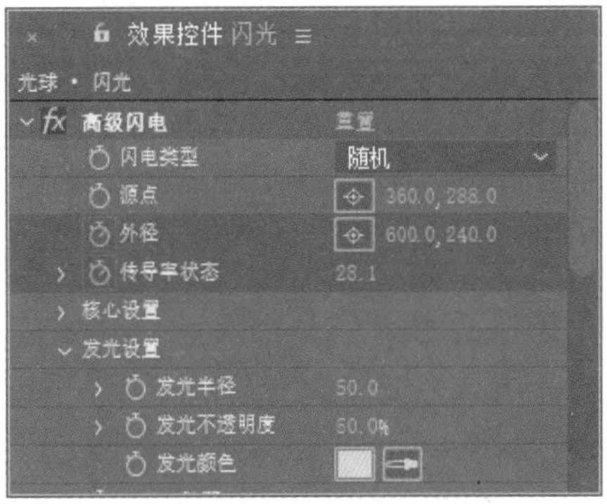

图 6.33

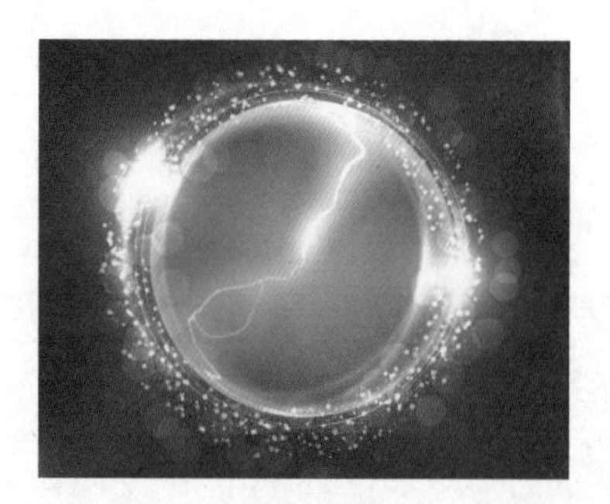

图 6.34

4 调整时间到 0:00:03:15 的位置，设置【外径】的值为（300.0，480.0）；调整时间到 0:00:04:15 的位置，设置【外径】的值为（360.0，570.0）；调整时间到 0:00:05:12 的位置，单击【在当前时间添加或移除关键帧】按钮，在当前建立关键帧；调整时间到 0:00:06:10 的位置，设置【外径】的值为（300.0，480.0）；调整时间到 0:00:08:00 的位置，设置【外径】的值为（600.0，240.0）；调整时间到 0:00:09:24 的位置，设置【外径】的值为（300.0，0.0），设置【传导率状态】的值为 100.0，如图 6.35 所示。拖动时间滑块可在【合成】窗口看到效果，如图 6.36 所示。

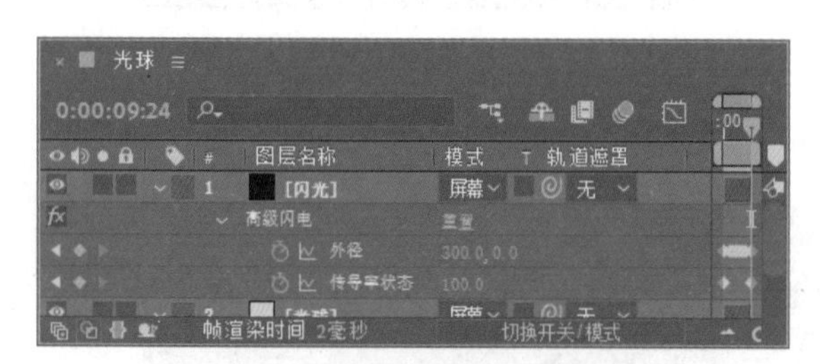

图 6.35

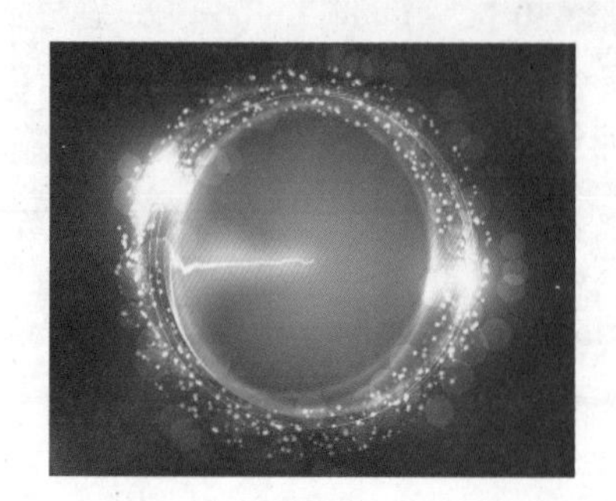

图 6.36

6.3.4 复制“闪光”

1 选择“闪光”纯色层，按 Ctrl+D 组合键复制一层并重命名为“闪光 2”，设置【缩放】的值为（−82.0，−82.0%），如图 6.37 所示，可在【合成】窗口中看到设置后的效果，如图 6.38 所示。

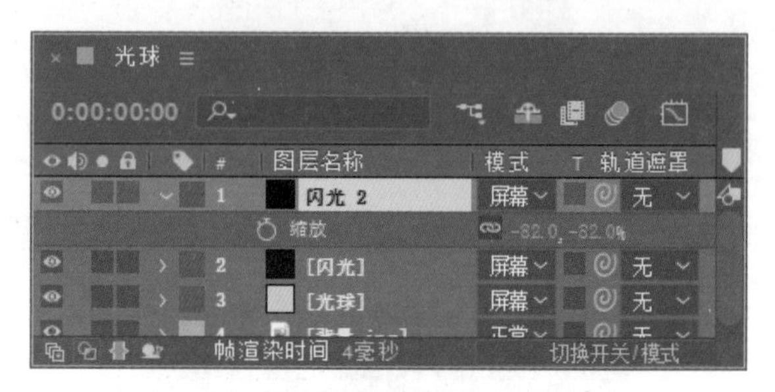

图 6.37

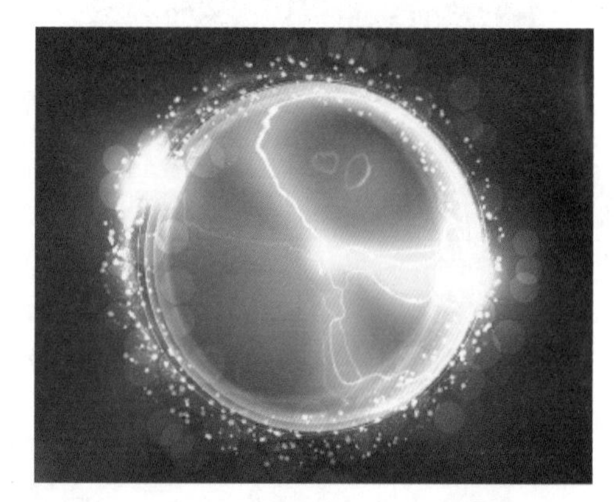

图 6.38

2 为了制造闪电的随机性，在【效果控件】面板中的【高级闪电】特效中修改【源点】的值为（350.0，260.0）。

3 这样就完成了动画制作，按空格键或小键盘上的 0 键，可在【合成】窗口看到动画效果，如图 6.39 所示。

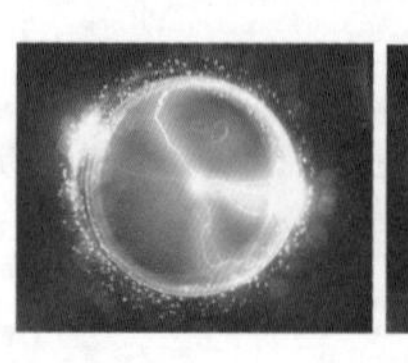
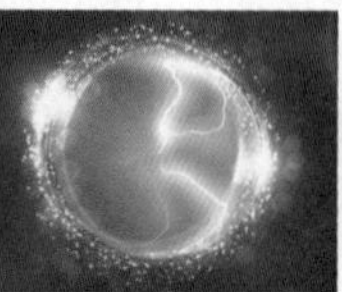
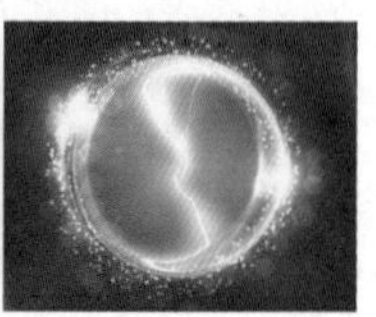

图 6.39

6.4 连动光线

实例解析

本例主要讲解连动光线动画的制作。首先利用【椭圆工具】绘制椭圆形路径，然后通过添加【3D Stroke（3D 笔触）】特效并设置相关参数，制作出连动光线效果，最后添加【Starglow（星光）】特效为光线添加光效，完成连动光线动画的制作。本例最终的动画流程效果如图 6.40 所示。

难易程度：★★☆☆☆

工程文件：第 6 章 \ 连动光线

图 6.40

教学视频

知识点

1. 3D Stroke（3D 笔触）
2. Starglow（星光）

操作步骤

6.4.1 绘制笔触并添加特效

1 执行菜单栏中的【合成】|【新建合成】命令，打开【合成设置】对话框，设置【合成名称】为“连动光线”，【宽度】的值为 720，【高度】的值为 576，【帧速率】的值为 25，并设置【持续时间】为 0:00:05:00，如图 6.41 所示。

2 按 Ctrl+Y 组合键，打开【纯色设置】对话框，设置【名称】为“光线”，【颜色】为黑色，如图 6.42 所示。

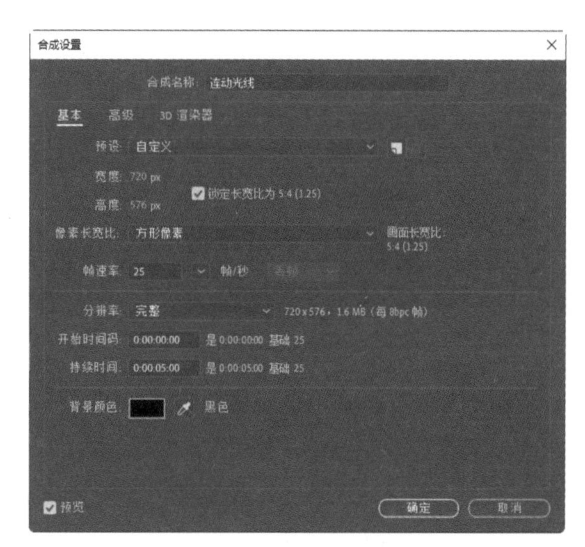

图 6.41

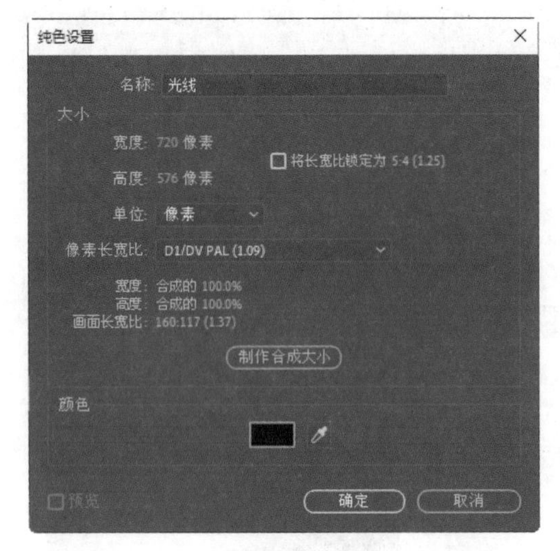

图 6.42

3 选择【光线】层，选择工具栏中的【椭圆工具】，在【合成】窗口绘制一个正圆，如图 6.43 所示。

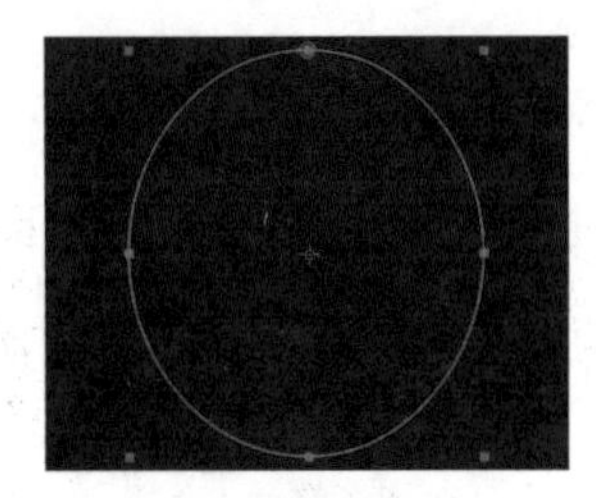

图 6.43

4 在【效果和预设】面板中展开【RG Trapcode】特效组，然后双击【3D Stroke（3D 笔触）】特效，如图 6.44 所示。

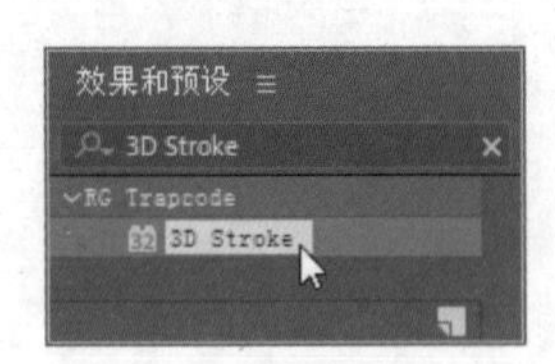

图 6.44

5 在【效果控件】面板中设置【End（结束）】的值为 50.0。展开【Taper（锥形）】选项组，选中【Enable（开启）】复选框，取消选中【Compress to fit（适合合成）】复选框，如图 6.45 所示。

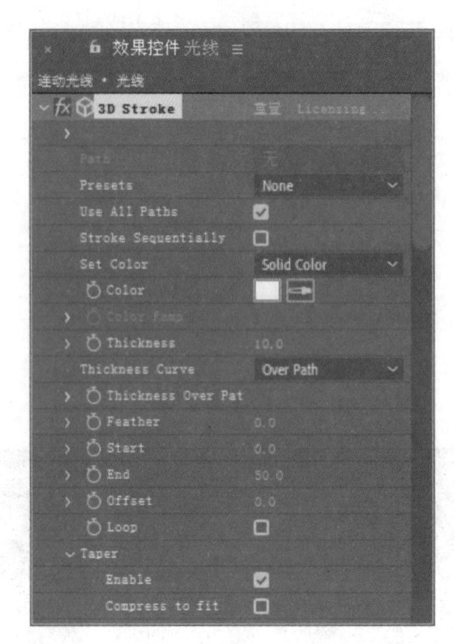

图 6.45

6 展开【Repeater（重复）】选项组，选中【Enable（开启）】和【Symmetric Doubler（对称复制）】复选框，设置【Instances（实例）】的值为 15，【Scale XYZ（XYZ 轴缩放）】的值为 115.0，如图 6.46 所示，此时【合成】窗口中的画面效果如图 6.47 所示。

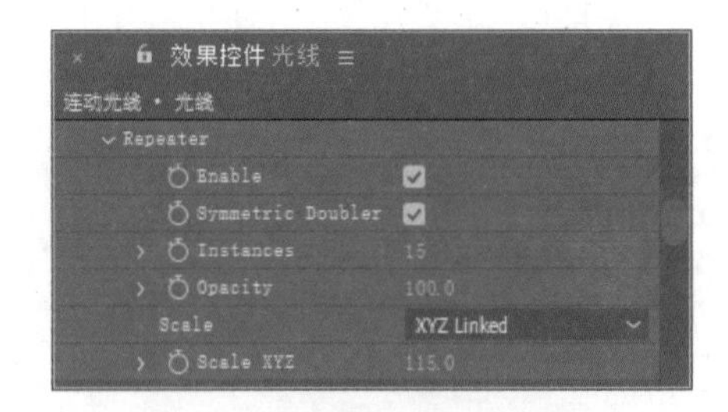

图 6.46

图 6.47

7 确认时间在0:00:00:00的位置，展开【Transform(转换)】选项组，分别单击【Bend(弯曲)】【X Rotation（X轴旋转）】【Y Rotation（Y轴旋转）】【Z Rotation（Z轴旋转）】左侧的码表按钮，建立关键帧，修改【X Rotation（X轴旋转）】的值为（0x+155.0°），修改【Y Rotation（Y轴旋转）】的值为（1x + 150.0°），修改【Z Rotation（Z轴旋转）】的值为（0x+330.0°），如图6.48所示，设置旋转属性后的画面效果如图6.49所示。

效果控件 光线
连动光线 • 光线

Transform	
Bend	0.0
Bend Axis	0x -150.0°
Bend Around Center	
XY Position	360.0, 288.0
Z Position	120.0
X Rotation	0x +155.0°
Y Rotation	1x +150.0°
Z Rotation	0x +330.0°
Order	Rotate Translate

图6.48

图6.49

8 展开【Repeater（重复）】选项组，分别单击【Factor(因数)】【X Rotation(X轴旋转)】【Y Rotation（Y轴旋转）】【Z Rotation（Z轴旋转）】左侧的码表按钮，修改【Y Rotation（Y轴旋转）】的值为(0x+110.0°)，修改【Z Rotation(Z轴旋转)】的值为(−1x+0.0°)，如图6.50所示。可在【合成】窗口看到设置参数后的效果，如图6.51所示。

9 调整时间到0:00:02:00的位置，在【Transform（转换）】选项组中修改【Bend（弯曲）】的值为3.0，修改【X Rotation（X轴旋转）】的值为（0x+105.0°），修改【Y Rotation（Y轴旋转）】的值为（1x + 200.0°），修改【Z Rotation（Z轴旋转）】的值为（0x+320.0°），如图6.52所示，此时的画面效果如图6.53所示。

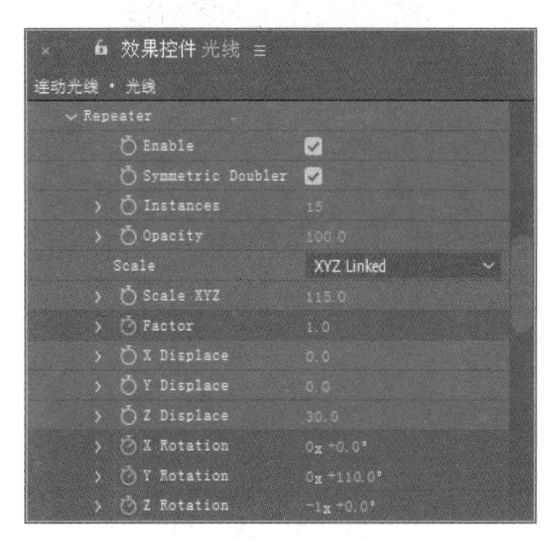

图6.50

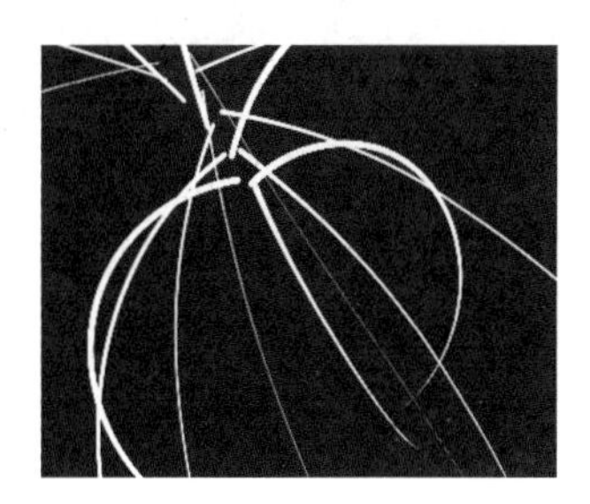

图6.51

效果控件 光线
连动光线 • 光线

Transform	
Bend	3.0
Bend Axis	0x -150.0°
Bend Around Center	
XY Position	360.0, 288.0
Z Position	120.0
X Rotation	0x +105.0°
Y Rotation	1x +200.0°
Z Rotation	0x +320.0°
Order	Rotate Translate

图6.52

图 6.53

10 在【Repeater（重复）】选项组中，修改【X Rotation（X 轴旋转）】的值为（0x+100.0°），修改【Y Rotation（Y 轴旋转）】的值为（0x+160.0°），修改【Z Rotation（Z 轴旋转）】的值为（0x−145.0°），如图 6.54 所示，此时的画面效果如图 6.55 所示。

× 效果控件 光线 ≡
连动光线 • 光线
Repeater
Enable ☑
Symmetric Doubler ☑
Instances 15
Opacity 100.0
Scale XYZ Linked
Scale XYZ 115.0
Factor 1.0
X Displace 0.0
Y Displace 0.0
Z Displace 30.0
X Rotation 0x +100.0°
Y Rotation 0x +160.0°
Z Rotation 0x -145.0°

图 6.54

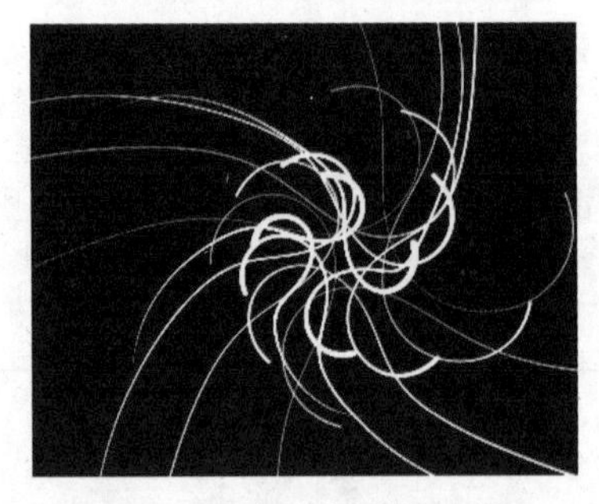

图 6.55

11 调整时间到 0:00:03:10 的位置，在【Transform（转换）】选项组中，修改【Bend（弯曲）】的值为 2.0，修改【X Rotation（X 轴旋转）】的值为（0x+190.0°），修改【Y Rotation（Y 轴旋转）】的值为（1x+230.0°），修改【Z Rotation（Z 轴旋转）】的值为（0x+300.0°），如图 6.56 所示，此时【合成】窗口中画面的效果如图 6.57 所示。

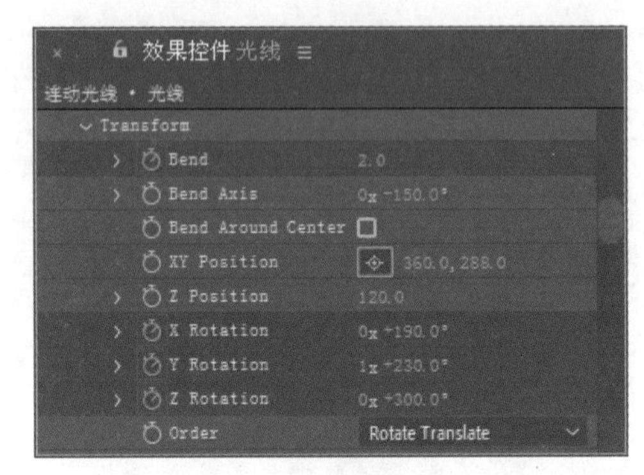

图 6.56

图 6.57

12 在【Repeater（重复）】选项组中，修改【Factor（因数）】的值为 1.1，修改【X Rotation（X 轴旋转）】的值为（0x+241.0°），修改【Y Rotation（Y 轴旋转）】的值为（0x+130.0°），修改【Z Rotation（Z 轴旋转）】的值为（0x−40.0°），如图 6.58 所示，此时的画面效果如图 6.59 所示。

13 调整时间到 0:00:04:20 的位置，在【Transform（转换）】选项组中修改【Bend（弯曲）】的值为 9.0，修改【X Rotation（X 轴旋转）】的值为（0x+200.0°），修改【Y Rotation（Y 轴旋转）】的值为（1x＋320.0°），修改【Z Rotation（Z 轴旋转）】的值为（0x+290.0°），如图 6.60 所示，此时在【合成】窗口中看到的画面效果如图 6.61 所示。

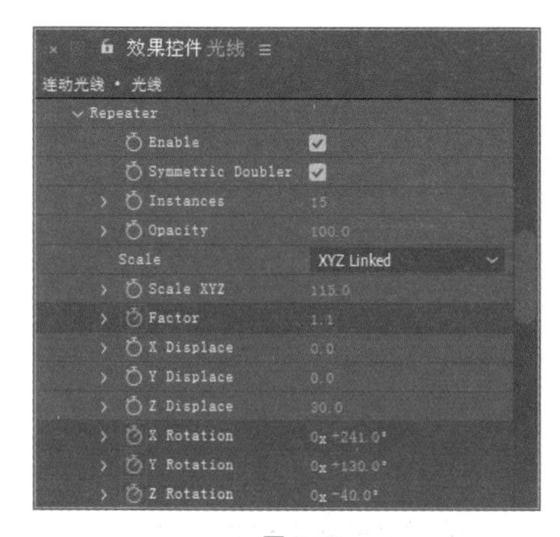

图 6.58

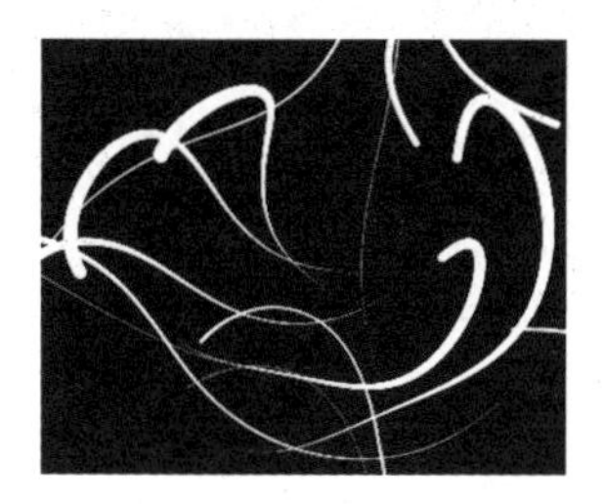

图 6.59

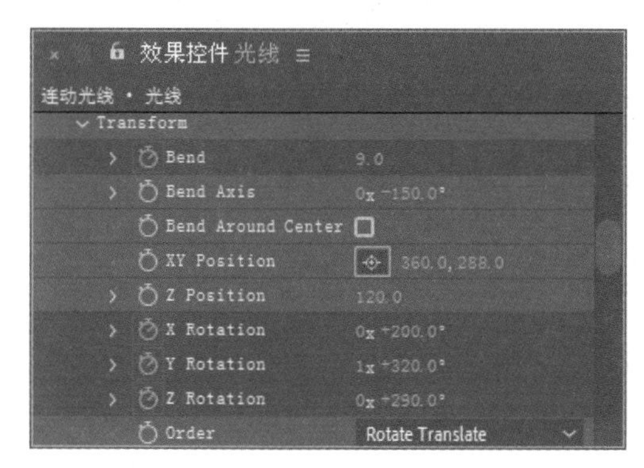

图 6.60

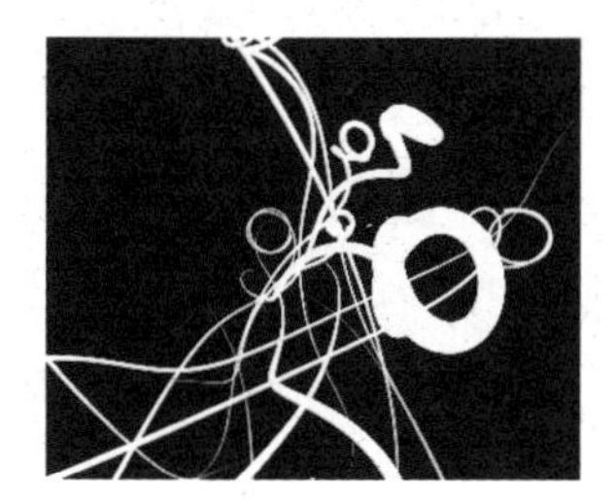

图 6.61

14 在【Repeater（重复）】选项组中，修改【Factor（因数）】的值为 0.6，修改【X Rotation（X 轴旋转）】的值为（0x+95.0°），修改【Y Rotation（Y 轴旋转）】的值为（0x+110.0°），修改【Z Rotation（Z 轴旋转）】的值为（0x+77.0°），如图 6.62 所示。此时【合成】窗口中的画面效果如图 6.63 所示。

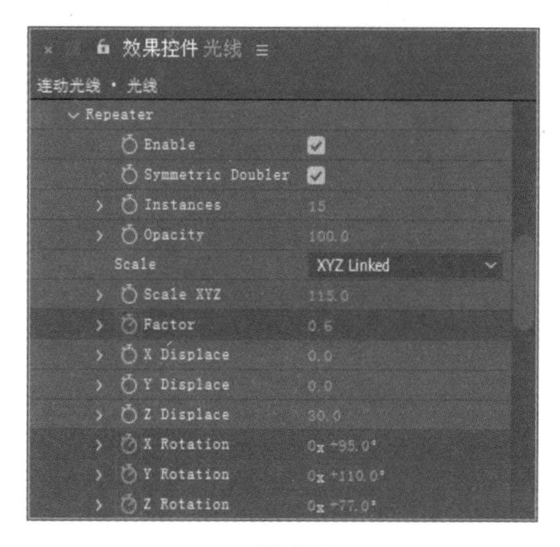

图 6.62

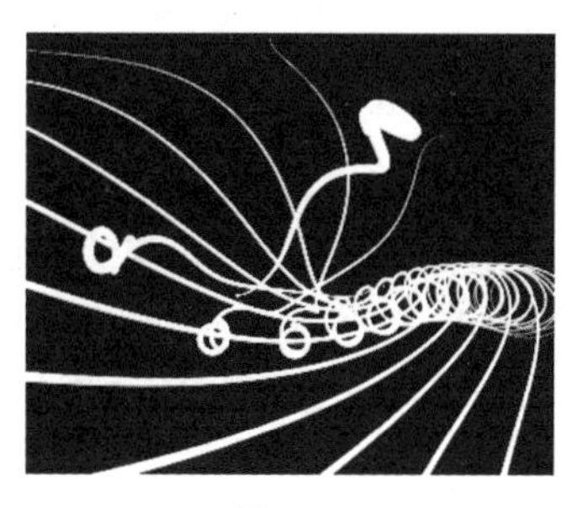

图 6.63

6.4.2 制作线与点的变化

1 调整时间到 0:00:01:00 的位置，展开【Advanced（高级）】选项组，单击【Adjust Step（调节步幅）】左侧的码表按钮，在当前建立关键帧，修改【Adjust Step（调节步幅）】的值为 900.0，如图 6.64 所示，此时【合成】窗口中的画面效果如图 6.65 所示。

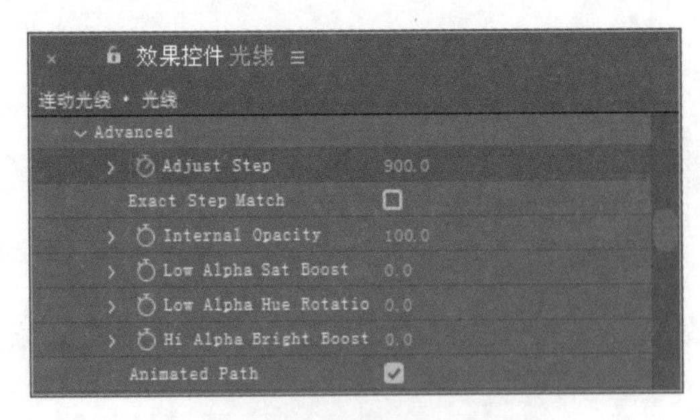

图 6.64

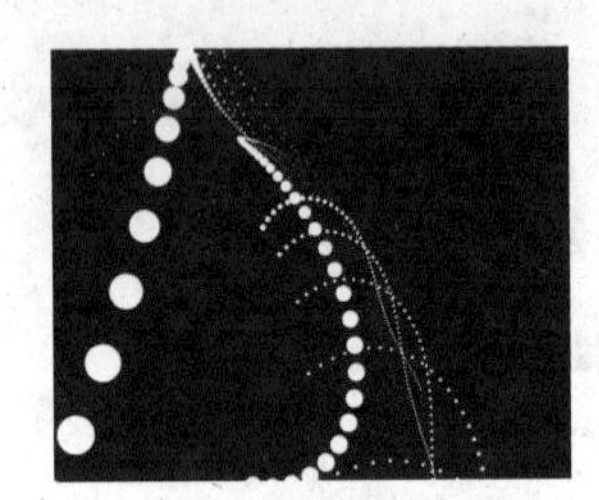

图 6.65

2 调整时间到 0:00:01:10 的位置，设置【Adjust Step（调节步幅）】的值为 200.0，如图 6.66 所示，此时【合成】窗口中的画面效果如图 6.67 所示。

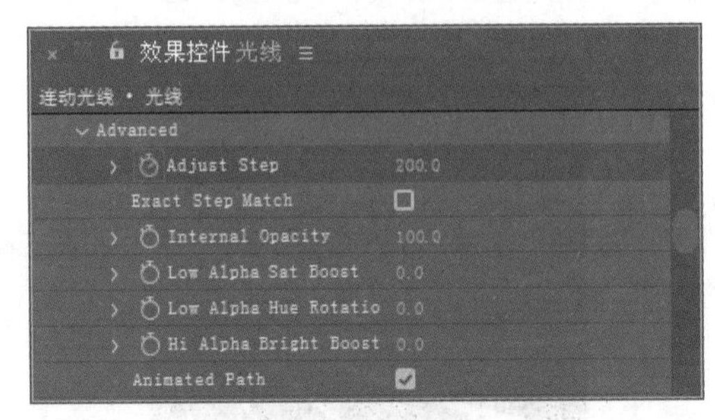

图 6.66

图 6.67

3 调整时间到 0:00:01:20 的位置，设置【Adjust Step（调节步幅）】的值为 900.0，如图 6.68 所示，此时【合成】窗口中的画面效果如图 6.69 所示。

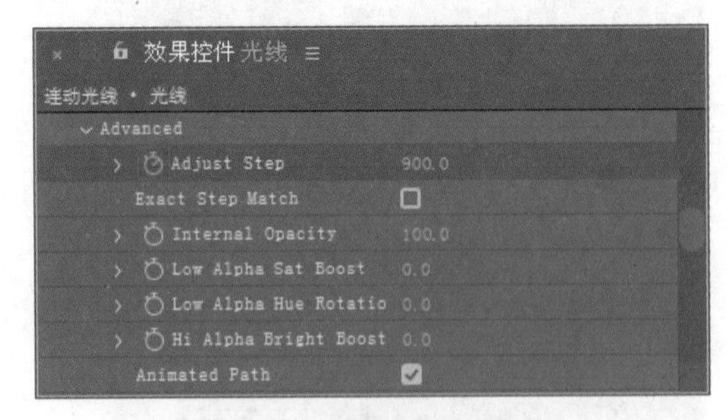

图 6.68

图 6.69

4 调整时间到 0:00:02:15 的位置，设置【Adjust Step（调节步幅）】的值为 200.0，如图 6.70 所示，此时【合成】窗口中的画面效果如图 6.71 所示。

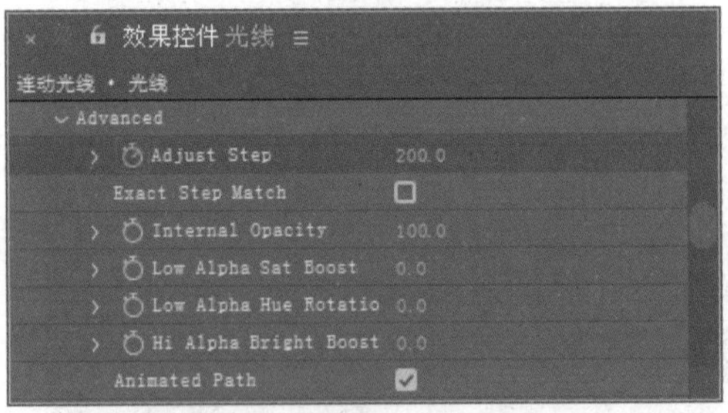

图 6.70

图 6.71

5 调整时间到0:00:03:10的位置，设置【Adjust Step（调节步幅）】的值为200.0，如图6.72所示，此时【合成】窗口中的画面效果如图6.73所示。

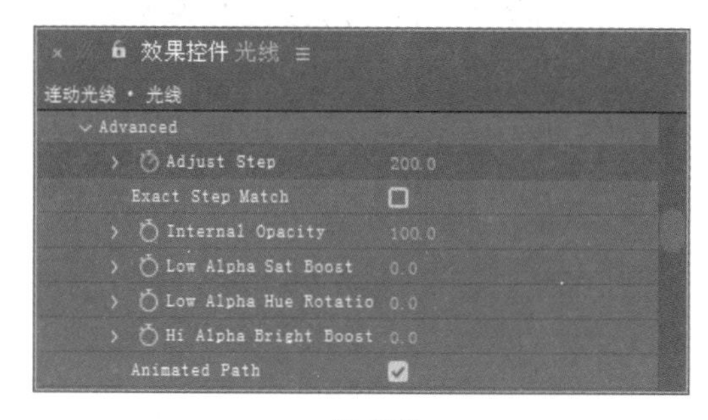

图6.72

图6.73

6 调整时间到0:00:04:05的位置，设置【Adjust Step（调节步幅）】的值为900.0，如图6.74所示，此时【合成】窗口中的画面效果如图6.75所示。

图6.74

7 调整时间到0:00:04:20的位置，设置【Adjust Step（调节步幅）】的值为300.0，如图6.76所示，此时【合成】窗口中的画面效果如图6.77所示。

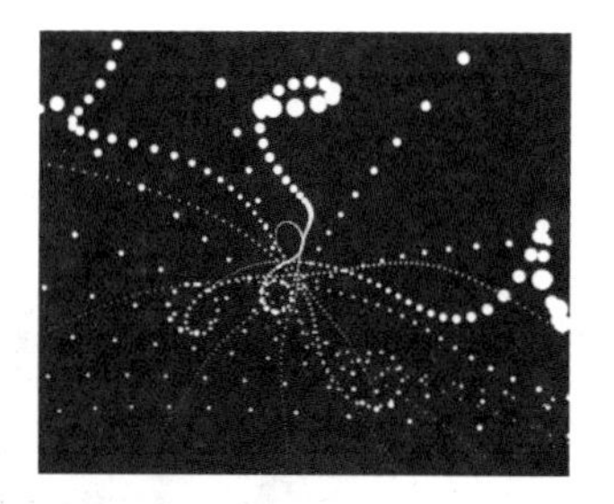
图6.75

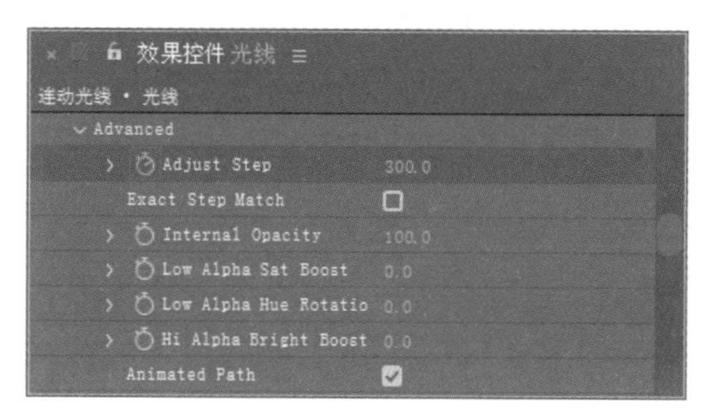

图6.76

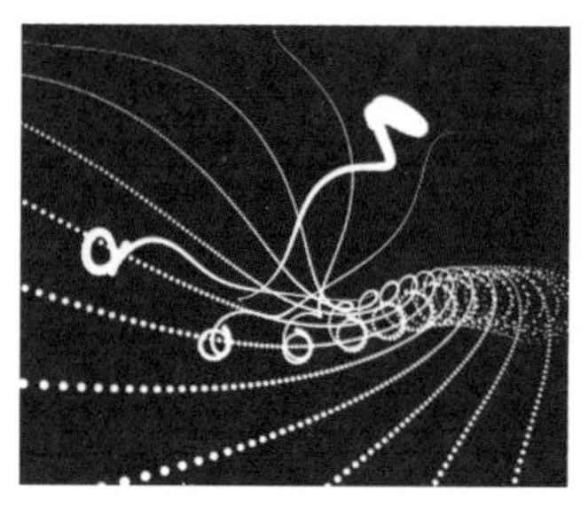
图6.77

6.4.3 添加星光特效

1 选择【光线】纯色层，在【效果和预设】面板中展开【RG Trapcode】特效组，然后双击【Starglow（星光）】特效，如图6.78所示。

图6.78

2 在【效果控件】面板中设置【Presets（预设）】为【Warm Star（暖星）】，设置【Streak Length（光线长度）】的值为10.0，如图6.79所示。

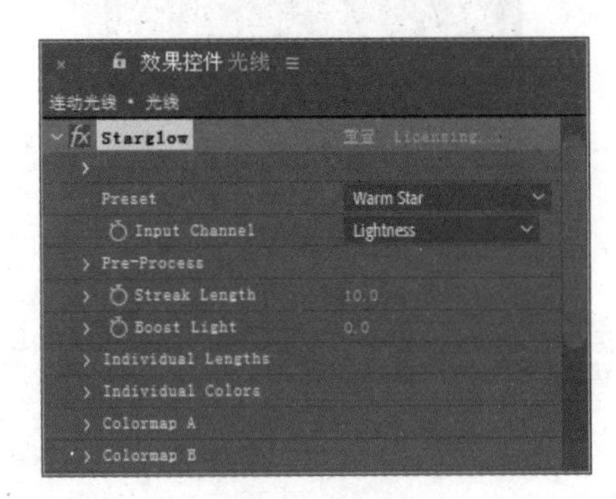

图6.79

3 执行菜单栏中的【文件】|【导入】|【文件】命令，打开“背景.jpg”素材，将其拖动到【时间线】面板，放置在【光线】层的下方，修改【光线】层的【模式】为【变亮】，如图6.80所示。

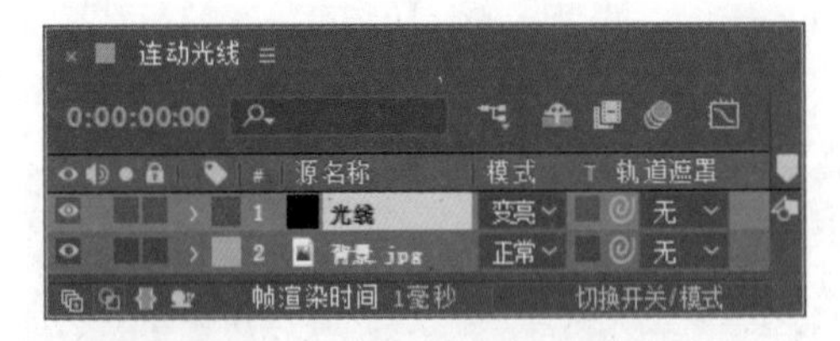

图6.80

4 这样就完成了连动光线效果的整体制作，按小键盘上的0键，在【合成】窗口中预览动画，如图6.81所示。

图6.81

6.5 舞动的精灵

实例解析

本例主要讲解舞动的精灵动画的制作。利用【勾画】特效和钢笔路径绘制光线，配合【湍流置换】特效使线条达到蜿蜒的效果。完成的动画流程画面如图6.82所示。

难易程度：★★★☆☆

工程文件：第6章\舞动的精灵

图6.82

知识点

1. 勾画
2. 发光
3. 梯度渐变
4. 湍流置换

教学视频

操作步骤

6.5.1 为纯色层添加特效

1 执行菜单栏中的【合成】|【新建合成】命令，打开【合成设置】对话框，设置【合成名称】为“光线”，【宽度】的值为720，【高度】的值为576，【帧速率】的值为25，并设置【持续时间】为0:00:05:00，如图6.83所示。

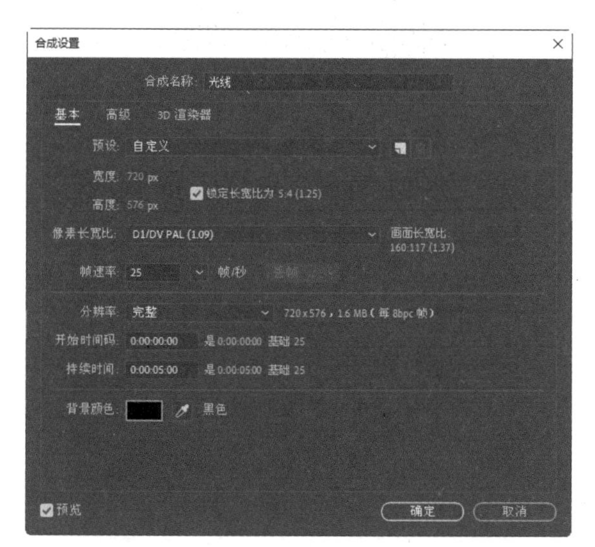

图 6.83

2 按Ctrl+Y组合键，打开【纯色设置】对话框，设置【名称】为“拖尾”，【颜色】为黑色，如图6.84所示。

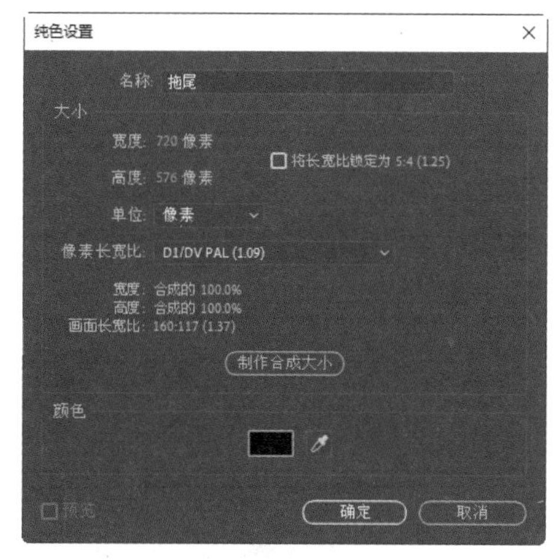

图 6.84

3 选择工具栏中的【钢笔工具】，确认选择【拖尾】层，在【合成】窗口中绘制一条路径，如图6.85所示。

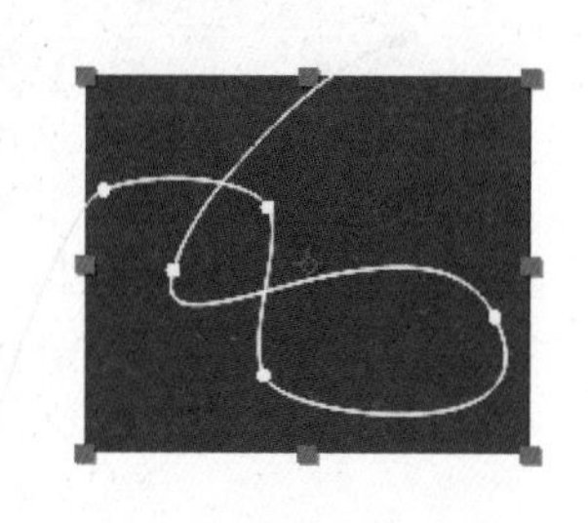

图 6.85

4 在【效果和预设】面板中展开【生成】特效组，然后双击【勾画】特效。

5 将时间调整到0:00:00:00的位置，在【效果控件】面板中单击【描边】下拉列表，选择【蒙版/路径】；展开【蒙版/路径】选项组，从【路径】下拉列表中选择【蒙版1】；展开【片段】选项组，修改【片段】的值为1，单击【旋转】左侧的码表按钮，在当前位置建立关键帧，修改【旋转】的值为（0x−47.0°）；展开【正在渲染】选项组，设置【颜色】为白色，【宽度】的值为1.20，【硬度】的值为0.450，设置【中点不透明度】的值为−1.000，设置【中点位置】的值为0.900，如图6.86所示。

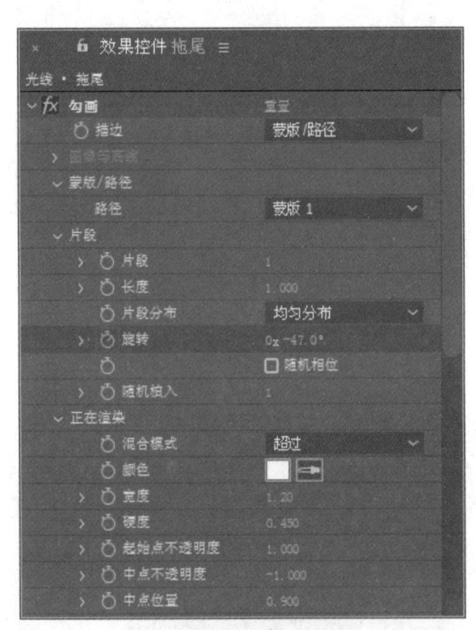

图6.86

6 调整时间到0:00:04:00的位置，修改【旋转】的值为（−1x−48.0°），如图6.87所示。拖动时间滑块可在【合成】窗口中看到预览效果，如图6.88所示。

7 在【效果与预设】中展开【风格化】特效组，然后双击【发光】特效。

8 在【效果控件】面板中修改【发光阈值】的值为20.0%，修改【发光半径】的值为6.0，修改【发光强度】的值为2.5，设置【发光颜色】为【A和B颜色】，【颜色A】为红色（R：255，G：0，B：0），【颜色B】为黄色（R：255，G：190，B：0），如图6.89所示。

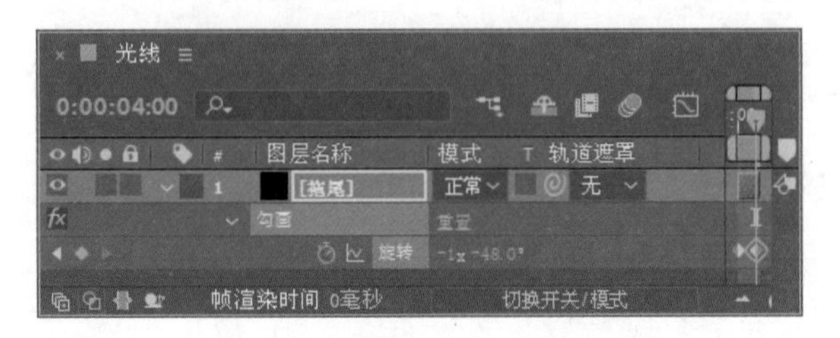

图6.87

图6.88

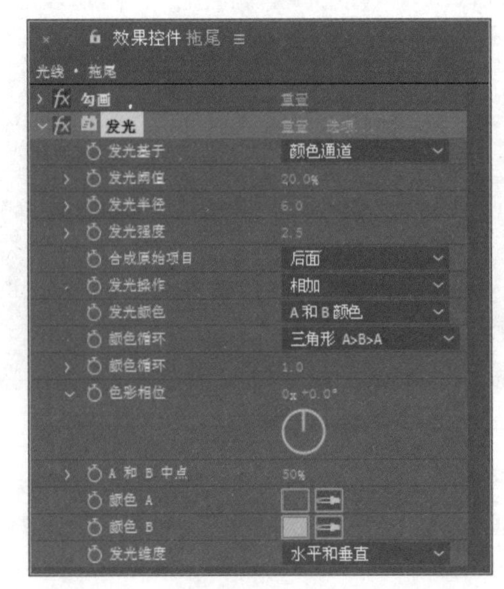

图6.89

9 选择【拖尾】纯色层，按 Ctrl+D 组合键复制出新的一层，并重命名为“光线”，修改【光线】层的【模式】为【相加】，如图 6.90 所示。

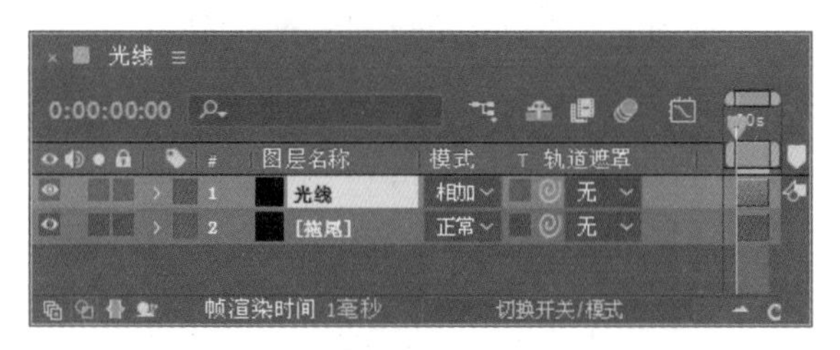

图 6.90

10 在【效果控件】面板中展开【勾画】选项组，修改【长度】的值为 0.070，修改【宽度】的值为 6.00，如图 6.91 所示。

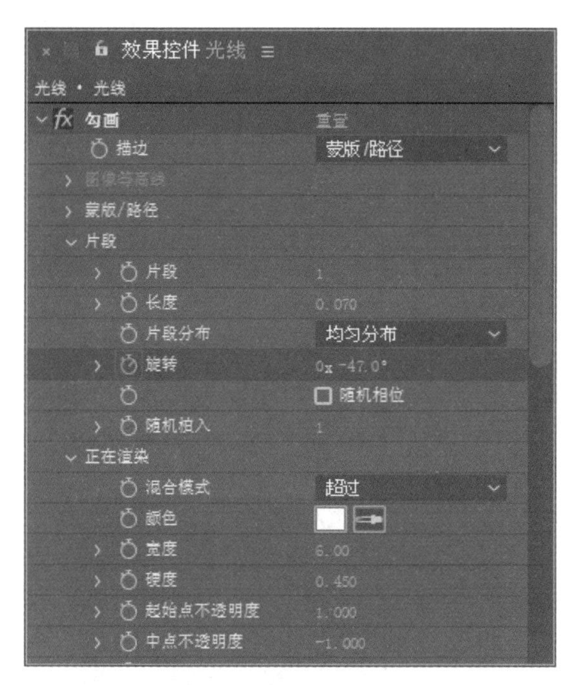

图 6.91

11 展开【发光】特效组，修改【发光阈值】的值为 31.0%，【发光半径】的值为 25.0，【发光强度】的值为 3.5，【颜色 A】为浅蓝色（R：55，G：155，B：255），【颜色 B】为深蓝色（R：20，G：90，B：210），如图 6.92 所示。

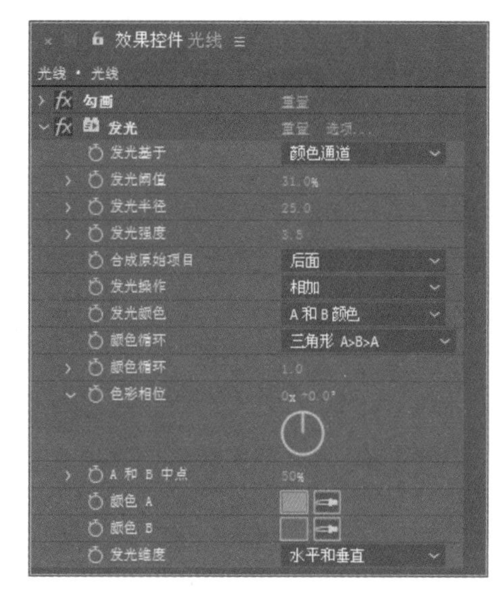

图 6.92

6.5.2 建立合成

1 执行菜单栏中的【合成】|【新建合成】命令，打开【合成设置】对话框，设置【合成名称】为“舞动的精灵”，【宽度】的值为 720，【高度】的值为 576，【帧速率】的值为 25，并设置【持续时间】为 0:00:05:00，如图 6.93 所示。

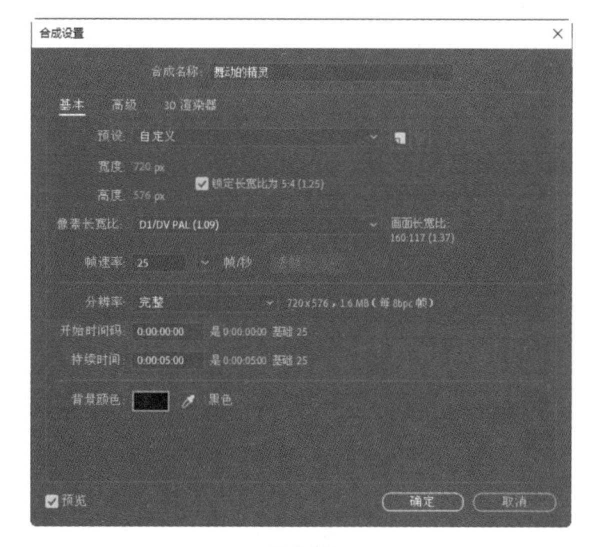

图 6.93

2 执行菜单栏中的【文件】|【导入】|【文件】命令，打开“背景.jpg”素材，将其拖动到【时间线】面板中，如图6.94所示。

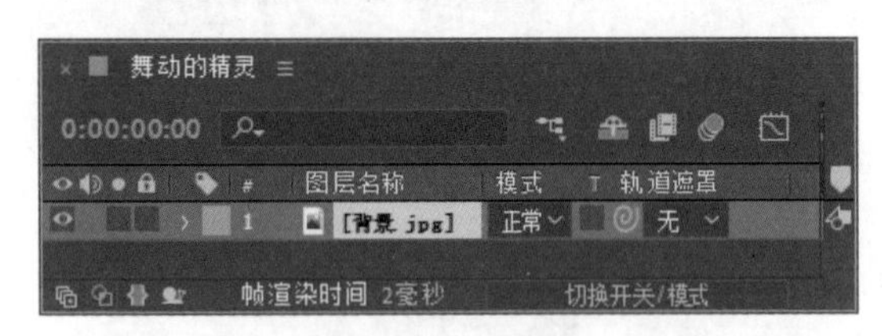

图6.94

6.5.3 复制“光线”

1 将【光线】合成拖动到【舞动的精灵】合成的时间线中，修改【光线】层的【模式】为【相加】，如图6.95所示。

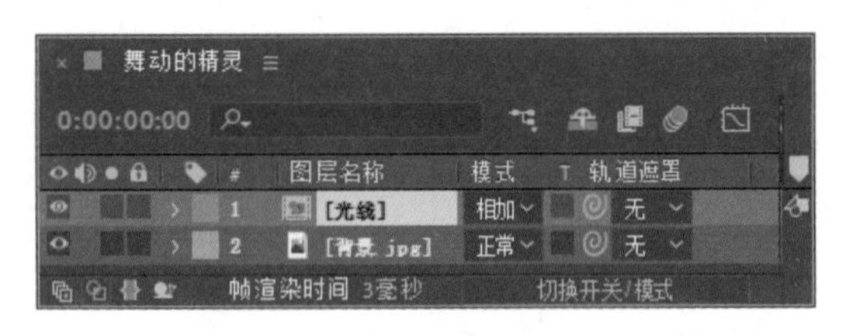

图6.95

2 按Ctrl+D组合键复制出一层，选中【光线2】层，调整时间到0:00:00:03的位置，按键盘上的［键，将入点设置到当前帧，如图6.96所示。

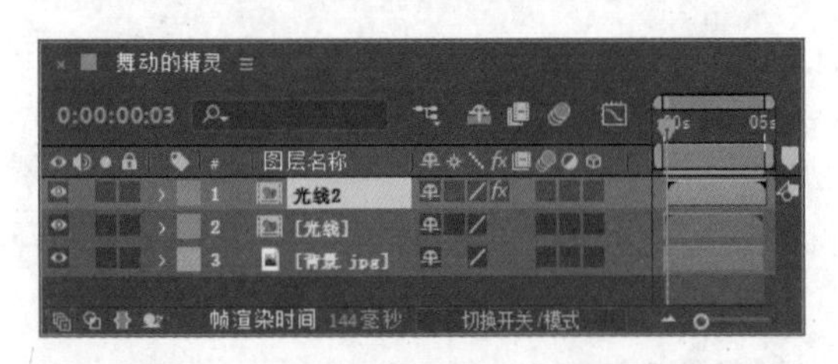

图6.96

3 选择【光线2】层，在【效果和预设】中展开【扭曲】特效组，然后双击【湍流置换】特效。

4 在【效果控制】面板中设置【数量】的值为195.0，【大小】的值为57.0，【消除锯齿（最佳品质）】为【高】，如图6.97所示。

图6.97

5 选择【光线2】层，按Ctrl+D组合键复制出新的一层，调整时间到0:00:00:06的位置，按［键，将入点设置到当前帧，如图6.98所示。

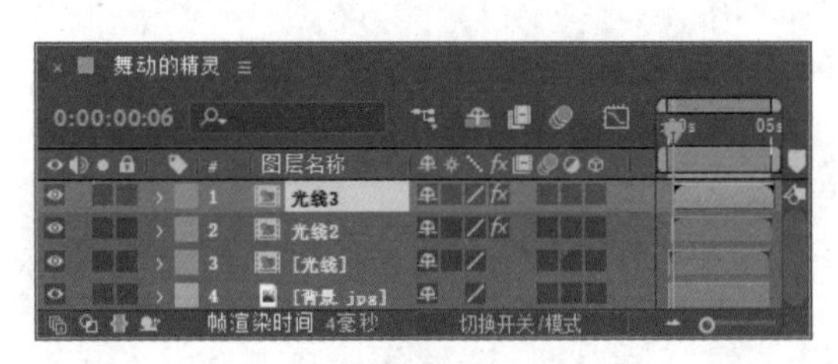

图6.98

6 在【效果控件】面板中设置【数量】的值为180.0，【大小】的值为25.0，【偏移】为（330.0，288.0），如图6.99所示。

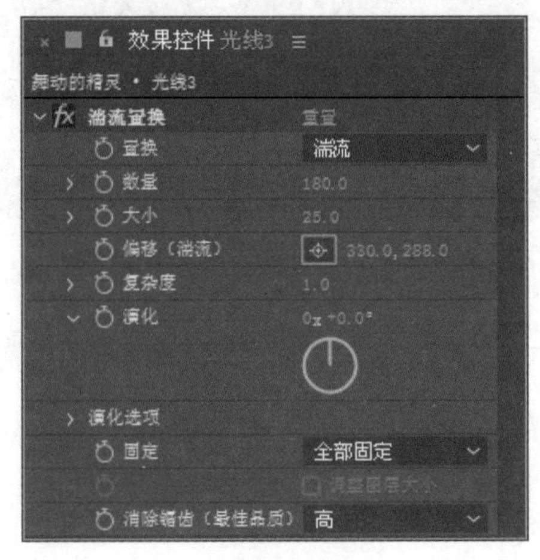

图6.99

7 这样就完成了舞动的精灵的整体制作，按小键盘上的 0 键，在【合成】窗口中预览动画，效果如图 6.100 所示。

 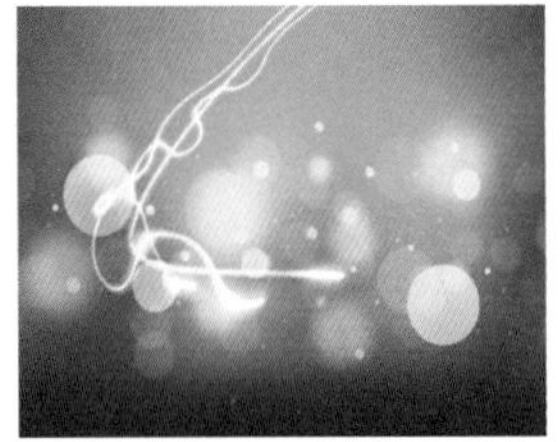 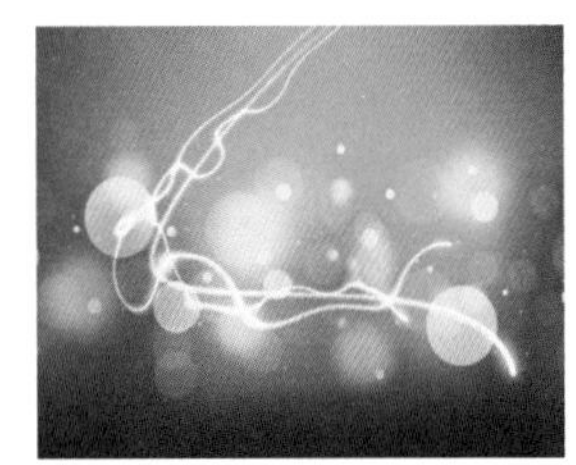 

图 6.100

6.6 课后上机实操

本章通过两个课后上机实操，讲解如何在 After Effects 中制作出绚丽的光线效果，使整个动画更加华丽且更富有灵动感。

6.6.1 上机实操 1——电路光效制作

实例解析

本例主要讲解电路光效制作。首先绘制图形并为其添加发光效果，然后制作光效动画即可完成整个效果的制作，最终效果如图 6.101 所示。

难易程度：★★☆☆☆

工程文件：第 6 章 \ 电路光效制作

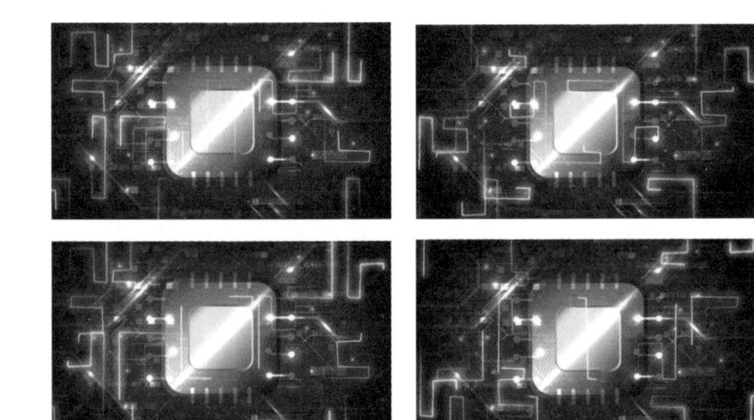 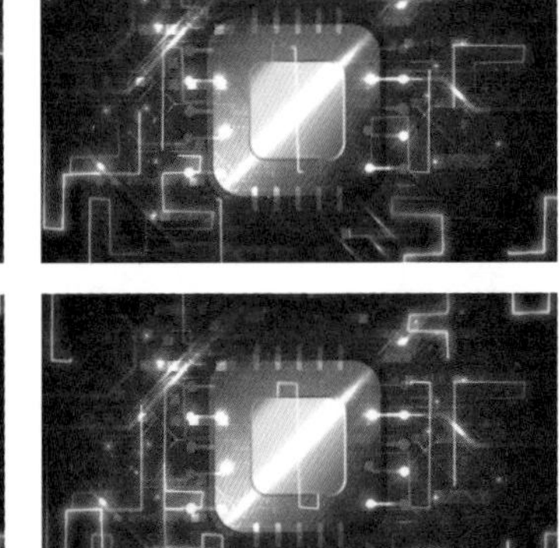

图 6.101

知识点

教学视频

1. 勾画
2. 发光

6.6.2 上机实操 2——科幻光环制作

实例解析

本例主要讲解科幻光环制作。首先制作 1 个光线效果，然后将光线效果进行复制组合成完整的光环效果，最终效果如图 6.102 所示。

难易程度：★★★☆☆

工程文件：第 6 章 \ 科幻光环制作

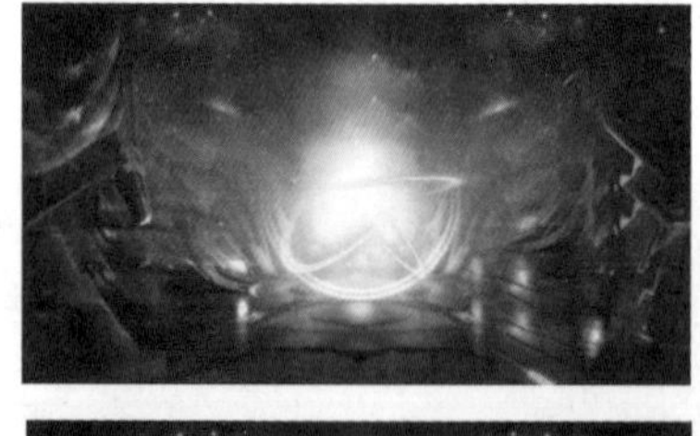

图 6.102

教学视频

知识点

1. Shine（光）
2. 发光

第7章 影视特效

内容摘要

影视特效在现在的影视作品中随处可见，本章就来讲解一些常见影视特效的制作方法。通过本章的学习，读者将掌握常见影视特效的制作方法与技巧。

教学目标

- 掌握滴血文字效果的制作
- 学习意境风景效果的制作
- 了解魔法火焰效果的制作
- 掌握数字人物效果的制作

7.1 滴血文字

实例解析

本例主要讲解利用【毛边】和【液化】特效制作滴血文字效果。完成的动画流程画面如图 7.1 所示。

难易程度：★★☆☆☆

工程文件：第 7 章\滴血文字

图 7.1

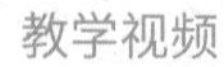

知识点

1. 毛边
2. 液化

操作步骤

1 执行菜单栏中的【文件】|【打开项目】命令，选择“滴血文字练习.aep”文件，将文件打开。

2 选择文字层，在【效果和预设】面板中展开【风格化】特效组，然后双击【毛边】特效。

3 在【效果控件】面板中设置【边界】的值为 6.00，如图 7.2 所示，【合成】窗口中的效果如图 7.3 所示。

4 选择文字层。在【效果和预设】面板中展开【扭曲】特效组，然后双击【液化】特效。

5 在【效果控件】面板中，单击【工具】下的【变形工具】按钮，展开【变形工具选项】选项组，设置【画笔大小】的值为 10，【画笔压力】的值为 100，如图 7.4 所示。

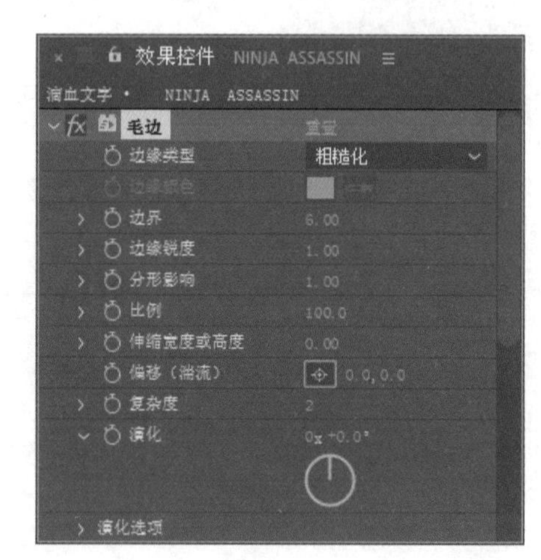

图 7.2

6 在文字中拖动鼠标，使文字产生变形效果，如图 7.5 所示。

图 7.3

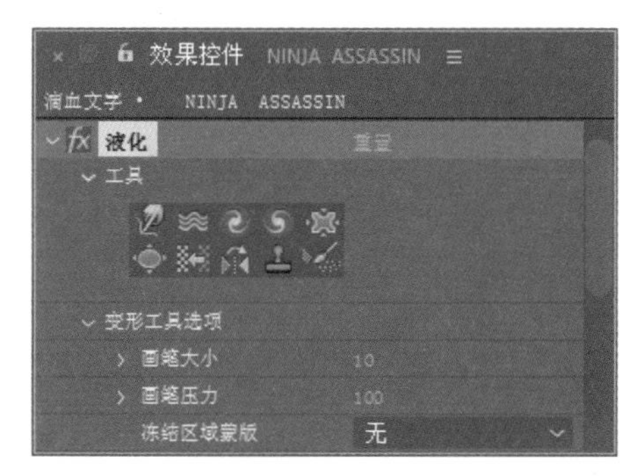

图 7.4

7 将时间调整到 0:00:00:00 的位置，在【效果控件】面板中设置【扭曲百分比】的值为 0%，单击【扭曲百分比】左侧的码表按钮，在当前位置设置关键帧。

图 7.5

8 将时间调整到 0:00:01:10 的位置，设置【扭曲百分比】的值为 200%，系统会自动设置关键帧，如图 7.6 所示。

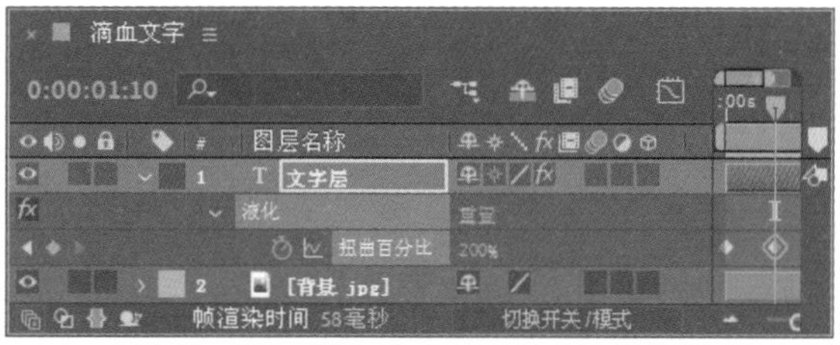

图 7.6

9 这样就完成了动画的整体制作，按小键盘上的 0 键，即可在【合成】窗口中预览动画。

7.2 意境风景

实例解析

本例将利用【分形杂色】【CC Hair（CC 毛发）】【CC Rainfall（CC 下雨）】特效制作意境风景的效果。完成的动画流程画面如图 7.7 所示。

难易程度：★★☆☆☆

工程文件：第 7 章 \ 意境风景

图 7.7

知识点

1. 分形杂色
2. CC Hair（CC 毛发）
3. CC Rainfall（CC 下雨）

教学视频

操作步骤

7.2.1 制作风效果

1 执行菜单栏中的【合成】|【新建合成】命令，打开【合成设置】对话框，设置【合成名称】为“风”，【宽度】的值为 720，【高度】的值为 480，【帧速率】的值为 25，并设置【持续时间】为 0:00:05:00，如图 7.8 所示。

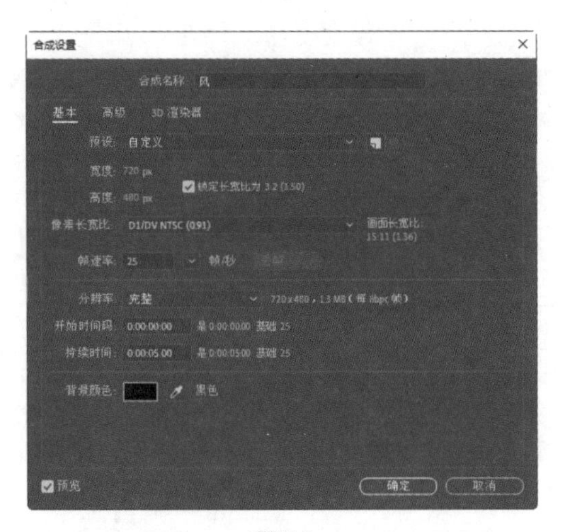

图 7.8

2 执行菜单栏中的【图层】|【新建】|【纯色】命令，打开【纯色设置】对话框，设置【名称】为“风”，【颜色】为黑色，如图 7.9 所示。

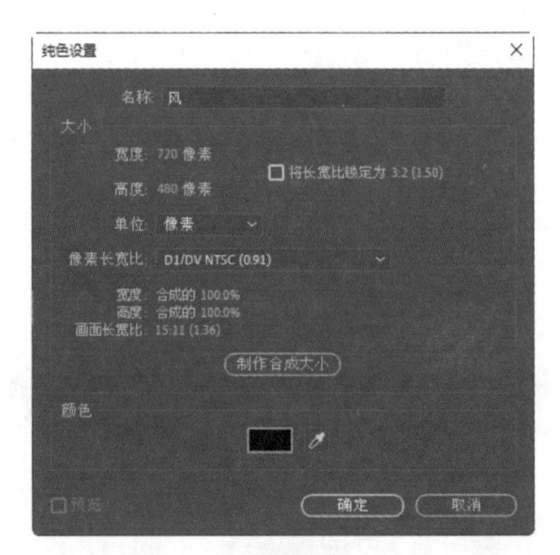

图 7.9

3 选中【风】层，在【效果和预设】面板中展开【杂色和颗粒】特效组，双击【分形杂色】特效，如图 7.10 所示。

4 将时间调整到 0:00:00:00 的位置，在【效果控件】面板中展开【变换】选项组，设置【缩放】的值为 20.0，单击【演化】左侧的码表按钮，在当前位置添加关键帧，如图 7.11 所示。

图 7.10

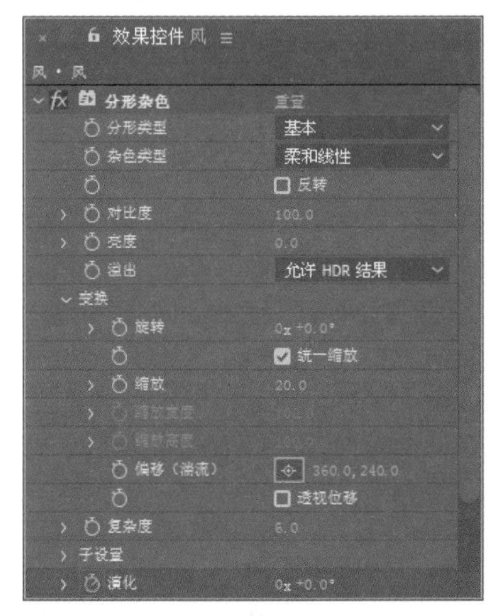

图 7.11

5 将时间调整到 0:00:04:24 的位置，设置【演化】的值为(2x+0.0°)，系统会自动添加关键帧，如图 7.12 所示。

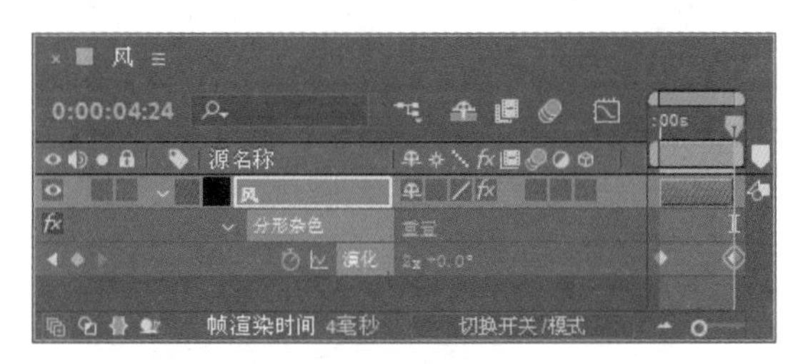

图 7.12

7.2.2 制作动态效果

1 执行菜单栏中的【合成】|【新建合成】命令，打开【合成设置】对话框，设置【合成名称】为“意境风景”，【宽度】的值为 720，【高度】的值为 480，【帧速率】的值为 25，设置【持续时间】为 0:00:05:00，如图 7.13 所示。

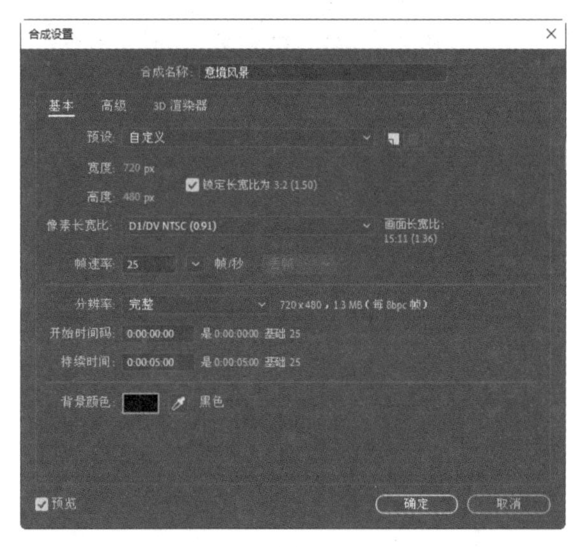

图 7.13

2 执行菜单栏中的【文件】|【导入】|【文件】命令，打开“背景.jpg”素材，单击【导入】按钮。

3 在【项目】面板中选择【背景.jpg】和【风】合成，将其拖动到【意境风景】合成的【时间线】面板中，如图 7.14 所示。

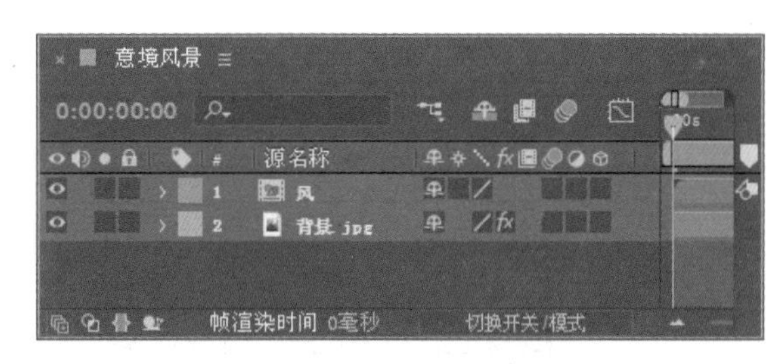

图 7.14

4 执行菜单栏中的【图层】|【新建】|【纯色】命令，打开【纯色设置】对话框，设置【名称】为“草”，【颜色】为黑色，如图 7.15 所示。

5 选中【风】层，单击左侧视频眼睛按钮，将此图层关闭，如图 7.16 所示。

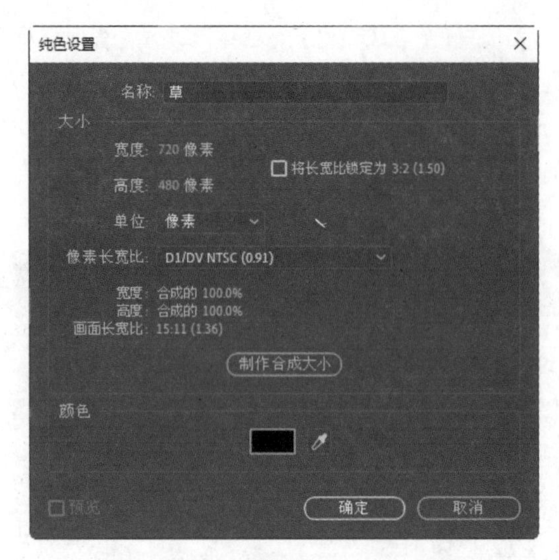

图 7.15

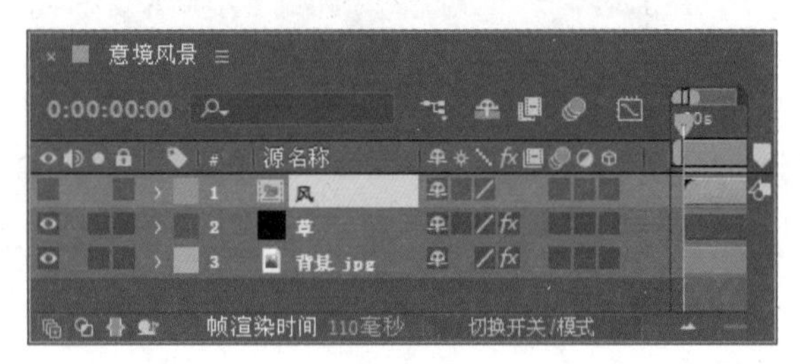

图 7.16

6 选中【草】层，选择工具栏中的【矩形工具】，在【合成】窗口中拖动绘制一个矩形蒙版区域，如图 7.17 所示。

图 7.17

7 选中【草】层，在【效果和预设】面板中展开【模拟】特效组，双击【CC Hair（CC 毛发）】特效，如图 7.18 所示。

图 7.18

8 在【效果控件】中设置【Length（长度）】的值为 50.0，【Thickness（厚度）】的值为 1.00，【Weight（重量）】的值为 −0.100，【Density（密度）】的值为 250.0。展开【Hairfall Map（毛发贴图）】选项组，从【Map Layer（贴图层）】右侧的下拉列表中选择【1. 风】，设置【Add Noise（噪波叠加）】的值为 25.0%。展开【Hair Color（毛发颜色）】选项组，设置【Color（颜色）】为绿色（R：155，G：219，B：0），【Opacity（不透明度）】的值为 100.0%。展开【Light（灯光）】选项组，设置【Light Direction（灯光方向）】的值为（0x+135.0°）。展开【Shading（阴影）】选项组，设置【Specular（镜面）】的值为 45.0，如图 7.19 所示。

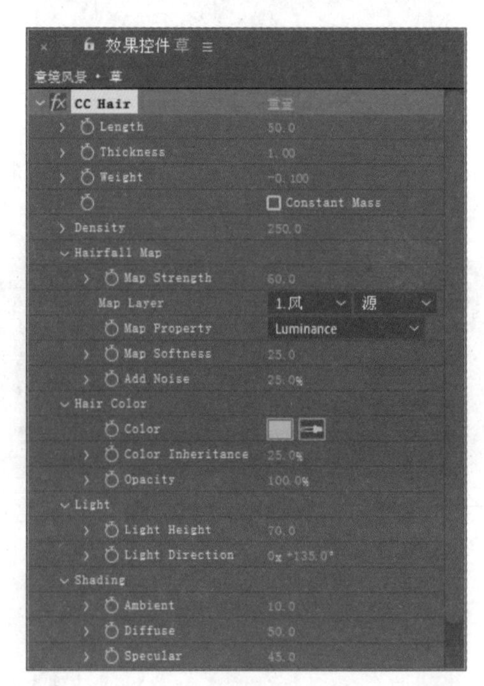

图 7.19

9 选中【背景】层，在【效果和预设】面板中展开【模拟】特效组，然后双击【CC Rainfall（CC 下雨）】特效，如图 7.20 所示。

图 7.20

10 在【效果控件】面板中修改【Speed（速度）】的值为 4000，修改【Opacity（不透明度）】的值为 50.0，如图 7.21 所示。

11 这样就完成了动画的整体制作，按小键盘上的 0 键，可在【合成】窗口中预览当前动画效果。

图 7.21

7.3 魔法火焰

实例解析

本例主要讲解【CC Particle World（CC 仿真粒子世界）】特效、【色光】特效的应用以及蒙版工具的使用。本例最终的动画流程效果如图 7.22 所示。

难易程度：★★★☆☆

工程文件：第 7 章\魔法火焰

图 7.22

知识点

1. 色光
2. 曲线
3. CC Particle World（CC 仿真粒子世界）

教学视频

操作步骤

7.3.1 制作烟火合成

1 执行菜单栏中的【合成】|【新建合成】命令，打开【合成设置】对话框，设置【合成名称】为“烟火”，【宽度】的值为 1024，【高度】的值为 576，【帧速率】的值为 25，并设置【持续时间】为 0:00:05:00，如图 7.23 所示。

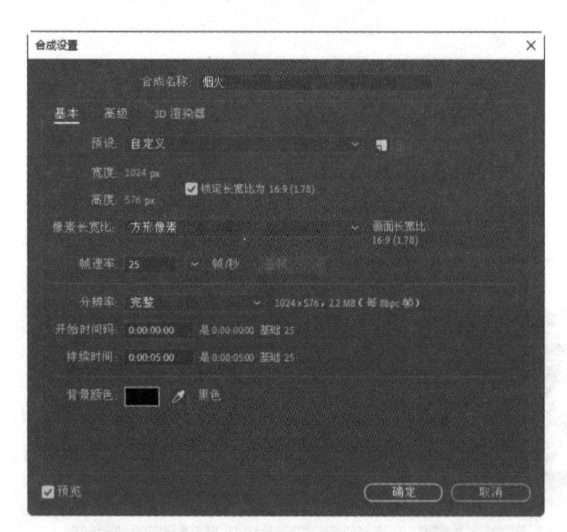

图 7.23

2 执行菜单栏中的【文件】|【导入】|【文件】命令，打开“烟雾.jpg”“背景.jpg”素材，单击【导入】按钮。

3 执行菜单栏中的【图层】|【新建】|【纯色】命令，打开【纯色设置】对话框，设置【名称】为“白色蒙版”，【宽度】的值为 1024，【高度】的值为 576，【颜色】为白色，如图 7.24 所示。

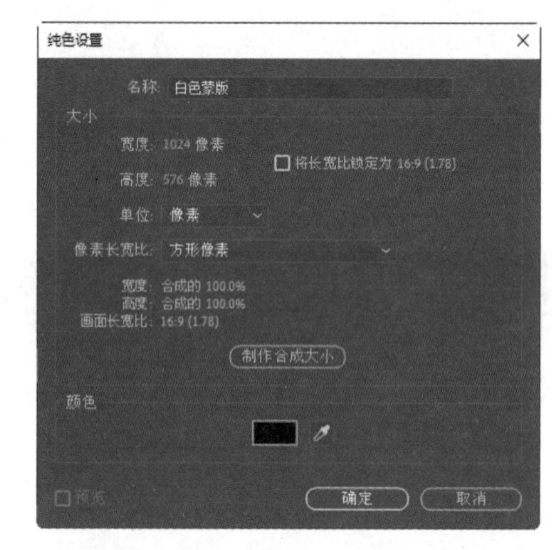

图 7.24

4 选中【白色蒙版】层，选择工具栏中的【矩形工具】，绘制矩形蒙版，如图 7.25 所示。

图 7.25

5 在【项目】面板中选择“烟雾.jpg”素材，将其拖动到【烟火】合成的【时间线】面板中，如图 7.26 所示。

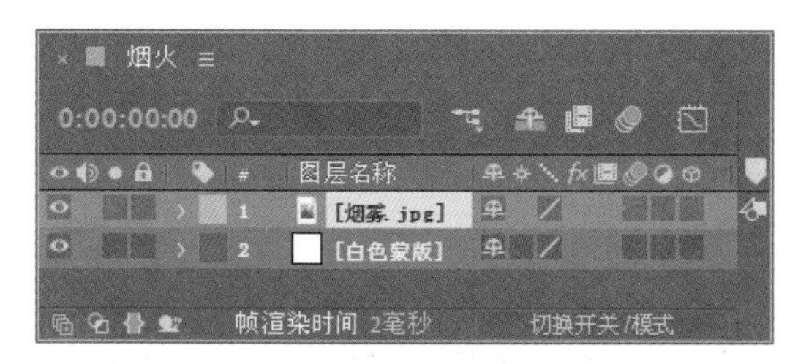

图 7.26

6 选中【白色蒙版】层，设置【轨道遮罩】为【1. 烟雾.jpg】，如图 7.27 所示，这样单独的云雾就被提出来了，效果如图 7.28 所示。

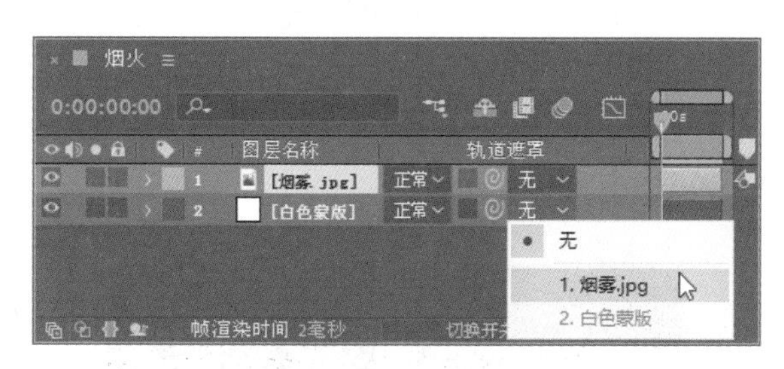

图 7.27

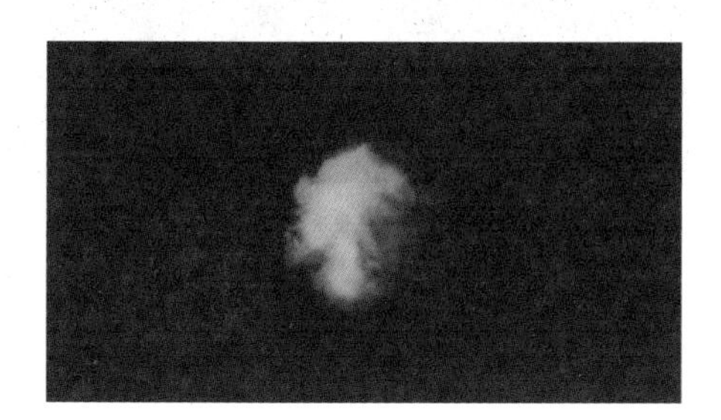

图 7.28

7.3.2 制作中心光

1 执行菜单栏中的【合成】|【新建合成】命令，打开【合成设置】对话框，设置【合成名称】为“中心光”，【宽度】的值为 1024，【高度】的值为 576，【帧速率】的值为 25，并设置【持续时间】为 0:00:05:00，如图 7.29 所示。

2 执行菜单栏中的【图层】|【新建】|【纯色】命令，打开【纯色设置】对话框，设置【名称】为“粒子”，【宽度】的值为 1024，【高度】的值为 576，【颜色】为黑色，如图 7.30 所示。

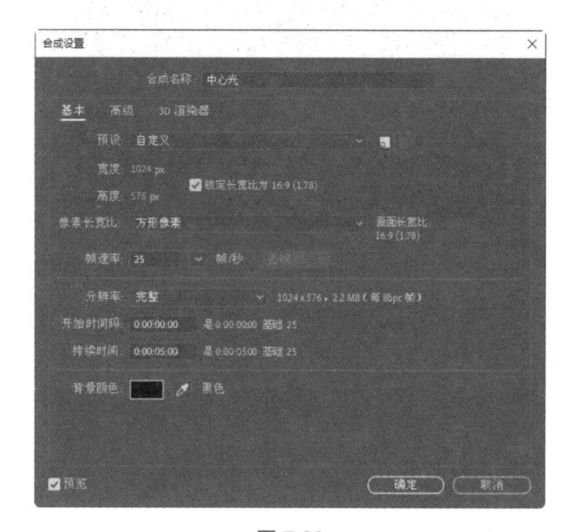

图 7.29

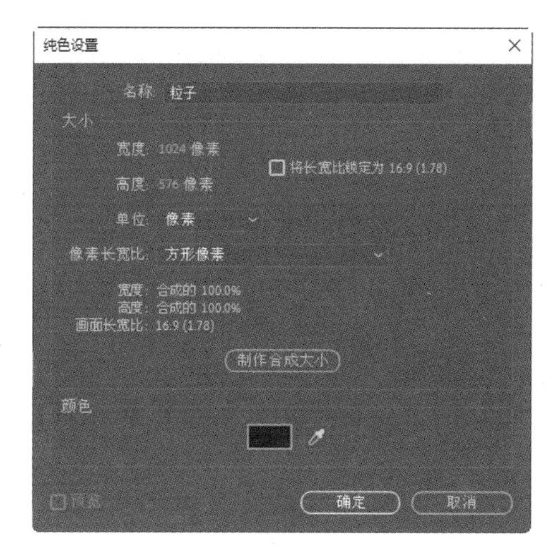

图 7.30

3 选中【粒子】层，在【效果和预设】面板中展开【模拟】特效组，双击【CC Particle World（CC 仿真粒子世界）】特效，如图 7.31 所示，此时画面效果如图 7.32 所示。

图 7.31

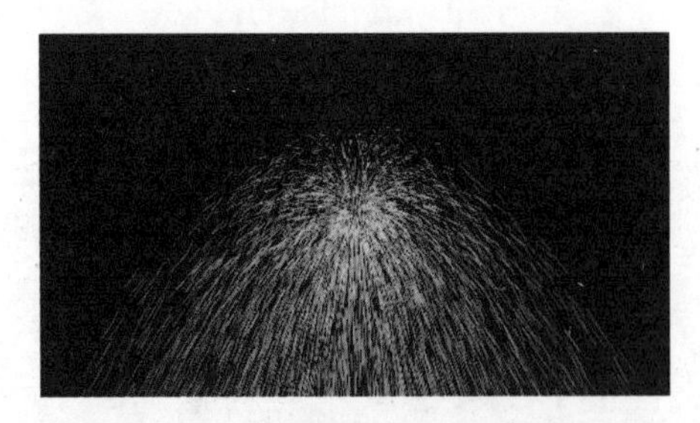

图 7.32

4 在【效果控件】面板中设置【Birth Rate（生长速率）】的值为 1.5，【Longevity（寿命）】的值为 1.50。展开【Producer（发生器）】选项组，设置【Radius X（X 轴半径）】的值为 0.000，【Radius Y（Y 轴半径）】的值为 0.215，【Radius Z（Z 轴半径）】的值为 0.000，如图 7.33 所示，效果如图 7.34 所示。

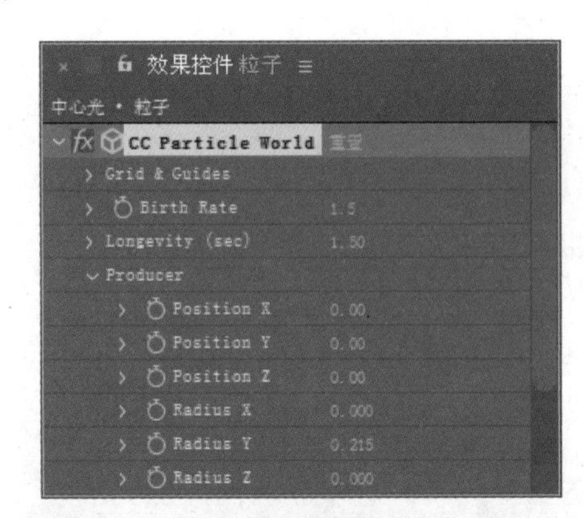

图 7.33

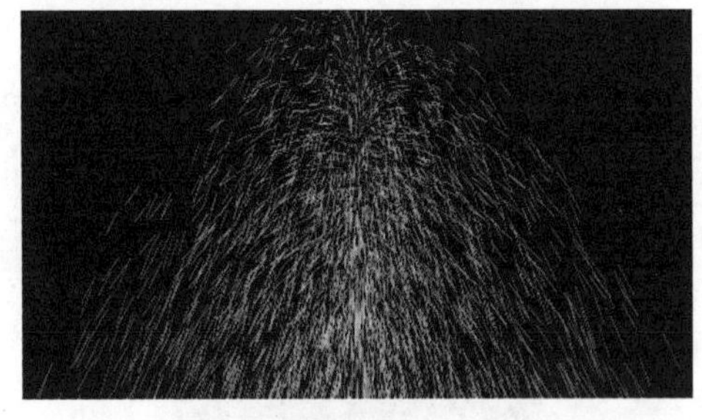

图 7.34

5 展开【Physics（物理学）】选项组，从【Animation（动画）】下拉列表中选择【Twirl（扭转）】，设置【Velocity（速度）】的值为 0.07，【Gravity（重力）】的值为 -0.050，【Extra（额外）】的值为 0.00，【Extra Angle（额外角度）】的值为（0x+180.0°），如图 7.35 所示，效果如图 7.36 所示。

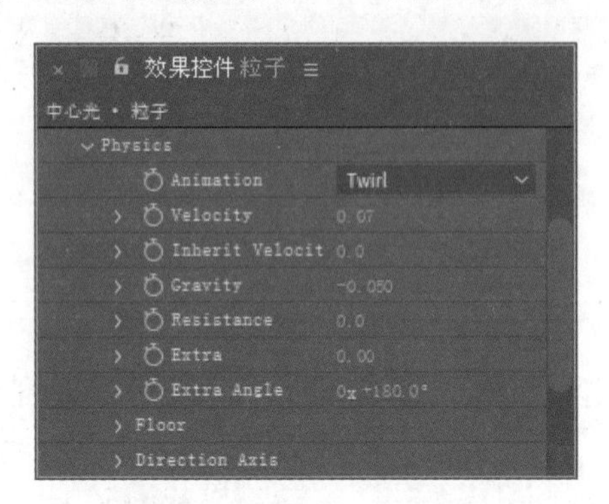

图 7.35

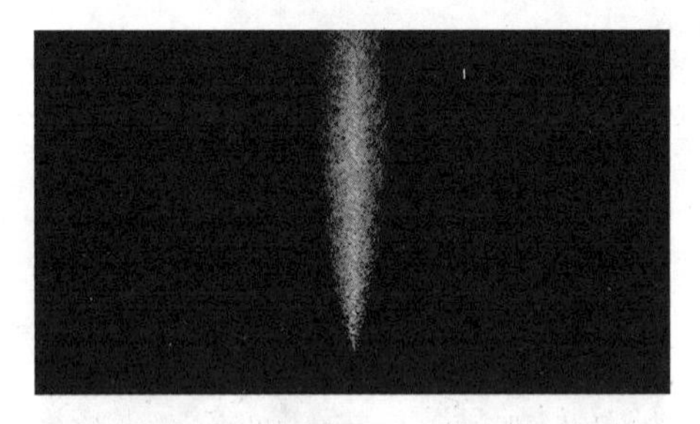

图 7.36

6 展开【Particle（粒子）】选项组，从【Particle Type（粒子类型）】下拉列表中选择【Tripolygon（三角形）】，设置【Birth Size（生长大小）】的值为 0.053，【Death Size（消逝大小）】的值为 0.087，如图 7.37 所示，效果如图 7.38 所示。

图 7.37

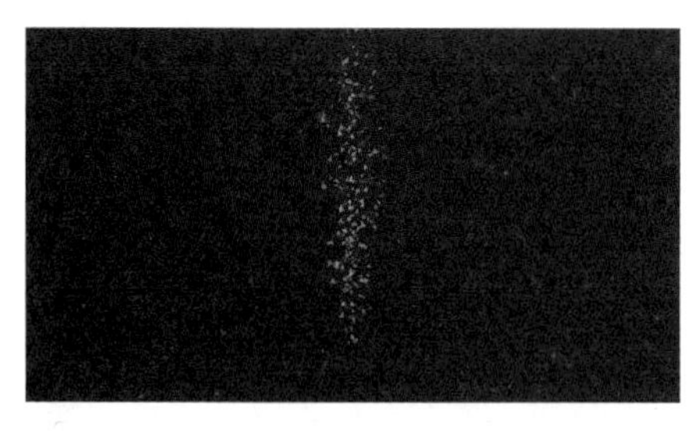

图 7.38

7 执行菜单栏中的【图层】|【新建】|【纯色】命令，打开【纯色设置】对话框，设置【名称】为“中心亮棒”，【宽度】的值为 1024，【高度】的值为 576，【颜色】为橘黄色（R：255，G：177，B：76），如图 7.39 所示。

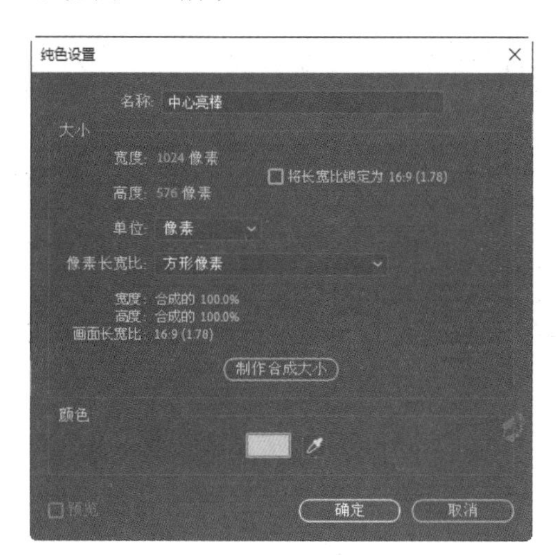

图 7.39

8 选中【中心亮棒】层，选择工具栏中的【钢笔工具】，绘制闭合蒙版，将其【蒙版羽化】值设置为（18，18），画面效果如图 7.40 所示。

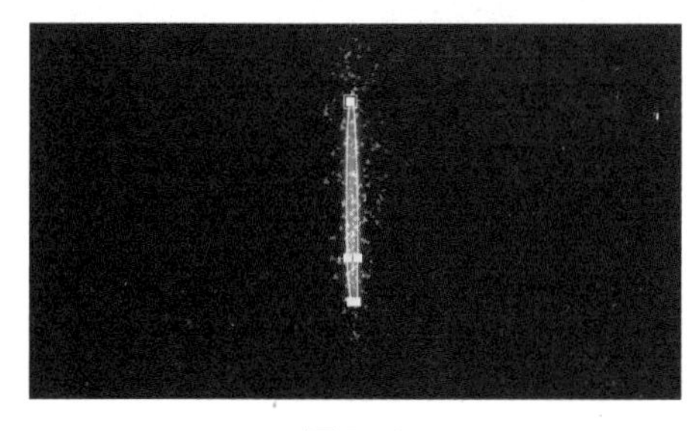

图 7.40

7.3.3 制作爆炸光

1 执行菜单栏中的【合成】|【新建合成】命令，打开【合成设置】对话框，设置【合成名称】为“爆炸光”，【宽度】的值为 1024，【高度】的值为 576，【帧速率】的值为 25，并设置【持续时间】为 0:00:05:00。

2 在【项目】面板中选择“背景.jpg”素材，将其拖动到【爆炸光】合成的【时间线】面板中，如图 7.41 所示。

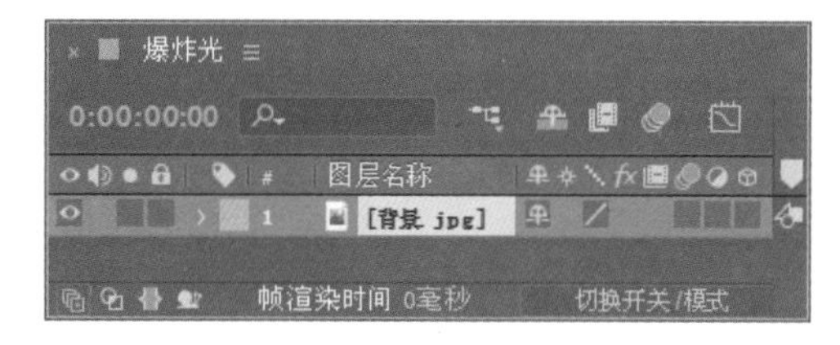

图 7.41

3 选中【背景.jpg】层，按 Ctrl+D 组合键，复制出另一个【背景】层，按 Enter 键将其重新命名为“背景粒子”，设置其【模式】为【相加】，如图 7.42 所示。

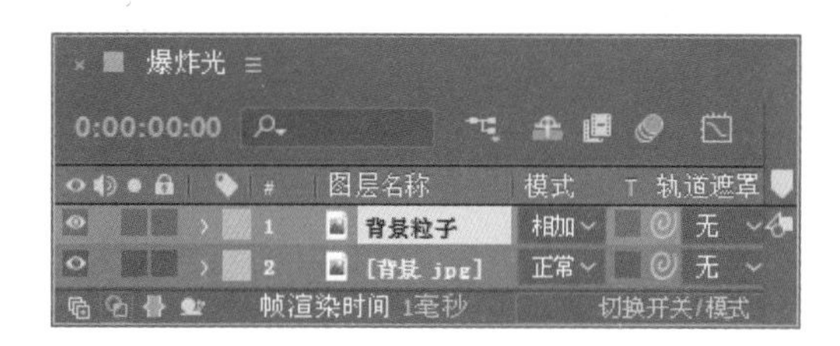

图 7.42

4 选中【背景粒子】层，在【效果和预设】面板中展开【模拟】特效组，双击【CC Particle World（CC 仿真粒子世界）】特效，如图 7.43 所示，此时画面效果如图 7.44 所示。

图 7.43

图 7.44

5 在【效果控件】面板中，设置【Birth Rate（生长速率）】的值为 0.2，【Longevity（寿命）】的值为 0.50。展开【Producer（发生器）】选项组，设置【Position X（X 轴位置）】的值为 -0.07，【Position Y（Y 轴位置）】的值为 0.11，【Radius X（X 轴半径）】的值为 0.155，【Radius Z（Z 轴半径）】的值为 0.115，如图 7.45 所示，效果如图 7.46 所示。

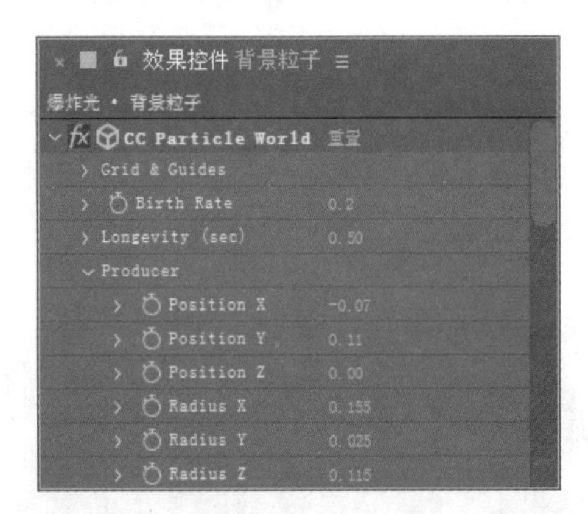

图 7.45

图 7.46

6 展开【Physics（物理学）】选项组，设置【Velocity（速度）】的值为 0.37，【Gravity（重力）】的值为 0.050，如图 7.47 所示，效果如图 7.48 所示。

图 7.47

图 7.48

7 展开【Particle（粒子）】选项组，从【Particle Type（粒子类型）】下拉列表中选择【Lens Convex（凸透镜）】，设置【Birth Size（生长大小）】的值为 0.639，【Death Size（消逝大小）】的值为 0.694，如图 7.49 所示，效果如图 7.50 所示。

图 7.49

图 7.50

8 选中【背景粒子】层，在【效果和预设】面板中展开【颜色校正】特效组，双击【曲线】特效，如图 7.51 所示。

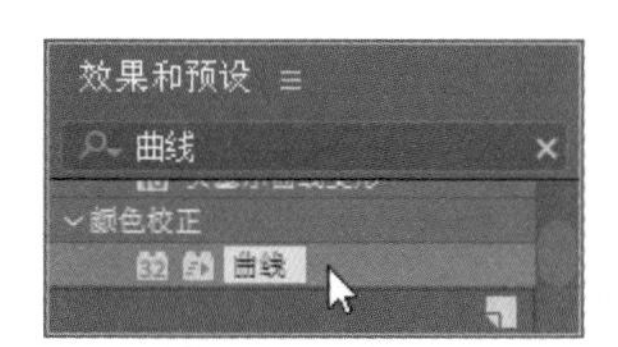

图 7.51

9 在【效果控件】面板中调整曲线形状，如图 7.52 所示，效果如图 7.53 所示。

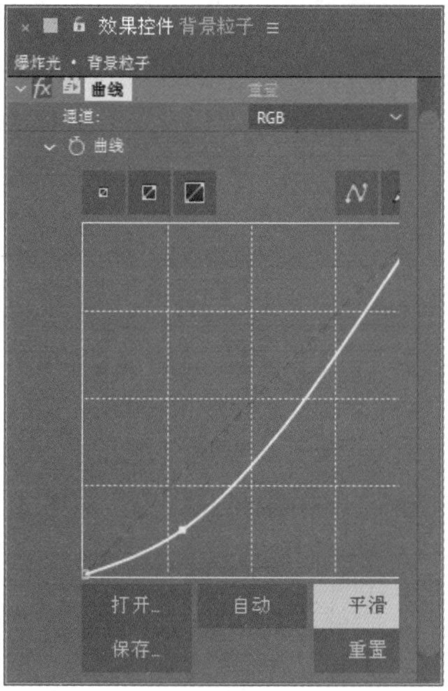

图 7.52

图 7.53

10 在【项目】面板中选择【中心光】合成，将其拖动到【爆炸光】合成的【时间线】面板中，如图 7.54 所示。

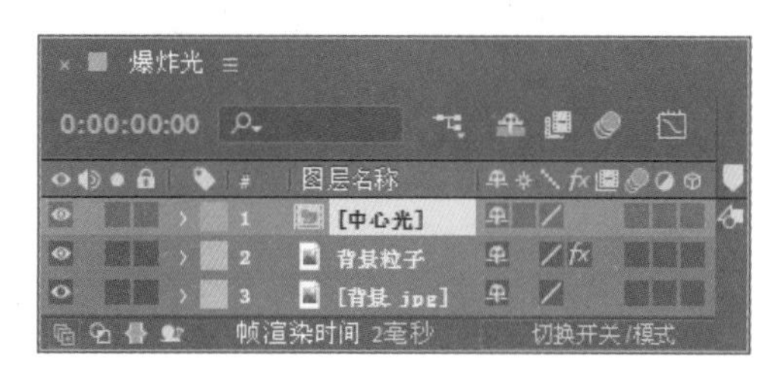

图 7.54

11 选中【中心光】合成，设置其【模式】为【相加】，如图 7.55 所示，画面效果如图 7.56 所示。

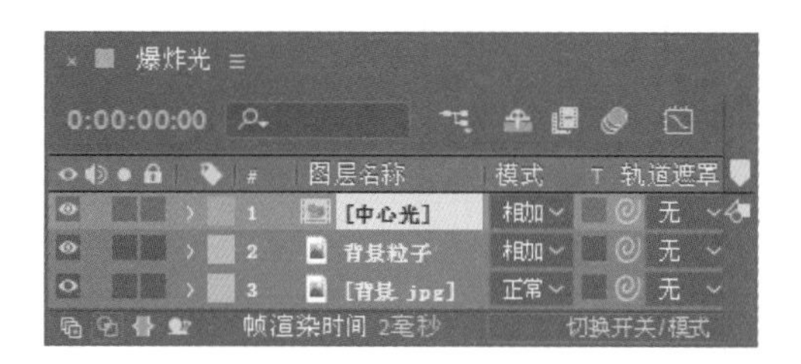

图 7.55

图 7.56

12 因为“中心光”的位置有所偏移，所以设置【位置】的值为（471.0，288.0），如图 7.57 所示，效果如图 7.58 所示。

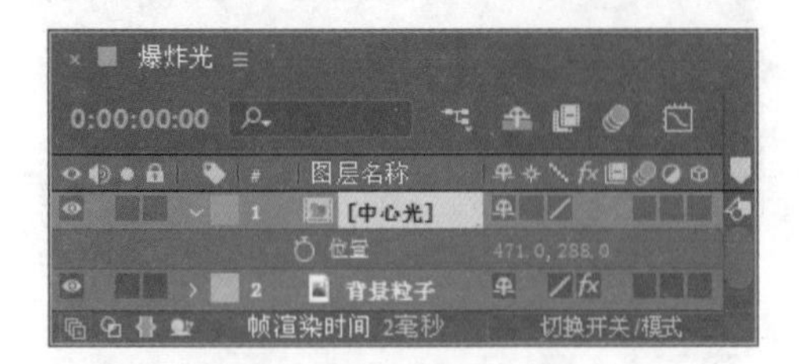

图 7.57

图 7.58

13 在【项目】面板中选择【烟火】合成，将其拖动到【爆炸光】合成的【时间线】面板中，如图 7.59 所示。

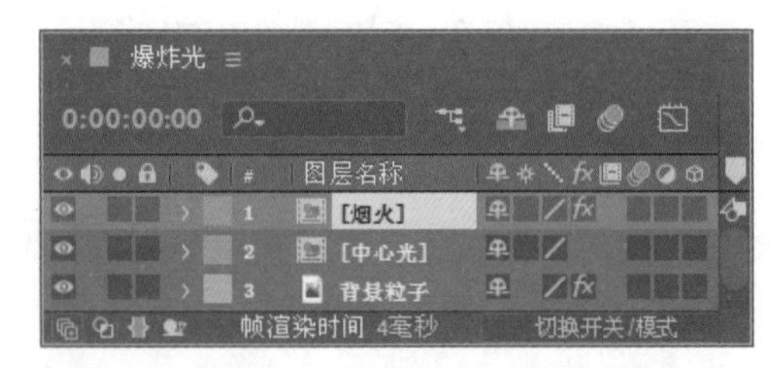

图 7.59

14 选中【烟火】合成，设置其【模式】为【相加】，如图 7.60 所示，画面效果如图 7.61 所示。

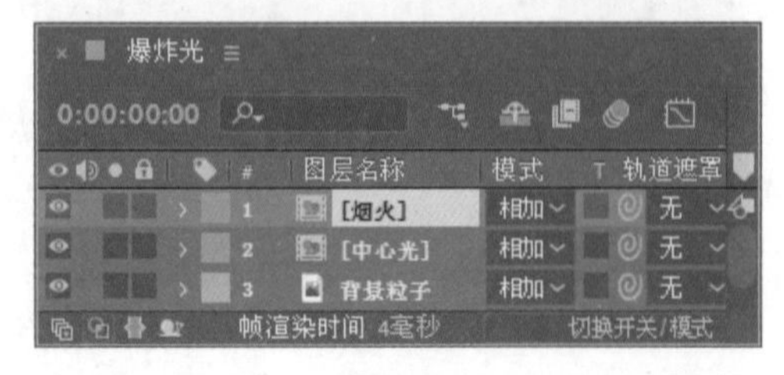

图 7.60

图 7.61

15 按 P 键展开【位置】属性，设置【位置】的值为（464.0，378.0），如图 7.62 所示，画面效果如图 7.63 所示。

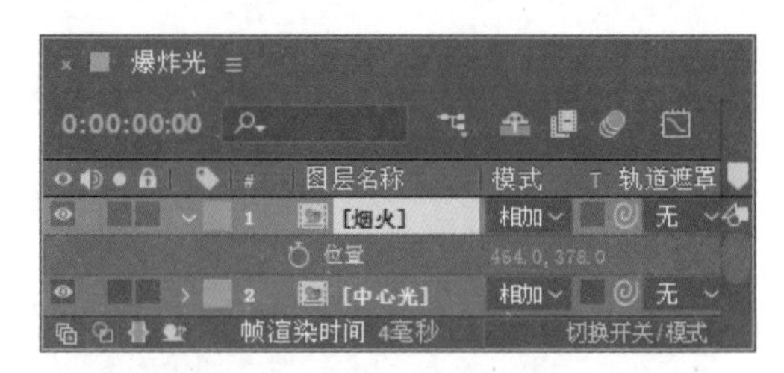

图 7.62

图 7.63

16 选中【烟火】合成，在【效果和预设】面板中展开【模拟】特效组，双击【CC Particle World（CC 粒子仿真世界）】特效，如图 7.64 所示，此时的画面效果如图 7.65 所示。

图 7.64

图 7.65

17 在【效果控件】面板中，设置【Birth Rate（生长速率）】的值为 5.0，【Longevity（寿命）】的值为 0.73。展开【Producer（发生器）】选项组，设置【Radius X（X 轴半径）】的值为 1.055，【Radius Y（Y 轴半径）】的值为 0.225，【Radius Z（Z 轴半径）】的值为 0.605，如图 7.66 所示，画面效果如图 7.67 所示。

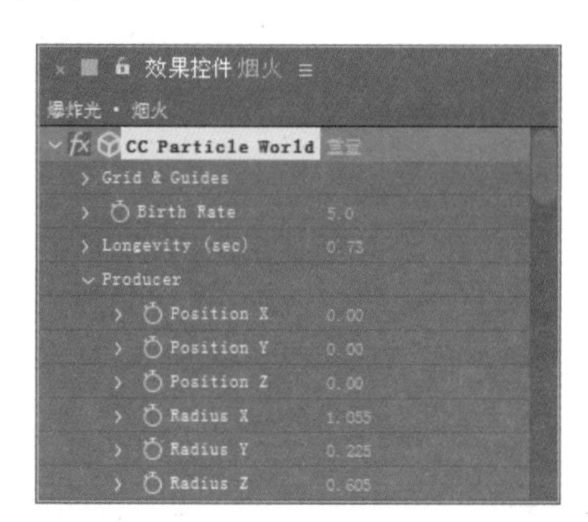

图 7.66

图 7.67

18 展开【Physics（物理学）】选项组，设置【Velocity（速度）】的值为 1.40，【Gravity（重力）】的值为 0.380，如图 7.68 所示，画面效果如图 7.69 所示。

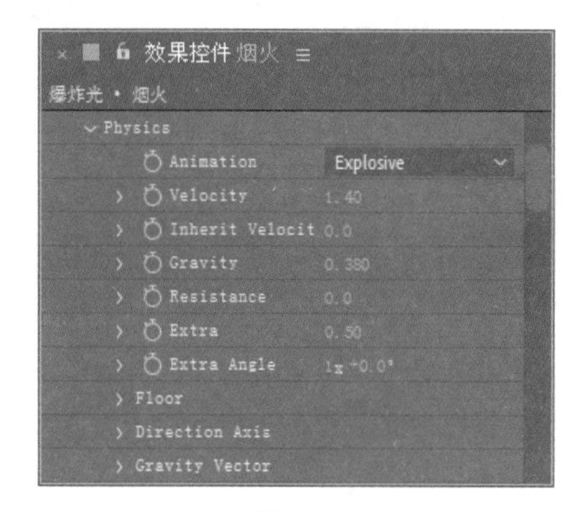

图 7.68

图 7.69

19 展开【Particle（粒子）】选项组，从【Particle Type（粒子类型）】下拉列表中选择【Lens Convex（凸透镜）】，设置【Birth Size（生长大小）】的值为 3.640，【Death Size（消逝大小）】的值为 4.050，【Max Opacity（最大不透明度）】的值为 51.0%，如图 7.70 所示，画面效果如图 7.71 所示。

图 7.70

图 7.71

20 选中【烟火】合成，按 S 键展开【缩放】属性，设置数值为（50.0，50.0%），如图 7.72 所示，画面效果如图 7.73 所示。

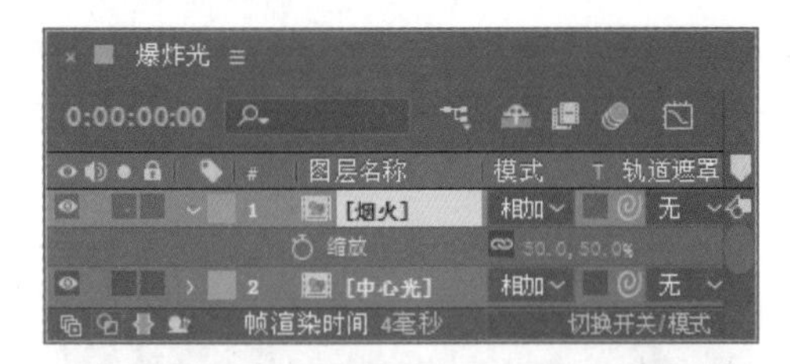

图 7.72

图 7.73

21 在【效果和预设】面板中展开【颜色校正】特效组，双击【色光】特效，如图 7.74 所示，此时的画面效果如图 7.75 所示。

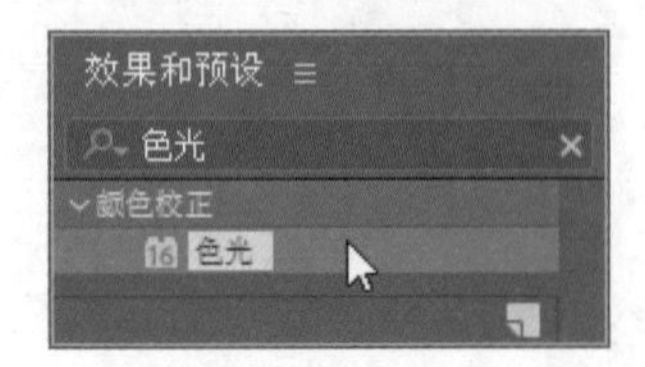

图 7.74

图 7.75

22 在【效果控件】面板中展开【输入相位】选项组，从【获取相位，自】下拉列表中选择【Alpha】，如图 7.76 所示，画面效果如图 7.77 所示。

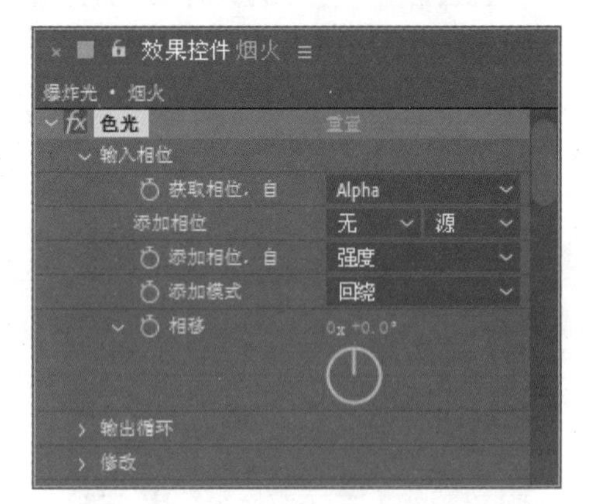

图 7.76

图 7.77

23 展开【输出循环】选项组，从【使用预设调板】下拉列表中选择【无】，如图 7.78 所示，画面效果如图 7.79 所示。

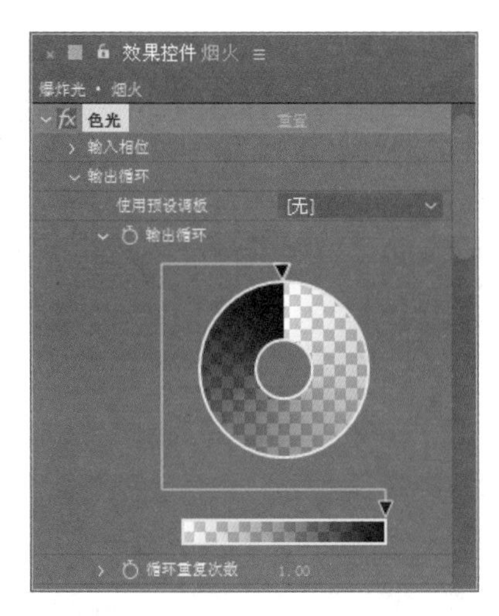

图 7.78

图 7.79

24 在【效果和预设】面板中展开【颜色校正】特效组，双击【曲线】特效，如图 7.80 所示。

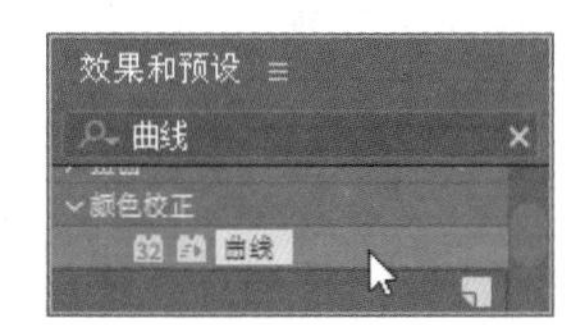

图 7.80

25 在【效果控件】面板中，从【通道】下拉列表中选择【红色】，并调整曲线形状，如图 7.81 所示。

26 从【通道】下拉列表中选择【绿色】，并调整曲线形状，如图 7.82 所示。

27 从【通道】下拉列表中选择【蓝色】，并调整曲线形状，如图 7.83 所示。

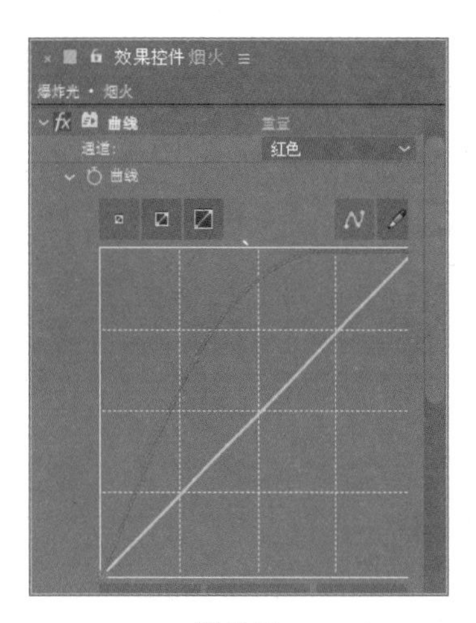

图 7.81

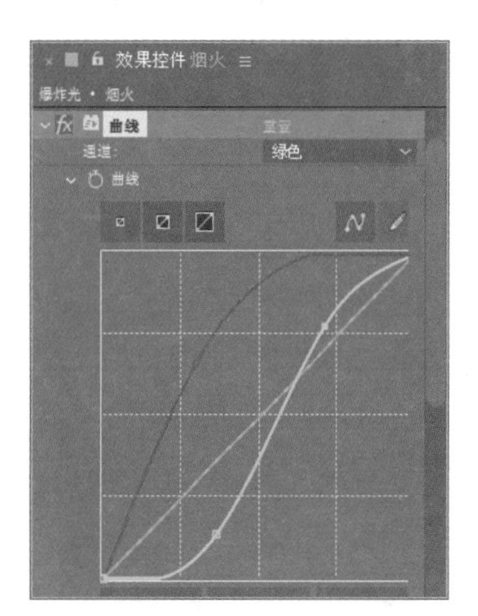

图 7.82

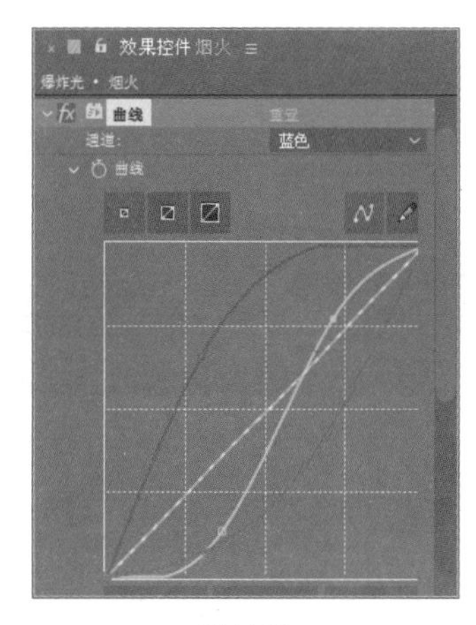

图 7.83

28 从【通道】下拉列表中选择 Alpha 通道，并调整曲线形状，如图 7.84 所示。

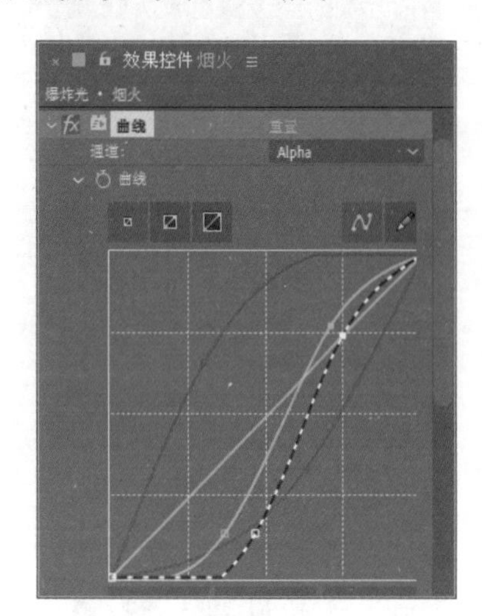

图 7.84

29 在【效果和预设】面板中展开【模糊和锐化】特效组，双击【CC Vector Blur（CC 矢量模糊）】特效，如图 7.85 所示，此时的画面效果如图 7.86 所示。

图 7.85

图 7.86

30 在【效果控件】面板中设置【Amount（数量）】的值为 10.0，如图 7.87 所示，画面效果如图 7.88 所示。

图 7.87

图 7.88

31 执行菜单栏中的【图层】|【新建】|【纯色】命令，打开【纯色设置】对话框，设置【名称】为“红色蒙版”，【宽度】的值为 1024，【高度】的值为 576，【颜色】为红色（R：255，G：0，B：0），如图 7.89 所示。

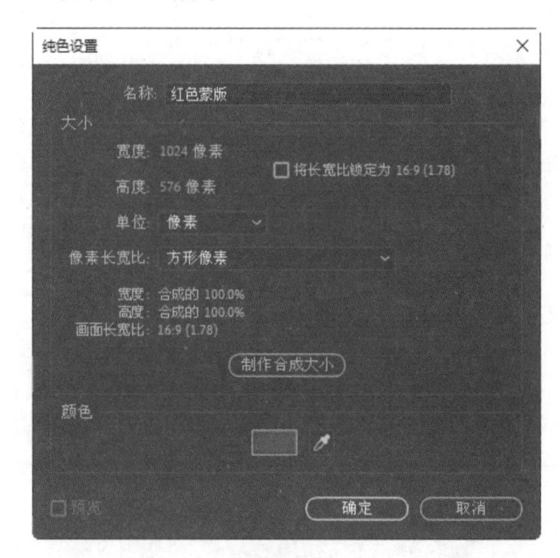

图 7.89

32 选择工具栏中的【钢笔工具】，绘制一个闭合蒙版，如图 7.90 所示。

图 7.90

33 选中【红色蒙版】层，按 F 键将其展开，设置【蒙版羽化】的数值为（30.0，30.0），如图 7.91 所示。

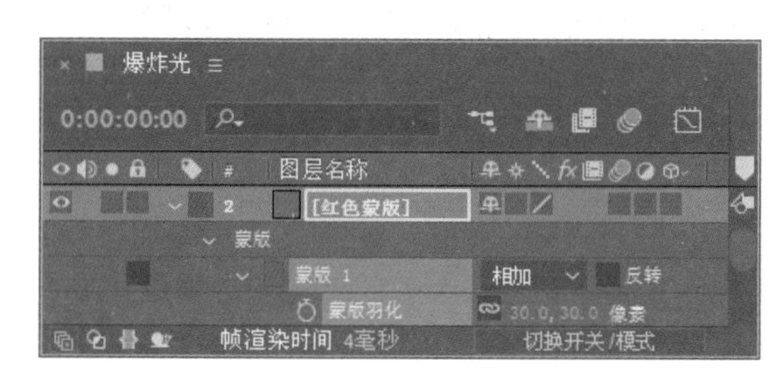

图 7.91

34 选中【烟火】合成，设置【轨道遮罩】为【2. 红色蒙版】，如图 7.92 所示。

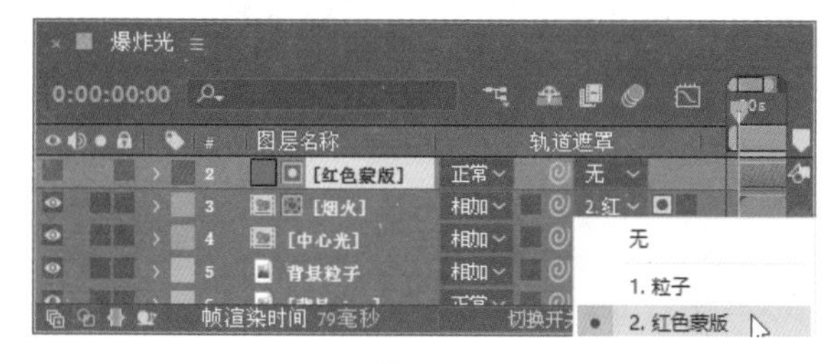

图 7.92

35 执行菜单栏中的【图层】|【新建】|【纯色】命令，打开【纯色设置】对话框，设置【名称】为“粒子”，【宽度】的值为 1024，【高度】的值为 576，【颜色】为黑色，如图 7.93 所示。

36 在【效果和预设】面板中展开【模拟】特效组，双击【CC Particle World（CC 仿真粒子世界）】特效，如图 7.94 所示。

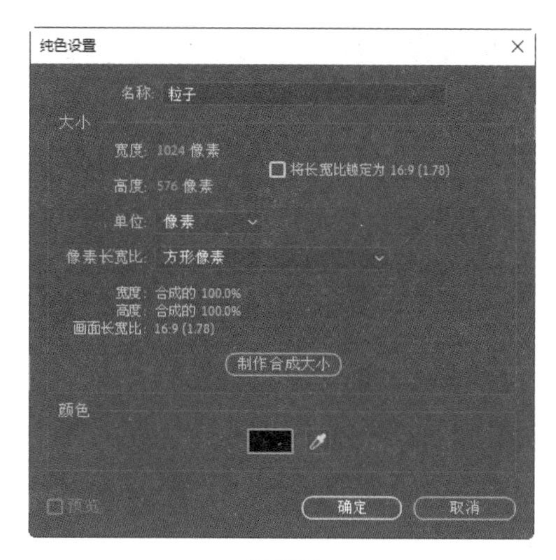

图 7.93

图 7.94

37 在【效果控件】面板中设置【Birth Rate（生长速率）】的值为 0.5，【Longevity（寿命）】的值为 0.80。展开【Producer（发生器）】选项组，设置【Position Y（Y 轴位置）】的值为 0.19，【Radius X（X 轴半径）】的值为 0.460，【Radius Y（Y 轴半径）】的值为 0.325，【Radius Z（Z 轴半径）】的值为 1.300，如图 7.95 所示，画面效果如图 7.96 所示。

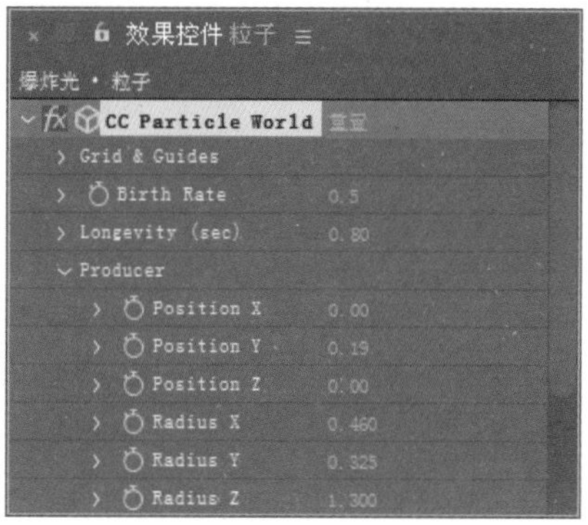

图 7.95

图 7.96

38 展开【Physics（物理学）】选项组，从【Animation（动画）】下拉列表中选择【Twirl（扭转）】，设置【Velocity（速度）】的值为 1.00，【Gravity（重力）】的值为 -0.050，【Extra Angle（额外角度）】的值为（1x+170.0°），参数如图 7.97 所示，画面效果如图 7.98 所示。

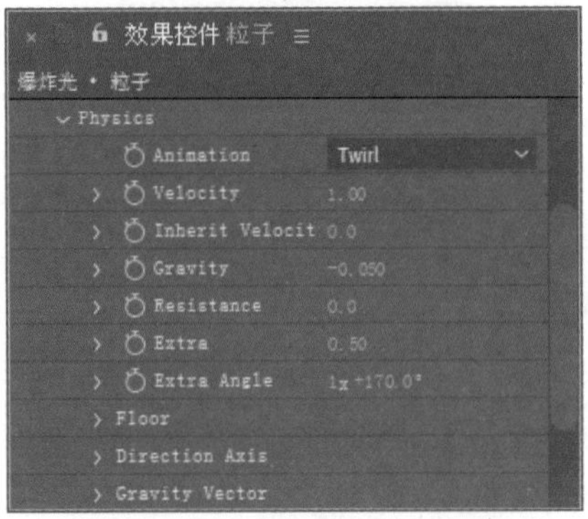

× 效果控件 粒子 ≡
爆炸光 • 粒子
Physics
Animation Twirl
Velocity 1.00
Inherit Velocit 0.0
Gravity -0.050
Resistance 0.0
Extra 0.50
Extra Angle 1x +170.0°
Floor
Direction Axis
Gravity Vector

图 7.97

图 7.98

39 展开【Particle（粒子）】选项组，从【Particle Type（粒子类型）】下拉列表中选择【QuadPolygon（四边形）】，设置【Birth Size（生长大小）】的值为 0.153，【Death Size（消逝大小）】的值为 0.077，【Max Opacity（最大不透明度）】的值为 75.0%，如图 7.99 所示，画面效果如图 7.100 所示。

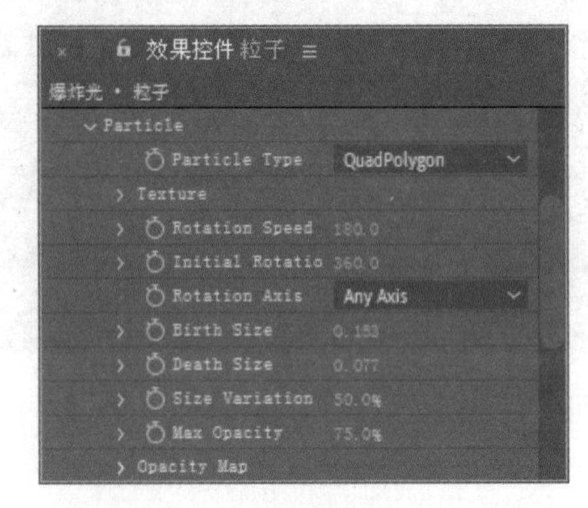

图 7.99

图 7.100

40 这样【爆炸光】合成就制作完成了，预览其中的几帧动画，如图 7.101 所示。

图 7.101

7.3.4 制作总合成

1 执行菜单栏中的【合成】|【新建合成】命令，打开【合成设置】对话框，设置【合成名称】为“总合成”，【宽度】的值为 1024，【高度】的值为 576，【帧速率】的值为 25，【持续时间】为 0:00:05:00。

2 在【项目】面板中选择【背景.jpg】和【爆炸光】合成，将其拖动到【总合成】的【时间线】面板中，使【爆炸光】合成的入点在 0:00:00:05 的位置，如图 7.102 所示。

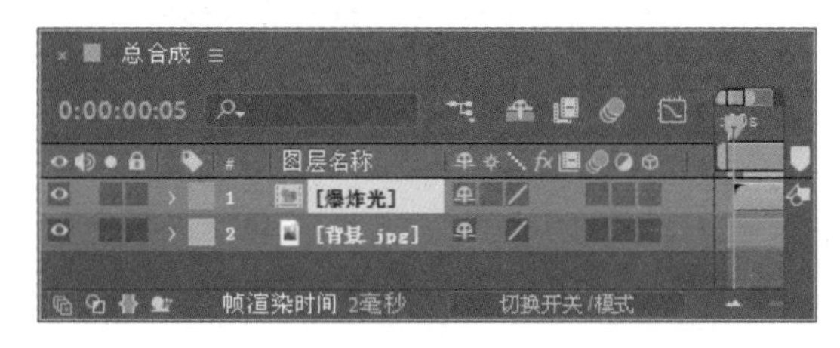

图 7.102

3 执行菜单栏中的【图层】|【新建】|【纯色】命令，打开【纯色设置】对话框，设置【名称】为“闪电 1”，【宽度】的值为 1024，【高度】的值为 576，【颜色】为黑色。

4 选中【闪电 1】层，设置其【模式】为【相加】，如图 7.103 所示。

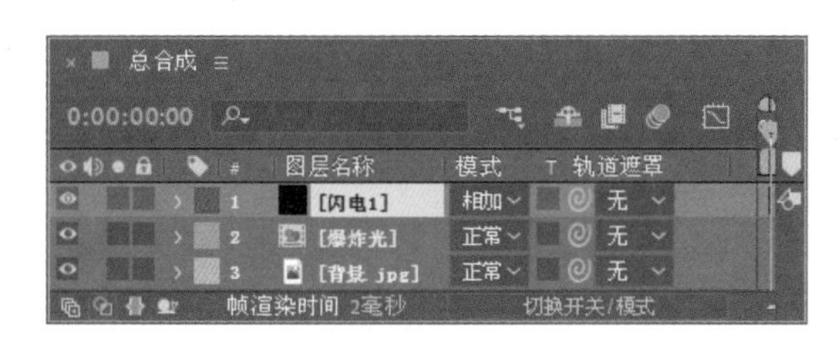

图 7.103

5 选中【闪电 1】层，在【效果和预设】面板中展开【过时】特效组，双击【闪光】特效，如图 7.104 所示，此时的画面效果如图 7.105 所示。

图 7.104

图 7.105

6 在【效果控件】面板中，设置【起始点】的值为（641.0，433.0），【结束点】的值为（642.0，434.0），【区段】的值为 3，【宽度】的值为 6.000，【核心宽度】的值为 0.320，【外部颜色】为黄色（R：255，G：246，B：7），【内部颜色】为黄色（R：255，G：228，B：0），如图 7.106 所示，画面效果如图 7.107 所示。

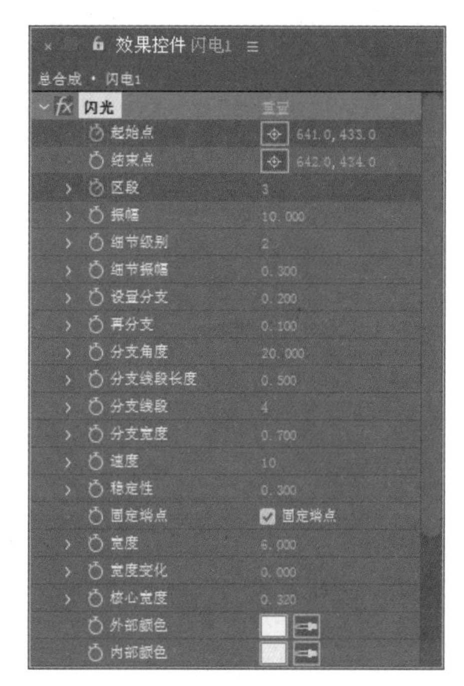

图 7.106

图 7.107

7 选中【闪电 1】层，将时间调整到 0:00:00:00 的位置，单击【起始点】和【区段】属性的码表按钮，在当前位置添加关键帧。

8 将时间调整到0:00:00:05的位置，设置【起始点】的值为（468.0，407.0），【区段】的值为6，系统会自动创建关键帧，如图7.108所示。

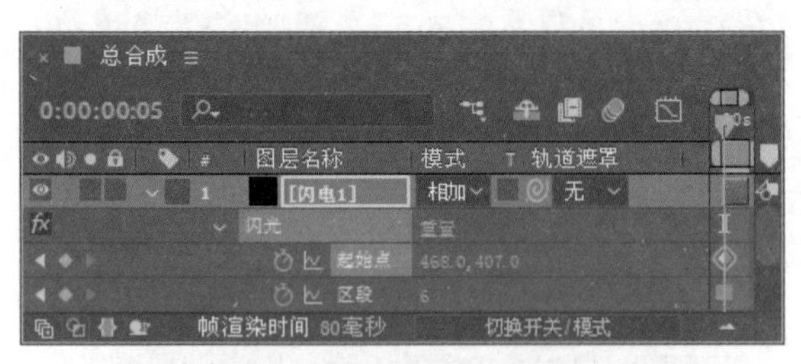

图 7.108

9 将时间调整到0:00:00:00的位置，按T键展开【不透明度】属性，设置【不透明度】的值为0%，单击码表按钮，在当前位置添加关键帧；将时间调整到0:00:00:03的位置，设置【不透明度】的值为100%；将时间调整到0:00:00:14的位置，设置【不透明度】的值为100%；将时间调整到0:00:00:16的位置，设置【不透明度】的值为0%，如图7.109所示。

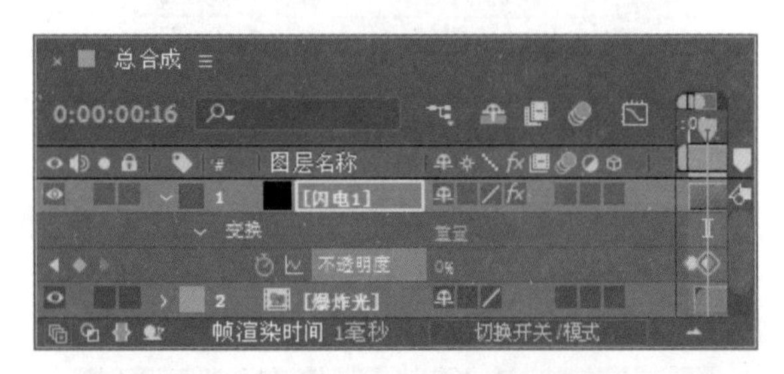

图 7.109

10 选中【闪电1】层，按Ctrl+D组合键复制出一个【闪电1】层，并按Enter键将其重命名为“闪电2”，如图7.110所示。

11 在【效果控件】面板中设置【结束点】的值为（560.0，522.0）；将时间调整到0:00:00:00的位置，设置【起始点】的值为（584.0，448.0）；将时间调整到0:00:00:05的位置，设置【起始点】的值为（468.0，407.0），如图7.111所示。

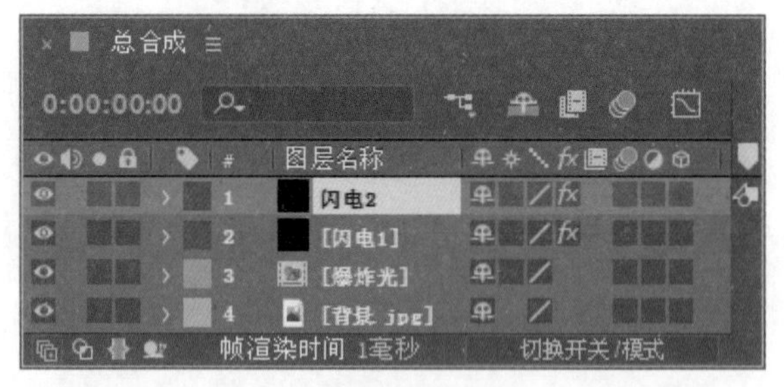

图 7.110

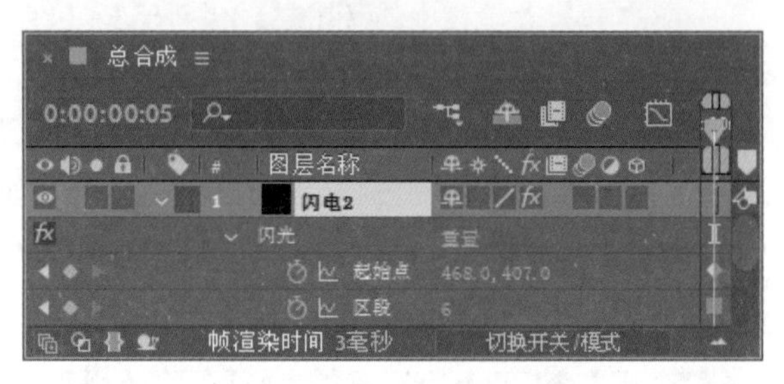

图 7.111

12 选中【闪电2】层，按Ctrl+D组合键复制出一个【闪电2】层，并按Enter键将其重命名为“闪电3”，如图7.112所示。

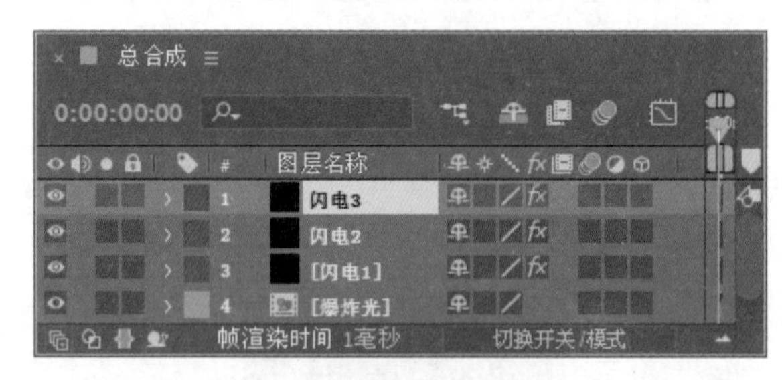

图 7.112

13 在【效果控件】面板中设置【结束点】的值为（298.0，434.0）；将时间调整到0:00:00:00的位置，设置【起始点】的值为（584.0，448.0）；将时间调整到0:00:00:05的位置，设置【起始点】的值为（459.0，398.0），如图7.113所示。

14 选中【闪电3】层，按Ctrl+D组合键复制出一个【闪电3】层，并按Enter键将其重命名为“闪电4”，如图7.114所示。

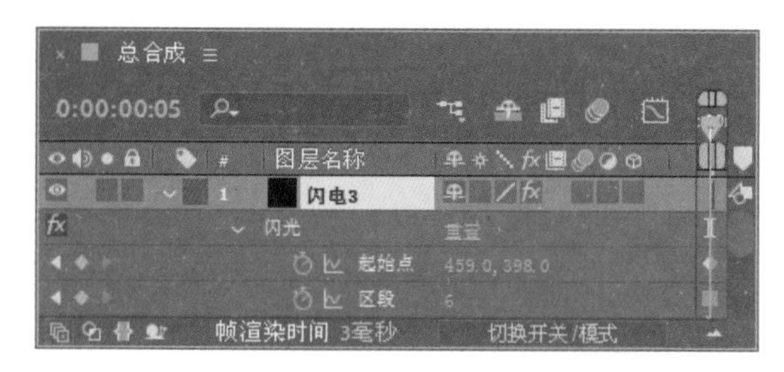

图 7.113

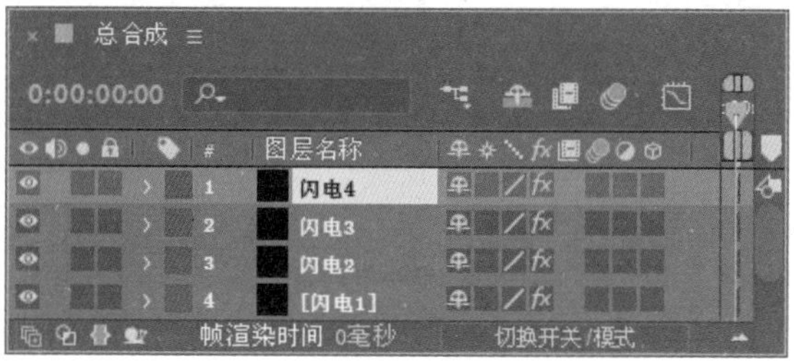

图 7.114

15 在【效果控件】面板中，设置【结束点】的值为（436.0，288.0）；将时间调整到 0:00:00:00 的位置，设置【起始点】的值为（584.0，448.0）；将时间调整到 0:00:00:05 的位置，设置【起始点】的值为（459.0，398.0），如图 7.115 所示。

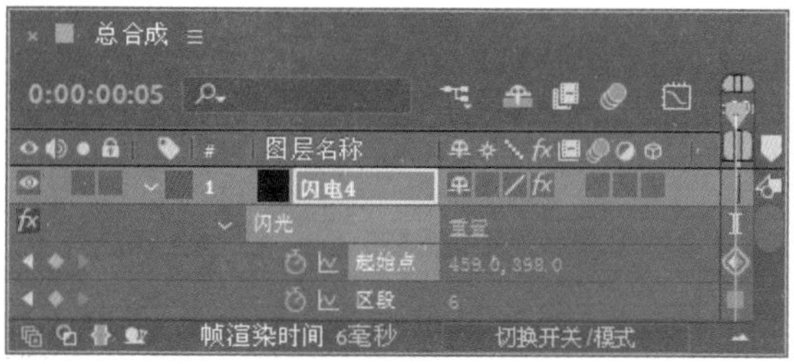

图 7.115

16 选中【闪电 4】层，按 Ctrl+D 组合键复制出一个【闪电 4】层，并按 Enter 键将其重命名为“闪电 5”，如图 7.116 所示。

17 在【效果控件】面板设置【结束点】的值为（598.0，332.0）；将时间调整到 0:00:00:00 的位置，设置【起始点】的值为（584.0，448.0）；将时间调整到 0:00:00:05 的位置，设置【起始点】的值为（459.0，398.0），如图 7.117 所示。

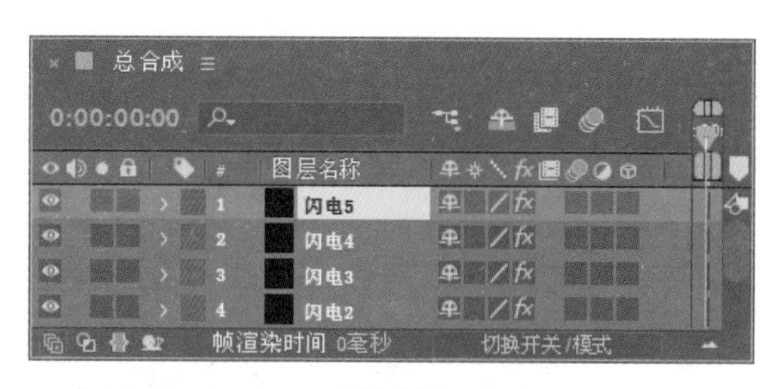

图 7.116

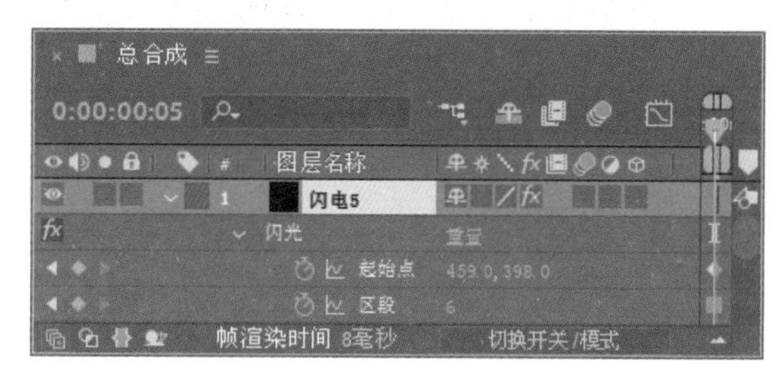

图 7.117

18 这样魔法火焰效果就制作完成了，按小键盘上的 0 键预览其中几帧的效果，如图 7.118 所示。

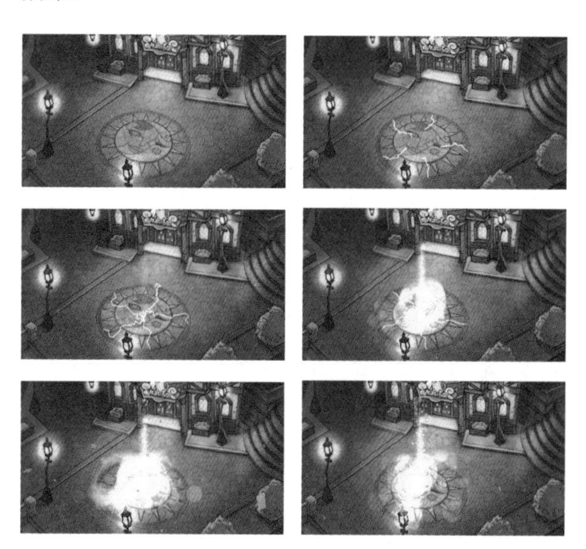

图 7.118

7.4 数字头像

实例解析

本例将利用【启用逐字 3D 化】等特效制作数字头像效果。最终的动画流程效果如图 7.119 所示。

难易程度：★★★☆☆

工程文件：第 7 章 \ 数字头像

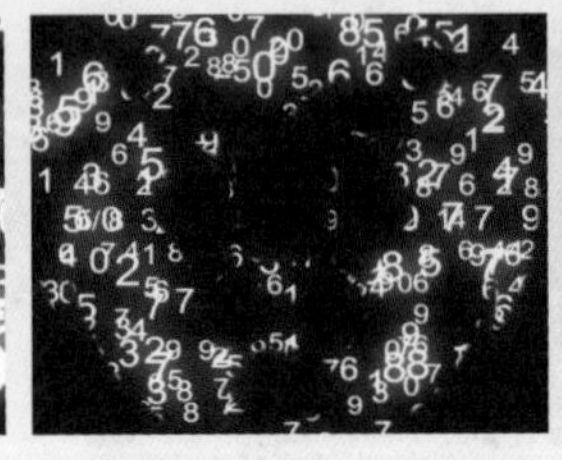

图 7.119

知识点

1. 启用逐字 3D 化
2. 三色调
3. 发光

操作步骤

7.4.1 新建【数字】合成

1 执行菜单栏中的【文件】|【打开项目】命令，打开“数字头像练习.aep”文件。

2 执行菜单栏中的【合成】|【新建合成】命令，打开【合成设置】对话框，设置【合成名称】为“头像”，【宽度】的值为 720，【高度】的值为 576，【帧速率】的值为 25，并设置【持续时间】为 00:00:05:00。

3 在【项目】面板中选择“狮子.jpg”素材，将其拖动到【头像】合成的【时间线】面板中。

4 选中【狮子.jpg】层，在【效果和预设】面板中展开【通道】特效组，然后双击【反转】特效，如图 7.120 所示，【合成】窗口效果如图 7.121 所示。

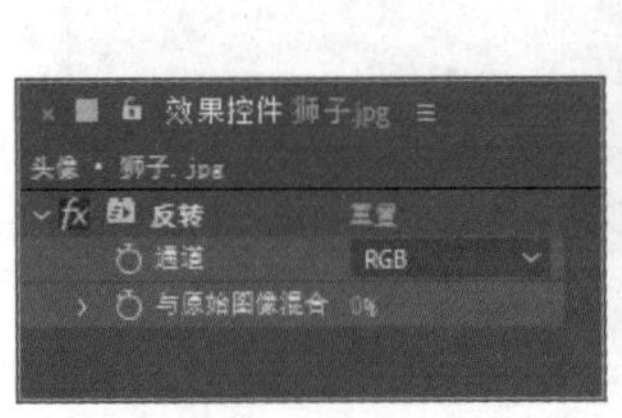

图 7.120

图 7.121

5 切换到【数字】合成，将【头像】合成拖动到【时间线】面板中，执行菜单栏中的【图层】|【新建】|【文本】命令，将层重命名为“数字蒙版”，输入 0 ～ 9 的任何数字，直到覆盖住头像，设置字体为 Arial，字号为 10，字体颜色为白色，如图 7.122 所示，画面效果如图 7.123 所示。

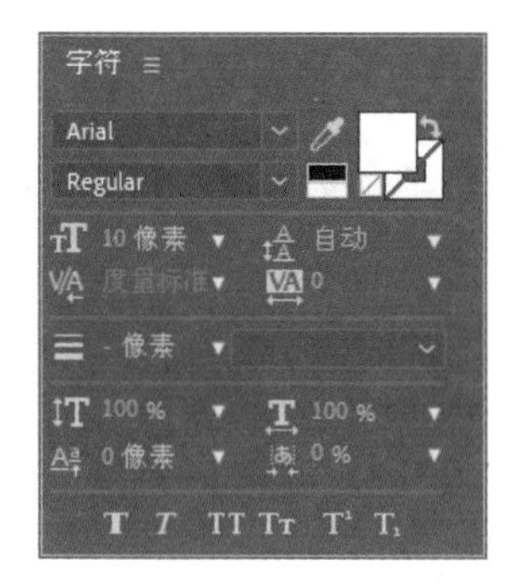

图 7.122

图 7.123

6 选中【数字蒙版】文字层，打开【运动模糊】，在【时间线】面板中展开文字层，然后单击【文本】右侧的【动画】动画:按钮，从下拉列表中选择【启用逐字3D化】选项。

7 选中【头像】层，设置其【轨道遮罩】为【1. 数字蒙版】，如图 7.124 所示。

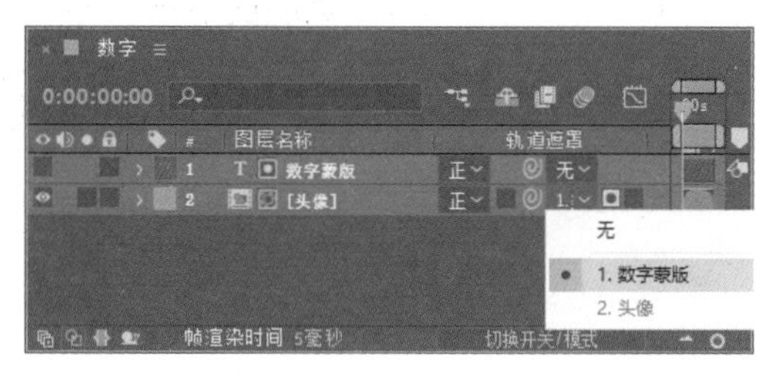

图 7.124

8 在【时间线】面板中展开文字层，将时间调整到 00:00:00:00 的位置，然后单击【文本】右侧的【动画】动画:按钮，从下拉列表中选择【位置】选项，设置【位置】的值为（0.0，0.0，−1500.0），单击【动画制作工具 1】右侧的【添加】添加:按钮，从下拉列表中选择【属性】|【字符位移】选项，设置【字符位移】的值为 10，单击【位置】和【字符位移】左侧的码表按钮，在当前位置设置关键帧。

9 将时间调整到 00:00:03:00 的位置，设置【位置】的值为（0.0，0.0，0.0），系统会自动创建关键帧，如图 7.125 所示。

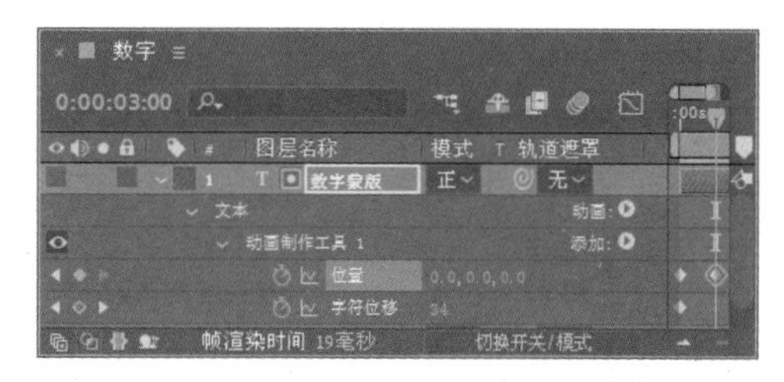

图 7.125

10 将时间调整到 00:00:04:24 的位置，设置【字符位移】的值为 50，系统会自动创建关键帧，如图 7.126 所示。

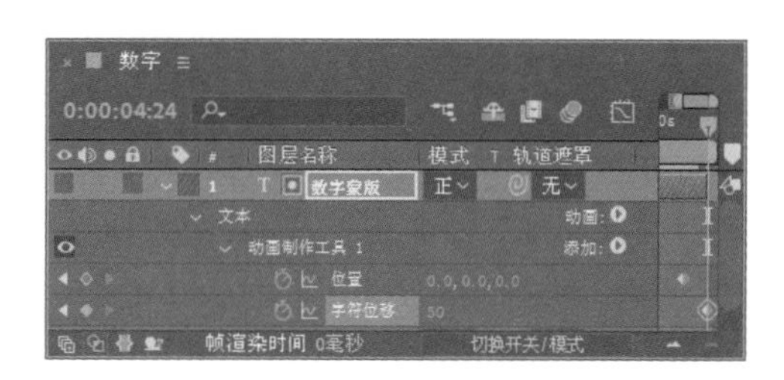

图 7.126

11 选择【数字蒙版】层，展开【文本】|【动画制作工具 1】|【范围选择器 1】|【高级】选项组，从【形状】下拉列表中选择【上斜坡】选项，设置【随机排序】为【开】，如图 7.127 所示，【合成】窗口效果如图 7.128 所示。

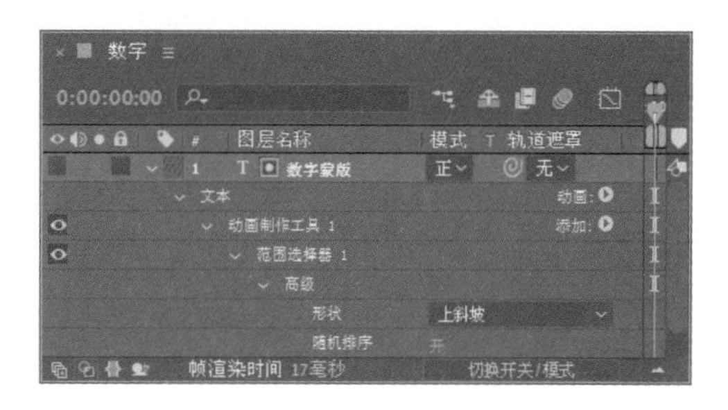

图 7.127

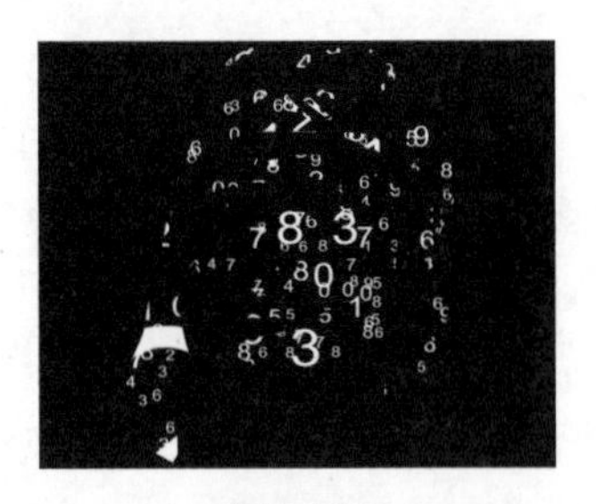

图 7.128

7.4.2 新建【数字头像】合成

1 执行菜单栏中的【合成】|【新建合成】命令，打开【合成设置】对话框，设置【合成名称】为“数字头像”，【宽度】的值为 720，【高度】的值为 576，【帧速率】的值为 25，并设置【持续时间】为 00:00:05:00。

2 在【项目】面板中选择【数字】合成，将其拖动到【数字头像】合成的【时间线】面板中。

3 选中【数字】层，将时间调整到 00:00:00:00 的位置，设置【缩放】的值为（500.0，500.0%），单击【缩放】左侧的码表按钮，在当前位置设置关键帧。

4 将时间调整到 00:00:03:00 的位置，设置【缩放】的值为（100.0，100.0%），系统会自动创建关键帧，选择两个关键帧，按 F9 键，使关键帧平滑，如图 7.129 所示。

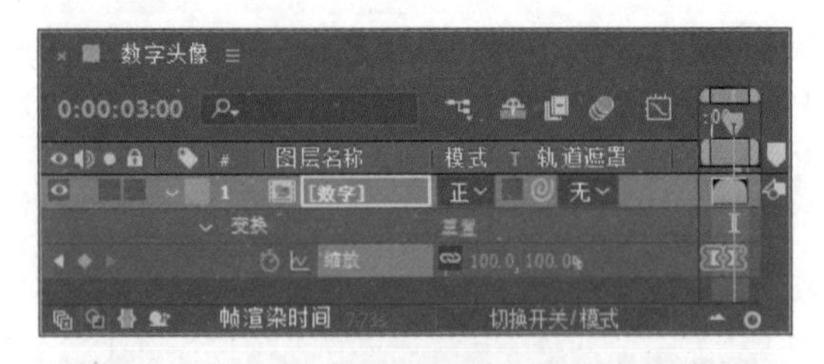

图 7.129

5 选中【数字】层，在【效果和预设】面板中展开【颜色样正】特效组，双击【三色调】特效。

6 在【效果控件】面板中设置【中间调】颜色为绿色（R：75，G：125，B：125），如图 7.130 所示，画面效果如图 7.131 所示。

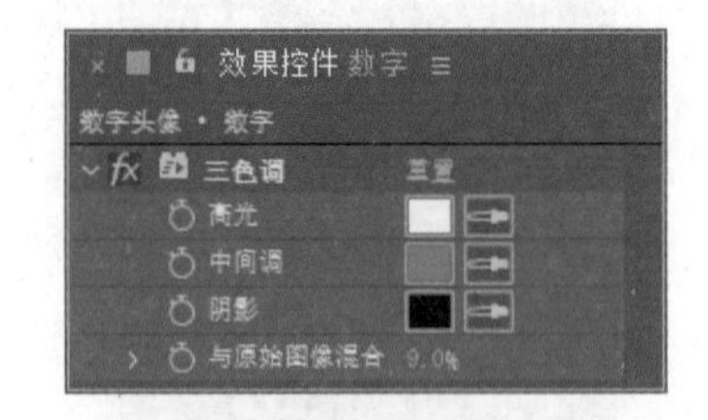

图 7.130

图 7.131

7 选中【数字】层，在【效果和预设】面板中展开【风格化】特效组，双击【发光】特效，如图 7.132 所示，画面效果如图 7.133 所示。

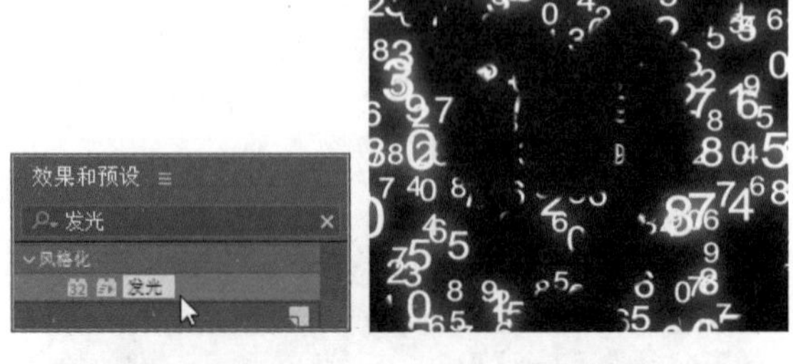

图 7.132　　图 7.133

8 选中【数字】层，打开【运动模糊】，如图 7.134 所示。

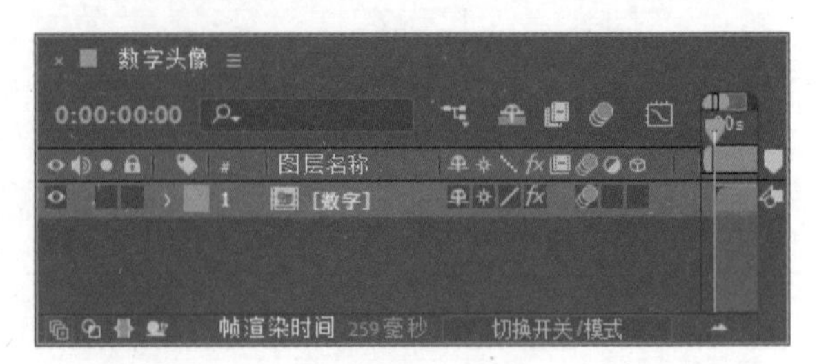

图 7.134

9 这样就完成了数字头像效果的整体制作，按小键盘上的 0 键，即可在【合成】窗口中预览动画。

7.5 课后上机实操

本章将下面两个课后上机实操作为影视合成特效制作的课后练习。通过这些练习，让读者全面掌握影视特效的制作方法和技巧。

7.5.1 上机实操 1——武士游戏开场动画制作

实例解析

本例主要讲解武士游戏开场动画制作。本例的制作以漂亮的武士动画素材作为主视觉图像，通过添加碎片及粒子元素制作出漂亮的武士游戏开场动画效果，最终效果如图 7.135 所示。

难易程度：★★★★☆

工程文件：第 7 章 \ 武士游戏开场动画制作

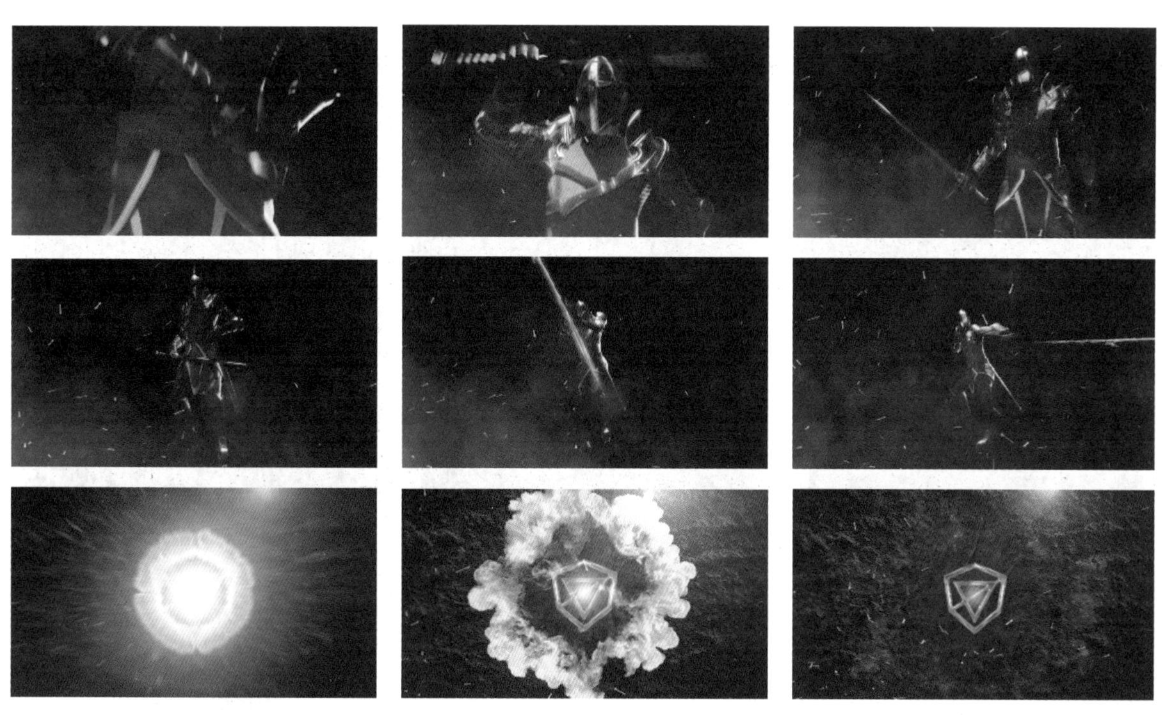

图 7.135

知识点

教学视频

1. 曲线
2. 动态拼贴
3. 分形杂色
4. CC Blobbylize（CC 融化效果）
5. 镜头光晕
6. CC Particle Wold（CC 粒子世界）

7.5.2 上机实操 2——史诗游戏开场动画制作

实例解析

本例主要讲解史诗游戏开场动画制作。本例以突出表现游戏的主题特征为重点，通过制作火焰文字并添加游戏画面过渡动画，表现出震撼的视觉效果。最终效果如图 7.136 所示。

难易程度：★★★☆☆

工程文件：第 7 章 \ 史诗游戏开场动画制作

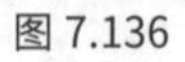
图 7.136

知识点

教学视频

1. 湍流置换
2. 色光
3. 镜头光晕
4. 轨道遮罩

第 8 章 常见插件特效

内容摘要

After Effects 除内置了非常丰富的特效外，还支持相当多的第三方特效插件，通过对第三方插件的应用，可以使动画的制作更为简便，动画的效果也更为绚丽。本章主要讲解外挂插件的应用方法，将详细讲解【3D Stroke（3D 笔触）】【Particular（粒子）】【Shine（光）】【Starglow（星光）】等常见外挂插件的使用及实战案例。通过本章的学习，读者将掌握常见插件的运用技巧。

教学目标

- 了解【3D Stroke（3D 笔触）】的功能
- 学习【Particular（粒子）】参数设置
- 掌握【Starglow（星光）】的使用及动画制作
- 掌握利用【Shine（光）】特效制作扫光文字的方法和技巧

8.1 制作动态背景

实例解析

本例将利用【3D Stroke（3D 笔触）】特效制作动态背景效果。完成的动画流程画面如图 8.1 所示。

难易程度：★★☆☆☆

工程文件：第 8 章 \ 动态背景效果

图 8.1

知识点

3D Stroke（3D 笔触）

操作步骤

1 执行菜单栏中的【合成】|【新建合成】命令，打开【合成设置】对话框，设置【合成名称】为“动态背景效果”，【宽度】的值为 720，【高度】的值为 576，【帧速率】的值为 25，并设置【持续时间】为 0:00:02:00。

2 执行菜单栏中的【文件】|【导入】|【文件】命令，打开“背景.jpg”素材，单击【导入】按钮，将“背景.jpg”素材拖到【时间线】面板中，如图 8.2 所示。

3 执行菜单栏中的【图层】|【新建】|【纯色】命令，打开【纯色设置】对话框，设置【名称】为“旋转”，【颜色】为黑色。

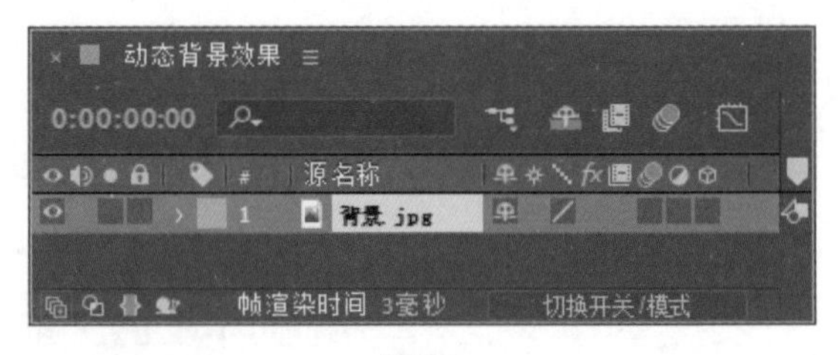

图 8.2

4 选中【旋转】层，选择工具栏中的【椭圆工具】，在图层上绘制一个圆形路径，如图 8.3 所示。

5 选择【旋转】层，在【效果和预设】面板中展开【RG Trapcode】特效组，然后双击【3D Stroke（3D 笔触）】特效，如图 8.4 所示。

图 8.3

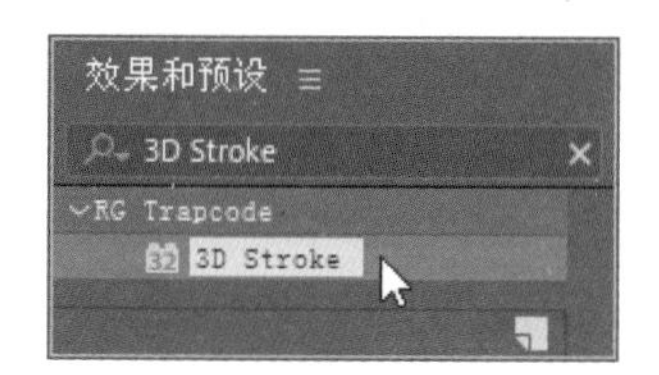

图 8.4

6 在【效果控件】面板中，设置【Color（颜色）】为黄色（R：255，G：253，B：68），【Thickness（厚度）】的值为8.0，【End（结束）】的值为25.0；将时间调整到0:00:00:00的位置，设置【Offset（偏移）】的值0.0，单击【Offset（偏移）】左侧的码表按钮，在当前位置设置关键帧，如图8.5所示，【合成】窗口效果如图8.6所示。

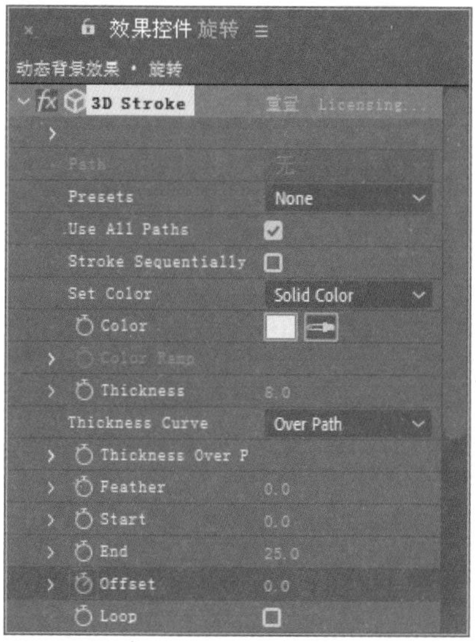

图 8.5

图 8.6

7 将时间调整到0:00:01:24的位置，设置【Offset（偏移）】的值为201.0，系统会自动设置关键帧，如图8.7所示。

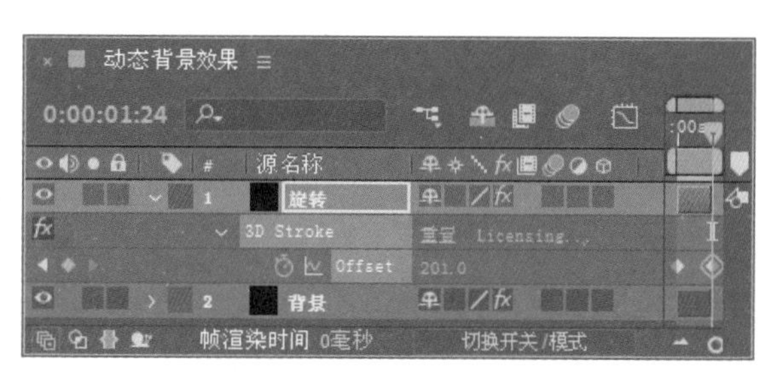

图 8.7

8 展开【Taper（锥度）】选项组，选中【Enable（启用）】复选框，如图8.8所示。

图 8.8

9 展开【Transform（转换）】选项组，设置【Bend（弯曲）】的值为4.5，【Bend Axis（弯曲轴）】的值为（0x+90.0°），选中【Bend Around Center（弯曲重置点）】复选框，设置【Z

Position（Z 轴位置）】的值为 -40.0，【Y Rotation（Y 轴旋转）】的值为（0x+90.0°），如图 8.9 所示。

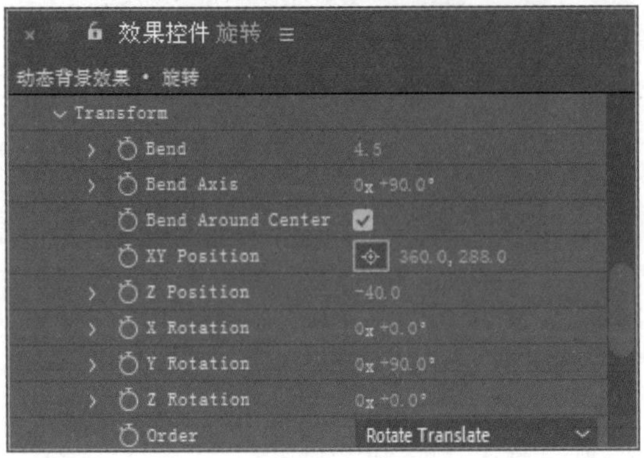

效果控件 旋转
动态背景效果 • 旋转
Transform
Bend 4.5
Bend Axis 0x+90.0°
Bend Around Center
XY Position 360.0, 288.0
Z Position -40.0
X Rotation 0x+0.0°
Y Rotation 0x+90.0°
Z Rotation 0x+0.0°
Order Rotate Translate

图 8.9

10 展开【Repeater（重复）】选项组，选中【Enable（启用）】复选框，设置【Instances（重复量）】的值为 2，【Z Displace（Z 轴移动）】的值为 30.0，【X Rotation（X 轴旋转）】的值为（0x+120.0°）；展开【Advanced（高级）】选项组，设置【Adjust Step（调节步幅）】的值为 1000.0，如图 8.10 所示，【合成】窗口效果如图 8.11 所示。

11 将【旋转】层的【模式】更改为【屏幕】，这样就完成了动画的整体制作，按小键盘上的 0 键即可在【合成】窗口中预览动画。

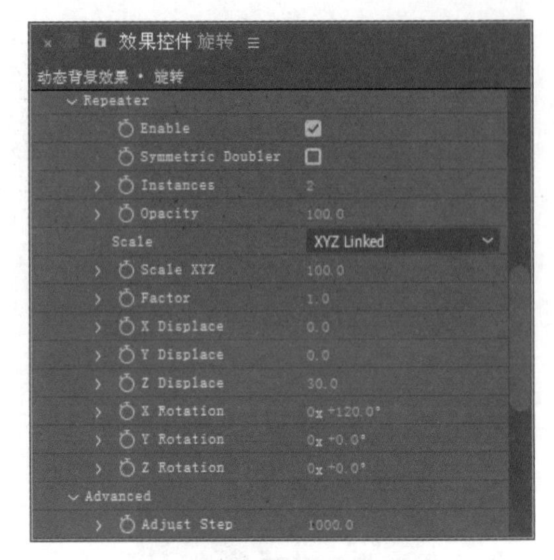

图 8.10

图 8.11

8.2 炫丽扫光文字

实例解析

本例将利用【Shine（光）】特效制作炫丽扫光文字动画。完成的动画流程画面如图 8.12 所示。

难易程度：★☆☆☆☆

工程文件：第 8 章\扫光文字动画

图 8.12

知识点

1. Shine（光）
2. 梯度渐变

操作步骤

1 执行菜单栏中的【文件】|【打开项目】命令，选择“扫光文字动画练习.aep”文件，将文件打开。

2 执行菜单栏中的【图层】|【新建】|【文本】命令，新建文字层，输入英文 The visual arts，设置字号为 60，字体颜色为白色。

3 为【X-MEN ORIGINS】层添加【Shine（光）】特效。在【效果和预设】面板中展开【RG Trapcode】特效组，然后双击【Shine（光）】特效。

4 在【效果控件】面板中设置【Ray Length（光线长度）】的值为 12，从【Colorize（着色）】下拉列表中选择【One Color（单色）】选项，并设置【Color（颜色）】为白色。将时间调整到 0:00:00:00 的位置，设置【Source Point（源点）】的值为（-784.0，496.0），单击【Source Point（源点）】左侧的码表按钮，在当前位置设置关键帧。

5 将时间调整到 0:00:02:24 的位置，设置【Source Point（源点）】的值为（1500.0，496.0），系统会自动设置关键帧，如图 8.13 所示，【合成】窗口效果如图 8.14 所示。

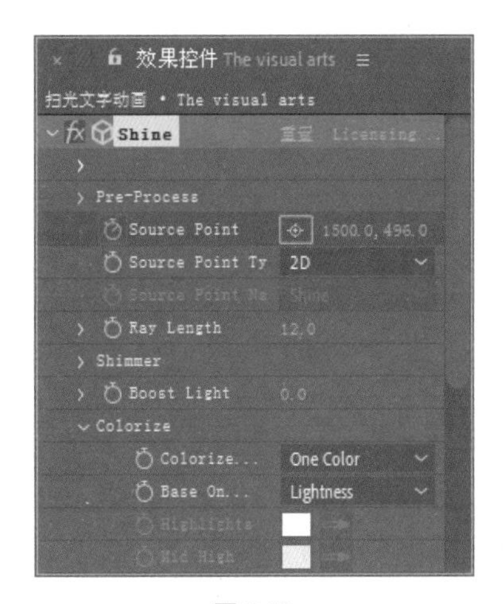

图 8.13

图 8.14

6. 选中文字层，按 Ctrl+D 组合键，复制出一个新的文字层，在【效果控件】面板中将【Shine（光）】特效删除。

7. 为复制出的文字层添加【梯度渐变】特效。在【效果和预设】面板中展开【生成】特效组，然后双击【梯度渐变】特效。

8. 在【效果控件】面板中，设置【渐变起点】的值为（355.0，500.0），【起始颜色】为白色，【渐变终点】的值为（91.0，551.0），【结束颜色】为黑色，从【渐变形状】右侧的下拉列表中选择【径向渐变】选项，如图 8.15 所示，【合成】窗口效果如图 8.16 所示。

9. 这样就完成了炫丽扫光文字动画的整体制作，按小键盘上的 0 键即可在【合成】窗口中预览动画。

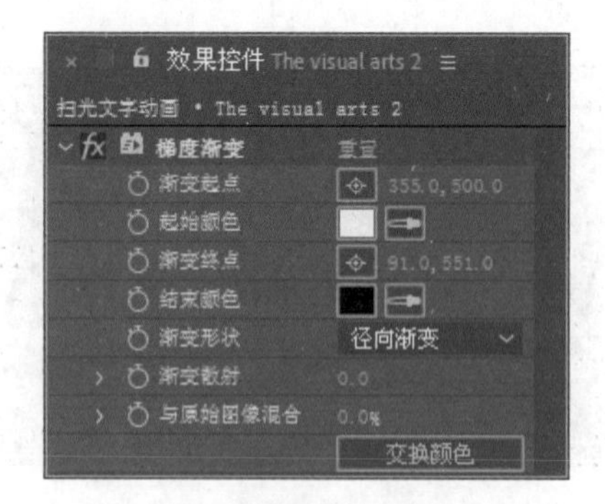

图 8.15

图 8.16

8.3 旋转粒子球

实例解析

本例将利用【CC Ball Action（CC 滚珠操作）】和【Starglow（星光）】特效制作旋转粒子球效果。完成的动画流程画面如图 8.17 所示。

难易程度：★☆☆☆☆

工程文件：第 8 章\旋转粒子球

图 8.17

知识点

1. CC Ball Action（CC 滚珠操作）
2. Starglow（星光）

操作步骤

1 执行菜单栏中的【文件】|【打开项目】命令，选择“旋转粒子球练习.aep”文件，将文件打开。

2 为【彩虹】层添加特效。在【效果和预设】面板中展开【模拟】特效组，然后双击【CC Ball Action（CC 滚珠操作）】特效。

3 在【效果控件】面板的【Twist Property（扭曲特性）】下拉列表中选择【Fast Top（固顶）】选项，设置【Grid Spacing（网格间隔）】的值为 10，【Ball Size（滚珠大小）】的值为 35.0；将时间调整到 0:00:00:00 的位置，设置【Scatter（散射）】【Rotation（旋转）】【Twist Angle（扭曲角度）】的值为 0，单击【Scatter（散射）】【Rotation（旋转）】【Twist Angle（扭曲角度）】左侧的码表按钮，在当前位置设置关键帧。

4 将时间调整到 0:00:02:00 的位置，设置【Scatter（散射）】的值为 50.0，系统会自动设置关键帧。

5 将时间调整到 0:00:04:24 的位置，设置【Scatter（散射）】的值为 0.0，【Rotation（旋转）】的值为（3x+0.0°），【Twist Angle（扭曲角度）】的值为（0x+300.0°），如图 8.18 所示；修改【彩虹】层的【模式】为【屏幕】，如图 8.19 所示。

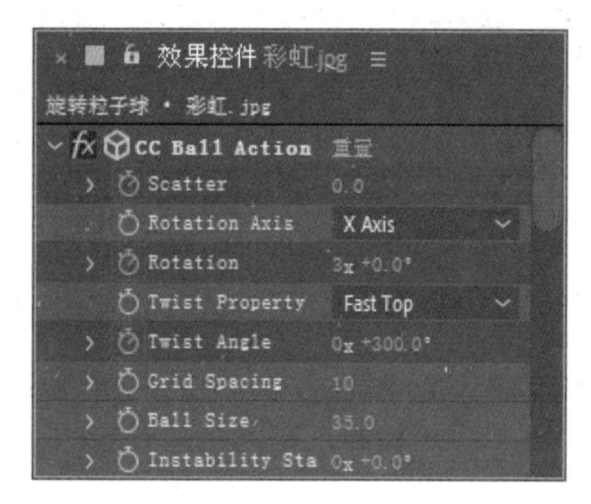

图 8.18

图 8.19

6 为【彩虹】层添加特效。在【效果和预设】面板中展开【RG Trapcode】特效组，然后双击【Starglow（星光）】特效。

7 这样就完成了旋转粒子球的整体制作，按小键盘上的 0 键即可在【合成】窗口中预览动画。

8.4 飞舞的彩色粒子

实例解析

本例将利用第三方插件【Particular（粒子）】特效制作出彩色粒子效果，然后通过绘制路径，制作出彩色粒子的跟随动画。本例最终的动画流程效果如图 8.20 所示。

难易程度：★☆☆☆☆

工程文件：第 8 章\飞舞的彩色粒子

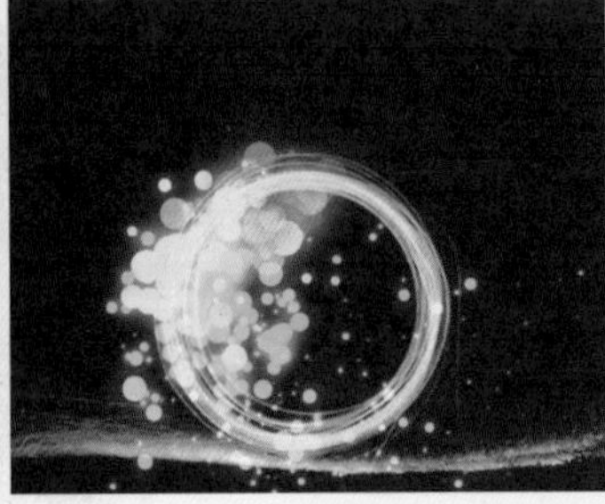

图 8.20

教学视频

知识点

1. Particular（粒子）
2. 粒子沿路径运动的控制

操作步骤

1 执行菜单栏中的【合成】|【新建合成】命令，打开【合成设置】对话框，设置【合成名称】为“飞舞的彩色粒子”，【宽度】的值为 720，【高度】的值为 576，【帧速率】的值为 25，并设置【持续时间】为 0:00:04:00，如图 8.21 所示。

2 在【飞舞的彩色粒子】合成的【时间线】面板中按 Ctrl+Y 组合键，打开【纯色设置】对话框，设置【名称】为“彩色粒子”，【颜色】为黑色，如图 8.22 所示。

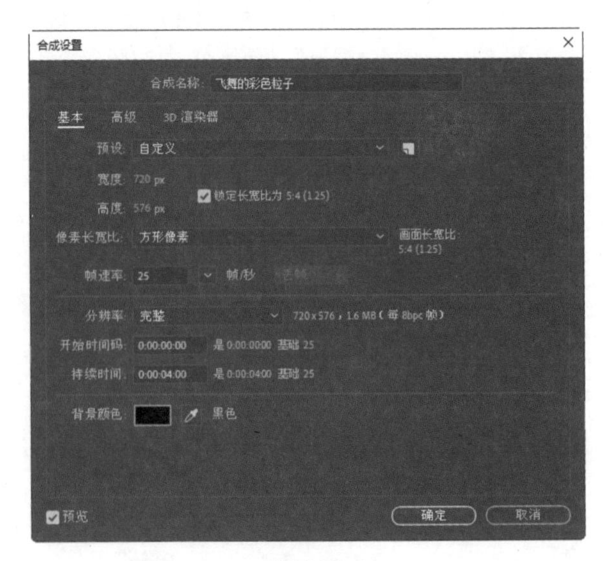

图 8.21

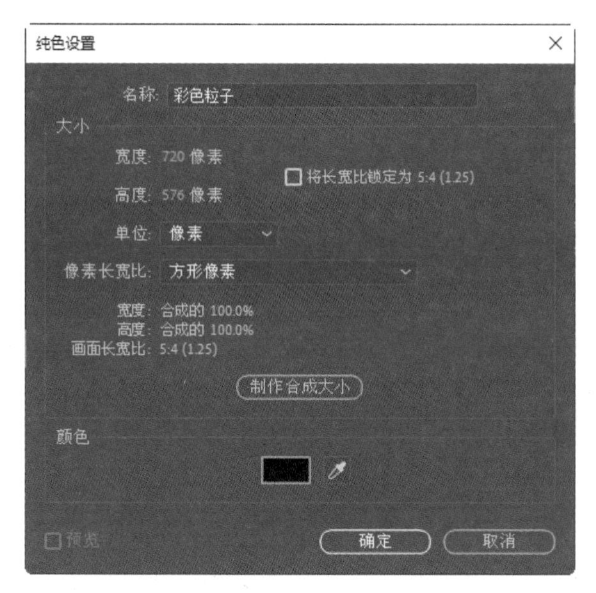

图 8.22

3 选择【彩色粒子】纯色层，在【效果和预设】面板中展开【RG Trapcode】特效组，然后双击【Particular（粒子）】特效，如图 8.23 所示。

图 8.23

4 在【效果控件】面板中展开【Emitter（发射器）】选项组，在【Emitter Type（发射器类型）】右侧的下拉列表中选择【Sphere（球形）】，设置【Particles/sec（每秒发射粒子数）】的值为 500，【Velocity（速度）】的值为 200.0，【Velocity Random（速度随机）】的值为 80.0%，【Velocity from Emitter Motion（运动速度）】的值为 10.0，【Emitter Size XYZ（发射器 XYZ 轴尺寸）】的值为 100，如图 8.24 所示。设置完成后，其中一帧的画面效果如图 8.25 所示。

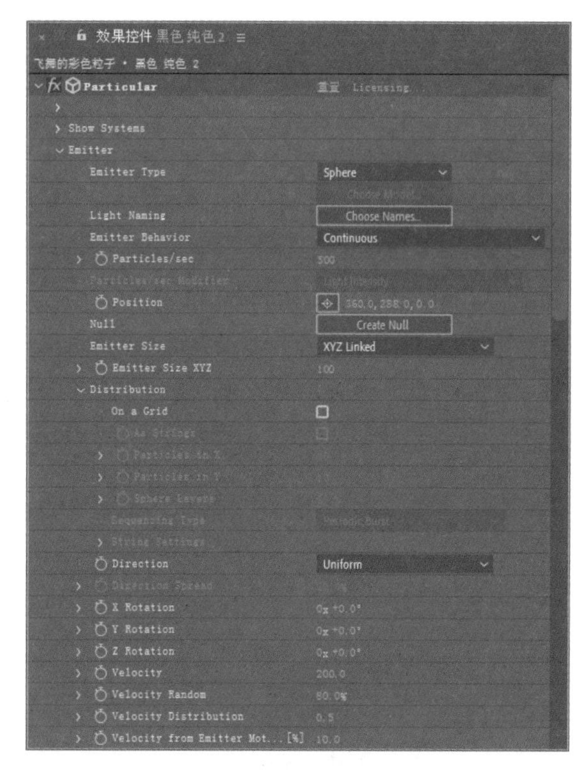

图 8.24

图 8.25

5 展开【Particle（粒子）】选项组，设置【Life（生命）】的值为 1.0，【Lift Random（生命随机）】的值为 50%，在【Particle Type（粒子类型）】右侧的下拉列表中选择【Glow Sphere（发光球）】，设置【Sphere Feather（球羽化）】的值为 0.0%，【Size（大小）】的值为 13.0，【Size Random（大小随机）】

的值为 100.0%；然后展开【Size over Life（生命期内的大小变化）】选项组，选择第 2 种图形，如图 8.21 所示。在【Set Color（颜色设置）】右侧的下拉列表中选择【Over Life（生命期内的变化）】，在【Blend Mode（混合模式）】右侧的下拉列表中选择【Add（相加）】，参数设置如图 8.26 所示。此时其中一帧的画面效果如图 8.27 所示。

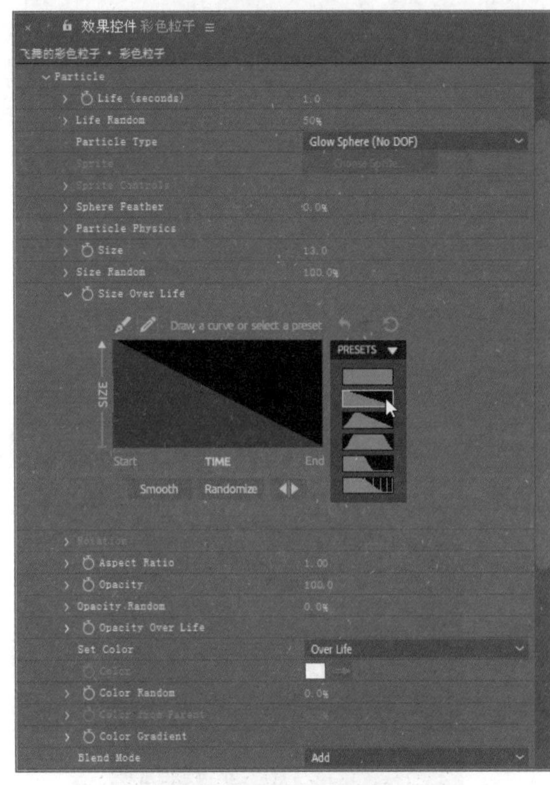

图 8.26

图 8.27

6 在【时间线】面板中按 Ctrl+Y 组合键，打开【纯色设置】对话框，新建一个【名称】为“路径”、【颜色】为黑色的纯色层。

7 选择【路径】纯色层，选择工具栏中的【钢笔工具】，在【合成】窗口中绘制一条路径，如图 8.28 所示。然后在【时间线】面板中单击【路径】纯色层左侧的视频眼睛图标，将【路径】纯色层隐藏，如图 8.29 所示。

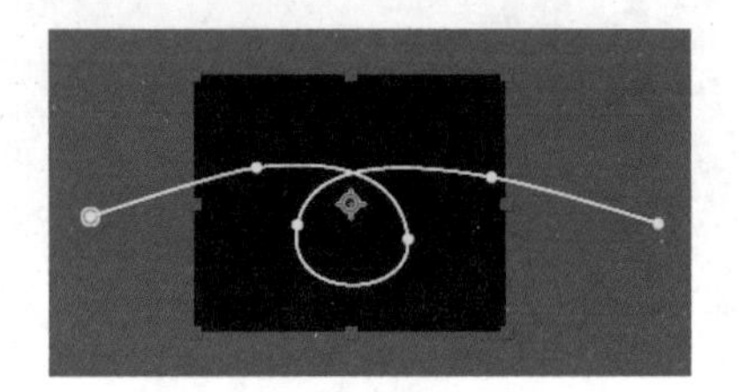

图 8.28

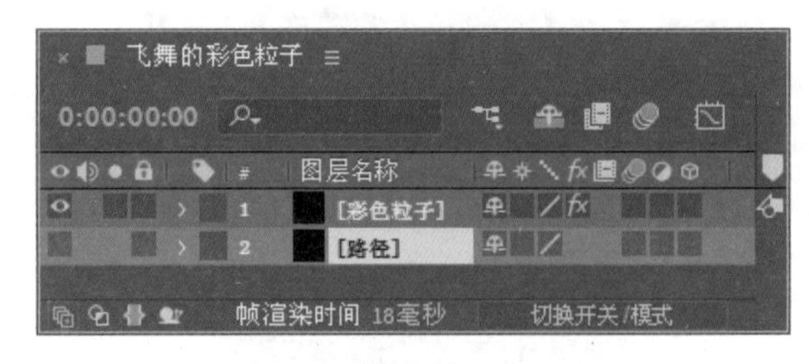

图 8.29

8 制作路径跟随动画。选择【路径】纯色层，在【时间线】面板中按 M 键，打开【路径】纯色层的【蒙版路径】选项，然后单击【蒙版路径】选项，按 Ctrl+C 组合键，将其复制，如图 8.30 所示。

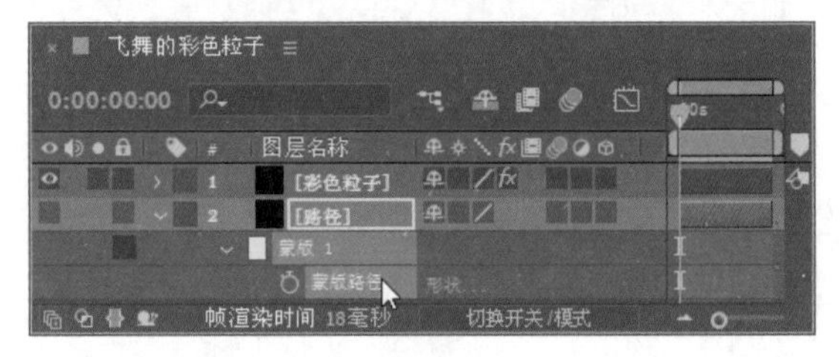

图 8.30

9 将时间调整到 0:00:00:00 的位置，选择【彩色粒子】纯色层，选择【Particular（粒子）】|【Emitter（发射器）】|【Position（位置）】选项，

按Ctrl+V组合键，将【蒙版路径】粘贴到【Position（位置）】选项上，如图8.31所示。

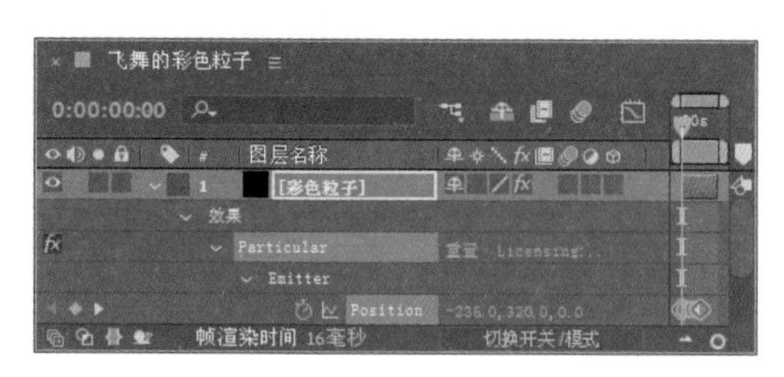

图8.31

10 将时间调整到0:00:03:24的位置，选择【彩色粒子】纯色层的最后一个关键帧，将其拖动到0:00:03:24的位置，如图8.32所示。

11 执行菜单栏中的【文件】|【导入】|【文件】命令，打开“背景.jpg”素材，将其拖动到【时间线】面板中，放置在所有层的下方，修改【彩色粒子】层的【模式】为【屏幕】，如图8.33所示。

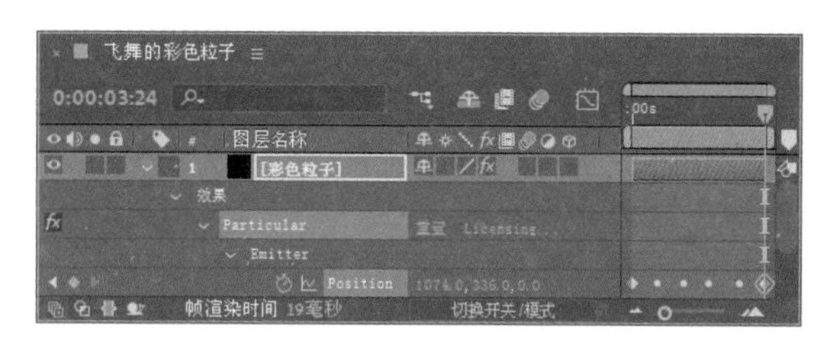

图8.32

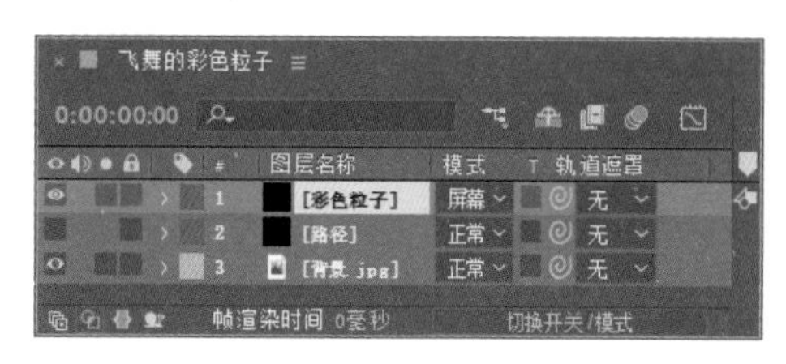

图8.33

12 这样就完成了飞舞的彩色粒子的整体制作，按小键盘上的0键即可在【合成】窗口中预览动画。

8.5 流光线条

实例解析

本例主要讲解流光线条动画的制作。首先利用【分形杂色】特效制作出线条效果，通过【贝塞尔曲线变形】特效制作出光线的变形，然后添加第三方插件【Particular（粒子）】特效，制作出上升的圆环从而完成动画。完成的动画流程画面如图8.34所示。

难易程度：★★★★☆

工程文件：第8章\流光线条

图8.34

知识点

1. 分形杂色
2. 贝塞尔曲线变形

教学视频

操作步骤

8.5.1 利用蒙版制作背景

1 执行菜单栏中的【合成】|【新建合成】命令，打开【合成设置】对话框，设置【合成名称】为“流光线条效果”，【宽度】的值为720，【高度】的值为576，【帧速率】的值为25，并设置【持续时间】为0:00:05:00，如图8.35所示。

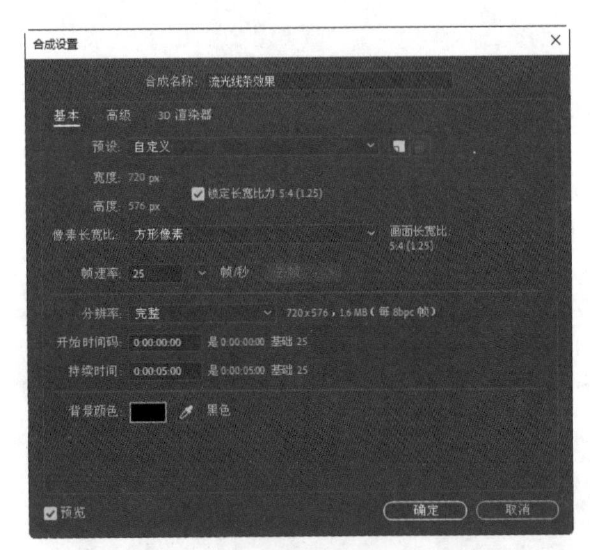

图 8.35

2 执行菜单栏中的【文件】|【导入】|【文件】命令，打开“圆环.psd”和“背景.jpg”素材，单击【导入】按钮。

3 将“背景.jpg”素材拖动到【时间线】面板中。

4 按Ctrl+Y组合键，打开【纯色设置】对话框，设置【名称】为“流光”，【宽度】的值为400，【高度】的值为650，【颜色】的值为白色，如图8.36所示。

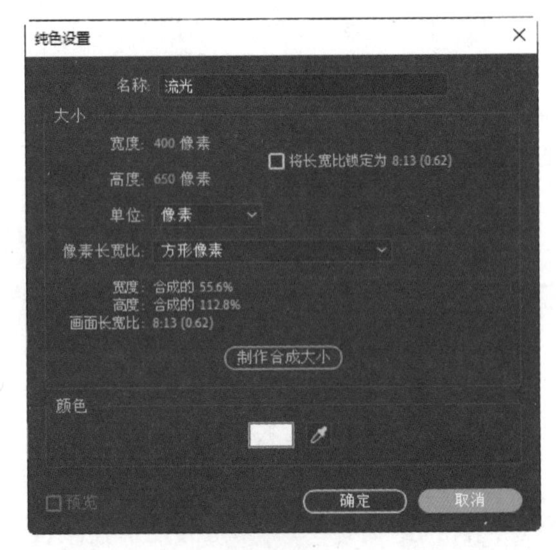

图 8.36

5 将【流光】层的【模式】修改为【屏幕】。

6 选择【流光】纯色层，在【效果和预设】面板中展开【杂色和颗粒】特效组，然后双击【分形杂色】特效。

7 将时间调整到0:00:00:00的位置，在【效果控件】面板中设置【对比度】的值为450.0，【亮度】的值为−80.0；展开【变换】选项组，取消选中【统一缩放】复选框，设置【缩放宽度】的值为15.0，【缩放高度】的值为3500.0，【偏移（湍流）】的值为（200.0，325.0），【演化】的值为（0x+0.0°），然后单击【演化】左侧的码表按钮，在当前位置设置关键帧，如图 8.37 所示。

效果控件 流光
流光线条效果 • 流光
分形杂色
重置
分形类型
基本
杂色类型
柔和线性
反转
对比度
450.0
亮度
-80.0
溢出
允许 HDR 结果
变换
旋转
0x +0.0°
统一缩放
缩放宽度
15.0
缩放高度
3500.0
偏移（湍流）
200.0, 325.0
透视位移
复杂度
6.0
子设置
演化
0x +0.0°

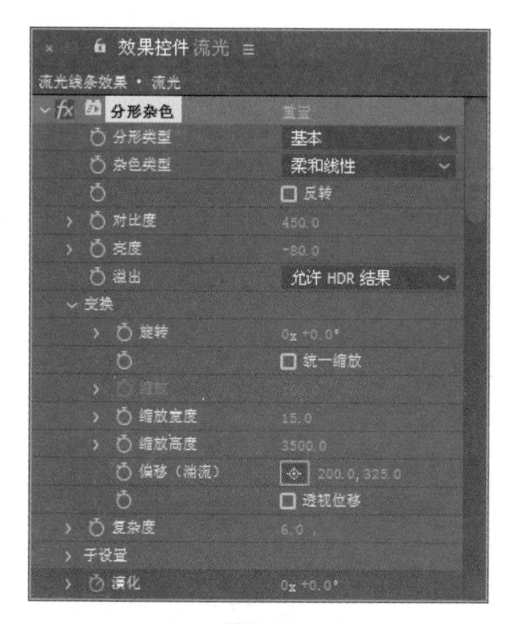

图 8.37

8 将时间调整到 0:00:04:24 的位置，修改【演化】的值为（1x+0.0°），系统将在当前位置自动设置关键帧，此时的画面效果如图 8.38 所示。

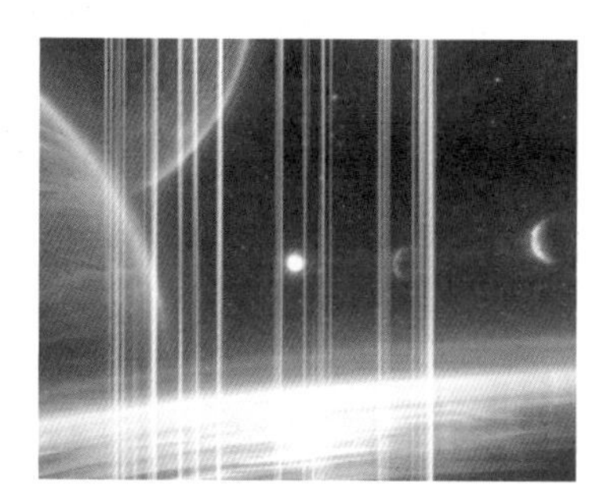

图 8.38

8.5.2 添加特效调整画面

1 为【流光】层添加特效，在【效果和预设】面板中展开【扭曲】特效组，双击【贝塞尔曲线变形】特效。

2 在【效果控件】面板中修改【贝塞尔曲线变形】特效的参数，如图 8.39 所示。

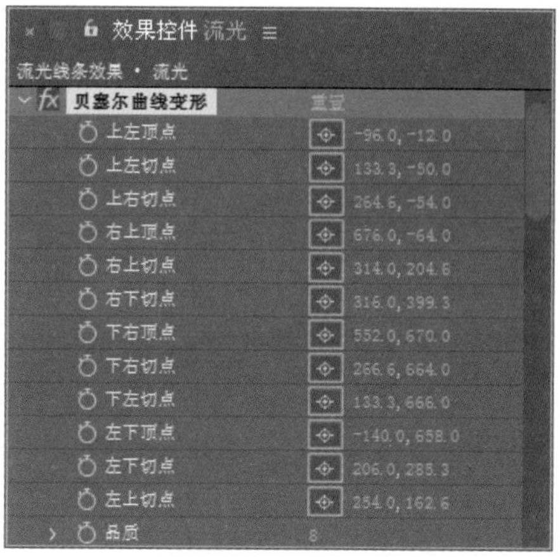

效果控件 流光
流光线条效果 • 流光
贝塞尔曲线变形
重置
上左顶点
-96.0, -12.0
上左切点
133.3, -50.0
上右切点
264.6, -54.0
右上顶点
676.0, -64.0
右上切点
314.0, 204.6
右下切点
316.0, 399.3
下右顶点
552.0, 670.0
下右切点
266.6, 664.0
下左切点
133.3, 666.0
左下顶点
-140.0, 658.0
左下切点
206.0, 285.3
左上切点
254.0, 162.6
品质
8

图 8.39

3 在调整图形时，直接修改特效的参数比较麻烦，此时，在【效果控件】面板中选择【贝塞尔曲线变形】特效，从【合成】窗口中可以看到调整的节点，直接拖动节点进行调整即可，自由度比较高，如图 8.40 所示。调整后的画面效果如图 8.41 所示。

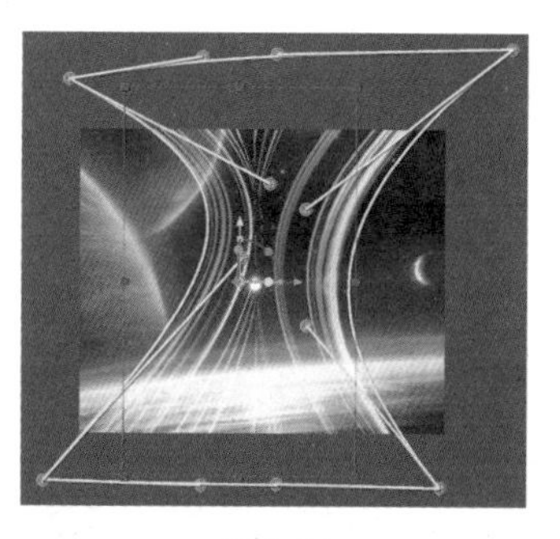

图 8.40

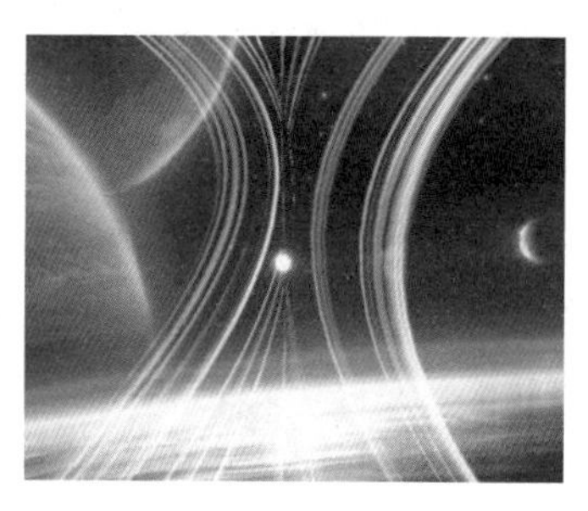

图 8.41

4 为【流光】层添加特效。在【效果和预设】面板中展开【颜色校正】特效组，双击【色相/饱和度】特效。

5 在【效果控件】面板中设置特效的参数，选中【彩色化】复选框，设置【着色色相】的值为（0x−55.0°），【着色饱和度】的值为66，如图8.42所示。

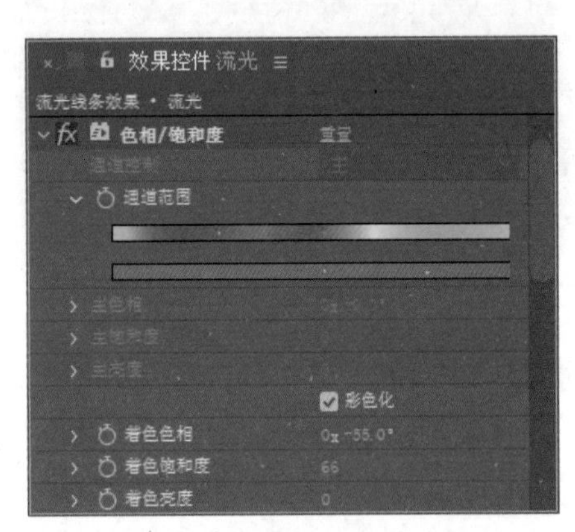

图8.42

6 为【流光】层添加特效。在【效果和预设】面板中展开【风格化】特效组，然后双击【发光】特效。

7 在【效果控件】面板中设置【发光阈值】的值为20.0%，【发光半径】的值为15.0，如图8.43所示。

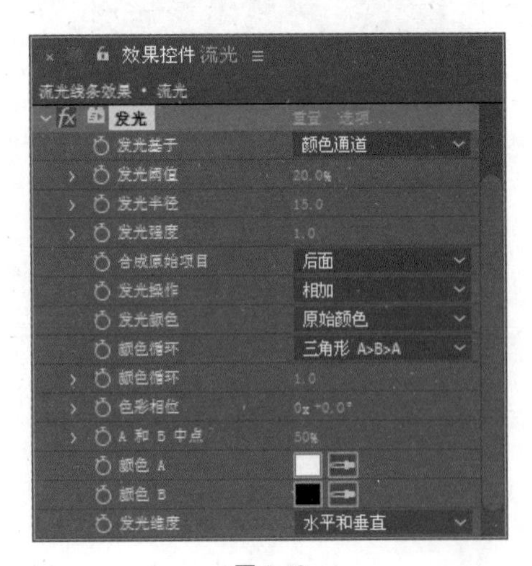

图8.43

8 在【时间线】面板中打开【流光】层的三维属性开关，展开【变换】选项组，设置【位置】的值为（309.0，288.0，86.0），【缩放】的值为（123.0，123.0，123.0%），如图8.44所示。可在【合成】窗口看到效果，如图8.45所示。

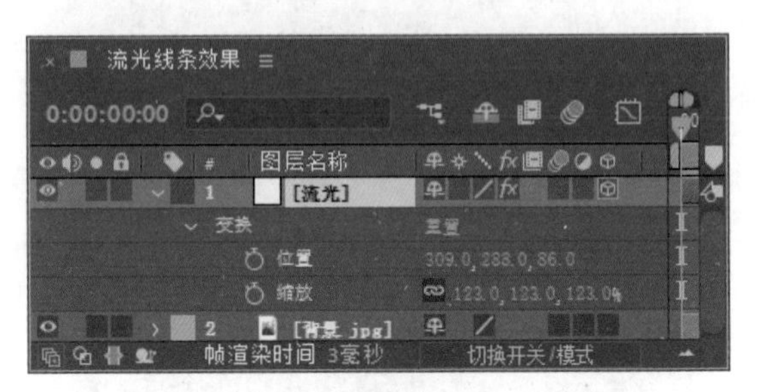

图8.44

图8.45

9 选择【流光】层，按Ctrl+D组合键，将复制出【流光2】层，展开【变换】选项组，设置【位置】的值为（408.0，288.0，0.0），【缩放】的值为（97.0，116.0，100.0），【Z轴旋转】的值为−4，如图8.46所示，可以在【合成】窗口中看到效果，如图8.47所示。

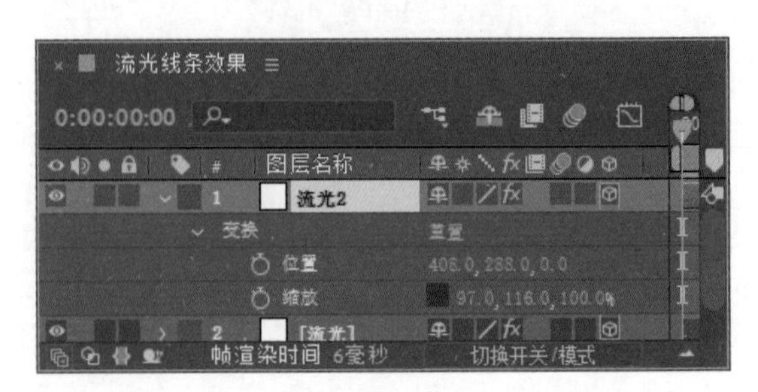

图8.46

图 8.47

10 修改【贝塞尔曲线变形】特效的参数，使其与“流光”的线条角度有所区别，如图 8.48 所示。

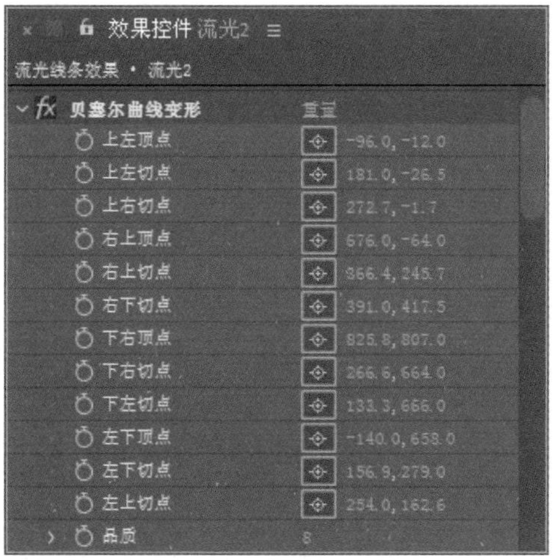

效果控件 流光2 ≡
流光线条效果 • 流光2

贝塞尔曲线变形	重置
上左顶点	-96.0, -12.0
上左切点	181.0, -26.5
上右切点	272.7, -1.7
右上顶点	676.0, -64.0
右上切点	366.4, 245.7
右下切点	391.0, 417.5
下右顶点	825.8, 807.0
下右切点	266.6, 664.0
下左切点	133.3, 666.0
左下顶点	-140.0, 658.0
左下切点	156.9, 279.0
左上切点	254.0, 162.6
品质	8

图 8.48

11 在【合成】窗口中看到的控制点的位置发生了变化，如图 8.49 所示。

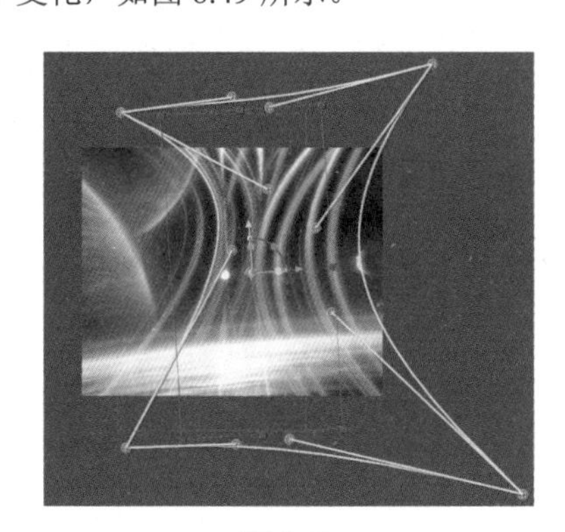

图 8.49

12 修改【色相 / 饱和度】特效的参数，设置【着色色相】的值为（0x+65.0°），【着色饱和度】的值为 75，如图 8.50 所示。

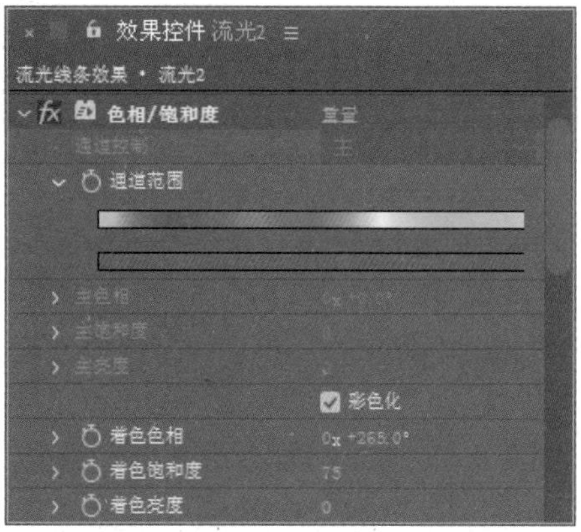

效果控件 流光2 ≡
流光线条效果 • 流光2

色相/饱和度	重置
通道控制	主
通道范围	
主色相	
主饱和度	
主亮度	
	彩色化
着色色相	0x +265.0°
着色饱和度	75
着色亮度	0

图 8.50

13 设置完成后可以在【合成】窗口中看到效果，如图 8.51 所示。

图 8.51

8.5.3 添加“圆环”素材

1 在【项目】面板中选择“圆环.psd”素材，将其拖动到【流光线条效果】合成的【时间线】面板中，然后单击【圆环.psd】图层左侧的视频眼睛图标，将该层隐藏，如图 8.52 所示。

2 按 Ctrl+Y 组合键，打开【纯色设置】对话框，设置【名称】为“粒子”，【颜色】为白色，如图 8.53 所示。

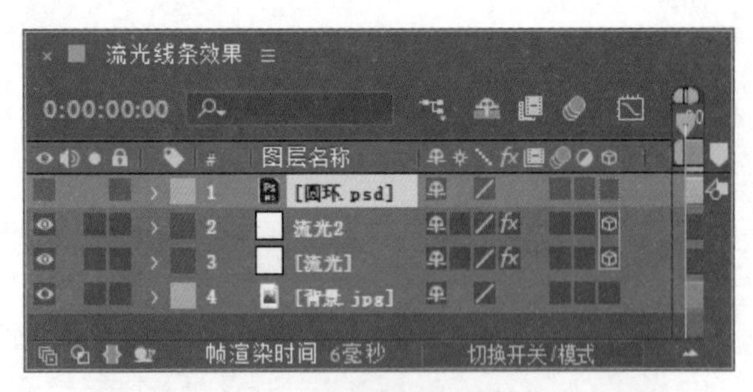

图 8.52

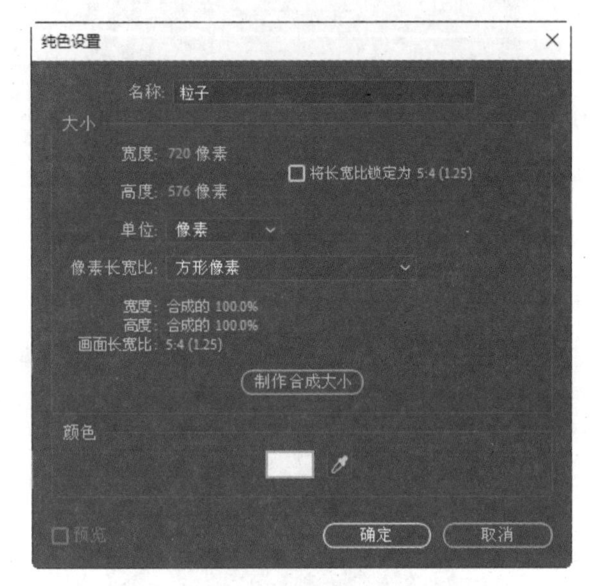

图 8.53

3 选择【粒子】纯色层，在【效果和预设】面板中展开【RG Trapcode】特效组，然后双击【Particular（粒子）】特效，如图 8.54 所示。

图 8.54

4 在【效果控件】面板中展开【Emitter（发射器）】选项组，设置【Particles/sec（每秒发射粒子数量）】的值为 5，【Position（位置）】的值为（360.0，620.0，0.0），如图 8.55 所示。

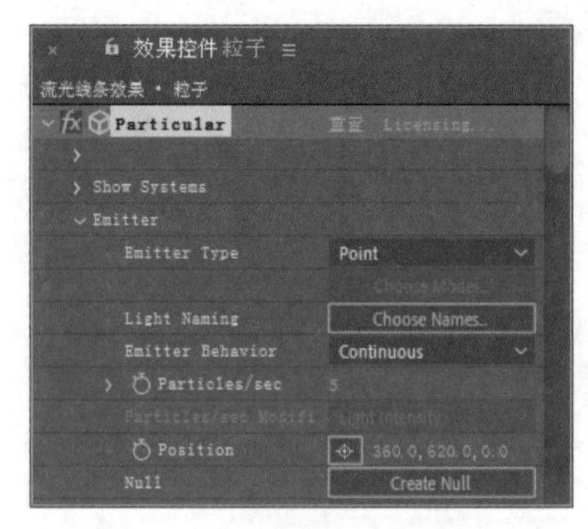

图 8.55

5 展开【Particle（粒子）】选项组，设置【Life（生命）】的值为 2.5，【Life Random（生命随机）】的值为 30%，从【Particle Type（粒子类型）】下拉列表中选择【Sprite（精灵）】；展开【Sprite Controls（精灵控制）】选项组，从【Layer（层）】下拉列表中选择【3. 圆环 .psd】，设置【Size（大小）】的值为 20.0，【Size Random（大小随机）】的值为 60.0%，如图 8.56 所示。

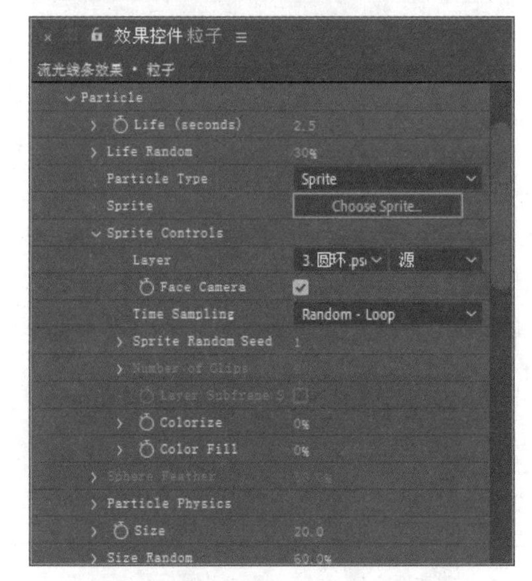

图 8.56

6 展开【Environment（环境）】选项组，修改【Gravity（重力）】的值为 −150.0，如图 8.57 所示。

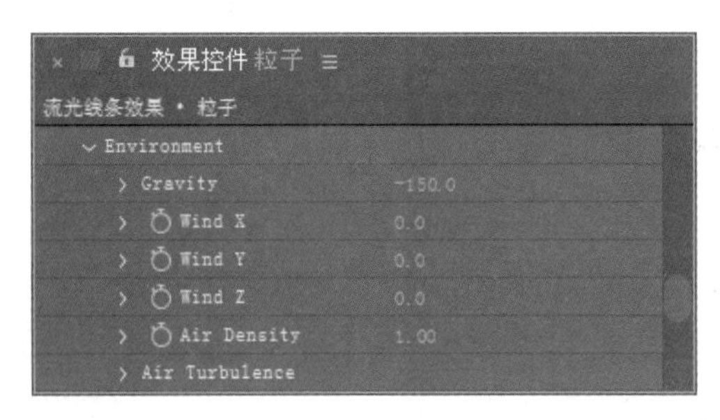

图 8.57

7 在【效果和预设】面板中展开【风格化】特效组，然后双击【发光】特效。

8.5.4 添加摄像机

1 执行菜单栏中的【图层】|【新建】|【摄像机】命令，打开【摄像机设置】对话框，设置【预设】为 24 毫米，如图 8.58 所示。单击【确定】按钮，在【时间线】面板中将会创建一个摄像机。

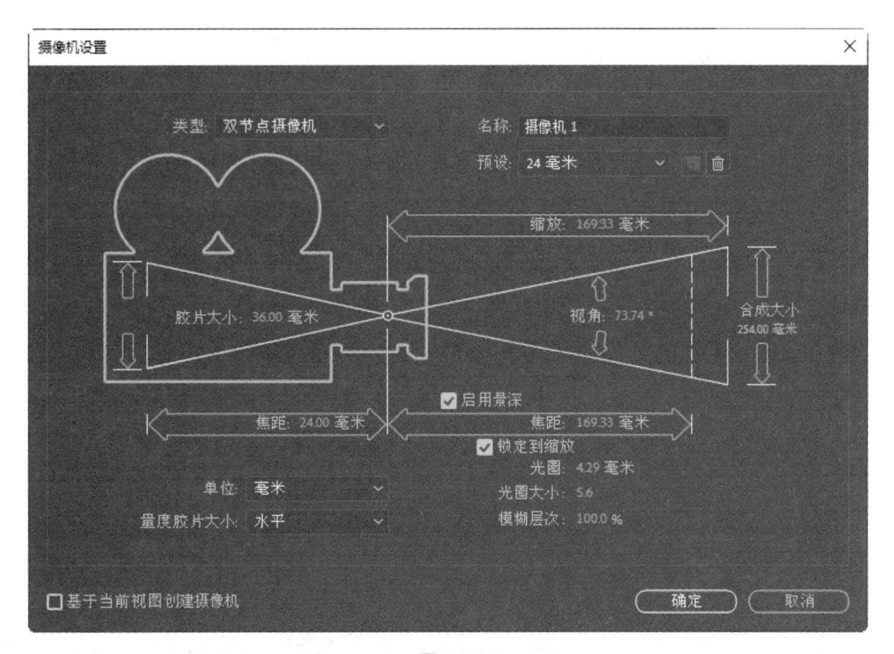

图 8.58

2 将时间调整到 0:00:00:00 的位置，选择【摄像机 1】层，分别单击【目标点】和【位置】左侧的码表按钮，在当前位置设置关键帧，并设置【目标点】的值为（426.0，292.0，140.0），【位置】的值为（114.0，292.0，−270.0）；然后分别设置【缩放】的值为 512.0，【景深】为【开】，【焦距】的值为 512，【光圈】的值为 84.0，【模糊层次】的值为 122%，如图 8.59 所示。

3 将时间调整到 0:00:02:00 的位置，修改【目标点】的值为（364.0，292.0，25.0），【位置】的值为（455.0，292.0，−480.0），如图 8.60 所示。

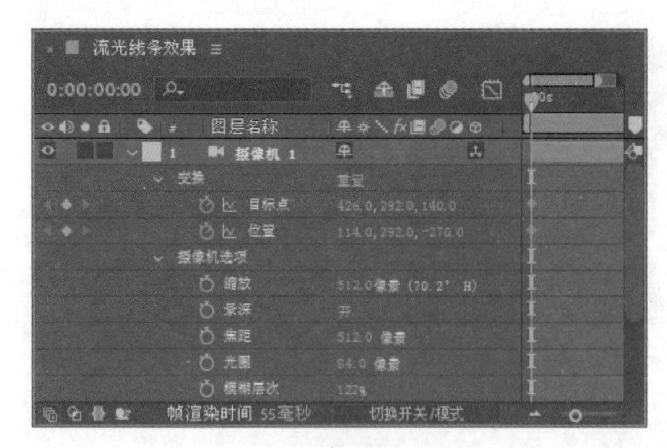

图 8.59

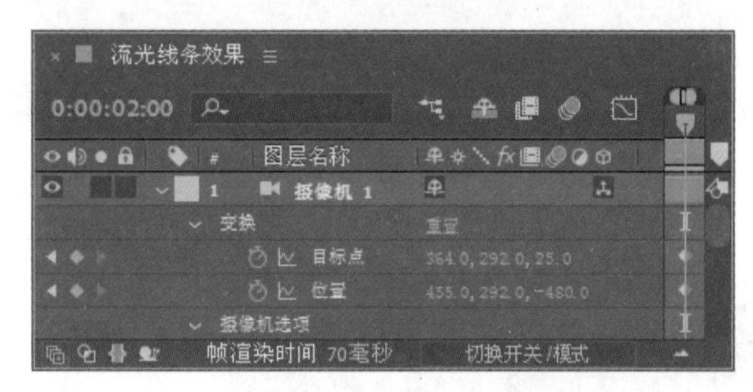

图 8.60

4 此时可以看到画面视角的变化，如图 8.61 所示。

图 8.61

5 这样就完成了流光线条的整体制作，按小键盘上的 0 键可在【合成】窗口中预览动画，效果如图 8.62 所示。

 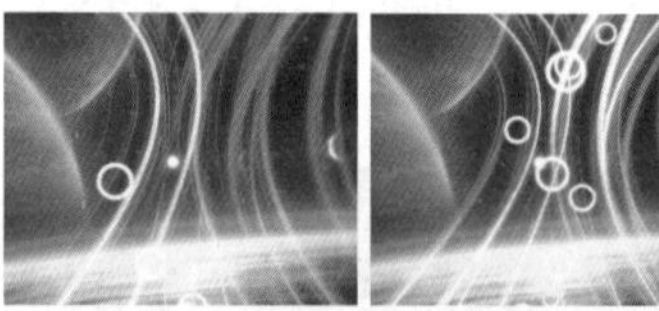 

图 8.62

8.6 炫丽光带

实例解析

本例将利用【Particular（粒子）】特效制作炫丽光带的效果。本例最终的动画流程效果如图 8.63 所示。

难易程度：★★★★☆

工程文件：第 8 章 \ 炫丽光带

 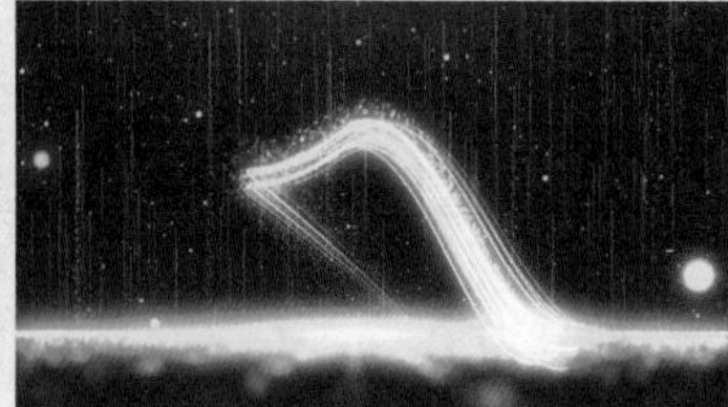 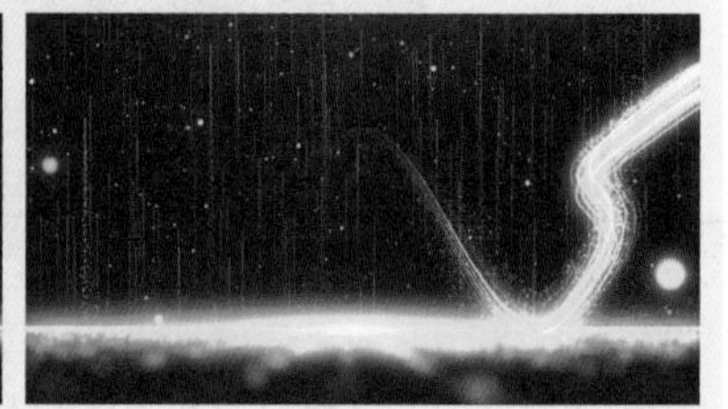

图 8.63

知识点

1. Particular（粒子）
2. Glow（发光）

教学视频

操作步骤

8.6.1 绘制光带运动路径

1 执行菜单栏中的【合成】|【新建合成】命令，打开【合成设置】对话框，设置【合成名称】为“炫丽光带”，【宽度】的值为720，【高度】的值为405，【帧速率】的值为25，并设置【持续时间】为0:00:10:00。

2 按Ctrl+Y组合键，打开【纯色设置】对话框，设置【名称】为“路径”，【颜色】为黑色，如图8.64所示。

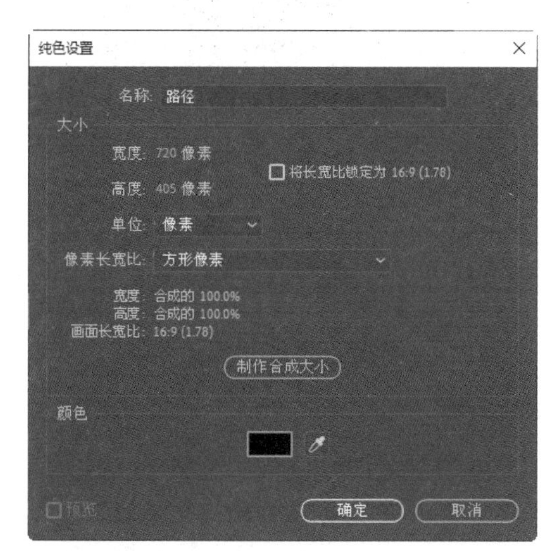

图 8.64

3 选中【路径】层，选择工具栏中的【钢笔工具】，在【合成】窗口中绘制一条路径，如图8.65所示。

图 8.65

8.6.2 制作光带特效

1 按Ctrl+Y组合键，打开【纯色设置】对话框，设置【名称】为“光带”，【颜色】为黑色。

2 选择【光带】层，在【效果和预设】面板展开【RG Trapcode】特效组，然后双击【Particular（粒子）】特效。

3 选择【路径】层，按M键展开蒙版属性列表，选中【蒙版路径】，按Ctrl+C组合键复制【蒙版路径】。

4 将时间调整到0:00:00:00的位置，选择【光带】层，在【时间线】面板中展开【Effects（效果）】|【Particular（粒子）】|【Emitter（发射器）】选项，选中【Position（位置）】选项，按Ctrl+V组合键，把【路径】层的路径复制给【Position（位置）】，如图8.66所示。

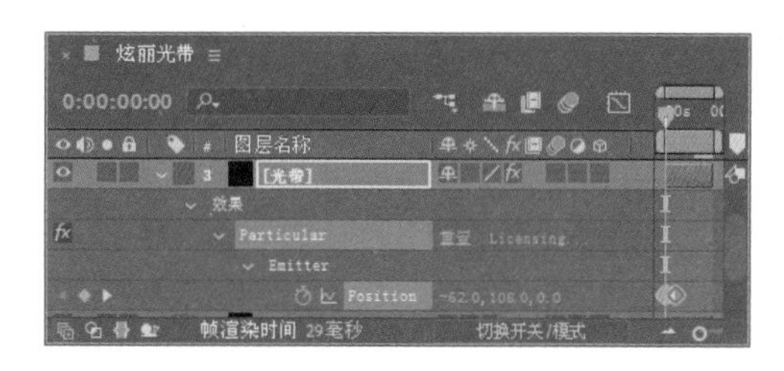

图 8.66

5 选择最后一个关键帧向右拖动，将其时间延长到0:00:09:24的位置，如图8.67所示。

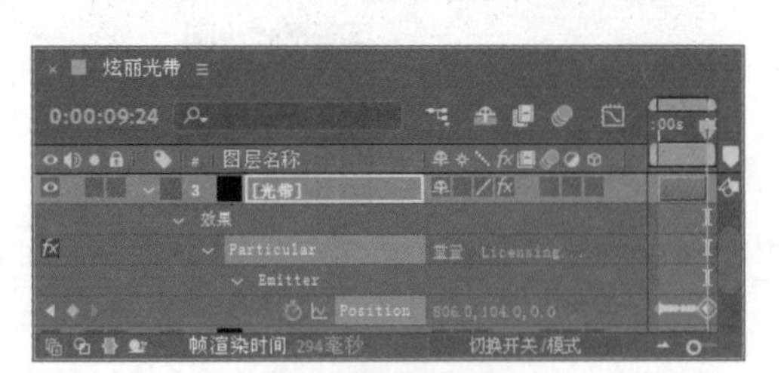

图8.67

6 在【效果控件】面板展开【Emitter（发射器）】选项组，设置【Particles/sec（每秒发射粒子数）】的值为1000，设置【Velocity（速度）】的值为0.0，【Velocity Random（速度随机）】的值为0.0%，【Velocity Distribution（速度分布）】的值为0.0，【Velocity from Emitter Motion（运动速度）】的值为0.0，如图8.68所示。

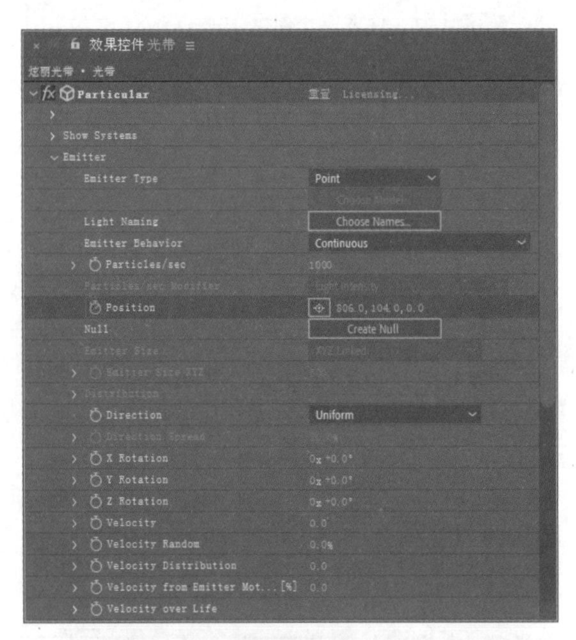

图8.68

7 展开【Particle（粒子）】选项组，从【Particle Type（粒子类型）】右侧的下拉列表中选择【Streaklet（条纹）】选项，设置【Streaklet Feather（条纹羽化）】的值为100.0%，【Size（大小）】的值为49.0，如图8.69所示。

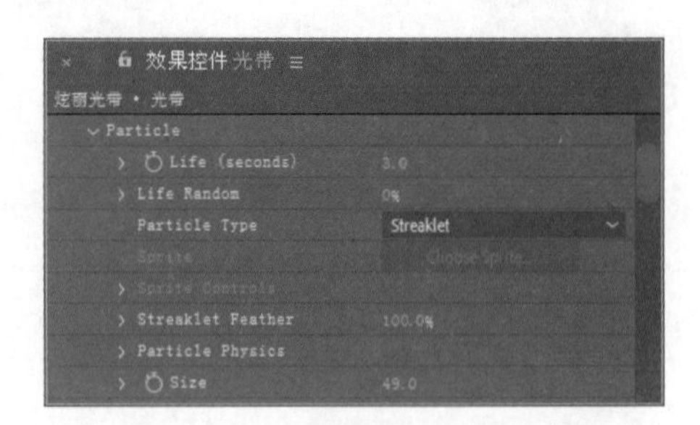

图8.69

8 展开【Size Over Life（生命期内的大小变化）】选项组，从下拉列表中选择第2个图形；展开【Opacity Over Life（不透明度随机）】选项组，从下拉列表中选择第2个图形，并将【颜色】改成橙色（R：114，G：71，B：22），从【Blend Mode（混合模式）】右侧的下拉列表中选择【Add（相加）】，如图8.70所示。

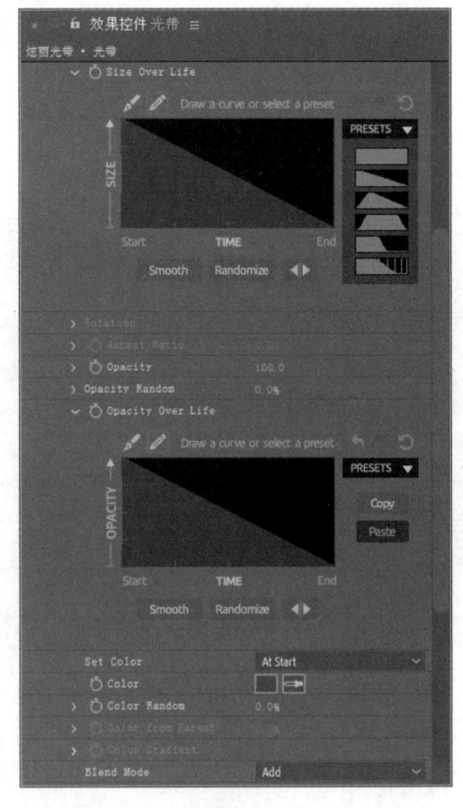

图8.70

9 展开【Streaklet（条纹）】选项组，设置【Number of Streaks（条纹数）】的值为 18，【Streak Size（条纹大小）】的值为 11，如图 8.71 所示。

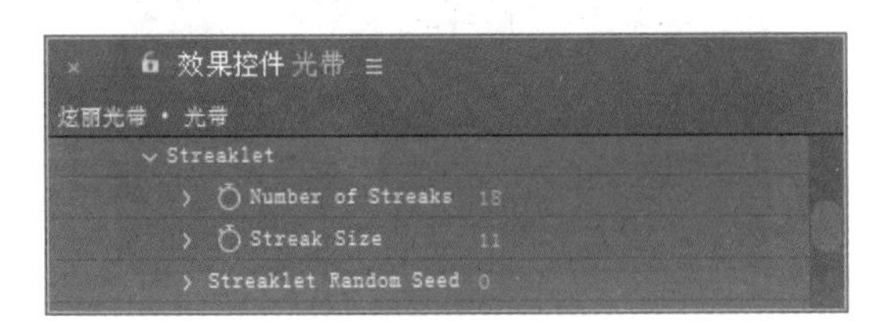

图 8.71

8.6.3 添加发光特效

1 在【时间线】面板中选择【光带】层，按 Ctrl+D 组合键复制出另一个新的图层，重命名为“粒子”。

2 在【效果控件】面板中展开【Emitter（发射器）】选项组，设置【Particles/sec（每秒发射粒子数）】的值为 500，【Velocity（速度）】的值为 20.0，如图 8.72 所示，【合成】窗口效果如图 8.73 所示。

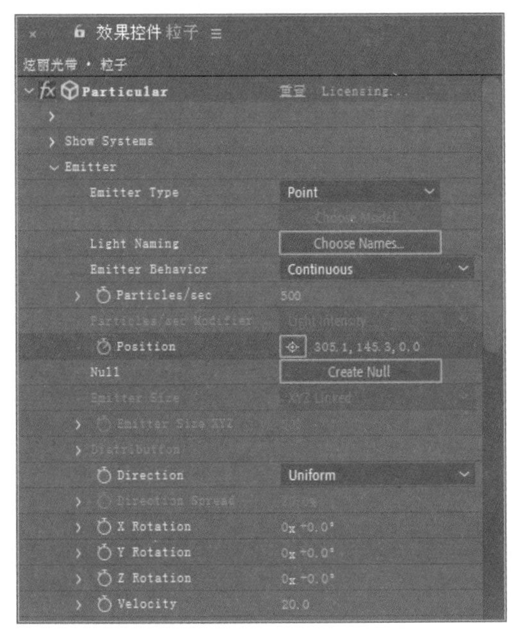

图 8.72

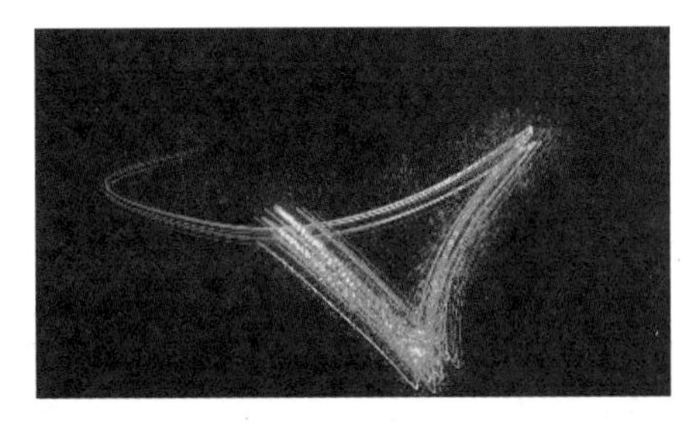

图 8.73

3 展开【Particle（粒子）】选项组，设置【Life（生命）】的值为 4.0，从【Particle Type（粒子类型）】右侧的下拉列表中选择【Sphere（球）】选项，设置【Sphere Feather（球羽化）】的值为 50.0%，【Size（大小）】的值为 3.0，展开【Opacity over Life（不透明度随机）】选项，选择图形▇。

4 在【时间线】面板中，选择【粒子】层的【模式】为【相加】模式，如图 8.74 所示，【合成】窗口效果如图 8.75 所示。

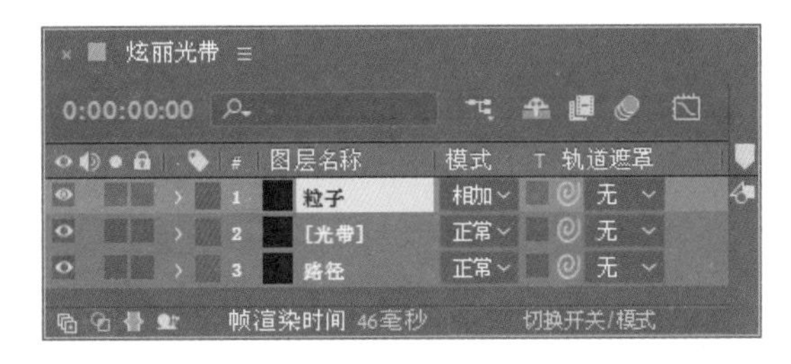

图 8.74

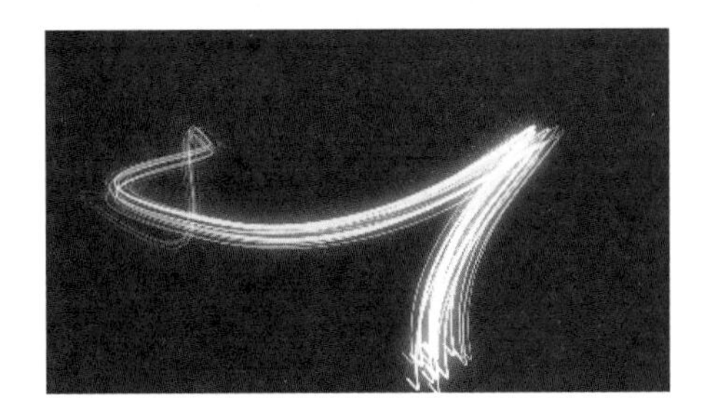

图 8.75

5 执行菜单栏中的【图层】|【新建】|【调整图层】命令，创建“调整图层 1”。

6 选择【调整图层 1】层，在【效果和预设】中展开【风格化】特效组，然后双击【发光】特效。

7 在【效果控件】面板中设置【发光阈值】的值为 60.0%，【发光半径】的值为 30.0，【发光强度】的值为 1.5，如图 8.76 所示，【合成】窗口效果如图 8.77 所示。

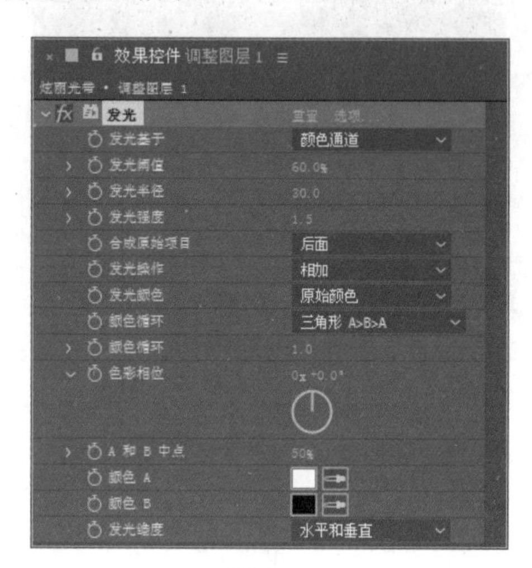

图 8.76

8 执行菜单栏中的【文件】|【导入】|【文件】命令，打开“背景.jpg”素材，将其拖动到【时间线】面板中，放置在所有层的下方，修改【光带】和【路径】层的【模式】为【相加】，如图 8.78 所示。

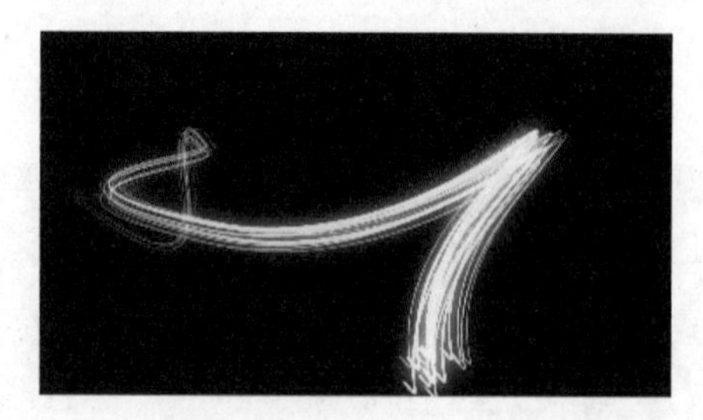

图 8.77

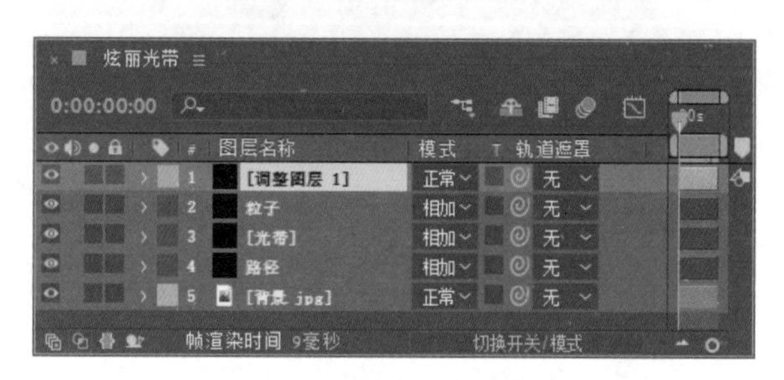

图 8.78

9 这样就完成了炫丽光带的整体制作，按小键盘上的 0 键即可在【合成】窗口中预览动画。

8.7 课后上机实操

本章通过两个课后上机实操，分别对【3D Stroke（3D 笔触）】和【Shine（光）】插件的应用进行扩展，以帮助读者掌握常见插件的使用技巧。

8.7.1 上机实操 1——动态光效背景

实例解析

本例将利用【卡片擦除】等特效制作动态光效背景的效果。完成的动画流程画面如图 8.79 所示。

难易程度：★★☆☆☆

工程文件：第 8 章 \ 动态光效背景

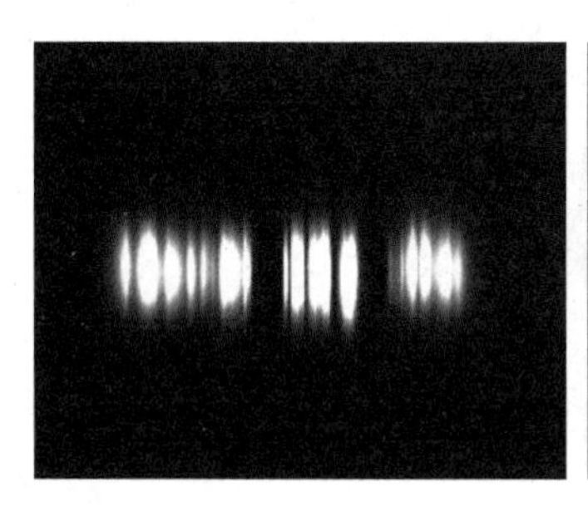 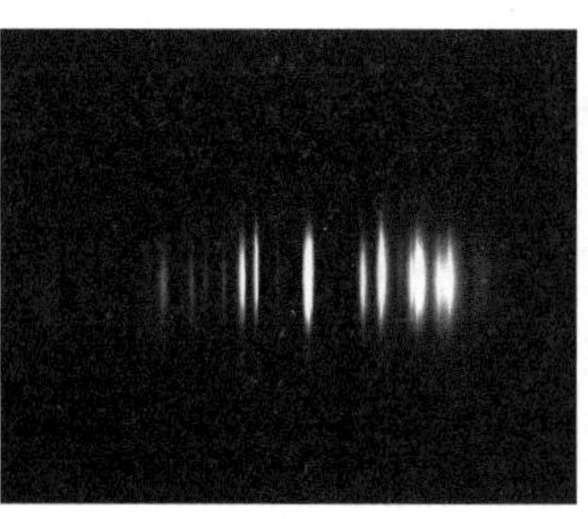 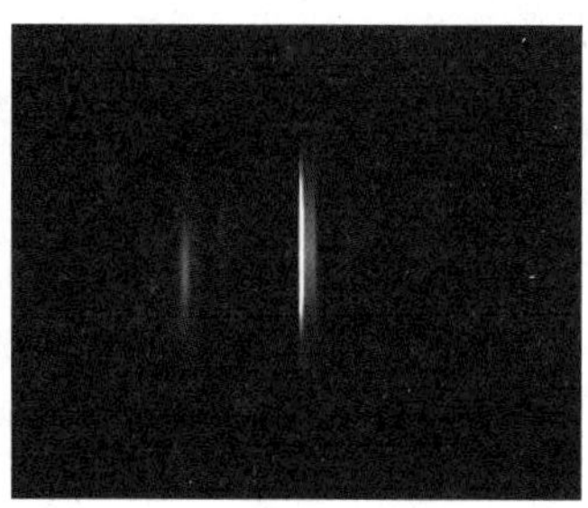

图 8.79

知识点

教学视频

1. 卡片擦除
2. 定向模糊
3. Shine（光）

8.7.2 上机实操 2——点阵发光

实例解析

本例将利用【3D Stroke（3D 笔触）】等特效制作点阵发光效果。完成的动画流程画面如图 8.80 所示。

难易程度：★★★☆☆

工程文件：第 8 章 \ 点阵发光

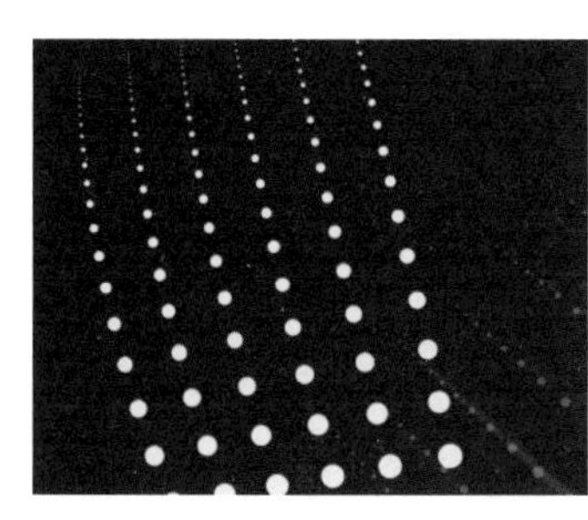  

图 8.80

知识点

教学视频

1. 3D Stroke（3D 笔触）
2. Shine（光）

第 9 章 商业包装案例实战

内容摘要

在中国电视媒体走向国际的今天，电视包装也由节目包装、栏目包装向整体包装发展，包装已成为电视频道参与竞争、增加收益、提高收视率的有力武器。本章以多个商业实例来讲解与电视包装相关的制作过程。通过本章的学习，读者不仅可以看到成品的商业栏目包装，而且可以学习到其中的制作方法和技巧。

教学目标

- 了解商业案例的制作模式
- 掌握特效之间的关联使用
- 掌握栏目包装的制作技巧

9.1 电视特效表现——与激情共舞

实例解析

“与激情共舞”是一个关于电视特效表现的动画，展现了传统历史文化的深厚内涵。片头中利用发光体素材以及光特效制作出类似于闪光灯的效果，然后让主题文字通过蒙版动画跟随发光体的闪光效果逐渐出现，制作出“与激情共舞”电视特效表现。动画流程如图 9.1 所示。

难易程度：★★★☆☆

工程文件：第 9 章 \ 电视特效表现——与激情共舞

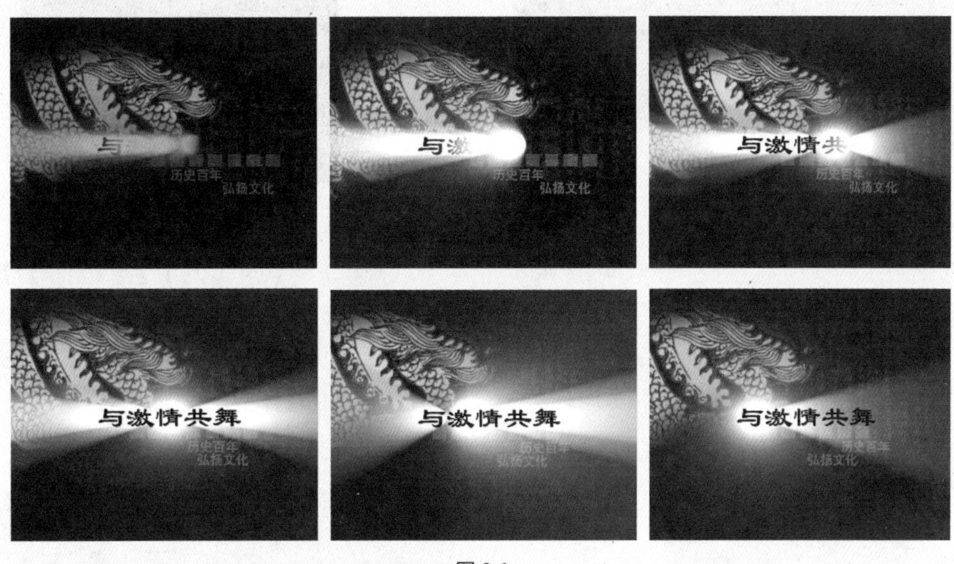

图 9.1

教学视频

知识点

1. 色相 / 饱和度
2. 颜色键
3. Shine（光）

操作步骤

9.1.1 制作胶片字的运动

1 执行菜单栏中的【合成】|【新建合成】命令，打开【合成设置】对话框，设置【合成名称】为“胶片字”，【宽度】的值为 720，【高度】的值为 576，【帧速率】的值为 25，并设置【持续时间】为 0:00:04:00，

单击【确定】按钮，在【项目】面板中将会新建一个名为“胶片字”的合成。

2 执行菜单栏中的【文件】|【导入】|【文件】命令，打开“发光体.psd”“图腾.psd”“版字.jpg”“胶片.psd”“蓝色烟雾.mov”素材。单击【导入】按钮，将素材导入【项目】面板中。

3 在【项目】面板中选择“胶片.psd”素材，将其拖动到【时间线】面板中，如图 9.2 所示。

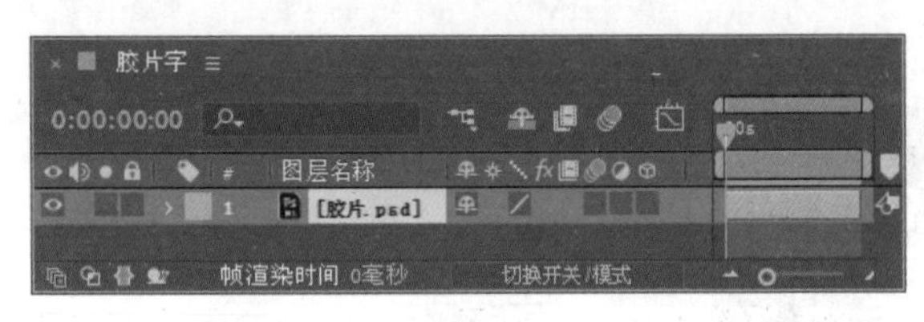

图 9.2

4 选择工具栏中的【横排文字工具】，在【合成】窗口中输入文字“历史百年”，设置字体为【文鼎 CS 大黑】，【填充颜色】为白色，字符大小为 30 像素，参数设置如图 9.3 所示。设置完成后的文字效果如图 9.4 所示。

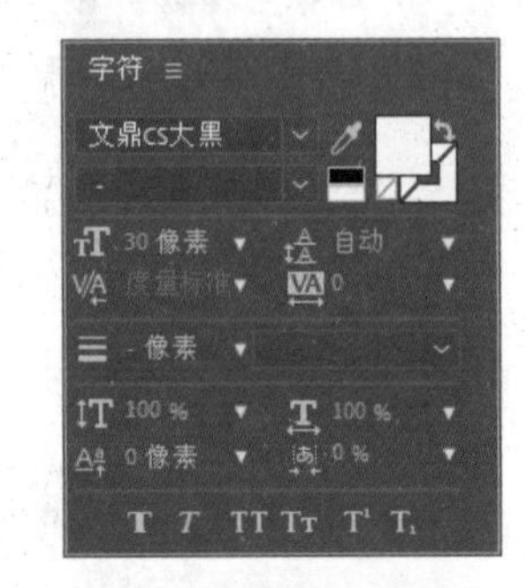

图 9.3

图 9.4

技巧 如果【字符】面板没有打开，可以按 Ctrl+6 组合键，快速打开【字符】面板。

5 使用相同的方法，利用【横排文字工具】，在【合成】窗口中输入文字“弘扬文化”，完成后的效果如图 9.5 所示。

图 9.5

6 选择【弘扬文化】【历史百年】【胶片.psd】3 个文字层，按 T 键打开【不透明度】选项，分别设置【弘扬文化】层的【不透明度】为 35%，【历史百年】层的【不透明度】为 35%，【胶片.psd】层的【不透明度】为 25%，如图 9.6 所示。

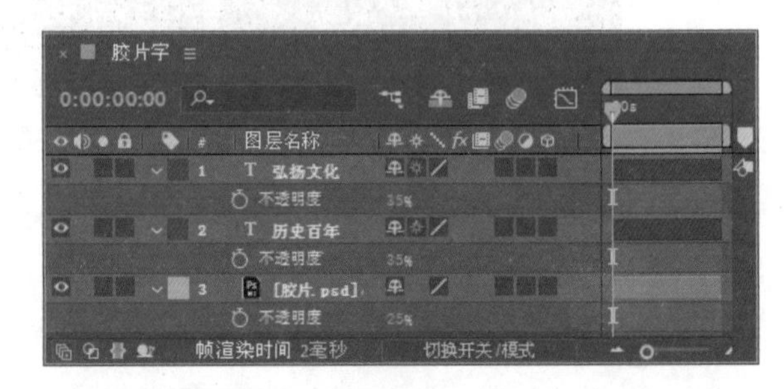

图 9.6

7 将时间调整到 0:00:00:00 的位置，选择【弘扬文化】【历史百年】【胶片.psd】3 个层，按 P 键打开【位置】选项，单击【位置】左侧的码表按钮设置关键帧，此时 3 个层将会同时创建关键帧。分别设置【弘扬文化】层【位置】属性值为（460.0，338.0），【历史百年】层【位置】属性值为（330.0，308.0），【胶片.psd】层【位置】

属性值为（445.0，288.0），如图 9.7 所示。

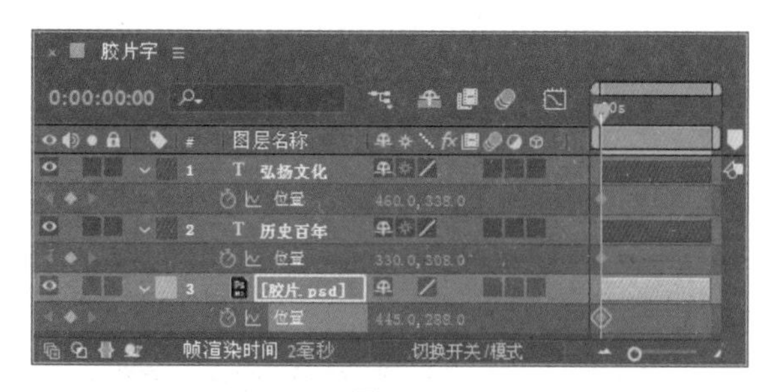

图 9.7

8 将时间调整到0:00:03:10的位置，修改【弘扬文化】层【位置】为（330.0，338.0），【历史百年】层【位置】为（410.0，308.0），【胶片.psd】层【位置】为（332.0，288.0），如图 9.8 所示。

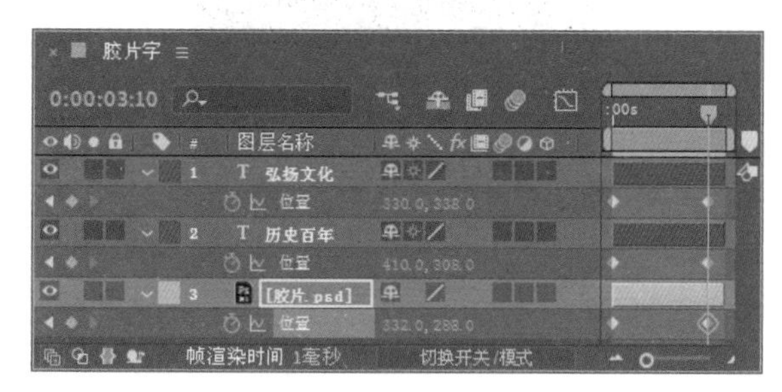

图 9.8

9 这样就完成了运动的“胶片字”的制作，拖动时间滑块，在【合成】窗口中观看动画效果，其中几帧的画面如图 9.9 所示。

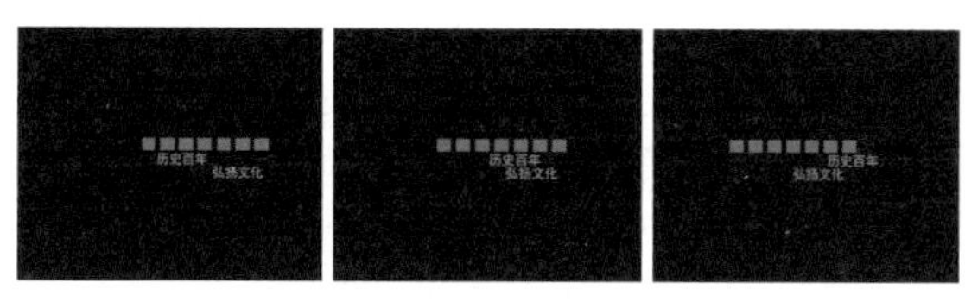

图 9.9

9.1.2 制作流动的烟雾背景

1 执行菜单栏中的【合成】|【新建合成】命令，打开【合成设置】对话框，设置【合成名称】为“与激情共舞”，【宽度】的值为 720，【高度】的值为 576，【帧速率】的值为 25，设置【持续时间】为 0:00:04:00，单击【确定】按钮，在【项目】面板中将会新建一个名为“与激情共舞”的合成。

2 在【项目】面板中选择“蓝色烟雾.mov”视频素材，将其拖动到【时间线】面板中，如图 9.10 所示。

图 9.10

3 选择【蓝色烟雾.mov】层，在【效果和预设】面板中展开【颜色校正】特效组，然后双击【色相 / 饱和度】特效，如图 9.11 所示。默认画面效果如图 9.12 所示。

图 9.11

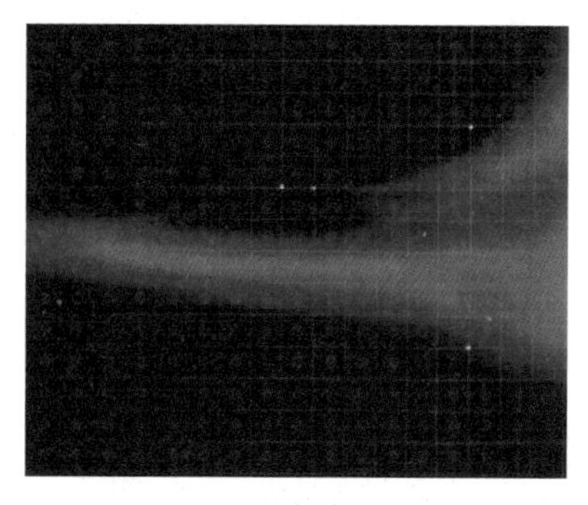

图 9.12

4 在【效果控件】面板中设置【主色相】为（0x+112.0°），如图 9.13 所示。此时的画面效果如图 9.14 所示。

5 按 T 键打开该层的【不透明度】选项，设置【不透明度】的值为 22%，如图 9.15 所示。

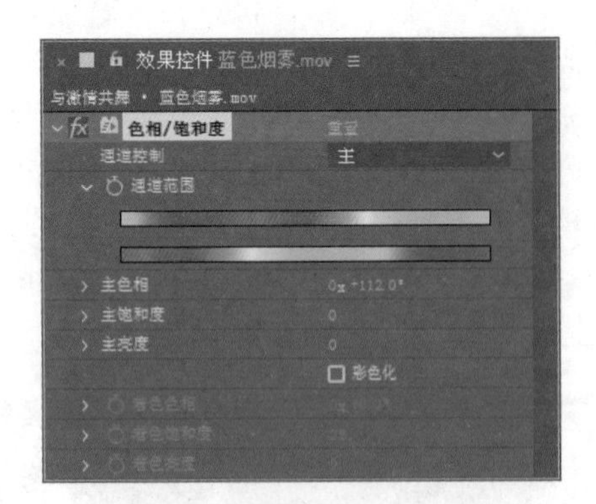

图 9.13

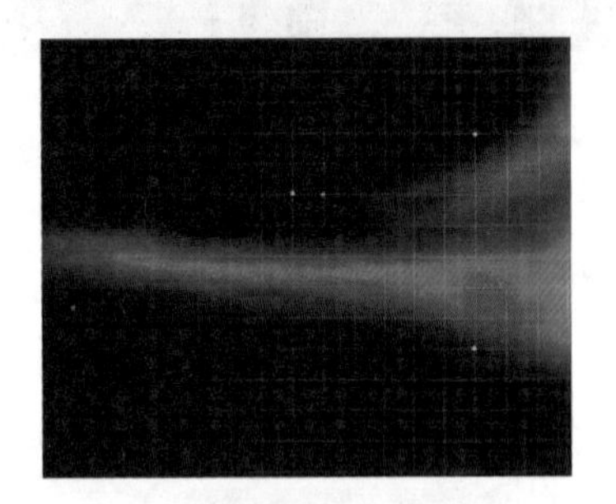
图 9.14

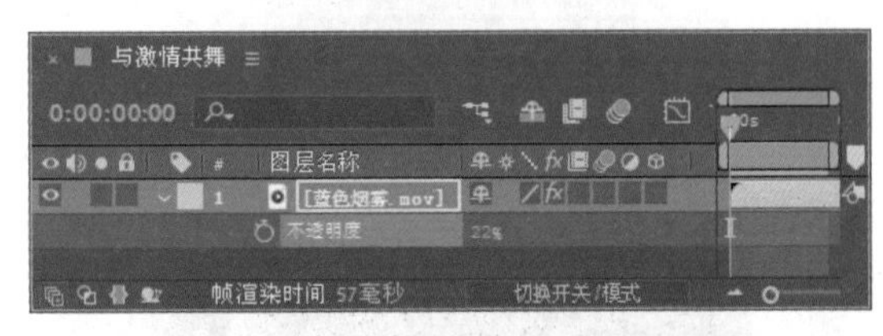

图 9.15

6 按 Ctrl+D 组合键复制【蓝色烟雾.mov】层，并将复制层重命名为“蓝色烟雾 2”，如图 9.16 所示。

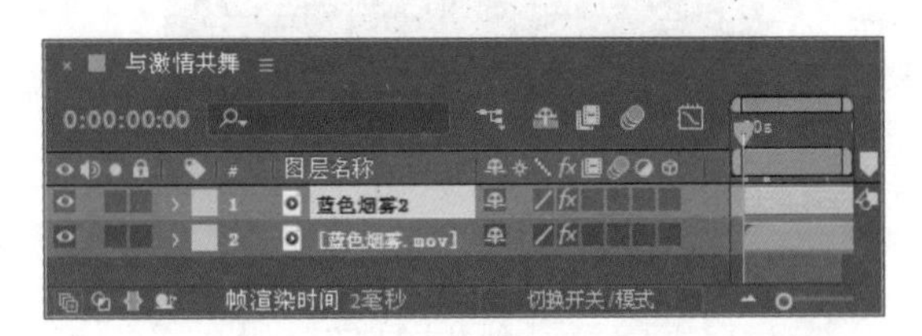

图 9.16

7 选择【蓝色烟雾.mov】【蓝色烟雾 2】两个图层，按 S 键打开【缩放】选项，在【时间线】面板的空白处单击，取消选择。然后分别设置【蓝色烟雾 2】图层的【缩放】为（112.0，−112.0%），【蓝色烟雾.mov】图层的【缩放】为（112.0，112.0%），如图 9.17 所示。此时【合成】窗口中的画面效果如图 9.18 所示。

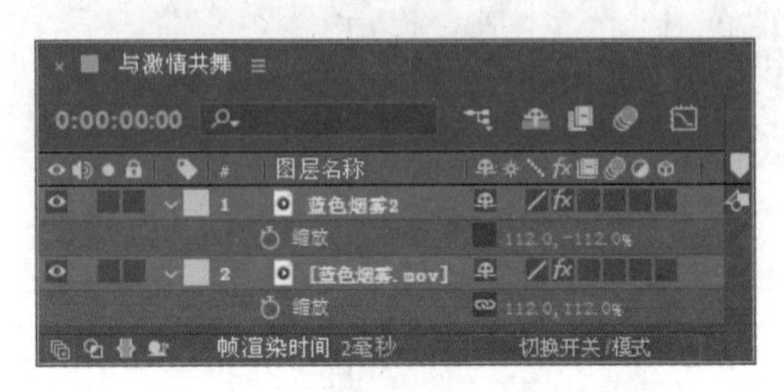

图 9.17

图 9.18

提示

将【缩放】的值修改为（112.0，−112.0%）后，图像将会以中心点的位置为轴垂直翻转。

8 按 P 键打开【位置】选项，设置【蓝色烟雾 2】的【位置】为（360.0，578.0），【蓝色烟雾.mov】的【位置】为（360.0，−4.0），如图 9.19 所示。此时【合成】窗口中的画面效果如图 9.20 所示。

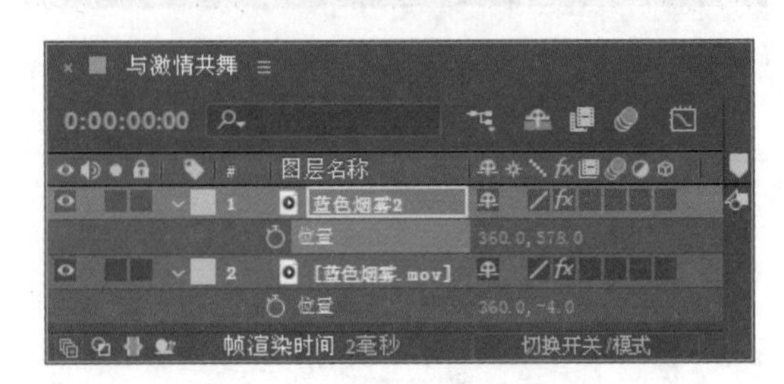

图 9.19

图 9.20

9 将时间调整到 0:00:01:20 的位置，选择【蓝色烟雾 2】层，按 Alt+[组合键，为该层设置入点，如图 9.21 所示。

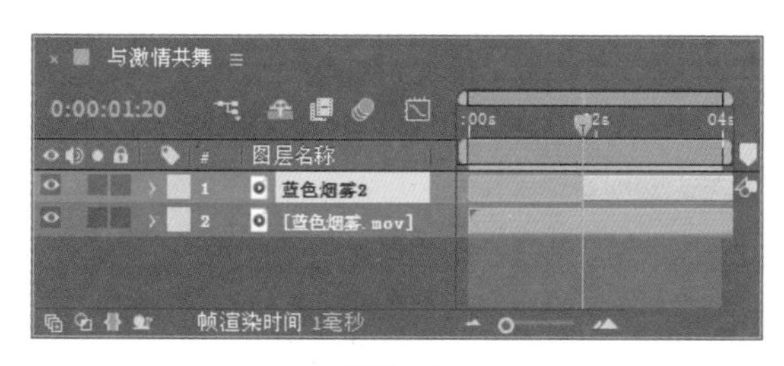

图 9.21

10 将时间调整到 0:00:00:00 的位置，然后按住 Shift 键拖动素材条，使其起点位于 0:00:00:00 的位置，完成后的效果如图 9.22 所示。

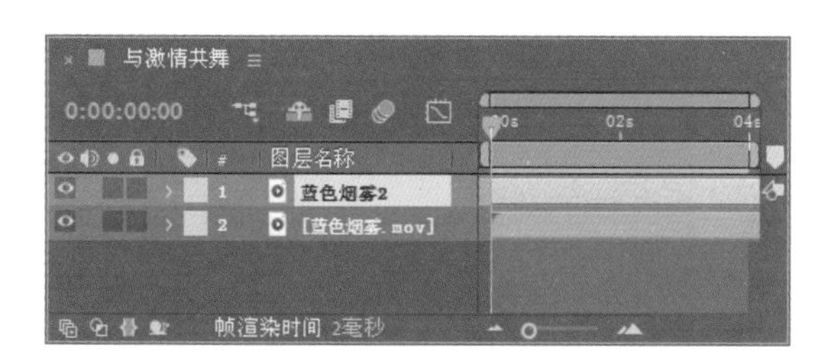

图 9.22

9.1.3 制作素材位移动画

1 在【项目】面板中选择“图腾.psd”素材，将其拖动到【时间线】面板中，然后按 S 键打开该层的【缩放】选项，设置【缩放】为（250.0，250.0%），如图 9.23 所示。此时的画面效果如图 9.24 所示。

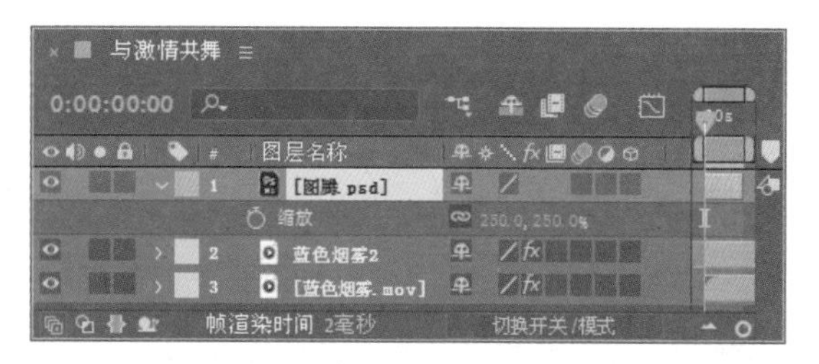

图 9.23

图 9.24

2 选择工具栏中的【钢笔工具】，在【合成】窗口中绘制一个路径，如图 9.25 所示。按 F 键打开该层的【蒙版羽化】选项，设置【蒙版羽化】为（30，30），此时的画面效果如图 9.26 所示。

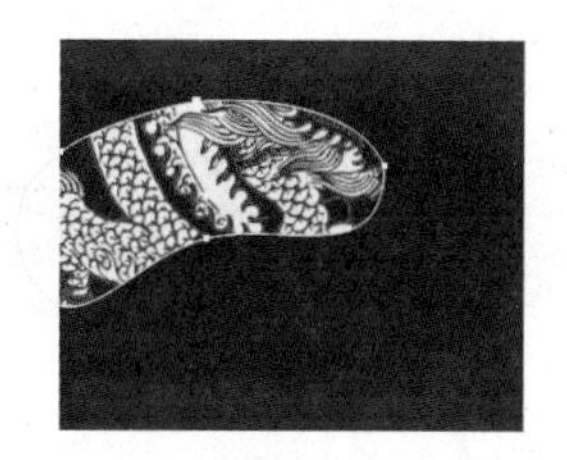

图 9.25

图 9.26

3 确认当前时间在 0:00:00:00 的位置。按

P键打开该层的【位置】选项，设置【位置】为（355.0，56.0），为其添加关键帧，如图9.27所示。

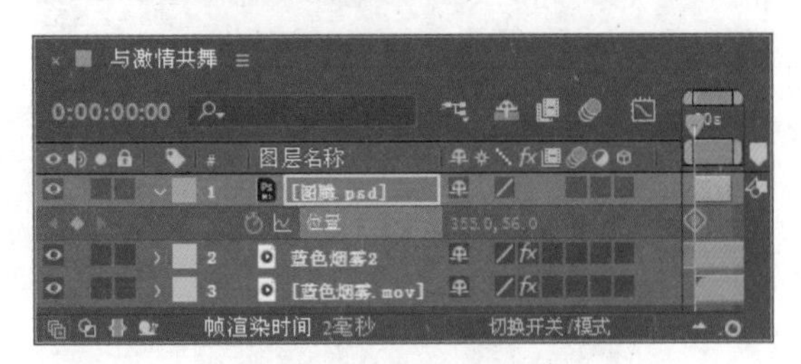

图 9.27

4 将时间调整到0:00:02:17的位置，设置【位置】为（235.0，40.0），如图9.28所示。

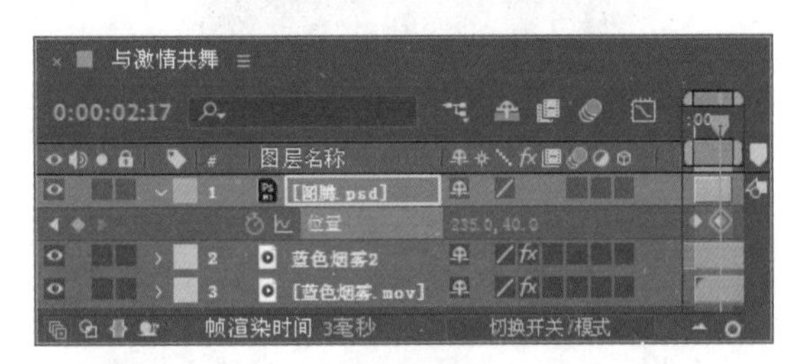

图 9.28

5 在【项目】面板中选择“版字.jpg”，将其拖动到【时间线】面板中，如图9.29所示。

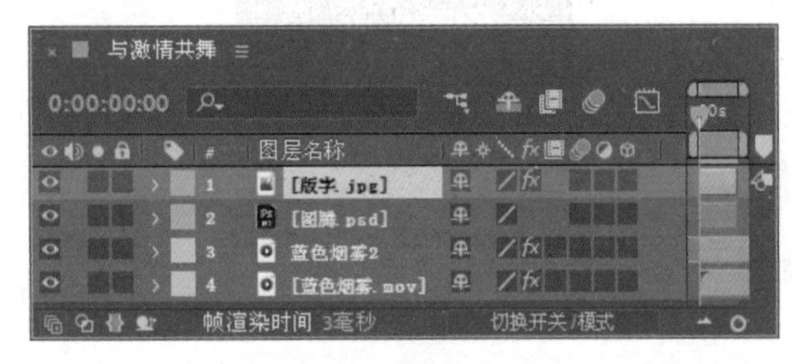

图 9.29

6 选择【版字.jpg】层，在【效果和预设】面板中展开【过时】特效组，然后双击【颜色键】特效，如图9.30所示。默认画面效果如图9.31所示。

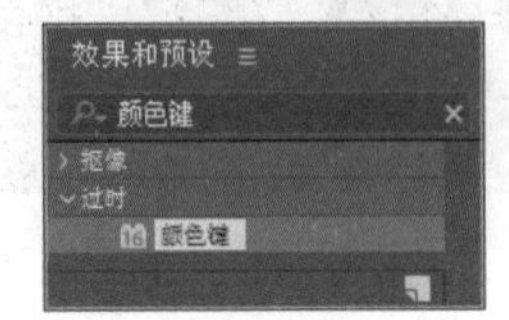

图 9.30

图 9.31

技巧

主色：用来设置透明的颜色值，可以单击右侧的色块来选择颜色，也可以单击右侧的【吸管工具】，然后在素材上单击吸取所需颜色，以确定透明的颜色值。

颜色容差：用来设置颜色的容差范围。值越大，所包含的颜色越广。

薄化边缘：用来设置边缘的粗细。

羽化边缘：用来设置边缘的柔化程度。

7 在【效果控件】面板中，设置【主色】为棕色（R：181，G：140，B：69），【颜色容差】的值为32，如图9.32所示。此时的画面效果如图9.33所示。

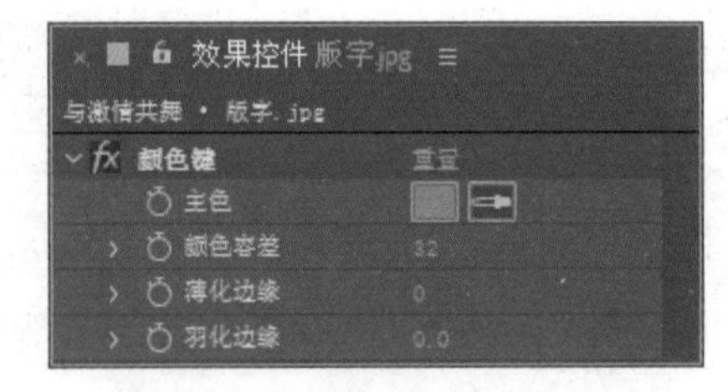

图 9.32

图 9.33

8 展开【变换】的属性设置选项组，单击【位置】左侧的码表按钮，在 0:00:00:00 的位置设置关键帧，并设置【位置】为（575.0，282.0），【缩放】的值为（45.0，45.0%），【不透明度】的值为 20%；将时间调整到 0:00:03:10 的位置，设置【位置】为（506.0，282.0），如图 9.34 所示。

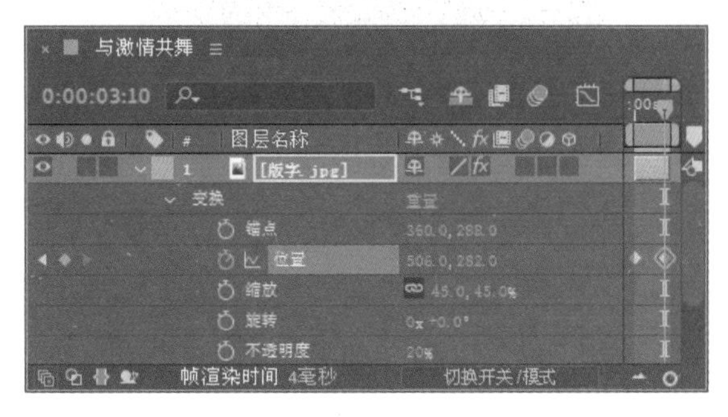

图 9.34

9 选择工具栏中的【椭圆工具】，为【版字.jpg】层绘制一个椭圆蒙版，如图 9.35 所示。按 F 键，打开该层的【蒙版羽化】选项，设置【蒙版羽化】为（50，50），完成后的效果如图 9.36 所示。

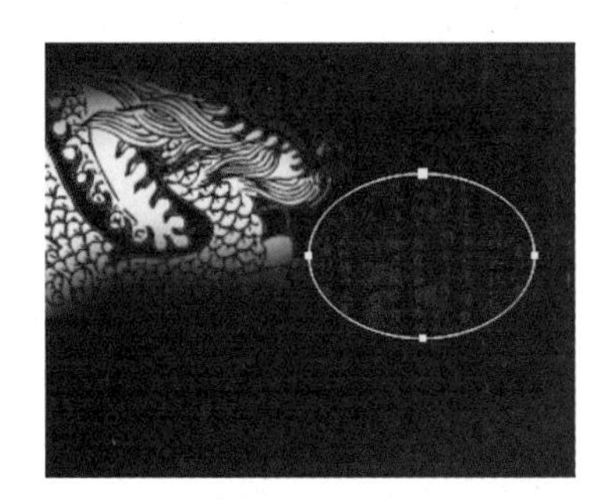

图 9.35

图 9.36

9.1.4 制作发光体

1 在【项目】面板中选择“发光体.psd”“胶片字”，将其拖动到【时间线】面板中，如图 9.37 所示。

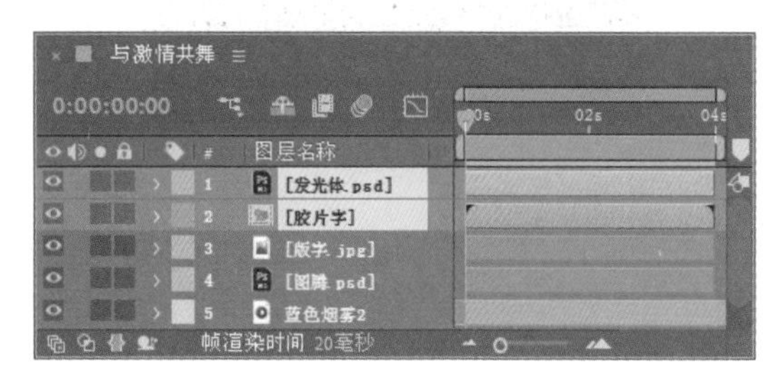

图 9.37

2 选择【胶片字】合成层，按 P 键打开该层的【位置】选项，设置【位置】为（405.0，350.0），如图 9.38 所示。

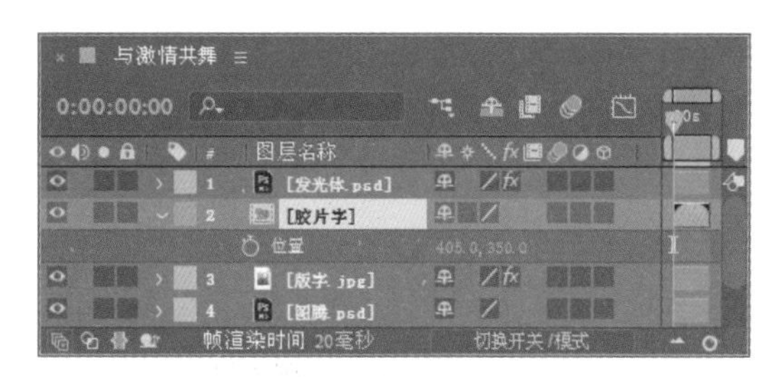

图 9.38

3 选择【发光体.psd】层，在【效果和预设】面板中展开【RG Trapcode】特效组，然后双击【Shine（光）】特效，如图 9.39 所示。其中一帧的画面效果如图 9.40 所示。

图 9.39

提示

【Shine（光）】特效是第三方插件，需要读者自己安装。

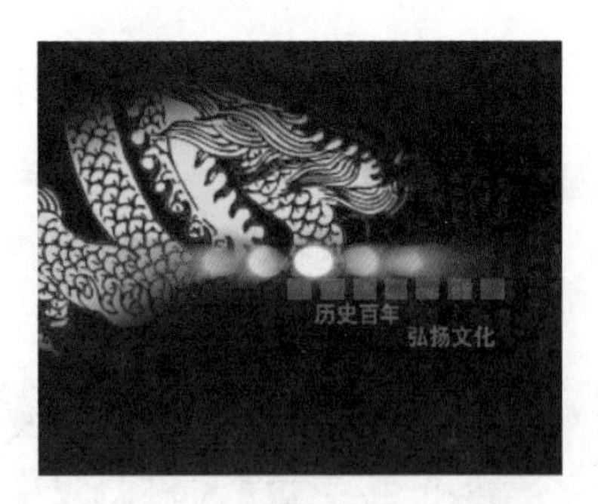

图 9.40

4 将时间调整到0:00:00:00的位置，在【效果控件】面板中单击【Source Point（源点）】左侧的码表按钮，在当前位置设置关键帧，并修改【Source Point（源点）】的值为（479.0，282.0），设置【Boost Light（光线亮度）】的值为3.5；展开【Colorize（着色）】选项组，在【Colorize（着色）】下拉列表中选择【3 – Color Gradient（三色渐变）】选项，设置【Midtones（中间色）】为黄色（R：240，G：217，B：32），【Shadows（阴影）】的颜色为红色（R：190，G：43，B：6），参数设置如图9.41所示。此时的画面效果如图9.42所示。

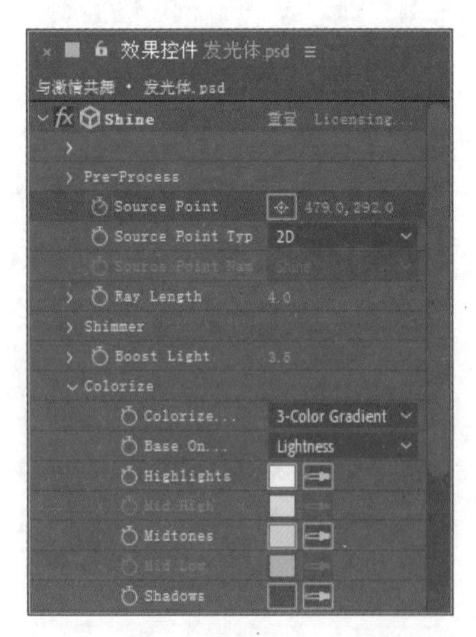

图 9.41

图 9.42

5 将时间调整到0:00:01:00的位置，单击【Ray Length（光线长度）】左侧的码表按钮，在当前位置设置关键帧，如图9.43所示。将时间调整到0:00:02:22的位置，设置【Source Point（源点）】为（303.0，292.0），【Ray Length（光线长度）】为18.0，如图9.44所示。

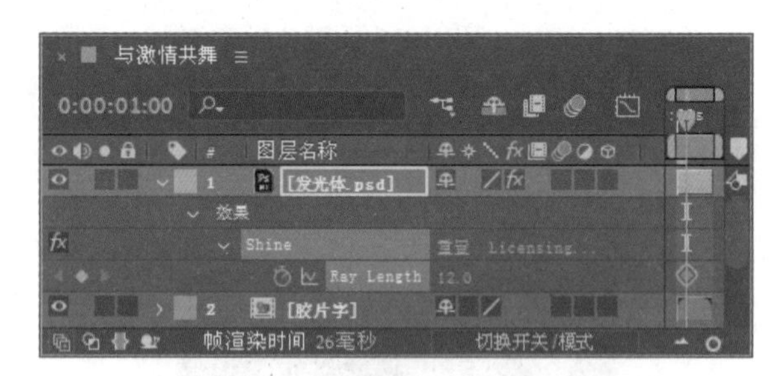

图 9.43

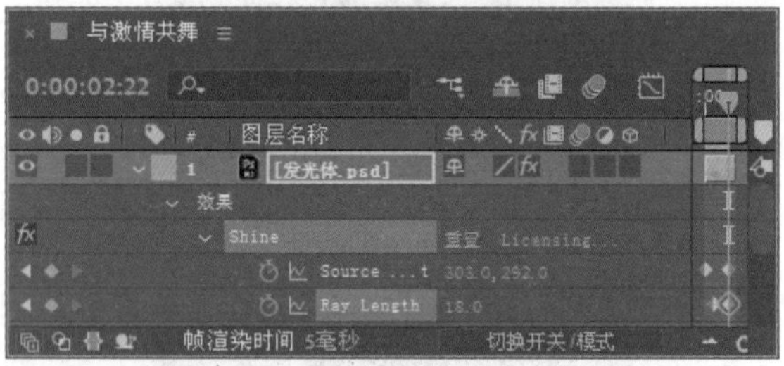

图 9.44

6 将时间调整到0:00:03:10的位置，设置【Source Point（源点）】为（253.0，290.0），【Ray Length（光线长度）】为15.0，如图9.45所示。此时的画面效果如图9.46所示。

图 9.45

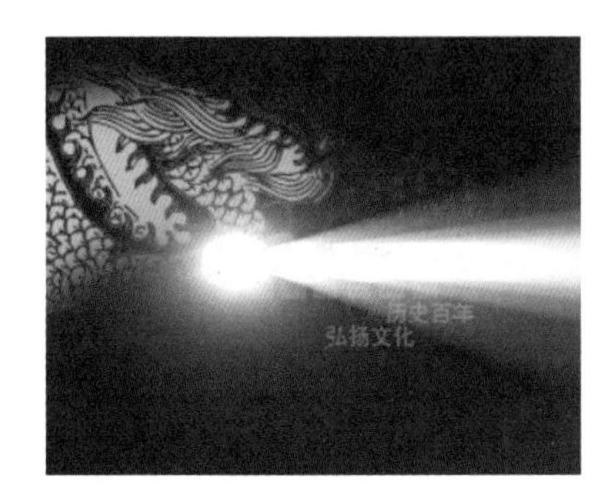

图 9.46

7 选择工具栏中的【矩形工具】，在【合成】窗口中为【发光体.psd】层绘制一个蒙版，如图 9.47 所示。将时间调整到 0:00:00:00 的位置，按 M 键打开该层的【蒙版路径】选项，单击【蒙版路径】左侧的码表按钮，在当前位置设置关键帧，如图 9.48 所示。

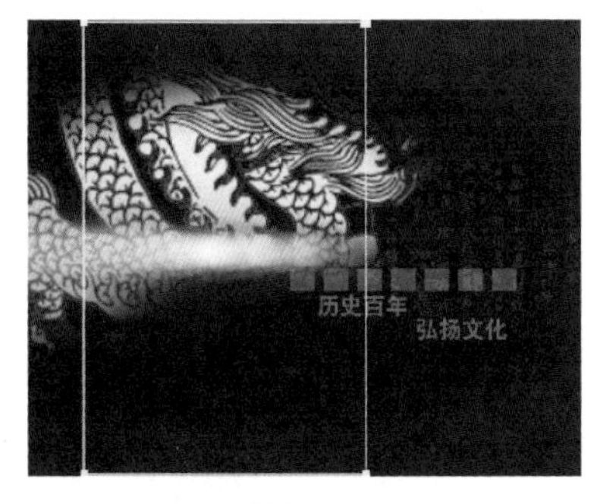

图 9.47

提示 在绘制矩形蒙版时，需要将光遮住，蒙版不可以太小。

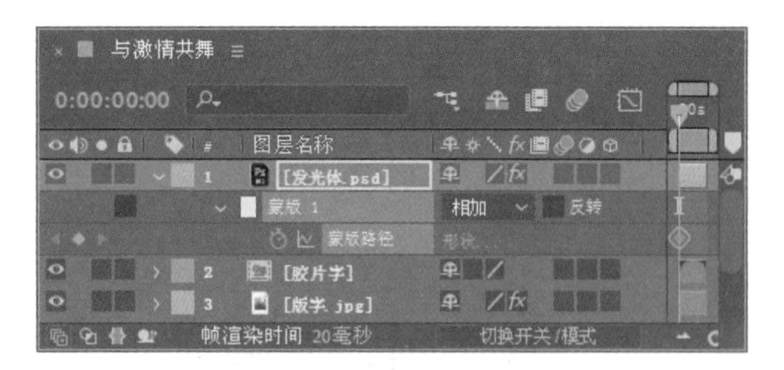

图 9.48

8 将时间调整到 0:00:02:19 的位置，修改蒙版的形状，系统将在当前位置自动设置关键帧，如图 9.49 所示。将时间调整到 0:00:03:02 的位置，修改蒙版的形状，如图 9.50 所示。

图 9.49

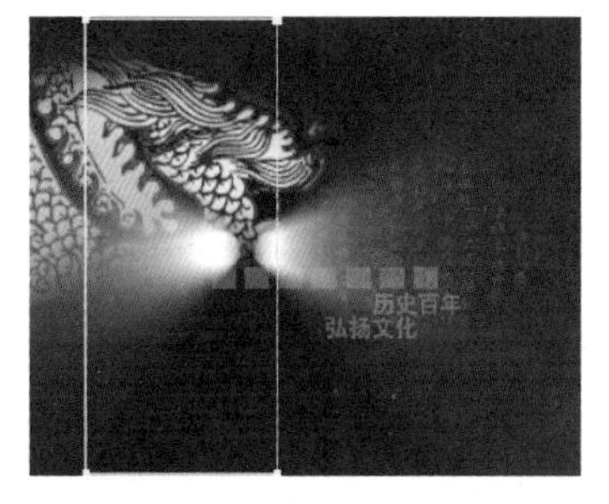

图 9.50

9.1.5 制作文字定版

1 选择工具栏中的【横排文字工具】，在【合成】窗口中输入文字“与激情共舞”，设置字体为【方正隶书简体】，字体的【填充颜色】为黑色，字符大小为 67 像素，参数设置如图 9.51 所示，此时【合成】窗口中的画面效果如图 9.52 所示。

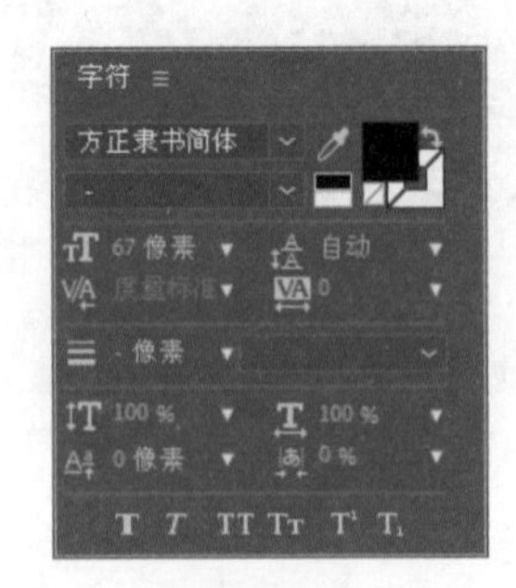

图 9.51

图 9.52

2 在【时间线】面板中选择【与激情共舞】文字层，按 P 键打开该层的【位置】选项，设置【位置】为（207.0，318.0），如图 9.53 所示。此时文字的位置如图 9.54 所示。

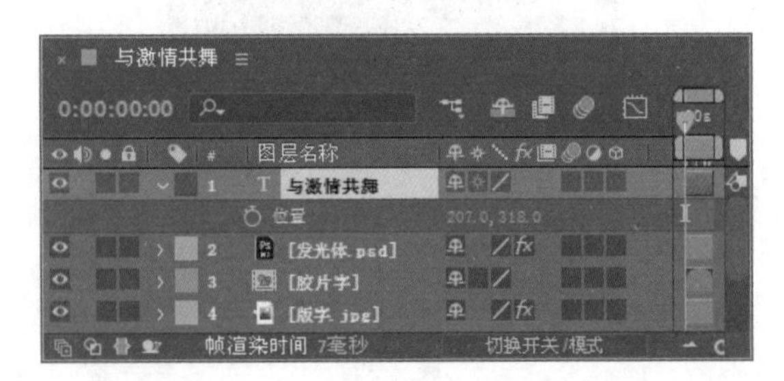

图 9.53

3 选择工具栏中的【矩形工具】，在【合成】窗口中为【与激情共舞】文字层绘制一个蒙版，如图 9.55 所示。将时间调整到 0:00:00:00 的位置，按 M 键打开该层的【蒙版路径】选项，单击【蒙版路径】左侧的码表按钮，在当前位置设置关键帧，如图 9.56 所示。

图 9.54

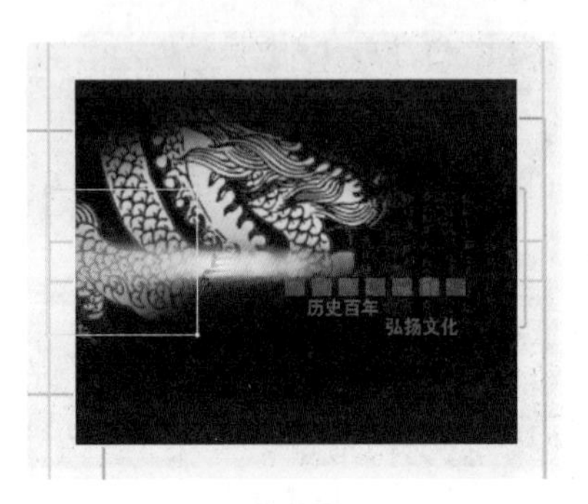

图 9.55

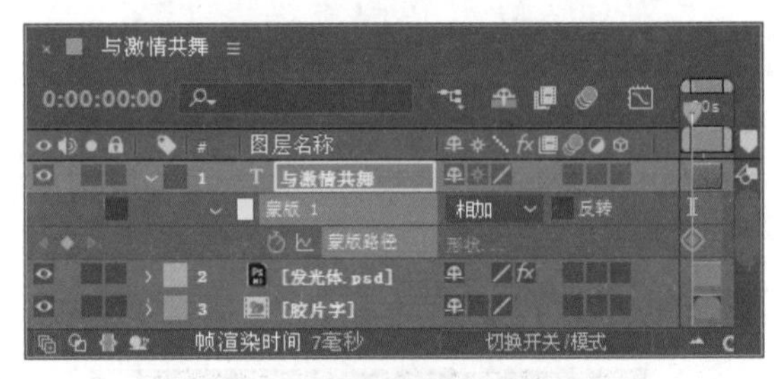

图 9.56

4 将时间调整到 0:00:01:13 的位置，在当前位置修改蒙版形状，如图 9.57 所示。

图 9.57

5 制作渐现效果。在【时间线】面板中按 Ctrl+Y 组合键，打开【纯色设置】对话框，设置【名称】为“渐现”，【颜色】为黑色，如图 9.58 所示。

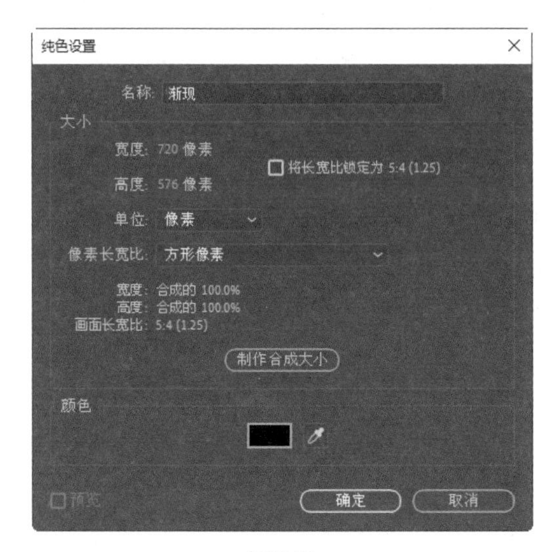

图 9.58

6 单击【确定】按钮，在【时间线】面板中创建一个名为【渐现】的纯色层。将时间调整到 0:00:00:00 的位置，选择【渐现】纯色层，按 T 键打开该层的【不透明度】选项，单击【不透明度】左侧的码表按钮，在当前位置设置关键帧，如图 9.59 所示。

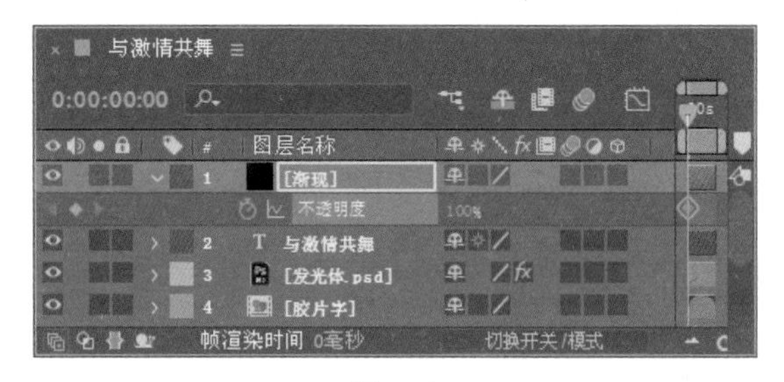

图 9.59

7 将时间调整到 0:00:00:06 的位置，修改【不透明度】为 0%，如图 9.60 所示。

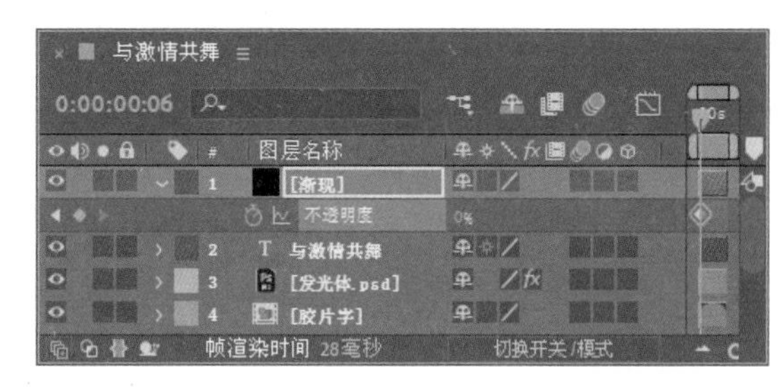

图 9.60

8 这样就完成了“电视特效表现——与激情共舞”的整体制作，按小键盘上的 0 键播放预览。最后将文件保存并输出成动画。

9.2 财经栏目包装——理财指南

实例解析

“理财指南”是一个关于电视频道包装的片头动画，利用 After Effects 内置的三维效果制作旋转的圆环，使圆环本身层次感分明，立体效果十足；利用层之间的层叠关系更好地表现出场景的立体效果；利用线性擦除特效制作背景色彩条的生长效果，从而完成动画的制作。本例最终的动画流程效果如图 9.61 所示。

难易程度：★★★★☆

工程文件：第 9 章 \ 财经栏目包装——理财指南

图 9.61

知识点

1. 三维层
2. 摄像机
3. 调整持续时间条的入点与出点
4. 圆形特效

视频文件

操作步骤

9.2.1 导入素材

1 执行菜单栏中的【文件】|【导入】|【文件】命令，打开“箭头 01.psd”“箭头 02.psd”“镜头 1 背景 .jpg”“素材 01.psd”“素材 02.psd”“素材 03.psd”“文字 01.psd”“文字 02.psd”“文字 03.psd”“文字 04.psd”“文字 05.psd”“圆点 .psd”素材，单击【导入】按钮，将素材添加到【项目】面板中。

2 单击【项目】面板下方的【新建文件夹】按钮，新建文件夹并重命名为“素材”，将刚才导入的素材放到新建的素材文件夹中，如图 9.62 所示。

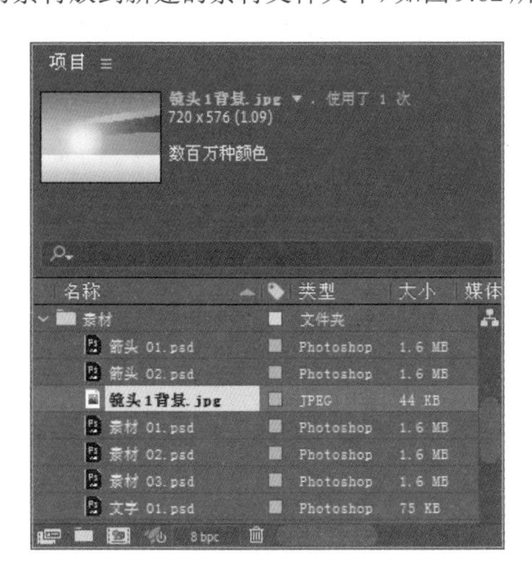

图 9.62

3 执行菜单栏中的【文件】| 导入】|【文件】命令，打开“风车.psd 素材”。

4 单击【导入】按钮，打开以素材名“风车.psd”命名的对话框，在【导入种类】下拉列表框中选择【合成】选项，将素材以合成的方式导入，如图 9.63 所示。

5 单击【确定】按钮，将素材导入【项目】面板中，系统将建立以“风车”为名的新合成，如图 9.64 所示。

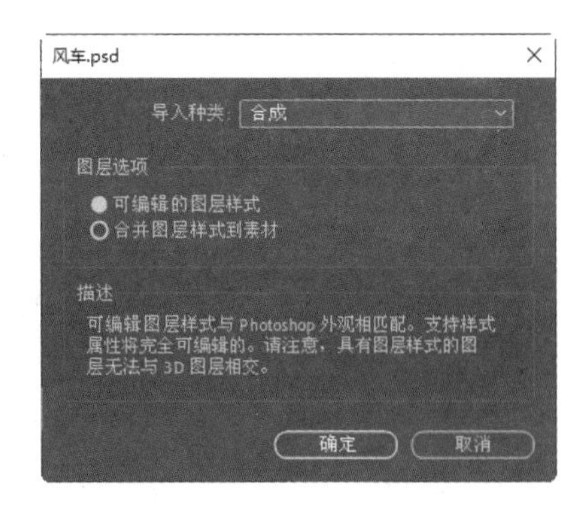

图 9.63

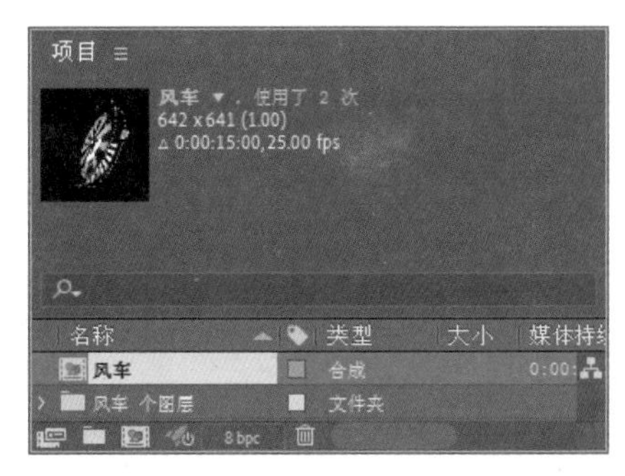

图 9.64

6 在【项目】面板中选择【风车】合成，按 Ctrl+K 组合键打开【合成设置】对话框，设置【持续时间】为 0:00:15:00。

9.2.2 制作风车合成动画

1 打开【风车】合成的【时间线】面板，选中时间线中的所有素材层，打开三维开关，如图 9.65 所示。

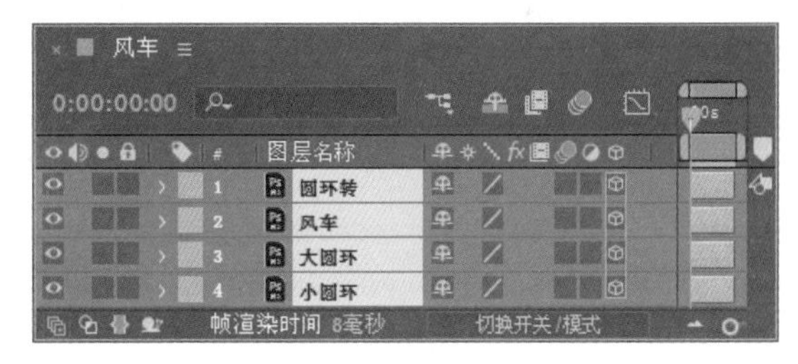

图 9.65

2 调整时间到 0:00:00:00 的位置，单击【小圆环】素材层，按 R 键打开【旋转】属性，单击【Z 轴旋转】属性左侧的码表按钮，在当前时间建立关键帧，如图 9.66 所示。

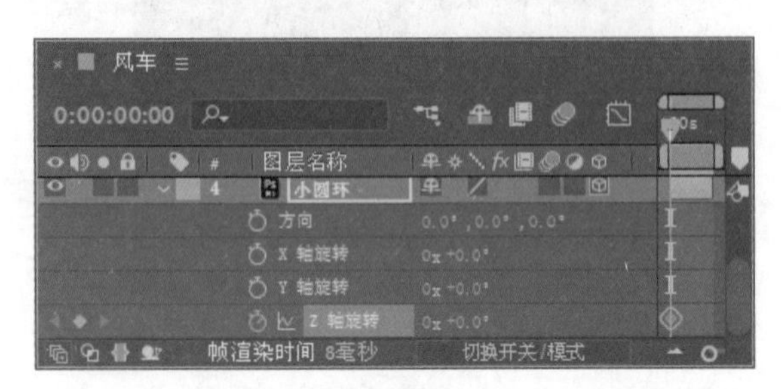

图 9.66

3 调整时间到 0:00:03:09 的位置，修改【Z 轴旋转】为（0x+200.0°），系统将自动建立关键帧，如图 9.67 所示。

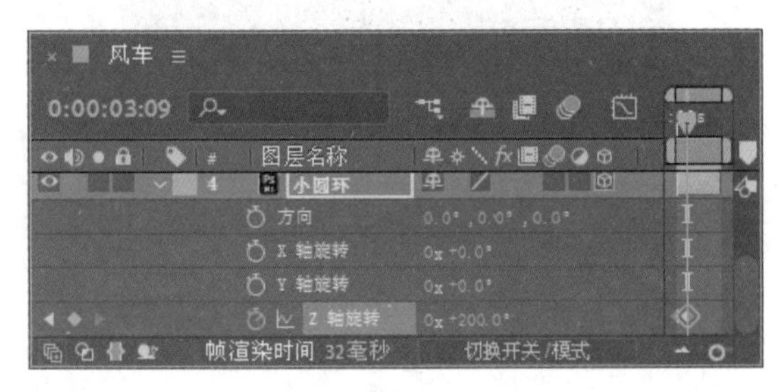

图 9.67

4 调整时间到 0:00:00:00 的位置，单击【小圆环】素材层的【Z 轴旋转】文字部分，以选择全部的关键帧，按 Ctrl+C 组合键复制选中的关键帧，单击【大圆环】，按 R 键打开【旋转】属性，按 Ctrl+V 组合键粘贴关键帧，如图 9.68 所示。

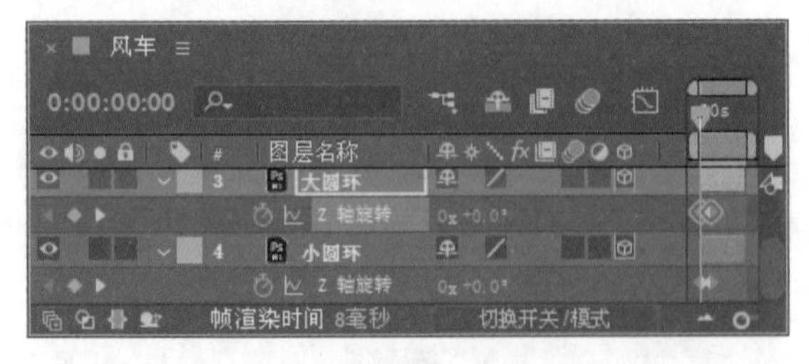

图 9.68

5 调整时间到 0:00:03:09 的位置，单击【时间线】面板的空白处取消选择，修改【大圆环】层的【Z 轴旋转】为（0x−200.0°），如图 9.69 所示。

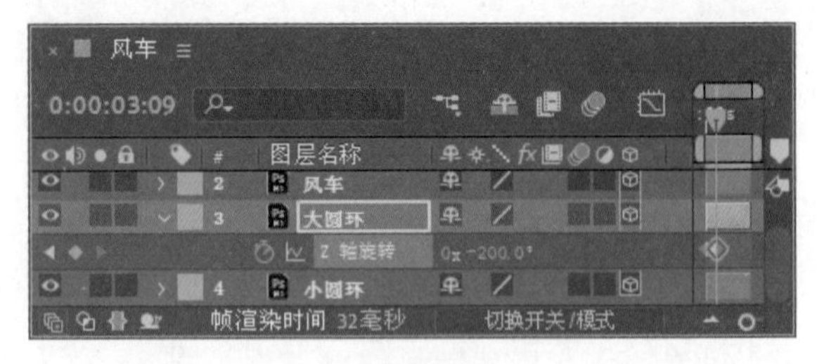

图 9.69

6 调整时间到 0:00:00:00 的位置，单击【风车】图层，按 Ctrl+V 组合键粘贴关键帧，如图 9.70 所示。

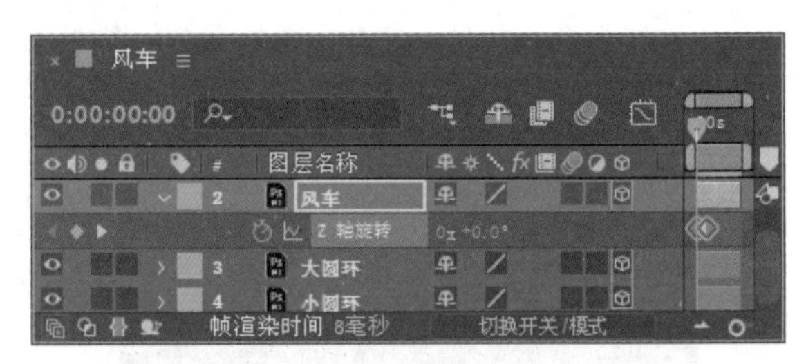

图 9.70

7 确认时间在 0:00:00:00 的位置，单击【大圆环】素材层的【Z 轴旋转】文字部分，以选择全部的关键帧，按 Ctrl+C 组合键复制选中的关键帧，单击【圆环转】图层，按 Ctrl+V 组合键粘贴关键帧，如图 9.71 所示。

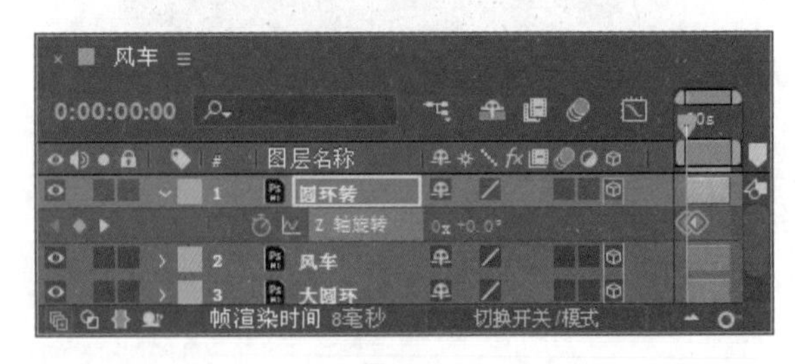

图 9.71

8 这样【风车】合成层的素材平面动画就制作完毕了，按空格键或小键盘上的 0 键在【合成】窗口中播放动画，其中几帧的效果如图 9.72 所示。

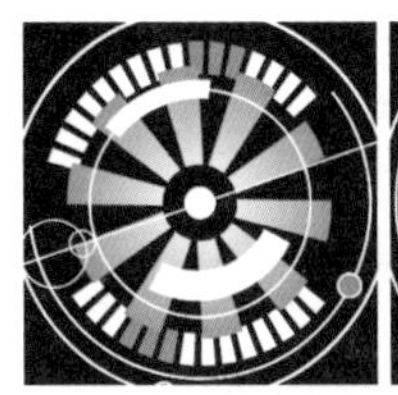
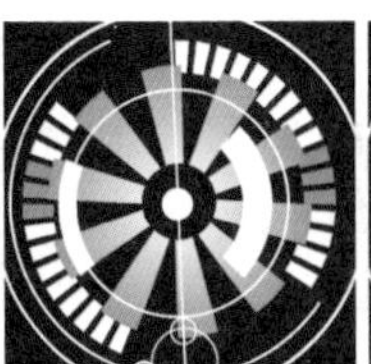
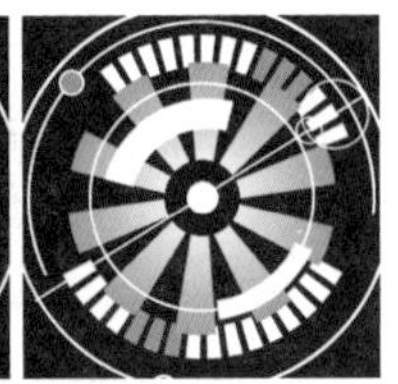

图 9.72

9 平面动画制作完成后，下面开始制作立体效果。选择【大圆环】素材层，修改【位置】为（321.0，320.5，−72.0）；选择【风车】素材层，修改【位置】为（321.0，320.5，−20.0）；选择【圆环转】素材层，修改【位置】为（321.0，320.5，−30.0），如图 9.73 所示。

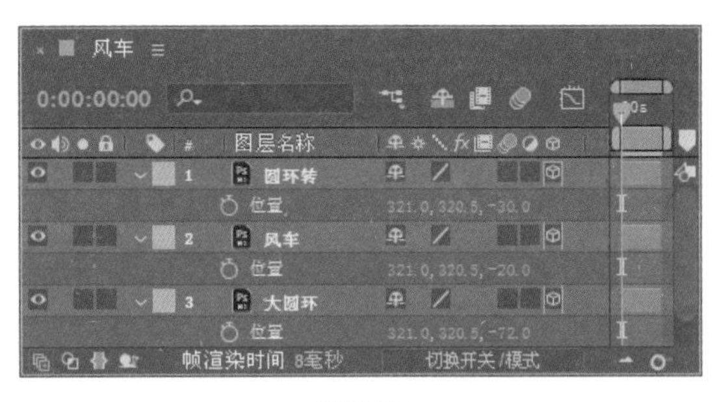

图 9.73

10 添加摄像机。执行菜单栏中的【图层】|【新建】|【摄像机】命令，打开【摄像机设置】对话框，设置【预设】为 24 毫米，如图 9.74 所示。单击【确定】按钮，将在【时间线】面板中创建一个摄像机。

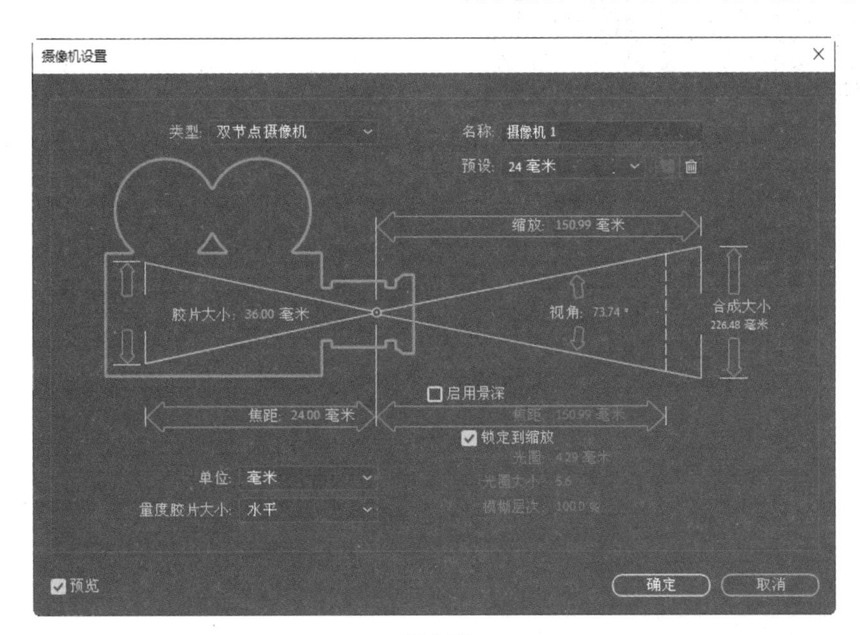

图 9.74

11 调整时间到 0:00:00:00 的位置，展开【摄影机 1】的【变换】选项组，单击【目标点】左侧的码表按钮，在当前建立关键帧，修改【目标点】为（320.0，320.0，0.0），单击【位置】左侧的码表按钮建立关键帧，修改【位置】为（700.0，730.0，−250.0），如图 9.75 所示。

12 调整时间到 0:00:03:10 的位置，修改【目标点】为（212.0，226.0，260.0），修改【位置】属性为（600.0，550.0，−445.0），如图 9.76 所示。

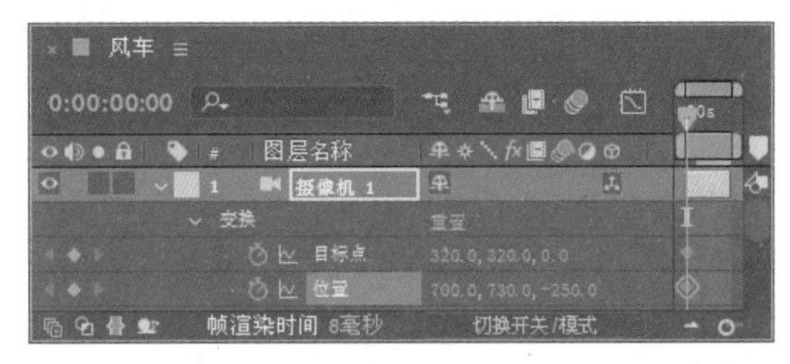

图 9.75

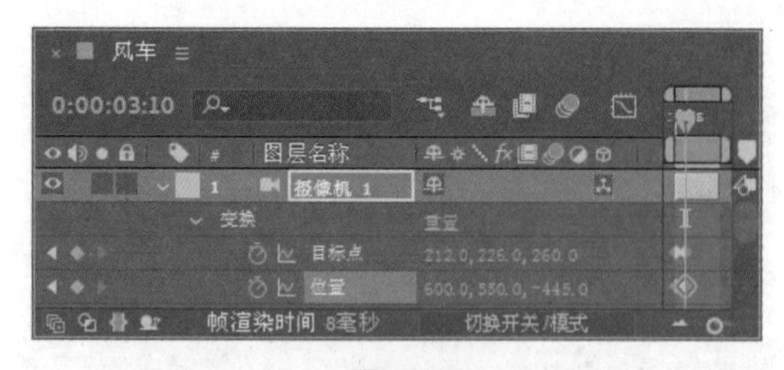

图 9.76

13 这样【风车】合成层的素材立体动画就制作完成了，按空格键或小键盘上的 0 键在【合成】窗口中播放动画，其中几帧的效果如图 9.77 所示。

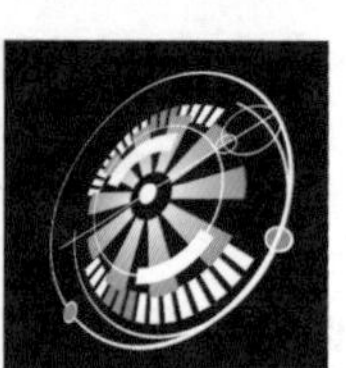

图 9.77

9.2.3 制作圆环动画

1 执行菜单栏中的【合成】|【新建合成】命令，打开【合成设置】对话框，设置【合成名称】为“圆环动画”，【宽度】的值为 720，【高度】的值为 576，【帧速率】的值为 25，并设置【持续时间】为 0:00:02:00，如图 9.78 所示。

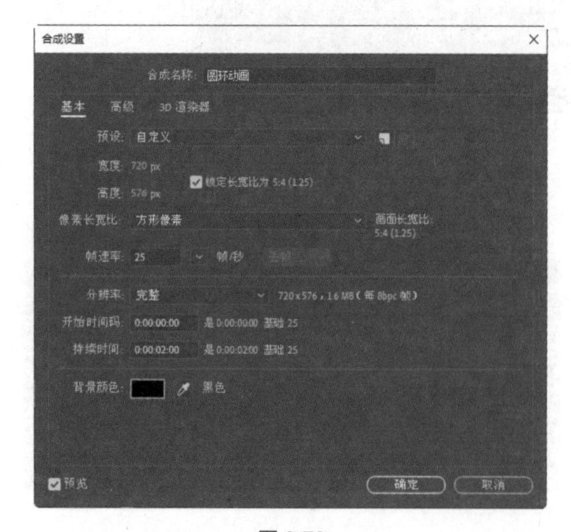

图 9.78

2 按 Ctrl+Y 组合键打开【纯色设置】对话框，设置【名称】为“红色圆环”，修改【颜色】为白色，如图 9.79 所示。

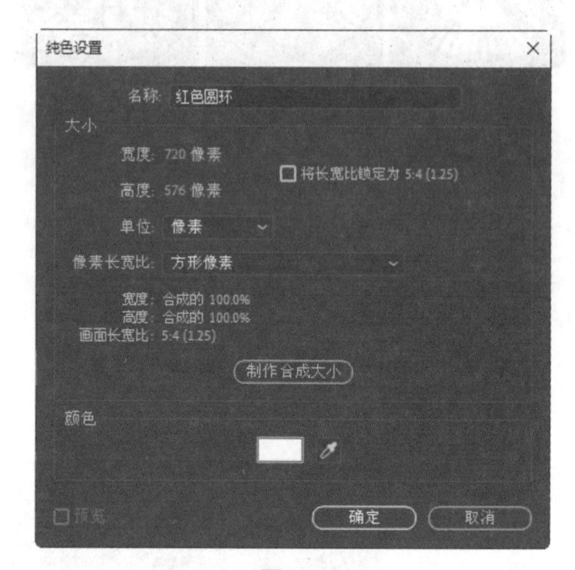

图 9.79

3 选择【红色圆环】纯色层，按 Ctrl+D 组合键，复制【红色圆环】纯色层，并重命名为“白色圆环”，如图 9.80 所示。

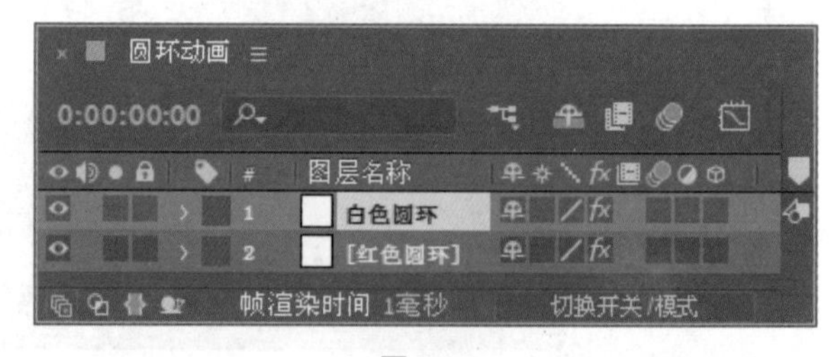

图 9.80

4 选择【红色圆环】纯色层，在【效果和预设】面板中展开【生成】特效组，然后双击【圆形】特效，如图 9.81 所示。

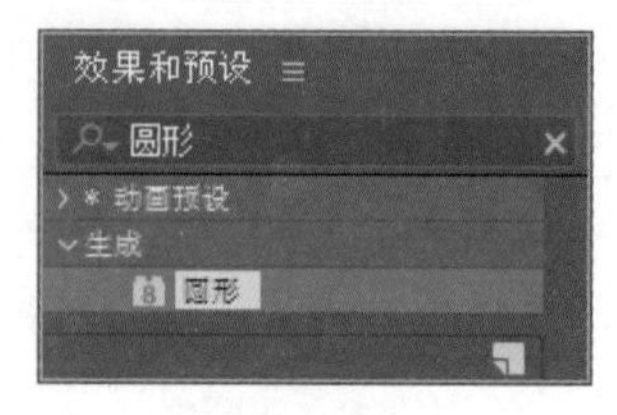

图 9.81

5 调整时间到0:00:00:00的位置，在【效果控件】面板中修改【圆形】特效的参数，单击【半径】左侧的码表按钮建立关键帧，修改【半径】为0.0，从【边缘】下拉列表中选择【边缘半径】，设置【颜色】为紫色（R：205，G：1，B：111），如图9.82所示。

图9.82

6 调整时间到0:00:00:14的位置，修改【半径】为30.0，单击【边缘半径】左侧的码表按钮，在当前建立关键帧，如图9.83所示。

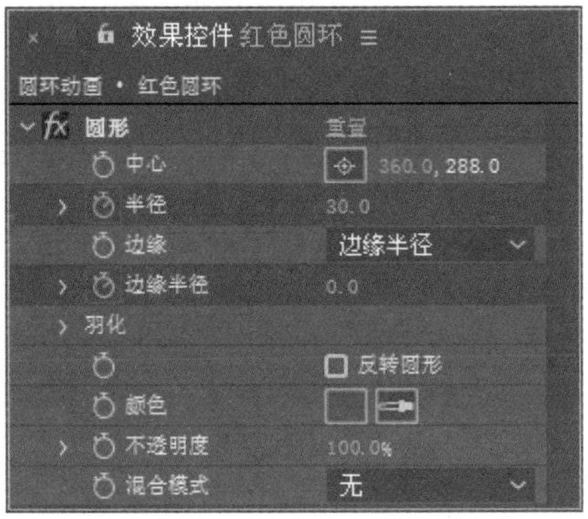

图9.83

7 调整时间到0:00:00:20的位置，修改【半径】为65.0，【边缘半径】为60.0，如图9.84所示。

8 选择【白色圆环】纯色层，在【效果和预设】面板中展开【生成】特效组，然后双击【圆形】特效，如图9.85所示。

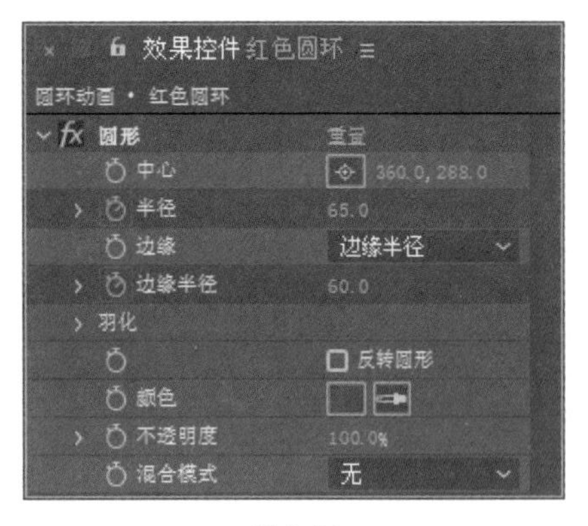

图9.84

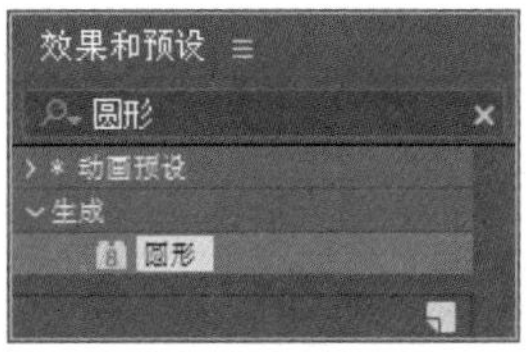

图9.85

9 调整时间到0:00:00:11的位置，在【效果控件】面板中修改【圆形】特效的参数，单击【半径】左侧的码表按钮建立关键帧，修改【半径】为0.0，从【边缘】下拉列表中选择【边缘半径】，单击【边缘半径】左侧的码表按钮，在当前时间建立关键帧，设置【颜色】为白色，如图9.86所示。

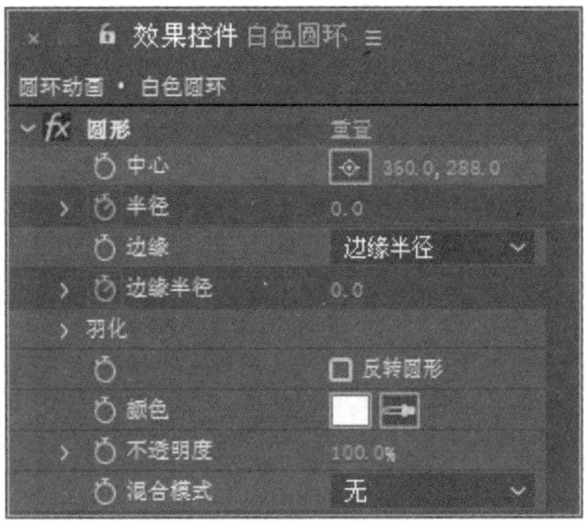

图9.86

10 调整时间到0:00:00:12的位置，设置【半径】的值为15.0，【边缘半径】的值为13.0，如图9.87所示。

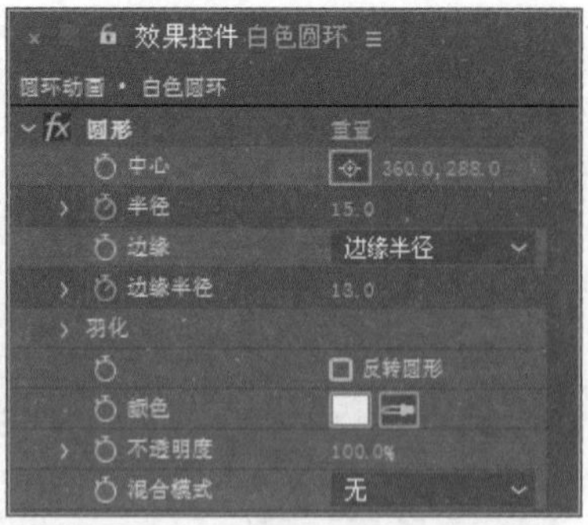

图 9.87

11 调整时间到 0:00:00:14 的位置，展开【羽化】选项组，单击【羽化外侧边缘】左侧的码表按钮，在当前位置建立关键帧，如图 9.88 所示。

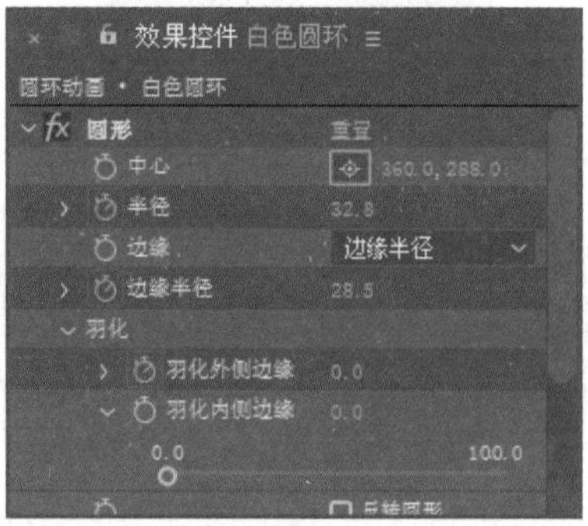

图 9.88

12 调整时间到 0:00:00:20 的位置，修改【半径】的值为 86.0，修改【边缘半径】的值为 75.0，修改【羽化外侧边缘】的值为 15.0，如图 9.89 所示。

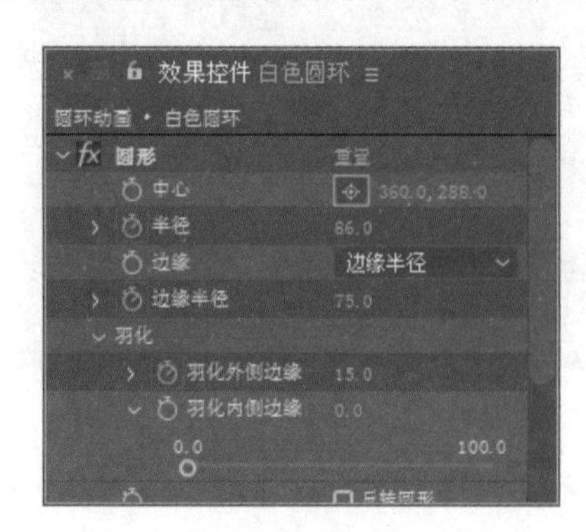

图 9.89

13 这样圆环的动画就制作完成了，按空格键或小键盘上的 0 键在【合成】窗口中播放动画，其中几帧的效果如图 9.90 所示。

图 9.90

9.2.4 制作镜头 1 动画

1 执行菜单栏中的【合成】|【新建合成】命令，打开【合成设置】对话框，设置【合成名称】为“镜头 1”，【宽度】的值为 720，【高度】的值为 576，【帧速率】的值为 25，并设置【持续时间】为 0:00:03:10，如图 9.91 所示。

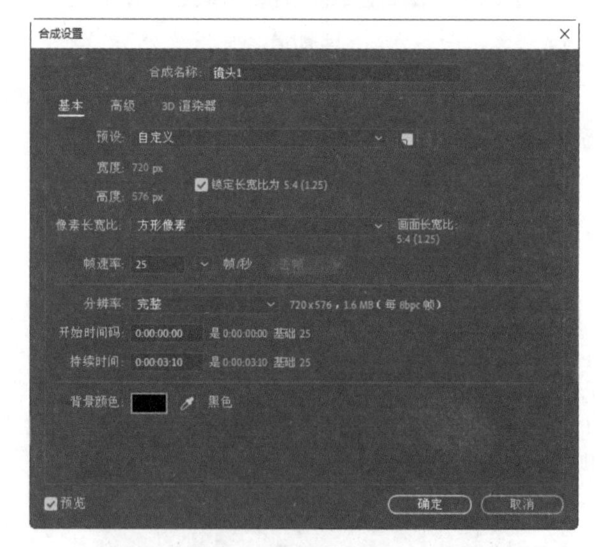

图 9.91

2 将“文字 01.psd”“圆环动画”合成，将“箭头 01.psd”“箭头 02.psd”“风车”“镜头 1 背景.jpg”拖入“镜头 1”合成的【时间线】面板中，如图 9.92 所示。

3 调整时间到 0:00:00:00 的位置，单击【风车】合成右侧的三维开关，选择【风车】合成，按 P 键打开【位置】属性，单击【位置】属性左侧的码表按钮，在当前时间建立关键帧，修改【位置】为（114.0，368.0，160.0），如图9.93所示。

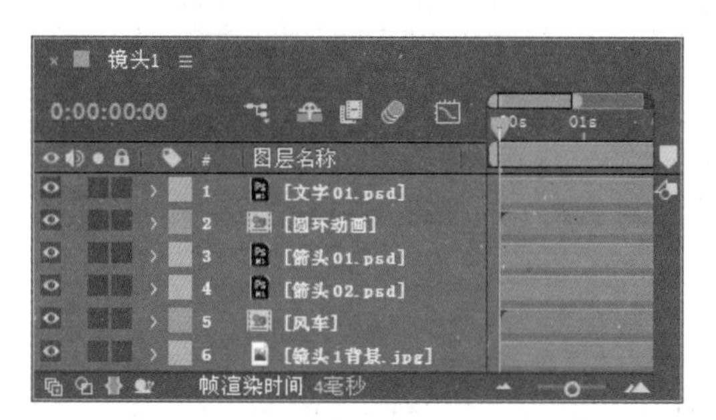

图 9.92

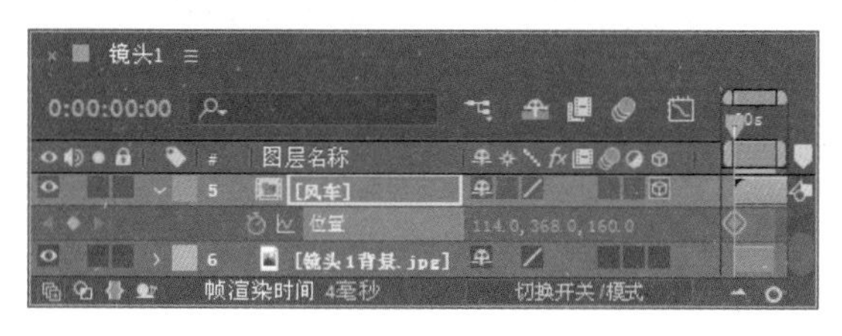

图 9.93

4 调整时间到0:00:03:07的位置，修改【位置】为（660.0，200.0，-560.0），系统将自动建立关键帧，如图9.94所示。

图 9.94

5 选择【风车】合成层，按Ctrl+D组合键复制合成层并重命名为“风车影子”。在【效果和预设】面板中展开【透视】特效组，然后双击【投影】特效，如图9.95所示。

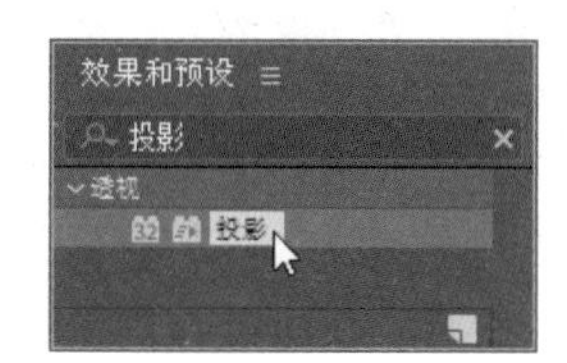

图 9.95

6 在【效果控件】面板中修改【投影】特效的参数，修改【不透明度】的值为36%，修改【距离】的值为0.0，修改【柔和度】的值为5.0，如图9.96所示。

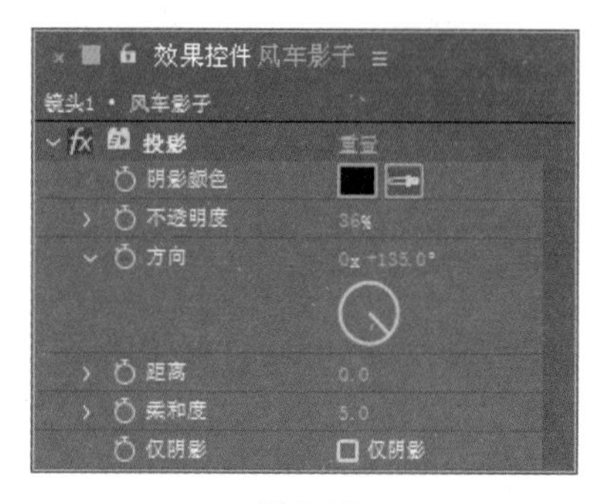

图 9.96

7 在【效果和预设】面板中展开【扭曲】特效组，然后双击【CC Power Pin（CC四角缩放）】特效，如图9.97所示。

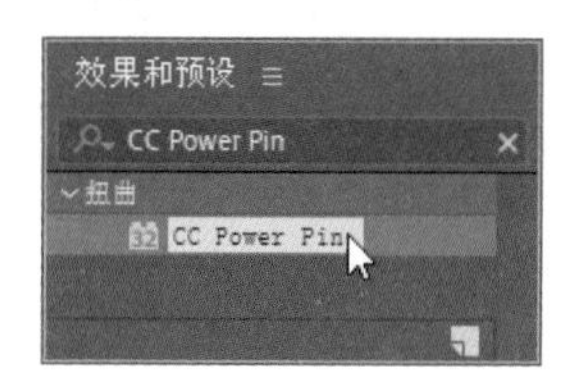

图 9.97

8 在【效果控件】面板中修改【Top Left（左上角）】的值为（15.0，450.0）；修改【Top Right（右上角）】的值为（680.0，450.0）；修改【Bottom Left（左下角）】的值为（15.0，590.0）；修改【Bottom Right（右下角）】的值为（630.0，590.0），如图9.98所示。

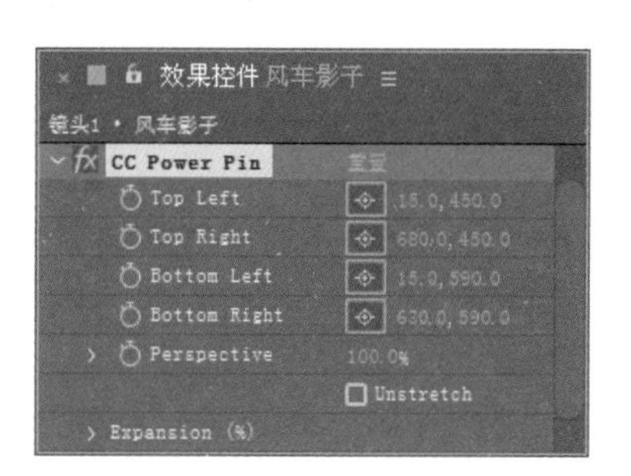

图 9.98

9 单击【箭头 02.psd】素材层，在【效果和预设】面板中展开【过渡】特效组，然后双击【线性擦除】特效，如图 9.99 所示。

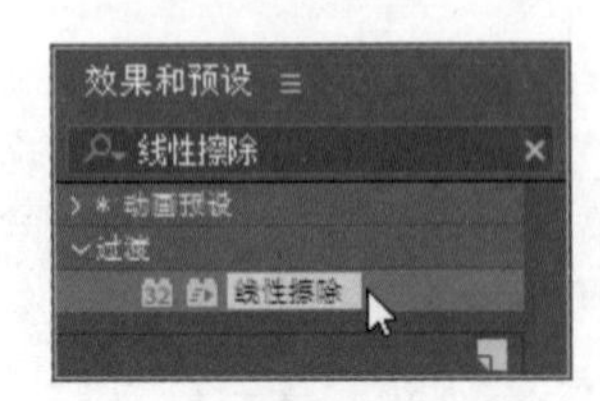

图 9.99

10 调整时间到 0:00:00:08 的位置，在【效果控件】面板中单击【过渡完成】左侧的码表按钮，在当前建立关键帧。修改【过渡完成】属性值为 40%，如图 9.100 所示。

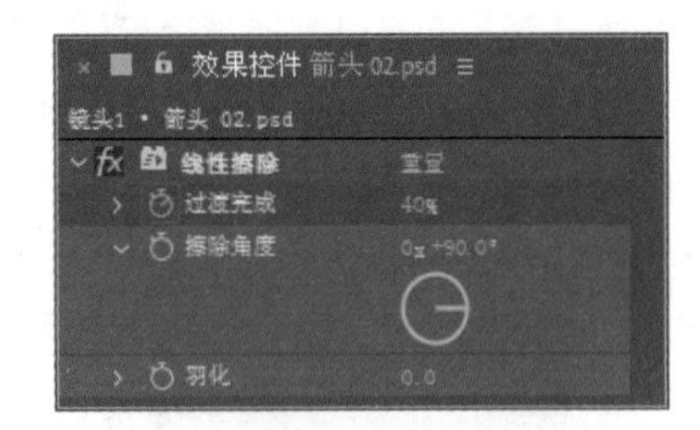

图 9.100

11 调整时间到 0:00:00:22 的位置，修改【过渡完成】属性值为 10%，如图 9.101 所示。

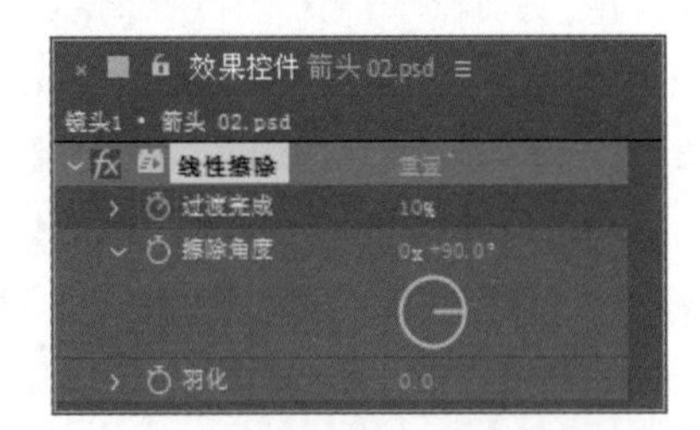

图 9.101

12 调整时间到 0:00:02:20 的位置，按 T 键打开【不透明度】属性，单击【不透明度】属性左侧的码表按钮，在当前位置建立关键帧，如图 9.102 所示。

13 调整时间到 0:00:03:02 的位置，修改【不透明度】属性值为 0%，如图 9.103 所示。

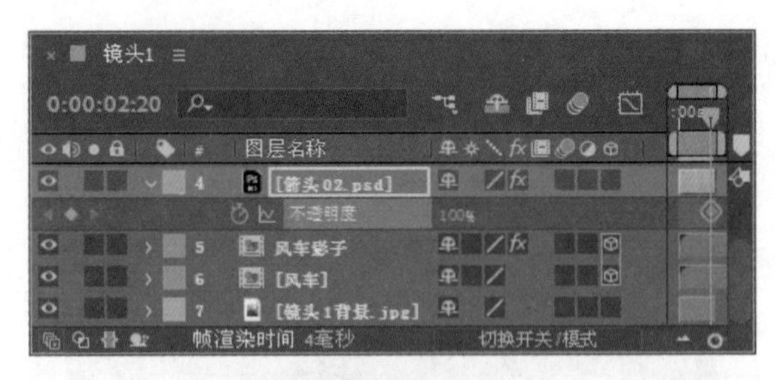

图 9.102

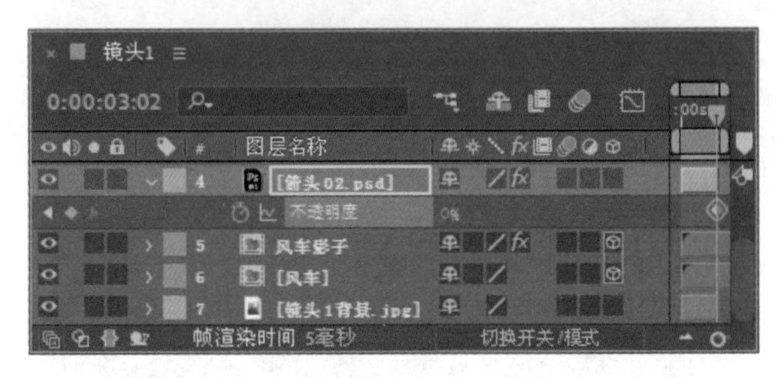

图 9.103

14 单击【箭头 01.psd】素材层，在【效果和预设】面板中展开【过渡】特效组，然后双击【线性擦除】特效，如图 9.104 所示。

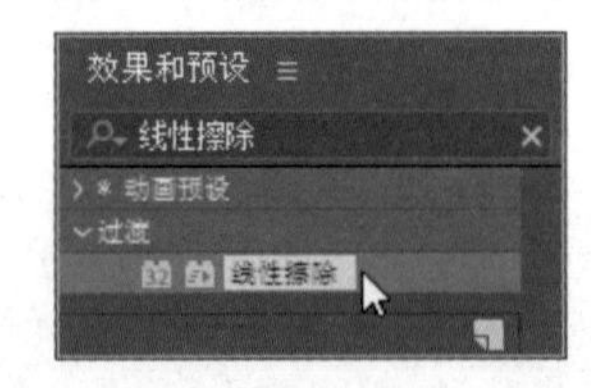

图 9.104

15 调整时间到 0:00:00:08 的位置，在【效果控件】面板中单击【过渡完成】左侧的码表按钮，在当前建立关键帧，修改【过渡完成】属性值为 100%。单击【擦除角度】左侧的码表按钮，修改【擦除角度】为（0x−150.0°），如图 9.105 所示。

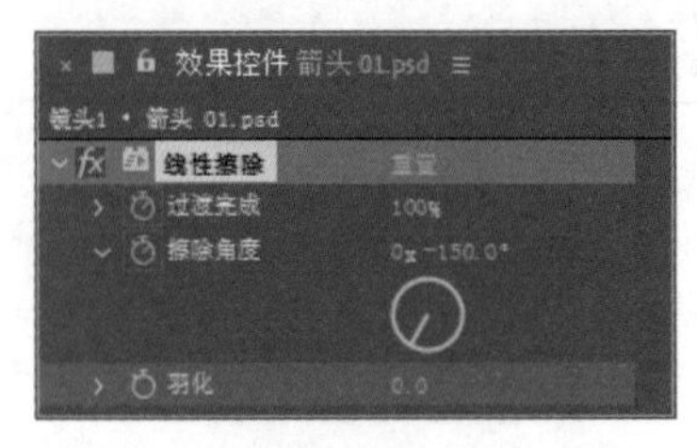

图 9.105

16 调整时间到 0:00:00:12 的位置，修改【擦除角度】属性值为（0x−185.0°），如图 9.106 所示。

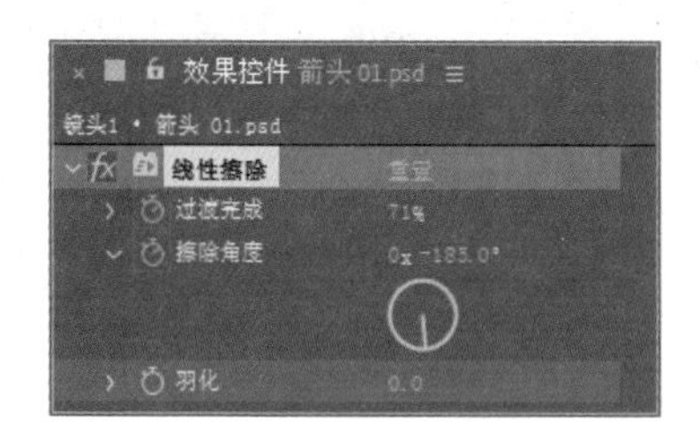

图 9.106

17 调整时间到 0:00:00:17 的位置，修改【擦除角度】属性值为（0x−248.0°），如图 9.107 所示。

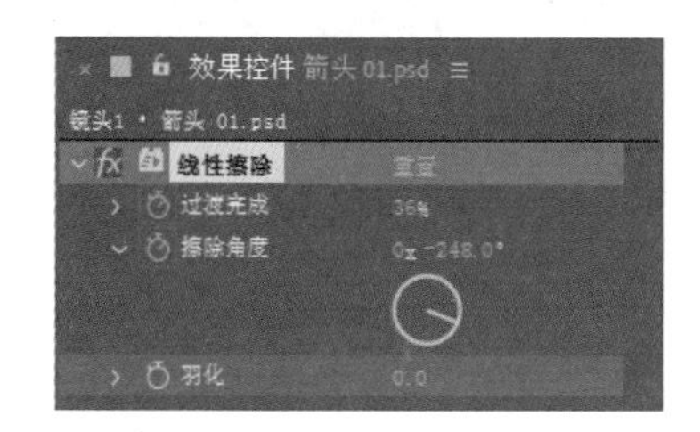

图 9.107

18 调整时间到 0:00:00:22 的位置，修改【过渡完成】属性值为 0%，如图 9.108 所示。

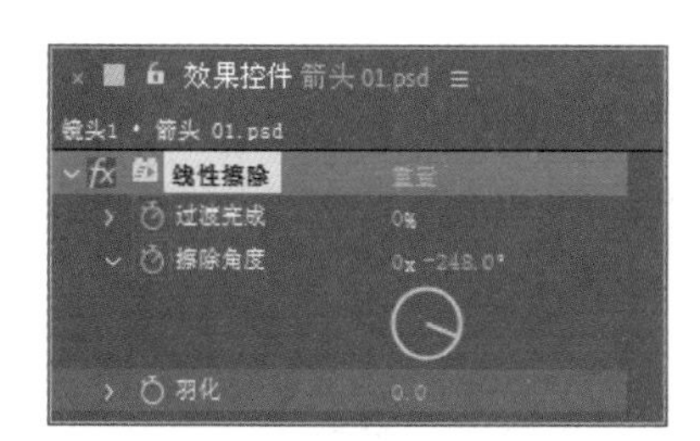

图 9.108

19 调整时间到 0:00:02:20 的位置，按 T 键，打开【箭头 01.psd】的【不透明度】属性，单击【不透明度】属性左侧的码表按钮，在当前时间建立关键帧，如图 9.109 所示。

20 调整时间到 0:00:03:02 的位置，修改【不透明度】属性值为 0%，系统将自动建立关键帧，如图 9.110 所示。

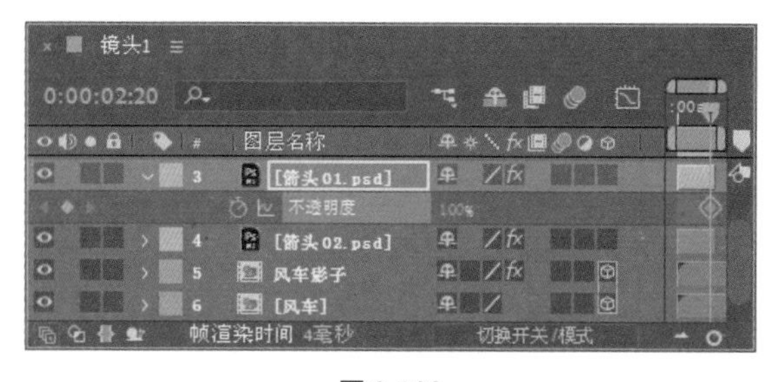

图 9.109

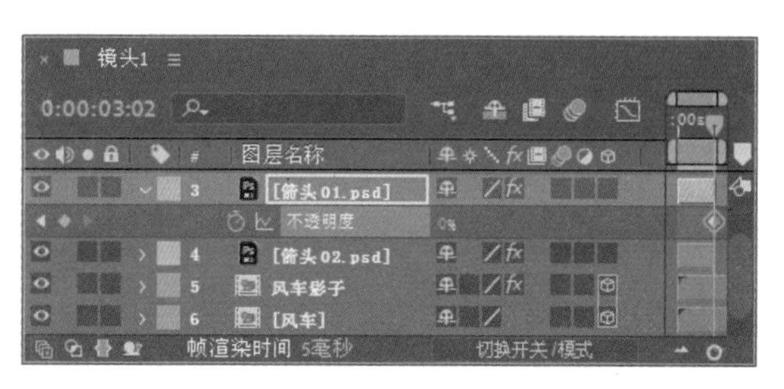

图 9.110

21 调整时间到 0:00:00:18 的位置，向右拖动【圆环动画】合成层，使入点到当前时间，如图 9.111 所示。

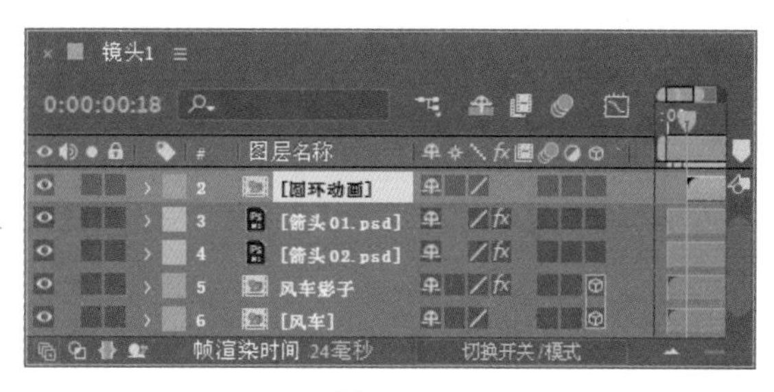

图 9.111

22 调整时间到 0:00:01:13 的位置，展开【圆环动画】的【变换】选项组，修改【位置】属性值为（216.0，397.0），单击【缩放】属性左侧的码表按钮建立关键帧，如图 9.112 所示。

23 调整时间到 0:00:01:18 的位置，修改【缩放】属性值为（110.0，110.0%），系统将自动建立关键帧，单击【不透明度】属性左侧的码表按钮，在当前时间建立关键帧，如图 9.113 所示。

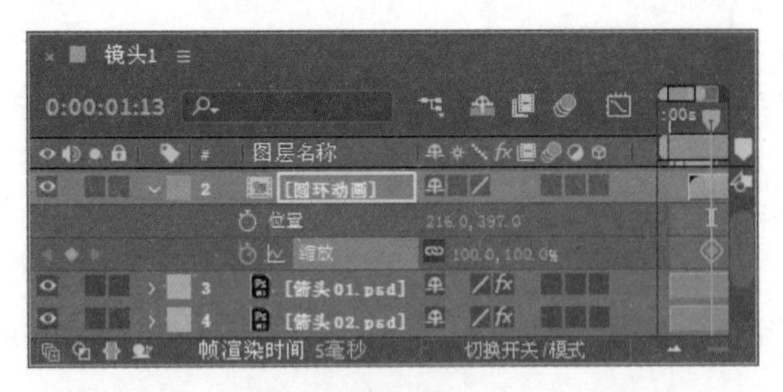

图 9.112

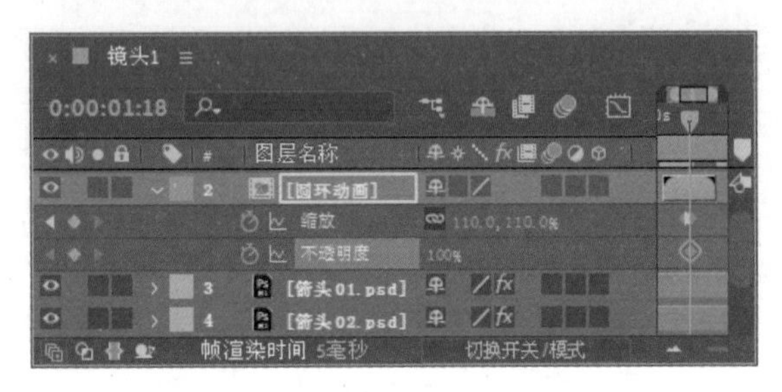

图 9.113

24 调整时间到 0:00:01:21 的位置，修改【不透明度】属性值为 0%，系统将自动建立关键帧，如图 9.114 所示。

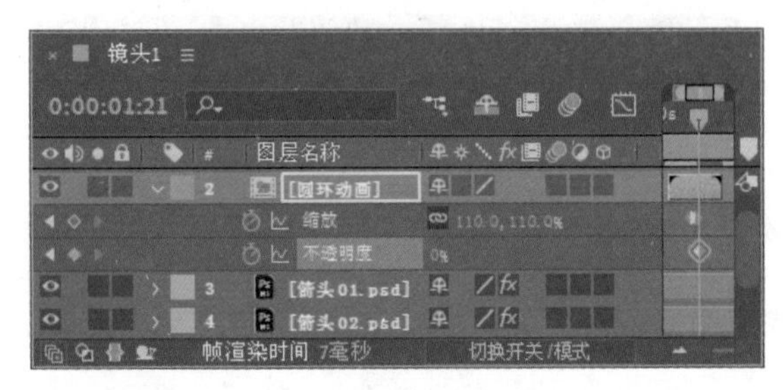

图 9.114

25 选中【圆环动画】合成层，按 Ctrl+D 组合键复制【圆环动画】合成层并重命名为“圆环动画 2”。调整时间到 0:00:00:24 的位置，拖动【圆环动画 2】层，使入点到当前时间；修改【位置】属性值为（293.0，390.0），如图 9.115 所示。

26 选中【圆环动画 2】合成层，按 Ctrl+D 组合键复制【圆环动画】合成层并重命名为“圆环动画 3”。调整时间到 0:00:01:07 的位置，拖动【圆环动画 3】层，使入点到当前时间；修改【位置】属性值为（338.0，414.0），如图 9.116 所示。

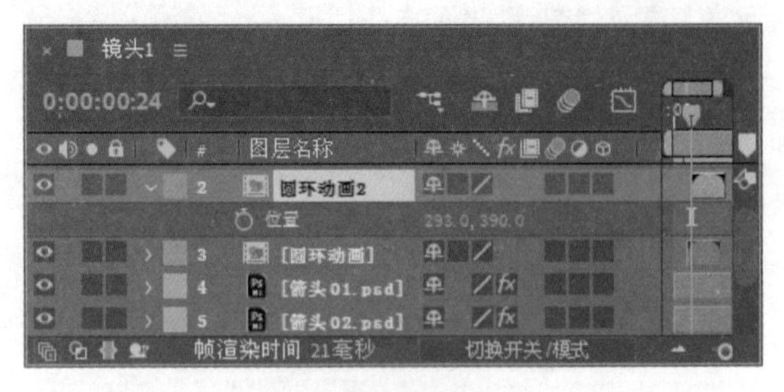

图 9.115

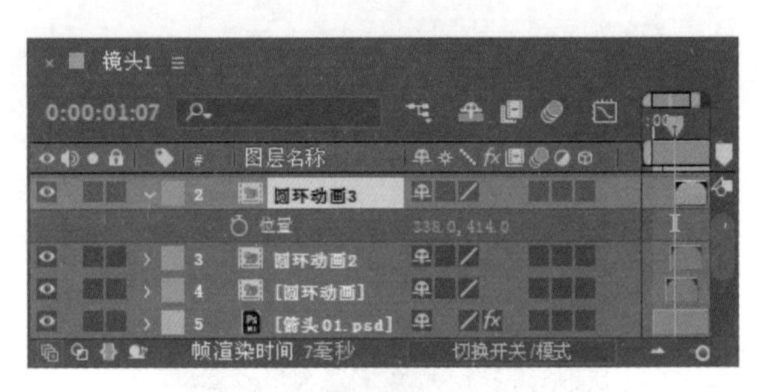

图 9.116

27 选中【圆环动画 3】合成层，按 Ctrl+D 组合键复制【圆环动画】合成层并重命名为“圆环动画 4”。调整时间到 0:00:01:03 的位置，拖动【圆环动画 4】层，使入点到当前时间。修改【位置】属性值为（201.0，490.0），如图 9.117 所示。

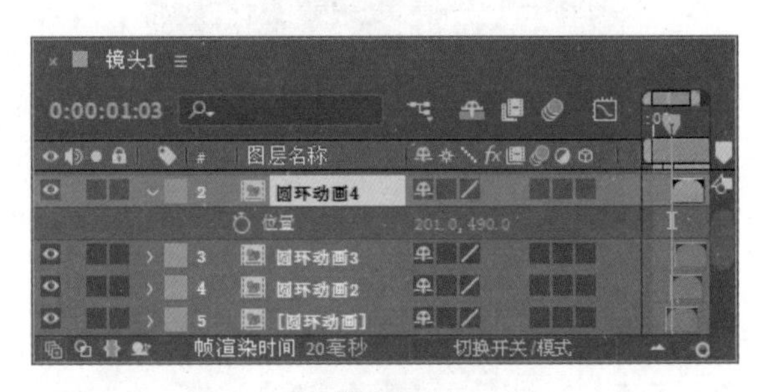

图 9.117

28 选中【圆环动画 4】合成层，按 Ctrl+D 组合键复制【圆环动画】合成层并重命名为“圆环动画 5”。调整时间到 0:00:01:10 的位置，拖动【圆环动画 5】层，使入点到当前时间；修改【位置】属性值为（329.0，472.0），如图 9.118 所示。

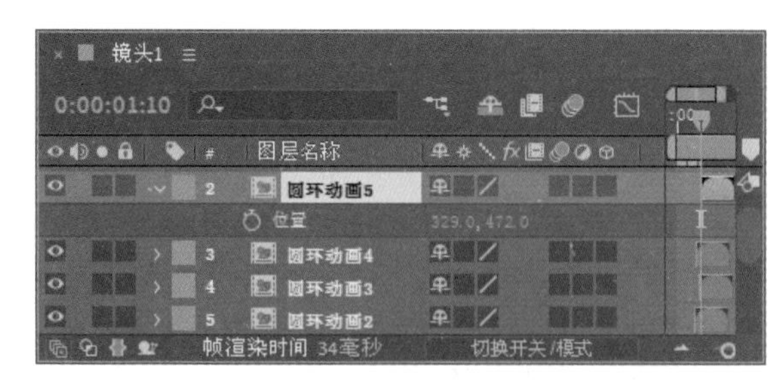

图 9.118

29 调整时间到 0:00:01:02 的位置，选中【文字 01.psd】素材层，按 P 键打开【位置】属性，单击【位置】属性左侧的码表按钮，在当前建立关键帧，修改【位置】属性值为（−140.0，456.0），如图 9.119 所示。

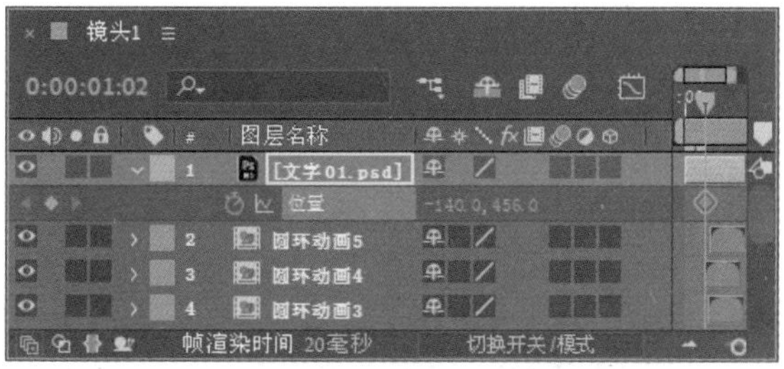

图 9.119

30 调整时间到 0:00:01:08 的位置，修改【位置】属性值为（215.0，456.0），系统将自动建立关键帧，如图 9.120 所示。

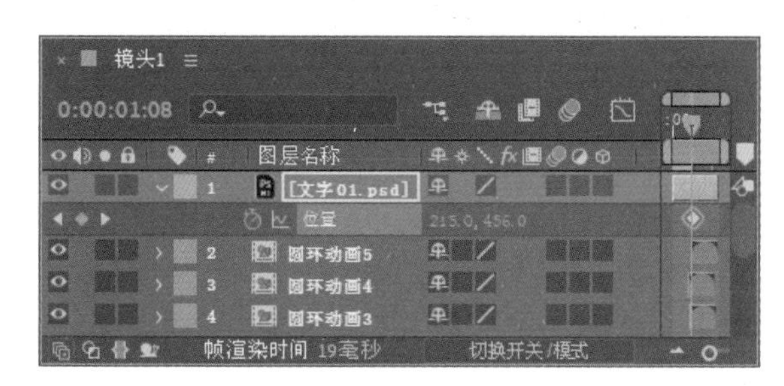

图 9.120

31 调整时间到 0:00:01:12 的位置，修改【位置】属性值为（175.0，456.0），系统将自动建立关键帧，如图 9.121 所示。

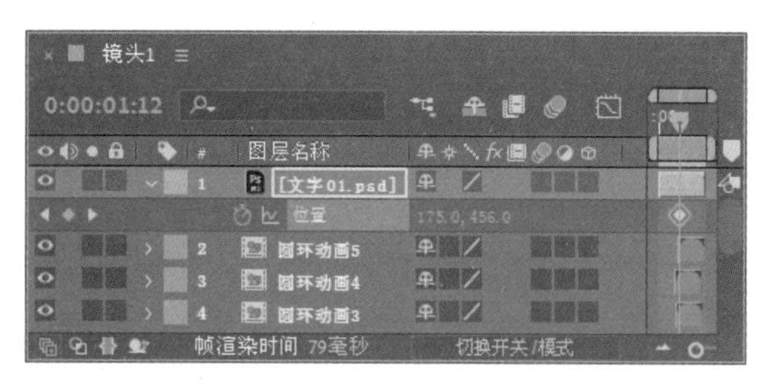

图 9.121

32 调整时间到 0:00:01:15 的位置，修改【位置】属性值为（205.0，456.0），系统将自动建立关键帧，如图 9.122 所示。

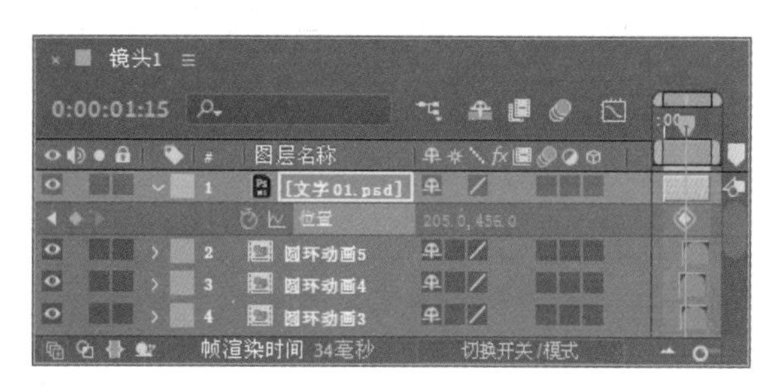

图 9.122

33 调整时间到 0:00:02:09 的位置，修改【位置】属性值为（174.0，456.0），系统将自动建立关键帧；调整时间到 0:00:02:21 的位置，修改【位置】属性值为（205.0，456.0），系统将自动建立关键帧；调整时间到 0:00:03:01 的位置，修改【位置】属性值为（−195.0，456.0），系统将自动建立关键帧，如图 9.123 所示。

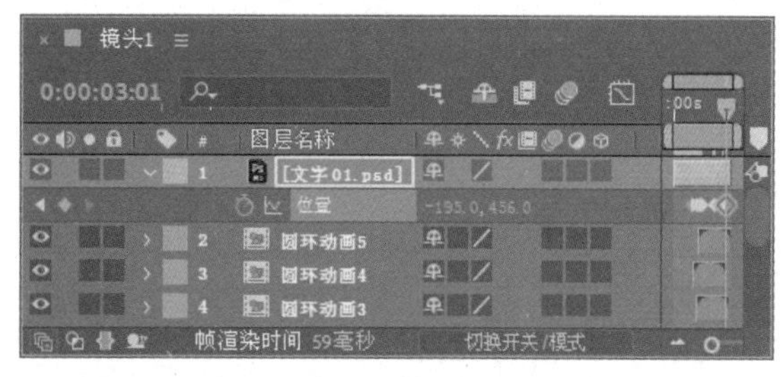

图 9.123

34 这样镜头 1 的动画就制作完成了，按空格键或小键盘上的 0 键在【合成】窗口中播放动画，其中几帧的效果如图 9.124 所示。

图 9.124

9.2.5 制作镜头 2 动画

1 执行菜单栏中的【合成】|【新建合成】命令，打开【合成设置】对话框，设置【合成名称】为“镜头 2”，【宽度】的值为 720，【高度】的值为 576，【帧速率】的值为 25，并设置【持续时间】为 0:00:03:05，如图 9.125 所示。

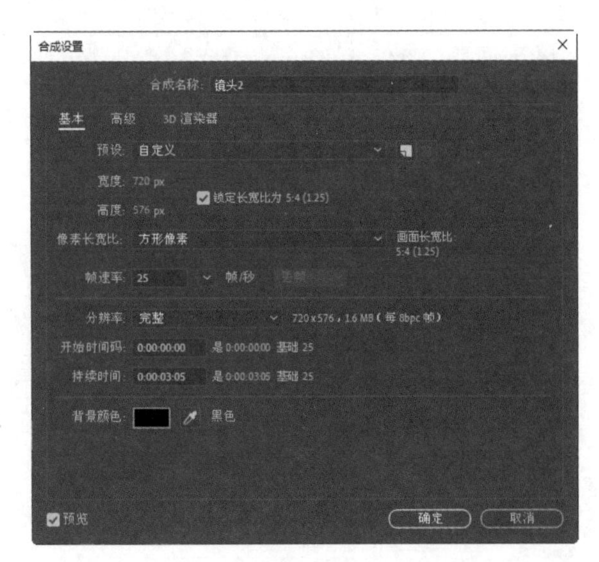

图 9.125

2 将“文字 02.psd”“圆环转 / 风车”“大圆环 / 风车”“风车 / 风车”“小圆环 / 风车”导入【镜头 2】合成的【时间线】面板中，如图 9.126 所示。

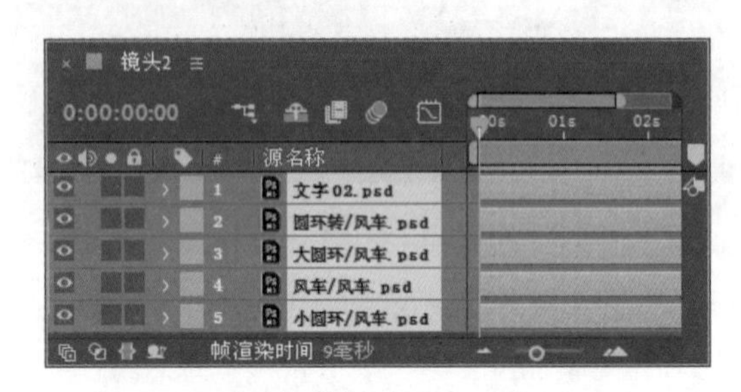

图 9.126

3 按 Ctrl+Y 组合键，打开【纯色设置】对话框，设置【名称】为“镜头 2 背景”，设置【颜色】为白色，如图 9.127 所示。单击【确定】按钮建立纯色层。

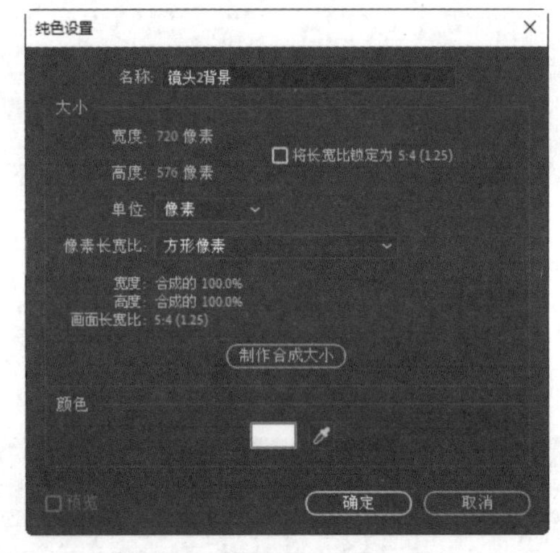

图 9.127

4 选择【镜头 2 背景】纯色层，在【效果和预设】面板中展开【生成】特效组，然后双击【梯度渐变】特效，如图 9.128 所示。

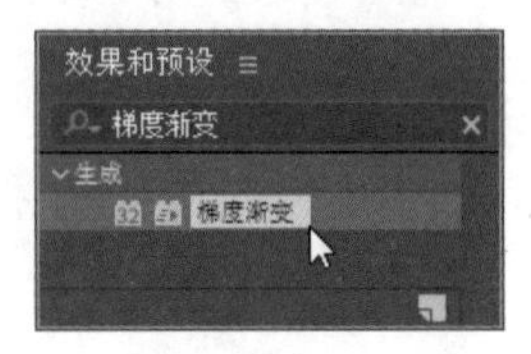

图 9.128

5 在【效果控件】面板中修改【渐变起点】为（360.0，0.0），修改【起始颜色】为深蓝色（R：13，G：90，B：106），修改【渐变终点】为（360.0，576.0），修改【结束颜色】为灰色（R：204，G：204，B：204），如图 9.129 所示。

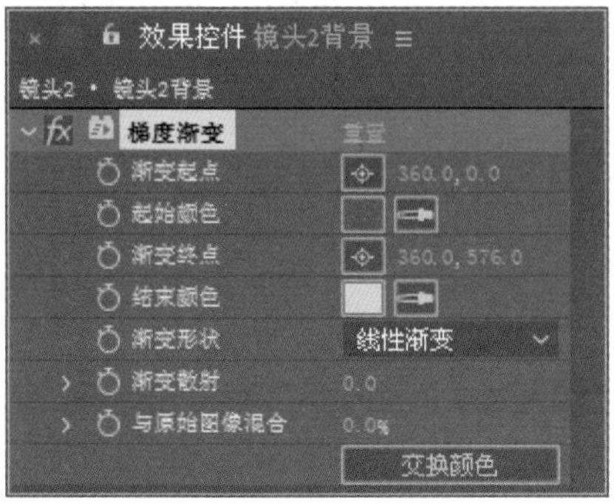

图 9.129

6 打开【圆环转 / 风车】【大圆环 / 风车】【风车 / 风车】【小圆环 / 风车】素材层的三维开关，修改【圆环转 / 风车】的【位置】为（360.0，288.0，−30.0），修改【大圆环】的【位置】为（360.0，288.0，−72.0），修改【风车 / 风车】的【位置】为（360.0，288.0，−20.0），如图 9.130 所示。

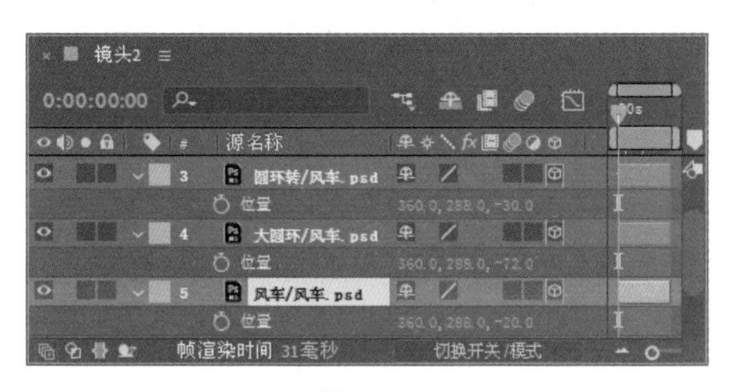

图 9.130

7 调整时间到 0:00:00:00 的位置，选择【小圆环 / 风车】合成层，按 R 键打开【旋转】属性，单击【Z 轴旋转】属性左侧的码表按钮，在当前时间建立关键帧；调整时间到 0:00:03:04 的位置，修改【Z 轴旋转】属性值为（0x+200.0°），如图 9.131 所示。

图 9.131

8 调整时间到 0:00:00:00 的位置，单击【小圆环 / 风车】的【Z 轴旋转】属性的文字部分，选中【Z 轴旋转】属性的所有关键帧，按 Ctrl+C 组合键复制选中的关键帧，单击【大圆环 / 风车】素材层，按 Ctrl+V 组合键粘贴关键帧，如图 9.132 所示。

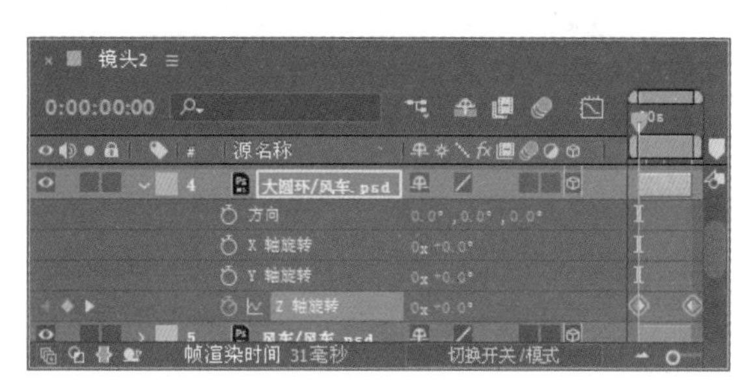

图 9.132

9 调整时间到 0:00:03:04 的位置，选择【大圆环 / 风车】素材层，修改【Z 轴旋转】属性值为（0x−200.0°），如图 9.133 所示。

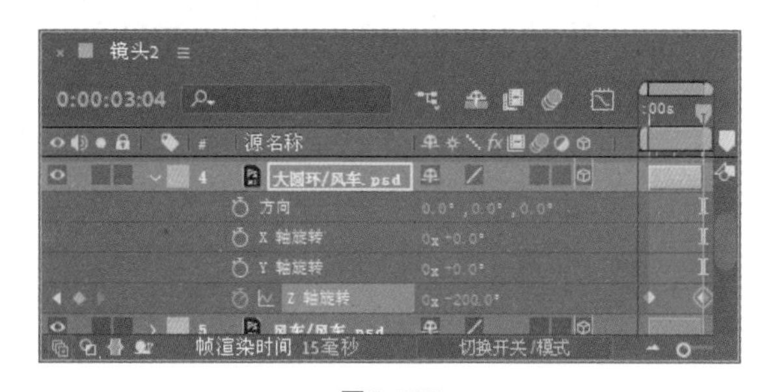

图 9.133

10 调整时间到 0:00:00:00 的位置，选择【风车 / 风车】素材层，按 Ctrl+V 组合键粘贴关键帧，如图 9.134 所示。

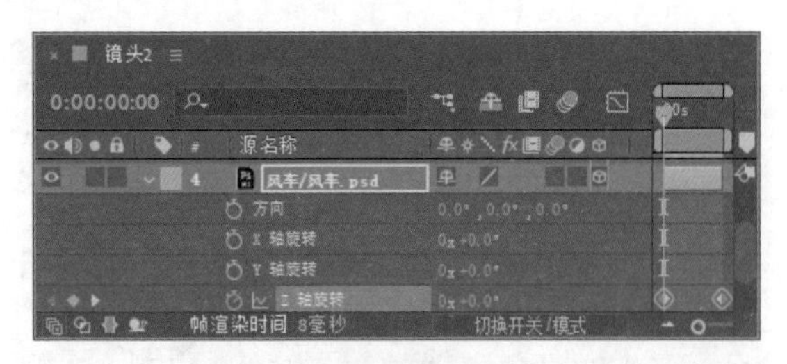

图 9.134

11 调整时间到 0:00:00:00 的位置，单击【大圆环 / 风车】合成层【Z 轴旋转】属性的文字部分，选中【Z 轴旋转】属性的所有关键帧，按 Ctrl+C 组合键复制选中的关键帧，选择【圆环转 / 风车】素材层，按 Ctrl+V 组合键粘贴关键帧，如图 9.135 所示。

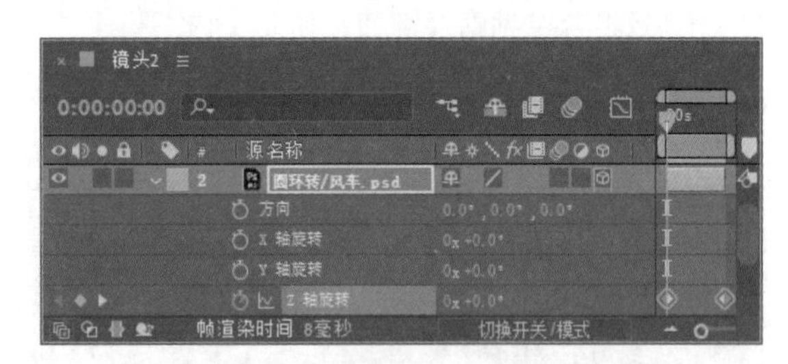

图 9.135

12 调整时间到 0:00:00:24 的位置，选择【文字 02.psd】素材层，按 P 键打开【位置】属性，单击【位置】属性左侧的码表按钮，修改【位置】属性值为（846.0，127.0），如图 9.136 所示。

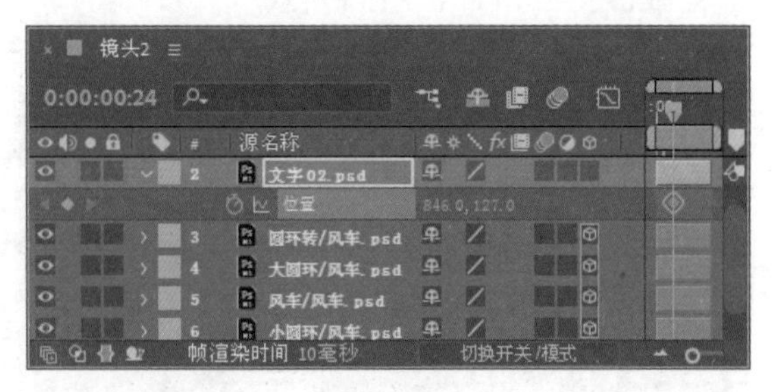

图 9.136

13 调整时间到 0:00:01:05 的位置，修改【位置】为（511.0，127.0）；调整时间到 0:00:01:09 的位置，修改【位置】为（535.0，127.0）；调整时间到 0:00:01:13 的位置，修改【位置】为（520.0，127.0）；调整时间到 0:00:02:08 的位置，单击【位置】左侧的【在当前时间添加或移除关键帧】按钮，在当前建立关键帧，如图 9.137 所示。

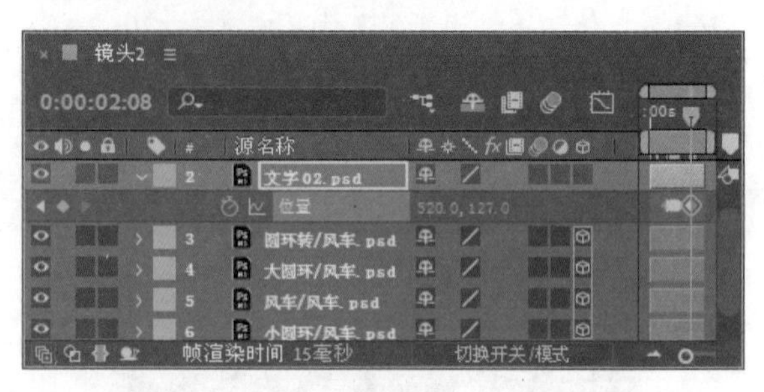

图 9.137

14 调整时间到 0:00:02:10 的位置，修改【位置】为（535.0，127.0）；调整时间到 0:00:02:11 的位置，修改【位置】为（515.0，127.0）；调整时间到 0:00:02:12 的位置，修改【位置】为（535.0，127.0）；调整时间到 0:00:02:14 的位置，修改【位置】为（850.0，127.0），如图 9.138 所示。

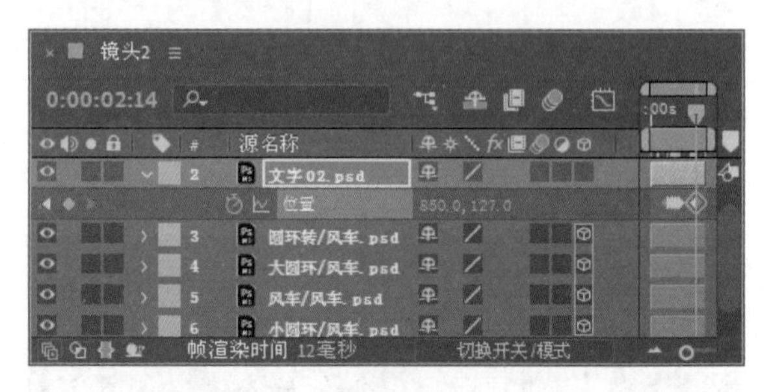

图 9.138

15 添加摄像机。执行菜单栏中的【图层】|【新建】|【摄像机】命令，打开【摄像机设置】对话框，设置【预设】为 24 毫米，如图 9.139 所示。单击【确定】按钮，在【时间线】面板中将会创建一个摄像机。

16 调整时间到 0:00:00:00 的位置，展开【摄像机 1】的【变换】选项组，单击【目标点】和【位置】左侧的码表按钮，在当前建立关键帧，修改【目标点】的值为（360.0，288.0，0.0），修改【位置】属性值为（339.0，669.0，−57.0），如图 9.140 所示。

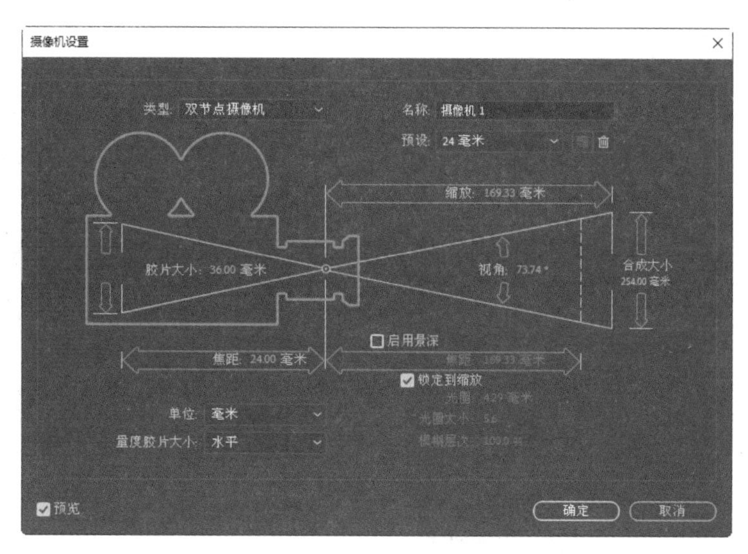

图 9.139

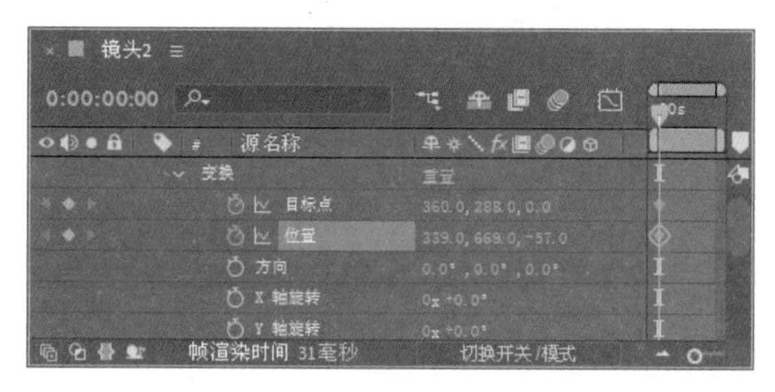

图 9.140

17 调整时间到 0:00:02:05 的位置，修改【目标点】的值为（372.0，325.0，50.0），修改【位置】的值为（331.0，660.0，-132.0），如图 9.141 所示。

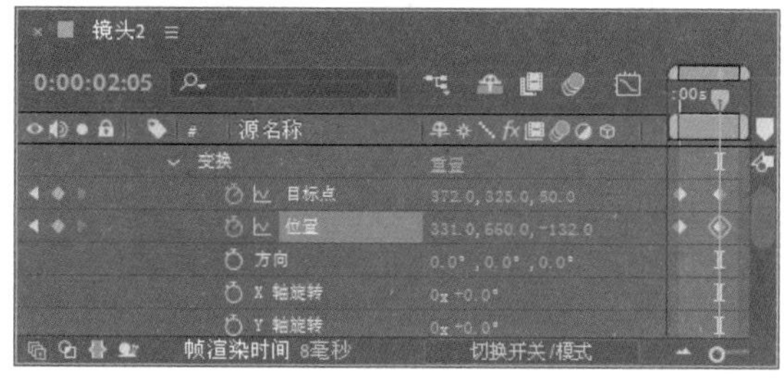

图 9.141

18 调整时间到 0:00:03:01 的位置，修改【目标点】的值为（336.0，325.0，50.0），修改【位置】的值为（354.0，680.0，-183.0），如图 9.142 所示。

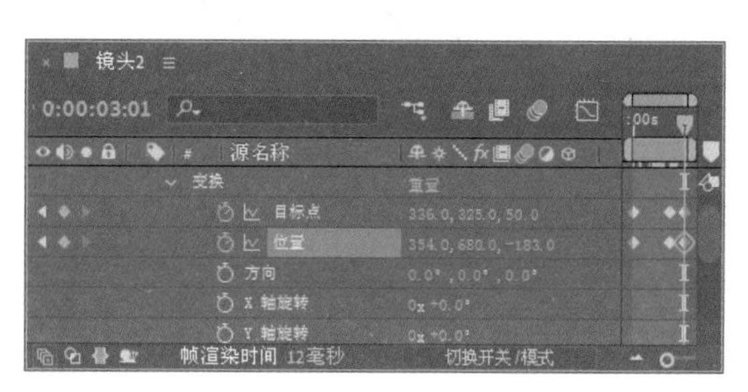

图 9.142

19 这样镜头 2 的动画就制作完成了，按空格键或小键盘上的 0 键在【合成】窗口中播放动画，其中几帧的效果如图 9.143 所示。

图 9.143

9.2.6 制作镜头 3 动画

1 执行菜单栏中的【合成】|【新建合成】命令，打开【合成设置】对话框，设置【合成名称】为“镜头 3”，【宽度】的值为 720，【高度】的值为 576，【帧速率】的值为 25，设置【持续时间】为 0:00:03:06，如图 9.144 所示。

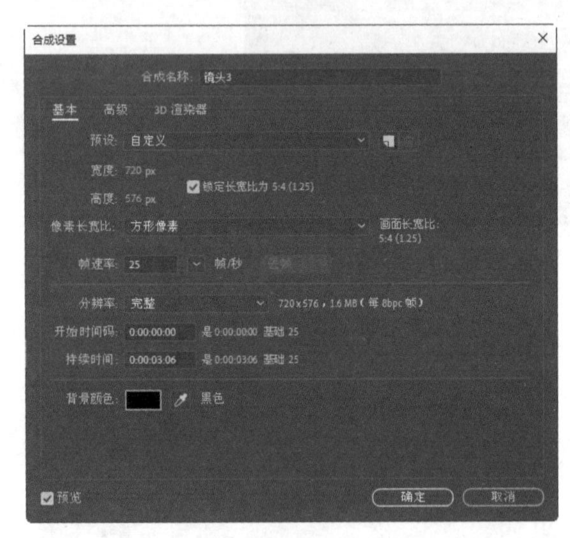

图 9.144

2 将【圆环动画】和【文字 03.psd】拖入【镜头 3】合成的【时间线】面板中，如图 9.145 所示。

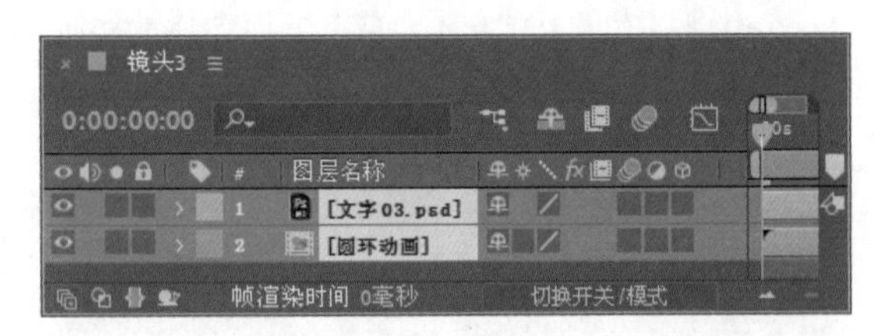

图 9.145

3 按 Ctrl+Y 组合键打开【纯色设置】对话框，设置【名称】为“镜头 3 背景”，设置【颜色】为白色，如图 9.146 所示。单击【确定】按钮建立纯色层。

4 选择【镜头 3 背景】纯色层，在【效果和预设】面板中展开【生成】特效组，然后双击【梯度渐变】特效，如图 9.147 所示。

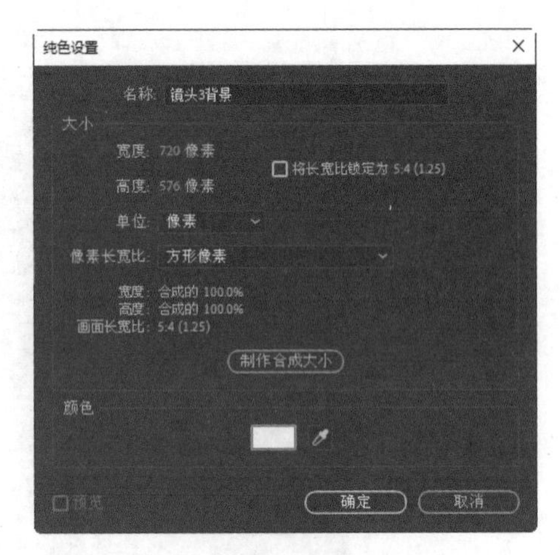

图 9.146

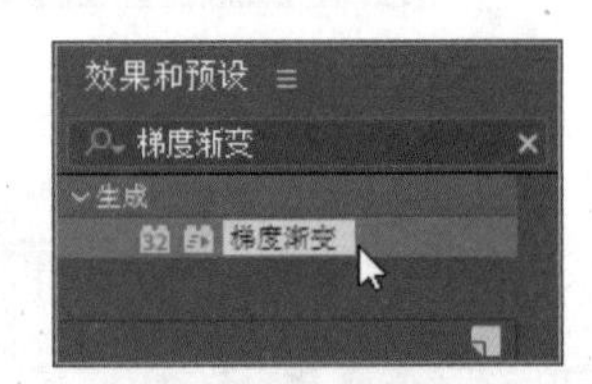

图 9.147

5 在【效果控件】面板中修改【渐变起始】为（122.0，110.0），修改【起始颜色】为深蓝色（R：4，G：94，B：119），修改【渐变终点】为（720.0，288.0），修改【结束颜色】为浅蓝色（R：190，G：210，B：211），如图 9.148 所示。

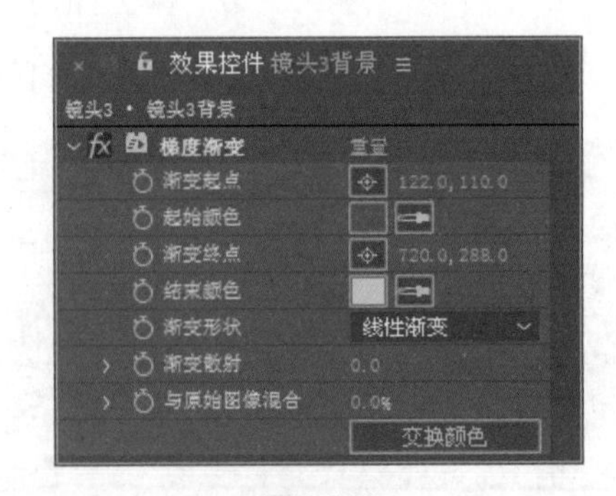

图 9.148

6 打开【镜头 2】合成，在【镜头 2】合成的【时间线】面板中选择【圆环转 / 风车】【大圆环 / 风车】【风车 / 风车】【小圆环 / 风车】素材层，按 Ctrl+C 组合键，复制素材层。调整时间到 0:00:00:00 的位置，打开【镜头 3】合成，按 Ctrl+V 组合键，将复制的素材层粘贴到【镜头 3】合成中，如图 9.149 所示。

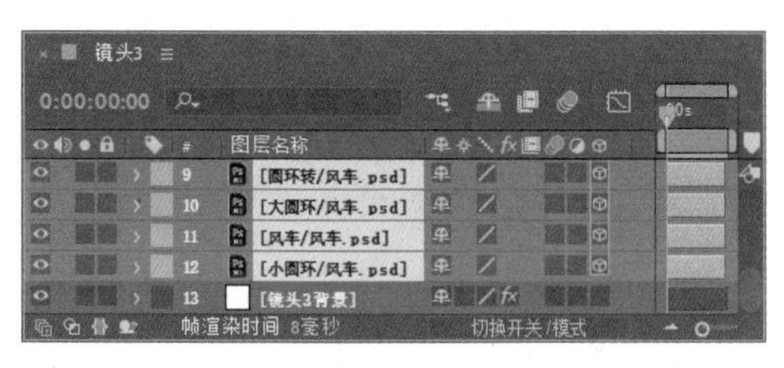

图 9.149

7 调整时间到 0:00:00:11 的位置，单击【文字 03.psd】素材层，按 P 键打开【位置】属性，单击【位置】左侧的码表按钮建立关键帧，修改【位置】属性值为（-143.0，465.0），如图 9.150 所示。

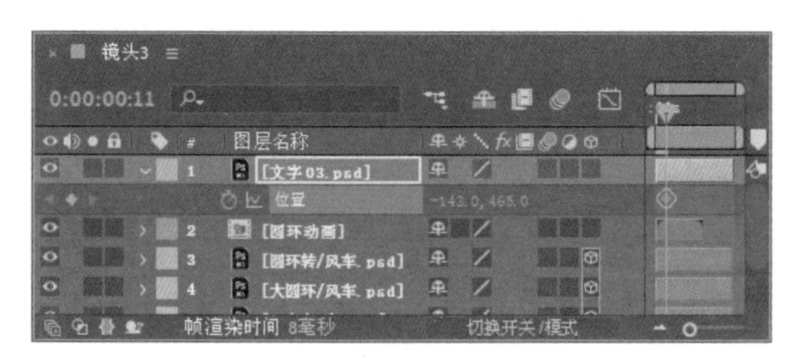

图 9.150

8 调整时间到 0:00:00:16 的位置，修改【位置】属性值为（562.0，465.0），系统将自动建立关键帧；调整时间到 0:00:00:19 的位置，修改【位置】属性值为（522.0，465.0）；调整时间到 0:00:00:23 的位置，修改【位置】属性值为（534.0，465.0）；调整时间到 0:00:02:08 的位置，单击【位置】属性左侧的【在当前时间添加或移除关键帧】按钮，在当前时间建立关键帧；调整时间到 0:00:02:09 的位置，修改【位置】属性值为（526.0，465.0）；调整时间到 0:00:02:13 的位置，修改【位置】属性值为（551.0，465.0）；调整时间到 0:00:02:14 的位置，修改【位置】属性值为（527.0，465.0）；调整时间到 0:00:02:15 的位置，修改【位置】属性值为（540.0，465.0）；调整时间到 0:00:02:19 的位置，修改【位置】属性值为（867.0，465.0），如图 9.151 所示。

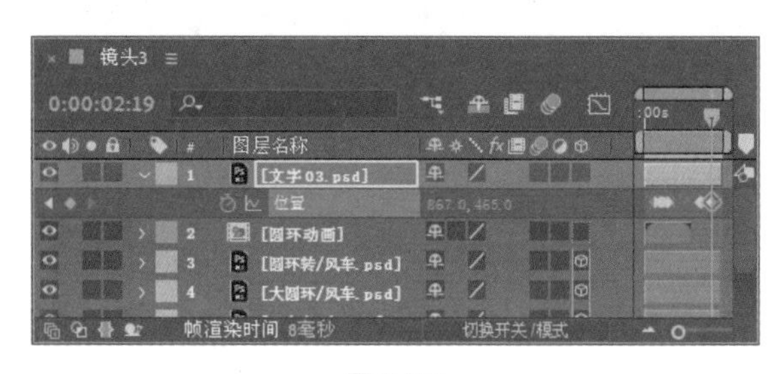

图 9.151

9 选中【圆环动画】合成层，调整时间到 0:00:00:13 的位置，向右拖动【圆环动画】合成层，使入点到当前时间位置，如图 9.152 所示。

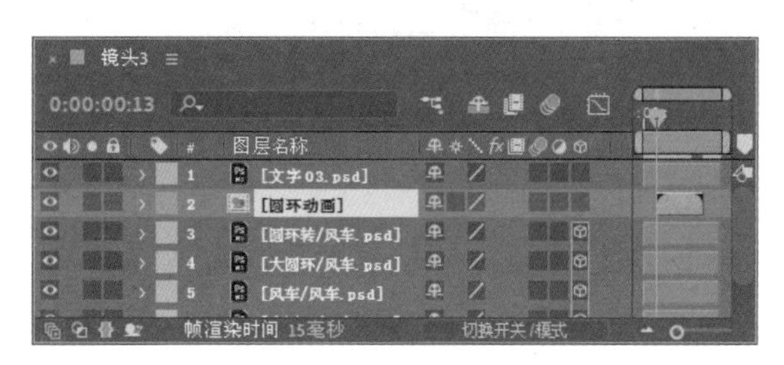

图 9.152

10 调整时间到 0:00:00:23 的位置，按 S 键打开【缩放】属性，单击【缩放】属性左侧的码表按钮建立关键帧；调整时间到 0:00:01:13 的位置，修改【缩放】属性值为（143.0，143.0%），系统将自动建立关键帧，如图 9.153 所示。

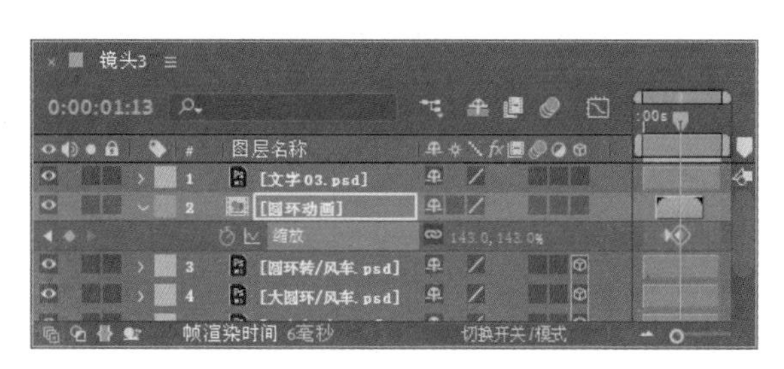

图 9.153

11 调整时间到 0:00:01:14 的位置，将光标放置在【圆环动画】合成层结束的位置，当光标变成双箭头时，向左拖动鼠标，将【圆环动画】合成层的出点调整到当前时间，如图 9.154 所示。

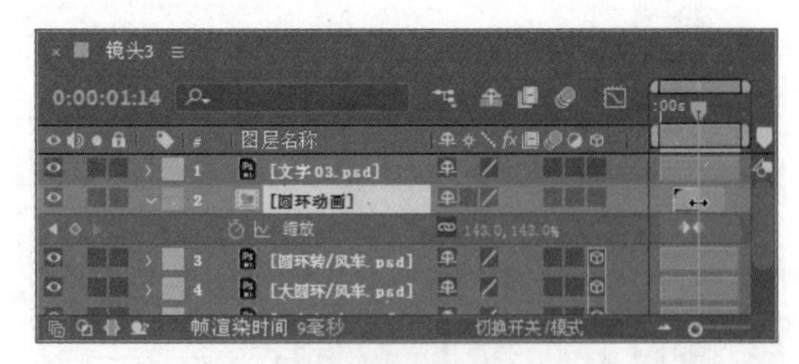

图 9.154

12 选中【圆环动画】合成层，按 P 键打开【位置】属性，修改【位置】属性值为（533.0，442.0），如图 9.155 所示。

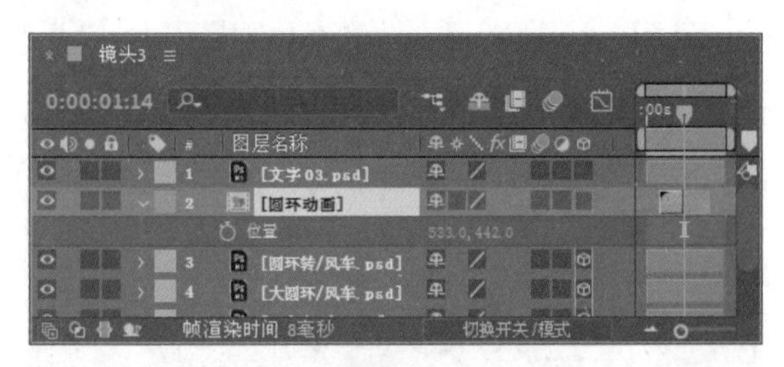

图 9.155

13 确认选中【圆环动画】合成层，按 Ctrl+D 组合键复制【圆环动画】合成层并重命名为“圆环动画 2”，拖动【圆环动画 2】到【圆环动画】的下面一层，调整时间到 0:00:00:17 的位置，向右拖动【圆环动画 2】合成层，使入点到当前时间，如图 9.156 所示。

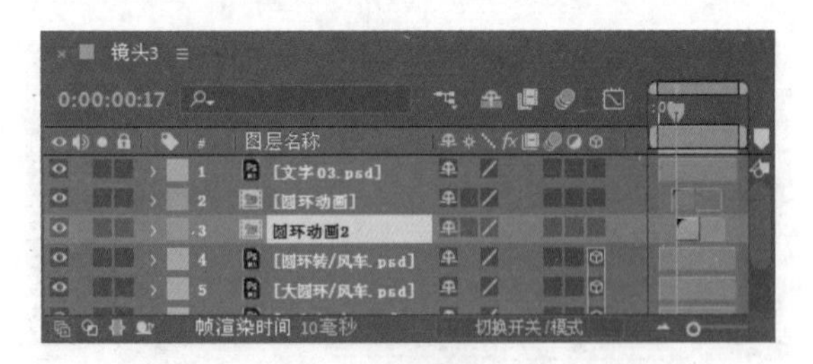

图 9.156

14 确认选中【圆环动画 2】合成层，按 Ctrl+D 组合键复制【圆环动画 2】合成层，系统将自动命名复制的新合成层为“圆环动画 3”，拖动【圆环动画 3】到【圆环动画 2】的下面一层，调整时间到 0:00:01:00 的位置，向右拖动【圆环动画 3】合成层，使入点到当前时间，按 P 键打开【位置】属性，修改【位置】属性值为（610.0，352.0），如图 9.157 所示。

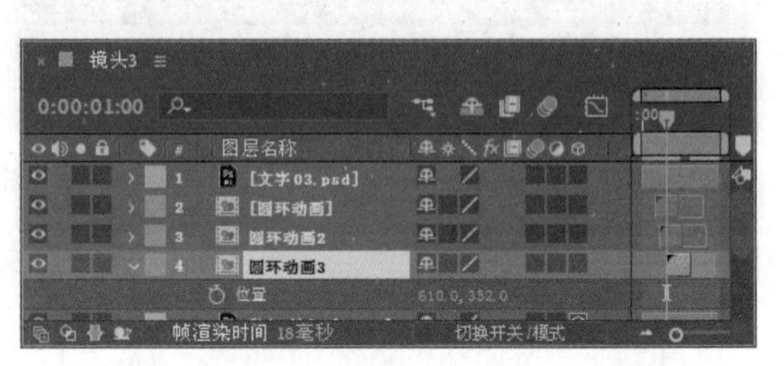

图 9.157

15 确认选中【圆环动画 3】合成层，按 Ctrl+D 组合键复制【圆环动画 3】合成层，系统将自动命名复制的新合成层为“圆环动画 4”，拖动【圆环动画 4】到【圆环动画 3】的下面一层，调整时间到 0:00:01:05 的位置，向右拖动【圆环动画 4】合成层，使入点到当前时间；按 P 键打开【位置】属性，修改【位置】属性值为（590.0，469.0），如图 9.158 所示。

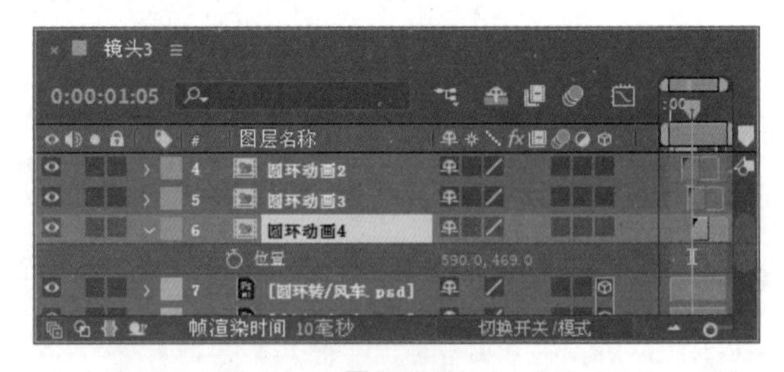

图 9.158

16 确认选中【圆环动画 4】合成层，按 Ctrl+D 组合键复制【圆环动画 4】合成层，系统将自动命名复制的新合成层为“圆环动画 5”，拖动【圆环动画 5】到【圆环动画 4】的下面一层，调整时间到 0:00:01:14 的位置，向右拖动【圆环动画 5】合成层，使入点到当前时间；按 P 键，打开【位置】属性，修改【位置】属性值为（515.0，444.0），如图 9.159 所示。

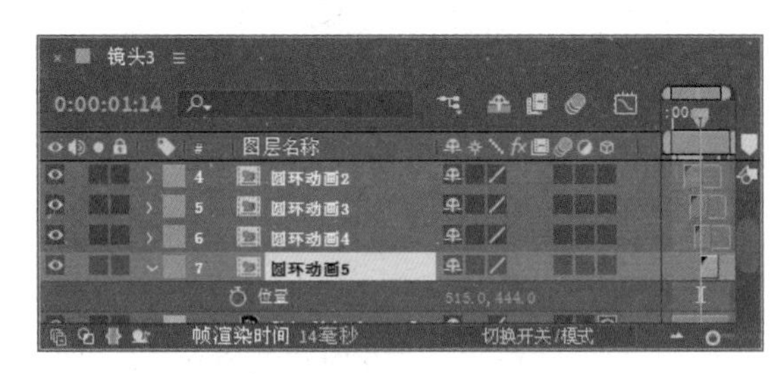

图 9.159

17 确认选中【圆环动画 5】合成层，按Ctrl+D 组合键复制【圆环动画 5】合成层，系统将自动命名复制的新合成层为“圆环动画 6”，拖动【圆环动画 6】到【圆环动画 4】的上面一层；调整时间到 0:00:01:15 的位置，向右拖动【圆环动画 6】合成层，使入点到当前时间；按 P 键打开【位置】属性，修改【位置】属性值为（515.0，444.0），如图 9.160 所示。

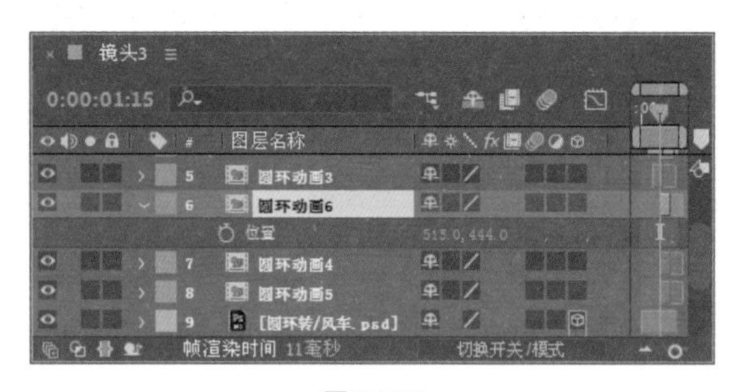

图 9.160

18 添加摄像机。执行菜单栏中的【图层】|【新建】|【摄像机】命令，打开【摄像机设置】对话框，设置【预设】为 24 毫米，如图 9.161 所示。单击【确定】按钮，在【时间线】面板中将会创建一个摄像机。

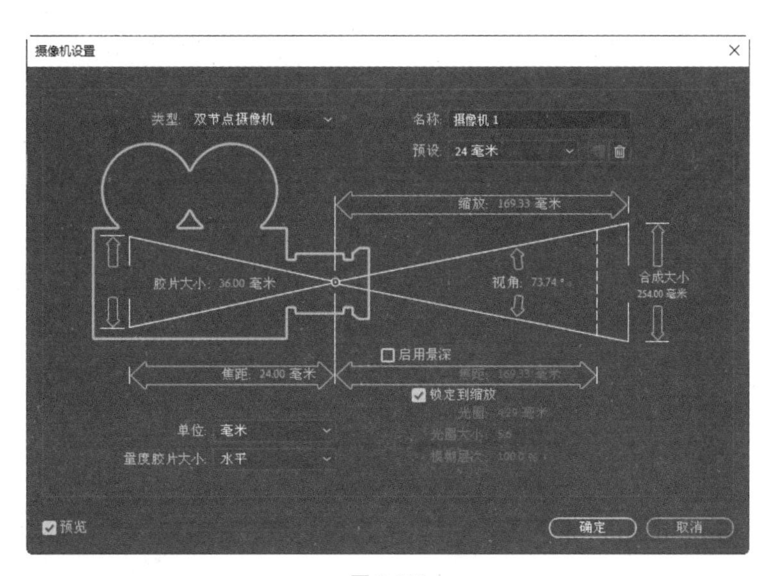

图 9.161

19 调整时间到 0:00:00:00 的位置，选择【摄像机 1】，单击【位置】左侧的码表按钮，修改【位置】属性值为（276.0，120.0，−183.0），如图 9.162 所示。

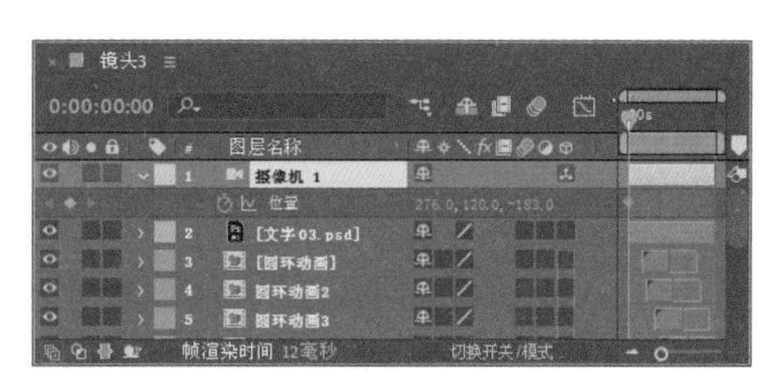

图 9.162

20 调整时间到 0:00:03:05 的位置，修改【位置】属性值为（256.0，99.0，−272.0），系统将自动建立关键帧，如图 9.163 所示。

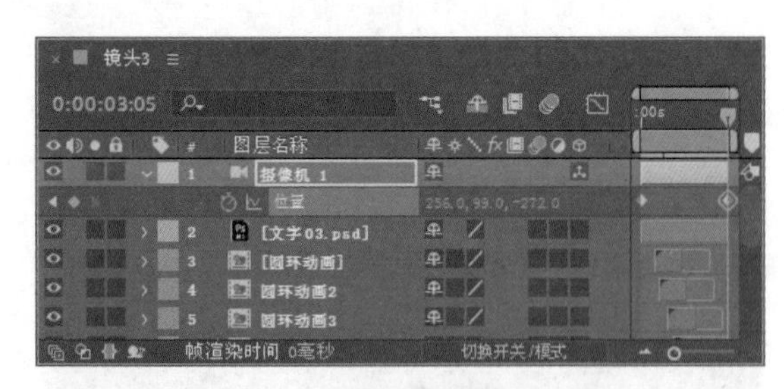
图 9.163

21 这样“镜头 3”的动画就制作完成了，按空格键或小键盘上的 0 键在【合成】窗口中播放动画，其中几帧如图 9.164 所示。

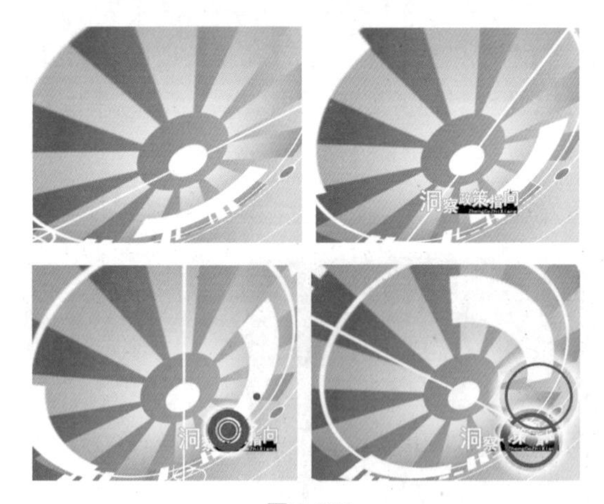
图 9.164

9.2.7 制作镜头 4 动画

1 执行菜单栏中的【合成】|【新建合成】命令，打开【合成设置】对话框，设置【合成名称】为“镜头 4”，【宽度】的值为 720，【高度】的值为 576，【帧速率】的值为 25，并设置【持续时间】为 0:00:02:21，如图 9.165 所示。

2 按 Ctrl+Y 组合键打开【纯色设置】对话框，设置【名称】为“镜头 4 背景”，设置【颜色】为白色，如图 9.166 所示。

3 选择【镜头 4 背景】纯色层，在【效果和预设】面板中展开【生成】特效组，然后双击【梯度渐变】特效，如图 9.167 所示。

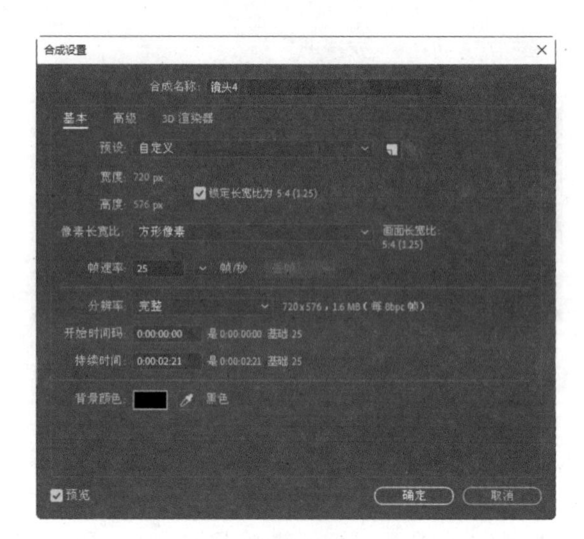
图 9.165

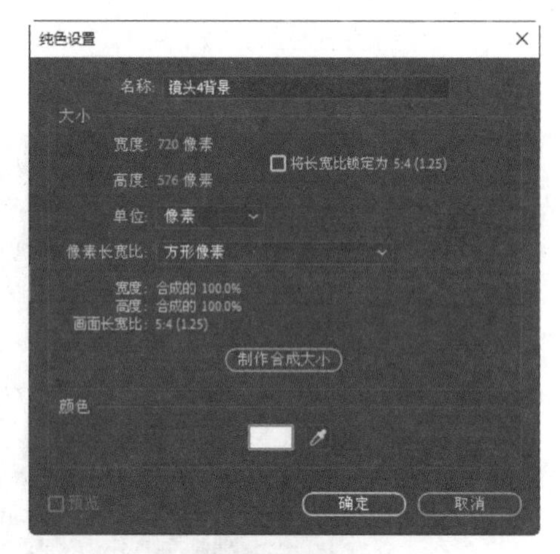
图 9.166

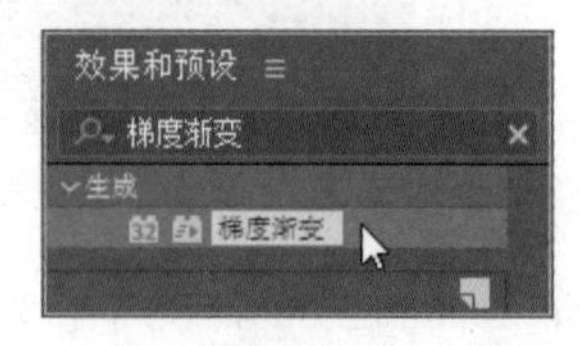

图 9.167

4 在【效果控件】面板中修改【渐变起点】为（180.0，120.0），修改【起始颜色】为深蓝色（R：6，G：88，B：109），修改【渐变终点】为（660.0，520.0），修改【结束颜色】为淡蓝色（R：173，G：202，B：203），如图 9.168 所示。

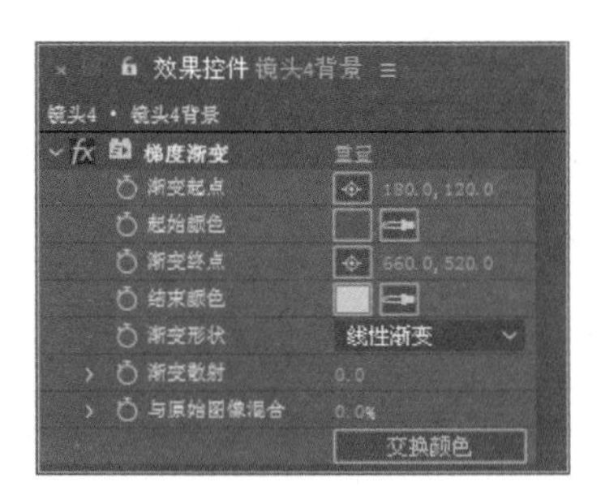

图 9.168

5 将【圆环动画】合成、【文字 04.psd】、【圆环转 / 风车】、【风车 / 风车】、【大圆环 / 风车】、【小圆环 / 风车】拖入【镜头 4】合成的【时间线】面板中，如图 9.169 所示。

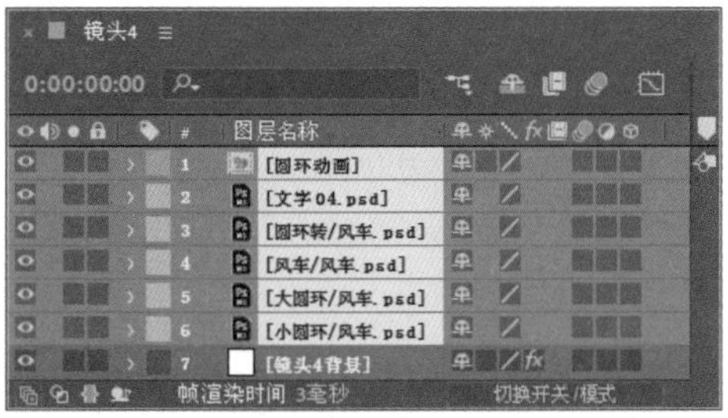

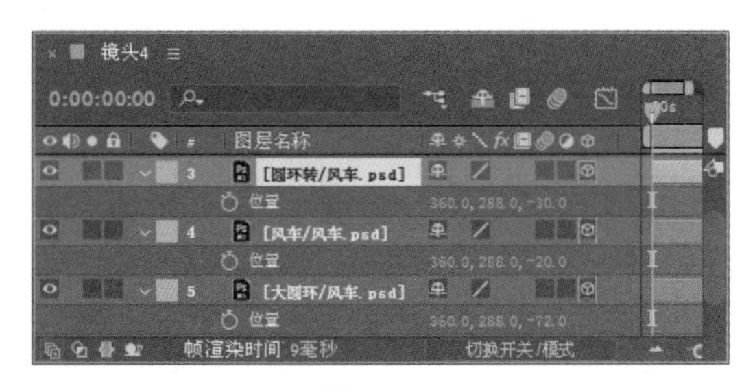

图 9.169

6 打开【圆环转 / 风车】【风车 / 风车】【大圆环 / 风车】【小圆环 / 风车】素材层的三维层，修改【大圆环 / 风车】的【位置】属性值为（360.0，288.0，-72.0），修改【风车 / 风车】的【位置】属性值为（360.0，288.0，-20.0），修改【圆环转 / 风车】的【位置】属性值为（360.0，288.0，-30.0），如图 9.170 所示。

图 9.170

7 确认时间在 0:00:00:00 的位置，选择【小圆环 / 风车】素材层，按 R 键打开【旋转】属性，单击【Z 轴旋转】左侧的码表按钮建立关键帧，如图 9.171 所示。

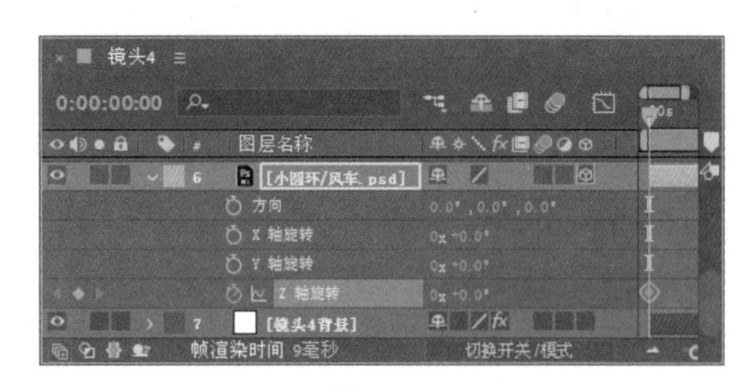

图 9.171

8 调整时间到 0:00:02:20 的位置，修改【Z 轴旋转】属性值为（0x+200.0°），系统将自动建立关键帧，如图 9.172 所示。

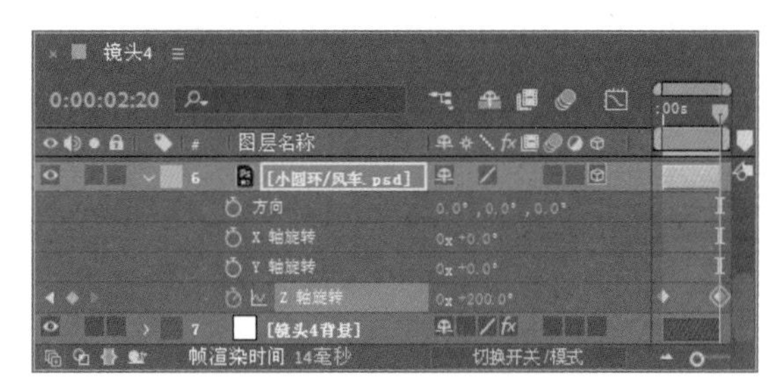

图 9.172

9 调整时间到 0:00:00:00 的位置，单击【小圆环 / 风车】素材层【Z 轴旋转】属性的文字部分，以选中该属性的全部关键帧，按 Ctrl+C 组合键复制选中的关键帧；选择【大圆环 / 风车】素材层，按 Ctrl+V 组合键粘贴关键帧，如图 9.173 所示。

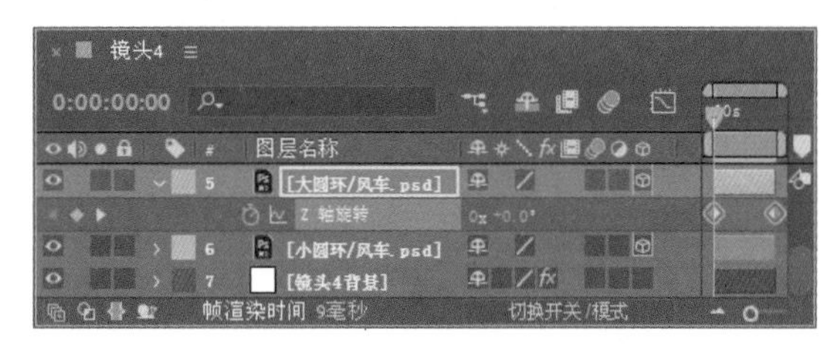

图 9.173

10 调整时间到 0:00:02:20 的位置，选择【大圆环 / 风车】素材层，修改【Z 轴旋转】属性值为

（0x-200.0°），如图 9.174 所示。

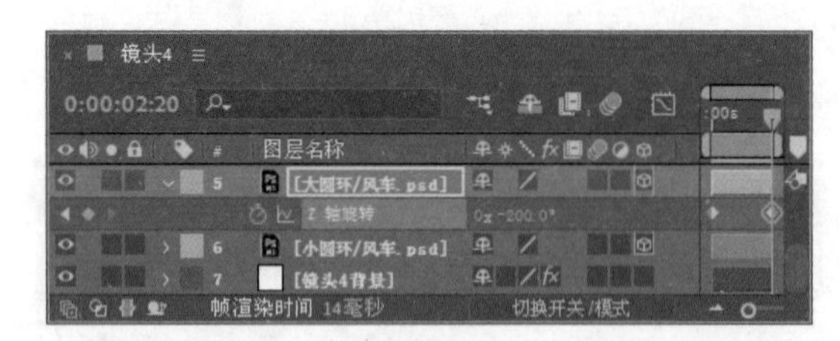

图 9.174

11 调整时间到 0:00:00:00 的位置，选择【风车 / 风车】素材层，按 Ctrl+V 组合键粘贴关键帧，如图 9.175 所示。

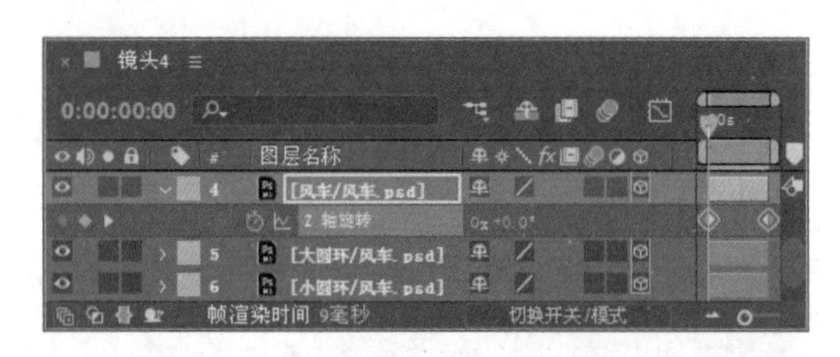

图 9.175

12 确认时间在 0:00:00:00 的位置，单击【大圆环 / 风车】素材层【Z 轴旋转】属性的文字部分，以选中该属性的全部关键帧，按 Ctrl+C 组合键复制选中的关键帧；选择【圆环转 / 风车】素材层，按 Ctrl+V 组合键粘贴关键帧，如图 9.176 所示。

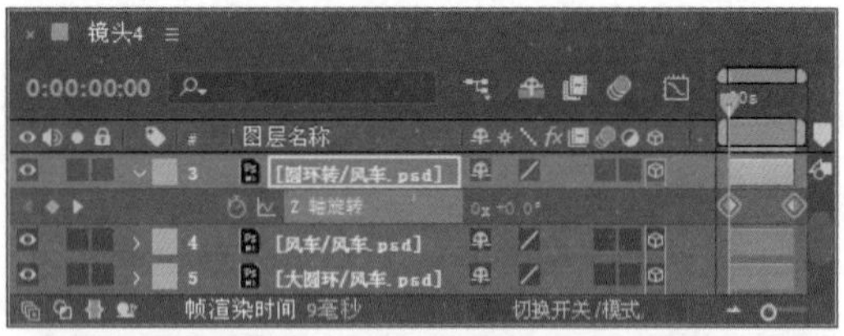

图 9.176

13 调整时间到 0:00:00:07 的位置，选中【文字 04.psd】素材层，单击【位置】左侧的码表按钮建立关键帧，修改【位置】为（934.0，280.0），如图 9.177 所示。

14 调整时间到 0:00:00:12 的位置，修改【位置】属性值为（360.0，280.0），系统将自动建立关键帧。单击【缩放】属性左侧的码表按钮建立关键帧，如图 9.178 所示。

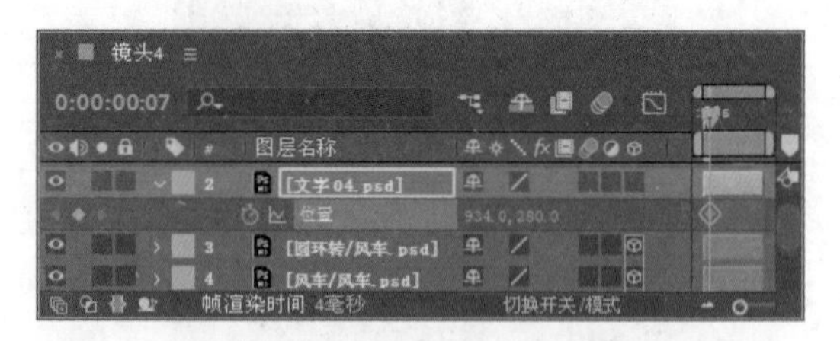

图 9.177

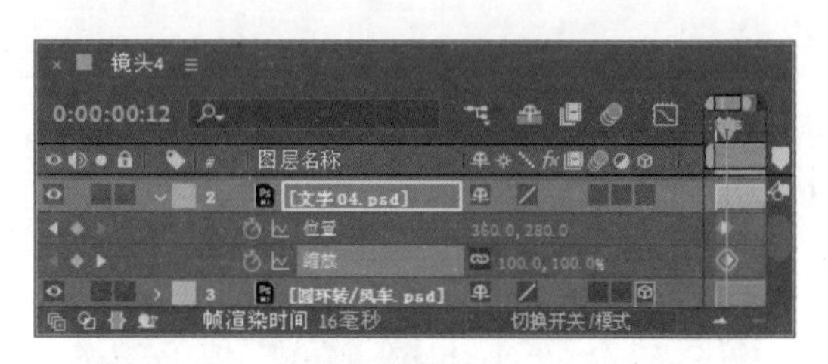

图 9.178

15 调整时间到 0:00:02:12 的位置，修改【缩放】属性值为（70.0，70.0%），系统将自动建立关键帧，如图 9.179 所示。

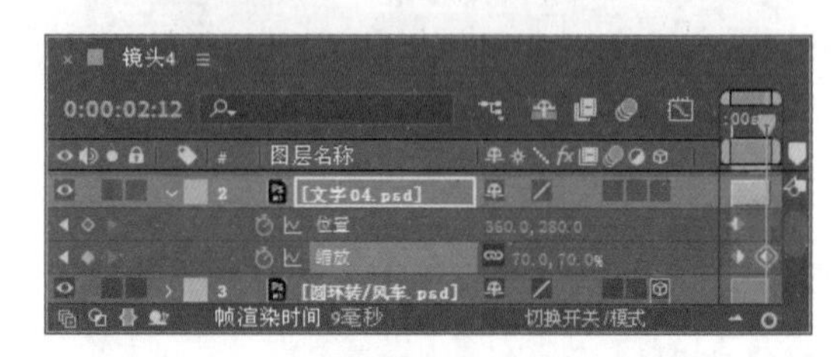

图 9.179

16 选中【圆环动画】合成层，调整时间到 0:00:00:08 的位置，向右拖动【圆环动画】合成层，使入点到当前时间位置，如图 9.180 所示。

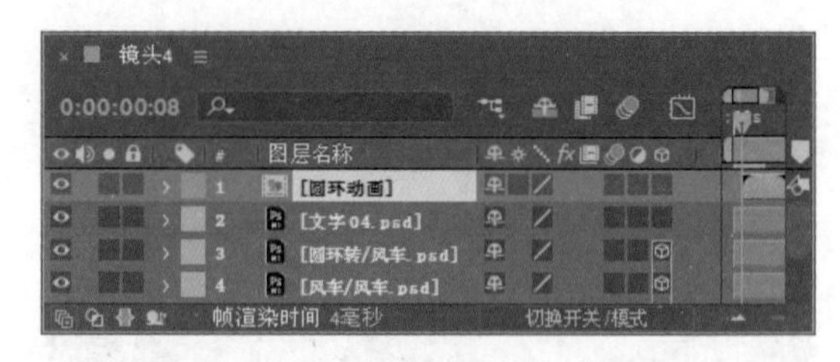

图 9.180

17 确认时间在 0:00:00:08 的位置，按 S 键打开【缩放】属性，单击【缩放】属性左侧的码表按钮建立关键帧；调整时间到 0:00:01:08 的位置，修改【缩放】属性值为（144.0，144.0%），系统将自动建立关键帧，如图 9.181 所示。

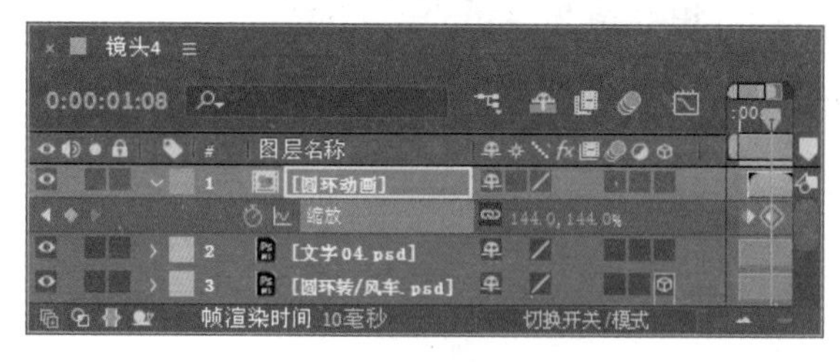

图 9.181

18 调整时间到 0:00:01:09 的位置，将光标放置在【圆环动画】合成层持续时间条结束的位置，当光标变成双箭头时，向左拖动鼠标，将【圆环动画】合成层的出点调整到当前时间，按 P 键打开【位置】属性，修改【位置】属性值为（429.0，243.0），如图 9.182 所示。

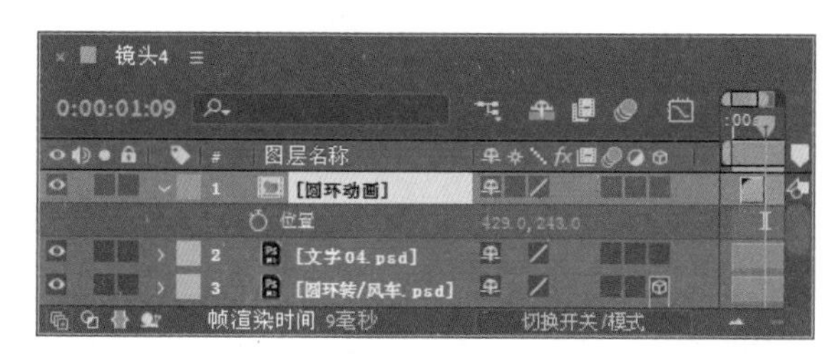

图 9.182

19 确认选中【圆环动画】合成层，按 Ctrl+D 组合键复制【圆环动画】合成层并重命名为“圆环动画 2”；调整时间到 0:00:00:10 的位置，向右拖动【圆环动画 2】合成层，使入点到当前时间，按 P 键打开【位置】属性，修改【位置】属性值为（493.0，283.0），如图 9.183 所示。

20 确认选中【圆环动画 2】合成层，按 Ctrl+D 组合键复制【圆环动画 2】合成层，系统将自动命名复制的新合成层为“圆环动画 3”，调整时间到 0:00:00:14 的位置，向右拖动【圆环动画 3】合成层，使入点到当前时间，按 P 键打开【位置】属性，修改【位置】属性值为（405.0，287.0），如图 9.184 所示。

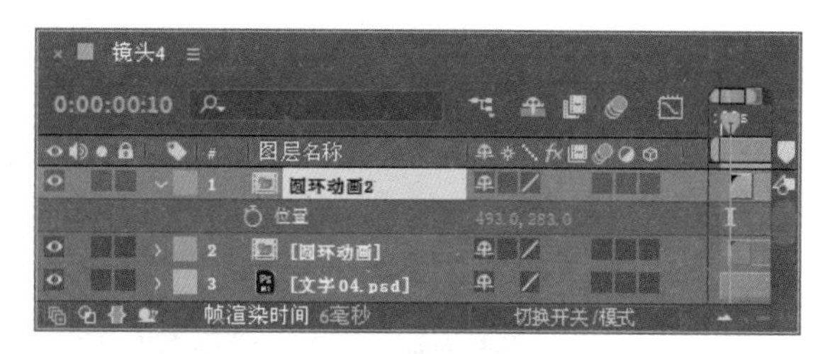

图 9.183

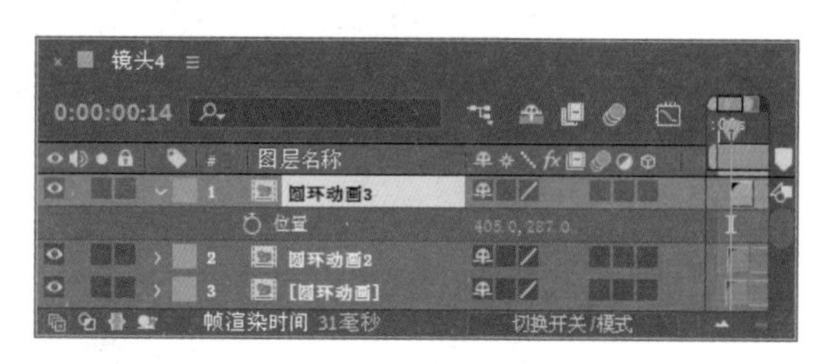

图 9.184

21 确认选中【圆环动画 3】合成层，按 Ctrl+D 组合键复制【圆环动画 3】合成层，系统将自动命名复制的新合成层为“圆环动画 4”；调整时间到 0:00:00:19 的位置，向右拖动【圆环动画 4】合成层，使入点到当前时间，按 P 键打开【位置】属性，修改【位置】属性值为（249.0，253.0），如图 9.185 所示。

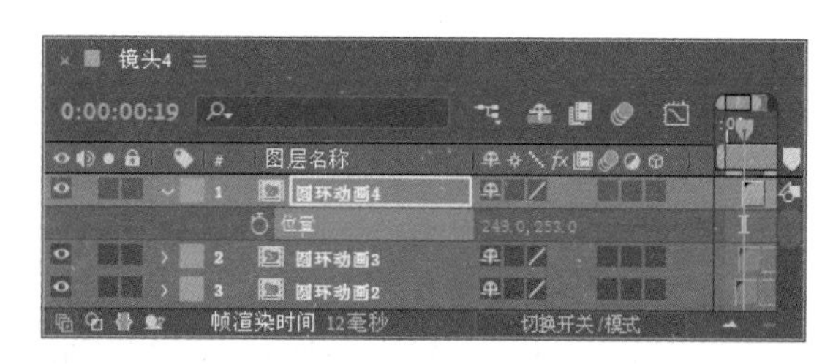

图 9.185

22 添加摄像机。执行菜单栏中的【图层】|【新建】|【摄像机】命令，打开【摄像机设置】对话框，设置【预设】为 24 毫米，如图 9.186 所示。单击【确定】按钮，在【时间线】面板中将会创建一个摄像机。

23 调整时间到 0:00:00:00 的位置，单击【摄像机 1】，单击【位置】左侧的码表按钮，修改【位置】属性值为（360.0，288.0，−225.0），如图 9.187 所示。

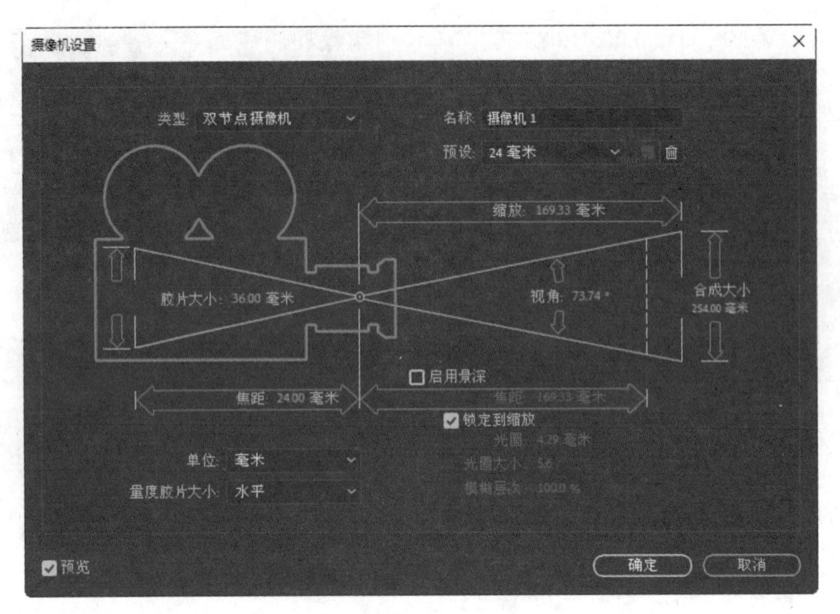

图 9.186

图 9.187

24 调整时间到 0:00:02:20 的位置，修改【位置】为（360.0，288.0，−568.0），系统将自动建立关键帧，如图 9.188 所示。

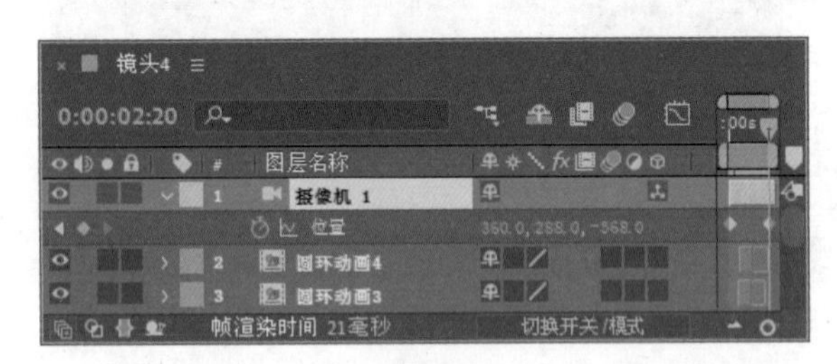

图 9.188

25 这样镜头 4 的动画就制作完成了，按空格键或小键盘上的 0 键在【合成】窗口中播放动画，其中几帧的效果如图 9.189 所示。

图 9.189

9.2.8 制作镜头 5 动画

1 执行菜单栏中的【合成】|【新建合成】命令，打开【合成设置】对话框，设置【合成名称】为“镜头 5”，【宽度】的值为 720，【高度】的值为 576，【帧速率】的值为 25，并设置【持续时间】为 0:00:04:05，如图 9.190 所示。

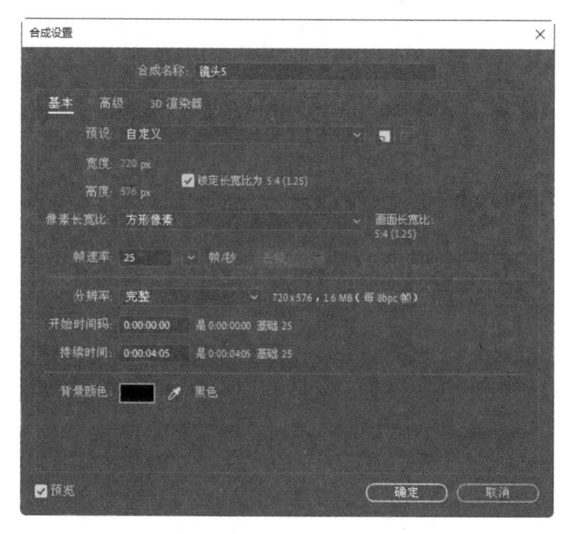

图 9.190

2 在【时间线】面板按 Ctrl+Y 组合键，打开【纯色设置】对话框，设置【名称】为“镜头 5 背景”，设置【颜色】为白色，如图 9.191 所示。单击【确定】按钮建立纯色层。

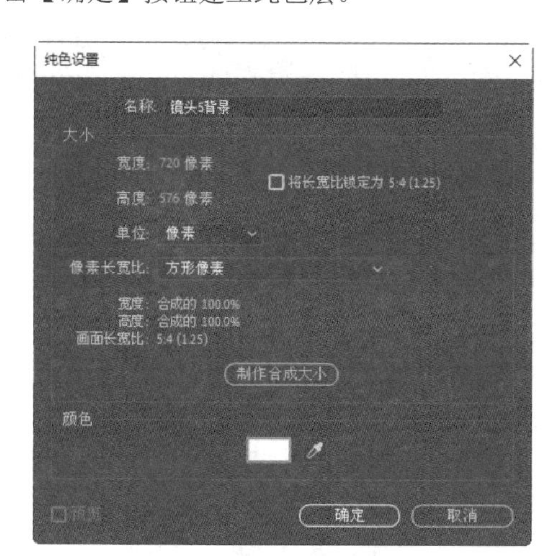

图 9.191

3 选择【镜头 5 背景】纯色层，在【效果和预设】面板中展开【生成】特效组，然后双击【梯度渐变】特效，如图 9.192 所示。

4 在【效果控件】面板中，修改【渐变起点】属性值为（128.0，136.0），修改【起始颜色】为深蓝色（R：13，G：91，B：112），修改【渐变终点】属性值为（652.0，574.0），修改【结束颜色】为淡蓝色（R：200，G：215，B：216），如图 9.193 所示。

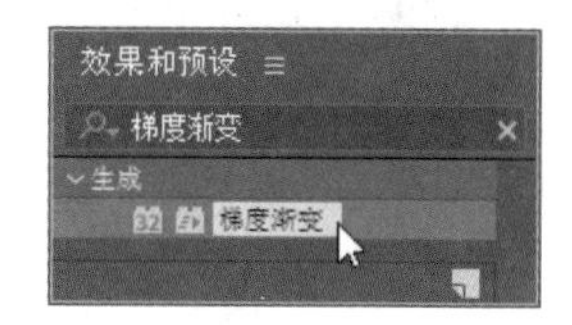

图 9.192

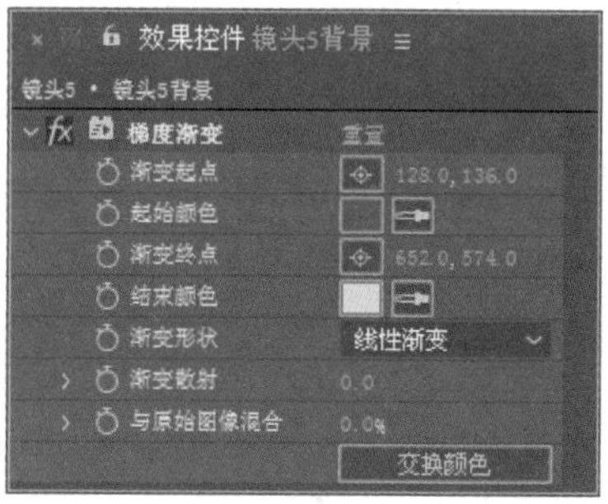

图 9.193

5 将【圆环动画】合成、【文字 05.psd】、【圆环转 / 风车】、【风车 / 风车】、【大圆环 / 风车】、【小圆环 / 风车】、【素材 01.psd】、【素材 02.psd】、【素材 03.psd】、【圆点.psd】拖入【镜头 5】合成的【时间线】面板中，如图 9.194 所示。

图 9.194

6 选择【圆点.psd】层，在【效果和预设】面板中展开【过渡】特效组，然后双击【线性擦除】特效，如图 9.195 所示。

图 9.195

7 调整时间到 0:00:02:02 的位置，在【效果控件】面板中单击【过渡完成】左侧的码表按钮建立关键帧，修改【过渡完成】属性值为 100%，修改【羽化】属性值为 50.0，如图 9.196 所示。

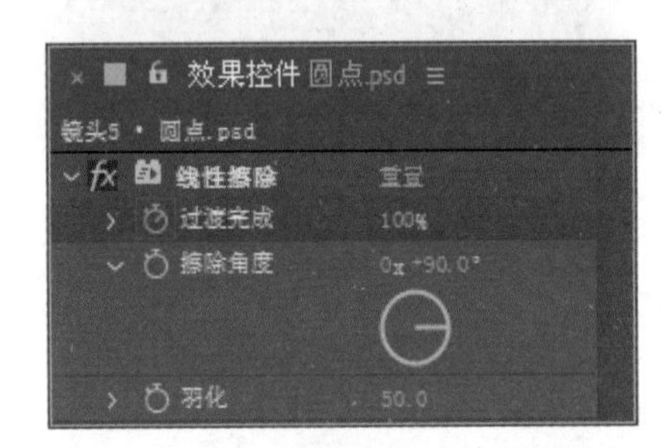

图 9.196

8 调整时间到 0:00:02:14 的位置，修改【过渡完成】属性值为 0%，系统将自动建立关键帧，如图 9.197 所示。

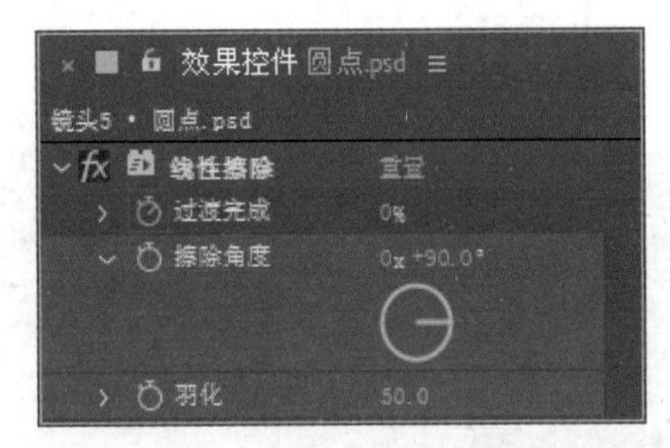

图 9.197

9 调整时间到 0:00:02:20 的位置，修改【过渡完成】属性值为 50%，系统将自动建立关键帧，如图 9.198 所示。

10 调整时间到 0:00:01:15 的位置，选择【素材 03.psd】，按 T 键打开【不透明度】属性，单击【不透明度】属性左侧的码表按钮建立关键帧，修改【不透明度】属性值为 0%，如图 9.199 所示。

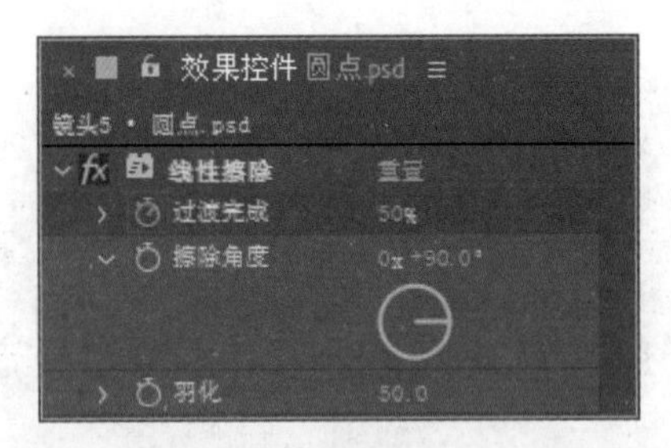

图 9.198

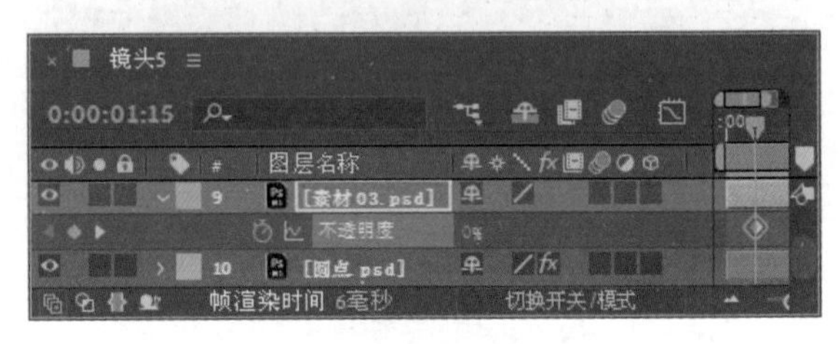

图 9.199

11 调整时间到 0:00:03:15 的位置，修改【不透明度】属性值为 80%，系统将自动建立关键帧，如图 9.200 所示。

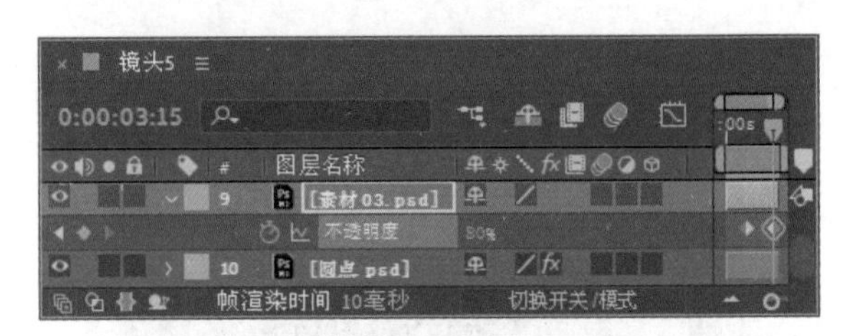

图 9.200

12 选择【素材 02.psd】素材层，在【效果和预设】面板中展开【过渡】特效组，然后双击【线性擦除】特效，如图 9.201 所示。

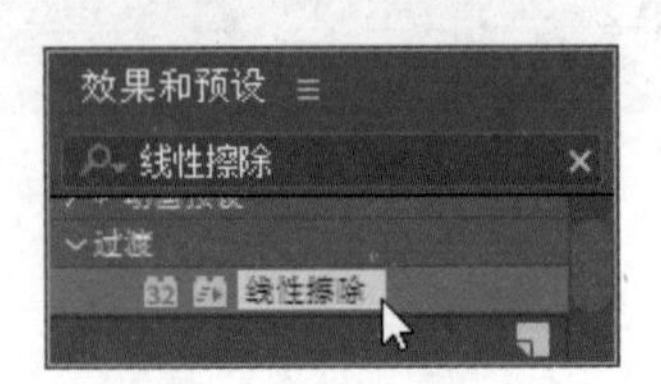

图 9.201

13 确认时间在 0:00:01:05 的位置，在【效果控件】面板中单击【过渡完成】左侧的码表按钮建立关键帧，修改【过渡完成】属性值为 100%，修改【羽化】属性为 80.0，如图 9.202 所示。

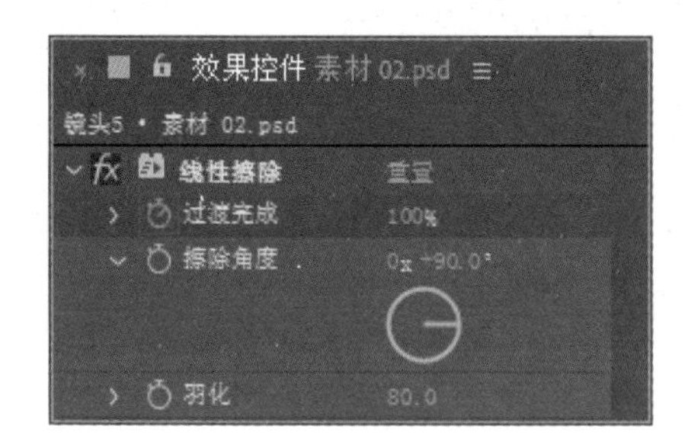

图 9.202

14 调整时间到 0:00:04:04 的位置，修改【过渡完成】属性值为 0%，系统将自动建立关键帧，如图 9.203 所示。

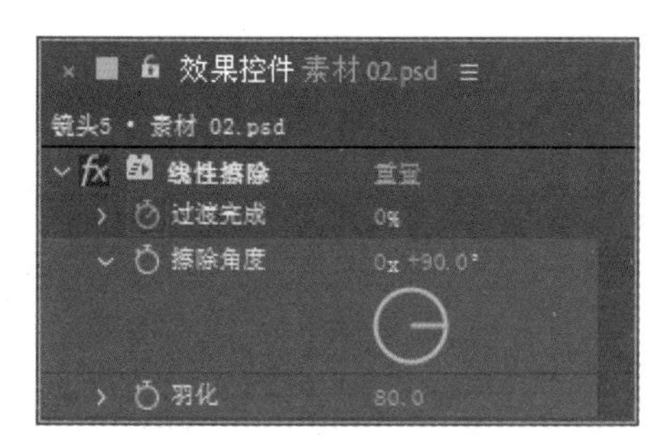

图 9.203

15 单击【素材 01.psd】素材层，在【效果和预设】面板中展开【过渡】特效组，然后双击【线性擦除】特效，如图 9.204 所示。

图 9.204

16 调整时间到 0:00:00:19 的位置，在【效果控件】面板中单击【过渡完成】左侧的码表按钮，在当前时间建立关键帧，修改【擦除角度】属性值为（0x+80.0°），修改【羽化】属性值为 70.0，如图 9.205 所示。

17 调整时间到 0:00:01:03 的位置，修改【过渡完成】属性值为 100%，系统将自动建立关键帧，如图 9.206 所示。

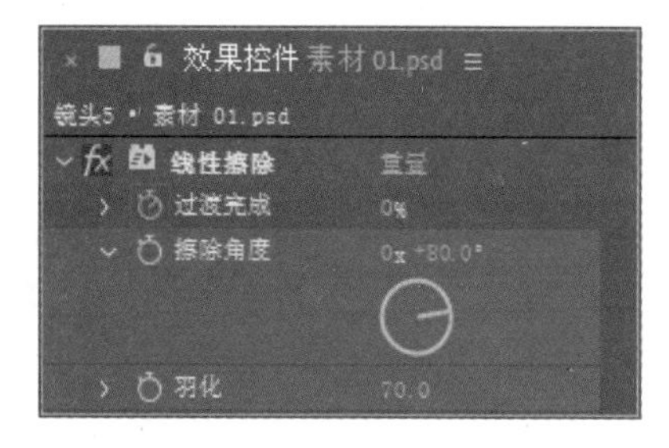

图 9.205

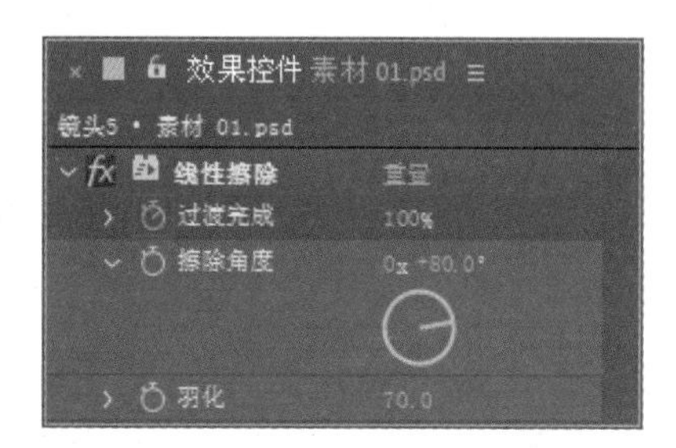

图 9.206

18 调整时间到 0:00:00:07 的位置，确认选中时间线中的【素材 01.psd】素材层，按 T 键打开【不透明度】属性，单击【不透明度】属性左侧的码表按钮，在当前建立关键帧，修改【不透明度】属性值为 0%，如图 9.207 所示。

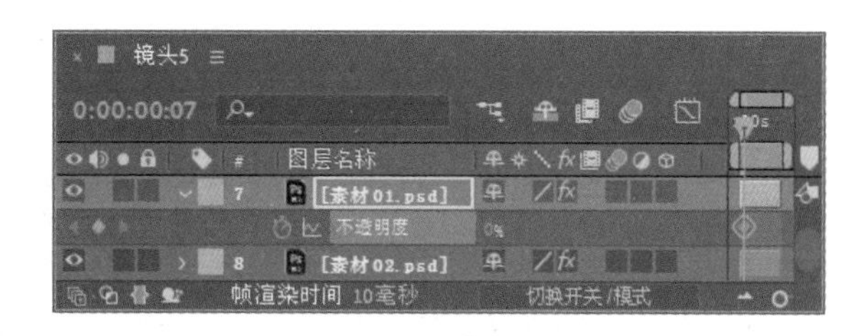

图 9.207

19 调整时间到 0:00:00:08 的位置，修改【不透明度】属性值为 100%；调整时间到 0:00:00:10 的位置，修改【不透明度】属性值为 30%；调整时间到 0:00:00:19 的位置，修改【不透明度】属性值为 100%，系统将自动建立关键帧，如图 9.208 所示。

20 打开【圆环转 / 风车】【风车 / 风车】

【大圆环 / 风车】【小圆环 / 风车】素材层的三维层，修改【大圆环 / 风车】的【位置】为（360.0，288.0，-72.0），修改【风车 / 风车】的【位置】为（360.0，288.0，-20.0），修改【圆环转 / 风车】的【位置】为（360.0，288.0，-30.0），如图 9.209 所示。

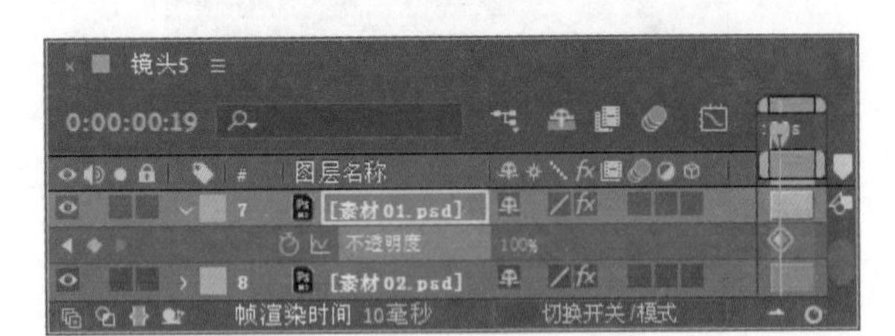

图 9.208

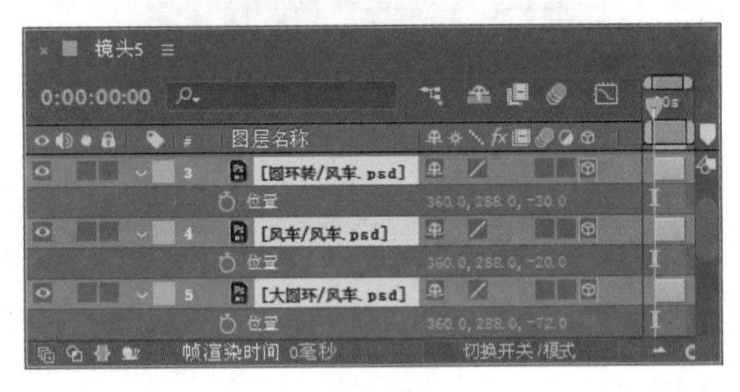

图 9.209

21 调整时间到 0:00:00:00 的位置，单击【小圆环 / 风车】素材层，按 R 键打开【旋转】属性，单击【Z 轴旋转】属性左侧的码表按钮，在当前建立关键帧，如图 9.210 所示。

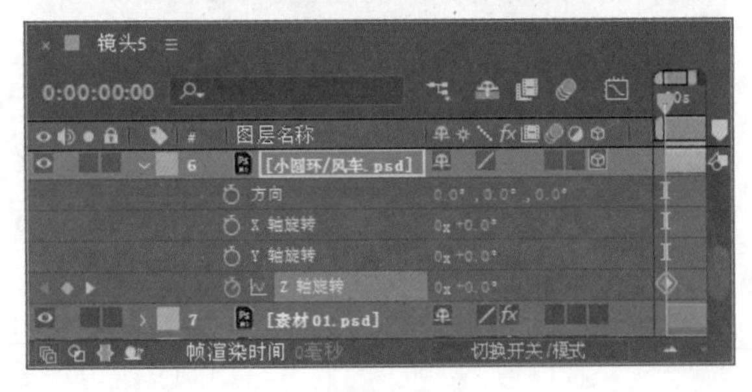

图 9.210

22 调整时间到 0:00:04:04 的位置，修改【Z 轴旋转】属性值为（0x+200.0°），系统将自动建立关键帧，如图 9.211 所示。

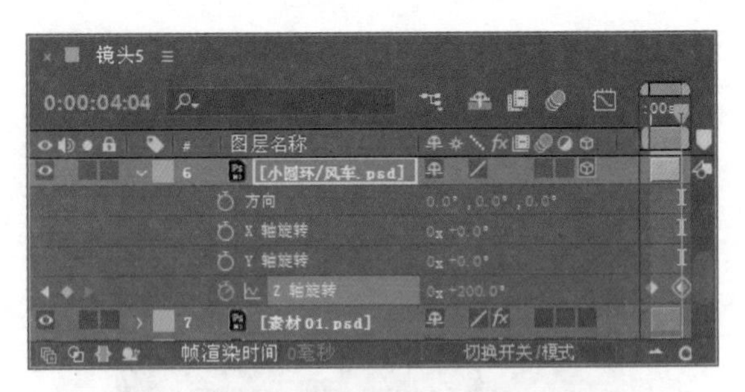

图 9.211

23 调整时间到 0:00:00:00 的位置，单击【小圆环 / 风车】素材层【Z 轴旋转】属性的文字部分，以选中该属性的全部关键帧，按 Ctrl+C 组合键复制选中的关键帧，单击【大圆环】素材层，按 Ctrl+V 组合键粘贴关键帧，如图 9.212 所示。

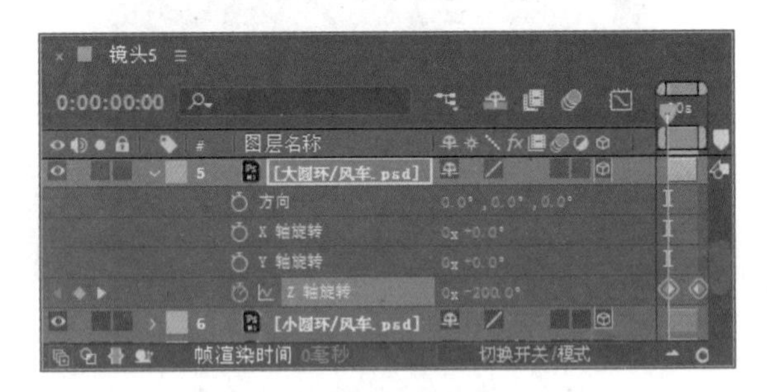

图 9.212

24 调整时间到 0:00:04:04 的位置，选择【大圆环 / 风车】素材层，修改【Z 轴旋转】属性值为（0x-200.0°），如图 9.213 所示。

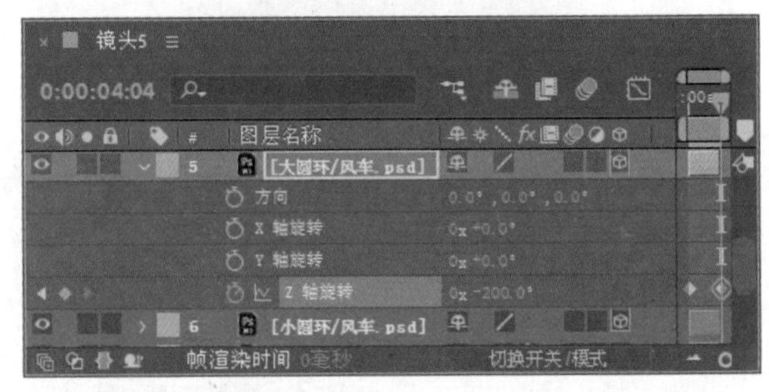

图 9.213

25 调整时间到 0:00:00:00 的位置，选择【风车 / 风车】素材层，按 Ctrl+V 组合键粘贴关键帧，如图 9.214 所示。

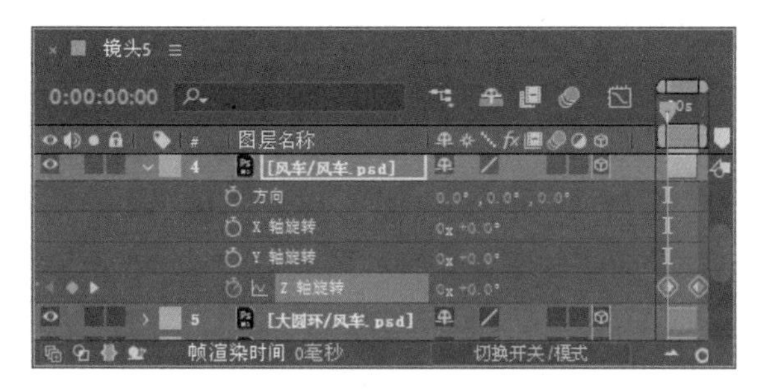

图 9.214

26 调整时间到 0:00:00:00 的位置，单击【大圆环 / 风车】素材层【Z 轴旋转】属性的文字部分，以选中该属性的全部关键帧，按 Ctrl+C 组合键复制选中的关键帧；选择【圆环转 / 风车】素材层，按 Ctrl+V 组合键粘贴关键帧，如图 9.215 所示。

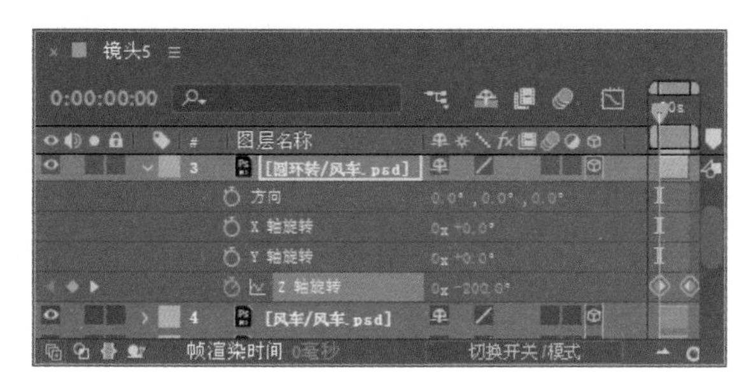

图 9.215

27 选中【圆环转 / 风车】【风车 / 风车】【大圆环 / 风车】【小圆环 / 风车】素材层，按 Ctrl+D 组合键复制这 4 个素材层，确认复制出的 4 个素材层在选中状态，将 4 个素材层拖动到【圆环转 / 风车】层的上面，并分别重命名，如图 9.216 所示。

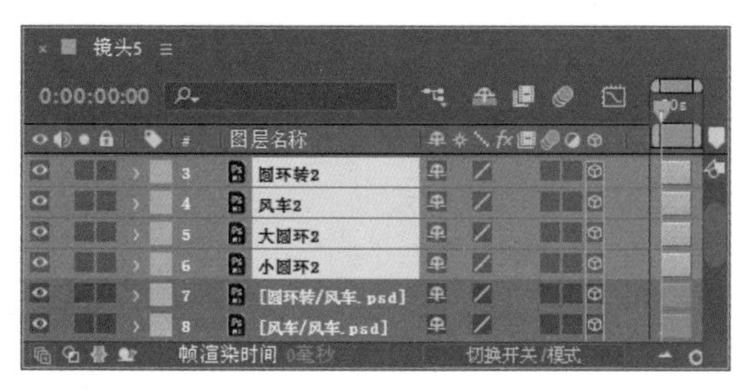

图 9.216

28 确认选中这 4 个素材层，按 P 键打开【位置】属性，修改【小圆环 2】的【位置】属性值为（1281.0，21.0，230.0），修改【大圆环 2】的【位置】属性值为（1281.0，21.0，158.0），修改【风车 2】的【位置】属性值为（1281.0，21.0，210.0），修改【圆环转 2】的【位置】属性值为（1281.0，21.0，200.0），如图 9.217 所示。

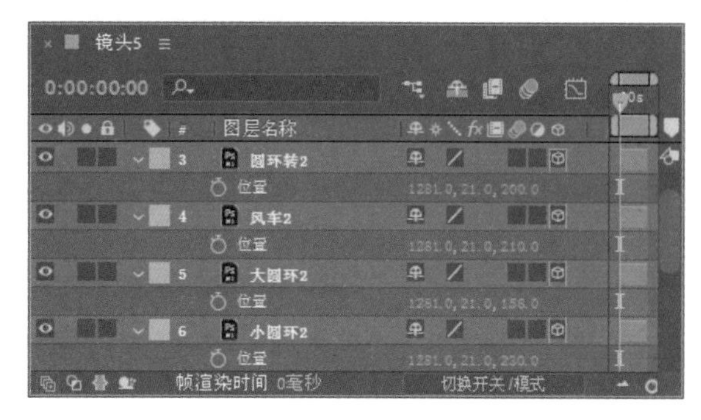

图 9.217

29 选中【圆环转 2】【风车】【大圆环 2】【小圆环 2】素材层，按 Ctrl+D 组合键复制这 4 个素材层，确认复制出的 4 个素材层在选中状态，将 4 个素材层拖动到【圆环转 2】层的上面，并分别重命名，如图 9.218 所示。

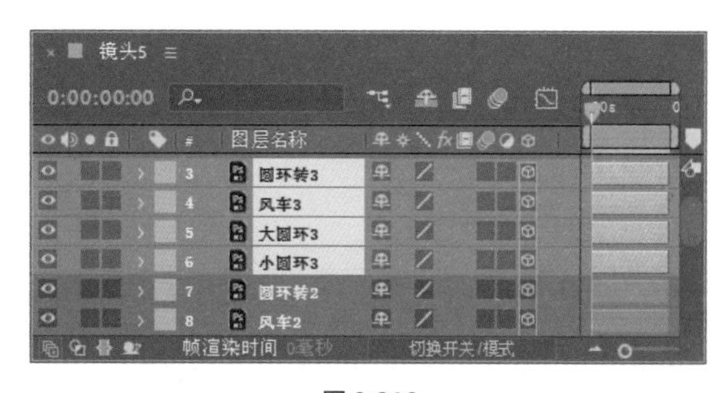

图 9.218

30 确认选中这 4 个素材层，按 P 键打开【位置】属性，修改【小圆环 3】的【位置】属性值为（1338.0，−605.0，194.0），修改【大圆环 3】的【位置】属性值为（1338.0，−605.0，122.0），修改【风车 3】的【位置】属性值为（1338.0，−605.0，174.0），修改【圆环转 3】的【位置】属性值为（1338.0，−605.0，164.0），如图 9.219 所示。

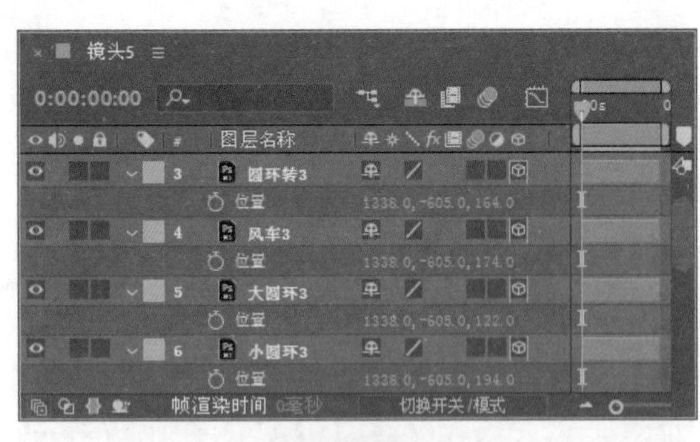

图 9.219

31 调整时间到 0:00:01:07 的位置，选择【文字 05.psd】素材层，按 P 键打开【位置】属性，单击【位置】属性左侧的码表按钮，在当前时间建立关键帧，修改【位置】属性值为（−195.0，175.0），如图 9.220 所示。

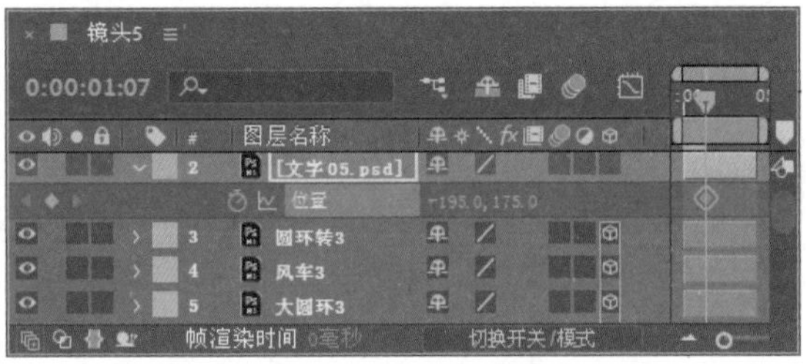

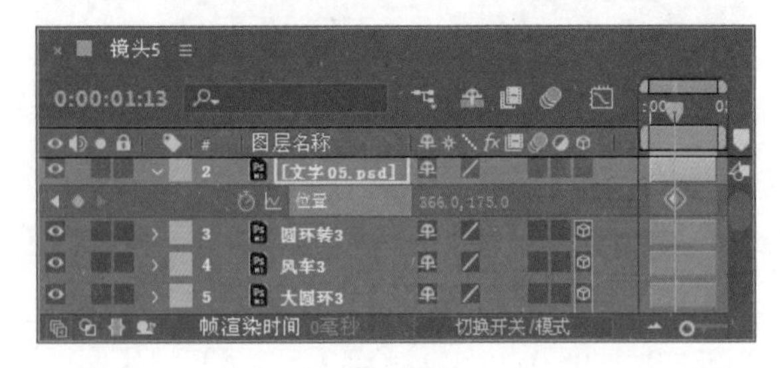

图 9.220

32 调整时间到 0:00:01:13 的位置，修改【位置】属性值为（366.0，175.0），系统将自动建立关键帧，如图 9.221 所示。

图 9.221

33 调整时间到 0:00:01:09 的位置，选中【圆环动画】合成层，向右拖动【圆环动画】合成层，使入点到当前时间位置，如图 9.222 所示。

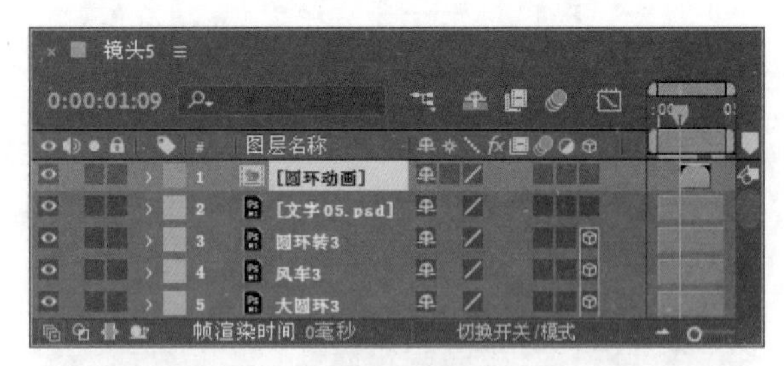

图 9.222

34 确认选中【圆环动画】合成层，按 P 键打开【位置】属性，修改【位置】属性值为（237.0，122.0）。按 S 键打开【缩放】属性，单击【缩放】属性左侧的码表按钮，在当前时间建立关键帧，如图 9.223 所示。

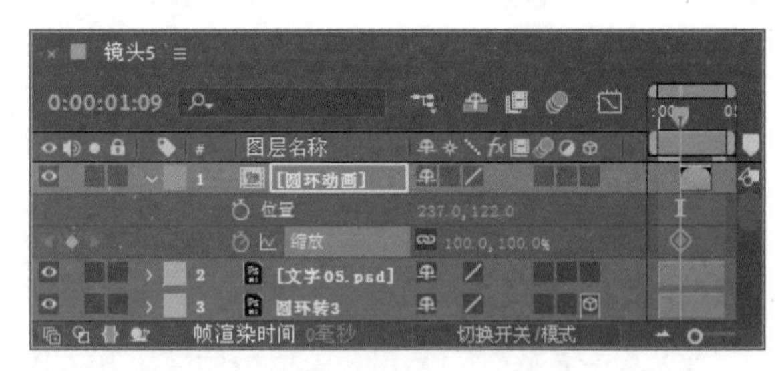

图 9.223

35 调整时间到 0:00:02:09 的位置，修改【缩放】属性值为（150.0，150.0%），系统将自动建立关键帧。调整时间到 0:00:02:10，将光标放置在【圆环动画】合成层结束的位置，当光标变成双箭头时，向左拖动鼠标，将【圆环动画】合成层出点调整到当前时间，如图 9.224 所示。

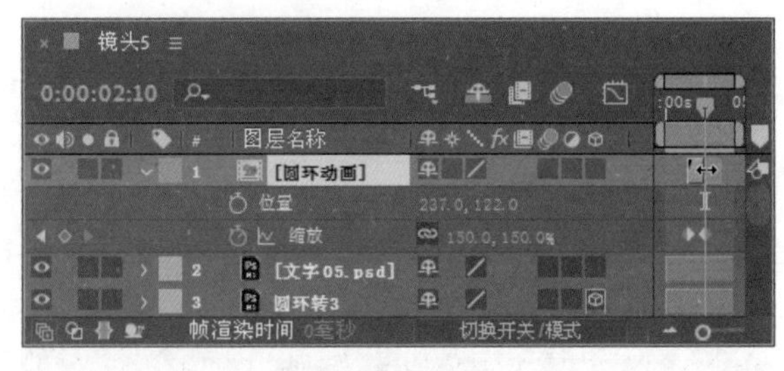

图 9.224

36 确认选中【圆环动画】合成层，按 Ctrl+D

组合键，复制【圆环动画】合成层并重命名为“圆环动画 2”，调整时间到 0:00:01:10 的位置，向右拖动【圆环动画 2】合成层，使入点到当前时间，修改【位置】属性值为（273.0，218.0），如图 9.225 所示。

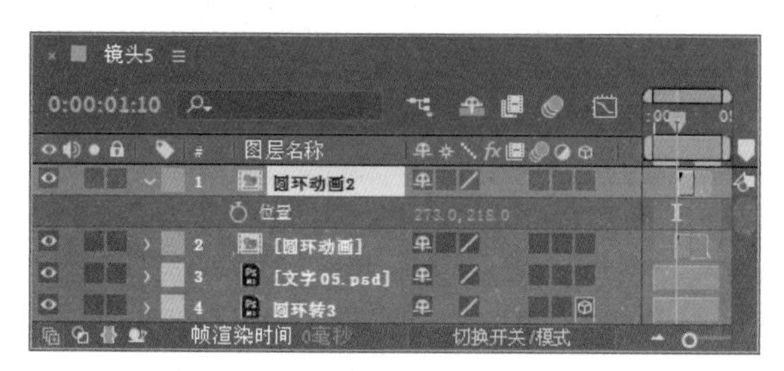

图 9.225

37 确认选中【圆环动画 2】合成层，按 Ctrl+D 组合键，复制【圆环动画 2】合成层，系统将自动命名复制的新合成层为“圆环动画 3”，调整时间到 0:00:01:19 的位置，向右拖动【圆环动画 3】合成层，使入点到当前时间，修改【位置】属性值为（357.0，122.0），如图 9.226 所示。

38 确认选中【圆环动画 3】合成层，按 Ctrl+D 组合键复制【圆环动画 3】合成层，系统将自动命名复制的新合成层为“圆环动画 4”，调整时间到 0:00:01:22 的位置，向右拖动【圆环动画 4】合成层，使入点到当前时间，修改【位置】属性值为（133.0，182.0），如图 9.227 所示。

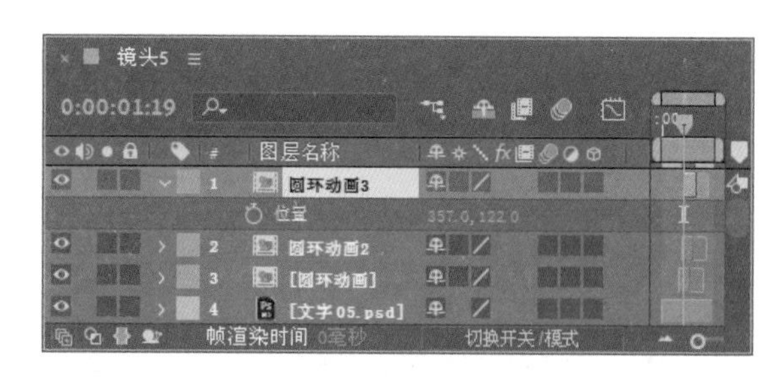

图 9.226

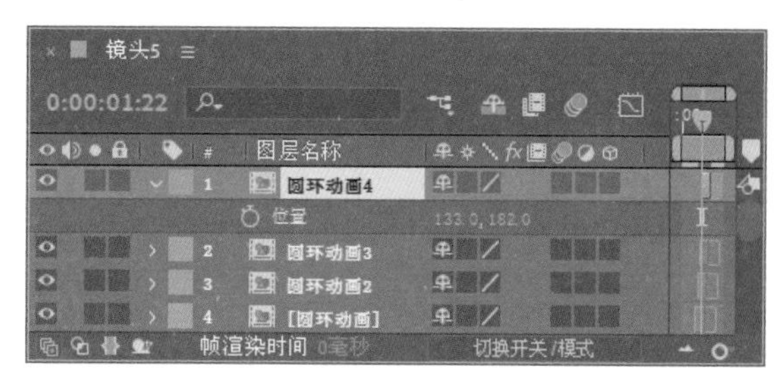

图 9.227

39 添加摄像机。执行菜单栏中的【图层】|【新建】|【摄像机】命令，打开【摄像机设置】对话框，设置【预设】属性值为 24 毫米，如图 9.228 所示。

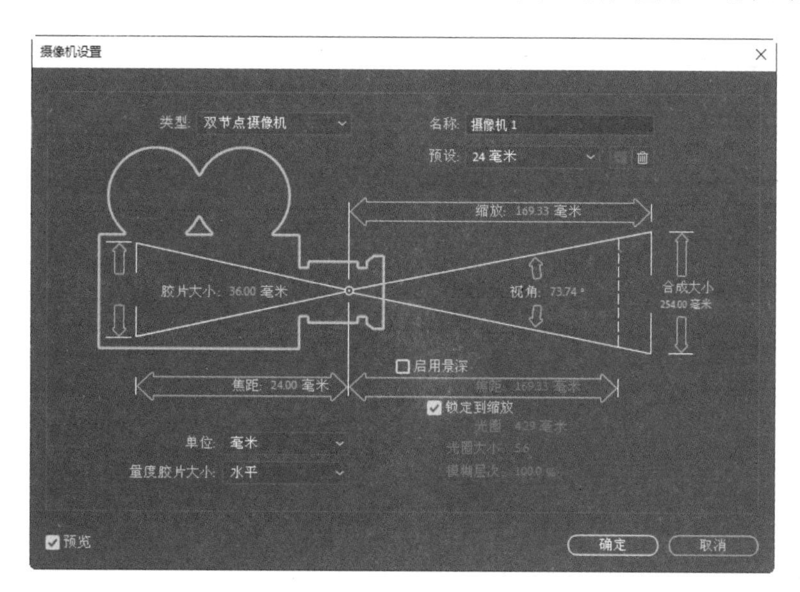

图 9.228

40 调整时间到0:00:00:00的位置，单击【摄影机1】的【变换】选项组，单击【目标点】左侧的码表按钮，修改【目标点】属性值为（660.0，-245.0，184.0），单击【位置】属性左侧的码表按钮，修改【位置】属性值为（703.0，521.0，126.0），修改【X轴旋转】属性值为（0x+24.0°），单击【Z轴旋转】属性左侧的码表按钮，修改【Z轴旋转】属性值为（0x+115.0°），如图9.229所示。

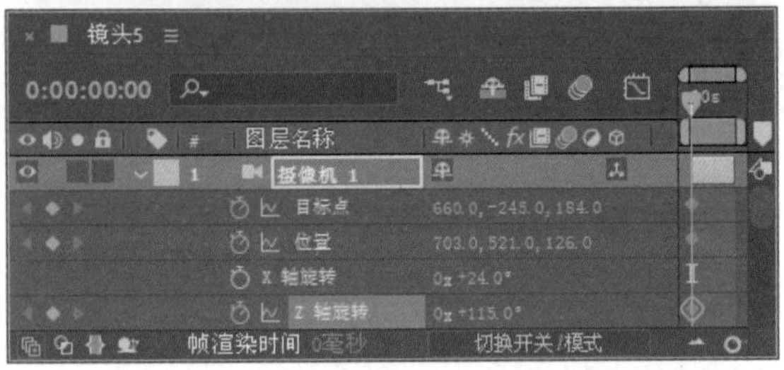

图9.229

41 调整时间到0:00:00:17的位置，修改【目标点】属性值为(660.0，-245.0，155.0)，修改【位置】属性值为（703.0，629.0，36.0），单击【X轴旋转】属性左侧的码表按钮，在当前建立关键帧，修改【Z轴旋转】属性值为（0x+0.0°），系统将自动建立关键帧，如图9.230所示。

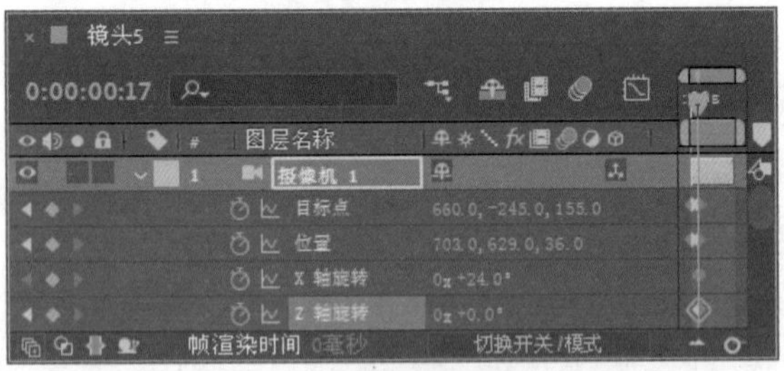

图9.230

42 调整时间到0:00:02:11的位置，修改【目标点】属性值为(723.0，65.0，-152.0)，修改【位置】属性值为（743.0，1057.0，-410.0），修改【X轴旋转】属性值为（0x+0.0°），系统将自动建立关键帧，如图9.231所示。

43 这样"镜头5"的动画就制作完成了，按空格键或小键盘上的0键在【合成】窗口播放动画，其中几帧如图9.232所示。

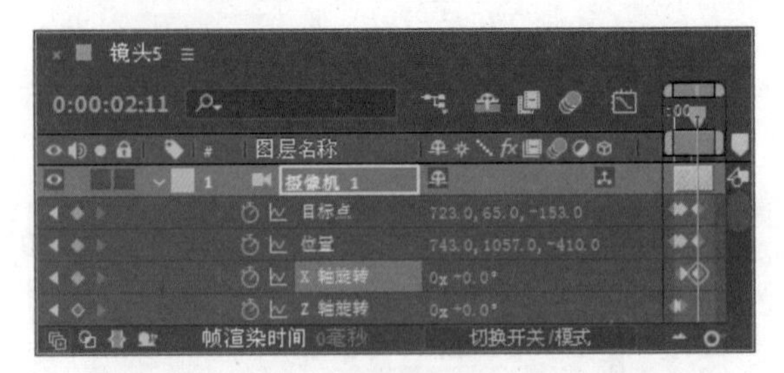

图9.231

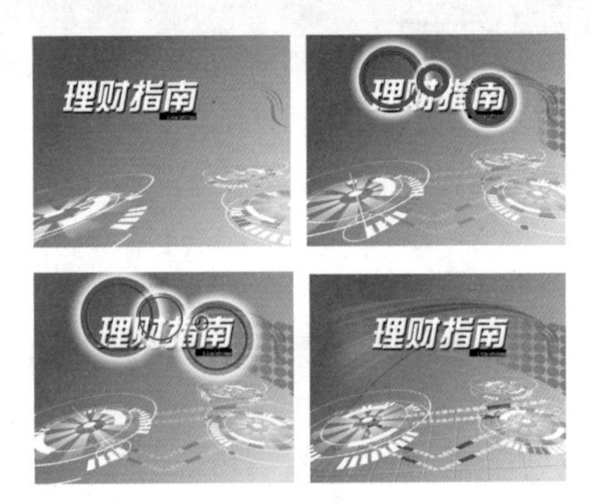

图9.232

9.2.9 制作总合成动画

1 执行菜单栏中的【合成】|【新建合成】命令，打开【合成设置】对话框，设置【合成名称】为"总合成"，【宽度】的值为720，【高度】的值为576，【帧速率】的值为25，并设置【持续时间】为0:00:14:20，如图9.233所示。

2 将【圆环动画】【镜头1】【镜头2】【镜头3】【镜头4】【镜头5】导入【总合成】合成的【时间线】面板中，如图9.234所示。

3 调整时间到0:00:02v24的位置，选中【镜头1】合成层，按T键打开【不透明度】属性，单击【不透明度】属性左侧的码表按钮，在当前时间建立关键帧；调整时间到0:00:03:07的位置，修改【不透明度】属性值为0%，如图9.235所示。

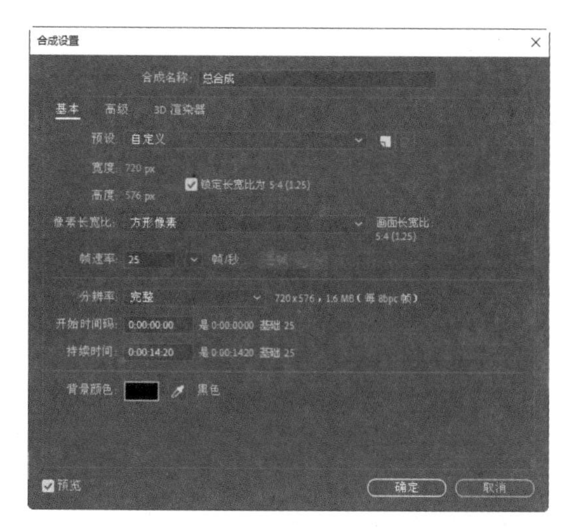

图 9.233

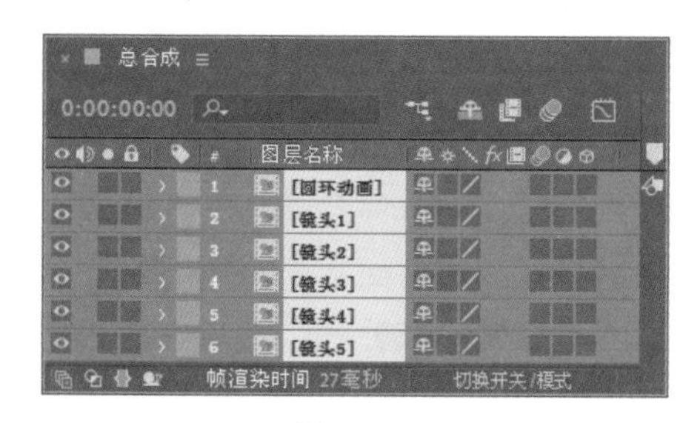

图 9.234

图 9.235

4 调整时间到 0:00:04:06 的位置，选中【圆环动画】，向右拖动【圆环动画】合成层，使入点到当前时间，如图 9.236 所示。

图 9.236

5 调整时间到 0:00:04:18 的位置，打开【位置】属性，修改【位置】属性值为（357.0，86.0），单击【缩放】属性左侧的码表按钮，在当前时间建立关键帧，如图 9.237 所示。

图 9.237

6 调整时间到 0:00:05:06 的位置，修改【缩放】属性值为（135.0，135.0%），系统将自动建立关键帧；调整时间到 0:00:05:07 的位置，将光标放置在【圆环动画】合成层结束的位置，当光标变成双箭头时，向左拖动鼠标，将【圆环动画】合成层的出点设置到当前时间，如图 9.238 所示。

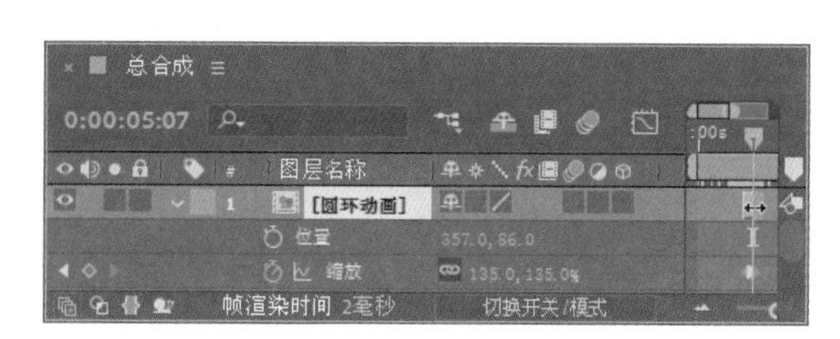

图 9.238

7 确认选中【圆环动画】合成层，按 Ctrl+D 组合键复制【圆环动画】合成层并重命名为“圆环动画 2”，将【圆环动画 2】层拖动到【圆环动画】的下一层，调整时间到 0:00:04:10 的位置，向右拖动【圆环动画 2】合成层，使入点到当前时间，修改【位置】属性值为（397.0，86.0），如图 9.239 所示。

8 确认选中【圆环动画 2】合成层，按 Ctrl+D 组合键复制【圆环动画】合成层并重命名为“圆环动画 3”，将【圆环动画 3】层拖动到【圆环动画 2】的下一层；调整时间到 0:00:04:18 的位置，向右拖动【圆环动画 3】合成层，使入点到当前时间，修改【位置】属性值为（470.0，0.0），如图 9.240

所示。

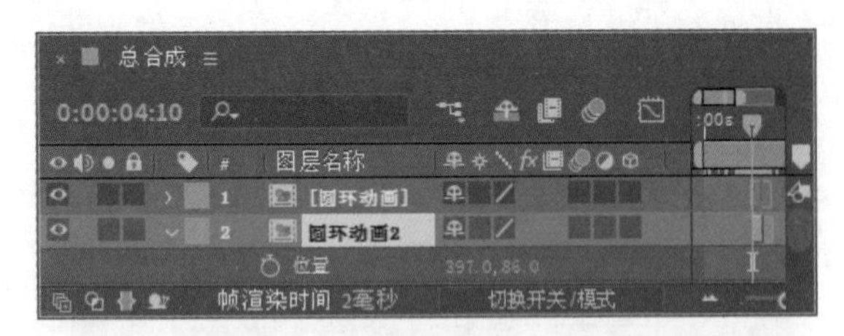

图 9.239

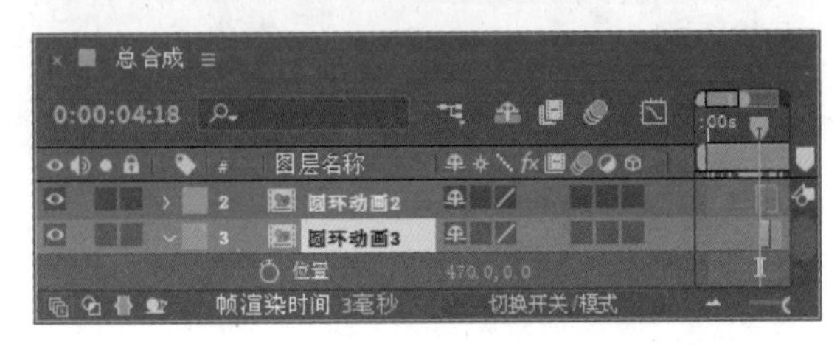

图 9.240

9 确认选中【圆环动画 3】合成层，按 Ctrl+D 组合键复制【圆环动画】合成层并重命名为“圆环动画 4”，将【圆环动画 4】层拖动到【圆环动画 3】的下一层；调整时间到 0:00:04:23 的位置，向右拖动【圆环动画 4】合成层，使入点到当前时间，修改【位置】属性值为（455.0，102.0），如图 9.241 所示。

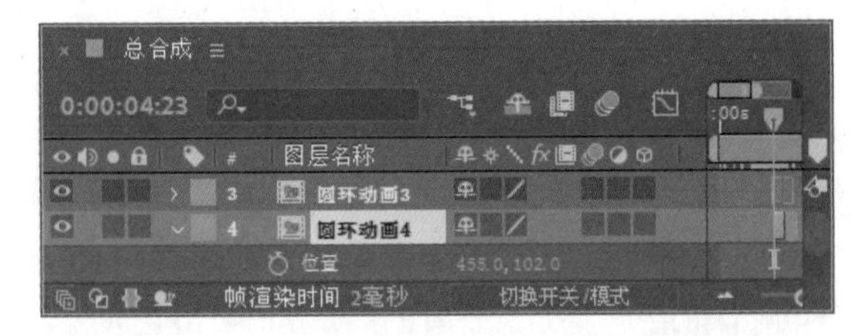

图 9.241

10 确认选中【圆环动画 4】合成层，按 Ctrl+D 组合键复制【圆环动画】合成层并重命名为“圆环动画 5”；调整时间到 0:00:05:05 的位置，向右拖动【圆环动画 5】合成层，使入点到当前时间，如图 9.242 所示。

11 调整时间到 0:00:02:24 的位置，选中【镜头 2】，向右拖动合成层，使入点到当前时间，单击【不透明度】属性左侧的码表按钮，修改【不透明度】属性值为 0%，如图 9.243 所示。

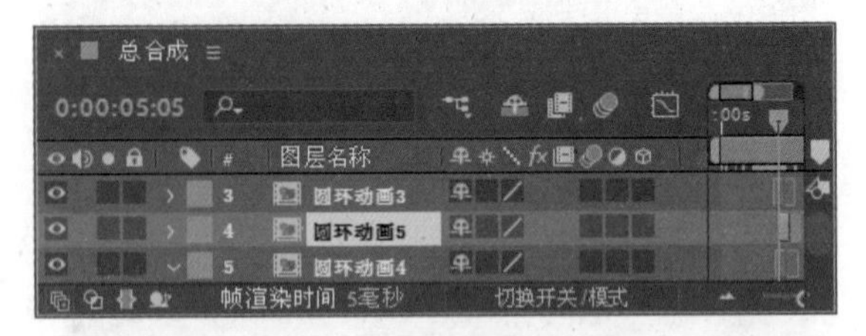

图 9.242

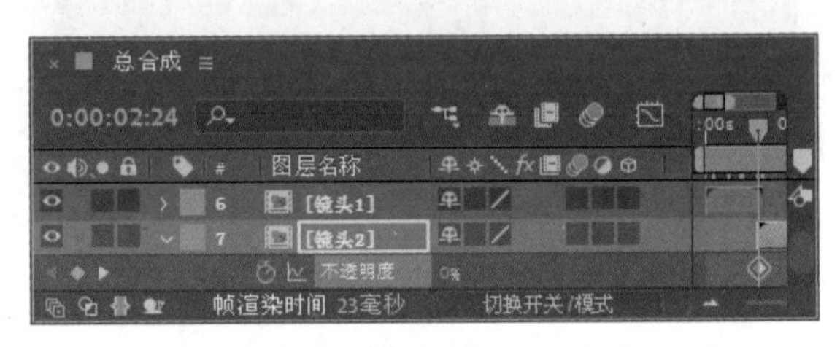

图 9.243

12 调整时间到 0:00:03:07 的位置，修改【不透明度】属性值为 100%；调整时间到 0:00:05:16 的位置，单击【不透明度】属性左侧的【在当前时间添加或移除关键帧】按钮，在当前建立关键帧；调整时间到 0:00:06:02 的位置，修改【不透明度】属性值为 0%，系统将自动建立关键帧，如图 9.244 所示。

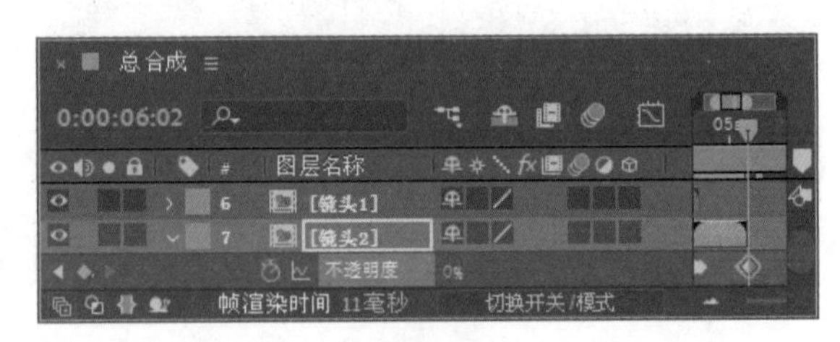

图 9.244

13 调整时间到 0:00:05:16 的位置，向右拖动【镜头 3】合成层，使入点到当前时间；单击【不透明度】左侧的码表按钮，修改【不透明度】属性值为 0%，如图 9.245 所示。

14 调整时间到 0:00:06:02 的位置，修改【不透明度】属性值为 100%；调整时间到 0:00:08:08 的位置，单击【不透明度】左侧的【在当前时间添加或移除关键帧】按钮，在当前建立关键帧；调整时间到0:00:08:21的位置，修改【不透明度】属性值为0%，系统将自动建立关键帧，如图9.246所示。

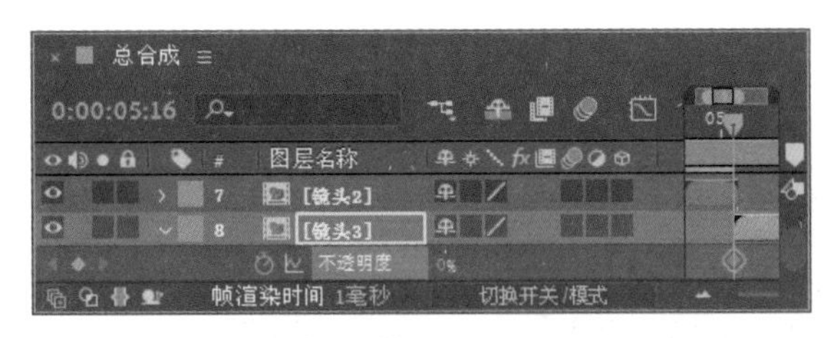

图9.245

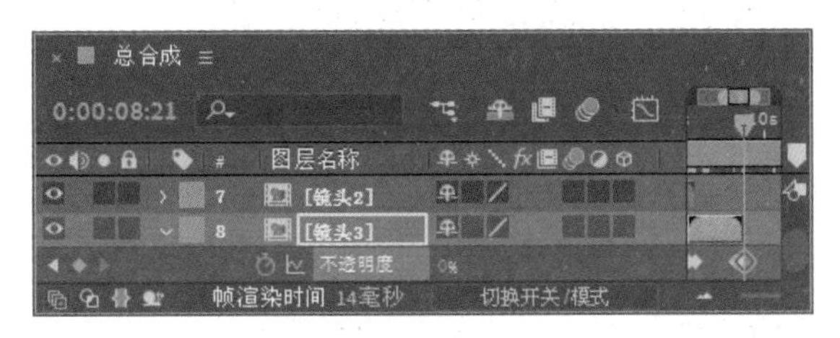

图9.246

15 调整时间到0:00:08:08的位置，向右拖动【镜头4】合成层，使入点到当前时间；单击【不透明度】左侧的码表按钮，修改【不透明度】属性值为0%，如图9.247所示。

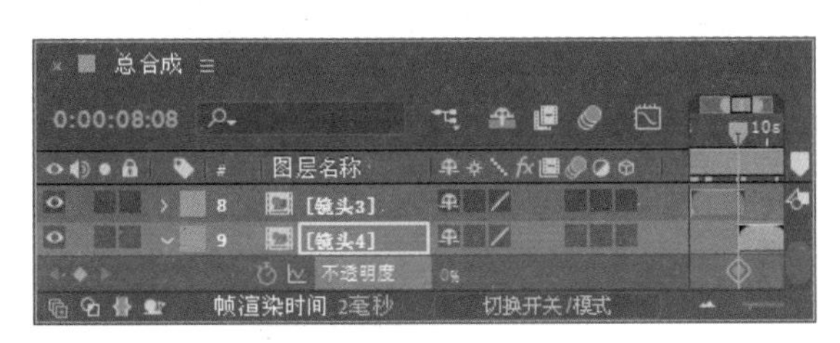

图9.247

16 调整时间到0:00:08:21的位置，修改【不透明度】属性值为100%；调整时间到0:00:10:14的位置，单击【不透明度】属性左侧的【在当前时间添加或移除关键帧】按钮，在当前建立关键帧；调整时间到0:00:11:03的位置，修改【不透明度】属性值为0%，系统将自动建立关键帧，如图9.248所示。

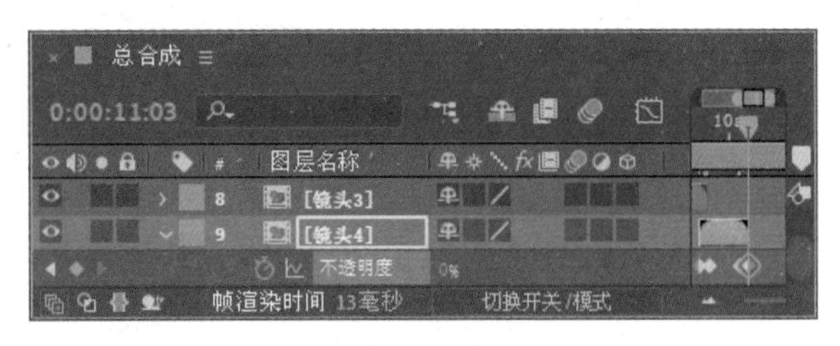

图9.248

17 调整时间到0:00:10:15的位置，向右拖动【镜头5】合成层，使入点到当前时间；单击【不透明度】属性左侧的码表按钮，修改【不透明度】属性值为0%；调整时间到0:00:11:03的位置，修改【不透明度】属性值为100%，如图9.249所示。

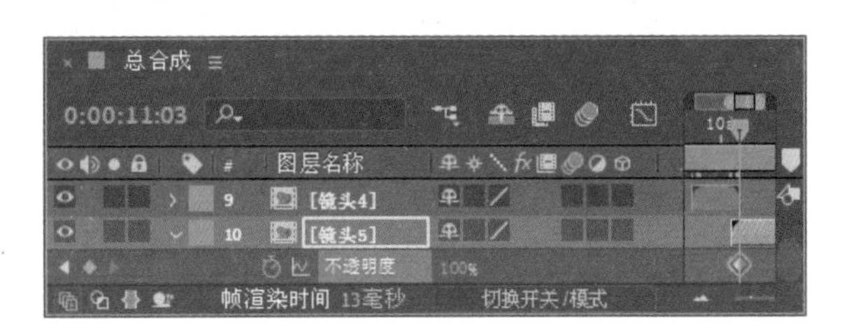

图9.249

18 这样就完成了财经栏目包装——理财指南动画就制作，按空格键或小键盘上的0键可在【合成】窗口预览效果。

9.3 音乐栏目包装——时尚音乐

实例解析

首先添加【音频频谱】特效制作跳动的音波合成，然后添加【网格】特效，绘制多个蒙版，并且利用蒙版间的叠加方式，制作出滚动的标志，最后将图像素材添加到最终合成，打开图像的三维层开关，调节三维层以及摄像机的参数，制作出镜头之间的切换以及镜头的旋转效果。本例最终的动画流程效果如图 9.250 所示。

难易程度：★★★★☆

工程文件：第 9 章\音乐栏目包装——时尚音乐

图 9.250

知识点

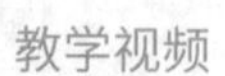

1．音频的制作

2．文字路径轮廓的创建

3．音乐栏目包装的制作技巧

操作步骤

9.3.1 制作跳动的音波

1 执行菜单栏中的【合成】|【新建合成】命令，打开【合成设置】对话框，设置【合成名称】为“跳动的音波”，【宽度】的值为 720，【高度】的值为 576，【帧速率】的值为 25，并设置【持续时间】为 0:00:10:00，

如图 9.251 所示。

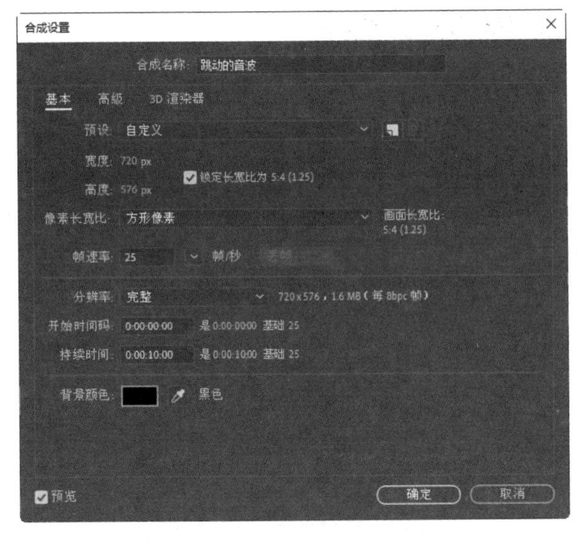

图 9.251

2 执行菜单栏中的【文件】|【导入】|【文件】命令，打开【导入文件】对话框，选择“logo.psd”“乐器 1.psd”“乐器 2.psd”“乐器 3.psd”“人物 1.psd”“人物 2.psd”“人物 3.psd”“榜.psd”“音频.wav”素材，单击【导入】按钮，将素材将导入【项目】面板中。

3 在【项目】面板中选择“音频.wav”素材，将其拖动到【时间线】面板中，然后将时间调整到 0:00:06:00 的位置，按 Alt + [组合键，在当前位置为【音频 .wav】层设置入点，然后将时间调整到 0:00:00:00 的位置，按 [键，将入点调整到 0:00:00:00 的位置，如图 9.252 所示。

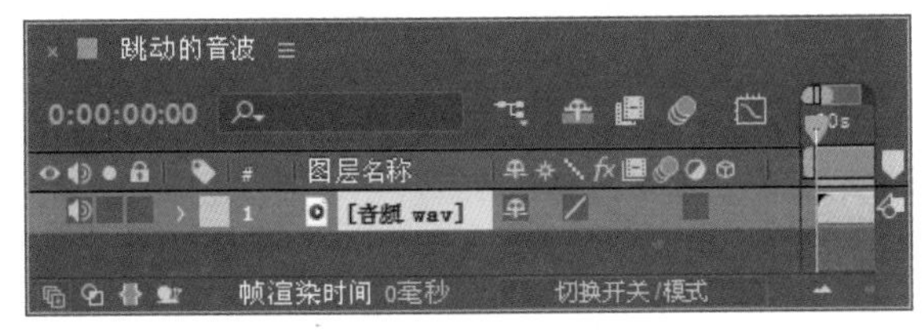

图 9.252

4 按 Ctrl+Y 组合键打开【纯色设置】对话框，设置【名称】为“声谱”，【颜色】为黑色，如图 9.253 所示。

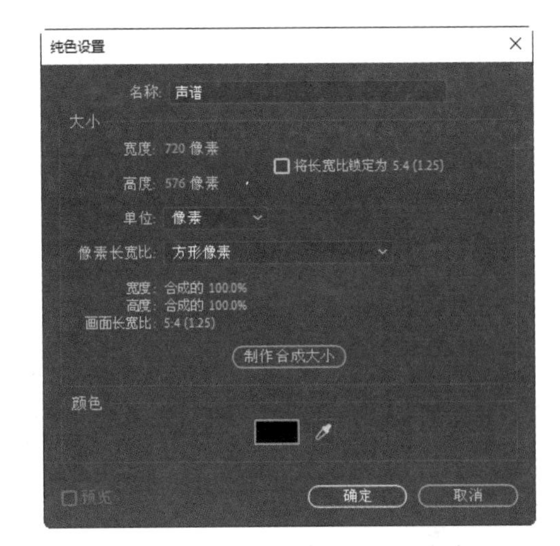

图 9.253

5 选择【声谱】层，在【效果和预设】面板中展开【生成】特效组，然后双击【音频频谱】特效，如图 9.254 所示。

图 9.254

提示

音频层：从下拉列表中，选择一个合成中的音频参考层。音频参考层要首先添加到时间线中才可以应用。

起始点：在没有应用 Path 选项的情况下，指定音频图像的起点位置。

结束点：在没有应用【路径】选项的情况下，指定音频图像的终点位置。

路径：选择一条路径，让波形沿路径变化。

起始频率：设置参考的最低音频频率，以 Hz 为单位。

结束频率：设置参考的最高音频频率，以 Hz 为单位。

频段：设置音频频谱显示的数量。值越大，显示的音频频谱越多。

最大高度：指定频谱显示的最大振幅。

厚度：设置频谱线的粗细程度。

6 在【效果控件】面板中，在【音频层】下拉列表中选择【2. 音频 .wav】，设置【起始点】属性值为（72.0，576.0），【结束点】属性值为（648.0，576.0），【起始频率】属性值为 10.0，【结束频率】属性值为 100.0，【频段】属性值为 8，【最大高度】属性值为 4500.0，【厚度】属性值为 50.00，参数设置如图 9.255 所示。设置完成后的画面效果如图 9.256 所示。

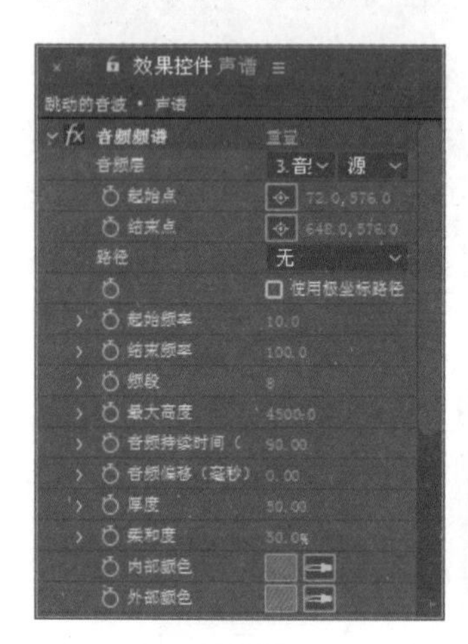

图 9.255

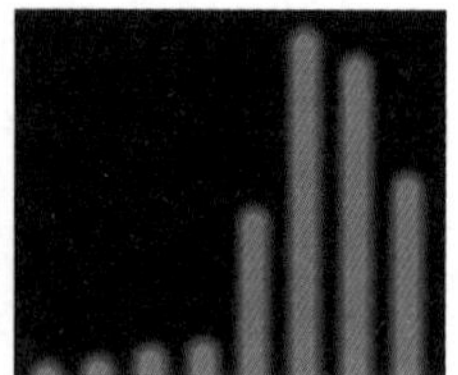

图 9.256

7 在【时间线】面板中【声谱】层右侧的属性栏中单击【质量和采样】按钮，此时【质量和采样】按钮将会变为按钮，如图 9.257 所示。此时的画面效果如图 9.258 所示。

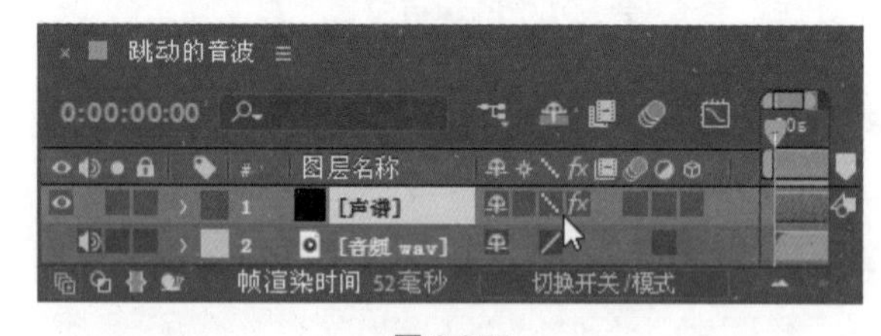

图 9.257

8 按 Ctrl+Y 组合键打开【纯色设置】对话框，新建一个【名称】为“渐变”，【颜色】为黑色的纯色层，将其放在【声谱】层的下一层。

9 选择【渐变】层，在【效果和预设】面板中展开【生成】特效组，然后双击【梯度渐变】特效，如图 9.259 所示。

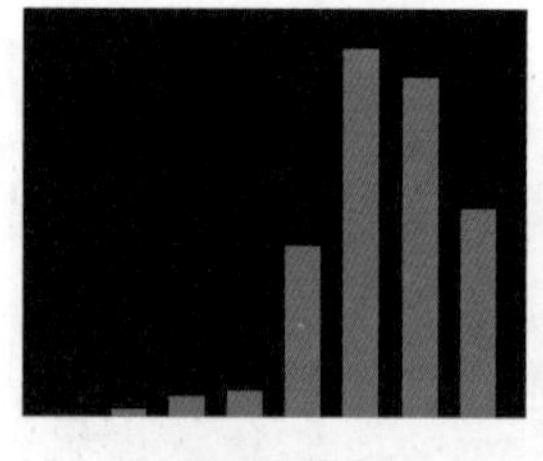

图 9.258

图 9.259

10 在【效果控件】面板中，设置【渐变起点】属性值为（360.0，288.0），【起始颜色】为黄色（R：255，G：210，B：0），【渐变终点】属性值为（360.0，576.0），【结束颜色】为绿色（R：13，G：170，B：21），如图 9.260 所示。

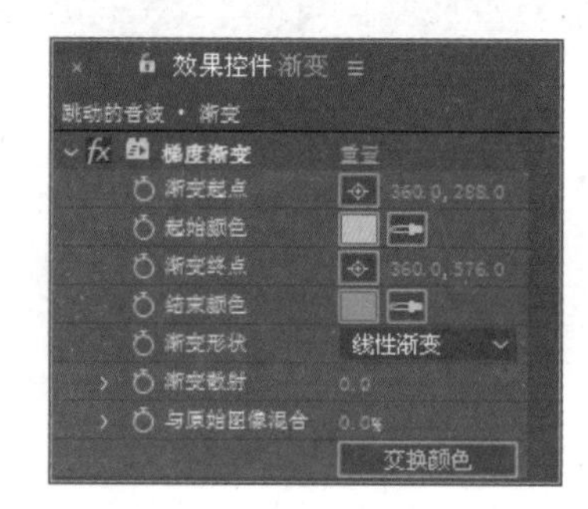

图 9.260

11 设置完参数后，【合成】窗口中的画面效果如图 9.261 所示。在【效果和预设】面板中展开【生成】特效组，然后双击【网格】特效，如图 9.262 所示。

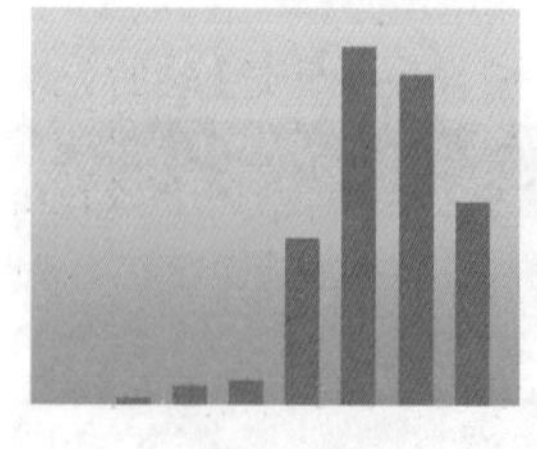

图 9.261

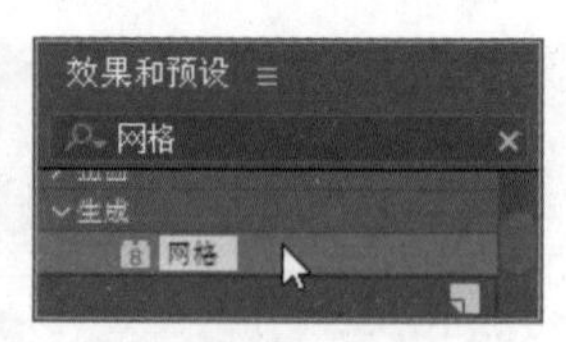

图 9.262

12 在【效果控件】面板中设置【锚点】属性值为（-10.0，0.0），【边角】属性值为（720.0，20.0），【边界】属性值为 18.0，选中【反转网格】

复选框，设置【颜色】为黑色，【混合模式】为【正常】，如图 9.263 所示。此时的画面效果如图 9.264 所示。

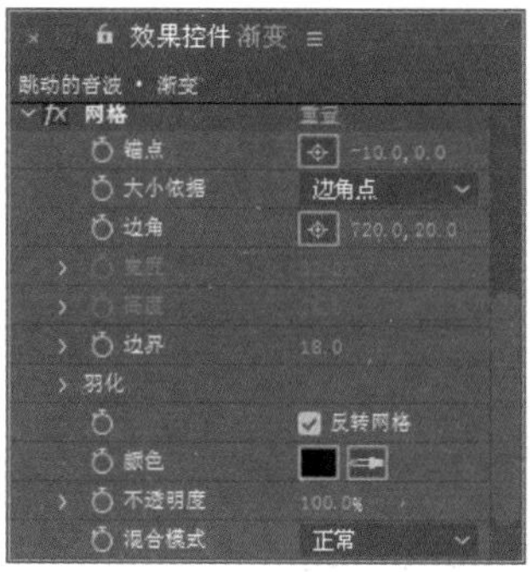

图 9.263

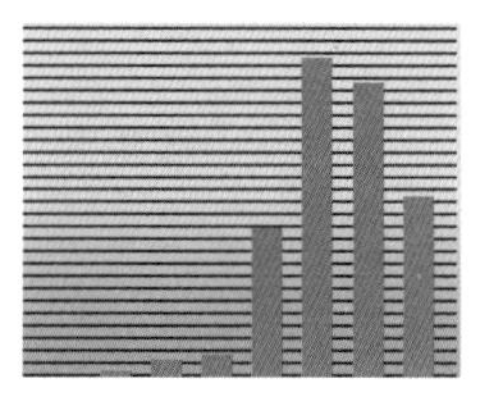

图 9.264

> 提示
>
> 锚点：通过右侧的参数，可以调整网格水平和垂直的网格数量。
> 边角：通过后面的参数设置，修改网格的边角位置及网格的水平和垂直数量。
> 宽度：在【大小依据】选项选择【宽度滑块】时，该项可以修改整个网格的比例缩放；在【大小依据】选项选择【宽度和高度滑块】时，该项可以修改网格的宽度大小。
> 高度：修改网格的高度大小。
> 边界：设置网格的粗细。
> 反转网格：选中该复选框，将反转显示网格效果。

13 在【时间线】面板中设置【渐变】层的【轨道遮罩】为【声谱】，如图 9.265 所示。

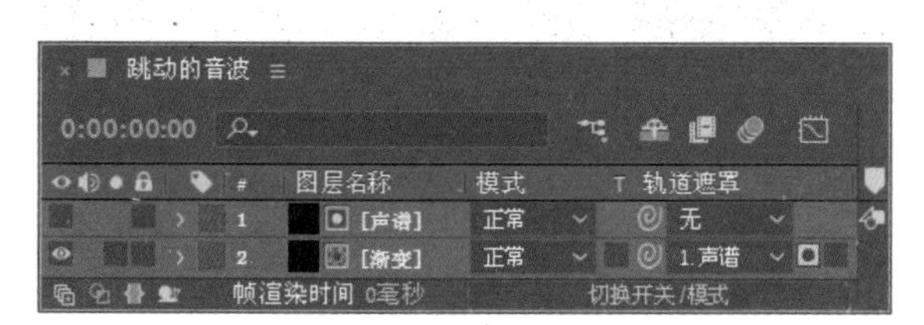

图 9.265

14 这样就完成了“跳动的音波”的制作，拖动时间滑块，在【合成】窗口中观看动画，其中几帧的画面效果如图 9.266 所示。

图 9.266

9.3.2 制作文字合成

1 执行菜单栏中的【合成】|【新建合成】命令，打开【合成设置】对话框，新建一个【合成名称】为“文字 1”、【宽度】的值为 720、【高度】的值为 576、【帧速率】的值为 25、【持续时间】为 0:00:10:00 的合成。

2 选择工具栏中的【横排文字工具】，在【文字 1】合成窗口中输入 SHISHANG，设置字体为 Arial，【填充颜色】为白色，【描边颜色】为白色，字符大小为 70 像素，字符间距为 17，并设置描边样式为【在描边上填充】，【描边宽度】为 8 像素，如图 9.267 所示。画面效果如图 9.268 所示。

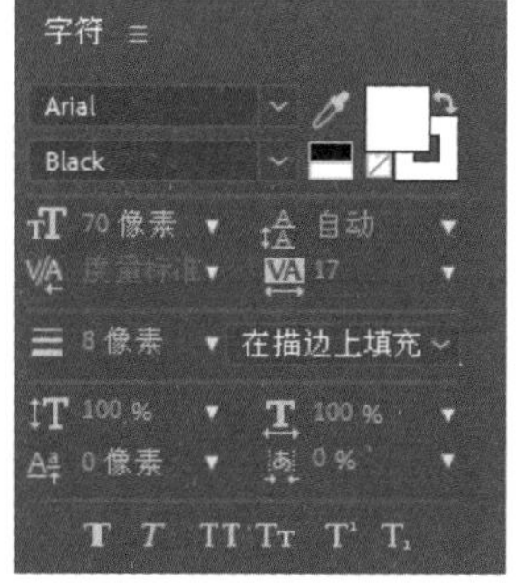

图 9.267

图 9.268

3 按 P 键打开【SHISHANG】层的【位置】选项，设置【位置】属性值为（186.0，319.0），然后按 Crtl+D 组合键将【SHISHANG】层复制一层，并将其重命名为“SHISHANG2”，如图 9.269 所示。

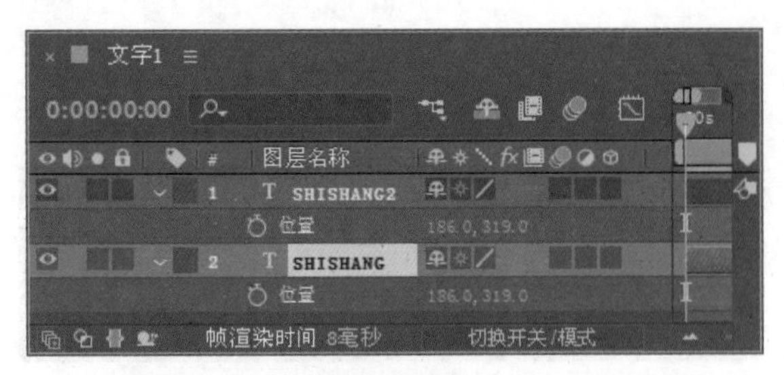

图 9.269

4 选择【SHISHANG2】层，在【字符】面板中设置【填充颜色】为深绿色（R：43，G：165，B：5），【描边宽度】为0像素，如图9.270所示。画面效果如图9.271所示。

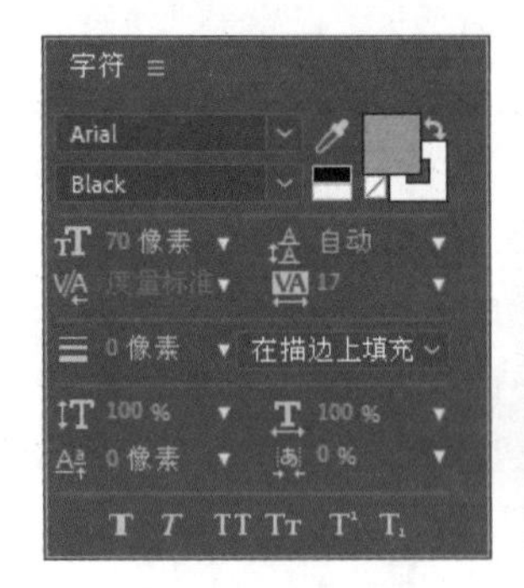

图 9.270

图 9.271

5 按Ctrl+Y组合键打开【纯色设置】对话框，新建一个【名称】为Ramp，颜色为黑色的纯色层，将其放在【SHISHANG】层的上一层。

6 为【Ramp】层添加【梯度渐变】特效。在【效果和预设】面板中展开【生成】特效组，然后双击【梯度渐变】特效。

7 在【效果控件】面板中设置【渐变起点】属性值为（360.0，288.0），【起始颜色】为绿色（R：44，G：142，B：46），【渐变终点】属性值为（363.0，690.0），【结束颜色】为白色，【渐变形状】为【径向渐变】，如图9.272所示。此时的画面效果如图9.273所示。

8 在【Ramp】层右侧的【轨道遮罩】属性下拉列表中选择【1.SHISHANG2】，如图9.274所示。

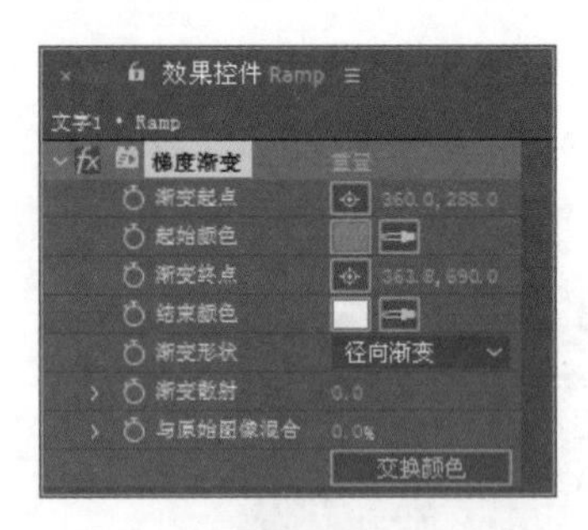

图 9.272

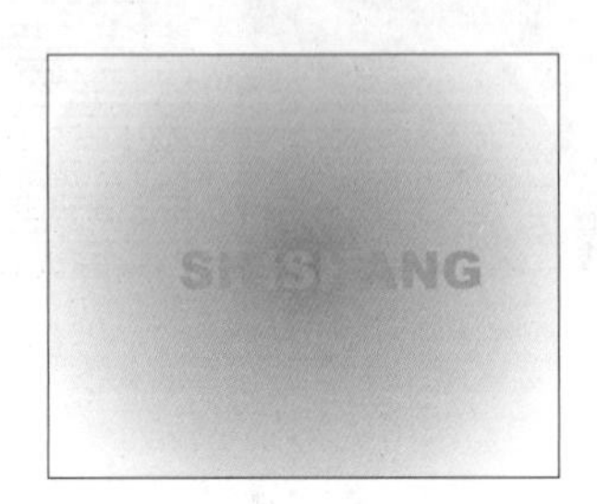

图 9.273

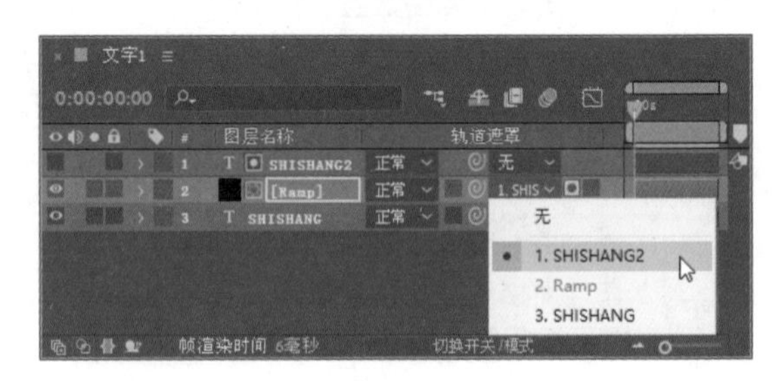

图 9.274

9 这样就完成了“文字1”合成的画面效果。用制作“文字1”合成的方法分别制作“文字2”“文字3”合成，完成后的画面效果如图9.275所示。

图 9.275

9.3.3 制作滚动的标志

1 执行菜单栏中的【合成】|【新建合成】

命令，打开【合成设置】对话框，新建一个【合成名称】为“标志”、【宽度】的值为720、【高度】的值为576、【帧速率】的值为25、【持续时间】为0:00:10:00的合成。

2 按Ctrl+Y组合键打开【纯色设置】对话框，设置【名称】为“网格”，【颜色】为黑色，如图9.276所示。

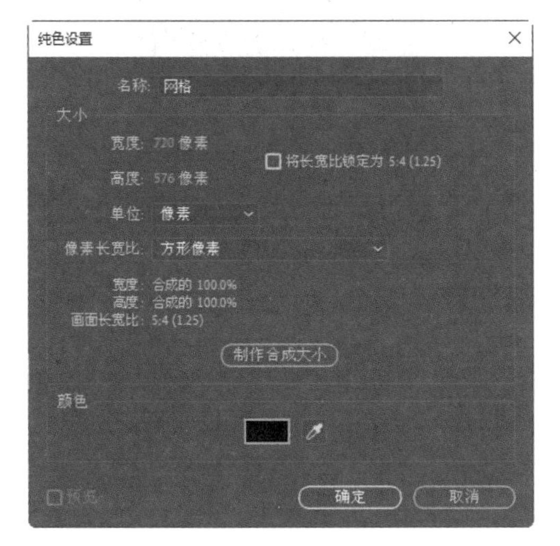

图 9.276

3 选择【网格】纯色层，在【效果和预设】面板中展开【生成】特效组，然后双击【网格】特效，如图9.277所示。

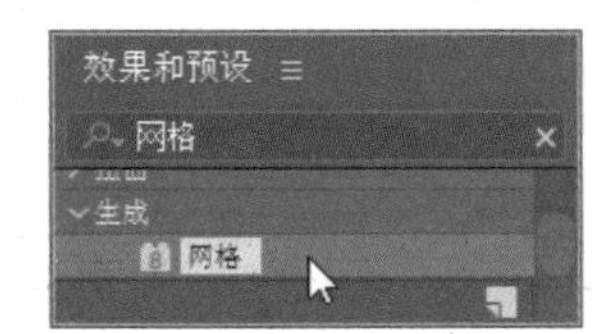

图 9.277

4 在【效果控件】面板中设置【锚点】为(359.0，288.0)，从【大小依据】下拉列表中选择【宽度滑块】，设置【宽度】的值为10.0，【边界】的值为6.0，选中【反转网格】复选框，设置【颜色】为绿色（R：21，G：179，B：0），【混合模式】为【相加】，如图9.278所示。此时的画面效果如图9.279所示。

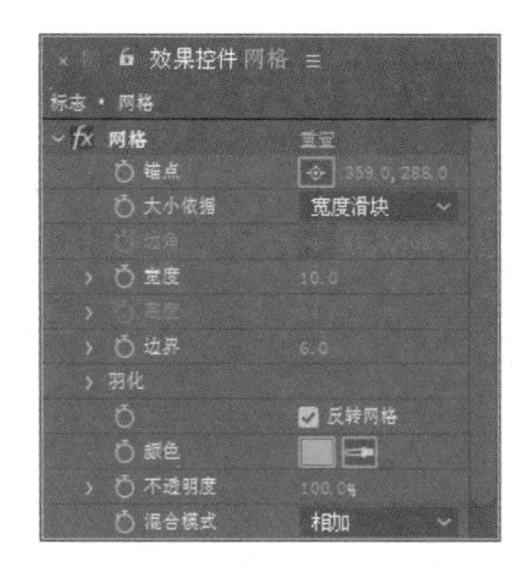

图 9.278

5 选择工具栏中的【椭圆工具】，按住Shift键绘制一个正圆蒙版，如图9.280所示。

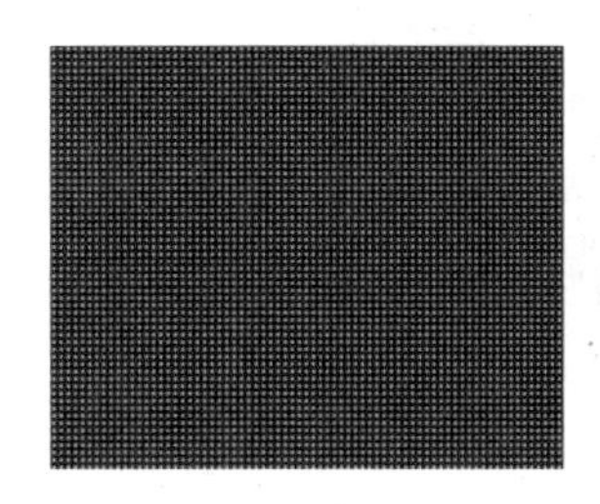

图 9.279

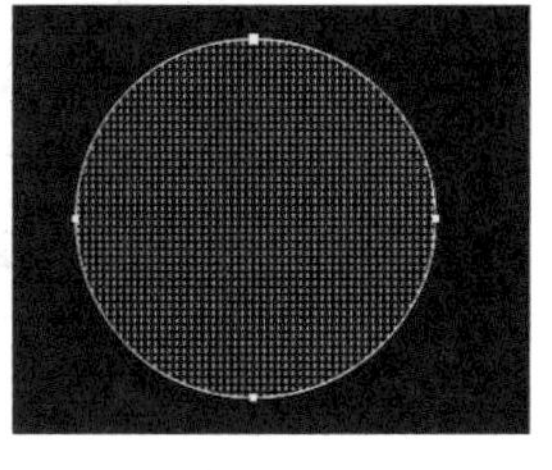

图 9.280

6 按M键打开该层的【蒙版1】选项，选择【蒙版1】，按Ctrl+D组合键复制蒙版，并将复制的【蒙版2】右侧的【模式】修改为【相减】，如图9.281所示。

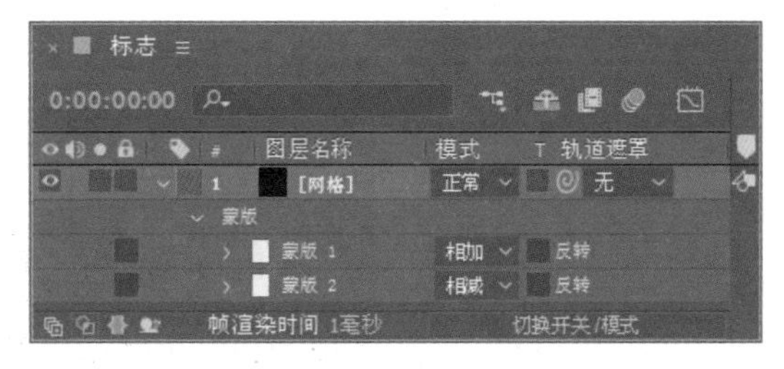

图 9.281

技巧 按Ctrl+D组合键，可以快速复制图层或者蒙版。

7 展开【蒙版2】选项组，设置【蒙版扩展】

的值为−42.0，如图9.282所示。此时的画面效果如图9.283所示。

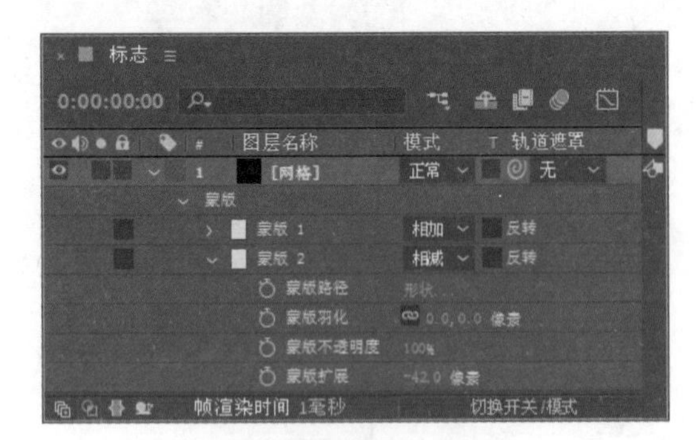

图 9.282

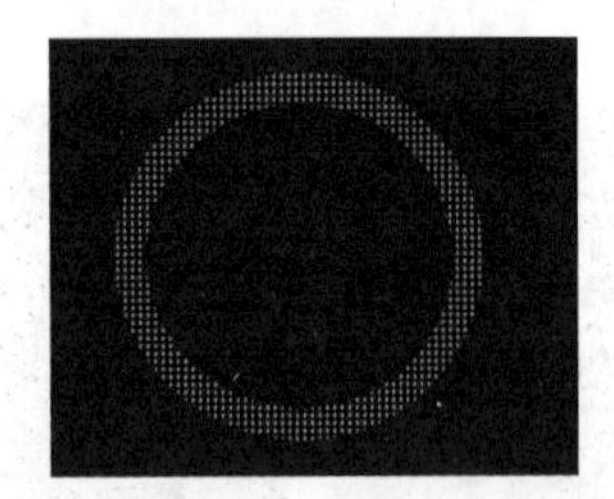
图 9.283

8 选择工具栏中的【横排文字工具】，输入GO，设置字体为Arial，填充颜色为白色，字符大小为207像素，如图9.284所示，画面效果如图9.285所示。

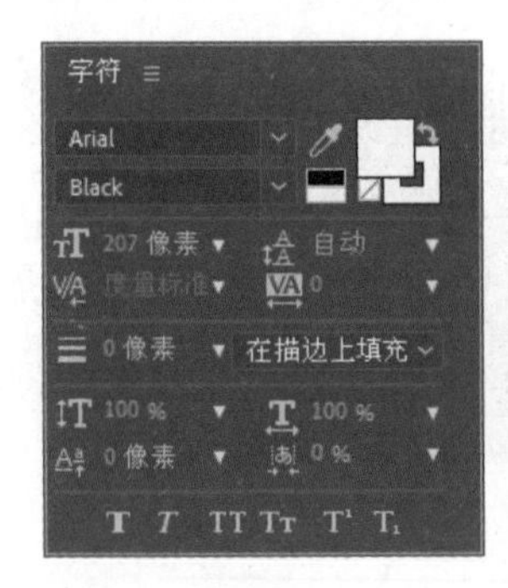

图 9.284　　图 9.285

9 选择【GO】层，执行菜单栏中的【图层】|【创建】|【从文字创建蒙版】命令，在【时间线】面板中将创建一个【"GO"轮廓】层，如图9.286所示。此时的画面效果如图9.287所示。

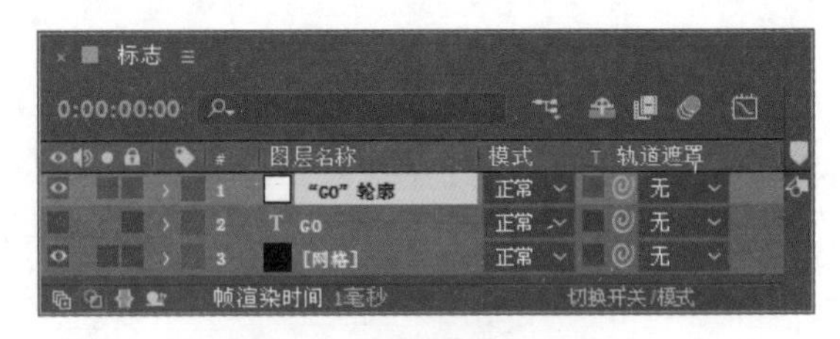

图 9.286

图 9.287

10 按M键打开该层的3个蒙版，选择【G】【O】【O 2】3个蒙版，按Ctrl+C组合键复制蒙版，然后选择【网格】层，按Ctrl+V组合键，将复制的【G】【O】【O 2】3个蒙版粘贴到【网格】层上，如图9.288所示，然后单击【"GO"轮廓】层左侧的视频眼睛图标，将其隐藏，此时的画面效果如图9.289所示。

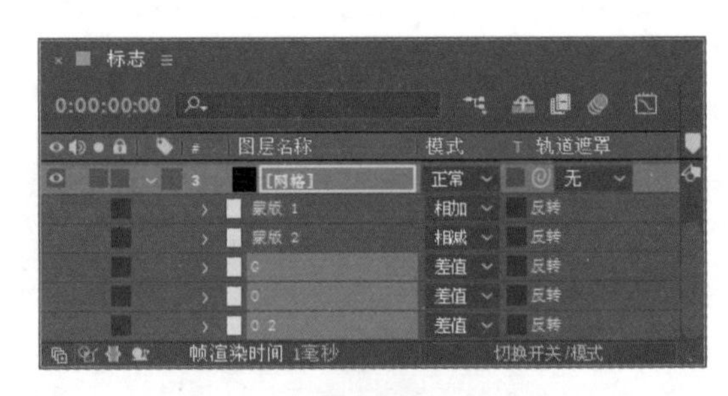

图 9.288

图 9.289

11 按 Ctrl+Y 组合键打开【纯色设置】对话框，新建一个【名称】为“运动拼贴”，【颜色】为黑色的纯色层，然后将其放在【网格】层的上一层。

12 选择【运动拼贴】层，在【效果和预设】面板中展开【生成】特效组，然后双击【梯度渐变】特效。

13 在【效果控件】面板中设置【渐变起点】属性值为（360.0，0.0），【渐变终点】属性值为（360.0，288.0），如图 9.290 所示，此时的画面效果如图 9.291 所示。

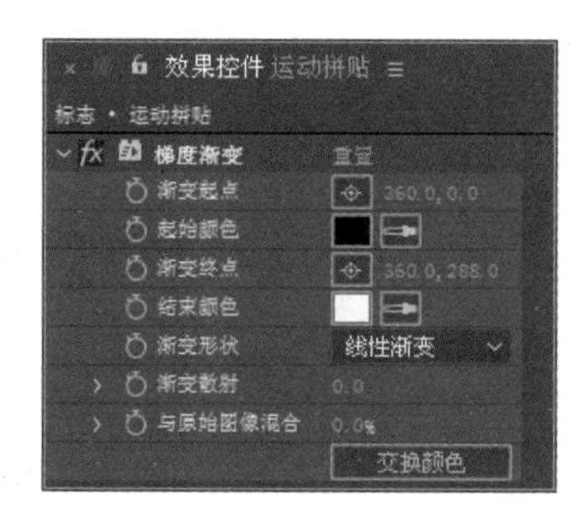

图 9.290

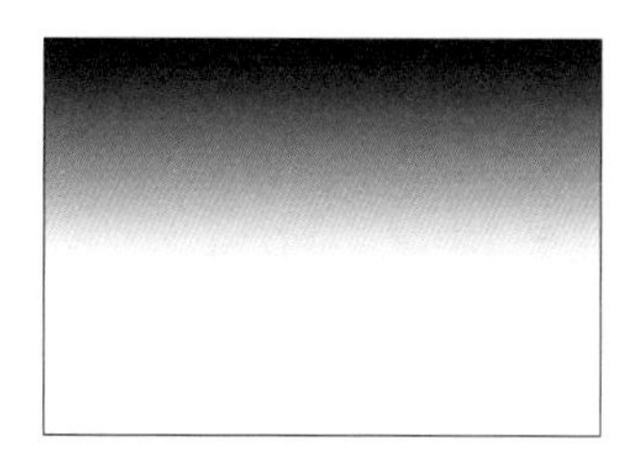

图 9.291

14 添加【动态拼贴】特效。在【效果和预设】面板中展开【风格化】特效组，然后双击【动态拼贴】特效，如图 9.292 所示。

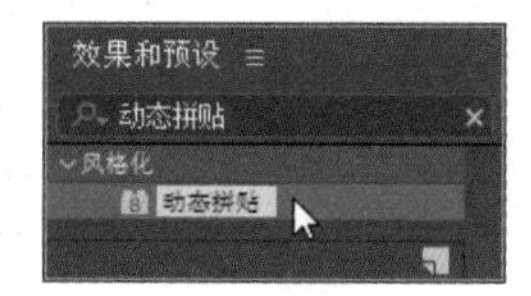

图 9.292

15 将时间调整到 0:00:00:00 的位置，在【效果控件】面板中单击【拼贴中心】左侧的码表按钮，在当前位置设置关键帧，并设置【拼贴高度】的值为 18.0，其他参数设置如图 9.293 所示。

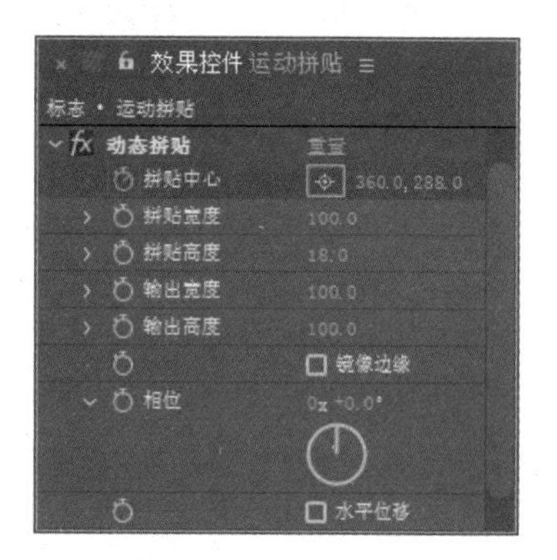

图 9.293

提示

拼贴中心：设置拼贴的中心点位置。

拼贴宽度：设置拼贴图像的宽度大小。

拼贴高度：设置拼贴图像的高度大小。

输出宽度：设置图像输出的宽度大小。

输出高度：设置图像输出的高度大小。

镜像边缘：选中该复选框，将对拼贴的图像进行镜像操作。

相位：设置垂直拼贴图像的位置。

水平位移：选中该复选框，可以通过修改【相位】值来控制拼贴图像的水平位置。

16 将时间调整到 0:00:09:24 的位置，修改【拼贴中心】属性值为（360.0，3500.0），如图 9.294 所示。此时的画面效果如图 9.295 所示。

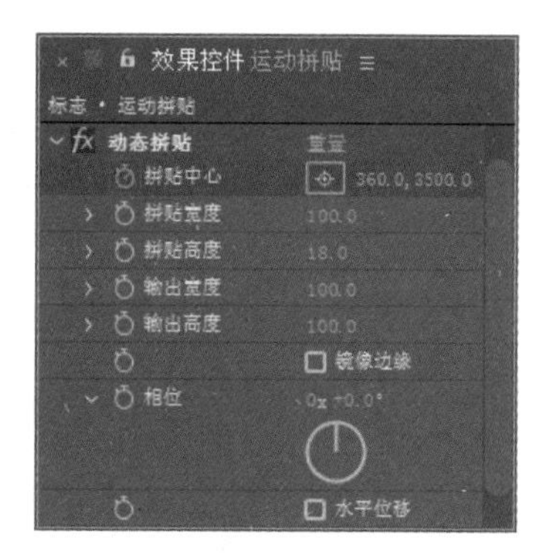

图 9.294

图 9.295

17 选择【网格】层，在【轨道遮罩】属性下拉列表中选择【3. 运动拼贴】，如图 9.296 所示。

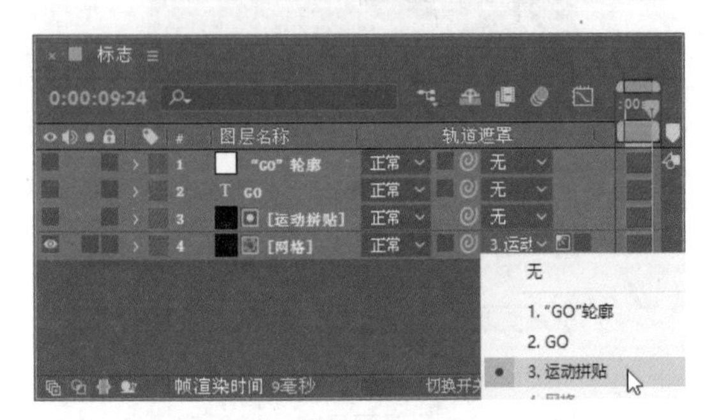

图 9.296

18 这样就完成了“滚动的标志”的制作，在【合成】窗口中观看动画，其中几帧的画面效果如图 9.297 所示。

图 9.297

9.3.4 制作镜头 1 图像的倒影

1 执行菜单栏中的【合成】|【新建合成】命令，打开【合成设置】对话框，新建一个【合成名称】为“最终合成”、【宽度】的值为 720、【高度】的值为 576、【帧速率】的值为 25，【持续时间】为 0:00:10:00 的合成。

2 按 Ctrl+Y 组合键打开【纯色设置】对话框，新建一个【名称】为“背景”，【颜色】为黑色的纯色层。

3 选择【背景】纯色层，在【效果和预设】面板中展开【生成】特效组，然后双击【梯度渐变】特效。

4 在【效果控件】面板中设置【渐变起点】属性值为（360.0，288.0），【起始颜色】为绿色（R：21，G：139，B：2），【渐变终点】属性值为（360.0，672.0），【结束颜色】为深灰色（R：50，G：50，B：50），设置【渐变形状】为【径向渐变】，如图 9.298 所示。此时的画面效果如图 9.299 所示。

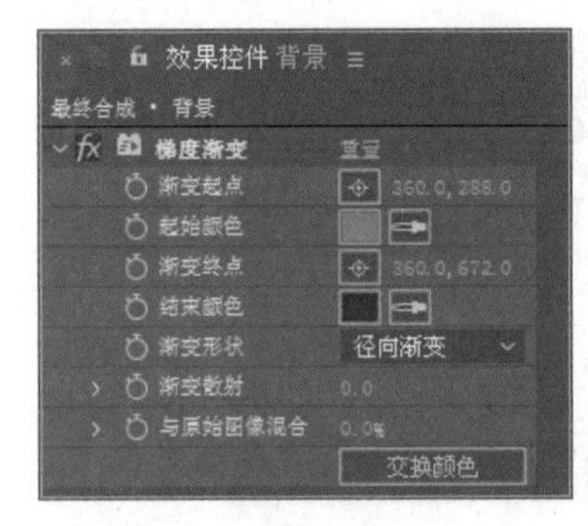

图 9.298

图 9.299

技巧

【梯度渐变】特效在影视后期片头的制作中应用比较普遍，读者可以根据自己的想法使用【梯度渐变】特效。

5 在【项目】面板中选择【文字 1】【人物 1.psd】【乐器 1.psd】【标志】4 个素材，将其拖动到【时间线】面板中，并打开 4 个素材的三维层开关，如图 9.300 所示。此时的画面效果如图 9.301 所示。

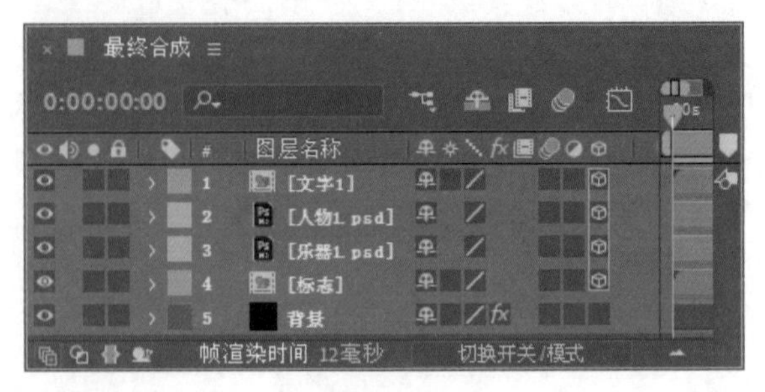

图 9.300

图 9.301

6 按 S 键打开该层的【缩放】选项，然后在【时间线】面板的空白处单击，取消选择。分别修改【文字 1】层的【缩放】属性值为（50.0，50.0，50.0%），修改【人物 1.psd】层的【缩放】属性值为（19.0，19.0，19.0%），修改【乐器 1.psd】层的【缩放】属性值为（15.0，15.0，15.0），修改【标志】层的【缩放】属性值为（71.0，71.0，71.0），将【标志】层的【模式】修改为【相加】，如图 9.302 所示。

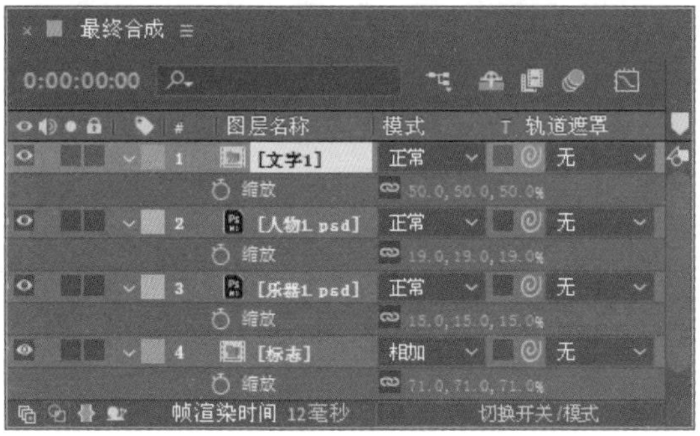

图 9.302

7 选择【文字 1】【人物 1.psd】【乐器 1.psd】【标志】4 个层，分别修改【文字 1】层的【位置】属性值为（362.0，275.0，−561.0），修改【人物 1.psd】层的【位置】属性值为（395.0，297.0，−551.0），修改【乐器 1.psd】层的【位置】属性值为（304.0，276.0，−552.0），修改【标志】层的【位置】属性值为（446.0，60.0，−40.0），如图 9.303 所示。

8 选择【文字 1】【标志】层，按 R 键打开【旋转】选项，然后分别设置【文字 1】层的【方向】属性值为（351.0°，357.0°，353.0°），【Y 轴旋转】属性值为（0x−19.0°）；设置【标志】层的【方向】属性值为（0.0°，38.0°，0.0°），【X 轴旋转】属性值为（0x−19.0°），【Y 轴旋转】属性值为（0x+13.0°），如图 9.304 所示。此时的画面效果如图 9.305 所示。

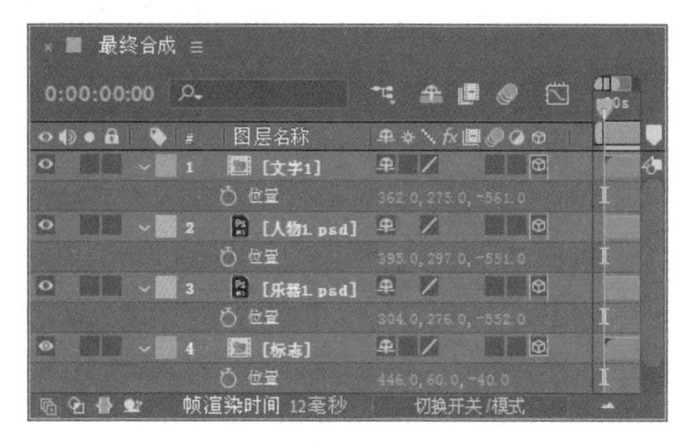

图 9.303

图 9.304

图 9.305

9 再次选择【文字1】【人物1.psd】【乐器1.psd】【标志】4个层，按Ctrl+D组合键复制出4个层，并将复制层分别重命名为“文字1 倒影”“人物1 倒影”“乐器1 倒影”“标志 倒影”，如图9.306所示。

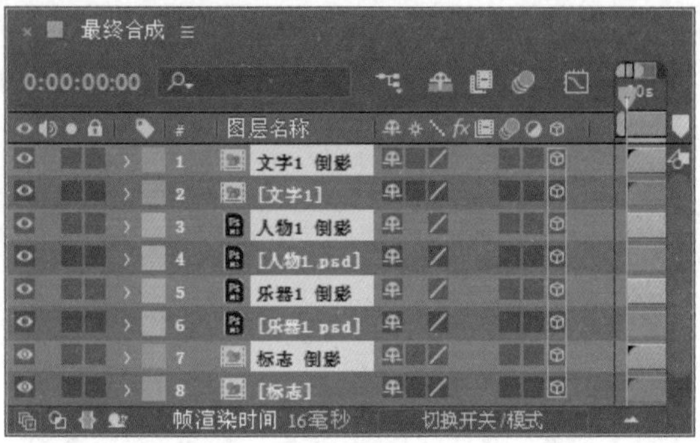

图9.306

10 选择【文字1 倒影】【人物1 倒影】【乐器1 倒影】【标志 倒影】层，按S键打开【缩放】选项，分别设置【文字1 倒影】层的【缩放】属性值为（50.0，−50.0，50.0%），【人物1 倒影】层的【缩放】属性值为（19.0，−19.0，19.0%），【乐器1 倒影】层的【缩放】属性值为（15.0，−15.0，15.0%），【标志 倒影】层的【缩放】属性值为（71.0，−71.0，71.0%），如图9.307所示。

图9.307

11 选择【文字1 倒影】【人物1 倒影】【乐器1 倒影】【标志 倒影】层，按P键打开【位置】选项，分别设置【文字1 倒影】层的【位置】属性值为（370.0，374.0，−576.0），【人物1 倒影】层的【位置】属性值为（395.0，419.0，−551.0），【乐器1 倒影】层的【位置】属性值为（304.0，387.0，−552.0），【标志 倒影】层的【位置】属性值为（446.0，645.0，−40.0），如图9.308所示。

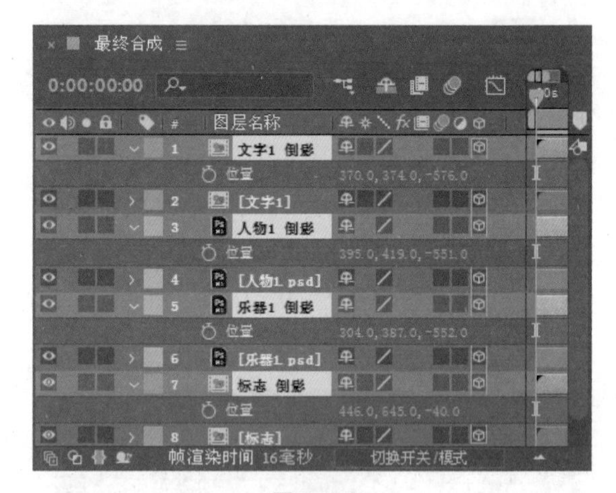

图9.308

12 选择【文字1 倒影】【人物1 倒影】【乐器1 倒影】【标志 倒影】层，按T键打开所选层的【不透明度】选项，设置【不透明度】属性值为50%，如图9.309所示。此时的画面效果如图9.310所示。

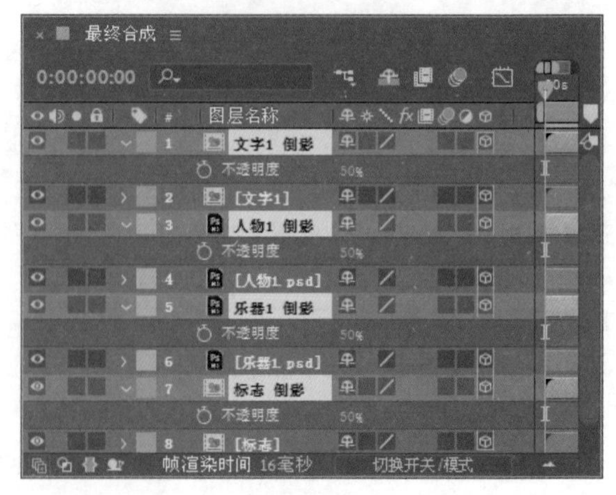

图9.309

图 9.310

技巧 制作倒影最关键的调节是【不透明度】的调节。

9.3.5 制作镜头 1 动画

1 在【项目】面板中选择“音频.wav”素材，将其拖动到【时间线】面板中【背景】层的下一层。

2 按 Ctrl+Y 组合键打开【纯色设置】对话框，设置【名称】为“波形 1”，【颜色】为黑色，如图 9.311 所示。

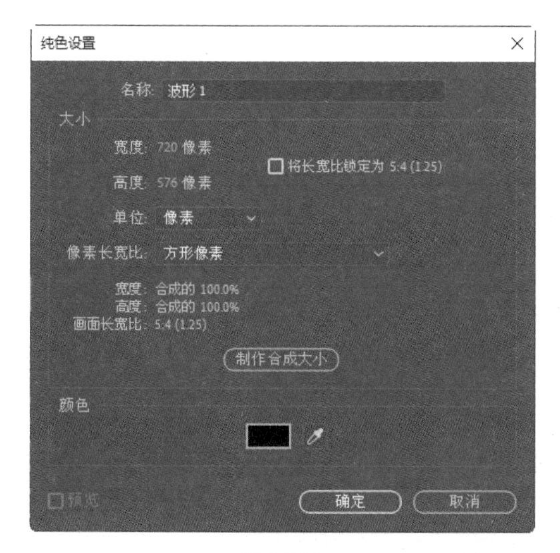

图 9.311

3 选择【波形 1】纯色层，在【效果和预设】面板中展开【生成】特效组，然后双击【音频波形】特效，如图 9.312 所示。

图 9.312

4 在【效果控件】面板的【音频层】下拉列表中选择【音频.wav】，设置【最大高度】的值为 150.0，【音频持续时间】为 5500.00，【柔和度】的值为 0.0%，【内部颜色】为浅绿色（R：72，G：255，B：0），【外部颜色】为绿色（R：56，G：208，B：44），并从【显示选项】下拉列表中选择【数字】，如图 9.313 所示，画面效果如图 9.314 所示。

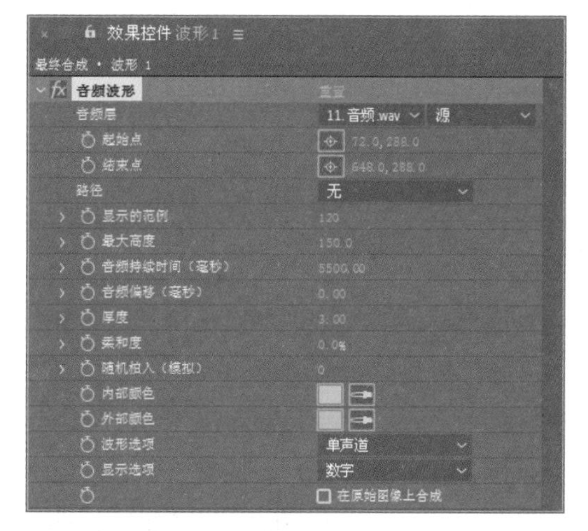

图 9.313

图 9.314

> 提示
>
> 音频层：从右侧的下拉列表中，选择一个合成中的声波参考层。声波参考层要首先添加到时间线中才可以应用。
>
> 起始点：在没有应用【路径】选项的情况下，指定声波图像的起点位置。
>
> 结束点：在没有应用【路径】选项的情况下，指定声波图像的终点位置。
>
> 路径：选择一条路径，让波形沿路径变化。
>
> 音频持续时间：指定声波保持时长，以毫秒为单位。
>
> 音频偏移：指定显示声波的偏移量，以毫秒为单位。
>
> 柔和度：设置声波线的软边程度。值越大，声波线边缘越柔和。
>
> 随机植入：设置声波线的随机数量值。
>
> 内部颜色：设置声波线的内部颜色，类似图像填充颜色。
>
> 外部颜色：设置声波线的外部颜色，类似图像描边颜色。

5 确认当前选择【波形 1】层，打开该层的三维层开关，展开【变换】选项组，设置【位置】属性值为（155.0，16.0，0.0），【方向】属性值为（0.0°，302.0°，0.0°），如图 9.315 所示。此时的波形效果如图 9.316 所示。

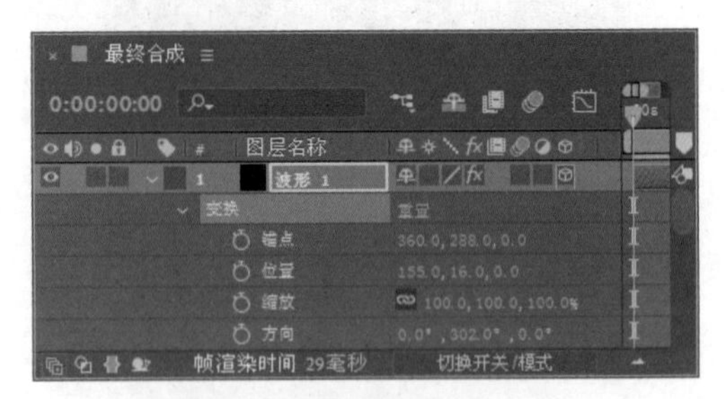

图 9.315

图 9.316

6 添加摄像机。执行菜单栏中的【图层】|【新建】|【摄像机】命令，打开【摄像机设置】对话框，设置【预设】的值为 35 毫米，参数设置如图 9.317 所示。单击【确定】按钮，在【时间线】面板中将会创建一个摄像机。

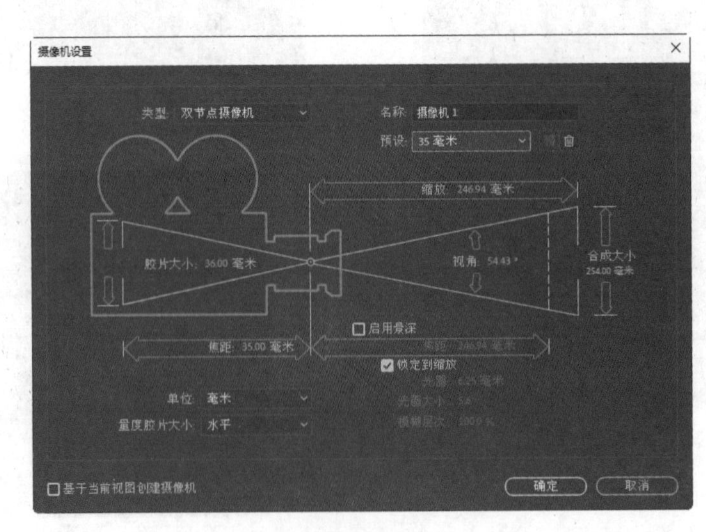

图 9.317

7 将时间调整到 0:00:00:00 的位置，选择【摄像机 1】层，展开【变换】和【摄像机选项】选项组，然后单击【位置】左侧的码表按钮，在当前位置设置关键帧，并设置【位置】属性值为（360.0，288.0，−189.0），【缩放】属性值为 747.0，【焦距】属性值为 1067.0，【光圈】属性值为 25.0，如图 9.318 所示。

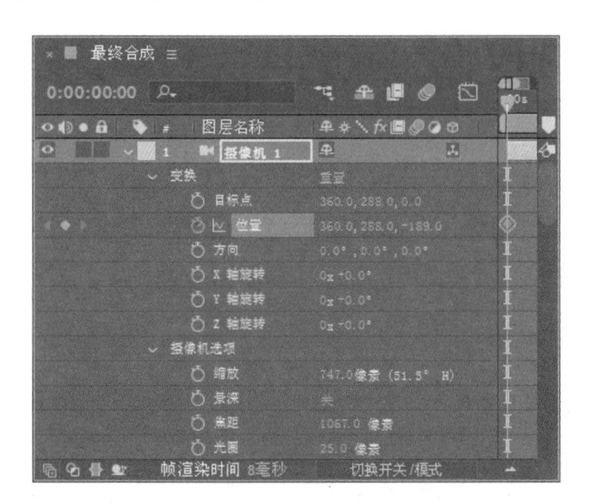

图 9.318

8 将时间调整到 0:00:00:20 的位置，修改【位置】属性值为（360.0，288.0，−820.0），如图 9.319 所示。此时的画面效果如图 9.320 所示。

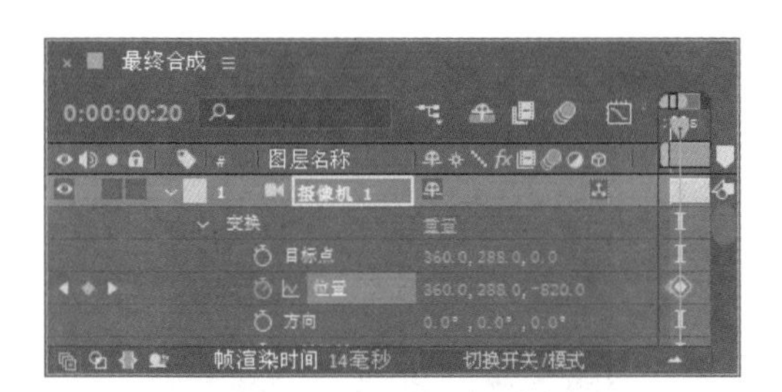

图 9.319

图 9.320

9 将时间调整到 0:00:02:00 的位置，单击【目标点】左侧的码表按钮，在当前位置设置关键帧，并单击【位置】左侧的【在当前时间添加或移除关键帧】按钮，为【位置】添加一个保持关键帧，如图 9.321 所示。

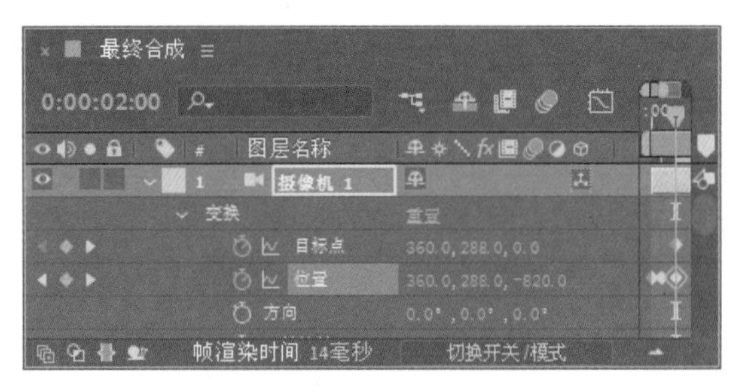

图 9.321

10 将时间调整到 0:00:03:00 的位置，设置【目标点】为（360.0，22.0，0.0），【位置】为（360.0，385.0，−1633.0），如图 9.322 所示。此时的画面效果如图 9.323 所示。

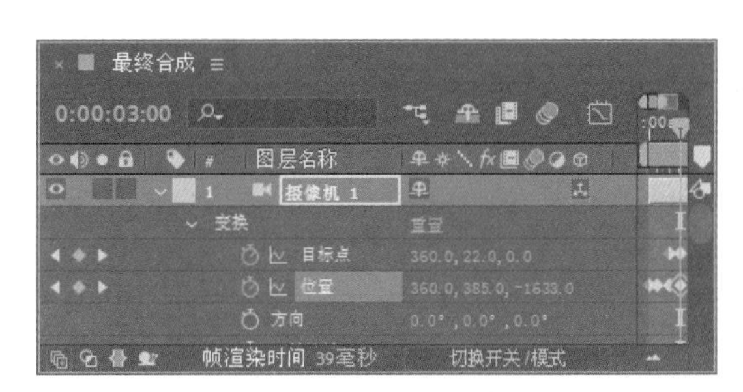

图 9.322

图 9.323

11 添加调整层。执行菜单栏中的【图层】|【新建】|【调整图层】命令，在【时间线】面板中

创建一个【调整图层 1】调整层，将其拖放到【摄像机 1】层的下一层。

提示

按 Ctrl+Alt+Y 组合键可以快速添加【调整图层】。

12 选择【调整图层 1】层，在【效果和预设】面板中展开【模糊和锐化】特效组，然后双击【快速方框模糊】特效，如图 9.324 所示。

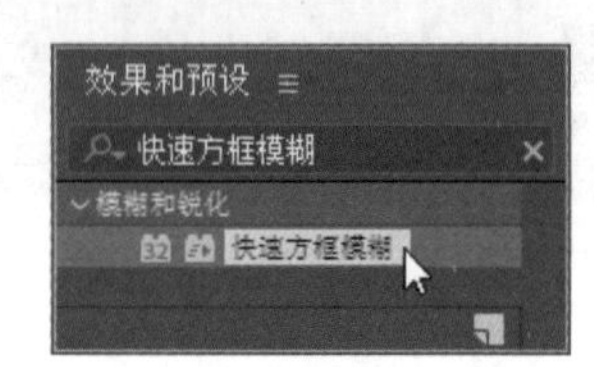

图 9.324

13 将时间调整到 0:00:02:10 的位置，在【效果控件】面板中单击【模糊半径】左侧的码表按钮，在当前位置设置关键帧参数，如图 9.325 所示。

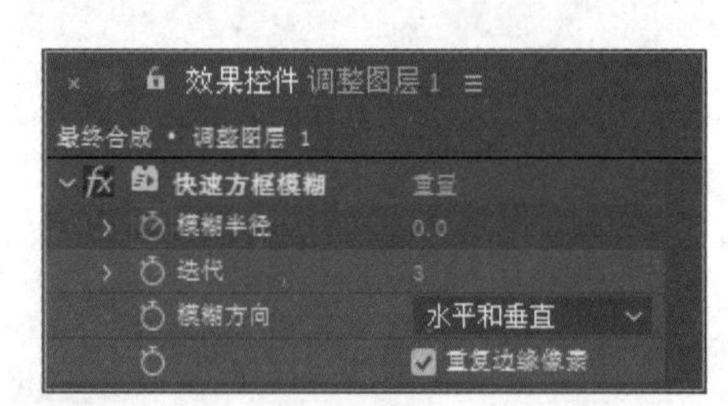

图 9.325

14 将时间调整到 0:00:03:00 的位置，修改【模糊半径】为 6.0，如图 9.326 所示。此时的画面效果如图 9.327 所示。

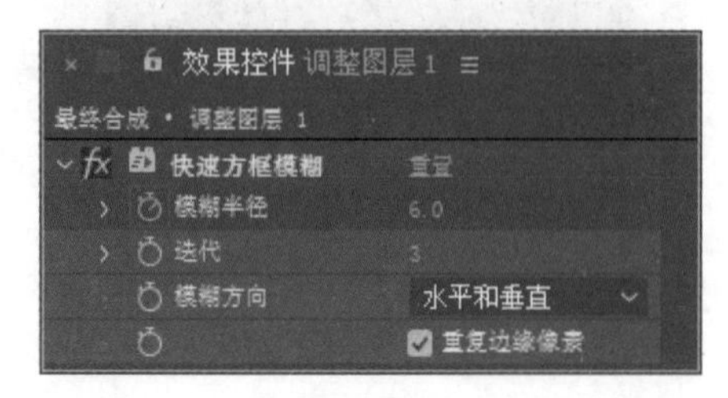

图 9.326

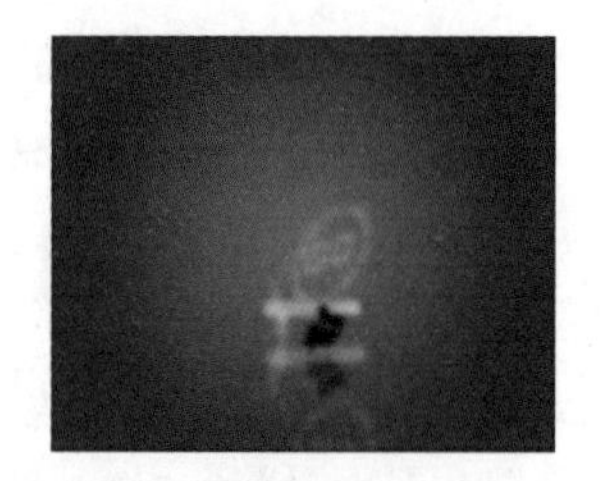

图 9.327

9.3.6 制作镜头 2 图像的倒影

1 在【项目】面板中选择“跳动的音波”合成、“文字 2”合成、“人物 2.psd”、“乐器 2.psd”、“标志”合成 5 个素材，将其拖动到【时间线】面板中，并打开 5 个素材的三维层开关，如图 9.328 所示。此时的画面效果如图 9.329 所示。

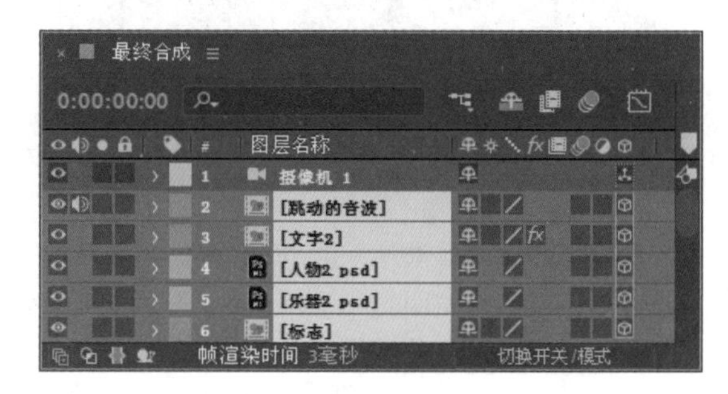

图 9.328

图 9.329

2 按 S 键打开该层的【缩放】选项，分别修改【跳动的音波】层的【缩放】为（30.0，30.0，30.0%），【文字 2】层的【缩放】为（40.0，40.0，40.0%），【人物 2.psd】层的【缩放】为（15.0，15.0，15.0%），【乐器 2.psd】层的【缩放】为（17.0，

17.0，17.0%），【标志】层的【缩放】为（52.0，52.0，52.0%），并将【跳动的音波】【标志】层的【模式】修改为【相加】，如图 9.330 所示。

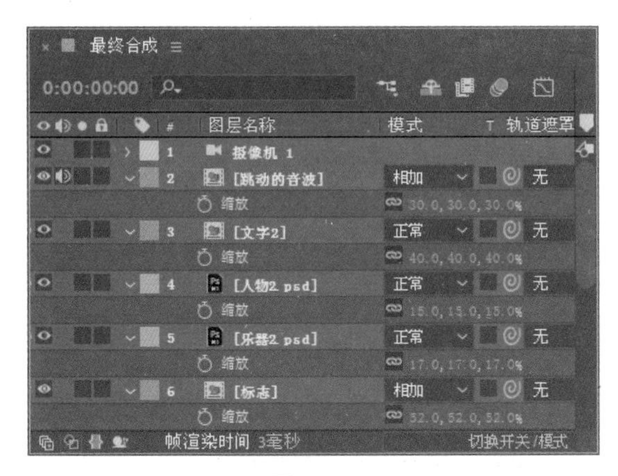

图 9.330

3 选择【跳动的音波】【文字 2】【人物 2.psd】【乐器 2.psd】【标志】5 个层，分别修改【跳动的音波】层的【位置】为（479.0，288.0，−1115.0），【文字 2】层的【位置】为（365.0，328.0，−1419.0），【人物 2.psd】层的【位置】为（422.0，298.0，−1356.0），【乐器 2.psd】层的【位置】为（311.0，288.0，−1349.0），【标志】层的【位置】为（282.0，266.0，−1155.0），如图 9.331 所示。

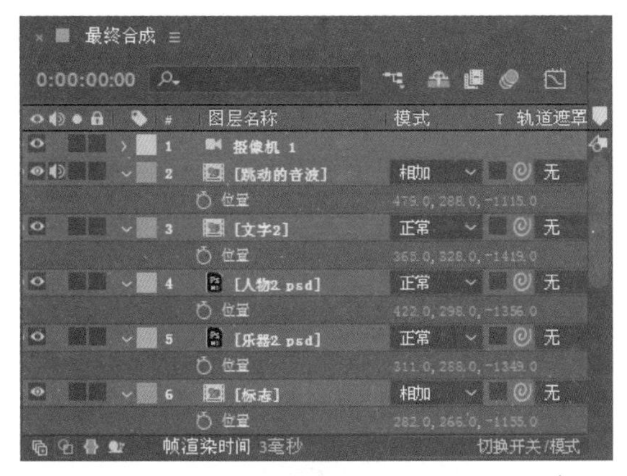

图 9.331

4 选择【文字 2】层，在【效果和预设】面板中展开【过时】特效组，然后双击【基本 3D】特效，如图 9.332 所示。

图 9.332

5 在【效果控件】面板中设置【旋转】为（0x−50.0°），【倾斜】为（0x−15.0°），如图 9.333 所示。

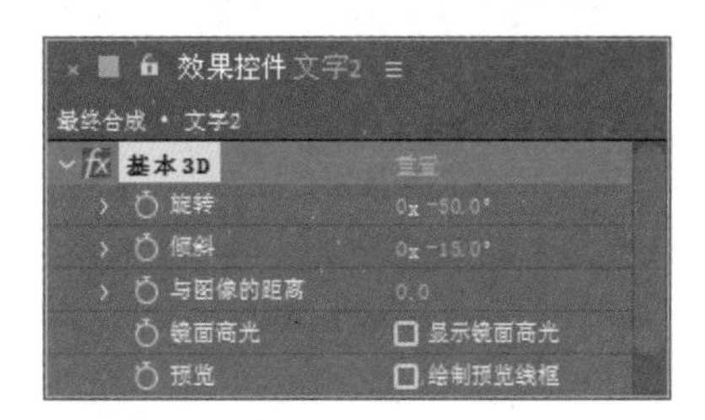

图 9.333

6 选择【跳动的音波】【标志】层，分别设置【跳动的音波】层的【Y 轴旋转】为（0x−38.0°），【标志】层的【Y 轴旋转】为（0x−40.0°），如图 9.334 所示，此时的画面效果如图 9.335 所示。

图 9.334

7 选择【跳动的音波】【文字 2】【人物 2.psd】【乐器 2.psd】【标志】5 个层，按 Ctrl+D 组合键复制出 5 个层，并将复制层分别重命名为“跳动的音波 倒影”“文字 2 倒影”“人物 2 倒影”“乐器 2 倒影”“标志 倒影”，如图 9.336 所示。

图 9.335

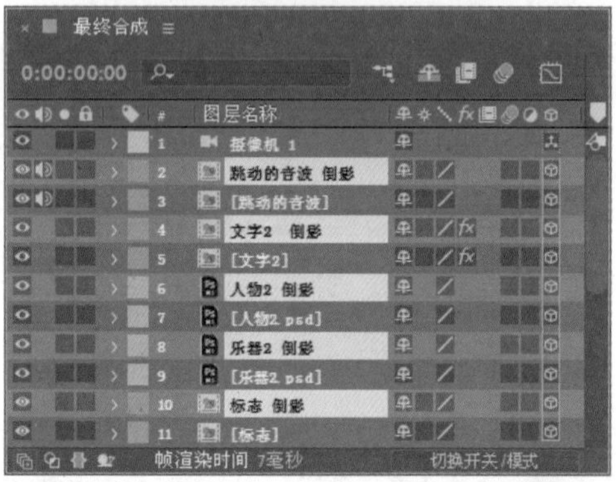

图 9.336

8 分别设置【跳动的音波 倒影】层的【缩放】为(30.0，−30.0，30.0%)，【文字 2 倒影】层的【缩放】为(40.0，−40.0，40.0%)，【人物 2 倒影】层的【缩放】为(15.0，−15.0，15.0%)，【乐器 2 倒影】层的【缩放】为（17.0，−17.0，17.0%），【标志 倒影】层的【缩放】为（52.0，−52.0，52.0%），如图 9.337 所示。

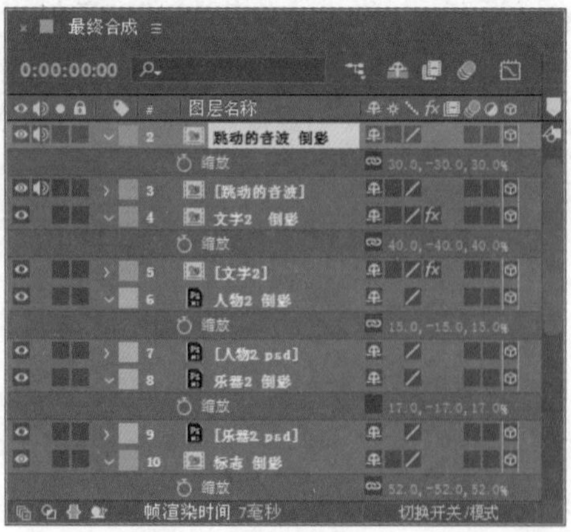

图 9.337

9 分别设置【跳动的音波 倒影】层的【位置】为（479.0，470.0，−1115.0），【文字 2 倒影】层的【位置】为（369.0，414.0，−1410.0），【人物 2 倒影】层的【位置】为（422.0，412.0，−1356.0），【乐器 2 倒影】层的【位置】为（311.0，420.0，−1349.0），【标志 倒影】层的【位置】为（282.0，539.0，−1155.0），如图 9.338 所示。

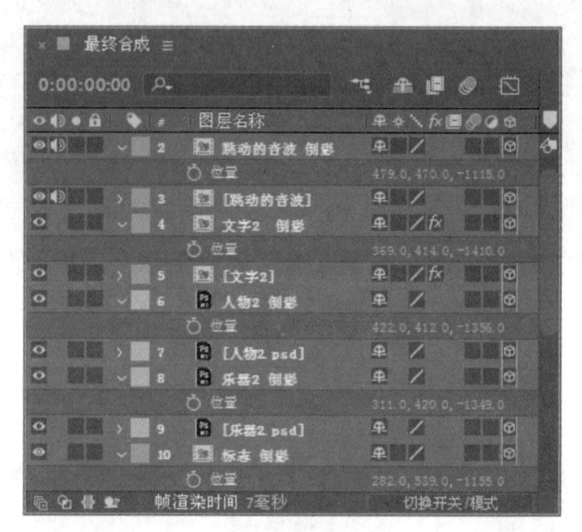

图 9.338

10 选择【跳动的音波 倒影】【文字 2 倒影】【人物 2 倒影】【乐器 2 倒影】【标志 倒影】层，按 T 键打开所选层的【不透明度】选项，设置【不透明度】为 50%，如图 9.339 所示，此时的画面效果如图 9.340 所示。

图 9.339

图 9.340

技巧

如果同时选择了多个图层，在修改其中一层的【不透明度】的值时，其他层的【不透明度】的值也会改变。

9.3.7 制作镜头 2 动画

1 制作声波。按 Ctrl+Y 组合键打开【纯色设置】对话框，设置【名称】为“波形 2”，【颜色】为黑色，如图 9.341 所示。

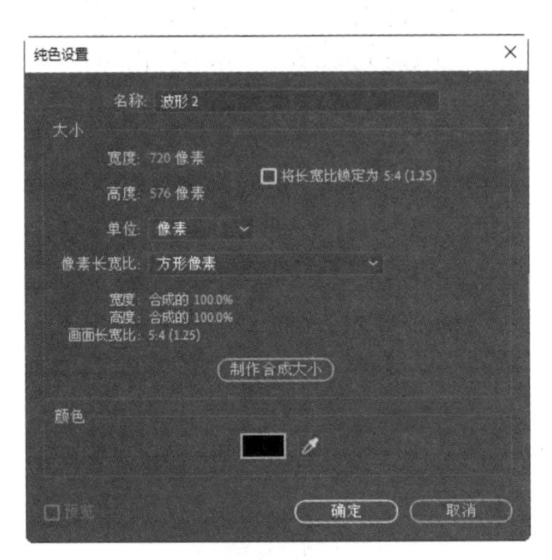

图 9.341

2 选择【波形 2】纯色层，在【效果和预设】面板中展开【生成】特效组，然后双击【音频频谱】特效，如图 9.342 所示。

3 在【效果控件】面板中，在【音频层】下拉列表中选择【音频.wav】，设置【结束频率】为 5100.0，【频段】为 610，【最大高度】为 19500.0，【音频持续时间】为 8480.00，【内部颜色】为浅绿色（R: 72，G: 255，B: 0），【外部颜色】为绿色（R: 56，G: 208，B: 44），从【显示选项】下拉列表中选择【模拟频点】，选中【持续时间平均化】复选框，如图 9.343 所示。画面效果如图 9.344 所示。

图 9.342

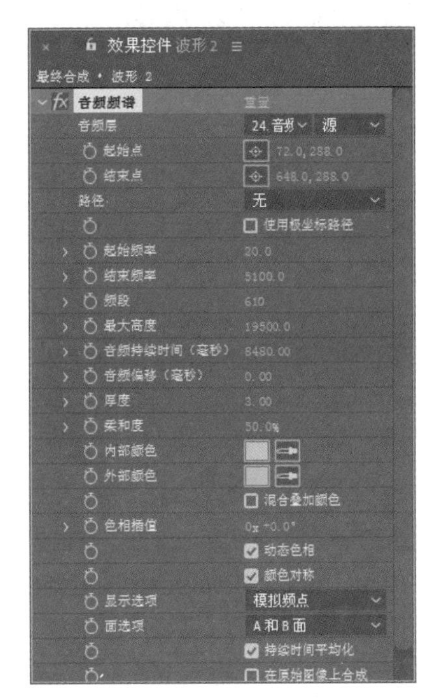

图 9.343

图 9.344

4 确认当前选择为【波形 2】层，打开该层的三维层开关，展开【变换】选项组，设置【位置】为（560.0，185.0，-1295.0），【Y 轴旋转】为（0x+30.0°），如图 9.345 所示。此时的波形效果如图 9.346 所示。

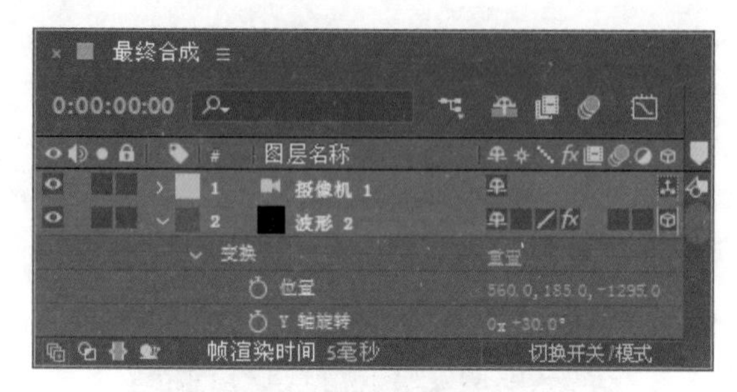

图 9.345

图 9.346

5 将时间调整到 0:00:04:10 的位置，选择【摄像机 1】层，展开【变换】选项组，分别单击【目标点】和【位置】左侧的【在当前时间添加或移除关键帧】按钮，分别为【目标点】【位置】添加一个保持关键帧，然后单击【Z 轴旋转】左侧的码表按钮，在当前位置设置关键帧，如图 9.347 所示。

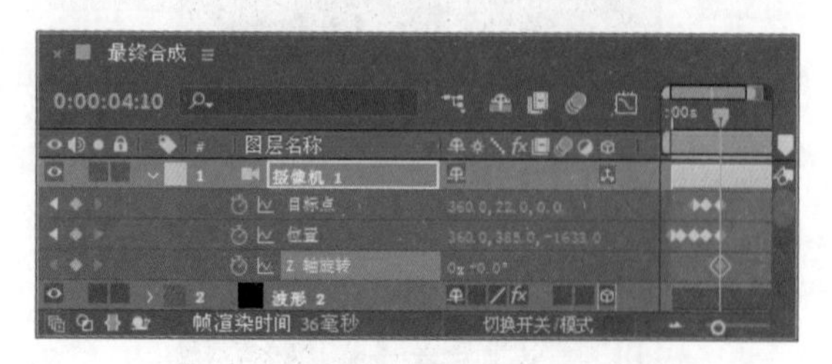

图 9.347

6 将时间调整到 0:00:05:05 的位置，修改【位置】为（1535.0，385.0，-2030.0），【Z 轴旋转】为（1x+0.0°），如图 9.348 所示。此时的画面效果如图 9.349 所示。

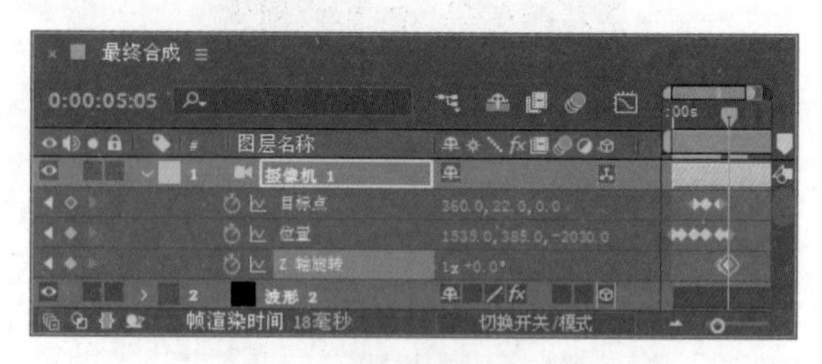

图 9.348

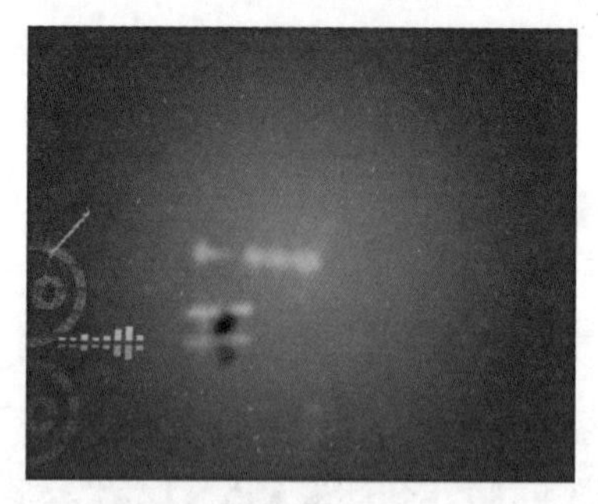

图 9.349

7 添加调整层。执行菜单栏中的【图层】|【新建】|【调整图层】命令，在【时间线】面板中创建一个【调整图层 2】调整层，将其拖放到【摄像机 1】层的下一层。

8 选择【调整图层 2】层，在【效果和预设】面板中展开【模糊和锐化】特效组，然后双击【快速方框模糊】特效，如图 9.350 所示。

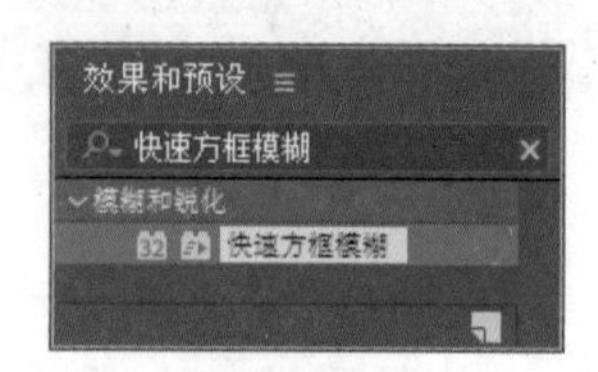

图 9.350

9 将时间调整到 0:00:04:22 的位置，在【效果控件】面板中单击【模糊半径】左侧的码表按钮，在当前位置设置关键帧，参数设置如图 9.351 所示。

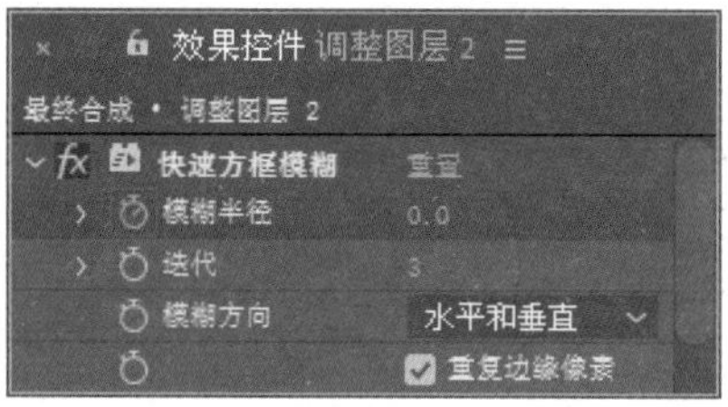

图 9.351

10 将时间调整到 0:00:05:17 的位置，修改【模糊半径】为 25.0，如图 9.352 所示。此时的画面效果如图 9.353 所示。

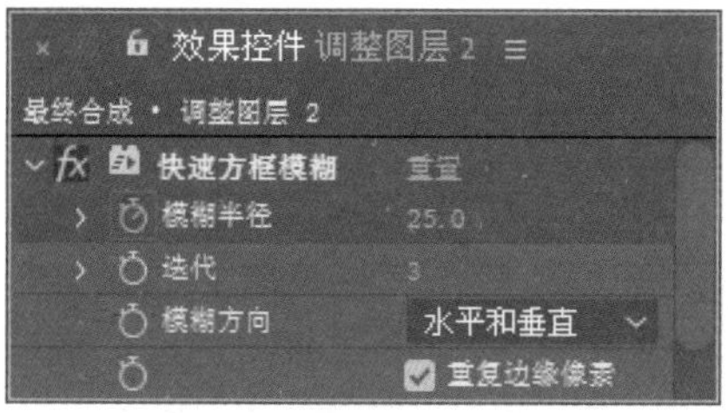

图 9.352

图 9.353

9.3.8 制作镜头 3 动画

1 在【项目】面板中选择“文字 3”合成、“乐器 3.psd”、“人物 3.psd”、“标志”合成 4 个素材，将其拖动到【时间线】面板中，打开 4 个素材的三维层开关，如图 9.354 所示。此时的画面效果如图 9.355 所示。

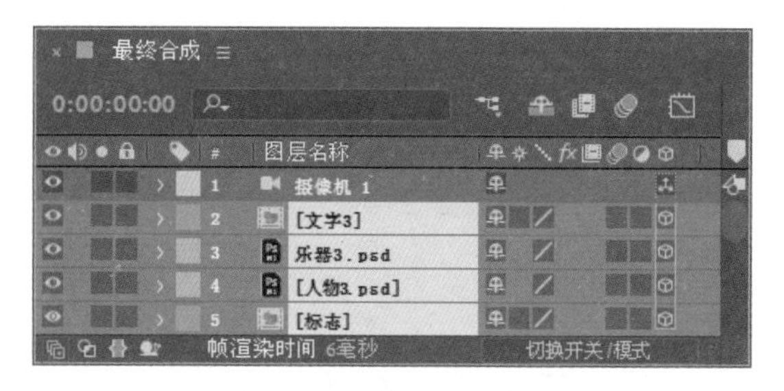

图 9.354

图 9.355

2 分别修改【文字 3】层的【缩放】为（50.0，50.0，50.0%），【乐器 3.psd】层的【缩放】为（15.0，15.0，15.0%），【人物 3.psd】层的【缩放】为（20.0，20.0，20.0%），【标志】层的【缩放】为（30.0，30.0，30.0%），并将【标志】层的【模式】修改为【相加】，如图 9.356 所示。

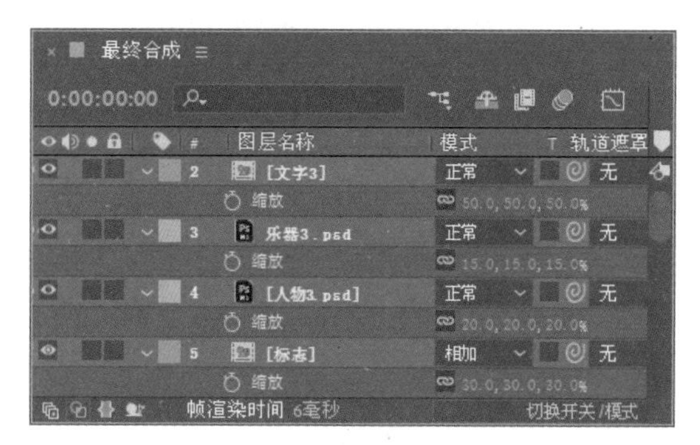

图 9.356

3 分别修改【文字 3】层的【位置】为（1382.0，288.0，−1778.0），【乐器 3.psd】层的【位置】为（1489.0，358.0，−1831.0），【人物 3.psd】层的【位置】为（1306.0，342.0，−1807.0），【标志】层的【位

置】为（1455.0，304.0，−1768.0），如图 9.357 所示。

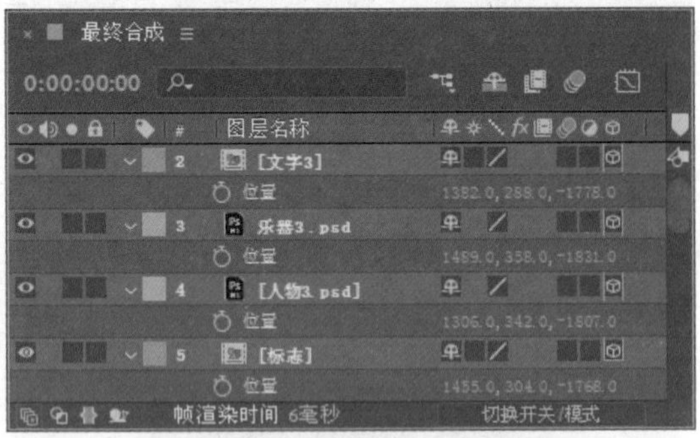

图 9.357

4 选择【人物 3.psd】层，按 R 键打开该层的【旋转】选项，设置【Y 轴旋转】为（0x−50.0°），如图 9.358 所示。此时的画面效果如图 9.359 所示。

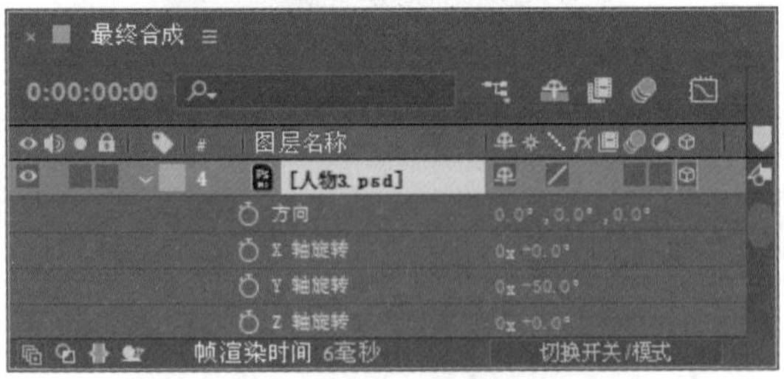

图 9.358

图 9.359

5 再次选择【文字 3】【乐器 3.psd】【人物 3.psd】【标志】4 个层，按 Ctrl+D 组合键复制出 4 个层，并将复制层分别重命名为“文字 3 倒影”“乐器 3 倒影”“人物 3 倒影”“标志 倒影”，如图 9.360 所示。

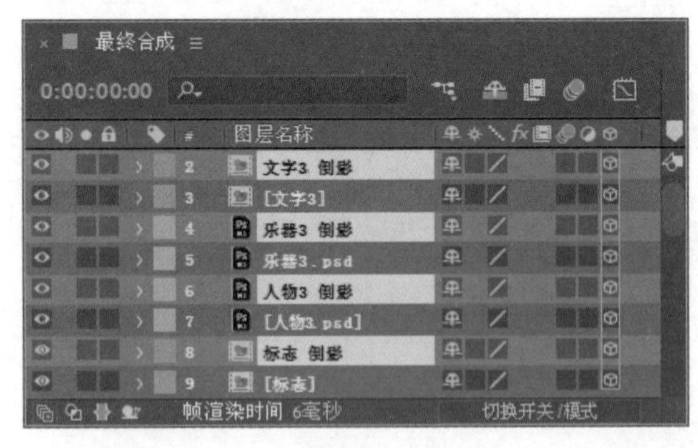

图 9.360

6 分别设置【文字 3 倒影】层的【缩放】为（50.0，−50.0，50.0%），【乐器 3 倒影】层的【缩放】为（15.0，−15.0，15.0%），【人物 3 倒影】层的【缩放】为（20.0，−20.0，20.0%），【标志 倒影】层的【缩放】为（30.0，−30.0，30.0%），如图 9.361 所示。

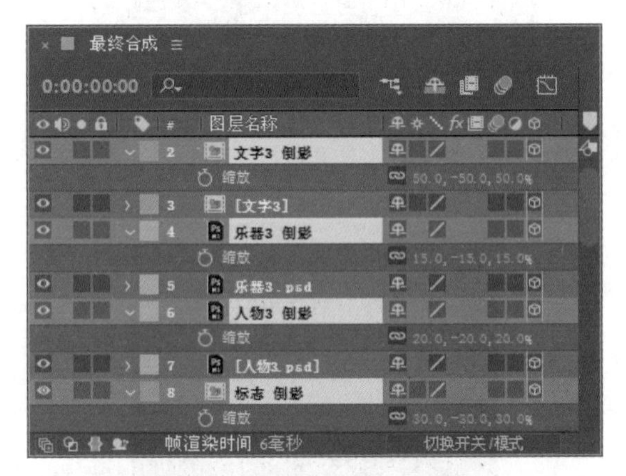

图 9.361

7 分别设置【文字 3 倒影】层的【位置】为（1382.0，449.0，−1778.0），【乐器 3 倒影】层的【位置】为（1489.0，447.0，−1831.0），【人物 3 倒影】层的【位置】为（1290.0，495.0，−1790.0），【标志 倒影】层的【位置】为（1455.0，480.0，−1768.0），如图 9.362 所示。

8 选择【文字 3 倒影】【乐器 3 倒影】【人物 3 倒影】【标志 倒影】层，按 T 键打开所选层的【不透明度】选项，设置【不透明度】为 50%，如图 9.363 所示。此时的画面效果如图 9.364 所示。

图 9.362

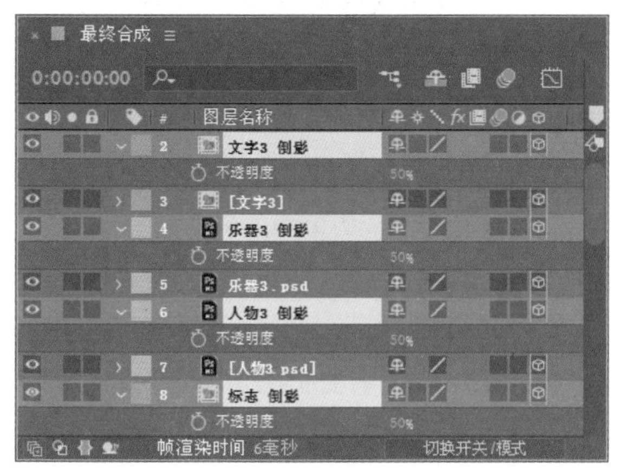

图 9.363

图 9.364

9 制作声波。按 Ctrl+Y 组合键打开【纯色设置】对话框，设置【名称】为“波形 3”，【颜色】为黑色，如图 9.365 所示。

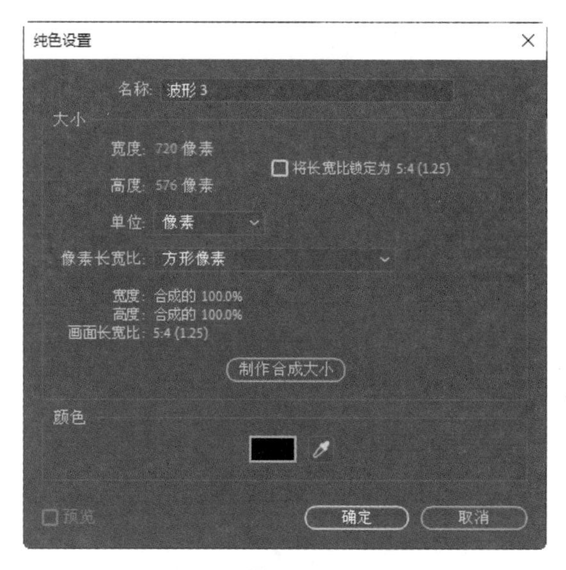

图 9.365

10 选择【波形 3】纯色层，在【效果和预设】面板中展开【生成】特效组，然后双击【音频频谱】特效，如图 9.366 所示。

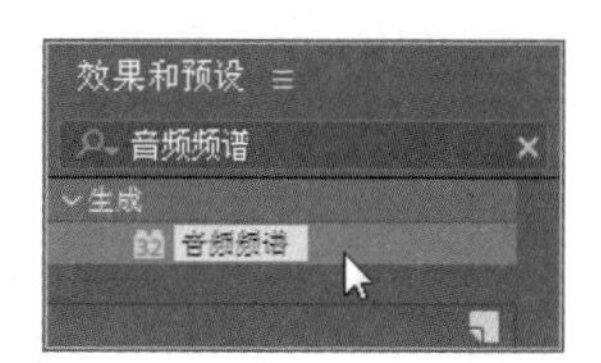

图 9.366

11 在【效果控件】面板的【音频层】下拉列表中选择【音频.wav】，设置【起始点】为（−249.0，8.0），【结束点】为（1035.0，439.0），【起始频率】为 4101.0，【最大高度】为 28450.0，【音频持续时间】为 140.00，【内部颜色】为浅绿色（R：72，G：255，B：0），【外部颜色】为绿色（R：56，G：208，B：44），从【显示选项】下拉列表中选择【模拟谱线】，如图 9.367 所示。画面效果如图 9.368 所示。

12 选择【波形 3】层，打开该层的三维层开关，展开【变换】选项组，设置【位置】为（1487.0，356.0，−1907.0），【Y 轴旋转】为（1x+81.0°），如图 9.369 所示。此时的波形效果如图 9.370 所示。

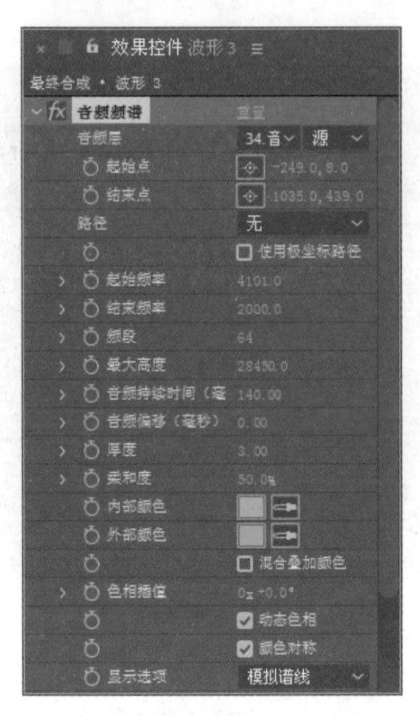

图 9.367

图 9.368

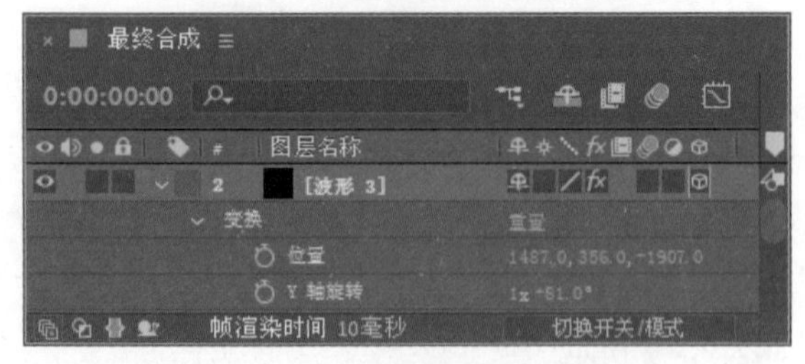

图 9.369

13 将时间调整到 0:00:06:20 的位置，选择【摄像机 1】层，按 U 键打开该层的所有关键帧，分别单击【目标点】和【位置】左侧的【在当前时间添加或移除关键帧】按钮，为【目标点】【位置】添加一个保持关键帧，如图 9.371 所示。

图 9.370

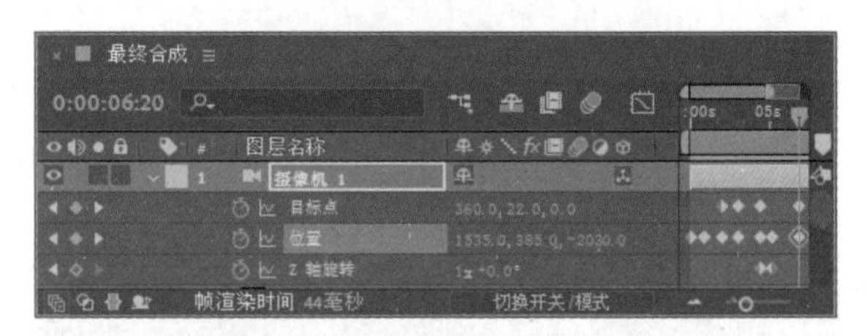

图 9.371

14 将时间调整到 0:00:07:20 的位置，修改【目标点】为(217.0，-307.0，0.0)，【位置】为(843.0，576.0，-2927.0)，如图 9.372 所示。此时的画面效果如图 9.373 所示。

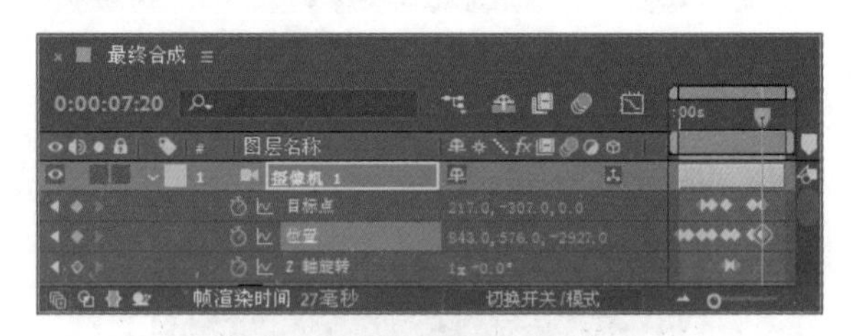

图 9.372

图 9.373

9.3.9 制作镜头 4 动画

1 在【项目】面板中选择“榜.psd”“logo.psd”“标志”合成3个素材，将其拖动到【时间线】面板中，并打开 3 个素材的三维层开关，如图 9.374 所示。此时的画面效果如图 9.375 所示。

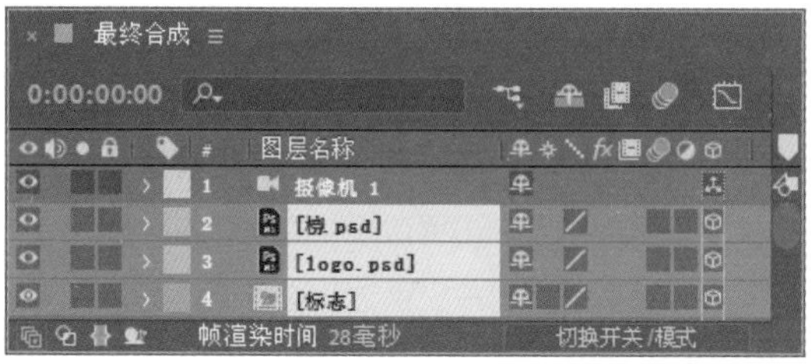

图 9.374

图 9.375

2 分别修改【榜.psd】层的【缩放】为（43.0，43.0，43.0%），【logo.psd】层的【缩放】为（40.0，40.0，40.0%），【标志】层的【缩放】为（138.0，138.0，138.0%），并将【标志】层的【模式】修改为【相加】，如图 9.376 所示。

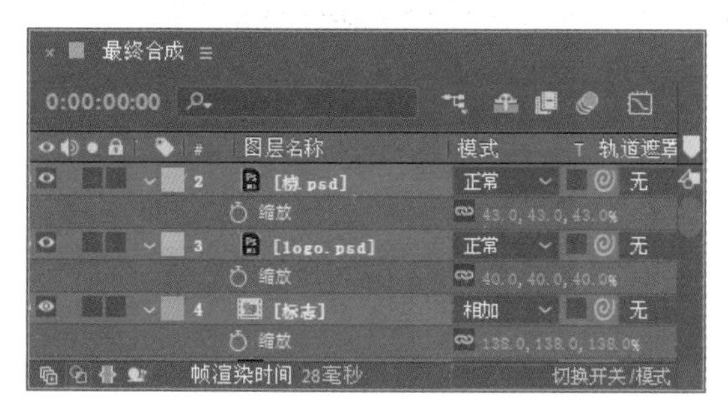

图 9.376

3 分别修改【榜.psd】层的【位置】为（729.0，393.0，−2945.0），【logo.psd】层的【位置】为（723.0，335.0，−2339.0），【标志】层的【位置】为（700.0，290.0，−2192.0），如图 9.377 所示。

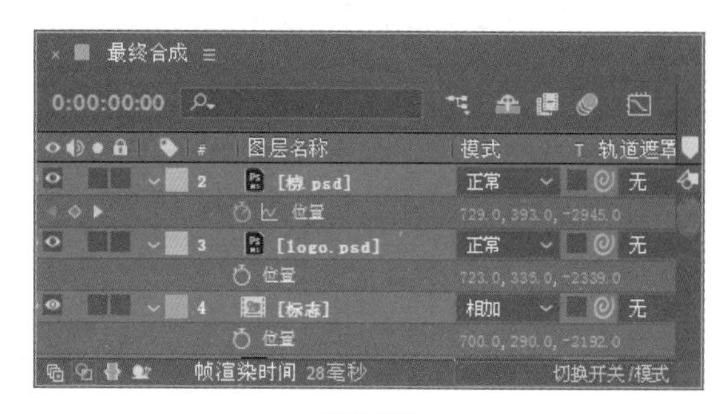

图 9.377

4 选择【标志】层，按 R 键打开该层的【旋转】选项，设置【Y 轴旋转】为（0x+16.0°），如图 9.378 所示。此时的画面效果如图 9.379 所示。

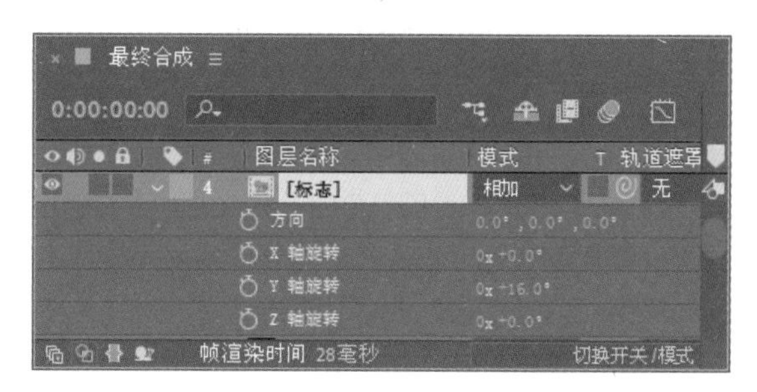

图 9.378

图 9.379

5 选择【榜.psd】【logo.psd】层，按 Ctrl

+D 组合键复制出两个层，并将复制层分别重命名为“榜 倒影”“logo 波纹”，如图 9.380 所示。

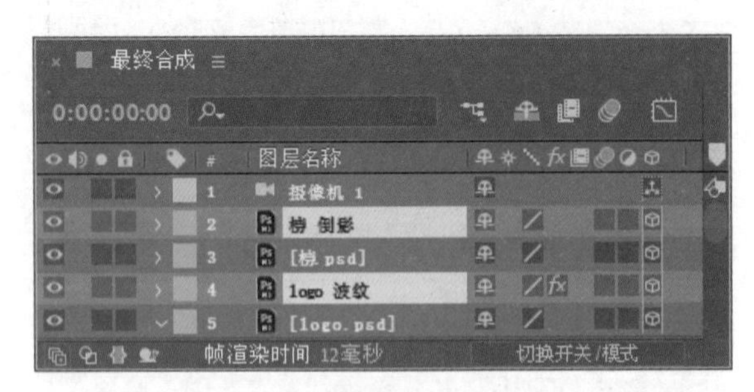

图 9.380

6 选择【logo 波纹】层，在【效果和预设】面板中展开【风格化】特效组，然后双击【毛边】特效，如图 9.381 所示。

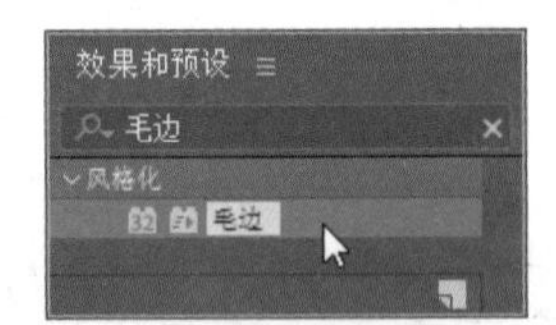

图 9.381

7 将时间调整到 0:00:07:01 的位置，在【效果控件】面板中设置【边界】为 70.00，【边缘锐度】为 10.00，【比例】为 400.0，并单击【偏移】左侧的码表按钮，在当前位置设置关键帧，参数设置如图 9.382 所示。

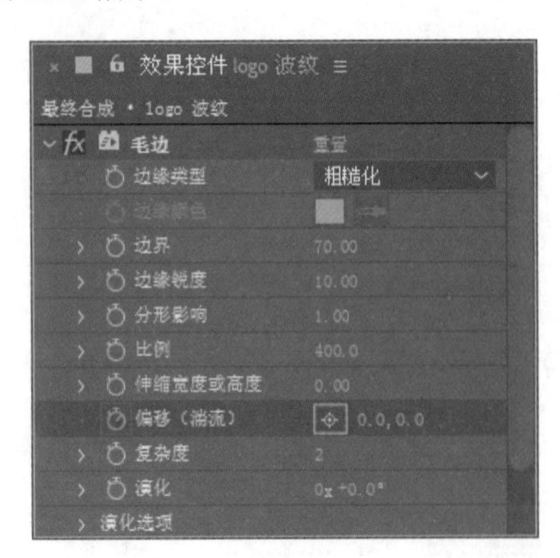

图 9.382

提示

边缘类型：可从右侧的下拉列表中选择用于粗糙边缘的类型。

边缘颜色：指定边缘粗糙时所使用的颜色。

边界：用来设置边缘的粗糙程度。

边缘锐度：用来设置边缘的锐化程度。

分形影响：用来设置边缘的不规则程度。

比例：用来设置不规则碎片的大小。

伸缩宽度或高度：用来设置边缘碎片的拉伸强度。正值水平拉伸，负值垂直拉伸。

偏移：用来设置边缘在拉伸时的位置。

复杂度：用来设置边缘的复杂程度。

8 将时间调整到 0:00:09:24 的位置，设置【偏移】为（320.0，0.0），如图 9.383 所示，此时的画面效果如图 9.384 所示。

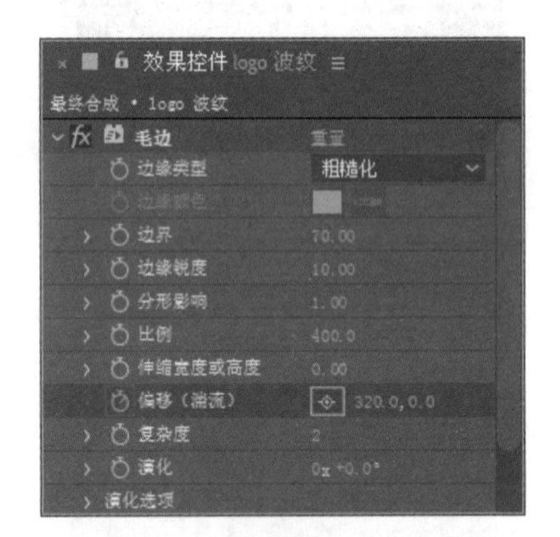

图 9.383

图 9.384

9 选择【榜 倒影】【榜.psd】层，将时间调整到 0:00:08:15 的位置，单击【位置】左侧的码表按钮，在当前位置设置关键帧，如图 9.385 所示。

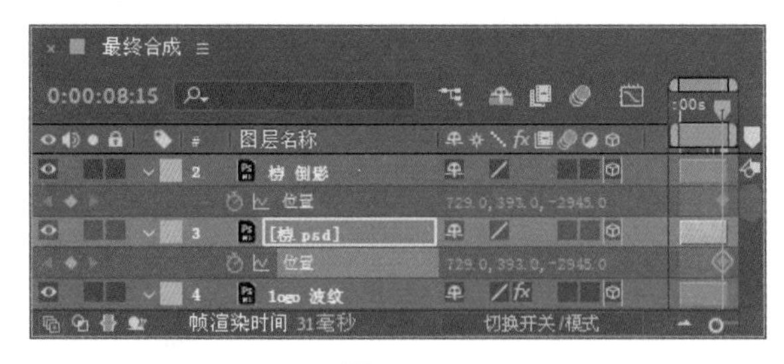

图 9.385

10 将时间调整到 0:00:08:22 的位置，修改【榜 倒影】层的【位置】为（743.0，567.0，−2352.0），【榜.psd】层的【位置】为（743.0，423.0，−2352.0），如图 9.386 所示。

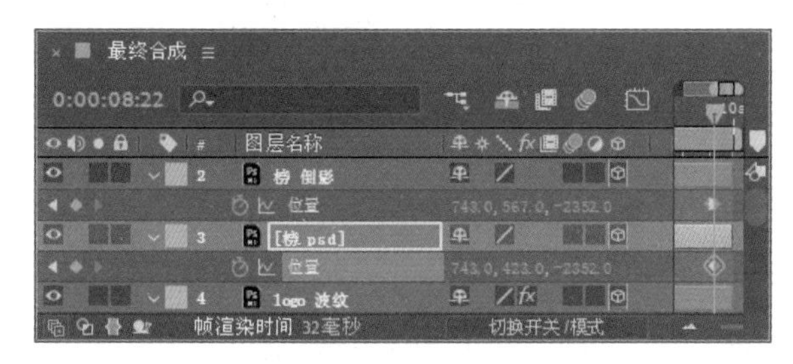

图 9.386

11 选择【榜 倒影】层，设置【缩放】为（43.0，−43.0，43.0%），如图 9.387 所示。

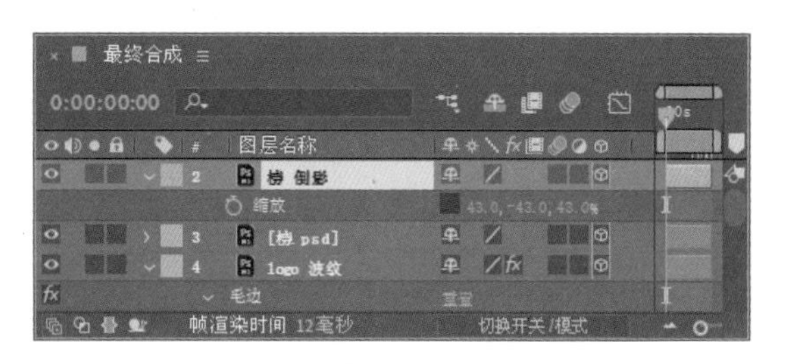

图 9.387

12 按 T 键打开【榜 倒影】层的【不透明度】选项，将时间调整到 0:00:08:16 的位置，单击【不透明度】左侧的码表按钮，在当前位置设置关键帧，并设置【不透明度】为 0%，将时间调整到 0:00:09:05 的位置，修改【不透明度】为 50%，如图 9.388 所示。

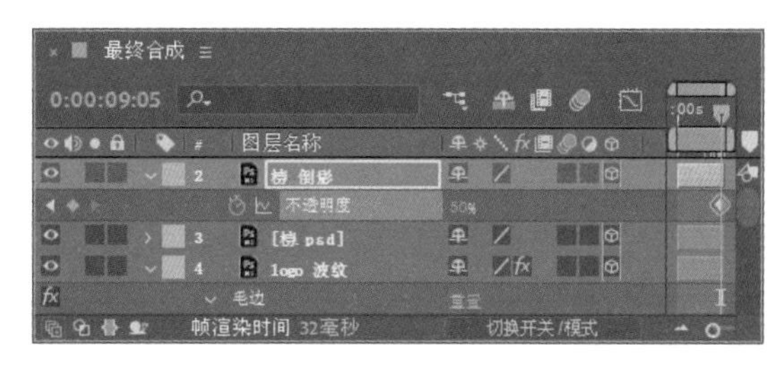

图 9.388

13 这样就完成了“音乐栏目包装——时尚音乐”的整体制作，按小键盘上的 0 键播放预览。最后将文件保存并输出成动画。

9.4 电视栏目包装——节目导视

实例解析

“节目导视”是一个有关电视栏目包装的动画，本例主要通过三维层命令以及【父级和链接】属性的使用，将动画的延展及空间变幻表现出来，制作出动态且有立体感觉的动画效果。本例动画流程画面如图 9.389 所示。

难易程度：★★★★☆

工程文件：第 9 章 \ 电视栏目包装——节目导视

图 9.389

教学视频

知识点

1. 三维层
2. 父级关系

操作步骤

9.4.1 制作方块合成

1 执行菜单栏中的【合成】|【新建合成】命令，打开【合成设置】对话框，设置【合成名称】为“方块”，【宽度】的值为 720，【高度】的值为 576，【帧速率】的值为 25，并设置【持续时间】为 0:00:06:00。

2 执行菜单栏中的【文件】|【导入】|【文件】命令，打开“背景.bmp”“红色 Next.png”“红色即将播出.png”“长条.png”素材，单击【导入】按钮，将素材导入到【项目】面板中。

3 打开“方块”合成，在【项目】面板中选择“红色 Next.png”素材，将其拖动到“方块”合成的【时间线】面板中，打开三维层按钮，如图 9.390 所示。

图 9.390

4 选中【红色 Next.png】层，选择工具栏中的【向后平移（锚点）工具】，按住 Shift 键向上拖动，直到图像的边缘为止。移动前效果如图 9.391 所示，移动后效果如图 9.392 所示。

图 9.391　　图 9.392

5 按 S 键展开【缩放】属性，设置【缩放】属性值为（111.0，111.0，111.0%），如图 9.393 所示。

图 9.393

6 将时间调整到 0:00:00:00 的位置，设置【位置】数值为（47.0，184.0，-172.0），单击码表按钮，在当前位置添加关键帧；将时间调整到 0:00:00:07 的位置，设置【位置】属性值为（498.0，184.0，-43.0），系统会自动创建关键帧；将时间调整到 0:00:00:14 的位置，设置【位置】属性值为（357.0，184.0，632.0）；将时间调整到 0:00:01:04 的位置，设置【位置】属性值为（357.0，184.0，556.0）；将时间调整到 0:00:02:18 的位置，设置【位置】属性值为（357.0，184.0，556.0）；将时间调整到 0:00:03:07 的位置，设置【位置】属性值为（626.0，184.0，335.0），如图 9.394 所示。

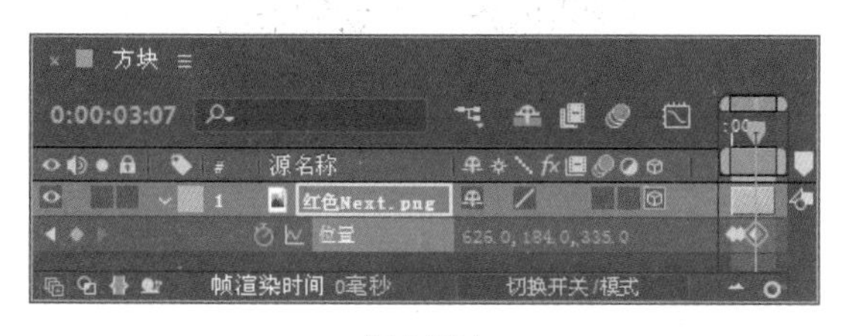

图 9.394

7 将时间调整到 0:00:01:04 的位置，设置【X 轴旋转】数值为（0x+0.0°），单击码表按钮，在当前位置添加关键帧；将时间调整到 0:00:01:11 的位置，设置【X 轴旋转】数值为（0x-90.0°），系统会自动创建关键帧，如图 9.395 所示。

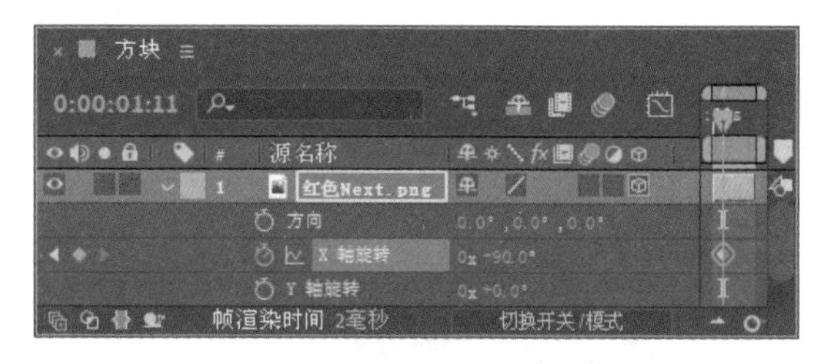

图 9.395

8 将时间调整到 0:00:02:18 的位置，设置【Z 轴旋转】数值为（0x+0.0°），单击码表按钮，在当前位置添加关键帧；将时间调整到 0:00:03:07 的位置，设置【Z 轴旋转】数值为（0x-90.0°），如图 9.396 所示。

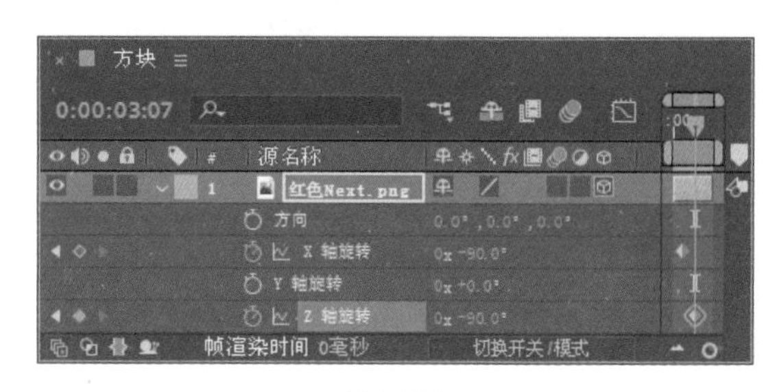

图 9.396

9 选中【红色 Next.png】层，将时间调整到 0:00:01:11 的位置，按 Alt+] 组合键，将出点设置到当前位置，如图 9.397 所示。

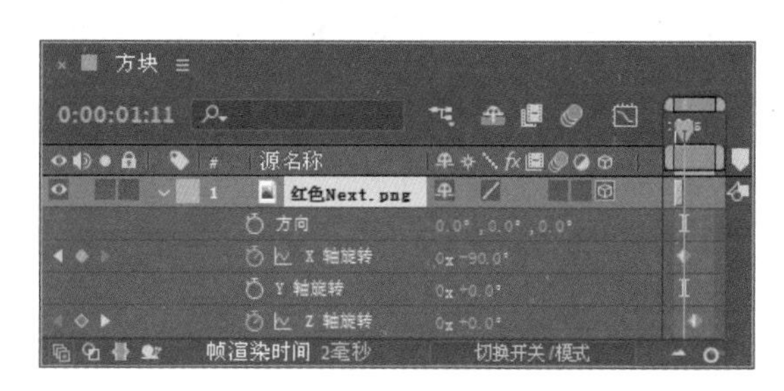

图 9.397

10 在【项目】面板中选择“红色即将播出.png”素材，将其拖动到【方块】合成的【时间线】面板中，打开三维层按钮，如图 9.398 所示。

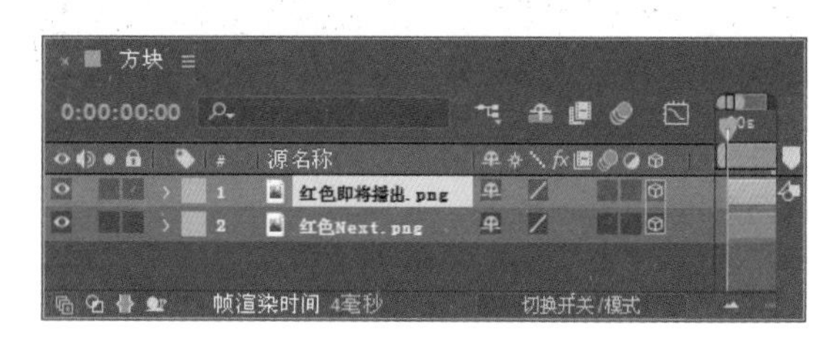

图 9.398

11 选中【红色即将播出.png】层，将时间调整到0:00:01:04的位置，按Alt+[组合键，将素材的入点剪切到当前帧的位置；将时间调整到0:00:03:06的位置，按Alt+]组合键，将素材的出点剪切到当前帧的位置，如图9.399所示。

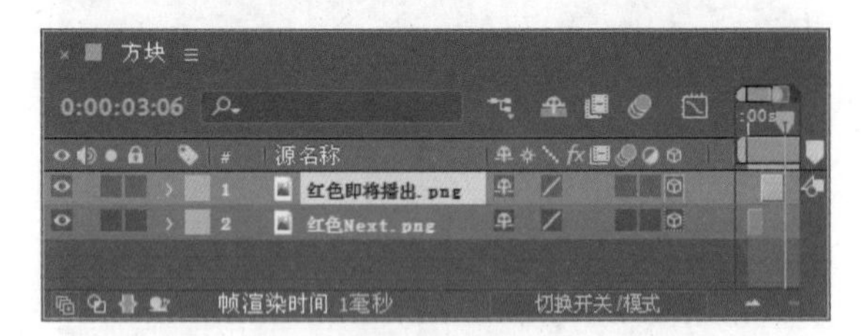

图 9.399

12 按R键展开【旋转】属性，设置【X轴旋转】数值为（0x+90.0°），如图9.400所示。

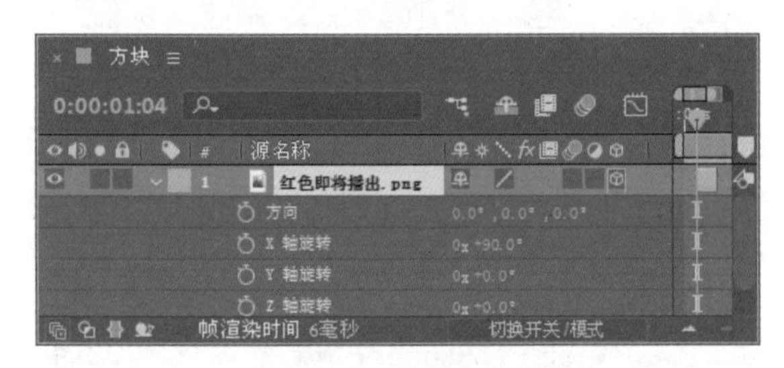

图 9.400

13 选中【红色即将播出.png】层，选择工具栏中的【向后平移（锚点）工具】，按住Shift键向上拖动，直到图像的边缘为止。移动前效果如图9.401所示，移动后效果如图9.402所示。

图 9.401

图 9.402

14 将时间调整到0:00:00:00的位置，展开【父级和链接】属性，将【红色即将播出.png】层设置为【红色Next.png】层的子层，如图9.403所示。

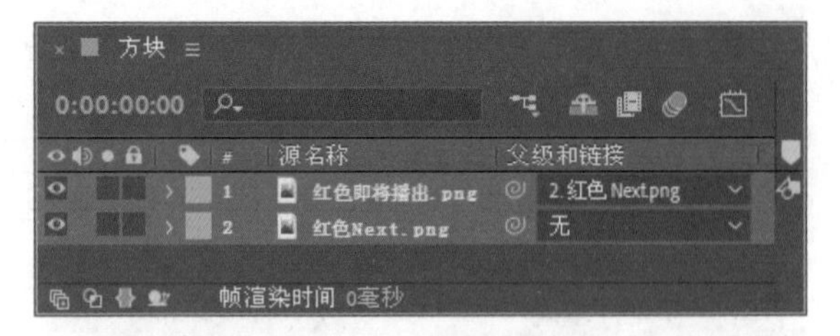

图 9.403

15 选中【红色即将播出.png】层，设置【位置】数值为（96.0，121.0，89.0），设置【缩放】数值为（100.0，100.0，100.0%），如图9.404所示，效果如图9.405所示。

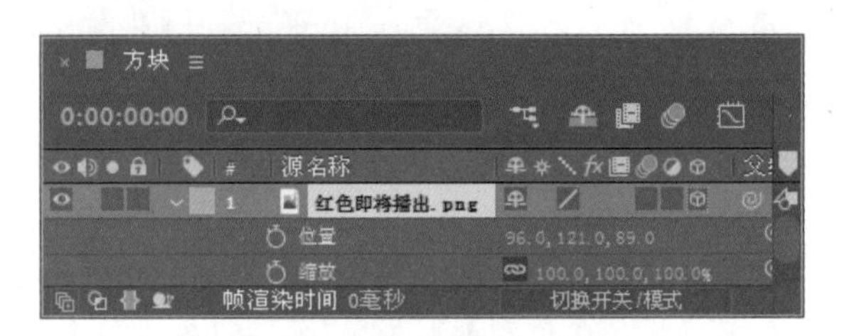

图 9.404

图 9.405

16 在【项目】面板中选择"长条.png"素材，将其拖动到【方块】合成的【时间线】面板中，打开三维层按钮，如图9.406所示。

图 9.406

17 选中【长条.png】层，将时间调整到

0:00:02:18 的位置，按 Alt+[组合键将入点设置在当前位置，如图 9.407 所示。

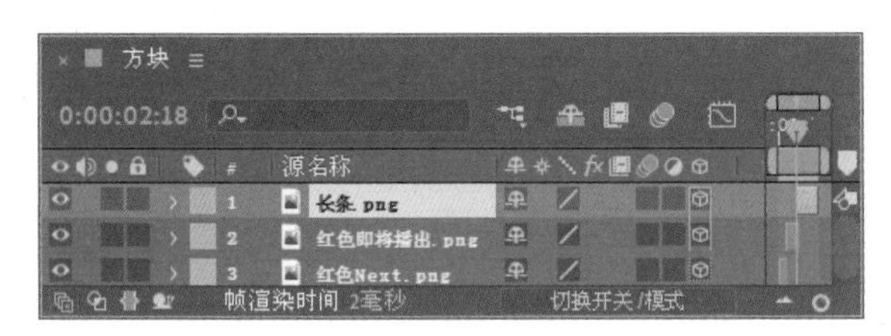

图 9.407

18 选中【长条.png】层，选择工具栏中的【向后平移（锚点）工具】，按住 Shift 键向右拖动，直到图像的边缘为止。移动前效果如图 9.408 所示，移动后效果如图 9.409 所示。

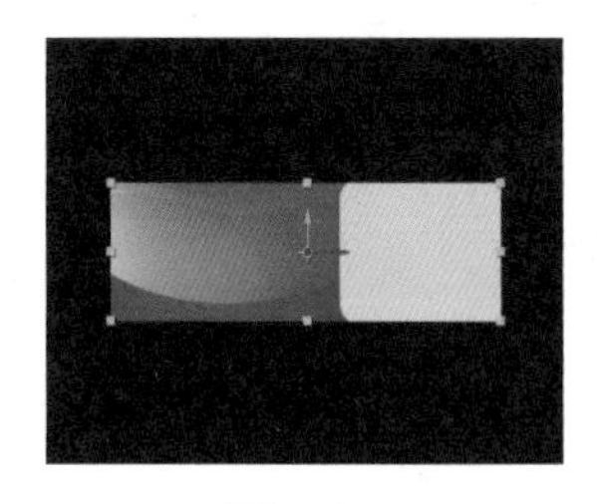

图 9.408

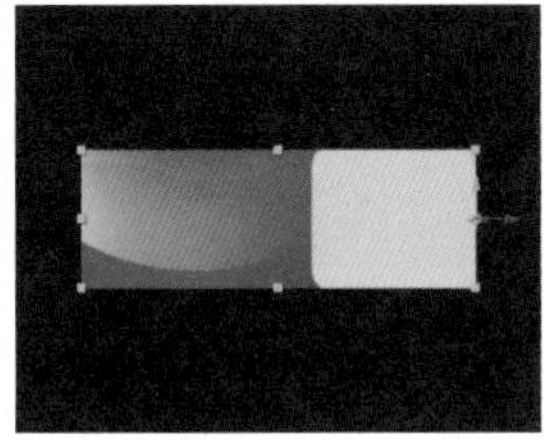

图 9.409

19 展开【父级和链接】属性，将【长条.png】层设置为【红色 Next.png】层的子层，如图 9.410 所示。

图 9.410

20 按 R 键展开【旋转】属性，设置【Y 轴旋转】数值为（0x+90.0°），如图 9.411 所示，效果如图 9.412 所示。

21 设置【位置】数值为（3.0，186.0，89.0），设置【缩放】数值为（97.0，97.0，97.0%），如图 9.413 所示，效果如图 9.414 所示。

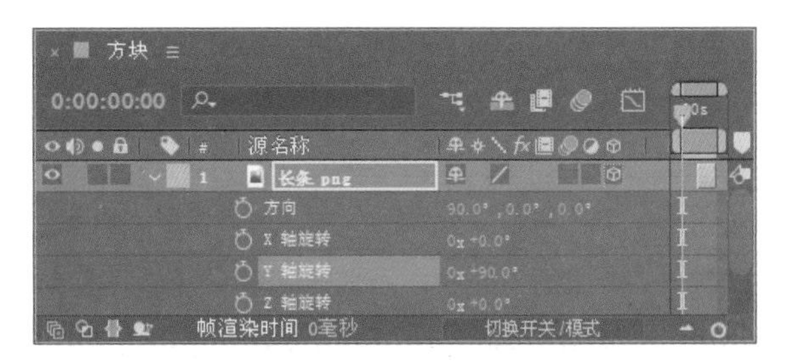

图 9.411

图 9.412

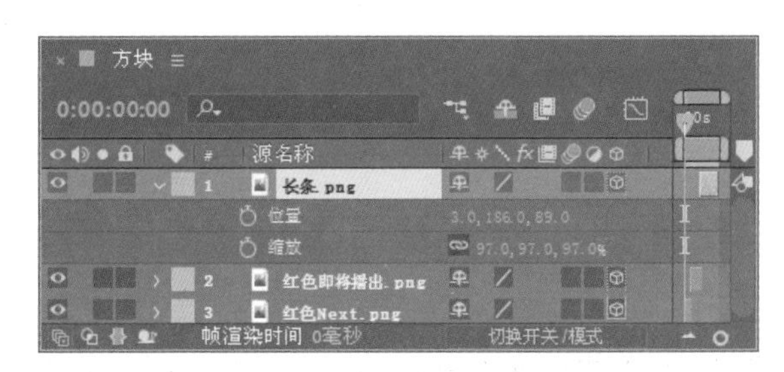

图 9.413

图 9.414

22 在【项目】面板中再次选择“红色即将播出.png”素材，将其拖动到【方块】合成的【时间线】面板中，打开三维层按钮，如图 9.415 所示。

图 9.415

23 选中【红色即将播出 .png】层，将时间调整到 0:00:03:07 的位置，按 Alt+[组合键将入点设置在当前位置，如图 9.416 所示。

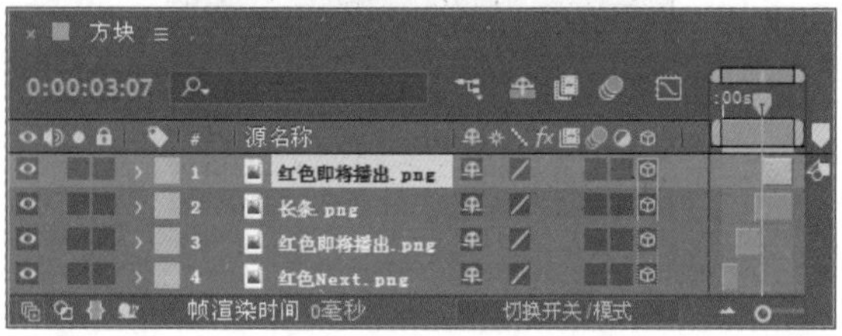

图 9.416

24 选中【红色即将播出 .png】层，选择工具栏中的【向后平移（锚点）工具】，按住 Shift 键向左拖动，直到图像的边缘为止。移动前效果如图 9.417 所示，移动后效果如图 9.418 所示。

图 9.417

图 9.418

25 按 R 键展开【旋转】属性，设置【Y 轴旋转】数值为（0x−90.0°），如图 9.419 所示。

26 展开【父级和链接】属性，将【红色即将播出 .png】层设置为【红色 Next.png】层的子层，如图 9.420 所示。

27 按 P 键展开【位置】属性，设置【位置】数值为（3.0，185.0，89.0），设置【缩放】数值为（100.0，100.0，100.0%），如图 9.421 所示，效果如图 9.422 所示。

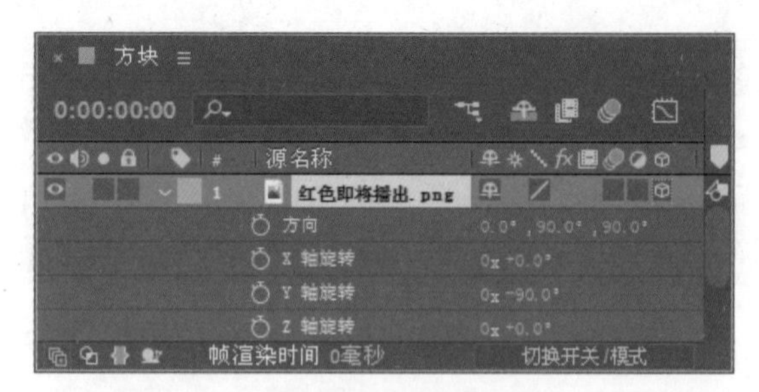

图 9.419

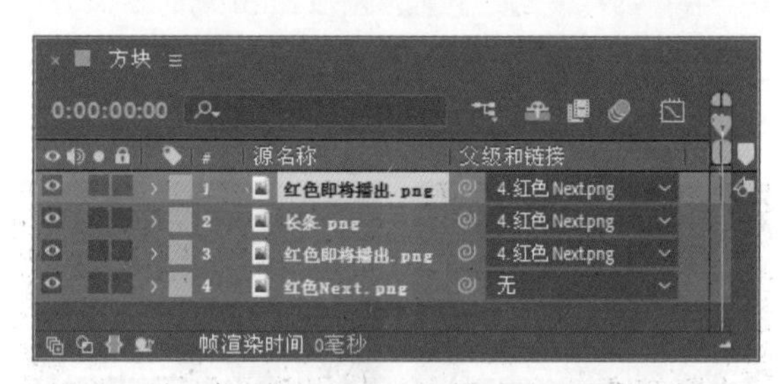

图 9.420

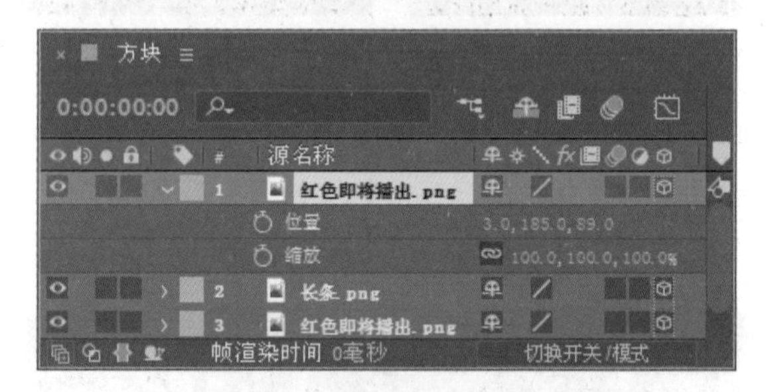

图 9.421

图 9.422

28 这样方块合成的制作就完成了，预览其中几帧的效果，如图 9.423 所示。

图 9.423

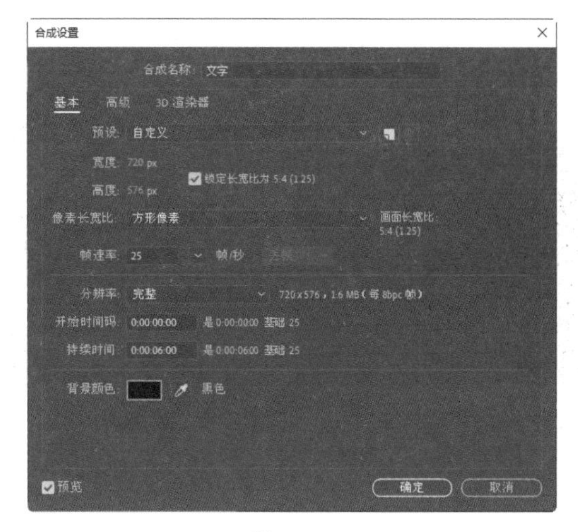

图 9.424

> 提示：在制作过程中，可以使用 Ctrl+C、Ctrl+X、Ctrl+V 组合键来进行复制层、剪切层等一系列操作。

9.4.2 制作文字合成

1 执行菜单栏中的【合成】|【新建合成】命令，打开【合成设置】对话框，设置【合成名称】为“文字”，【宽度】的值为 720，【高度】的值为 576，【帧速率】的值为 25，并设置【持续时间】为 0:00:06:00，如图 9.424 所示。

2 为了操作方便，复制【方块】合成中的【长条】层，粘贴到【文字】合成【时间线】面板中，此时【长条】层的位置并没有发生变化，效果如图 9.425 所示。

3 执行菜单栏中的【图层】|【新建】|【文本】命令，在【合成】窗口中输入“12：20”，设置字体为【华康简黑】，字号为 35 像素，字体颜色为白色，其他参数如图 9.426 所示。

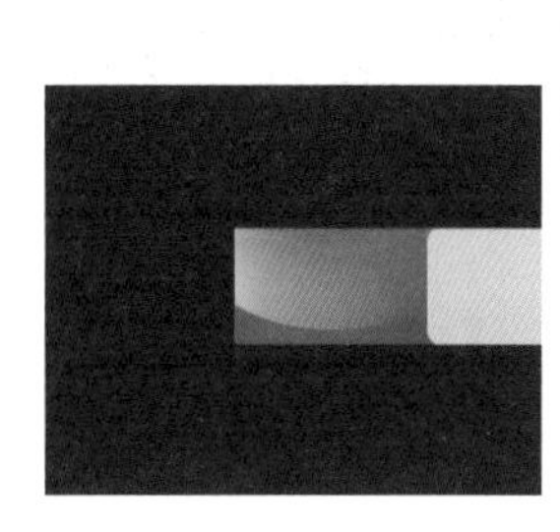
图 9.425

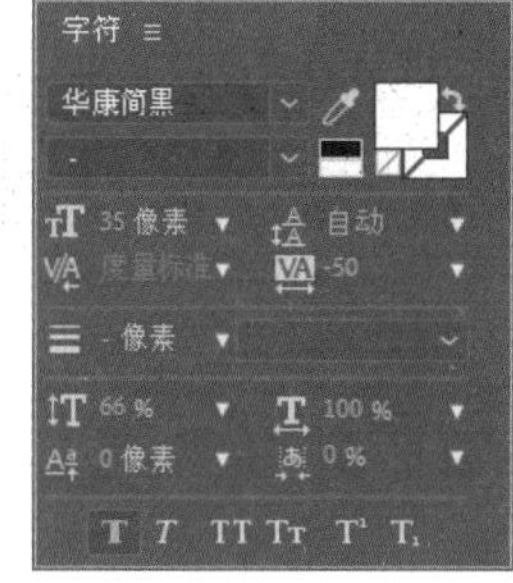

图 9.426

4 选中【12：20】文字层，按 P 键展开【位置】属性，设置【位置】数值为（302，239），效果如图 9.427 所示。

5 执行菜单栏中的【图层】|【新建】|【文本】命令，在【合成】窗口中输入“15：35”，设置字体为【华康简黑】，字号为 35 像素，字体颜色为白色，

其他参数如图 9.428 所示。

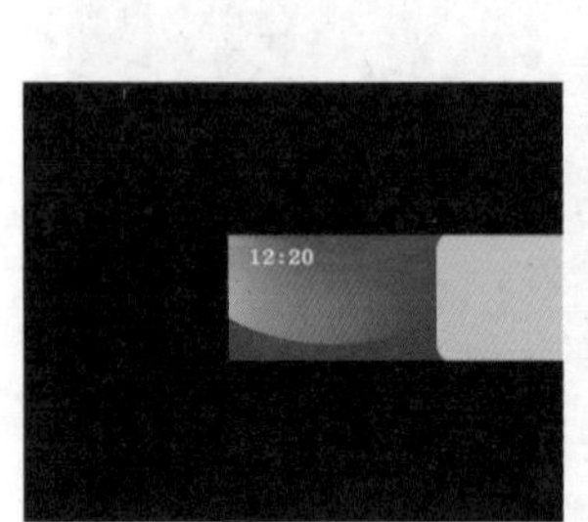

图 9.427

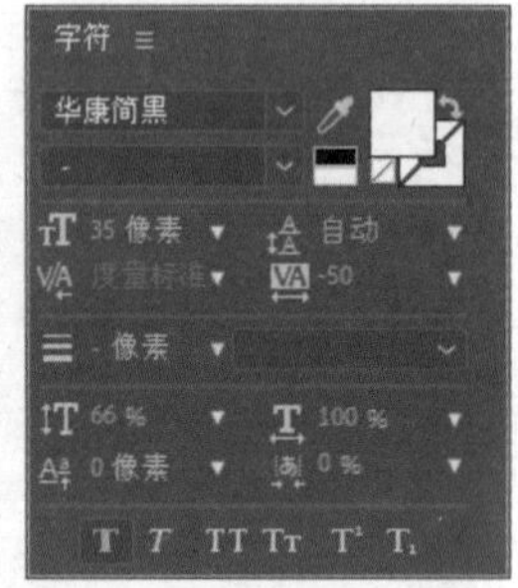

图 9.428

6 选中【15: 35】文字层，按 P 键展开【位置】属性，设置【位置】数值为（305.0，276.0），效果如图 9.429 所示。

7 执行菜单栏中的【图层】|【新建】|【文本】命令，在【合成】窗口中输入“非诚勿扰”，设置字体为【仿宋 _GB2312】，字号为 32 像素，字体颜色为白色，其他参数如图 9.430 所示。

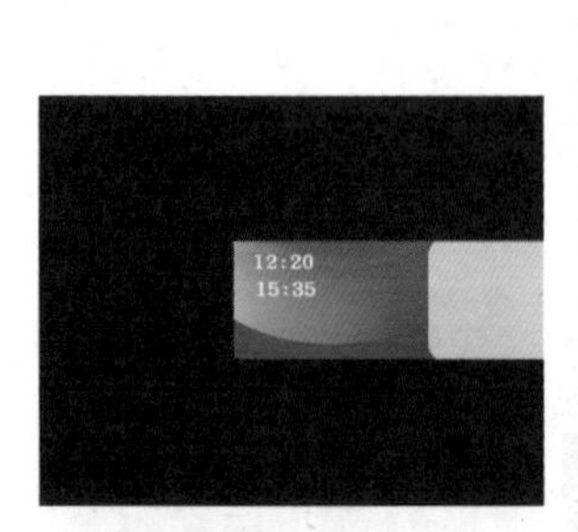

图 9.429

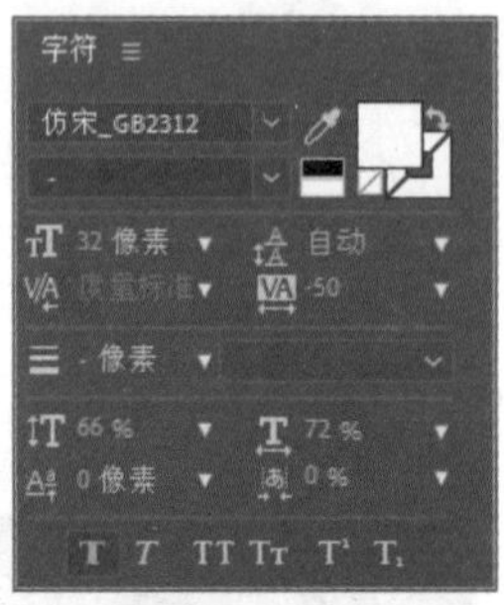

图 9.430

8 选中【非诚勿扰】文字层，按 P 键展开【位置】属性，设置【位置】数值为（405.0，238.0），效果如图 9.431 所示。

9 执行菜单栏中的【图层】|【新建】|【文本】命令，在【合成】窗口中输入“成长不烦恼”，设置字体为【仿宋 _GB2312】，字号为 32 像素，字体颜色为白色，其他参数如图 9.432 所示。

10 选中【成长不烦恼】文字层，按 P 键展开【位置】属性，设置【位置】数值为（407.0，273.0），效果如图 9.433 所示。

图 9.431

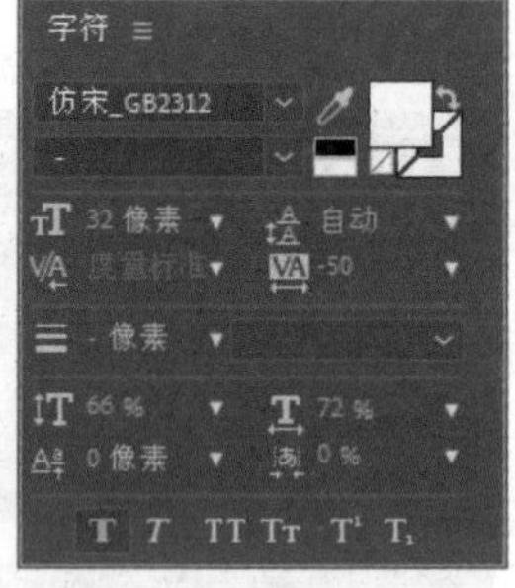

图 9.432

11 执行菜单栏中的【图层】|【新建】|【文本】命令，在【合成】窗口中输入“接下来请收看”，设置字体为【仿宋_GB2312】，字号为 32 像素，字体颜色为白色，其他参数如图 9.434 所示。

图 9.433

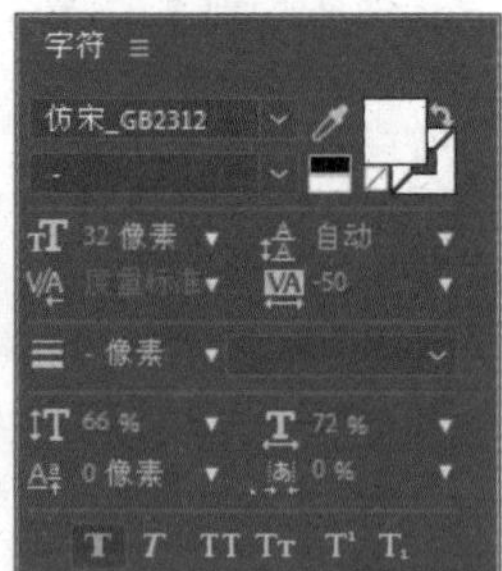

图 9.434

12 选中【接下来请收看】文字层，按 P 键展开【位置】属性，设置【位置】数值为（556.0，336.0），效果如图 9.435 所示。

图 9.435

13 执行菜单栏中的【图层】|【新建】|【文本】命令，在【合成】窗口中输入 NEXT，设置字体为【汉仪粗黑繁】，字号为 38 像素，字体颜色为灰色（R: 152，G: 152，B: 152），其他参数如图 9.436 所示。

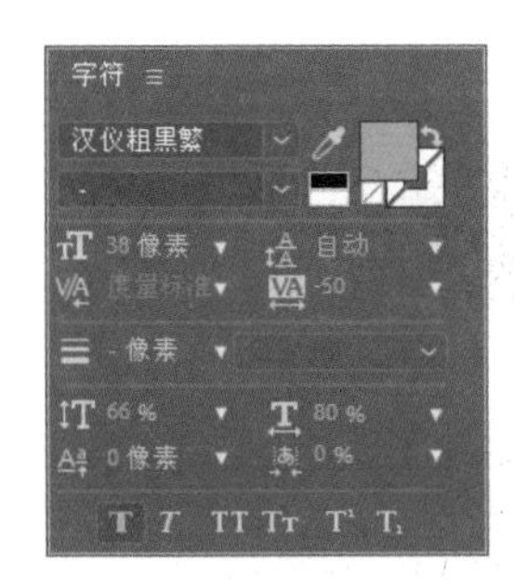

图 9.436

14 选中【NEXT】文字层，按 P 键展开【位置】属性，设置【位置】数值为（561.0，303.0），效果如图 9.437 所示。

图 9.437

15 选中【长条】层，按 Delete 键将其删除，如图 9.438 所示，效果如图 9.439 所示。

图 9.438

图 9.439

9.4.3 制作节目导视合成

1 执行菜单栏中的【合成】|【新建合成】命令，打开【合成设置】对话框，新建一个【合成名称】为“节目导视”、【宽度】的值为 720、【高度】的值为 576、【帧速率】的值为 25、【持续时间】为 0:00:06:00 的合成。

2 打开【节目导视】合成，在【项目】面板中选择【背景 .BMP】合成，将其拖动到【节目导视】合成的【时间线】面板中，如图 9.440 所示。

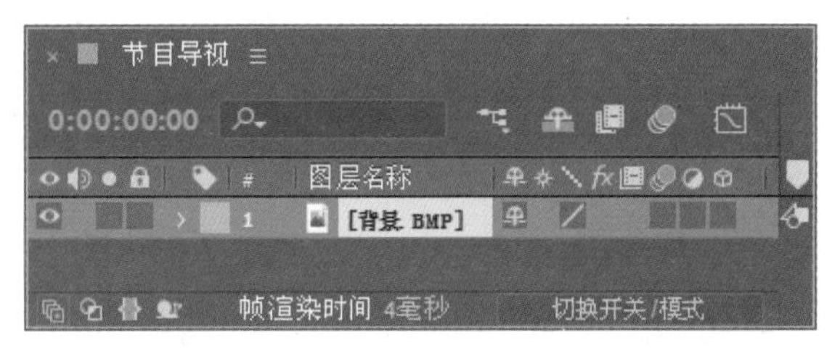

图 9.440

3 选中【背景 .BMP】层，设置【位置】数值为（358.0，320.0），展开【缩放】属性，取消选中【约束比例】，设置【缩放】数值为（100.0，115.0%），如图 9.441 所示。

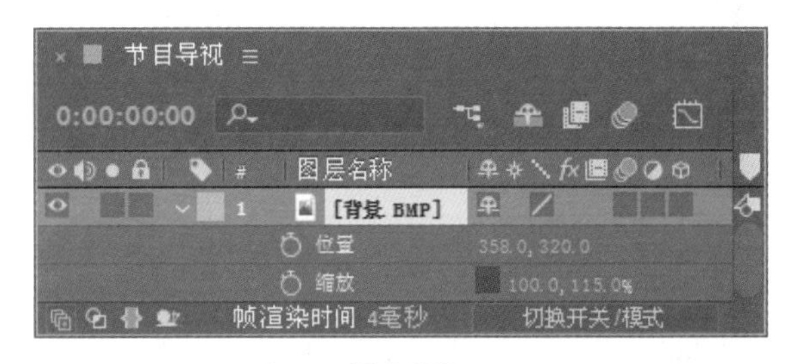

图 9.441

4 执行菜单栏中的【图层】|【新建】|【摄像机】命令，打开【摄像机设置】对话框，设置【名称】为“摄像机 1”，【预设】为 50 毫米，如图 9.442 所示。

5 选中【摄像机 1】层，按 P 键展开【位置】属性，设置【位置】数值为（360.0，288.0，−854.0），参数如图 9.443 所示。

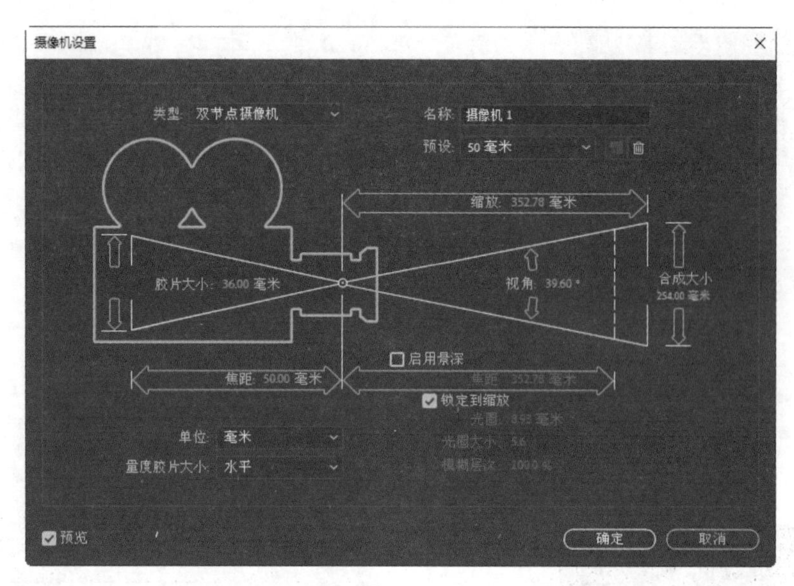

图 9.442

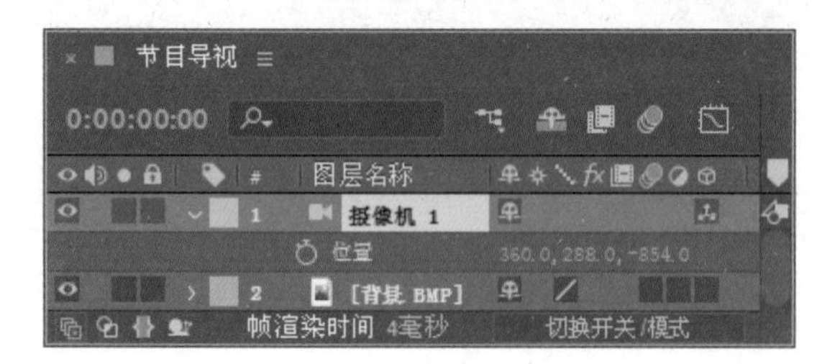

图 9.443

6 在【项目】面板中，选择【方块】合成层，将其拖动到【节目导视】合成的【时间线】面板中，如图 9.444 所示。

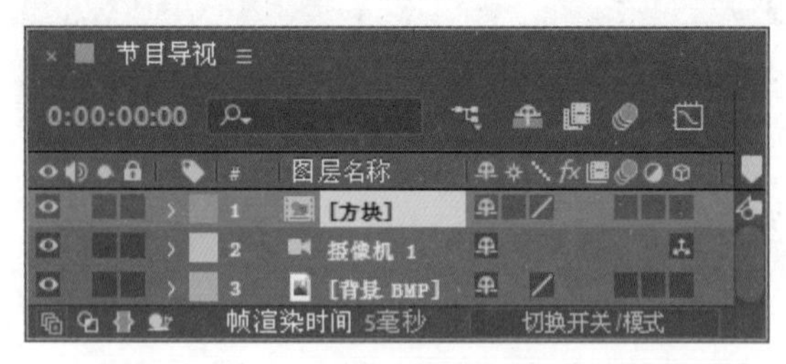

图 9.444

7 再次选择【项目】面板中【方块】合成层，将其拖动到【节目导视】合成的【时间线】面板中，重命名为“倒影”，如图 9.445 所示。

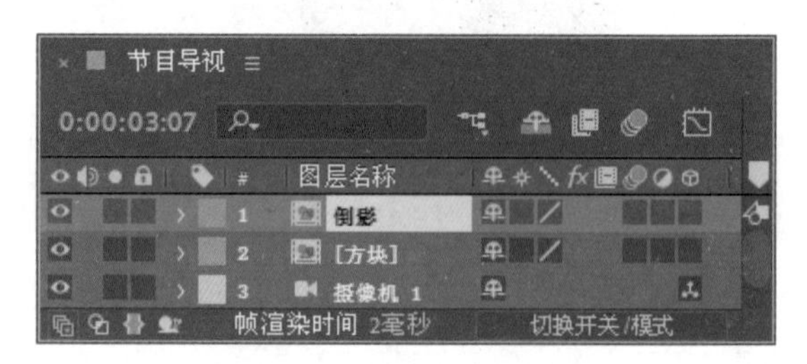

图 9.445

8 选中【倒影】层，按 S 键展开【缩放】属性，取消选中【约束比例】，设置【缩放】数值为(100.0, −100.0%)，如图 9.446 所示。

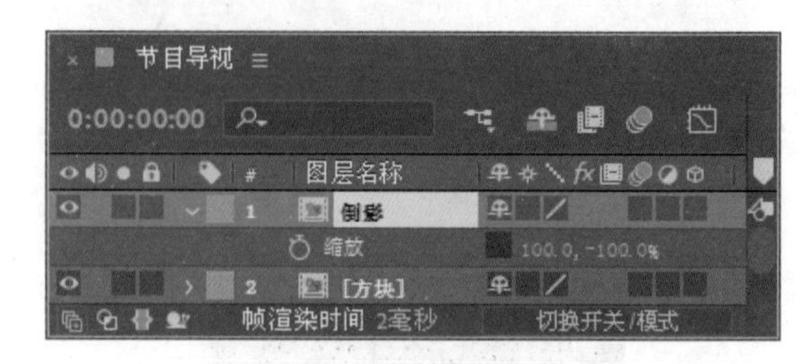

图 9.446

9 选中【倒影】层，按 P 键展开【位置】属性，将时间调整到 0:00:00:00 的位置，设置【位置】数值为（360.0，545.0），单击码表按钮，在当前位置添加关键帧；将时间调整到0:00:00:07的位置，设置【位置】数值为（360.0，509.0），系统会自动创建关键帧；将时间调整到0:00:00:11的位置，设置【位置】数值为（360.0，434.0）；将时间调整到0:00:00:14的位置，设置【位置】数值为（360.0，417.0），如图9.447所示。

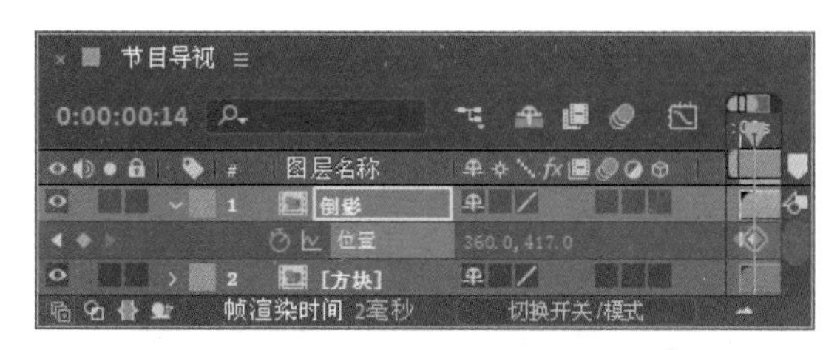

图 9.447

10 按T键展开【不透明度】属性，设置【不透明度】数值为20%，如图9.448所示。

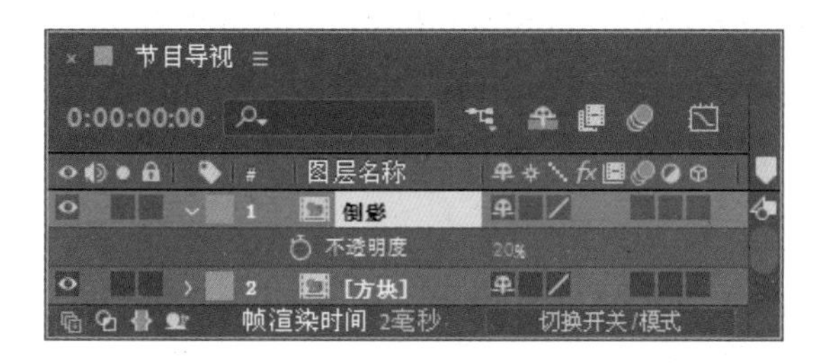

图 9.448

11 选择工具栏中的【矩形工具】，选中【倒影】层，在【节目导视】合成窗口中绘制蒙版，如图9.449所示。

图 9.449

12 选中【蒙版1】层，按F键打开【倒影】层的【蒙版羽化】选项，设置【蒙版羽化】为（67.0，67.0），此时的画面效果，如图9.450所示。

图 9.450

13 在【项目】面板中选择【文字】合成，将其拖动到【节目导视】合成的【时间线】面板中，将其入点放在0:00:03:07的位置，如图9.451所示。

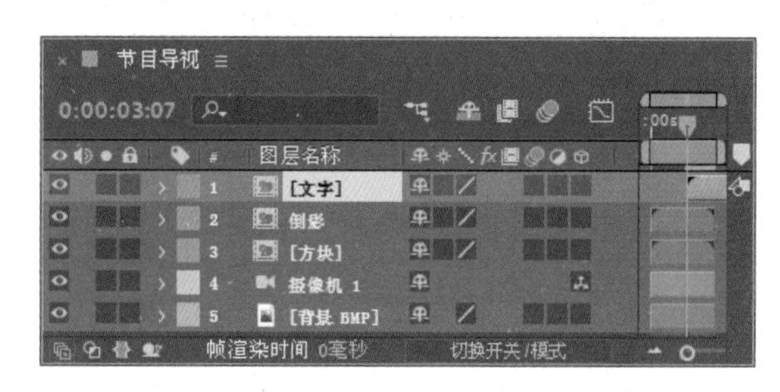

图 9.451

14 选中【文字】合成层，按T键展开【不透明度】属性，将时间调整到0:00:03:07的位置，设置【不透明度】数值为0%，单击码表按钮，在当前位置添加关键帧；将时间调整到0:00:03:12的位置，设置【不透明度】数值为100%；将时间调整到0:00:04:00的位置，为其添加延时帧；将时间调整到0:00:04:05的位置，设置【不透明度】数值为0%，如图9.452所示。

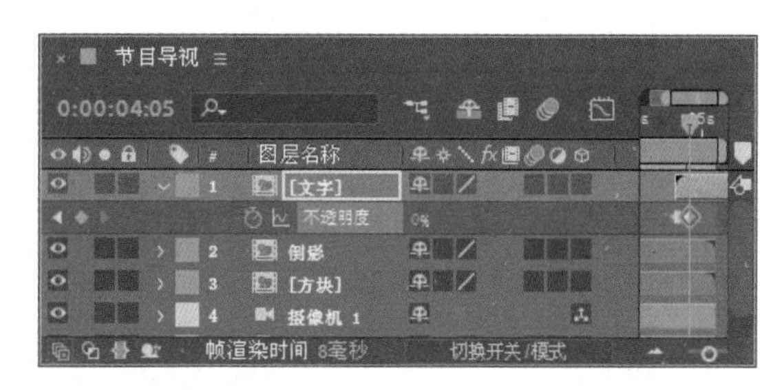

图 9.452

15 这样就完成了“电视栏目包装——节目导视”的整体制作，按小键盘上的0键，在【合成】窗口中预览动画。

9.5 电视 ID 演绎——Music 频道

实例解析

本例将利用【3D Stroke（3D 笔触）】【Starglow（星光）】特效制作流动光线效果，利用【高斯模糊】等特效制作 Music 字符运动模糊效果。本例最终的动画流程效果如图 9.453 所示。

难易程度：★★★★☆

工程文件：第 9 章 \ 电视 ID 演绎——Music 频道

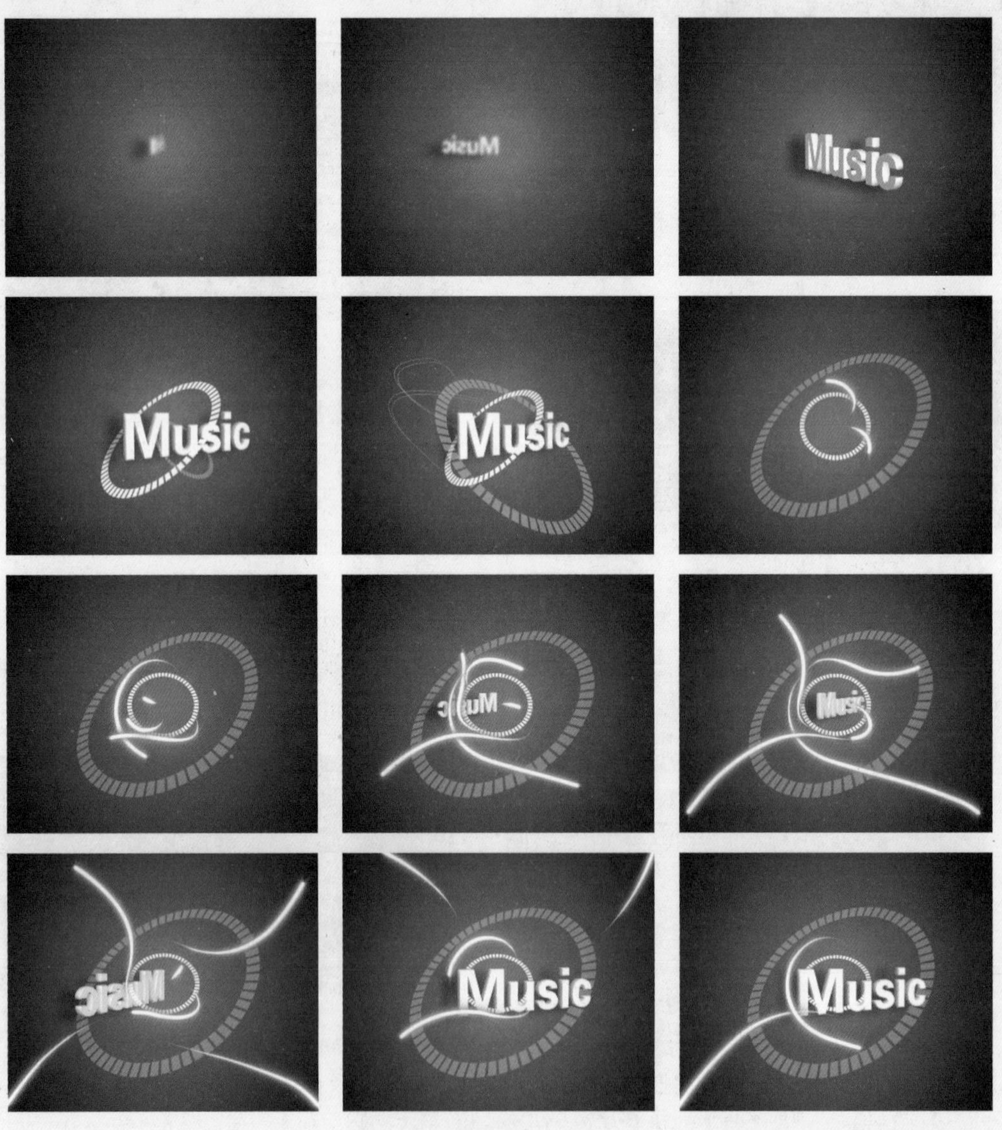

图 9.453

知识点

1. 序列素材的导入及设置
2. 高斯模糊
3. 3D Stroke（3D 笔触）
4. Starglow（星光）

教学视频

操作步骤

9.5.1 导入素材与建立合成

1 导入三维素材。执行菜单栏中的【文件】|【导入】|【文件】命令，打开【导入文件】对话框，选择“c1.000.tga”素材，然后选中【Targa 序列】复选框，如图 9.454 所示。

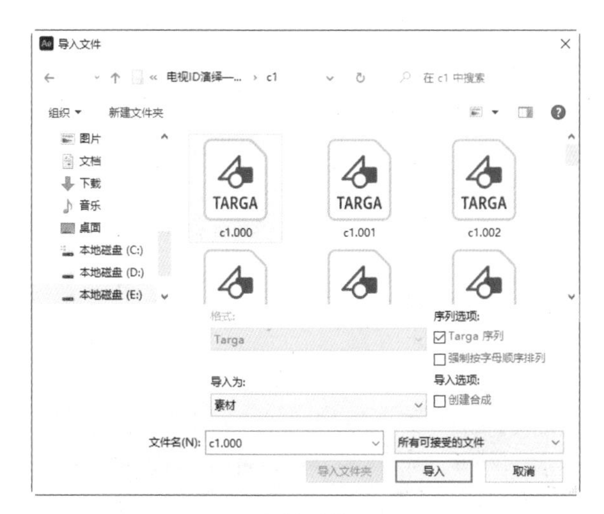

图 9.454

2 单击【导入】按钮，此时将打开【解释素材：c1.[001-027].tga】对话框，在 Alpha 通道选项组中选中【直接 - 无遮罩】单选按钮，设置颜色为黑色，如图 9.455 所示。单击【确定】按钮，将素材黑色背景抠除。素材将以序列的方式导入到【项目】面板中。

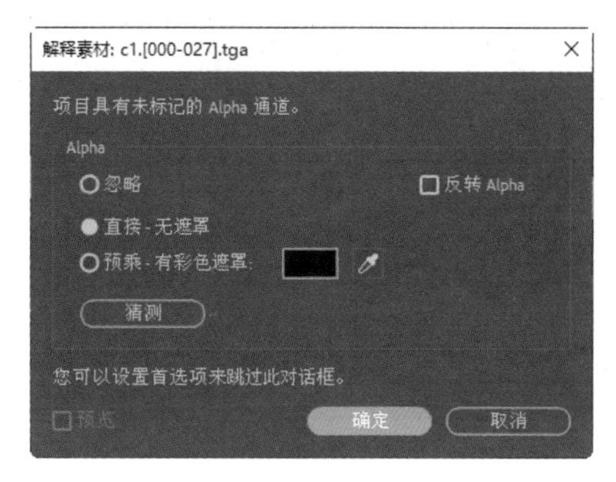

图 9.455

3 使用相同的方法将“c2”文件夹内的.tga 文件导入到【项目】面板中。导入后的【项目】面板如图 9.456 所示。

图 9.456

4 执行菜单栏中的【文件】|【导入】|【文件】命令，打开【导入文件】对话框，选择“单帧.tga”“锯齿.psd”素材。

5 执行菜单栏中的【合成】|【新建合成】

命令，打开【合成设置】对话框，设置【合成名称】为“Music 动画”，【宽度】的值为 720，【高度】的值为 576，【帧速率】的值为 25，并设置【持续时间】为 0:00:05:05，如图 9.457 所示。

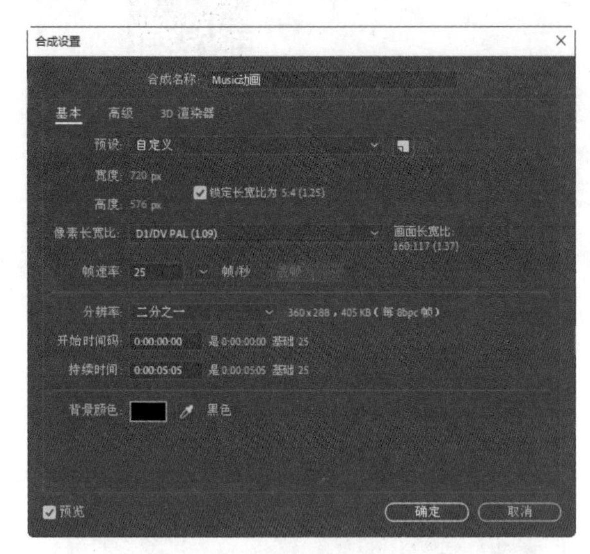

图 9.457

9.5.2 制作 Music 动画

1 在【项目】面板中选择“c1.[000-027].tga”“单帧 .tga”“c2.[116-131].tga”素材，将其拖动到【时间线】面板中，分别在“c1.[000-027].tga”和“c2.[116-131].tga”素材上右击，从弹出的快捷菜单中选择【时间】|【时间伸缩】命令，打开【时间伸缩】对话框，设置“c1.[000-027].tga”的【新持续时间】为 00:00:01:03，设置“c2.[116-131].tga”的【新持续时间】为 00:00:00:15，如图 9.458 所示。

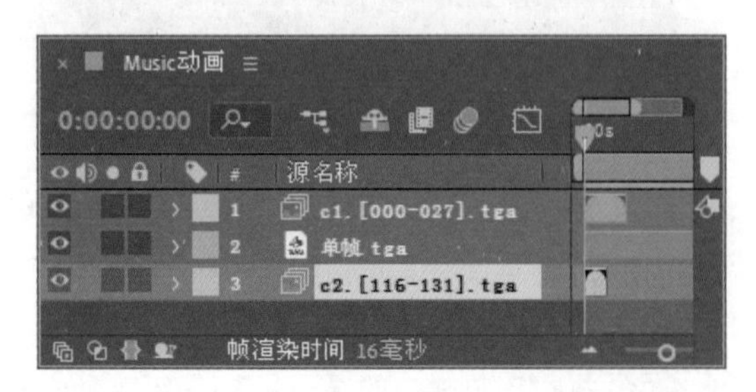

图 9.458

2 调整时间到 0:00:01:02 的位置，选择【单帧.tga】素材层，按 Alt+[组合键，将其入点设置到当前位置，效果如图 9.459 所示。

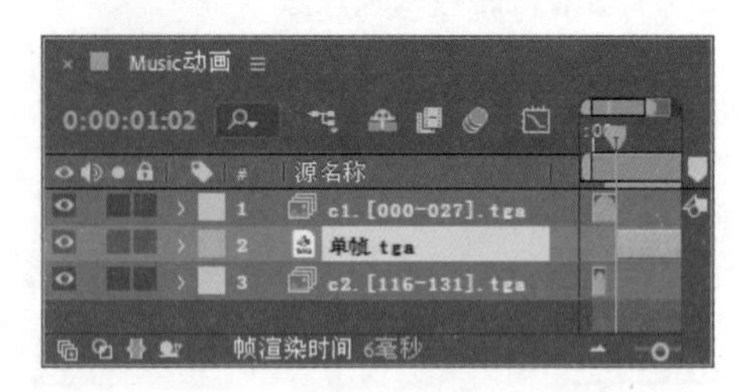

图 9.459

3 调整时间到 0:00:04:14 的位置，选择【单帧.tga】素材层，按 Alt+] 组合键，将其出点设置到当前位置；调整【c2.[116-131].tga】素材层，将其入点设置到当前位置，如图 9.460 所示。

图 9.460

4 调整时间到 0:00:01:02 的位置，打开【单帧.tga】素材层的三维属性开关。按 R 键打开【旋转】属性，单击【Y 轴旋转】左侧的码表按钮，为其建立关键帧，如图 9.461 所示。此时画面效果如图 9.462 所示。

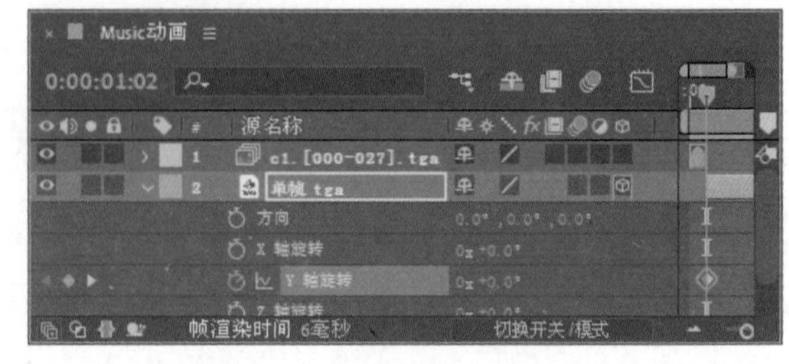

图 9.461

5 调整时间到 0:00:04:14 的位置，修改【Y 轴旋转】为（0x−38.0°），系统自动建立关键帧，如图 9.463 所示。修改【Y 轴旋转】属性后的效果如图 9.464 所示。

图 9.462

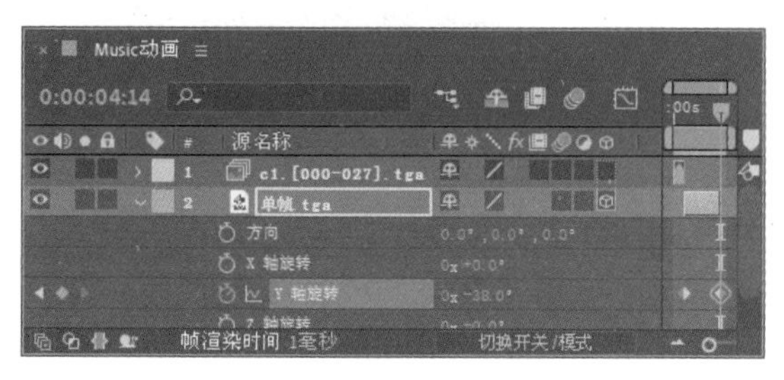

图 9.463

图 9.464

6 这样【Music 动画】的合成就制作完成了，按小键盘上的 0 键在【合成】窗口中预览动画，其中几帧的效果如图 9.465 所示。

图 9.465

9.5.3 制作光线动画

1 执行菜单栏中的【合成】|【新建合成】命令，打开【合成设置】对话框，设置【合成名称】为“光线”，【宽度】的值为 720，【高度】的值为 576，【帧速率】的值为 25，并设置【持续时间】为 0:00:01:20，如图 9.466 所示。

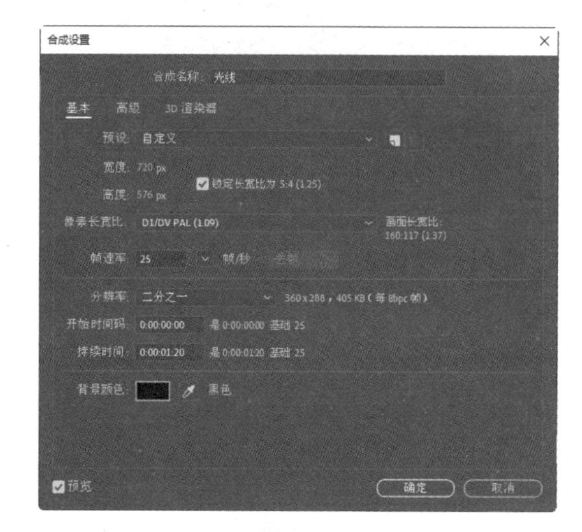

图 9.466

2 按 Ctrl+Y 组合键打开【纯色设置】对话框，设置【名称】为“光线”，【宽度】的值为 720，【高度】的值为 576，【颜色】为黑色，如图 9.467 所示。

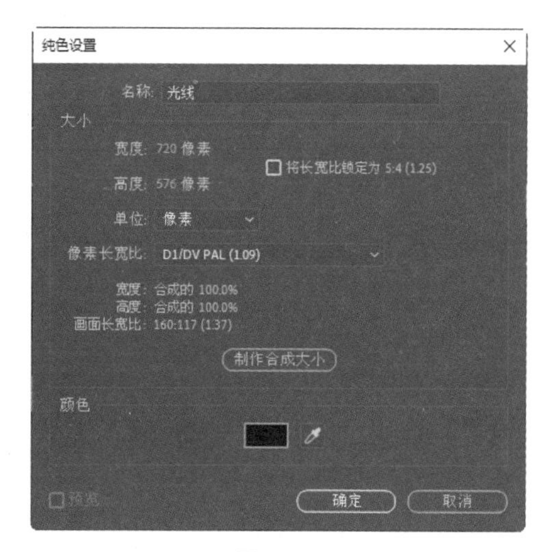

图 9.467

3 选择【光线】纯色层，选择工具栏中的【钢笔工具】，绘制一个平滑的路径，如图9.468所示。

图9.468

4 在【效果和预设】中展开【RG Trapcode】特效组，然后双击【3D Stroke（3D笔触）】特效，如图9.469所示。

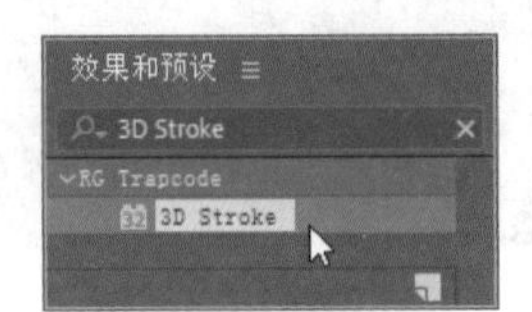

图9.469

5 调整时间到0:00:00:00的位置，在【效果控件】面板中设置【Color（颜色）】为白色，【Thickness（厚度）】为1.0，【End（结束）】为24.0，【Offset（偏移）】为-30.0，并单击【End（结束）】和【Offset（偏移）】左侧的码表按钮；展开【Taper（锥形）】选项组，选中【Enable（启用）】复选框，如图9.470所示。

6 调整时间到0:00:00:14的位置，修改【End（结束）】为50.0，【Offset（偏移）】为11.0，如图9.471所示。

7 调整时间到0:00:01:07的位置，修改【End（结束）】为30.0，【Offset（偏移）】为90.0，如图9.472所示。

8 在【效果和预设】中展开【GR Trapcode】特效组，然后双击【Starglow（星光）】特效，如图9.473所示。

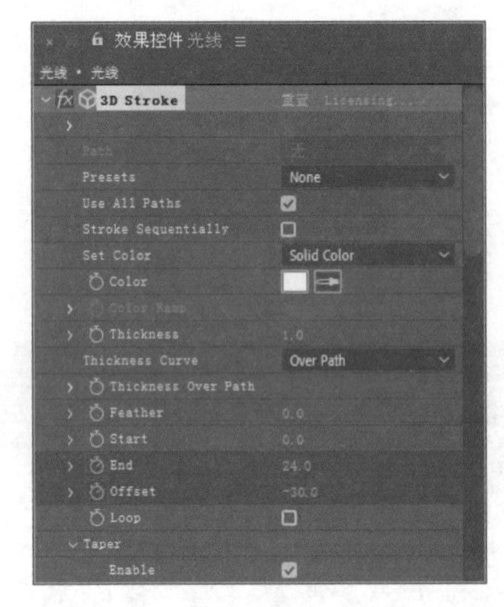

图9.470

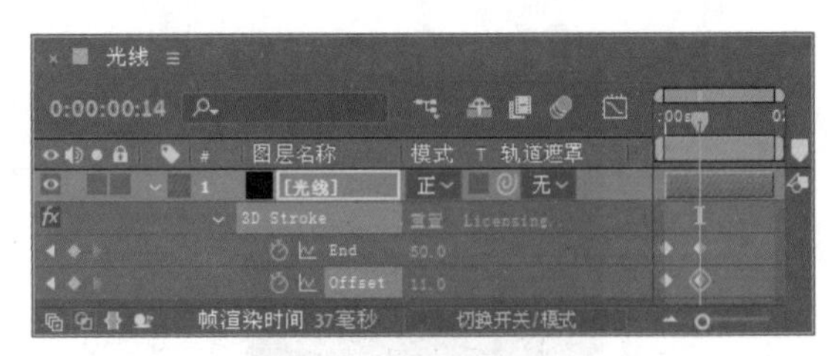

图9.471

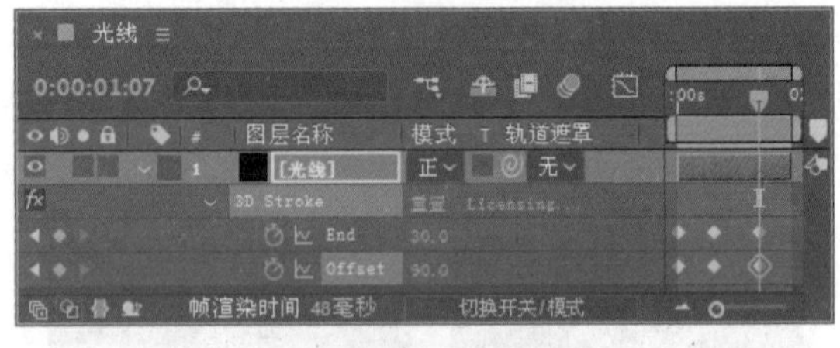

图9.472

图9.473

9 在【效果控件】面板的【Preset（预设）】下拉列表中选择【Warm Star（暖色星光）】选项；

展开【Pre-Process（预设）】选项组，设置【Threshold（阈值）】为160.0，修改【Boost Light（发光亮度）】为3.0，如图9.474所示。

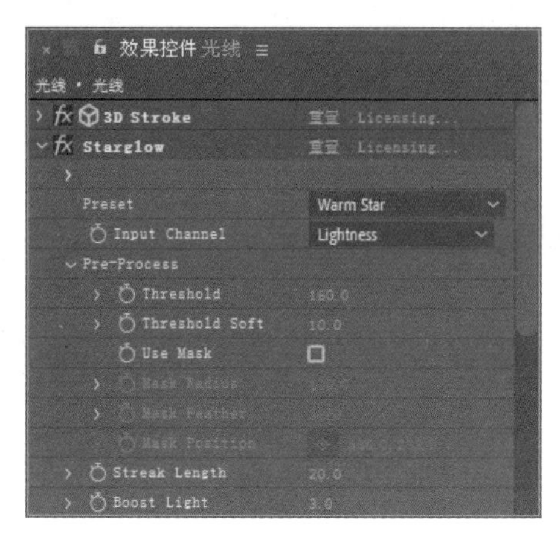

图9.474

10 展开【Colormap A（颜色图A）】选项组，从【Preset（预设）】下拉列表中选择【One Color（单色）】，并设置【颜色】为橙色（R：255，G：166，B：0），如图9.475所示。

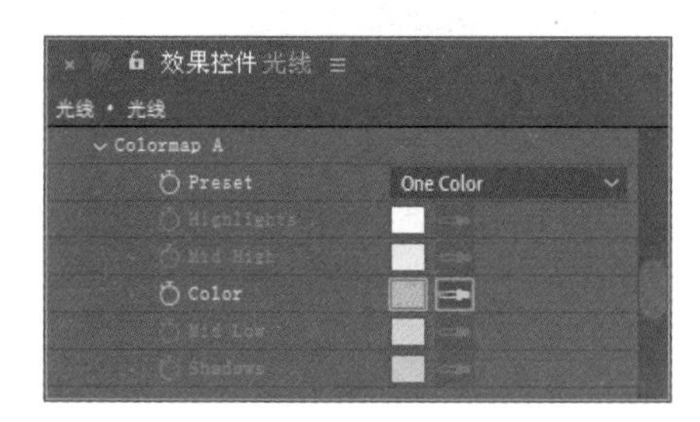

图9.475

11 确认选择【光线】素材层，按Ctrl+D组合键复制【光线】层并重命名为“光线2”，如图9.476所示。

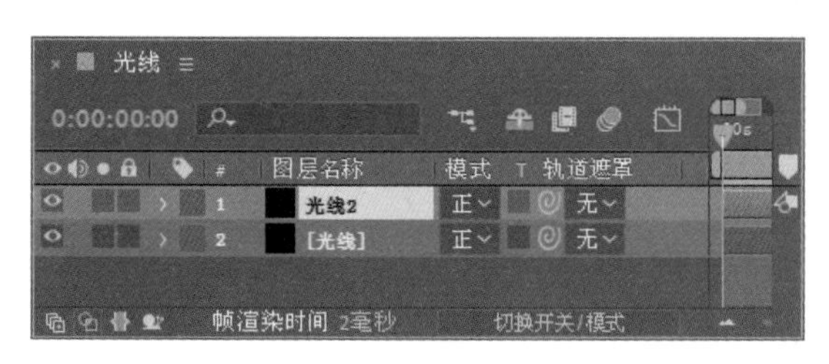

图9.476

12 选中【光线2】层，按P键打开【位置】属性，修改【位置】属性值为（368.0，296.0），如图9.477所示。

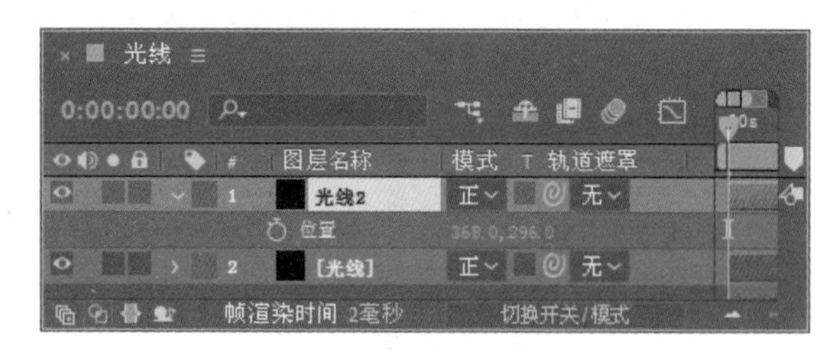

图9.477

13 按Ctrl+D组合键复制【光线2】并重命名为“光线3”，选中【光线3】素材层，按S键打开【缩放】属性，关闭【约束比例】，并修改【缩放】为（−100.0，100.0%），如图9.478所示。

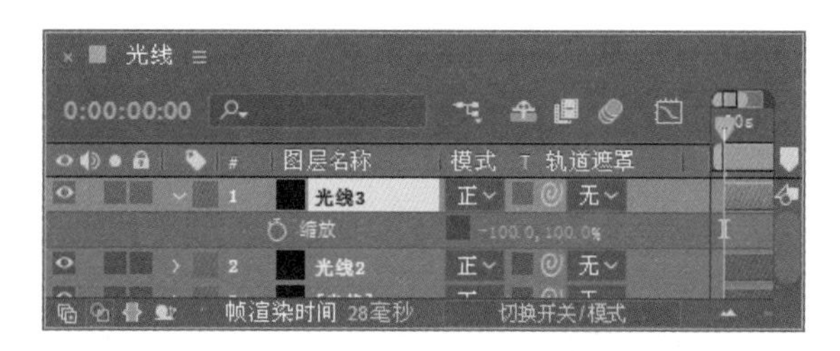

图9.478

14 选中【光线3】素材层，按U键打开建立了关键帧的属性，选中【End（结束）】属性以及【Offset（偏移）】属性的全部关键帧，调整时间到0:00:00:12的位置，拖动所有关键帧使入点与当前时间对齐，如图9.479所示。

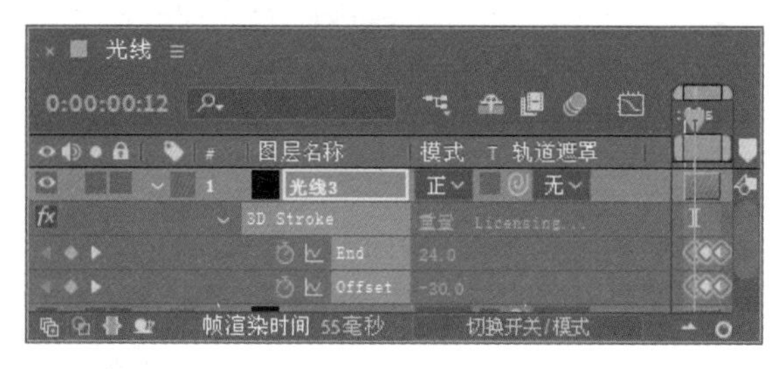

图9.479

15 选中【光线3】素材层，按Ctrl+D组合键复制【光线3】并重命名为“光线4”，按P键打开【位置】属性，修改【位置】值为（360.0，288.0），如图 9.480 所示。

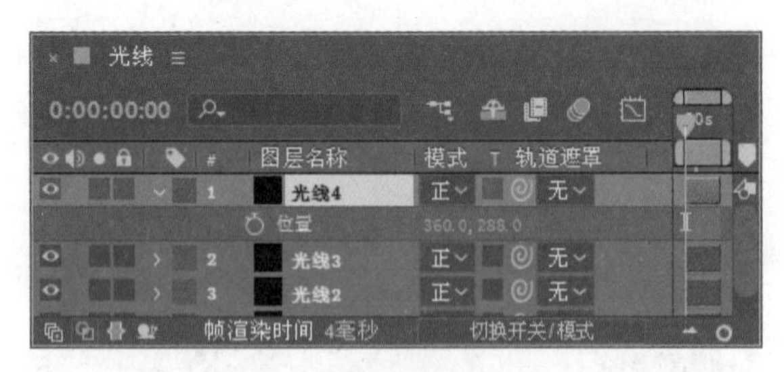

图 9.480

9.5.4 制作光动画

1 执行菜单栏中的【合成】|【新建合成】命令，打开【合成设置】对话框，设置【合成名称】为“光”，【宽度】的值为 720，【高度】的值为 576，【帧速率】的值为 25，并设置【持续时间】为 0:00:03:20，如图 9.481 所示。

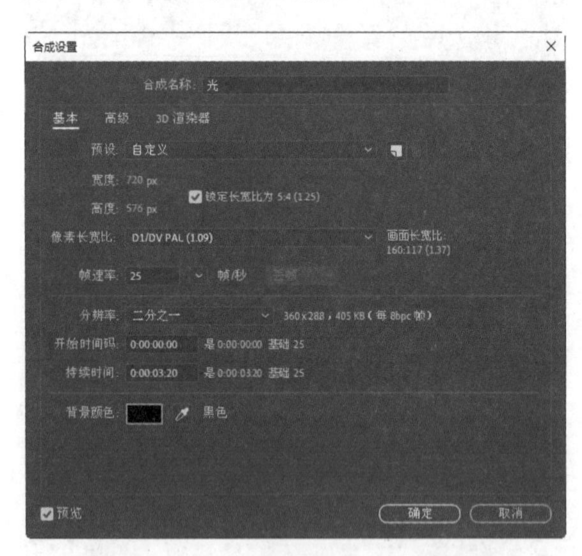

图 9.481

2 按 Ctrl+Y 组合键打开【纯色设置】对话框，设置【名称】为“光 1”，【宽度】的值为 720，【高度】的值为 576，【颜色】为黑色，如图 9.482 所示。

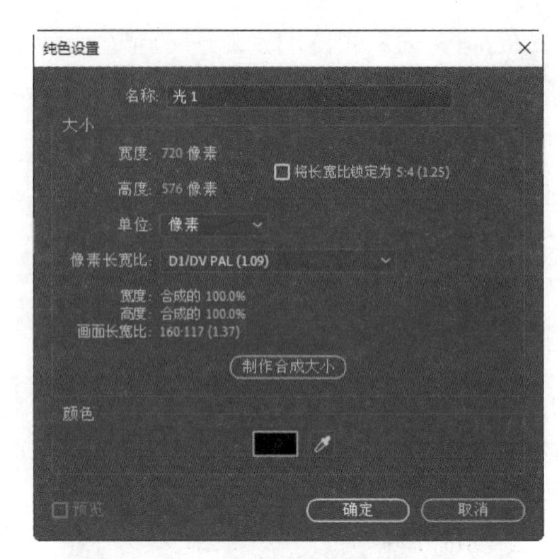

图 9.482

3 选择【光 1】纯色层，选择工具栏中的【钢笔工具】，在【光 1】合成窗口中绘制一个平滑的路径，如图 9.483 所示。

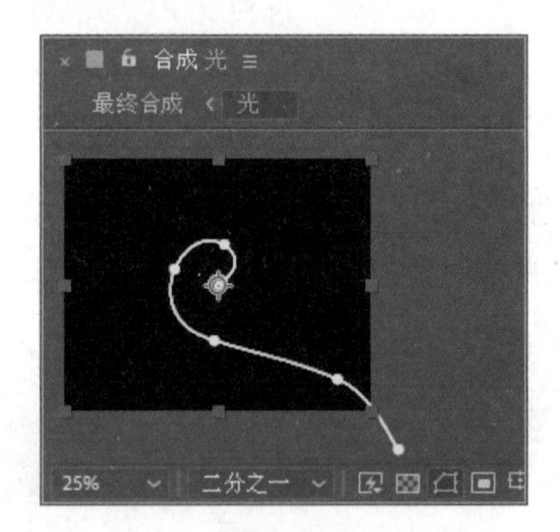

图 9.483

4 在【效果和预设】中展开【RG Trapcode】特效组，然后双击【3D Stroke（3D 笔触）】特效，如图 9.484 所示。

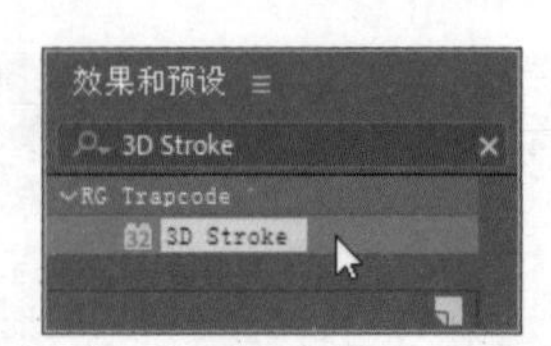

图 9.484

5 调整时间到 0:00:00:00 的位置，在【效果控件】面板中，设置【Color（颜色）】为白色，【Thickness（厚度）】为5.0，【End（结束）】为0.0，【Offset（偏移）】为0.0，并单击【End（结束）】和【Offset（偏移）】左侧的码表按钮；展开【Taper（锥形）】选项组，选中【Enable（启用）】复选框，如图9.485所示。

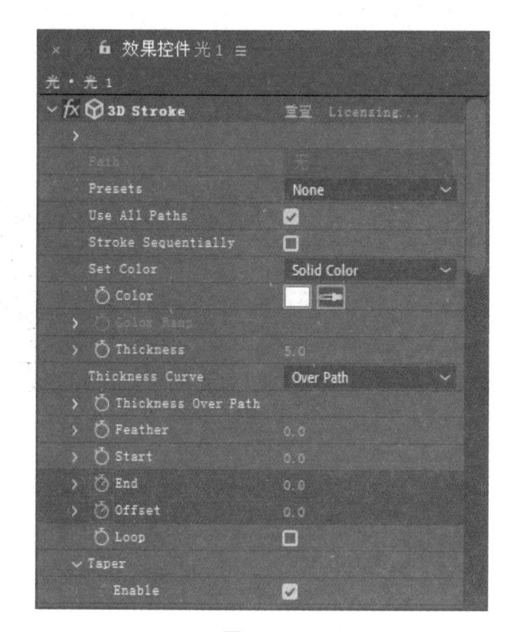

图9.485

6 调整时间到0:00:01:07的位置，修改【Offset（偏移）】为15.0，系统自动建立关键帧，如图9.486所示。

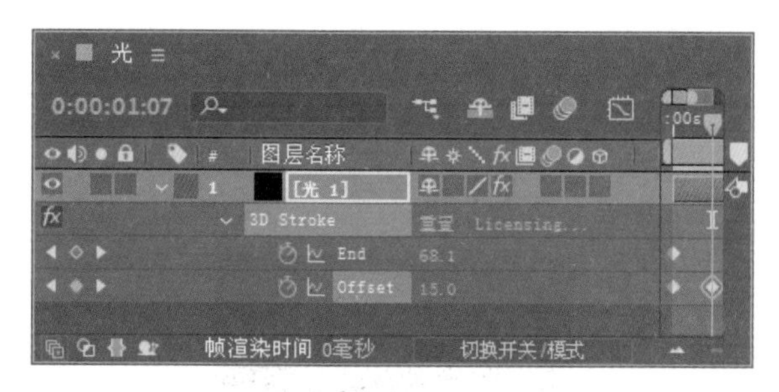

图9.486

7 调整时间到0:00:01:22的位置，修改【End（结束）】为100.0，【Offset（偏移）】为90.0，系统自动建立关键帧，如图9.487所示。

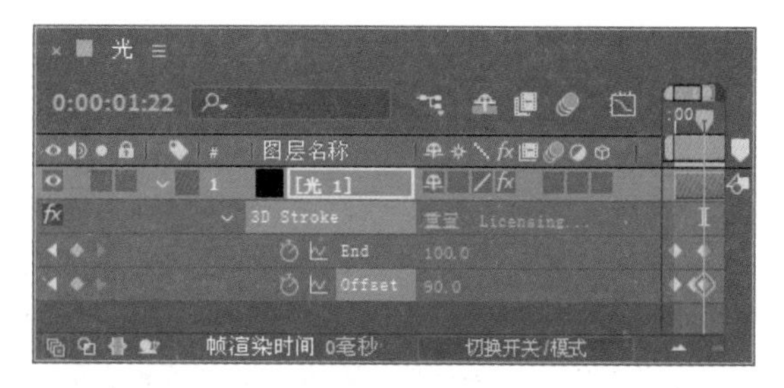

图9.487

8 在【效果和预设】中展开【RG Trapcode】特效组，然后双击【Starglow（星光）】特效，如图9.488所示。

图9.488

9 在【效果控件】面板的【Preset（预设）】下拉列表中选择【Warm Star（暖色星光）】；展开【Pre-Process（预设）】选项组，设置【Threshold（阈值）】为160.0，修改【Streak Length（光线长度）】为5.0，如图9.489所示。

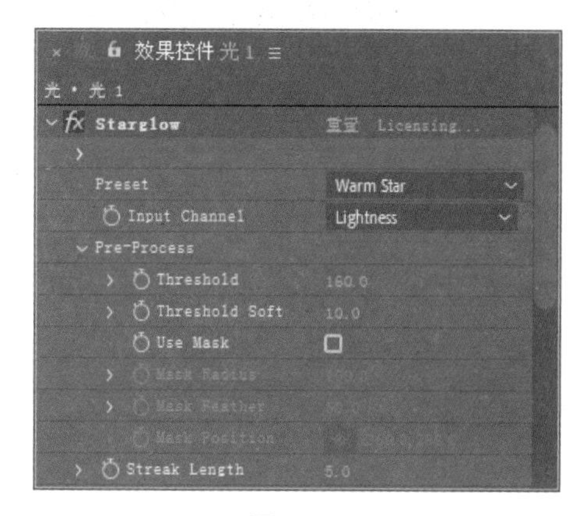

图9.489

10 按Ctrl+Y组合键打开【纯色设置】对话框，设置【名称】为“光2”，【宽度】的值为720，【高度】的值为576，【颜色】为黑色，如图9.490

所示。

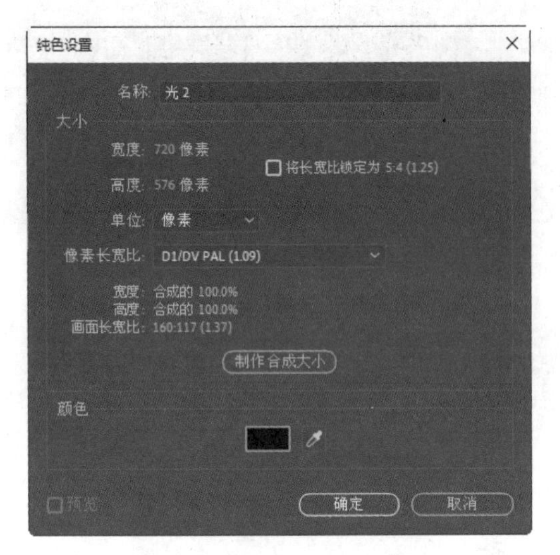

图 9.490

11 选择【光 2】纯色层，选择工具栏中的【钢笔工具】，在【光 2】合成窗口中绘制一个平滑的路径，如图 9.491 所示。

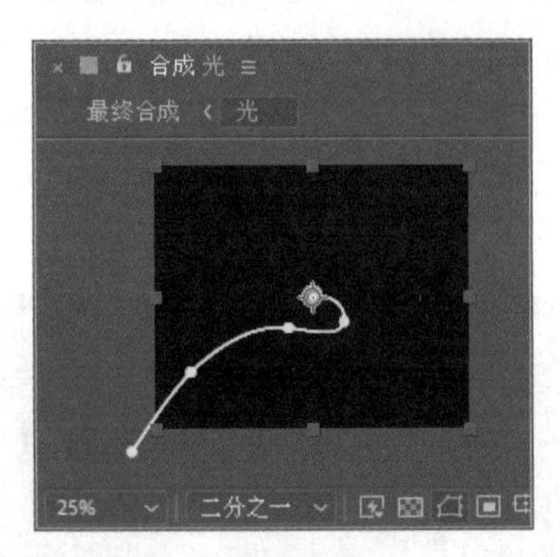

图 9.491

12 单击【时间线】面板中的【光 2】纯色层，按 Ctrl+D 组合键复制【光 2】层并重命名为“光 3”，以同样的方法复制出【光 4】【光 5】，如图 9.492 所示。

13 调整时间到 0:00:00:00 的位置，选中【光 1】素材层，在【效果控件】面板中选中【3D Stroke（3D 笔触）】和【Starglow（星光）】两个特效，按 Ctrl+C 组合键复制特效，在【光 2】素材层的【效果控件】面板中按 Ctrl+V 组合键粘贴特效，如图 9.493 所示。此时的画面效果如图 9.494 所示。

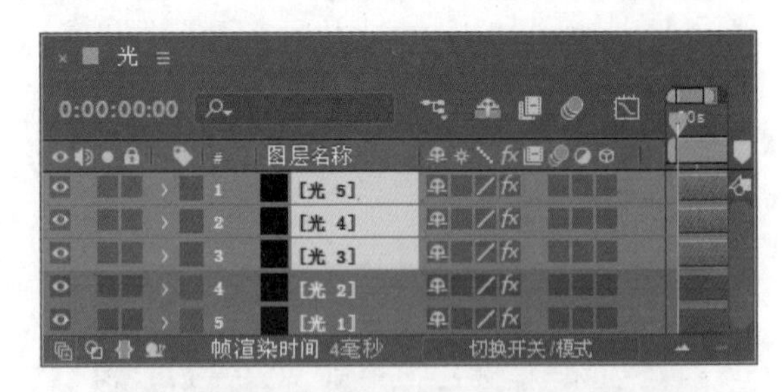

图 9.492

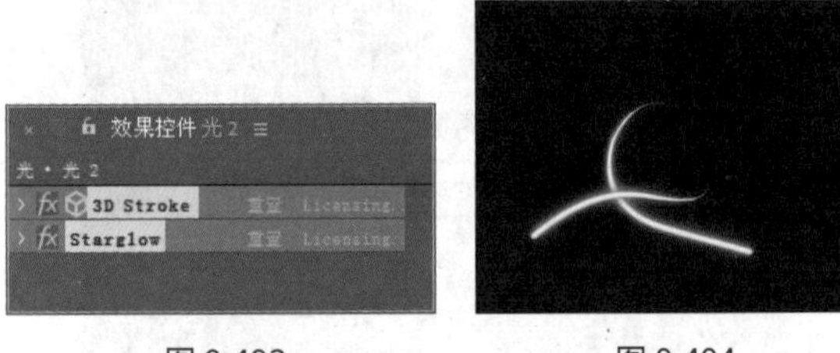

图 9.493　　图 9.494

14 调整时间到 0:00:00:09 的位置，在【光 3】素材层的【效果控件】面板中按 Ctrl+V 组合键粘贴特效，如图 9.495 所示，粘贴特效后的效果如图 9.496 所示。

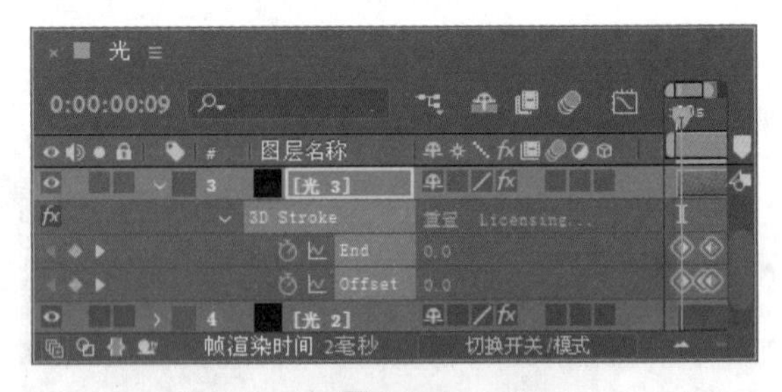

图 9.495

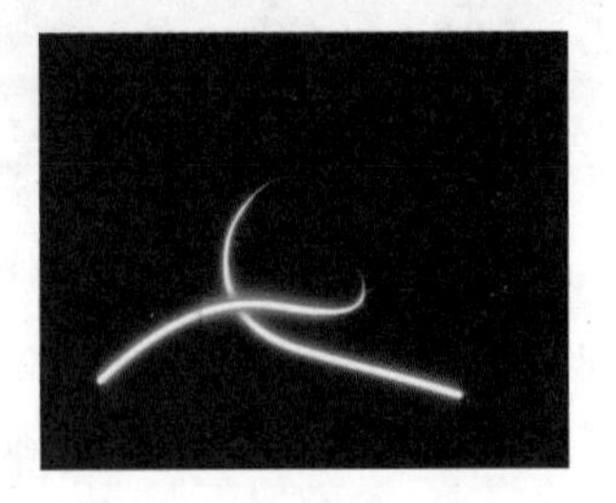

图 9.496

15 选中【时间线】面板中的【光 3】纯色层，按 R 键打开【旋转】属性，修改【旋转】为（0x+75.0°），如图 9.497 所示，此时的画面效果如图 9.498 所示。

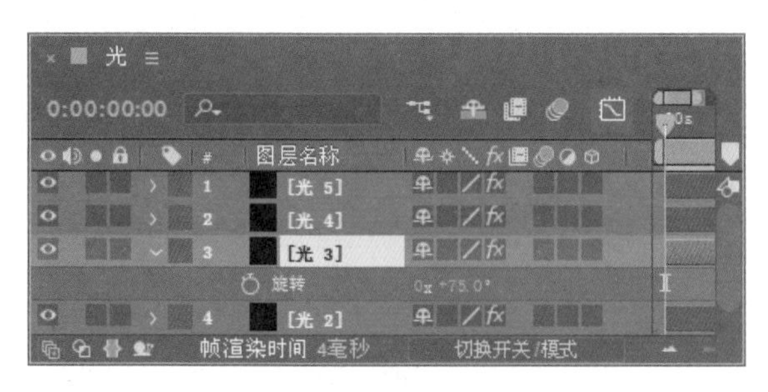

图 9.497

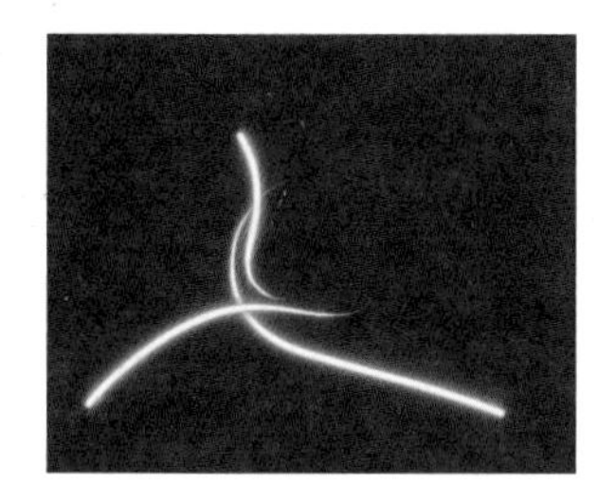

图 9.498

16 调整时间到 0:00:00:15 的位置，在【光 4】素材层的【效果控件】面板中按 Ctrl+V 组合键粘贴特效，如图 9.499 所示。此时的画面效果如图 9.500 所示。

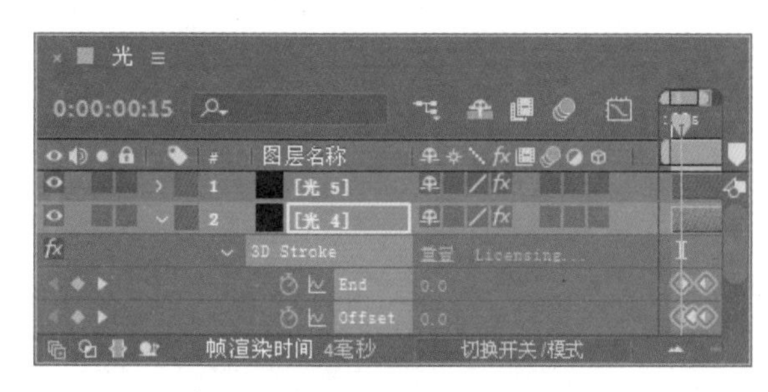

图 9.499

17 选中【时间线】面板中的【光 4】纯色层，按 R 键打开【旋转】属性，修改【旋转】为（0x+175.0°），如图 9.501 所示，此时的画面效果如图 9.502 所示。

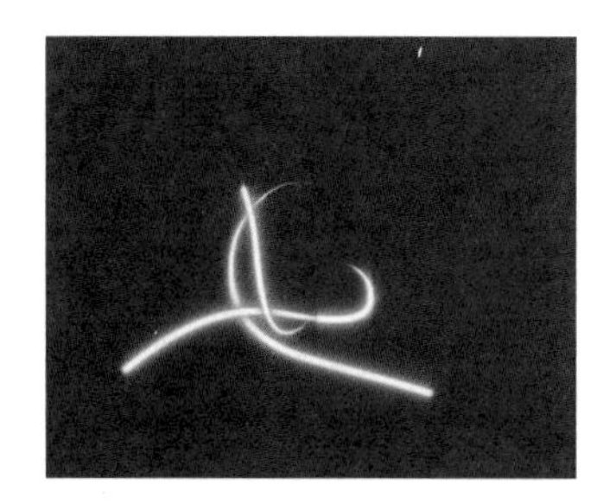

图 9.500

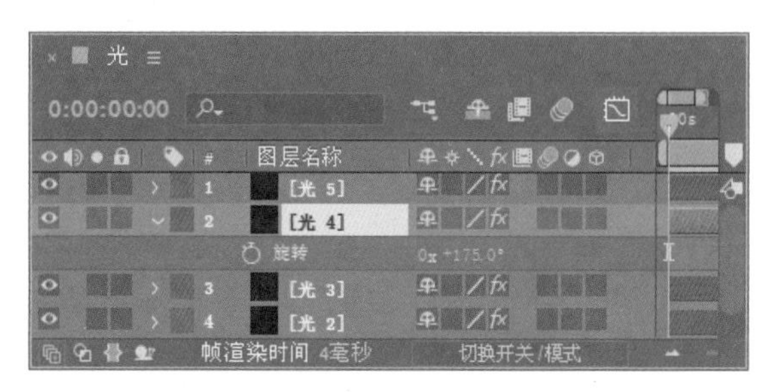

图 9.501

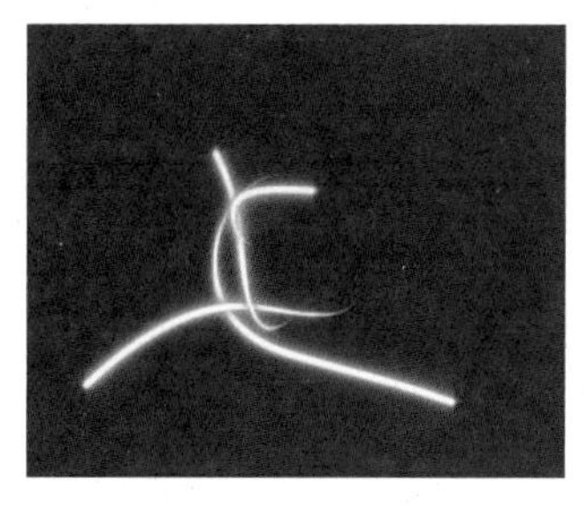

图 9.502

18 调整时间到 0:00:00:23 的位置，在【光 5】素材层的【效果控件】面板中按 Ctrl+V 组合键粘贴特效，如图 9.503 所示。此时的画面效果如图 9.504 所示。

图 9.503

图 9.504

19 在【时间线】面板中选中【光 1】纯色层，按 Ctrl+D 组合键复制该层并重命名为“光 6”，按 U 键打开【光 6】建立关键帧的属性；调整时间到 0:00:01:10 的位置，选中【时间线】面板中【光线 6】的全部关键帧，向右拖动使起始帧与当前时间对齐，如图 9.505 所示。

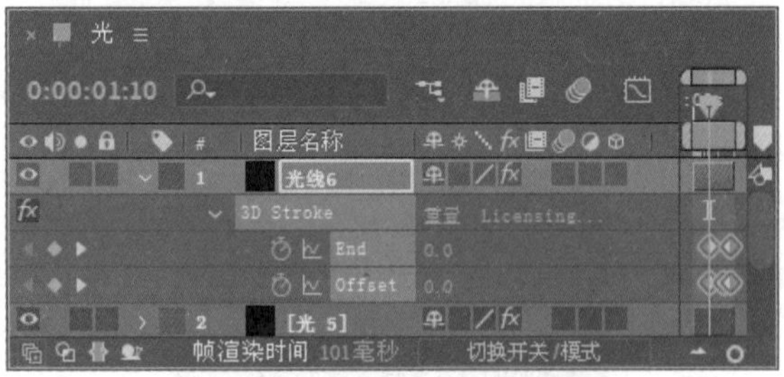

图 9.505

20 光动画就制作完成了，可按空格键或小键盘上的 0 键进行预览，其中几帧的效果如图 9.506 所示。

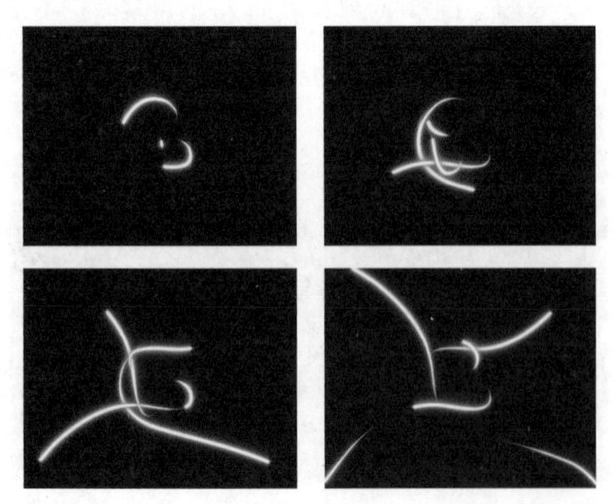

图 9.506

9.5.5 制作最终合成动画

1 执行菜单栏中的【合成】|【新建合成】命令，打开【合成设置】对话框，设置【合成名称】为“最终合成”，【宽度】的值为 720，【高度】的值为 576，【帧速率】的值为 25，并设置【持续时间】为 0:00:10:00。将“光”合成、“光线”合成、“Music 动画”合成、“锯齿.psd”素材导入【时间线】面板，如图 9.507 所示。

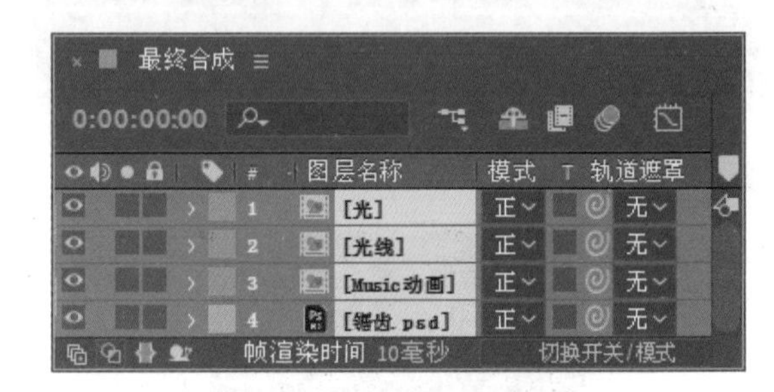

图 9.507

2 按 Ctrl+Y 组合键打开【纯色设置】对话框，设置【名称】为“背景”，【宽度】的值为 720，【高度】的值为 576，【颜色】为黑色，如图 9.508 所示。

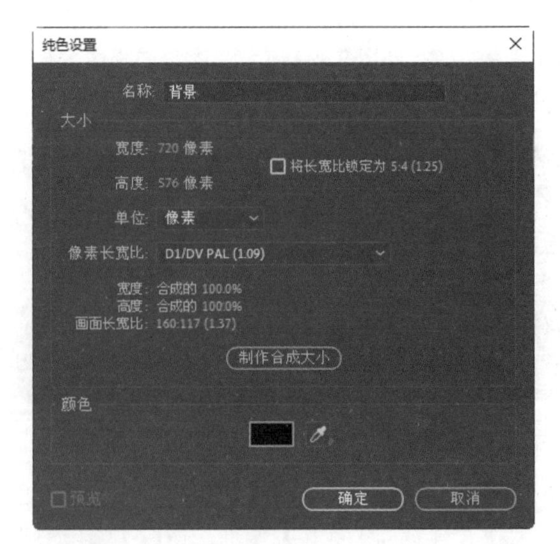

图 9.508

3 在【效果和预设】中展开【生成】特效组，

然后双击【梯度渐变】特效，如图 9.509 所示。

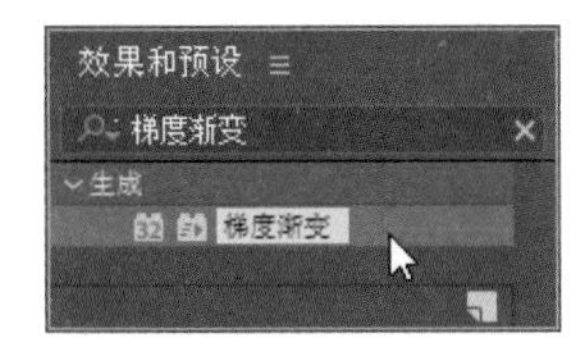

图 9.509

4 在【效果控件】面板中设置【渐变形状】为【径向渐变】，【渐变起点】为（360.0，288.0），【起始颜色】为红色（R：255，G：30，B：92），【渐变终点】为（360.0，780.0），【结束颜色】为暗红色（R：40，G：1，B：5），效果如图 9.510 所示。

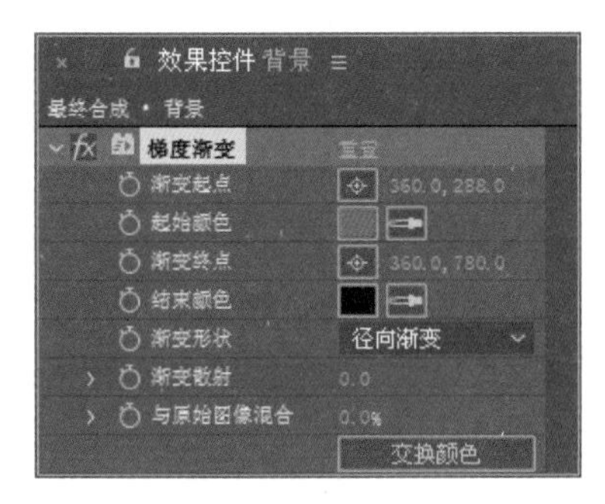

图 9.510

5 选中【锯齿.psd】层，打开三维层开关，按 Ctrl+D 组合键复制 3 次【锯齿.psd】并分别重命名为“锯齿 2”“锯齿 3”“锯齿 4”，如图 9.511 所示。

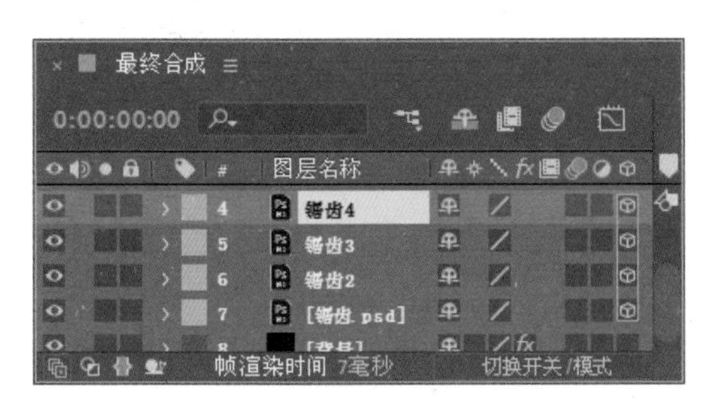

图 9.511

6 调整时间到 0:00:01:22 的位置，选中【锯齿.psd】素材层，单击【缩放】属性左侧的码表按钮建立关键帧，修改【缩放】为（30.0，30.0，30.0%）；调整时间到 0:00:02:05 的位置，修改【缩放】为（104.0，104.0，104.0%）；调整时间到 0:00:02:09 的位置，修改【缩放】为（79.0，79.0，79.0%），单击【Z 轴旋转】左侧的码表按钮建立关键帧；调整时间到 0:00:04:08 的位置，修改【缩放】为（79.0，79.0，79.0%），修改【Z 轴旋转】为（0x+30.0°）；调整时间到 0:00:04:15 的位置，修改【缩放】为（0.0，0.0，0.0%），建立好关键帧后【时间线】面板如图 9.512 所示。

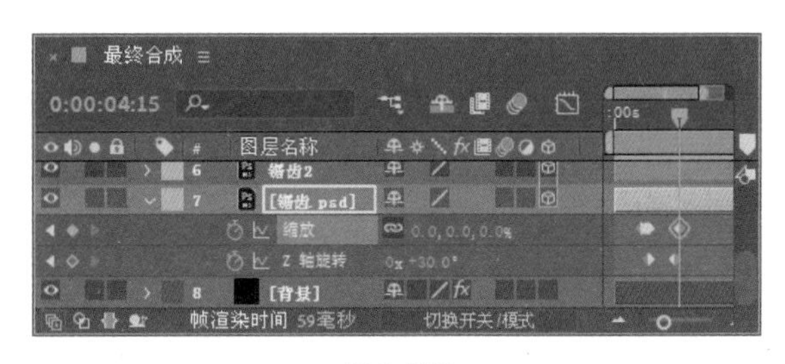

图 9.512

7 确认选中【锯齿.psd】素材层，修改【位置】属性值为（410.0，340.0，0.0），修改【X 轴旋转】属性为（0x−54.0°），修改【Y 轴旋转】属性值为（0x−30.0°），修改【不透明度】属性为 44%，如图 9.513 所示。

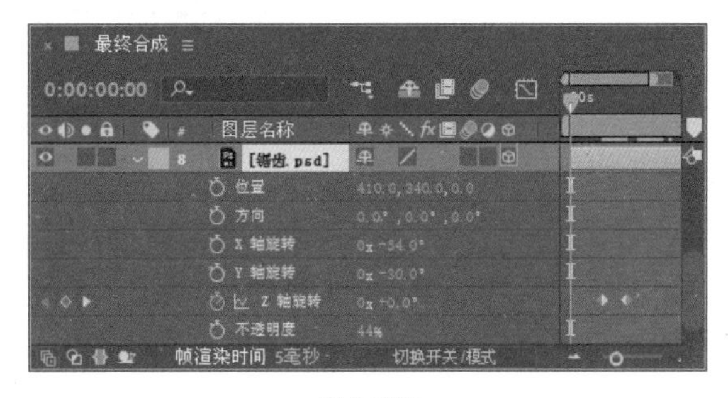

图 9.513

8 调整时间到 0:00:01:05，单击【锯齿 2】素材层，修改【位置】属性为（350.0，310.0，0.0）。单击【缩放】左侧的码表按钮，在当前建立关键帧。修改【X 轴旋转】为（0x−57.0°），修改【Y 轴旋转】为（0x+33.0°），如图 9.514 所示。

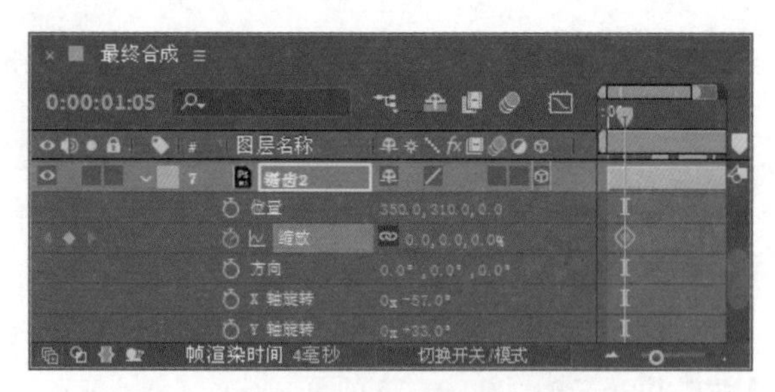

图 9.514

9 调整时间到0:00:01:06的位置，修改【缩放】属性为（28.0，28.0，28.0%）；调整时间到0:00:01:15的位置，修改【缩放】属性为（64.0，64.0，64.0%）；调整时间到0:00:01:20的位置，修改【缩放】属性为（51.0，51.0，51.0%），单击【Z轴旋转】左侧的码表按钮，在当前建立关键帧；调整时间到0:00:04:03的位置，修改【缩放】属性为（51.0，51.0，51.0%），修改【Z轴旋转】为（0x+80.0°）；调整时间到0:00:04:09的位置，修改【缩放】属性为（0.0，0.0，0.0%），如图9.515所示。

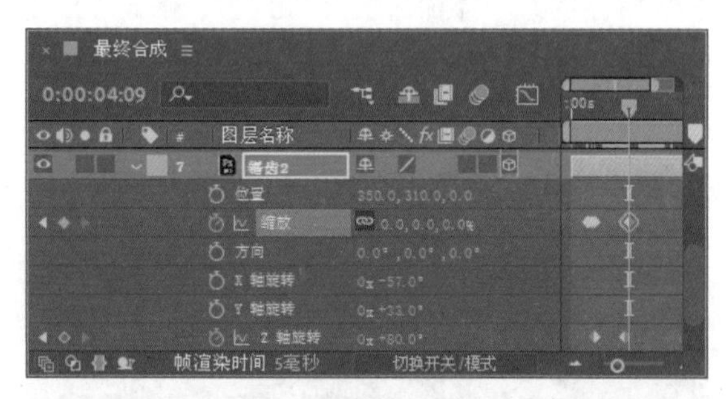

图 9.515

10 此时按空格键或小键盘上的0键可预览两个两个锯齿层的动画，其中几帧的预览效果如图9.516所示。

图 9.516

11 选择【锯齿3.psd】素材层，调整时间到0:00:05:22的位置，单击【缩放】左侧的码表按钮，在当前建立关键帧，修改【X轴旋转】为（0x−50.0°），修改【Y轴旋转】为（0x+25.0°），修改【Z轴旋转】为（0x−18.0°），修改【不透明度】为35%，如图9.517所示。

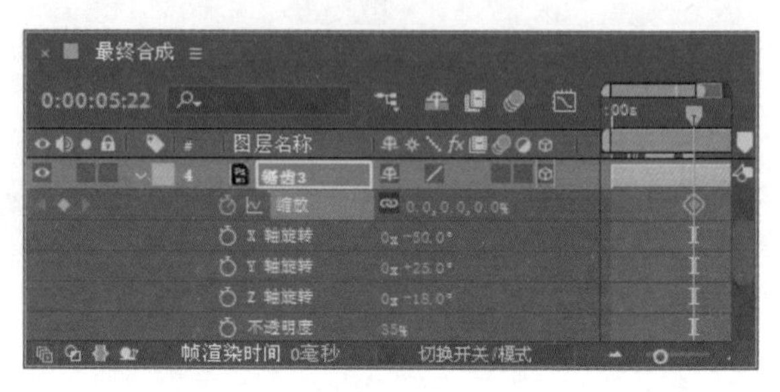

图 9.517

12 调整时间到0:00:06:03的位置，修改【缩放】属性为（106.0，106.0，106.0%）；调整时间到0:00:06:06的位置，修改【缩放】属性为（85.0，85.0，85.0%），单击【X轴旋转】属性、【Y轴旋转】属性、【Z轴旋转】属性左侧的码表按钮，添加关键帧，如图9.518所示。

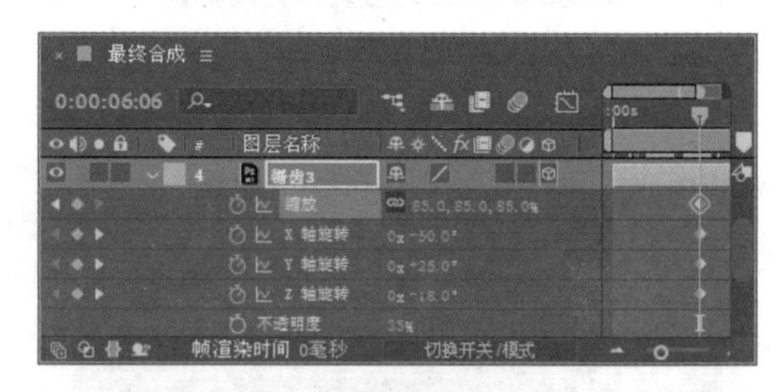

图 9.518

13 调整时间到0:00:09:24的位置，修改【X轴旋转】属性为（0x−36.0°），修改【Y轴旋转】属性为（0x+12.0°），修改【Z轴旋转】属性为（0x+112.0°），如图9.519所示。

14 调整时间到0:00:05:16的位置，选中【锯齿4】素材层，单击【缩放】属性左侧的码表按钮，修改值为（0.0，0.0，0.0%）；调整时间到0:00:05:24

的位置，修改【缩放】为（37.0，37.0，37.0%）；调整时间到 0:00:06:02 的位置，修改【缩放】为（31.0，31.0，31.0%），单击【X 轴旋转】和【Z 轴旋转】属性左侧的码表按钮建立关键帧。调整时间到 0:00:09:24 的位置，修改【Z 轴旋转】属性为（0x+180.0°），如图 9.520 所示。

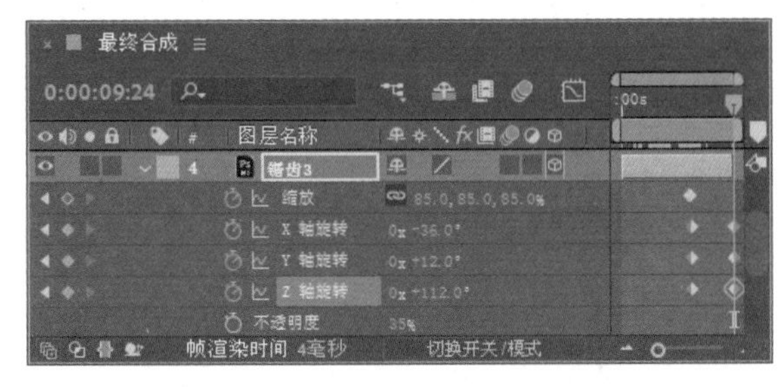

图 9.519

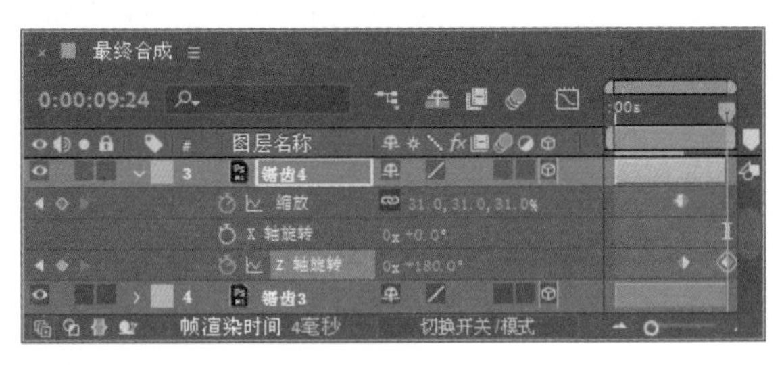

图 9.520

15 选中【Music 动画】层，打开三维动画开关，在【效果和预设】中展开【透视】特效组，然后双击【投影】特效，如图 9.521 所示。

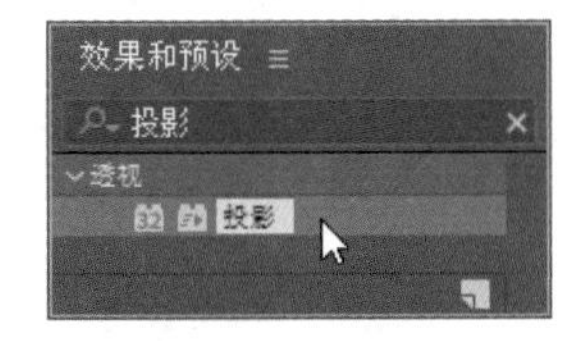

图 9.521

16 在【效果控件】面板中修改【方向】的角度为（0x+257.0°），修改【距离】为 40.0，修改【柔和度】为 45.0，如图 9.522 所示。

17 在【效果和预设】中展开【颜色校正】特效组，然后双击【亮度和对比度】特效，如图 9.523 所示。

图 9.522

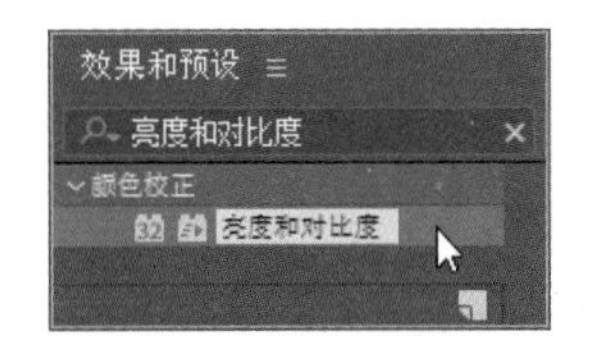

图 9.523

18 在【效果控件】面板中修改【亮度】的值为 18，如图 9.524 所示。

图 9.524

19 在【效果和预设】面板中展开【模糊和锐化】特效组，然后双击【高斯模糊】特效，如图 9.525 所示。

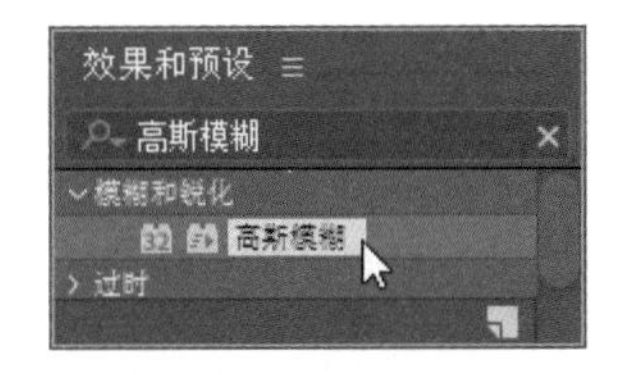

图 9.525

20 调整时间到 0:00:00:00 的位置，在【效果控件】面板中单击【模糊度】左侧的码表按钮建立关键帧，并修改【模糊度】的值为 8.0，如图 9.526 所示。

图 9.526

21 调整时间到 0:00:00:16 的位置，修改【模糊度】的值为 0.0；调整时间到 0:00:04:6 的位置，单击【时间线】面板中【模糊度】左侧的【在当前时间添加或移除关键帧】按钮；调整时间到 0:00:05:04 的位置，修改【模糊度】的值为 8.0，如图 9.527 所示。

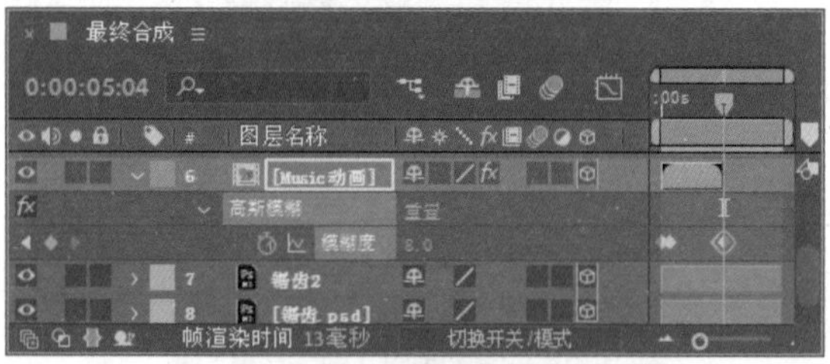

图 9.527

22 选中【Music 动画】合成层，按 Ctrl+D 组合键复制合成层并重命名为“Music 动画 2”，将【Music 动画 2】合成层移动到【光】层下方，将【Music 动画 2】的入点调整到 0:00:07:01 的位置，如图 9.528 所示，在【效果控件】面板中删除【高斯模糊】特效。

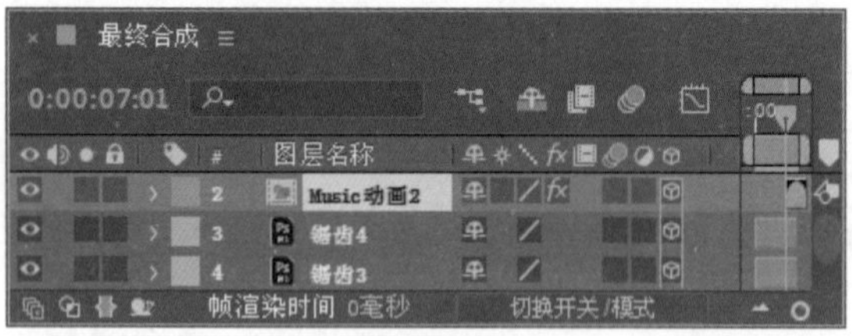

图 9.528

23 调整时间到 0:00:02:12 的位置，拖动时间线中的【光线】层，调整入点为当前时间，如图 9.529 所示。

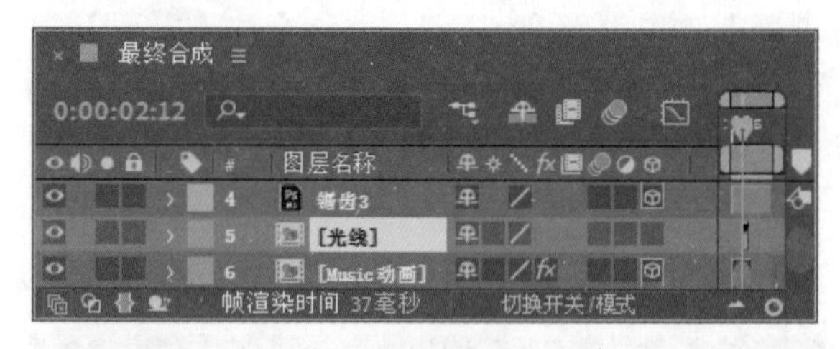

图 9.529

24 调整时间到 0:00:06:05 的位置，拖动时间线中的【光】层，调整入点为当前时间，如图 9.530 所示。

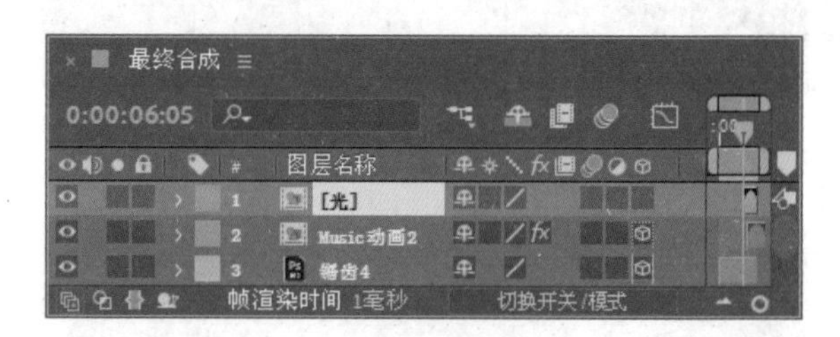

图 9.530

25 这样，“电视 ID 演绎——MUSIC 频道”动画就制作完成了，按空格键或小键盘上的 0 键，在【合成】窗口中预览动画。其中几帧的效果如图 9.531 所示。

图 9.531

9.6 频道特效表现——水墨中国风

实例解析

本例主要通过建立基础关键帧制作素材运动画面，然后运用【径向擦除】特效制作圆圈的擦除动画并使用轨道遮罩制作动画的转场效果，完成水墨中国风的制作。本例最终的动画流程效果如图 9.532 所示。

难易程度：★★★☆☆

工程文件：第 9 章\频道特效表现——水墨中国风

图 9.532

知识点

1. 径向擦除
2. 波纹
3. 摄像机
4. 图层遮罩

教学视频

操作步骤

9.6.1 导入素材

1 执行菜单栏中的【文件】|【导入】|【文件】命令，打开【导入文件】对话框。

2 选择“镜头 1.psd”素材，单击【打开】按钮打开“镜头 1.psd”对话框，在【导入类型】下拉列表中选择【合成 - 保持图层大小】选项，将素材以合成的方式导入，如图 9.533 所示。单击【确定】按钮，素材将导入【项目】面板中。使用同样的方法，将“镜头 3.psd”素材导入【项目】面板中。

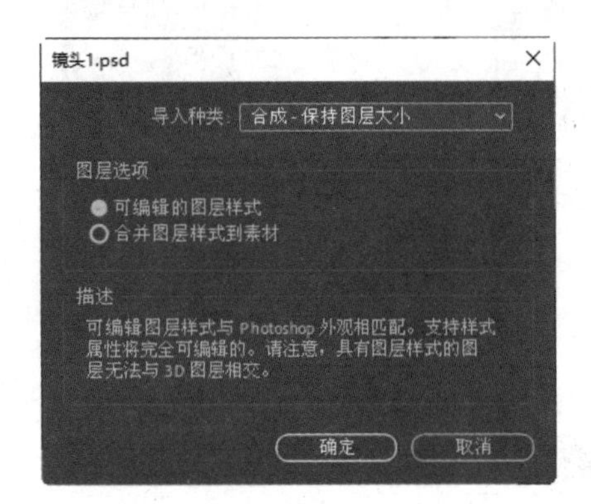

图 9.533

3 执行菜单栏中的【文件】|【导入】|【文件】命令，打开“镜头 2”文件夹。

4 单击【导入文件夹】按钮，将“镜头 2”文件夹导入【项目】面板中。使用相同的方法，将“视频素材”文件夹导入【项目】面板中。

9.6.2 制作镜头 1 动画

1 在【项目】面板中选择【镜头 1】合成，按 Ctrl+K 组合键打开【合成设置】对话框，设置【持续时间】为 0:00:06:00，如图 9.534 所示，单击【确定】按钮。双击【镜头 1】合成，打开【镜头 1】合成的【时间线】面板，此时【合成】窗口中的画面效果如图 9.535 所示。

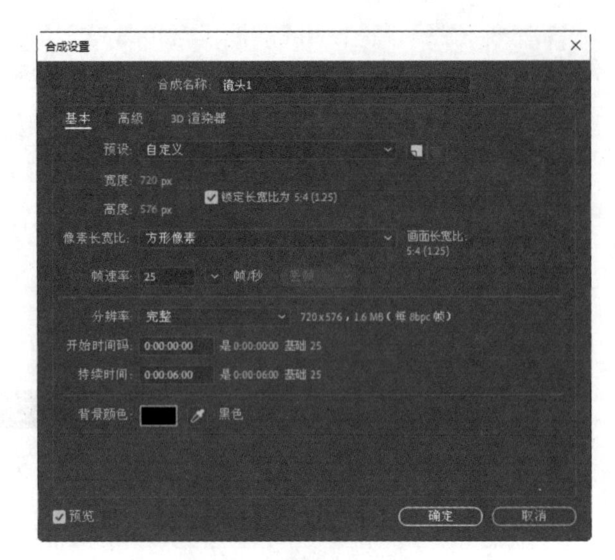

图 9.534

图 9.535

2 将时间调整到 0:00:00:00 的位置。选择【群山 2】层，按 P 键打开该层的【位置】选项，然后单击【位置】左侧的码表按钮，在当前位置设置关键帧，并设置【位置】为（470.0，420.0），如图 9.536 所示。

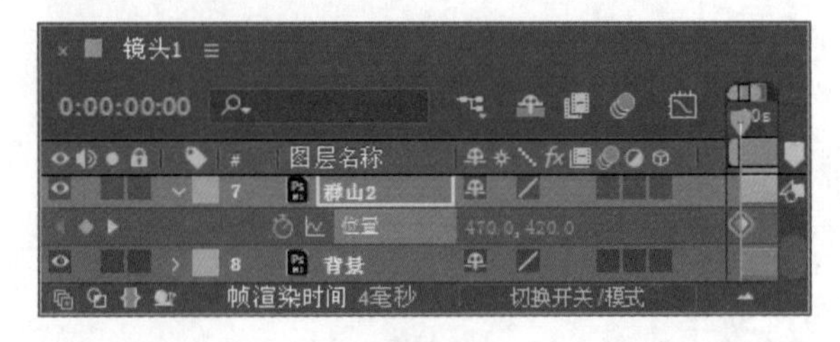

图 9.536

3 将时间调整到 0:00:05:24 的位置，修改【位置】为（470.0，380.0），如图 9.537 所示。

此时的画面效果如图 9.538 所示。

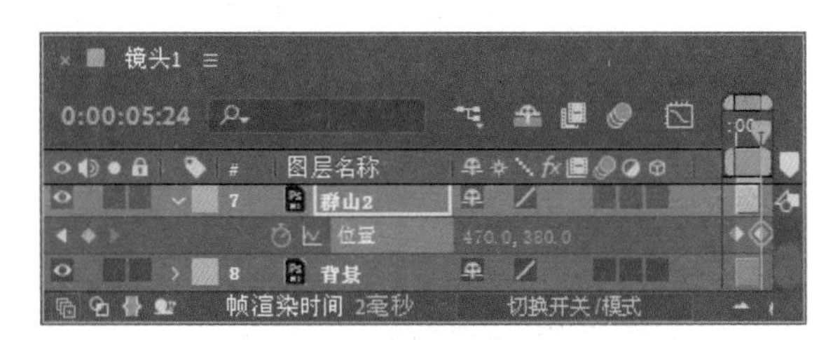

图 9.537

图 9.538

4 选择【云】层，按 Ctrl+D 组合键将其复制一层，复制层的名称将自动变为“云 2”，如图 9.539 所示。

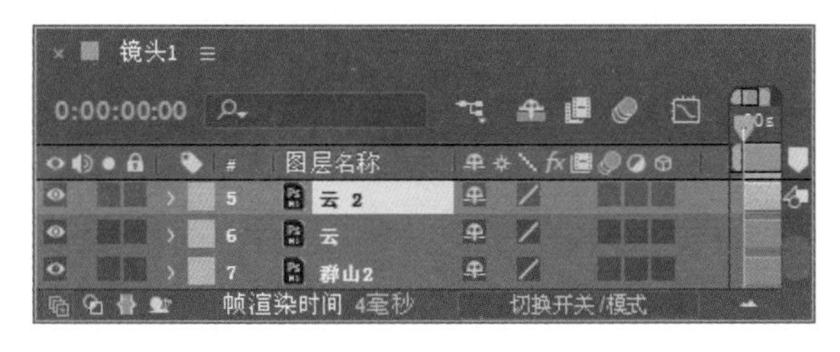

图 9.539

5 将时间调整到 0:00:00:00 的位置，选择【云 2】【云】层，按 P 键打开所选层的【位置】选项，单击【位置】左侧的码表按钮，在当前位置设置关键帧，设置【云 2】层【位置】为（−141.0，309.0），【云】层【位置】为（592.0，309.0），如图 9.540 所示。此时的画面效果如图 9.541 所示。

6 将时间调整到 0:00:05:24 的位置，修改【云 2】层【位置】为（347.0，309.0），【云】层【位置】为（1102.0，309.0），如图 9.542 所示。此时的画面效果如图 9.543 所示。

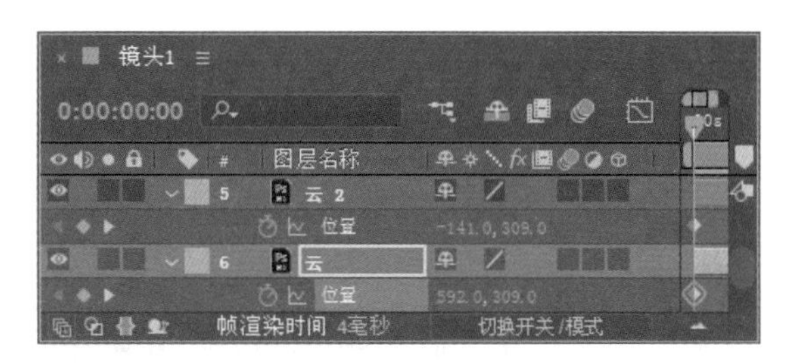

图 9.540

图 9.541

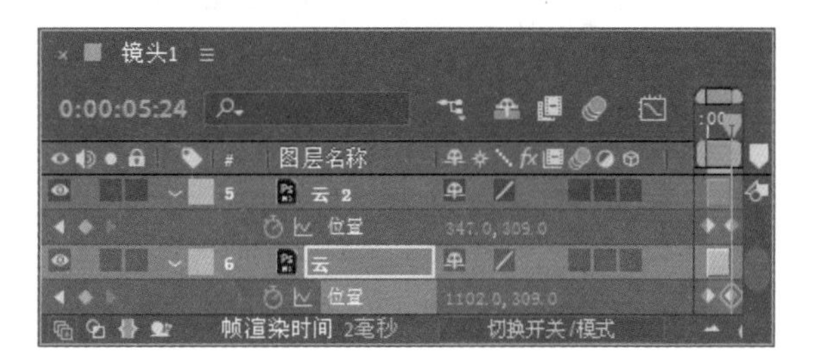

图 9.542

图 9.543

7 将时间调整到 0:00:00:00 的位置，选择【中】层，在【中】层右侧的【父级和链接】属性栏中选择【2. 圆圈】选项，建立父子关系。选择【圆圈】层，按 P 键打开该层的【位置】选项，单击【位置】左侧的码表按钮，在当前位置设置关键帧，并设置【位置】为（320.0，180.0），如图 9.544 所示。

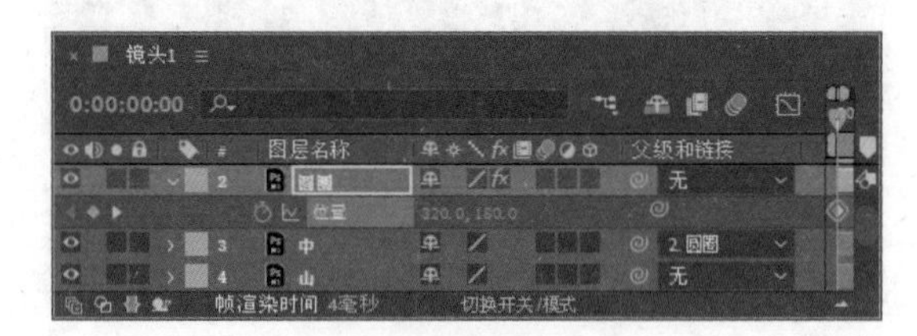

图 9.544

8 将时间调整到 0:00:05:00 的位置，修改【位置】为（320.0，250.0），如图 9.545 所示。此时的画面效果如图 9.546 所示。

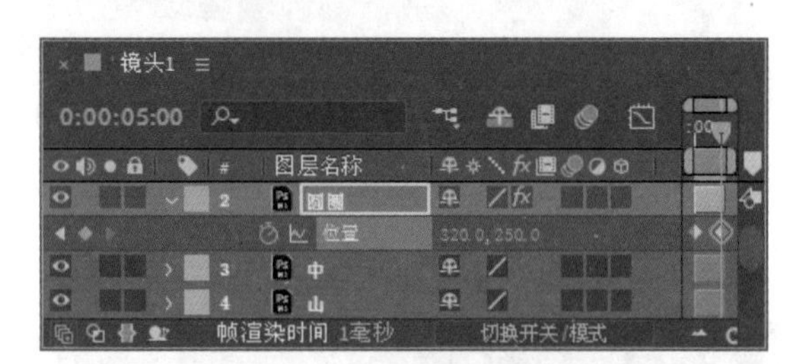

图 9.545

图 9.546

9 为【圆圈】层添加【径向擦除】特效。在【效果和预设】面板中展开【过渡】特效组，双击【径向擦除】特效，如图 9.547 所示。

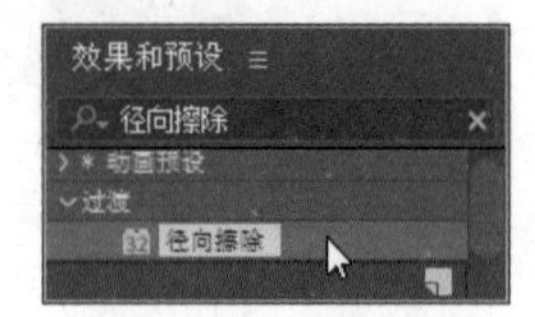

图 9.547

10 将时间调整到 0:00:00:20 的位置，在【效果控件】面板中单击【过渡完成】左侧的码表按钮，在当前位置设置关键帧，并设置【过渡完成】为 100%，【起始角度】为（0x+45.0°），【羽化】为 25.0，参数设置如图 9.548 所示。

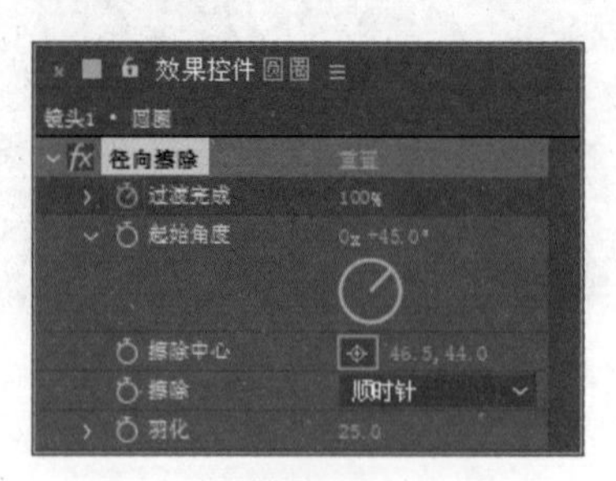

图 9.548

11 将时间调整到 0:00:02:00 的位置，修改【过渡完成】为 20%，如图 9.549 所示，其中一帧的画面效果如图 9.550 所示。

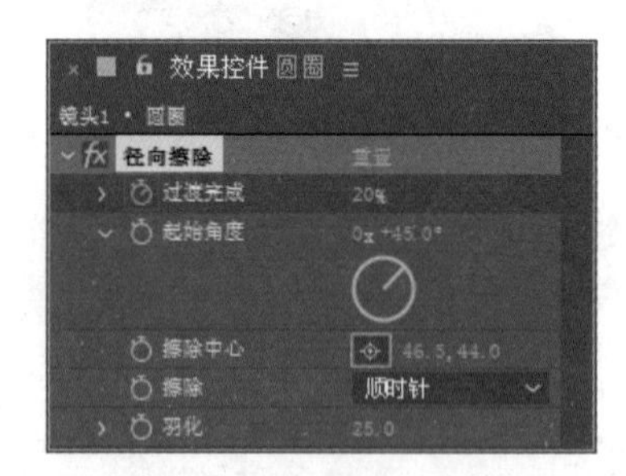

图 9.549

图 9.550

12 选择【中】层，按 T 键打开该层的【不透明度】选项，将时间调整到 0:00:00:00 的位置，设置【不透明度】为 50%，然后单击【不透明度】左侧的码表按钮，在当前位置设置关键帧，如图 9.551 所示，此时的画面效果如图 9.552 所示。

13 将时间调整到 0:00:01:00 的位置，修改【不透明度】为 100%，系统将在当前位置自动设置关键。

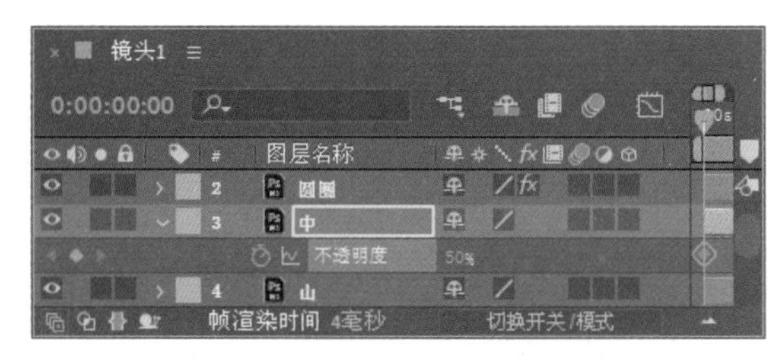

图 9.551

图 9.552

9.6.3 制作荡漾的墨

1 执行菜单栏中的【合成】|【新建合成】命令，打开【合成设置】对话框，设置【合成名称】为“镜头 2”，【宽度】的值为 720，【高度】的值为 576，【帧速率】的值为 25，并设置【持续时间】为 0:00:10:00，如图 9.553 所示。

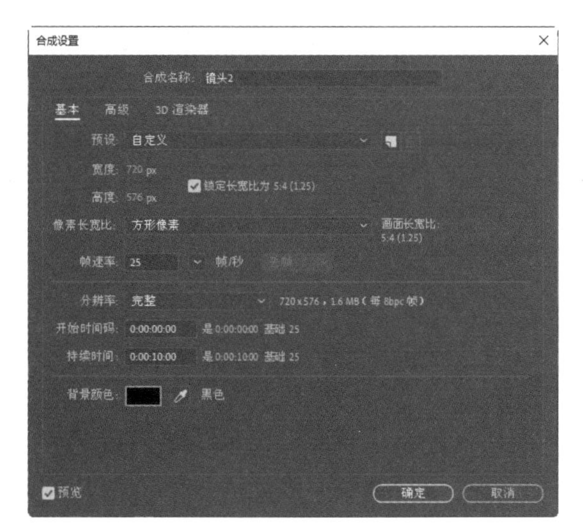

图 9.553

2 打开【镜头 2】合成，在【项目】面板中选择“镜头 2”文件夹，将其拖动到【镜头 2】合成的【时间线】面板中，然后调整图层顺序，完成后的效果如图 9.554 所示。

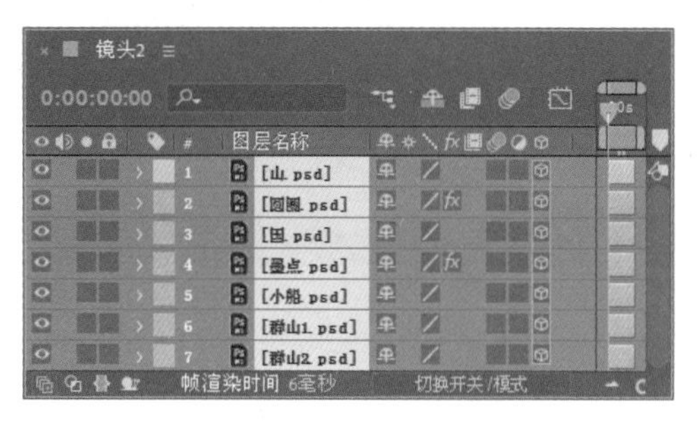

图 9.554

3 在【镜头 2】合成的【时间线】面板中按 Ctrl+Y 组合键，打开【纯色设置】对话框，设置【名称】为背景，【颜色】为白色，如图 9.555 所示。

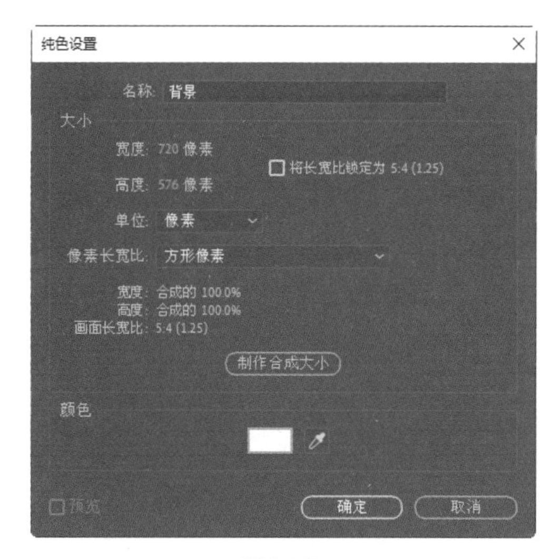

图 9.555

4 单击【确定】按钮，在【时间线】面板中将会创建一个名为【背景】的纯色层，然后将【背景】纯色层拖动到最下面一层，如图 9.556 所示。

5 将除【背景】【墨点.psd】层以外的其他层隐藏。然后选择【墨点.psd】层，在【效果和预设】面板中展开【扭曲】特效组，双击【波纹】

特效，如图 9.557 所示。

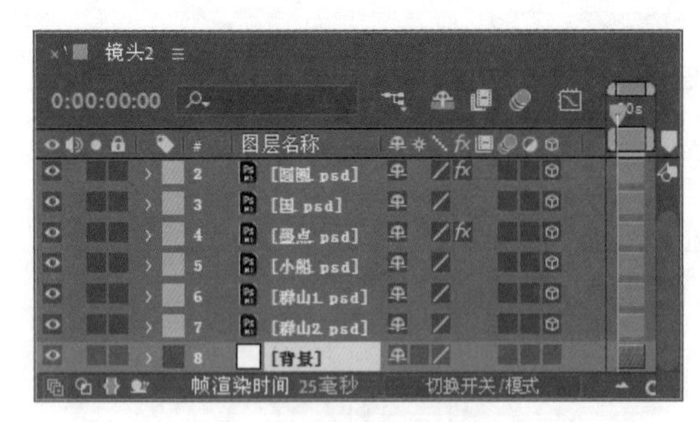

图 9.556

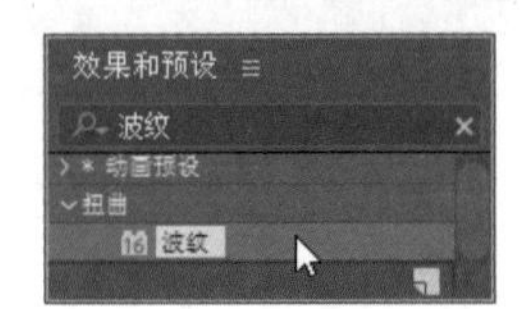

图 9.557

6 将时间调整到 0:00:03:15 的位置，在【效果控件】面板中单击【半径】左侧的码表按钮，在当前位置设置关键帧，并设置【半径】为 60.0，在【转换类型】右侧的下拉列表中选择【对称】，设置【波形速度】为 1.9，【波形宽度】为 62.6，【波形高度】为 208.0，【波纹相】为（0x+88.0°），参数设置如图 9.558 所示。

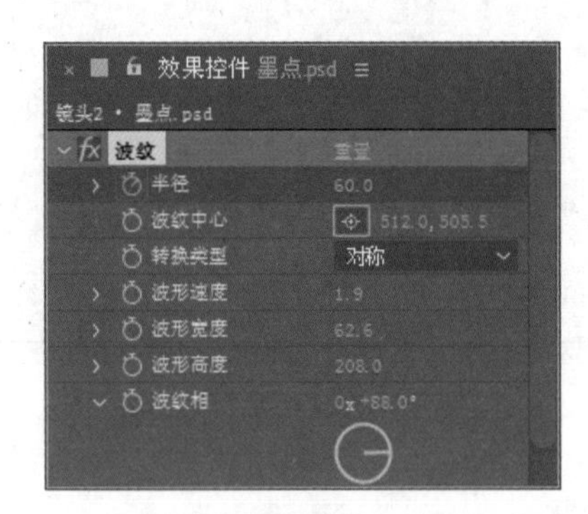

图 9.558

7 设置完【波纹】特效的参数后，当前帧的画面效果如图 9.559 所示。将时间调整到 0:00:07:14 的位置，修改【半径】为 40.0，系统将在当前位置自动设置关键帧。

8 为【墨点.psd】层绘制遮罩，选择工具栏中的【椭圆工具】，在【镜头 2】合成窗口中绘制正圆遮罩，如图 9.560 所示。

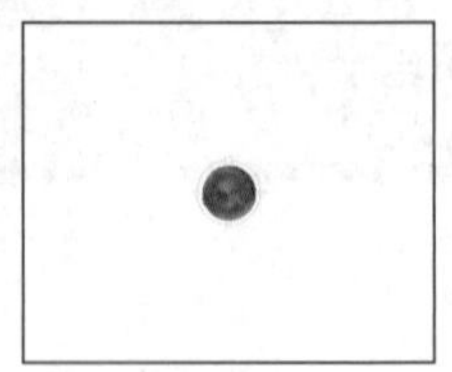

图 9.559　　图 9.560

提示

使用遮罩工具将素材中不理想的部分去除掉，调整遮罩羽化会使素材边缘柔和。

9 将时间调整到 0:00:03:15 的位置，在【时间线】面板中按 M 键，打开【墨点.psd】层的【蒙版路径】选项，然后单击【蒙版路径】左侧的码表按钮，在当前位置设置关键帧，如图 9.561 所示。

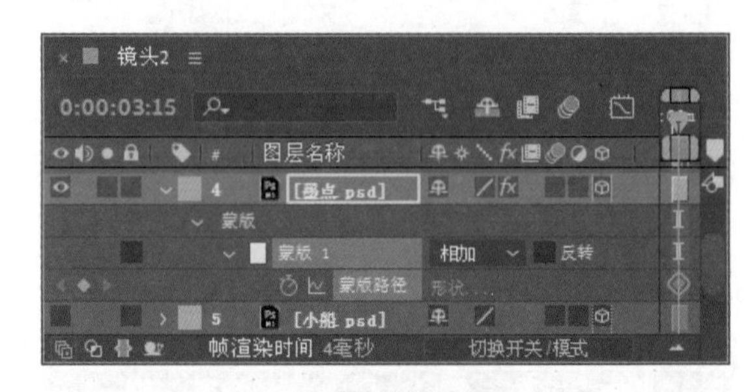

图 9.561

10 将时间调整到 0:00:05:15 的位置，在【合成】窗口中修改遮罩的大小，如图 9.562 所示。

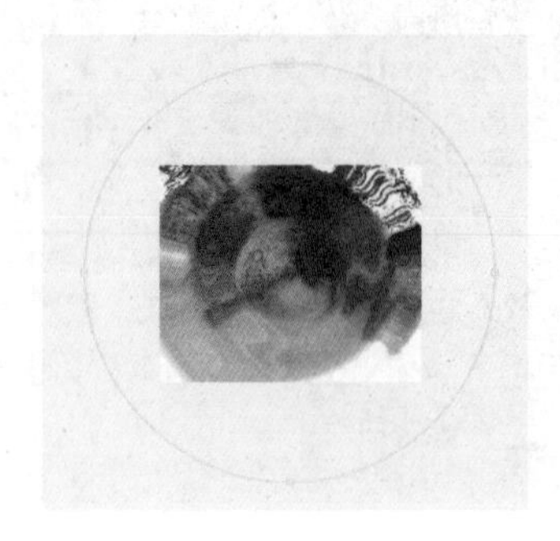

图 9.562

11 在【时间线】面板中按F键打开【蒙版羽化】选项，设置【蒙版羽化】为（105.0，105.0），如图9.563所示，其中一帧的画面效果如图9.564所示。

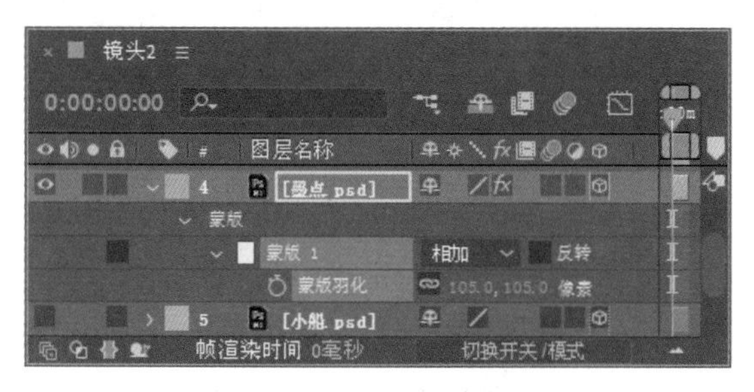

图9.563

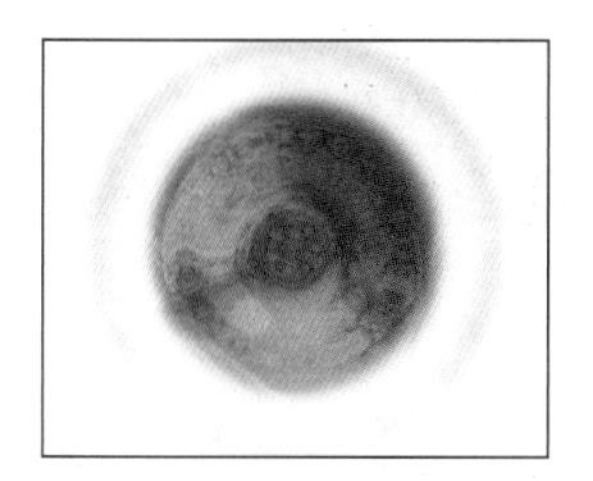

图9.564

遮罩羽化是指控制遮罩边缘区域的柔和程度和效果，使图像颜色对接效果柔和，得到细致融合的图像处理。

12 打开【墨点.psd】层的三维层开关，设置【位置】为（390.0，600.0，1086.0），【缩放】为（165.0，165.0，165.0%），【X轴旋转】为（0x-63.0°），参数设置如图9.565所示，画面效果如图9.566所示。

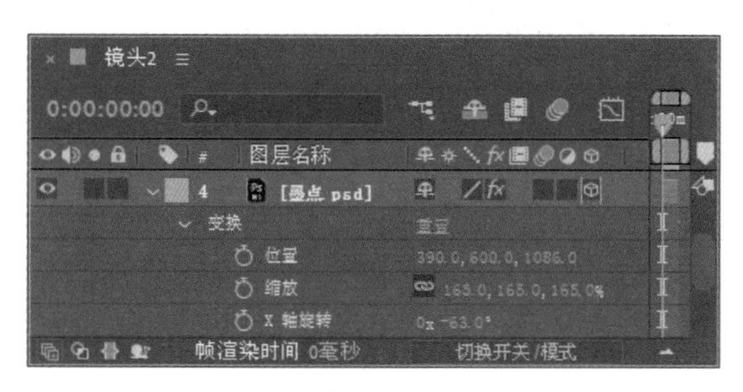

图9.565

13 新建【墨滴】纯色层。在【镜头2】合成的【时间线】面板中，按Ctrl+Y组合键打开【纯色设置】对话框，新建一个【名称】为“墨滴”、【颜色】为黑色的纯色层。

14 制作墨滴下落效果。选择工具栏中的【钢笔工具】，在【镜头2】合成窗口中绘制墨滴，如图9.567所示。

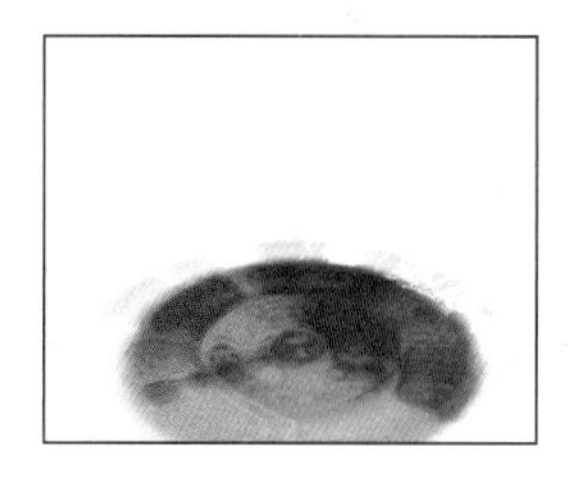

图9.566

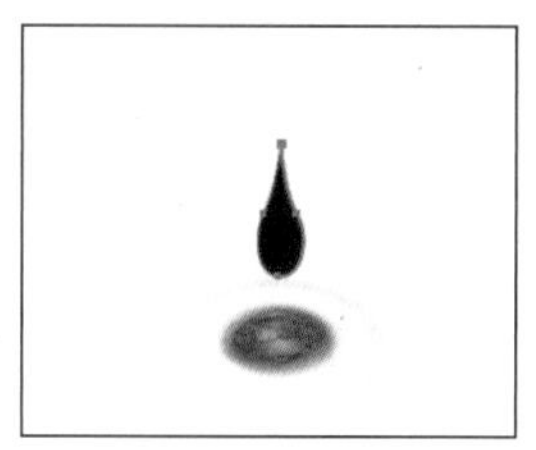

图9.567

15 在【时间线】面板中按F键，打开该层的【蒙版羽化】选项，设置【蒙版羽化】为（5.0，5.0），如图9.568所示。

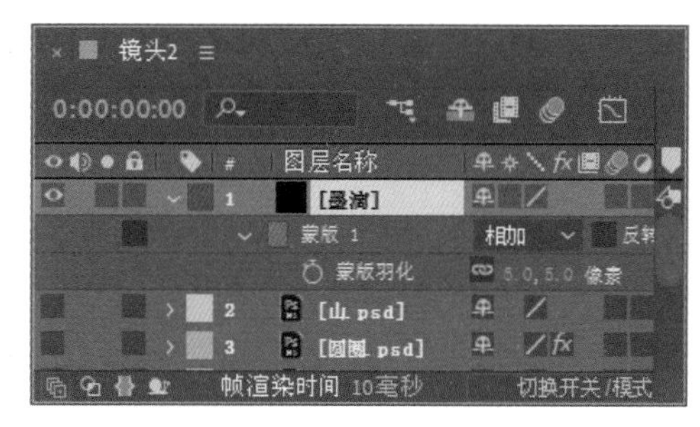

图9.568

16 设置【蒙版羽化】后的画面效果如图9.569所示。然后将“墨滴”缩小，如图9.570所示。

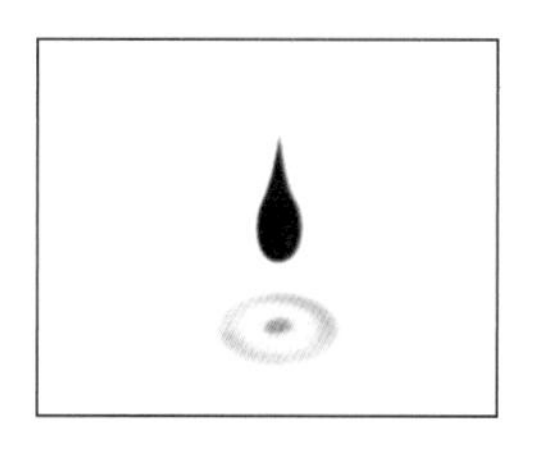

图9.569

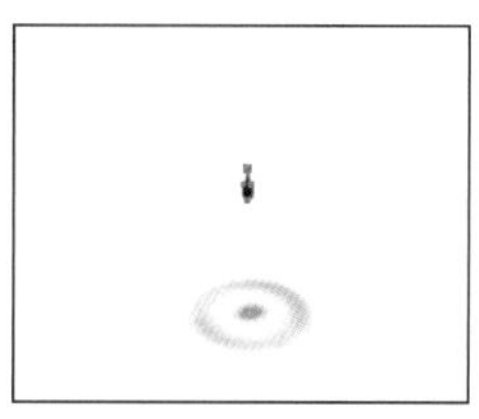

图9.570

17 将时间调整到0:00:03:04的位置，打开【墨滴】层的三维层开关，设置【锚点】为（353.0，

150.0，0.0），【位置】为（367.0，−229.0，0.0），然后单击【位置】左侧的码表按钮，在当前位置设置关键帧，如图 9.571 所示。将时间调整到 0:00:03:16 的位置，修改【位置】为（367.0，287.0，0.0），系统将在当前位置自动设置关键帧。

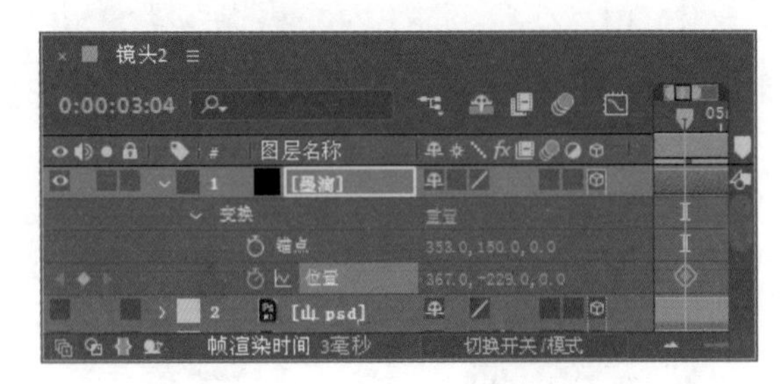

图 9.571

18 将时间调整到 0:00:03:14 的位置，单击【不透明度】左侧的码表按钮，在当前位置设置关键帧，如图 9.572 所示。将时间调整到 0:00:03:16 的位置，修改【不透明度】为 0%，系统将在当前位置自动设置关键帧。

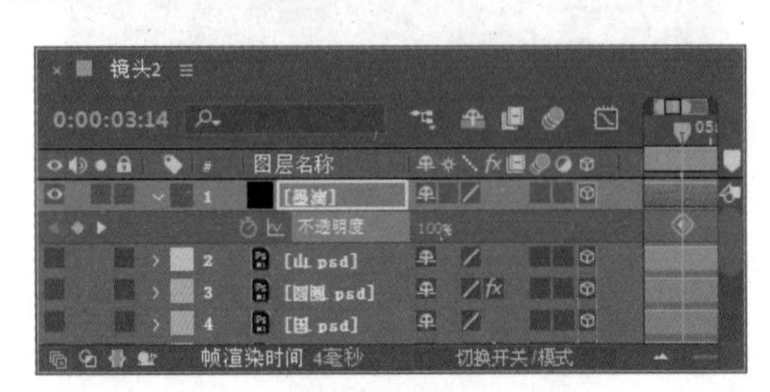

图 9.572

9.6.4 制作镜头 2 动画

1 在【镜头 2】合成的【时间线】面板中单击【山.psd】层左侧的视频眼睛图标，将【山.psd】层显示出来。选择【山.psd】层，按 Ctrl+D 组合键将【山.psd】层复制一份，然后将复制出的图层重命名为“山 2”，如图 9.573 所示。此时的画面效果如图 9.574 所示。

2 选择【山.psd】层，选择工具栏中的【钢笔工具】，在【镜头 2】合成窗口中绘制遮罩，如图 9.575 所示。

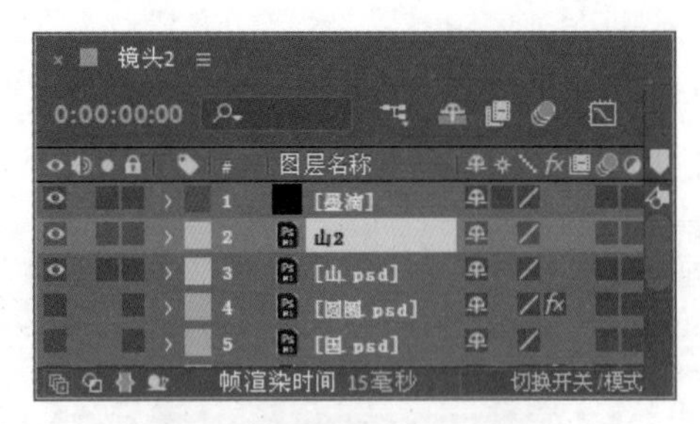

图 9.573

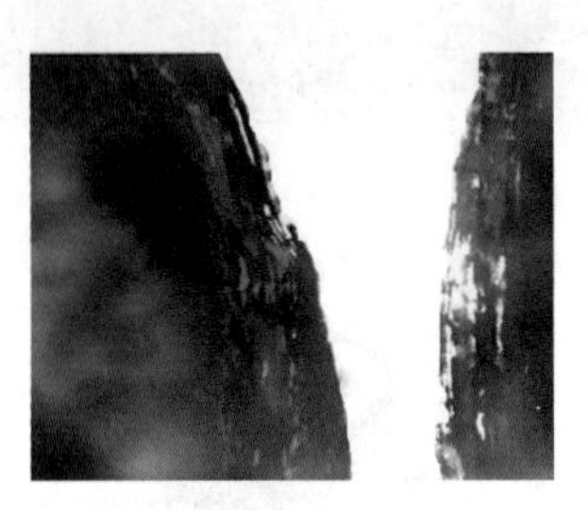

图 9.574

图 9.575

3 在【时间线】面板中按 F 键，打开该层的【蒙版羽化】选项，设置【蒙版羽化】为（20.0，20.0），如图 9.576 所示。

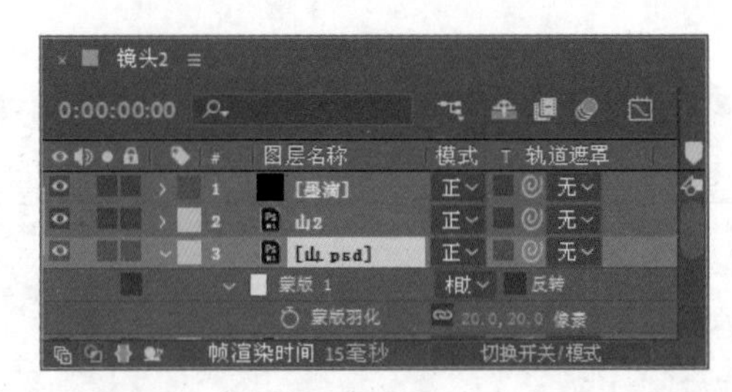

图 9.576

4 选择【山 2】层，选择工具栏中的【钢笔工具】，在【镜头 2】合成窗口中绘制遮罩，如图 9.577 所示。在【时间线】面板中按 F 键打开该层的【蒙版羽化】选项，设置【蒙版羽化】为（20.0，20.0）。

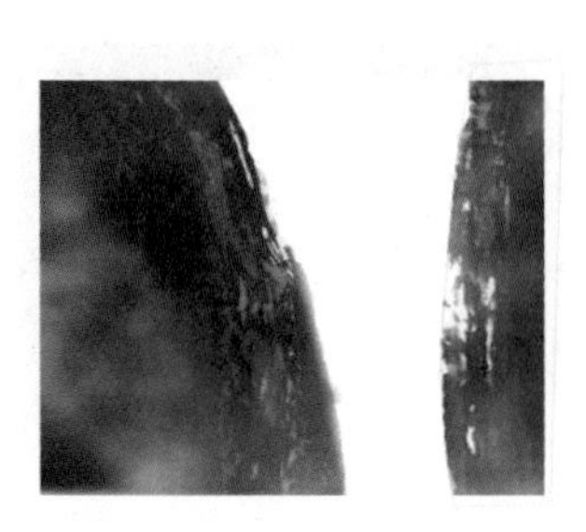

图 9.577

5 选择【山 2】【山.psd】层，打开所选层的三维层开关。按 P 键打开所选层的【位置】选项，在 0:00:00:00 的位置，单击【位置】左侧的码表按钮，在当前位置为所选层设置关键帧，分别设置【山 2】层的【位置】为（385.0，287.0，0.0），【山.psd】层的【位置】为（320.0，287.0，0.0），如图 9.578 所示。

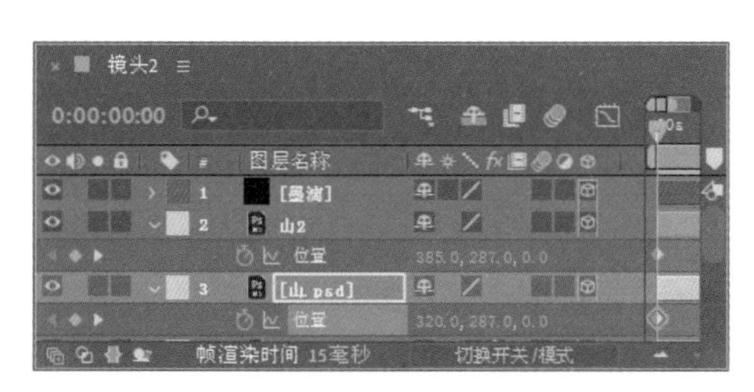

图 9.578

6 将时间调整到 0:00:04:14 的位置，修改【山 2】层的【位置】为（376.0，287.0，−210.0）；将时间调整到 0:00:05:13 的位置，修改【山 .psd】层的【位置】为（222.0，287.0，−291.0），如图 9.579 所示。此时的画面效果如图 9.580 所示。

7 单击【小船.psd】层左侧视频眼睛图标，将【小船.psd】层显示出来。将时间调整到 0:00:00:00 的位置，选择【小船.psd】层，设置【位置】为（409.0，303.0），【缩放】为（6.0，6.0%），【不透明度】为 80%，然后单击【位置】左侧的码表按钮，在当前位置设置关键帧，如图 9.581 所示。此时的画面效果如图 9.582 所示。

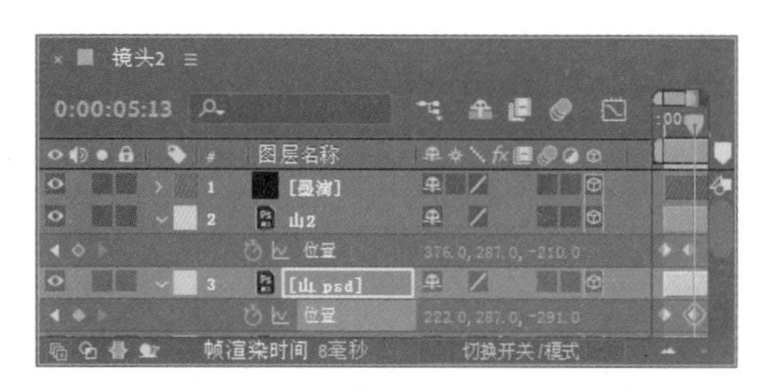

图 9.579

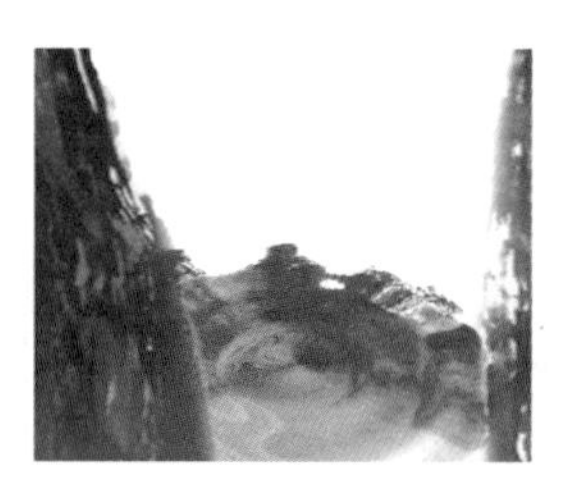

图 9.580

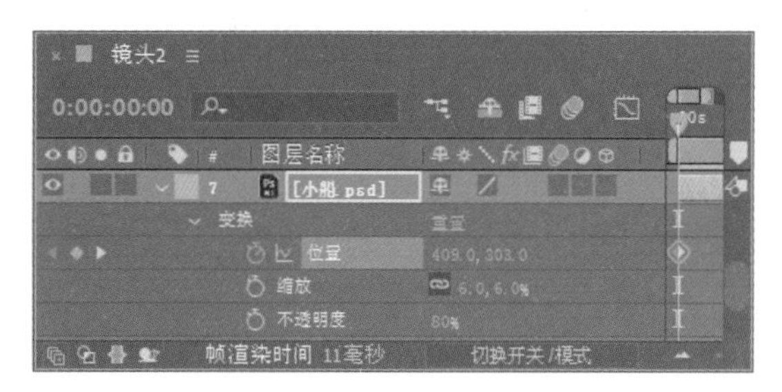

图 9.581

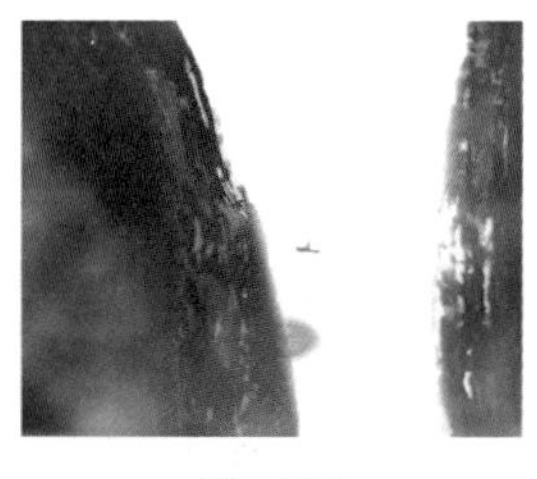

图 9.582

8 将时间调整到 0:00:09:24 的位置，修改【位置】为（543.0，341.0）。然后按 Ctrl+D 组合键复制【小船.psd】层，将复制出的图层重命名为“小船 2”；单击【位置】左侧的码表按钮，取消所有关键帧，然后设置【位置】为（565.0，222.0），【缩放】为（4.0，4.0%），【不透明度】为 60%，参数设置如图 9.583 所示。此时的画面效果如图 9.584 所示。

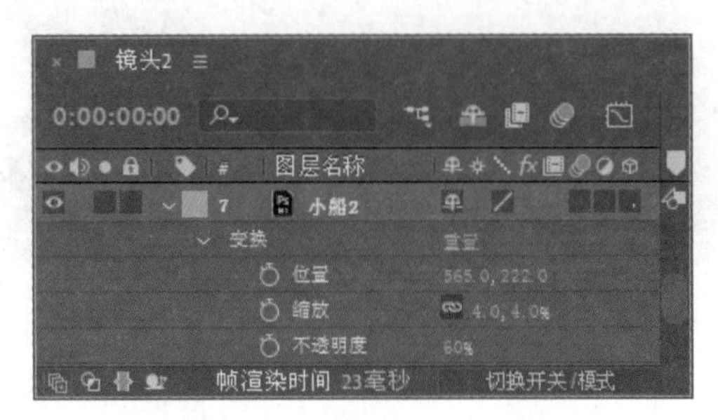

图 9.583

图 9.584

9 将【镜头 2】在【时间线】面板中隐藏的其他层显示出来。将时间调整到 0:00:00:00 的位置，选择【国 .psd】层，在【国.psd】层右侧的【父级和链接】属性栏中选择【4. 圆圈.psd】选项，建立父子关系。选择【圆圈 .psd】层，按 P 键打开该层的【位置】选项，单击【位置】左侧的码表按钮，在当前位置设置关键帧，并设置【位置】为（460.0，279.0），如图 9.585 所示。

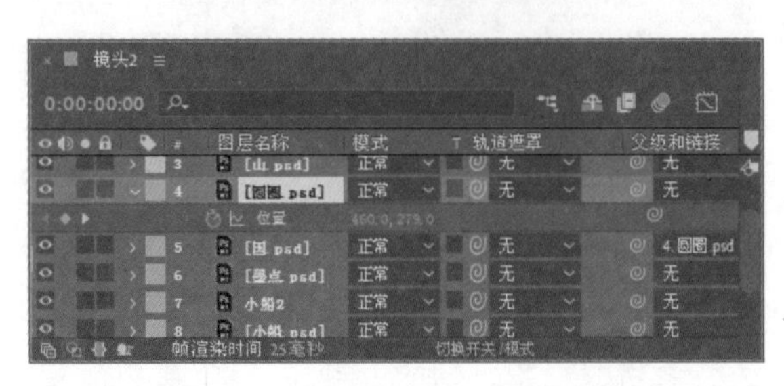

图 9.585

10 将时间调整到 0:00:09:24，修改【位置】为（460.0，340.0），如图 9.586 所示。此时的画面效果如图 9.587 所示。

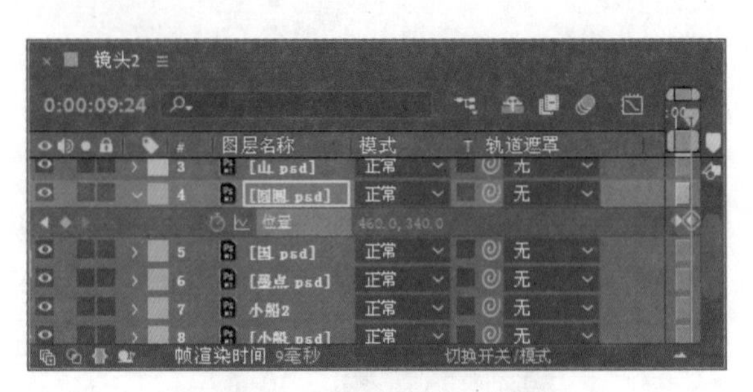

图 9.586

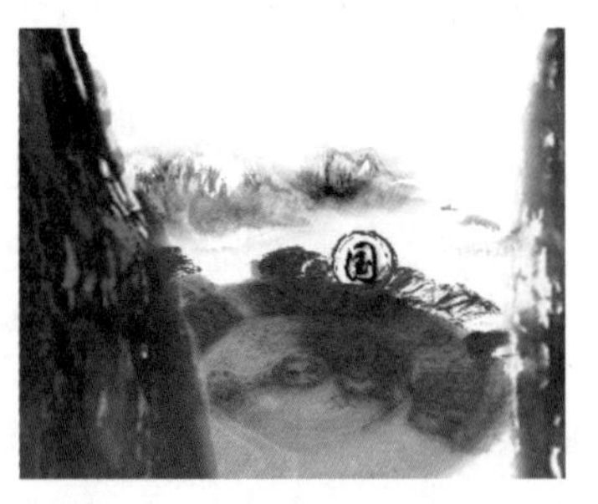

图 9.587

11 为【圆圈 .psd】层添加【径向擦除】特效。在【效果和预设】面板中展开【过渡】特效组，双击【径向擦除】特效。

12 将时间调整到 0:00:00:20 的位置，在【效果控件】面板中单击【过渡完成】左侧的码表按钮，在当前位置设置关键帧，并设置【过渡完成】为 100%，【起始角度】为（0x+45.0°），【羽化】为 25.0，参数设置如图 9.588 所示。

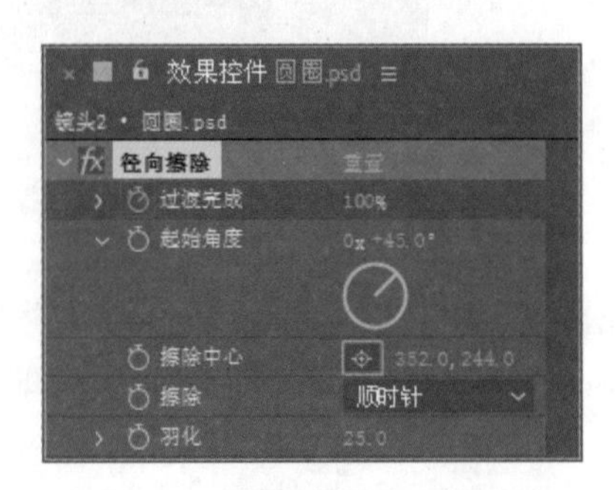

图 9.588

13 将时间调整到 0:00:02:00 的位置，修改【过渡完成】为 20%，完成后其中一帧的画面效果如图 9.589 所示。

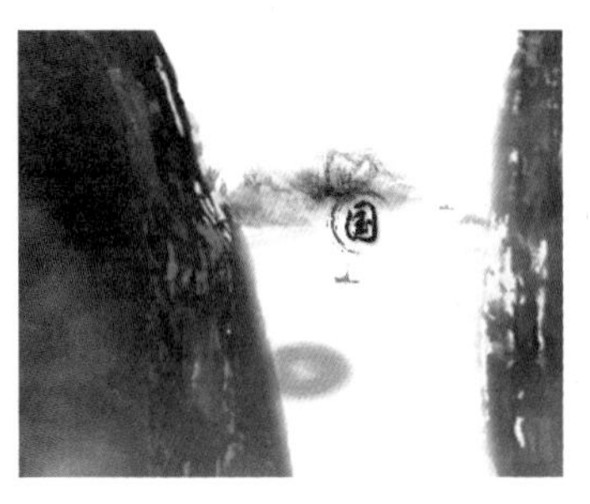

图 9.589

14 选择【国.psd】层，按 T 键打开该层的【不透明度】选项，将时间调整到 0:00:00:00 的位置，设置【不透明度】为 50%，然后单击【不透明度】左侧的码表按钮，在当前位置设置关键帧，如图 9.590 所示。此时的画面效果如图 9.591 所示。将时间调整到 0:00:01:00 的位置，修改【不透明度】为 100%，系统将在当前位置自动设置关键帧。

15 添加摄像机。执行菜单栏中的【图层】|【新建】|【摄像机】命令，打开【摄像机设置】对话框，设置【预设】为 24 毫米，如图 9.592 所示。单击【确定】按钮，在【时间线】面板中将会创建一个摄像机。

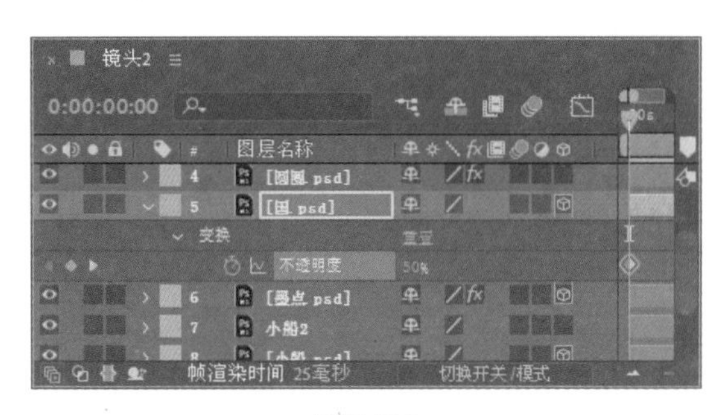

图 9.590

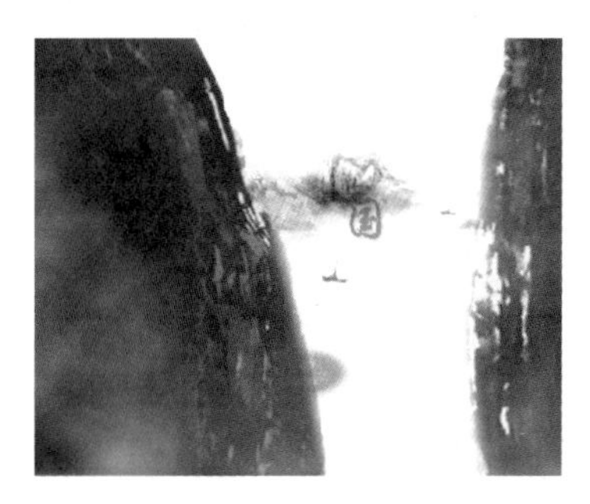

图 9.591

16 打开【镜头 2】合成中除【背景】层外的其他所有图层的三维层开关，如图 9.593 所示。

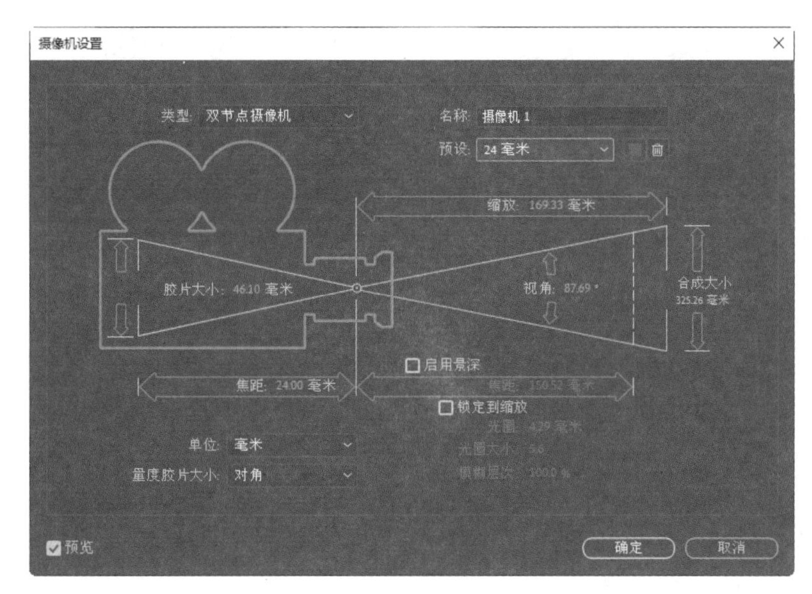

图 9.592

图 9.593

17 将时间调整到0:00:00:00的位置，选择【摄像机 1】层，设置【位置】为（360.0，288.0，-427.0），【缩放】为427.0像素，【焦距】为427.0像素，【光圈】为10.0像素，然后单击【缩放】左侧的码表按钮，在当前位置设置关键帧，参数设置如图9.594所示。

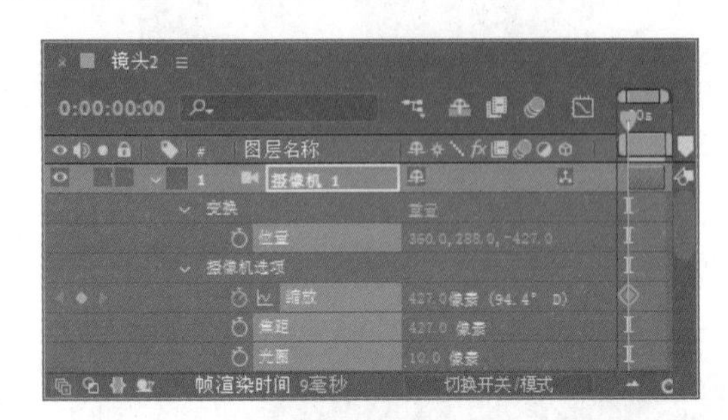

图 9.594

18 将时间调整到0:00:08:09的位置，修改【缩放】为545.0像素，参数设置如图9.595所示。此时的画面效果如图9.596所示。

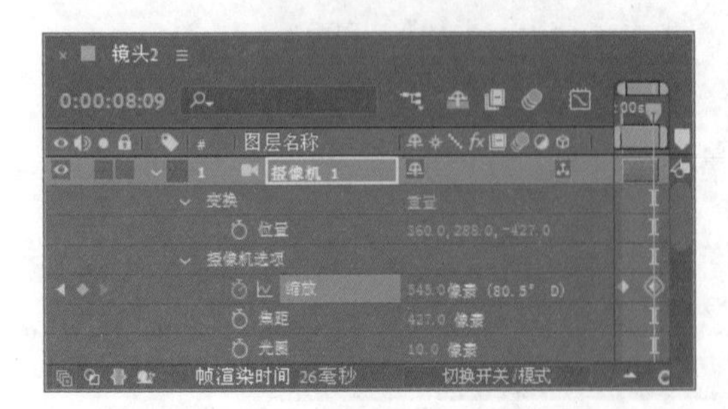

图 9.595

图 9.596

9.6.5 制作镜头 3 动画

1 在【项目】面板中选择【镜头3】合成，按Ctrl+K组合键打开【合成设置】对话框，设置【持续时间】为0:00:08:00，如图9.597所示，单击【确定】按钮。双击【镜头3】合成，打开【镜头3】合成的【时间线】面板，此时【合成】窗口中的画面效果如图9.598所示。

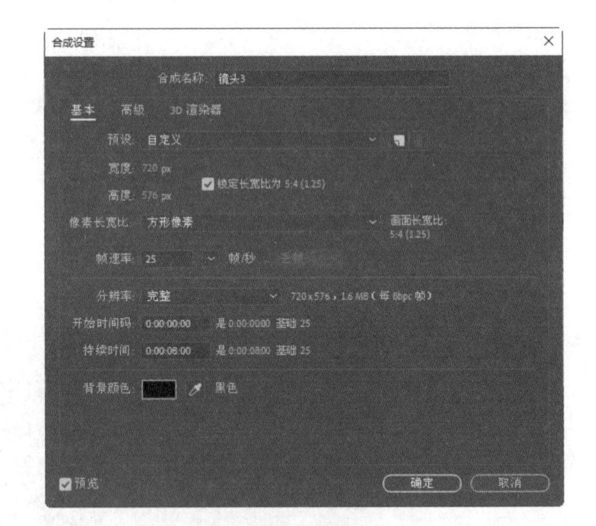

图 9.597

图 9.598

2 将时间调整到0:00:00:00的位置。选择【云】层，按P键打开该层的【位置】选项，然后单击【位置】左侧的码表按钮，在当前位置设置关键帧，并设置【位置】为(315.0，131.0)，如图9.599所示。

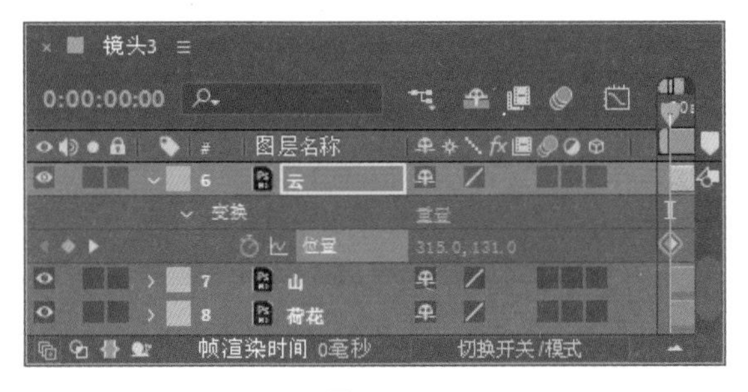

图9.599

3 将时间调整到0:00:07:24的位置，修改【位置】为（401.0，131.0），如图9.600所示，此时的画面效果如图9.601所示。

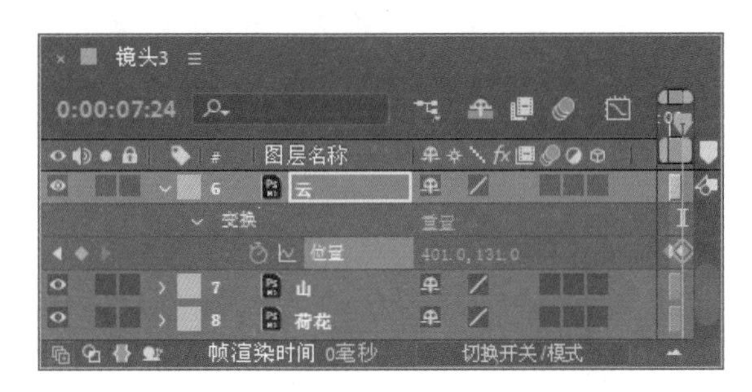

图9.600

图9.601

4 为【扇子】层添加【径向擦除】特效。选择【扇子】层，在【效果和预设】面板中展开【过渡】特效组，双击【径向擦除】特效。

5 将时间调整到0:00:03:19的位置，在【效果控件】面板中【擦除】右侧的下拉列表中选择【两者兼有】，然后单击【过渡完成】左侧的码表按钮，在当前位置设置关键帧，并设置【过渡完成】为100%，【起始角度】为（0x+180.0°），【擦除中心】为（258.0，301.0），【羽化】为25.0，参数设置如图9.602所示。

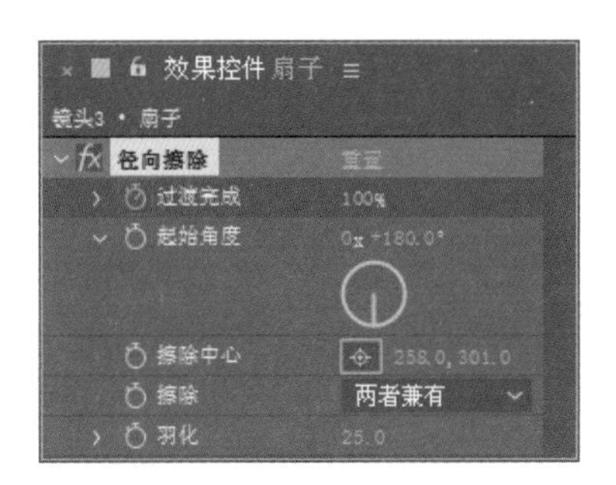

图9.602

6 将时间调整到0:00:06:15的位置，修改【过渡完成】为0%，完成后其中一帧的画面效果如图9.603所示。

图9.603

7 选择【圆圈】层，在【效果和预设】面板中展开【过渡】特效组，双击【径向擦除】特效。

8 将时间调整到0:00:04:00的位置，在【效果控件】面板中单击【过渡完成】左侧的码表按钮，在当前位置设置关键帧，并设置【过渡完成】为100%，【起始角度】为（0x+45.0°），【羽化】为25.0，参数设置如图9.604所示。

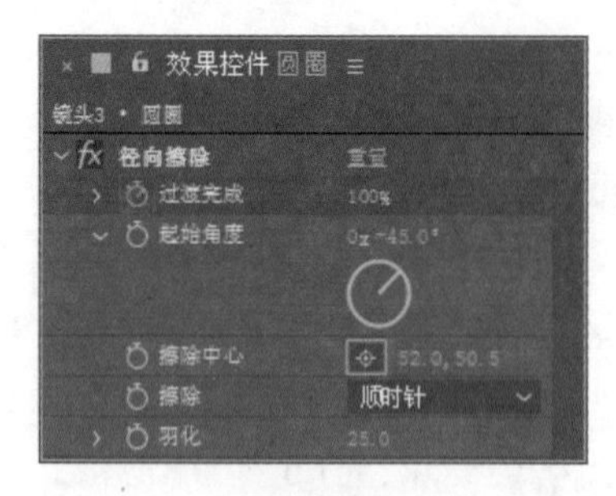
图 9.604

9 将时间调整到 0:00:05:00 的位置，修改【过渡完成】为 0%，完成后其中一帧的画面效果如图 9.605 所示。

图 9.605

10 将时间调整到 0:00:00:00 的位置，选择【船】层，设置【位置】为（282.0，319.0），然后分别单击【位置】【缩放】左侧的码表按钮，在当前位置设置关键帧，参数设置如图 9.606 所示，此时的画面效果如图 9.607 所示。

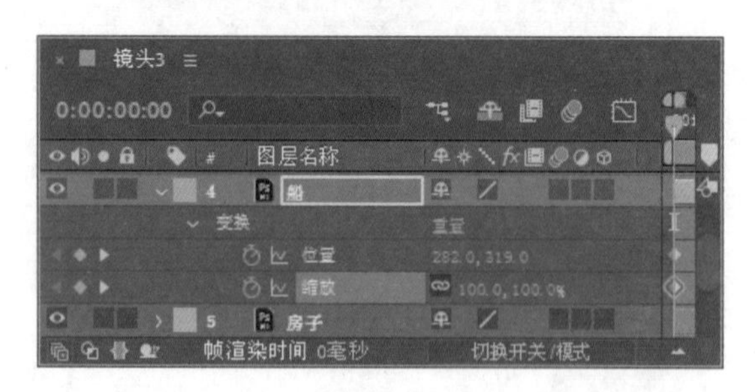

图 9.606

11 为了方便观看船的位置变化，首先将【圆圈】和【扇子】层隐藏。将时间调整到 0:00:07:24 的位置，修改【位置】为（363.0，289.0），【缩放】为（90.0，90.0%），如图 9.608 所示。此时的画面效果如图 9.609 所示。设置完成后，再将【圆圈】和【扇子】层显示出来。

图 9.607

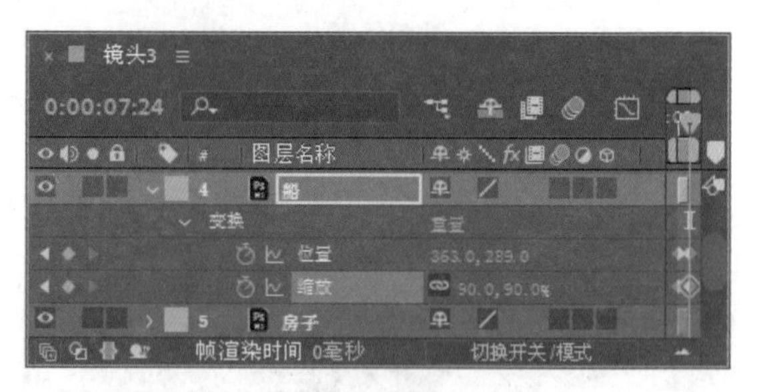

图 9.608

图 9.609

12 添加摄像机。执行菜单栏中的【图层】|【新建】|【摄像机】命令，打开【摄像机设置】对话框，设置【预设】为 24 毫米，参数设置如图 9.610 所示。单击【确定】按钮，在【时间线】面板中创建一个摄像机。

13 打开【镜头 3】合成中除【背景】层外的其他所有图层的三维层开关，如图 9.611 所示。

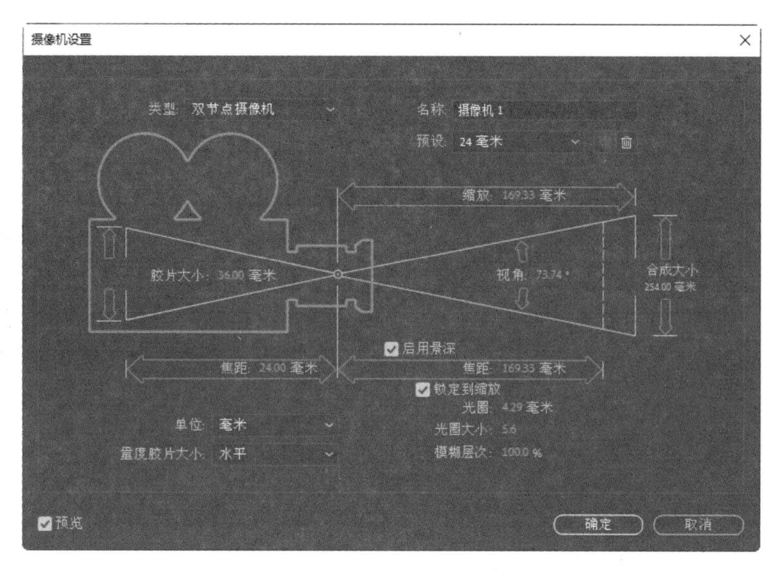

图 9.610

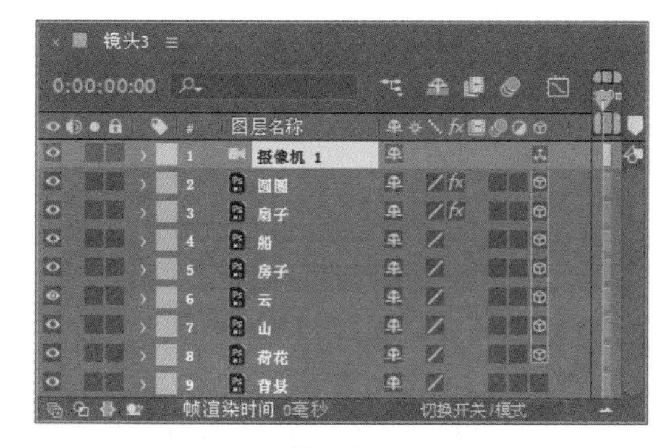

图 9.611

14 将时间调整到 0:00:00:00 的位置，选择【摄像机 1】层，按 P 键打开该层的【位置】选项，单击【位置】左侧的码表按钮，在当前位置设置关键帧，修改【位置】的值为（360.0，288.0，−480.0），参数设置如图 9.612 所示。

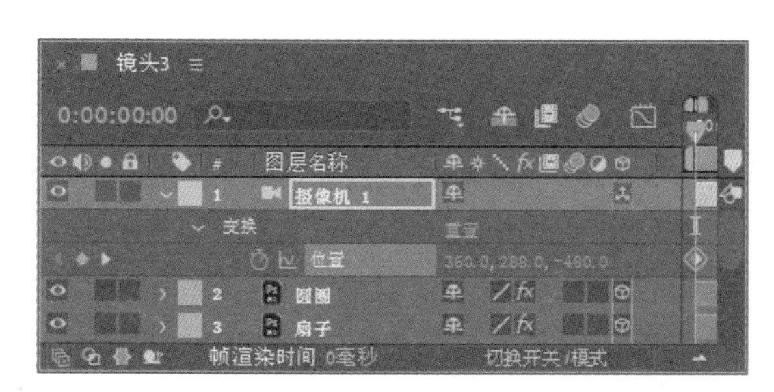

图 9.612

15 将时间调整到 0:00:05:00 的位置，修改【位置】为（360.0，288.0，−435.0），参数设置如图 9.613 所示，此时的画面效果如图 9.614 所示。

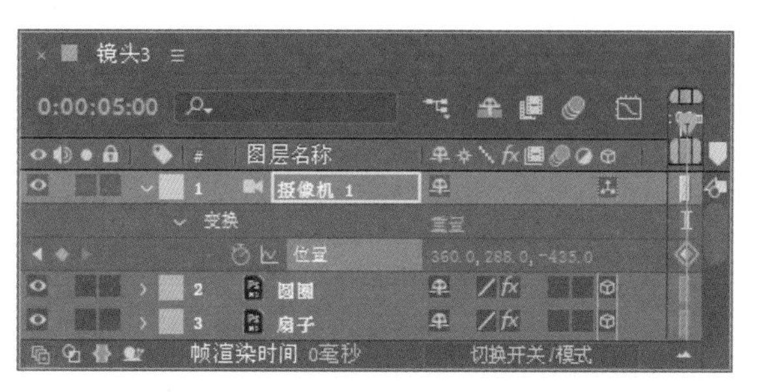

图 9.613

图 9.614

9.6.6 制作合成动画

1 执行菜单栏中的【合成】|【新建合成】命令，打开【合成设置】对话框，新建一个【合成名称】为“最终合成”、【宽度】的值为 720、【高度】的值为 576、【帧速率】的值为 25、【持续时间】为 0:00:20:00 的合成。

2 打开【最终合成】合成，在【项目】面板中选择【镜头 1】【镜头 2】【镜头 3】合成，将其拖动到【最终合成】的【时间线】面板中，如图 9.615 所示。

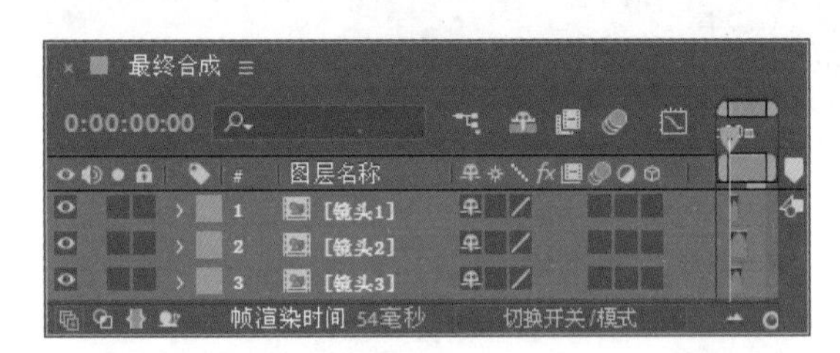

图 9.615

3 制作黑色边幅。在【最终合成】合成的【时间线】面板中，按 Ctrl+Y 组合键打开【纯色设置】对话框，设置【名称】为“边幅”，【颜色】为黑色，如图 9.616 所示。

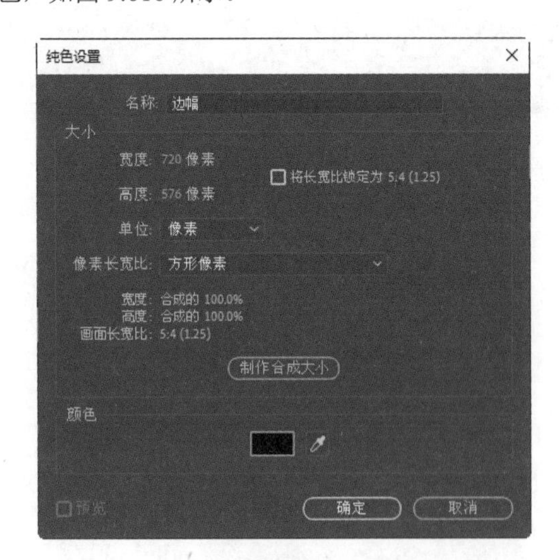

图 9.616

4 单击【确定】按钮，在【时间线】面板中将会创建一个名为“边幅”的纯色层。选择【边幅】纯色层，选择工具栏中的【矩形工具】，在“最终合成”合成窗口中绘制矩形遮罩，如图 9.617 所示。

图 9.617

5 在【时间线】面板中打开【蒙版 1】选项，然后在【蒙版 1】右侧选中【反转】复选框，如图 9.618 所示，此时的画面效果如图 9.619 所示。

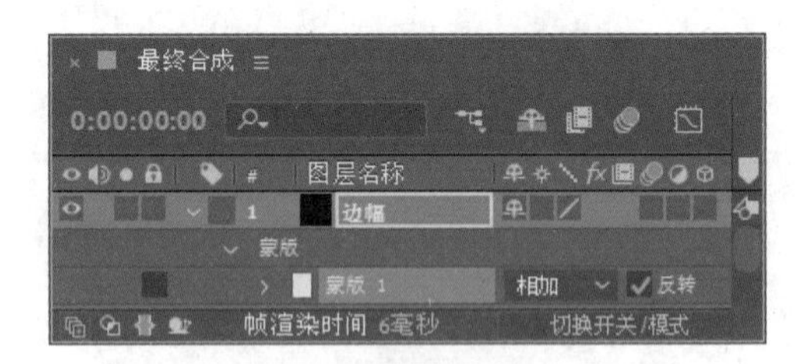

图 9.618

图 9.619

6 将时间调整到 0:00:05:01 的位置，选择【镜头 2】层，按 [键，将其入点设置到当前位置；用同样的方法将【镜头 3】层的入点设置到 0:00:12:00 的位置，如图 9.620 所示。

7 在【项目】面板中的视频素材文件夹中选择“云 1”“云 2”素材，将其拖动到【最终合成】

合成的【时间线】面板中。然后调整【云 1.mov】【云 2.mov】的图层顺序，如图 9.621 所示。

图 9.620

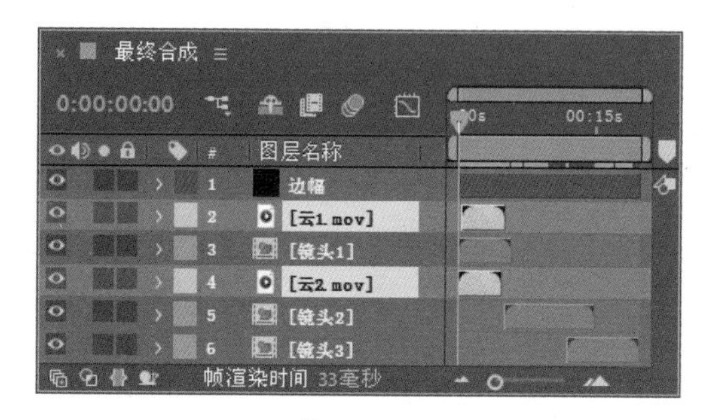

图 9.621

8 在【时间线】面板中将【云 1.mov】【云 2.mov】层的入点分别调整到 0:00:05:00 和 0:00:11:24 的位置；然后分别设置【云 1.mov】的【伸缩】值为 50.0%，【云 2.mov】的【伸缩】值为 62.0%，如图 9.622 所示。

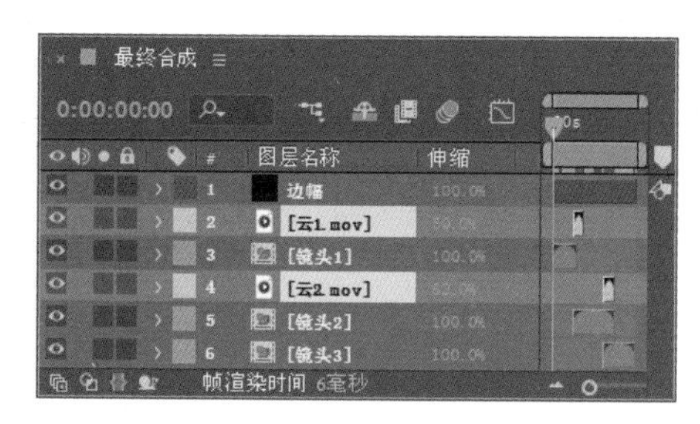

图 9.622

9 将时间调整到 0:00:05:00 的位置，选择【镜头 1】层，按 Ctrl+D 组合键对其进行复制，并将复制出的图层重命名为“转场 1”，然后在当前位置按 Alt+[组合键，为【转场 1】层设置入点；选择【镜头 1】层，按 Alt+] 组合键，为【镜头 1】层设置出点；将时间调整到 0:00:05:24 的位置，选择【云 1.mov】层，在当前位置按 Alt+] 组合键，为【云 1.mov】层设置出点，如图 9.623 所示。

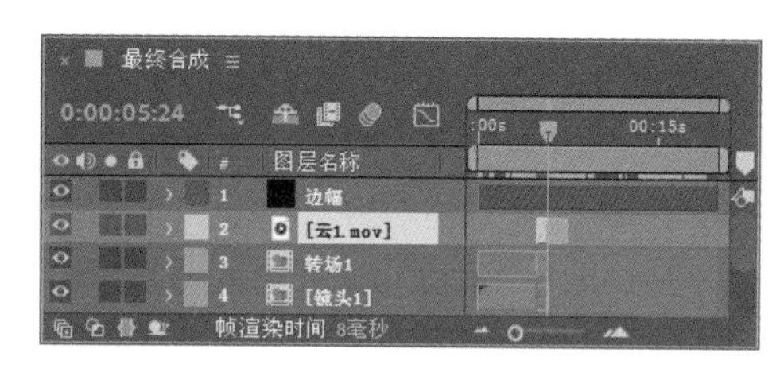

图 9.623

10 选择【转场 1】层，在其右侧的【轨道遮罩】属性栏中选择【2.云 1.mov】，如图 9.624 所示。

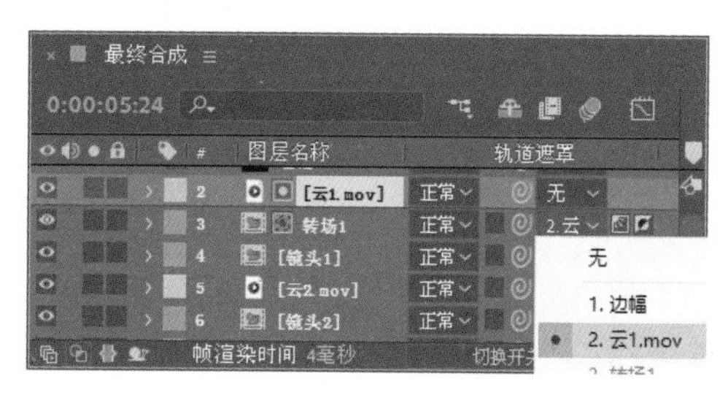

图 9.624

11 将时间调整到 0:00:12:00 的位置，选择【镜头 2】层，按 Ctrl+D 组合键对其进行复制，并将复制出的图层重命名为“转场 2”，然后在当前位置按 Alt+[组合键，为【转场 2】层设置入点；选择【镜头 2】层，按 Alt+] 组合键，为【镜头 2】层设置出点；然后在【转场 2】层右侧的【轨道遮罩】属性栏中选择【5.云 2.mov】，如图 9.625 所示。

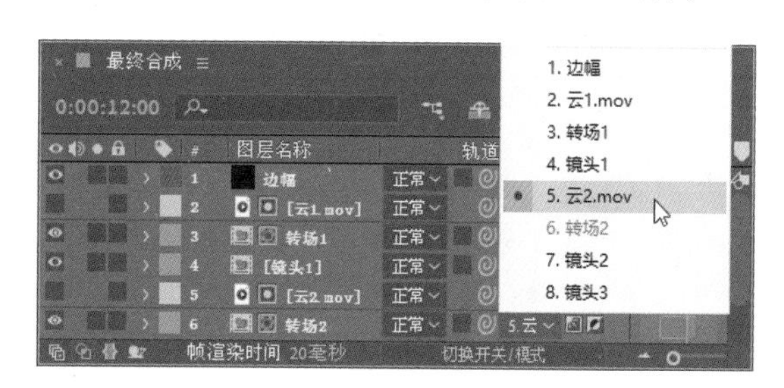

图 9.625

12 这样就完成了“频道特效表现——水墨中国风”的整体制作，按小键盘上的 0 键，在【合成】窗口中预览动画。

9.7 电视栏目包装——公益宣传片

实例解析

本例主要讲解公益宣传片的制作。首先利用文本的【动画】属性及【更多选项】制作不同的文字动画效果，然后通过不同的切换手法及【运动模糊】的应用，制作出文字的动画效果，最后通过场景的合成及蒙版手法，完成公益宣传片的制作。本例最终的动画流程效果如图 9.626 所示。

难易程度：★★★★☆

工程文件：第 9 章 \ 电视栏目包装——公益宣传片

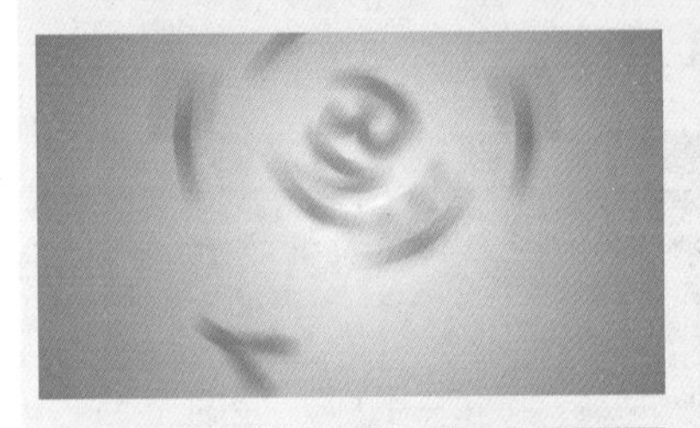

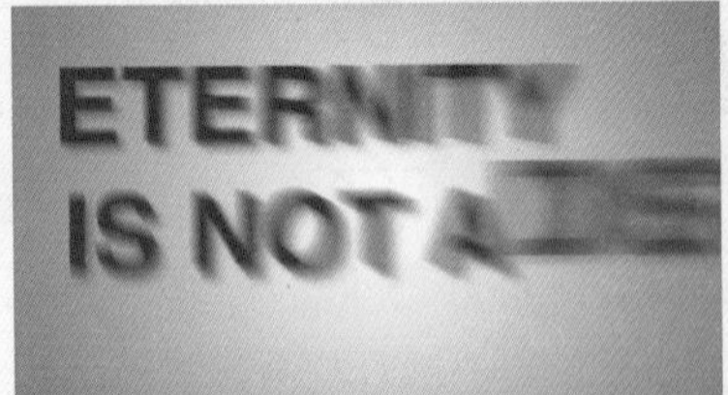

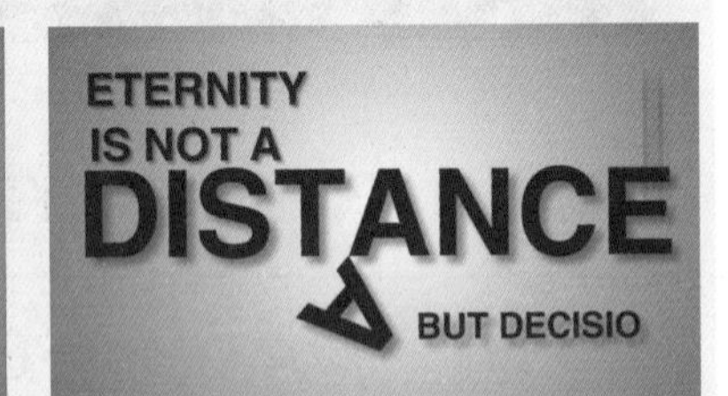

图 9.626

知识点

1. 文本【动画】属性
2. 文本【更多选项】属性
3. 运动模糊
4. 投影

教学视频

操作步骤

9.7.1 制作合成场景一动画

1 执行菜单栏中的【合成】|【新建合成】命令，打开【合成设置】对话框，设置【合成名称】为“合成场景一”，【宽度】的值为 720，【高度】的值为 405，【帧速率】的值为 25，并设置【持续时间】为 0:00:04:00，如图 9.627 所示。

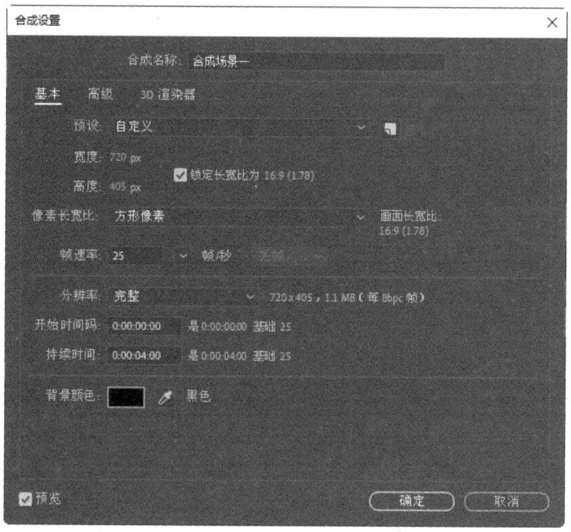

图 9.627

2 执行菜单栏中的【图层】|【新建】|【Text（文本）】命令，创建文字层，在【合成】窗口中分别创建文字“ETERNITY”“IS”“NOT”“A”，设置字体大小为 130，字体颜色为墨绿色（R：0，G：50，B：50），如图 9.628 所示。

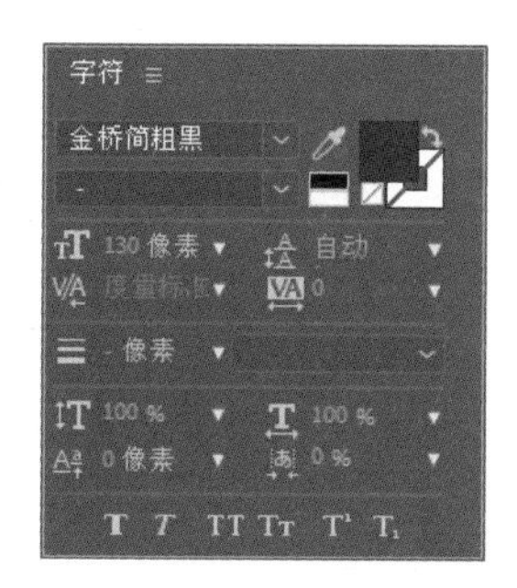

图 9.628

3 选择所有文字层，按 P 键展开【位置】选项，设置【ETERNITY】层的【位置】为（40.0，158.0），【IS】层【位置】为（92.0，273.0），【NOT】层【位置】为（208.0，314.0），【A】层【位置】为（514.0，314.0），如图 9.629 所示。

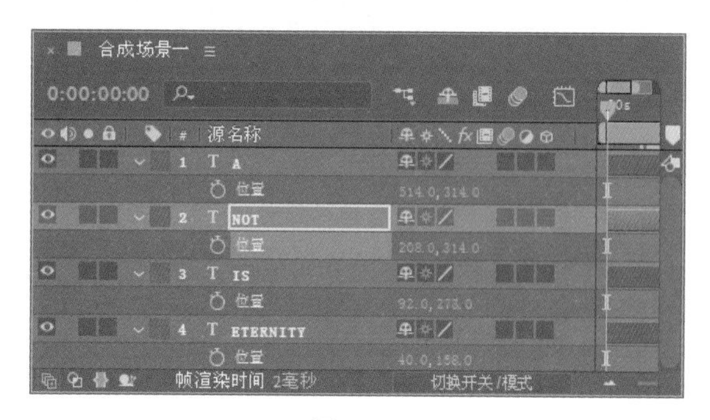

图 9.629

4 为了便于观察，在【合成】窗口下单击【切换透明网格】按钮，预览效果如图 9.630 所示。

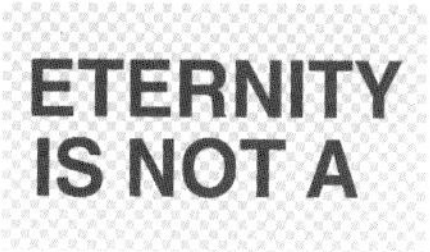

图 9.630

5 在【时间线】面板中选择【IS】【NOT】【A】层，单击视频眼睛按钮，将其隐藏，以便制作动画，如图 9.631 所示。

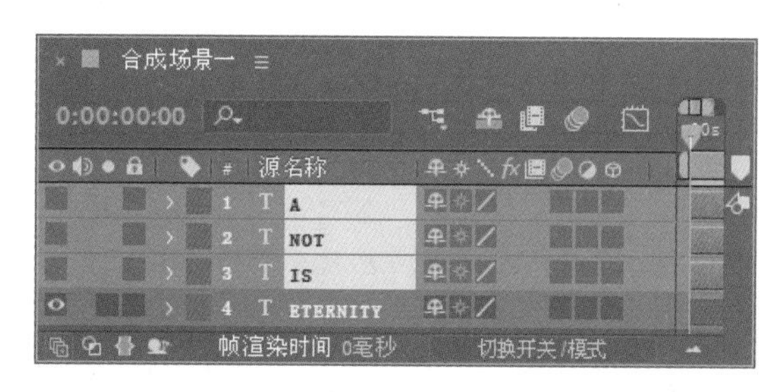

图 9.631

6 调整时间到 0:00:00:00 的位置，选择【ETERNITY】层，在【时间线】面板中展开文字层，单击【文本】右侧的【动画】按钮，在弹出的下拉列表中选择【旋转】选项，设置【旋转】

为（4x+0.0°），单击【旋转】左侧的码表按钮，在此位置设置关键帧，如图 9.632 所示。

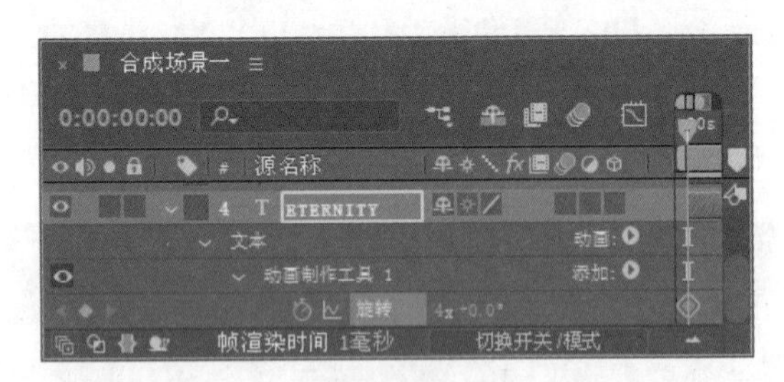

图 9.632

7 调整时间到 0:00:00:12 的位置，设置【旋转】为（0x+0.0°），系统自动添加关键帧，如图 9.633 所示。

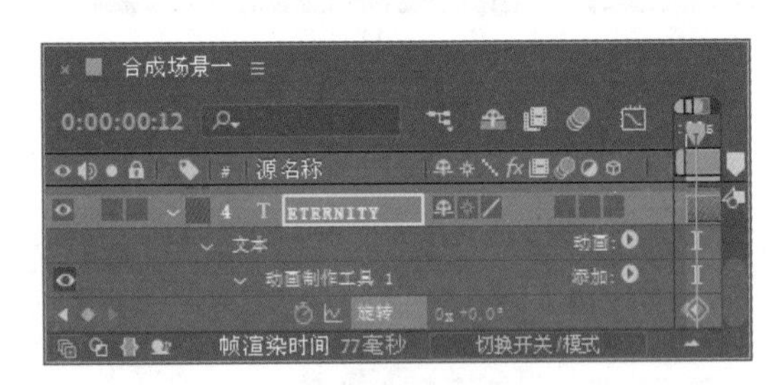

图 9.633

8 调整时间到 0:00:00:00 的位置，按 T 键展开【不透明度】选项，设置【不透明度】为 0%，单击【不透明度】左侧的码表按钮，在此位置设置关键帧；调整时间到 0:00:00:12 的位置，设置【不透明度】为 100%，系统自动添加关键帧，如图 9.634 所示。

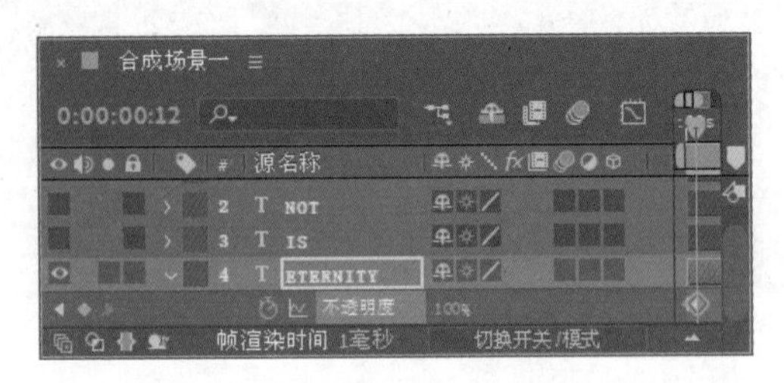

图 9.634

9 选择【ETERNITY】层，在【时间线】面板中展开【文本】|【更多选项】选项组，从【锚点分组】下拉列表中选择【全部】，如图 9.635 所示。

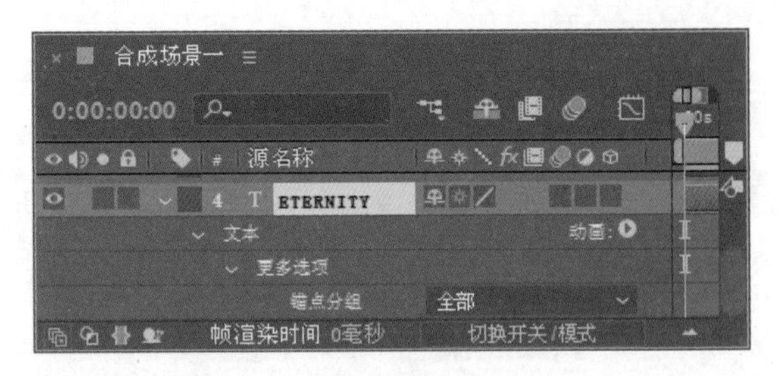

图 9.635

10 选择【ETERNITY】层，在【时间线】面板中展开【文本】|【动画制作工具 1】|【范围选择器 1】|【高级】选项组，从【形状】的下拉列表中选择【三角形】，如图 9.636 所示。

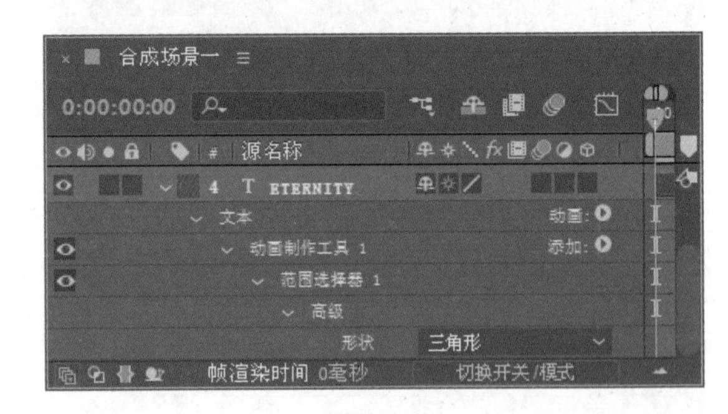

图 9.636

11 这样就完成了【ETERNITY】层的动画效果制作，在【合成】窗口按小键盘 0 键预览效果，如图 9.637 所示。

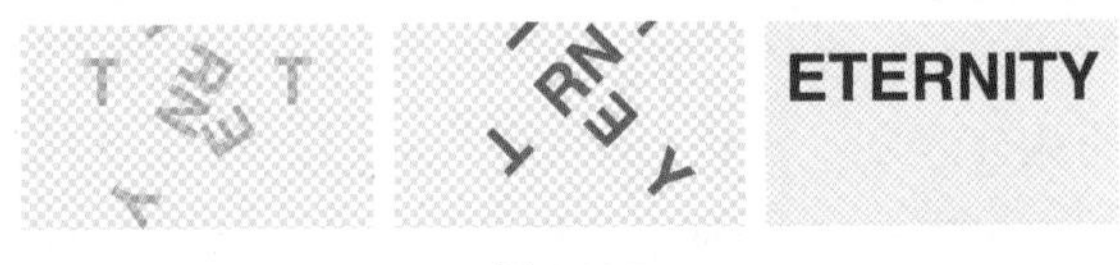

图 9.637

12 在【时间线】面板中选择【IS】层，单击视频眼睛按钮显示该层，按 A 键展开【锚点】，设置【锚点】为（40.0，−41.0）如图 9.638 所示。

13 调整时间到 0:00:00:12 的位置，按 S 键展开【缩放】选项，设置【缩放】为（5000.0，5000.0%），并单击【缩放】左侧的码表按钮，在此位置设置关键帧，调整时间到 0:00:00:24 的位置，设置【缩放】为（100.0，100.0%），系统自动添加关键帧，如图 9.639 所示。

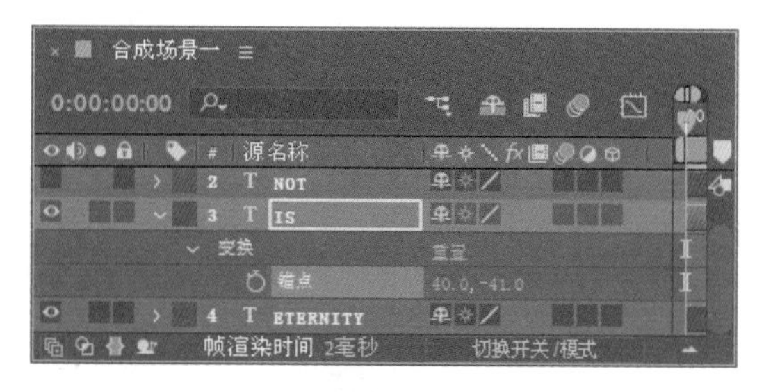

图 9.638

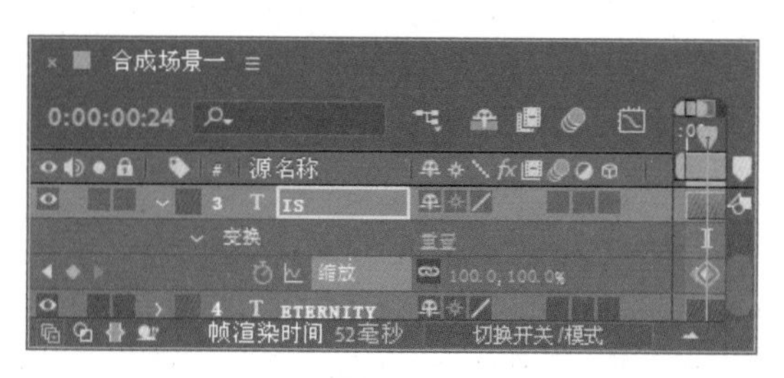

图 9.639

14 在【时间线】面板选择【NOT】层，单击视频眼睛按钮显示该层，在【时间线】面板中展开文字层，单击【文本】右侧的【动画】动画: 按钮，在弹出的下拉列表中选择【不透明度】选项，设置【不透明度】的值为 0%，单击【动画制作工具 1】右侧的【添加】添加: 按钮，在弹出的下拉列表中选择【属性】|【字符位移】选项，设置【字符位移】的值为 20，如图 9.640 所示。

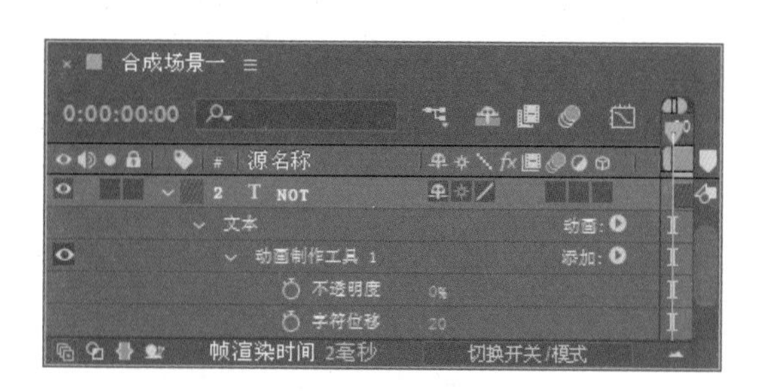

图 9.640

15 调整时间到 0:00:00:24 的位置，展开【范围选择器 1】，设置【起始】为 0%，单击【起始】码表按钮，在此位置设置关键帧，调整时间到 0:00:01:17 的位置，设置【起始】为 100%，系统自动添加关键帧，如图 9.641 所示。

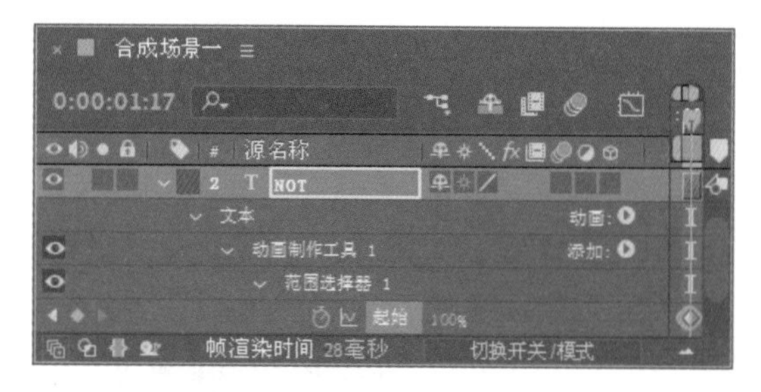

图 9.641

16 调整时间到 00:00:01:19 的位置，按 P 键展开【位置】选项，设置【位置】为（308.0，314.0），单击【位置】的码表按钮，在此位置设置关键帧；按 R 键展开【旋转】选项，单击【旋转】的码表按钮，在此位置设置关键帧，按 U 键展开所有关键帧，如图 9.642 所示。

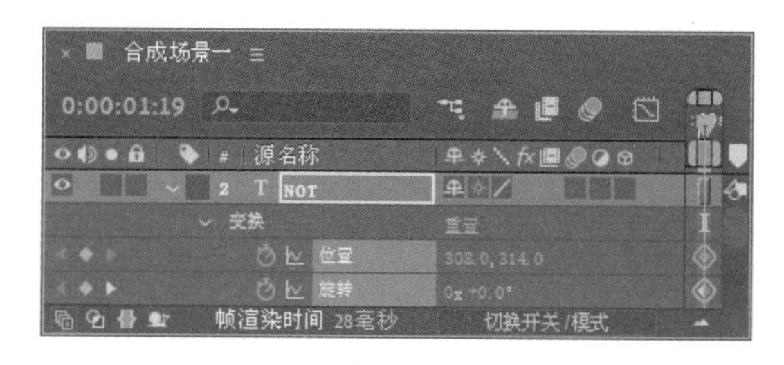

图 9.642

17 调整时间到 00:00:01:23 的位置，设置【旋转】为（0x−6.0°），系统自动添加关键帧；调整时间到 00:00:02:00 的位置，设置【位置】为（208.0，314.0），系统自动添加关键帧，设置【旋转】为（0x+0.0°），系统自动添加关键帧，如图 9.643 所示。

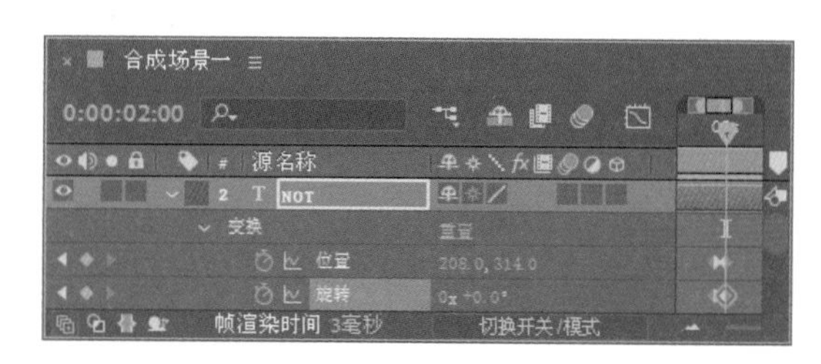

图 9.643

18 在【时间线】面板中选择【A】层，单击视频眼睛按钮显示该层，调整时间到0:00:01:20的位置，按P键展开【位置】选项，并单击【位置】的码表按钮，在此位置设置关键帧；调整时间到0:00:01:17的位置，设置【位置】为（738.0，314.0），如图9.644所示。

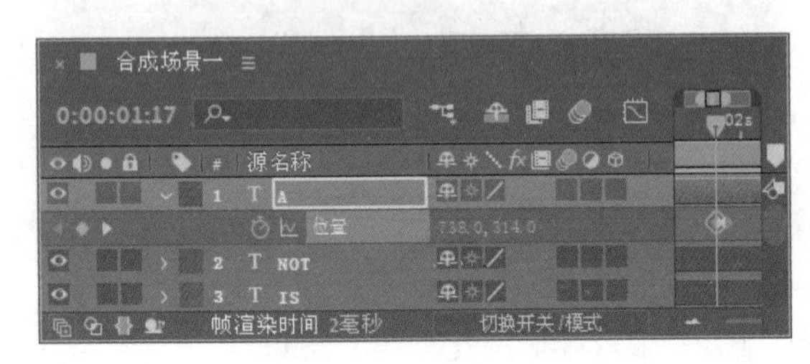

图 9.644

19 在【时间线】面板中单击所有层的【运动模糊】按钮，开启所有图层的【运动模糊】效果，如图9.645所示。

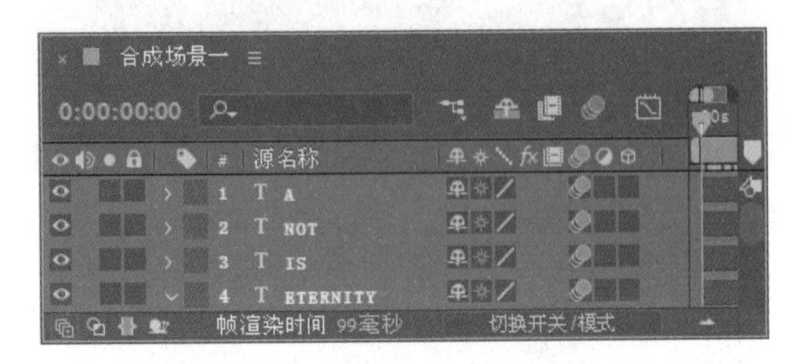

图 9.645

20 这样“合成场景一”动画就完成了，按小键盘0键，在【合成】窗口中预览动画效果，如图9.646所示。

图 9.646

9.7.2 制作合成场景二动画

1 执行菜单栏中的【合成】|【新建合成】命令，打开【合成设置】对话框，设置【合成名称】为“合成场景二”，【宽度】的值为720，【高度】的值为405，【帧速率】的值为25，并设置【持续时间】为0:00:04:00，如图9.647所示。

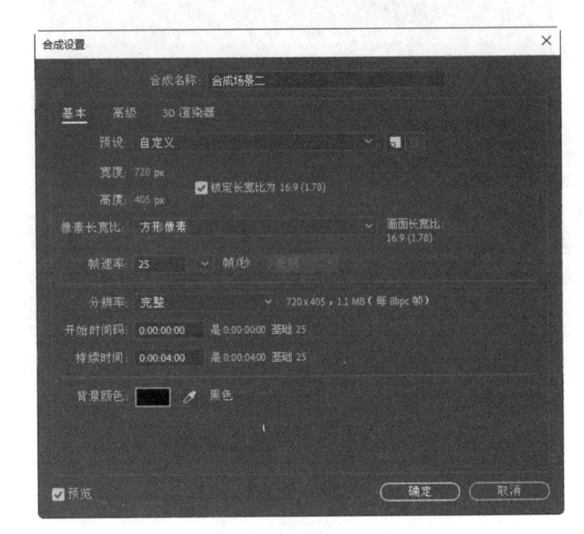

图 9.647

2 按Ctrl+Y组合键打开【纯色设置】对话框，设置纯色层【名称】为“背景”，【颜色】为黑色，如图9.648所示。

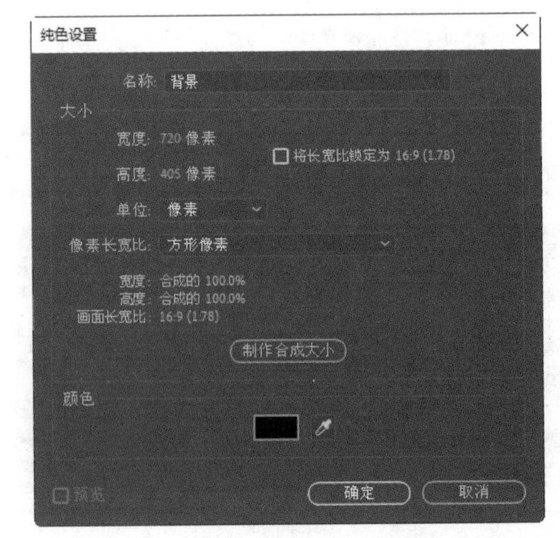

图 9.648

3 选择【背景】层，在【效果和预设】面板中展开【生成】特效组，双击【梯度渐变】特效，如图9.649所示。

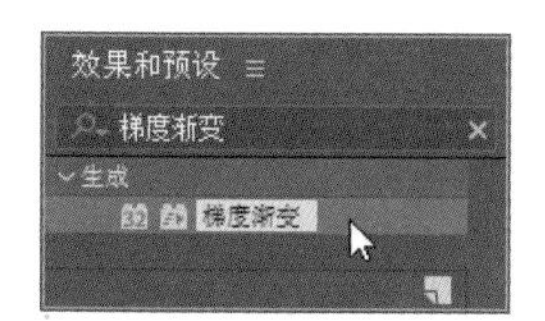

图 9.649

4 在【效果控件】面板中修改【梯度渐变】特效参数，设置【渐变起点】为（368.0，198.0），【起始颜色】为白色，【渐变终点】为（-124.0，522.0），【结束颜色】为墨绿色（R：0，G：68，B：68），【渐变形状】为【径向渐变】，如图 9.650 所示。

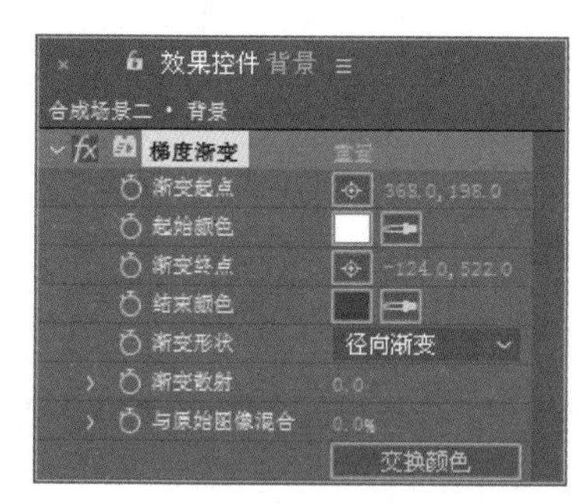

图 9.650

5 在【项目】面板中选择【合成场景一】合成，拖动到【合成场景二】合成中，在【效果和预设】面板中展开【透视】特效组，双击【投影】特效，如图 9.651 所示。

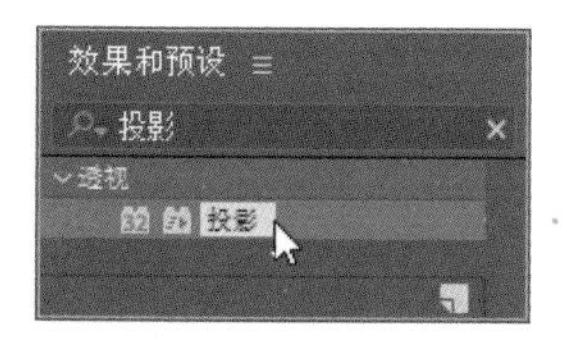

图 9.651

6 在【效果控件】面板中设置【阴影颜色】为墨绿色（R：0，G：50，B：50），【距离】为 11.0，【柔和度】为 18.0，如图 9.652 所示。

7 调整时间到 0:00:02:00 的位置，单击【位置】和【缩放】的码表⏱按钮，在此位置设置关键帧，按 U 键展开所有关键帧，如图 9.653 所示。

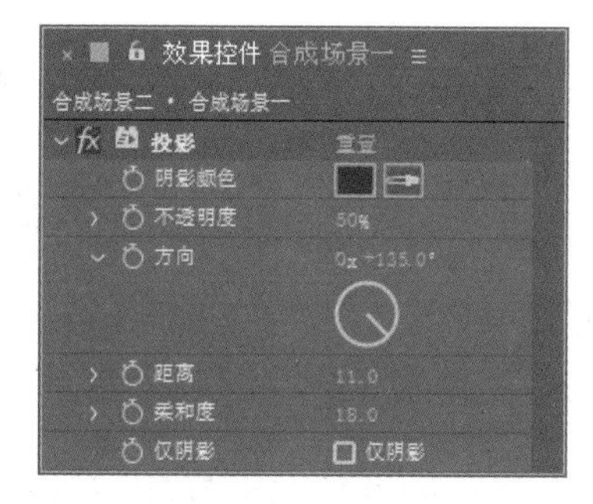

图 9.652

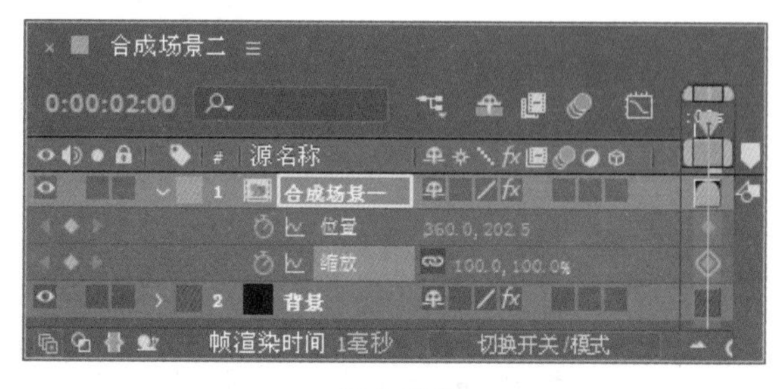

图 9.653

8 调整时间到 0:00:02:04 的位置，设置【位置】为（162.0，102.5），系统自动添加关键帧，设置【缩放】为（38.0，38.0%），系统自动添加关键帧，如图 9.654 所示。

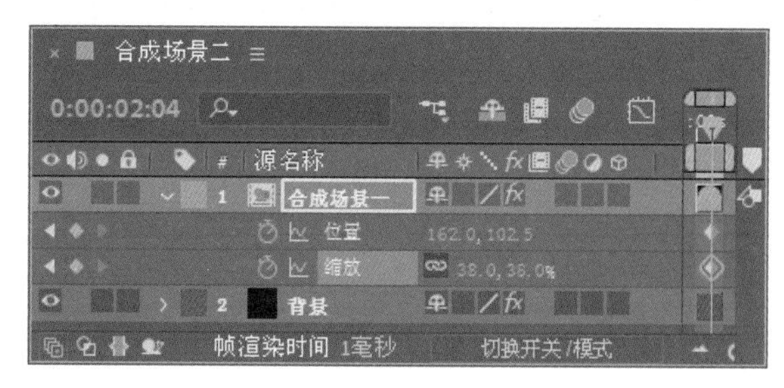

图 9.654

9 执行菜单栏中的【图层】|【新建】|【文本】命令，创建文字层，在【合成】窗口中分别创建文字“DISTANCE”“A”，设置字体大小为 130，字体颜色为墨绿色（R：0，G：50，B：50），如图 9.655 所示。

10 创建文字“BUT DECISION”，设置字体大小为 39，字体颜色为墨绿色（R：0，G：50，

B：50）如图 9.656 所示。

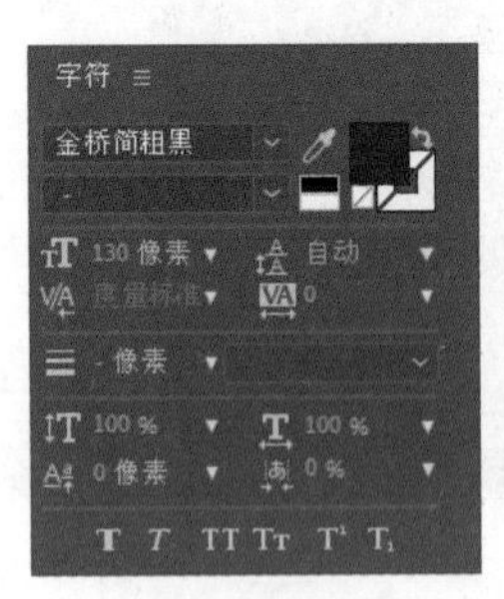

图 9.655

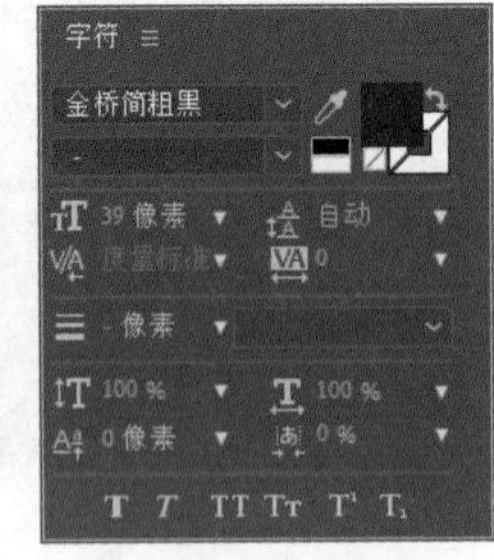

图 9.656

11 选择所有文字层，按 P 键展开【位置】选项，设置【DISTANCE】层的【位置】为（30.0，248.0），【A】层的【位置】为（328.0，248.0），【BUT DECISION】层的【位置】为（402.0，338.0），如图 9.657 所示。

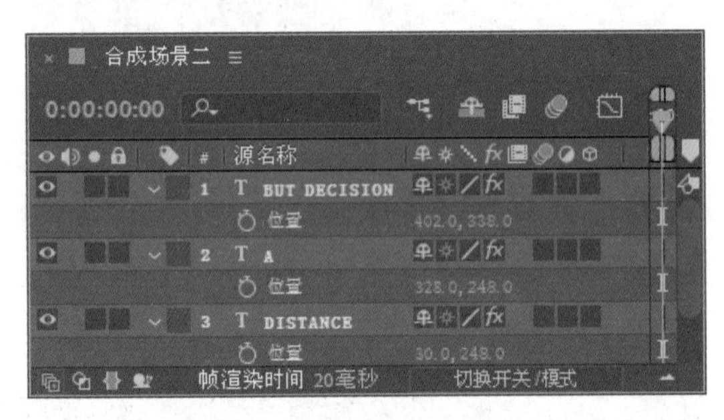

图 9.657

12 调整时间到 0:00:02:04 的位置，选择【DISTANCE】层，单击【位置】的码表按钮，在此位置设置关键帧；调整时间到 0:00:02:00 的位置，设置【位置】为（716.0，248.0），系统自动添加关键帧，如图 9.658 所示。

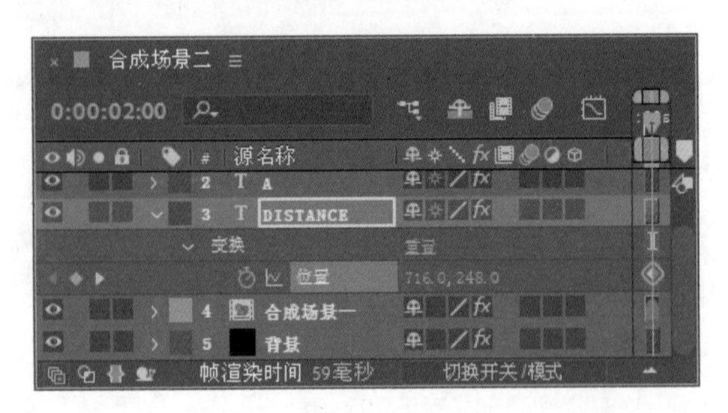

图 9.658

13 调整时间到 0:00:02:04 的位置，选择【A】层，按 T 键展开【不透明度】选项，设置【不透明度】为 0%，单击【不透明度】的码表按钮，在此位置设置关键帧；调整时间到 0:00:02:05 的位置，设置【不透明度】为 100%，系统自动添加关键帧，如图 9.659 所示。

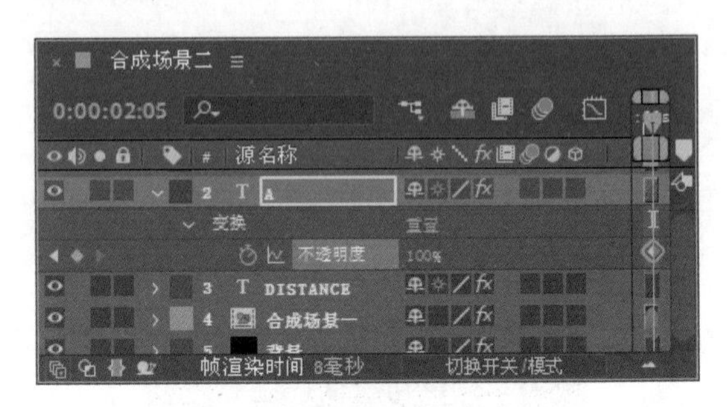

图 9.659

14 按 A 键展开【锚点】选项，设置【锚点】为（3.0，0.0），如图 9.660 所示。

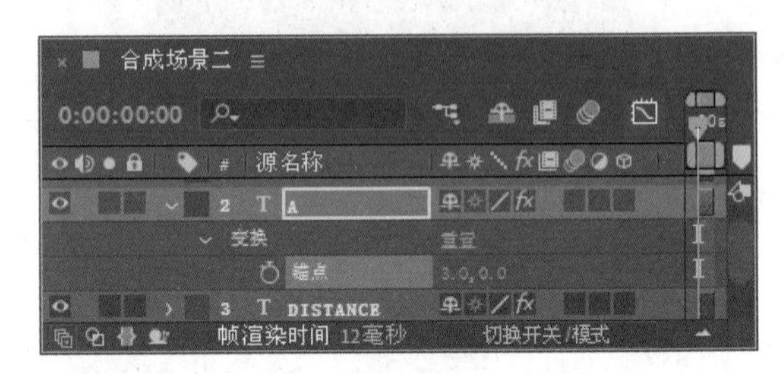

图 9.660

15 按 R 键展开【旋转】选项，调整时间到 0:00:02:05 的位置，单击【旋转】的码表按钮，在此位置设置关键帧；调整时间到 0:00:02:08 的位置，设置【旋转】为（0x+163.0°）；调整时间到 0:00:02:11 的位置，设置【旋转】为（0x+100.0°）；调整时间到 0:00:02:15 的位置，设置【旋转】为（0x+159.0°）；调整时间到 0:00:02:17 的位置，设置【旋转】为（0x+121.0°）；调整时间到 0:00:02:19 的位置，设置【旋转】为（0x+147.0°）；调整时间到 0:00:02:21 的位置，设置【旋转】为（0x+131.0°），系统自动添加关键帧，如图 9.661 所示。

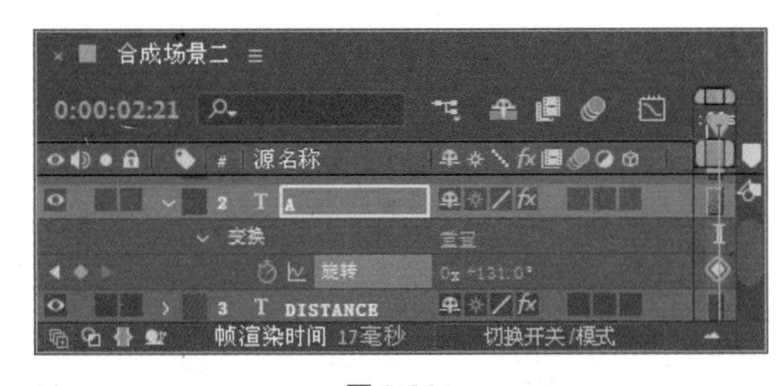

图 9.661

16 选择【BUT DECISION】层，在【时间线】面板中展开文字层，单击【文本】右侧的【动画】按钮，在弹出的下拉列表中选择【位置】选项，设置【位置】为（0.0，-355.0），如图 9.662 所示。

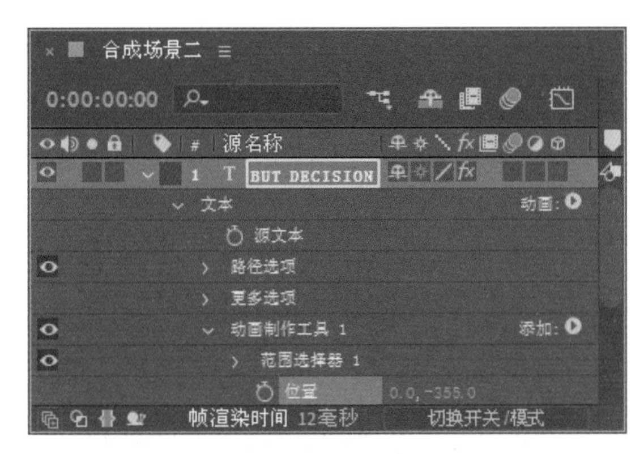

图 9.662

17 展开【范围选择器 1】，调整时间到 0:00:02:07 的位置，单击【起始】的码表按钮，在此位置添加关键帧；调整时间到 0:00:02:23 的位置，设置【起始】为 100%，系统自动添加关键帧，如图 9.663 所示。

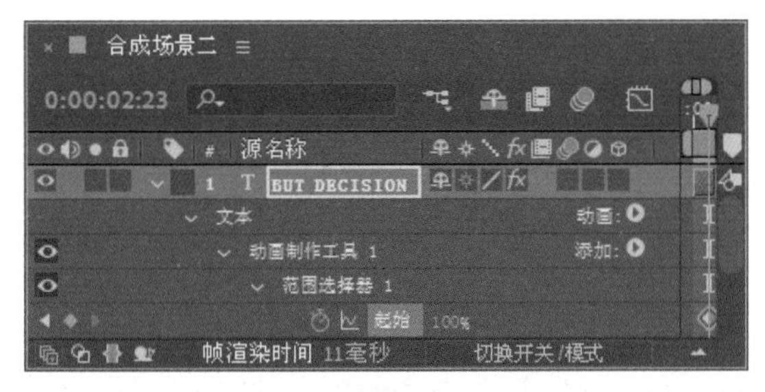

图 9.663

18 在【时间线】面板中单击【运动模糊】按钮，启用除【背景】层外其他图层的【运动模糊】，如图 9.664 所示。

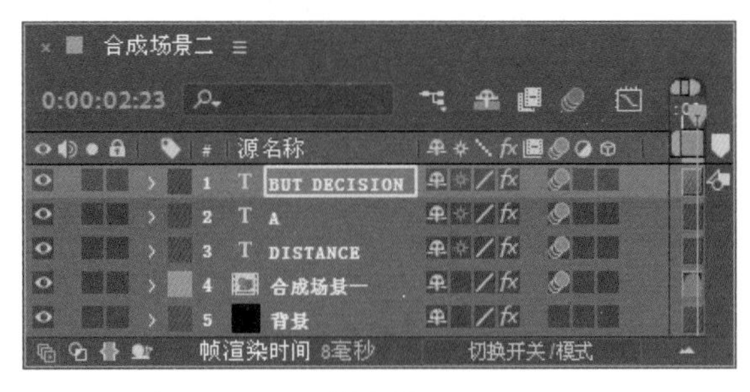

图 9.664

19 选择【合成场景一】合成层，在【效果控件】面板中选择【投影】特效，按 Ctrl+C 组合键复制【投影】特效，选择文字层，如图 9.665 所示，按 Ctrl+V 组合键将【投影】特效粘贴于文字层，如图 9.666 所示。

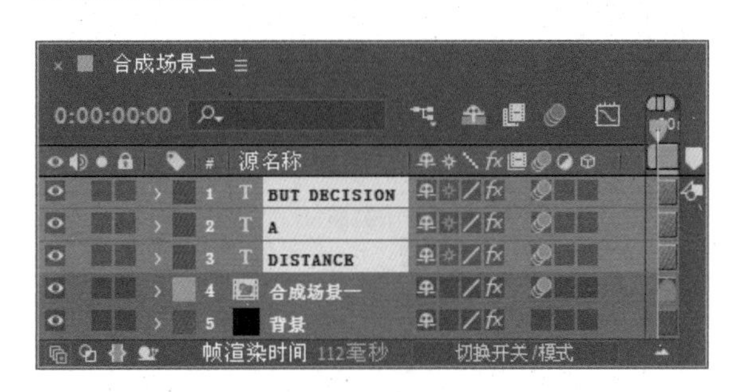

图 9.665

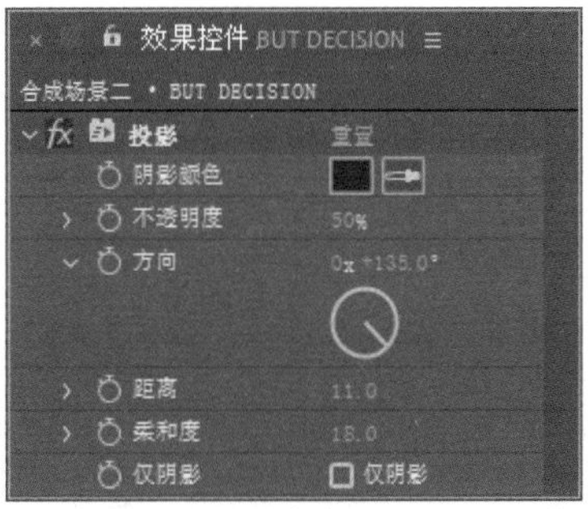

图 9.666

20 这样“合成场景一”动画就完成了，按小键盘上的 0 键，在【合成】窗口中预览动画效果，如图 9.667 所示。

图 9.667

9.7.3 最终合成场景动画

1 执行菜单栏中的【合成】|【新建合成】命令，打开【合成设置】对话框，设置【合成名称】为“最终合成场景”，【宽度】的值为 720，【高度】的值为 405，【帧速率】的值为 25，并设置【持续时间】为 0:00:04:00，如图 9.668 所示。

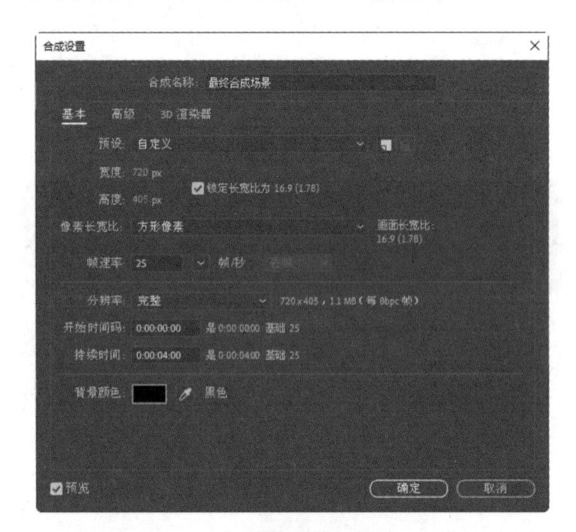

图 9.668

2 打开【合成场景二】合成，按 Ctrl+C 组合键将【合成场景二】中的背景复制到【最终合成场景】中，如图 9.669 所示。

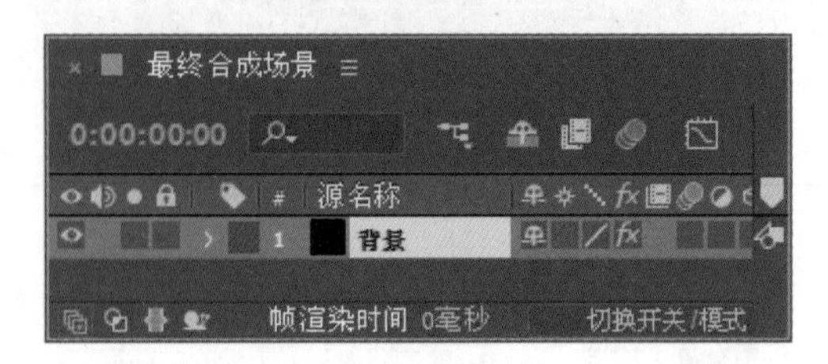

图 9.669

3 在【项目】面板中选择【合成场景二】合成，将其拖动到【最终合成场景】合成中，如图 9.670 所示。

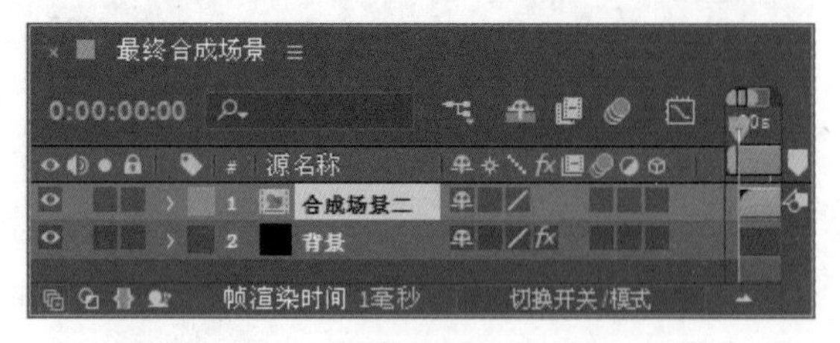

图 9.670

4 在【时间线】面板中按 Ctrl+Y 组合键，打开【纯色设置】对话框，设置纯色层【名称】为“字框”，【颜色】为墨绿色（R：0，G：80，B：80），如图 9.671 所示。

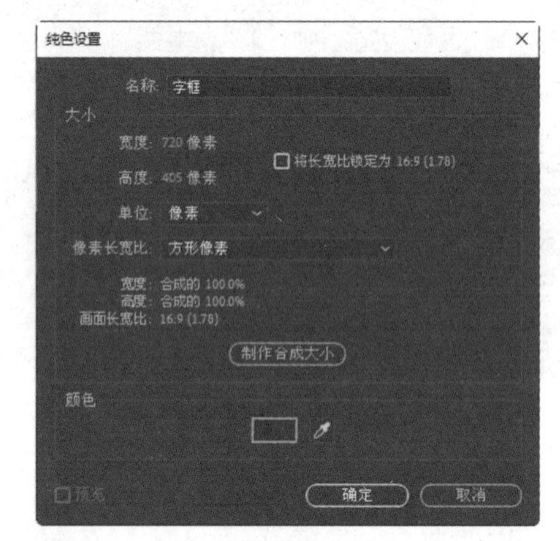

图 9.671

5 选择【字框】层，双击工具栏中【矩形工具】，连按两次 M 键展开【蒙版 1】选项组，设置【蒙版扩展】为 -33.0，如图 9.672 所示。

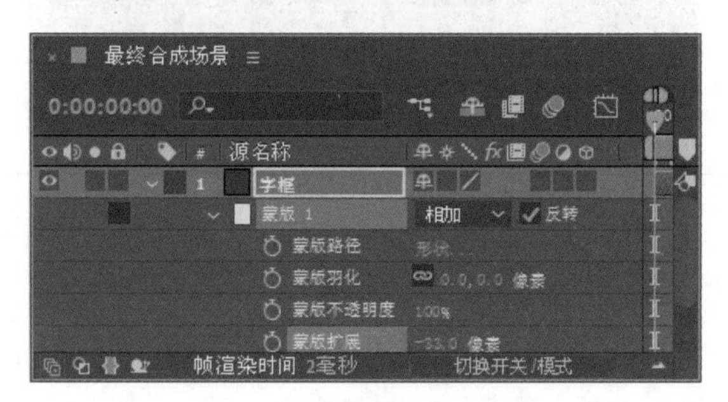

图 9.672

6 按S键展开【字框】层的【缩放】选项，设置【缩放】为（110.0，120.0%），如图9.673所示。

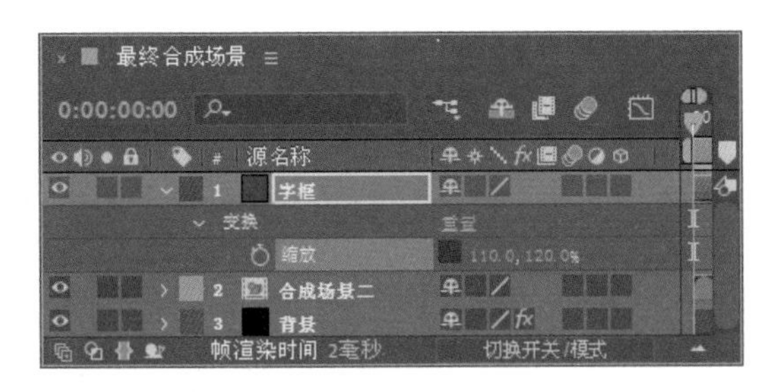

图9.673

7 选择【字框】层，做【合成场景二】合成层的父子物体连接，如图9.674所示。

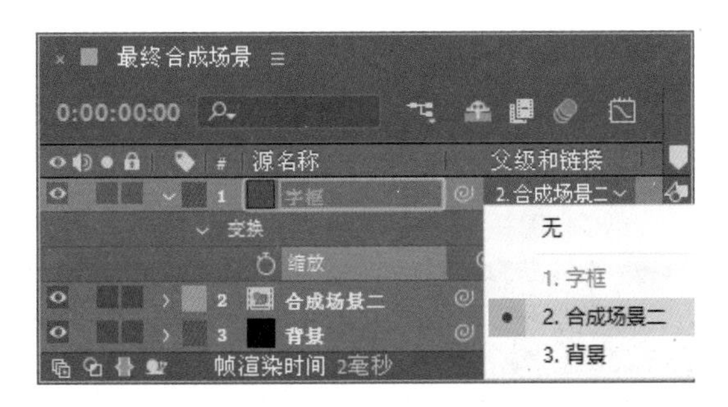

图9.674

8 选择【合成场景二】合成层，调整时间到0:00:03:04的位置，单击【缩放】和【旋转】选项的码表按钮，在此添加关键帧，按U键展开所有关键帧，如图9.675所示。

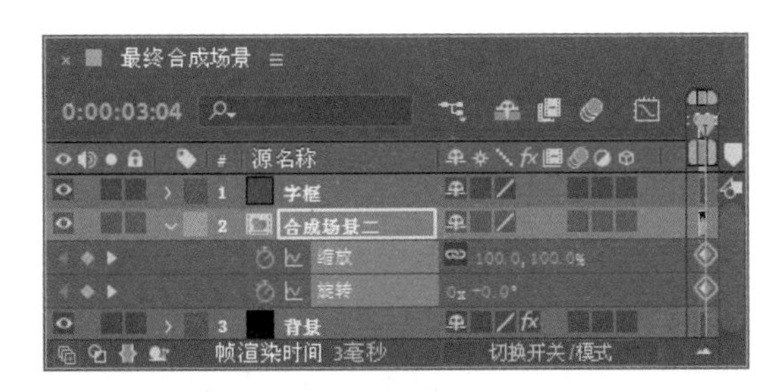

图9.675

9 调整时间到0:00:03:12的位置，设置【缩放】为（50.0，50.0%），系统自动添加关键帧，设置【旋转】为（1x+0.0°），系统自动添加关键帧，如图9.676所示。

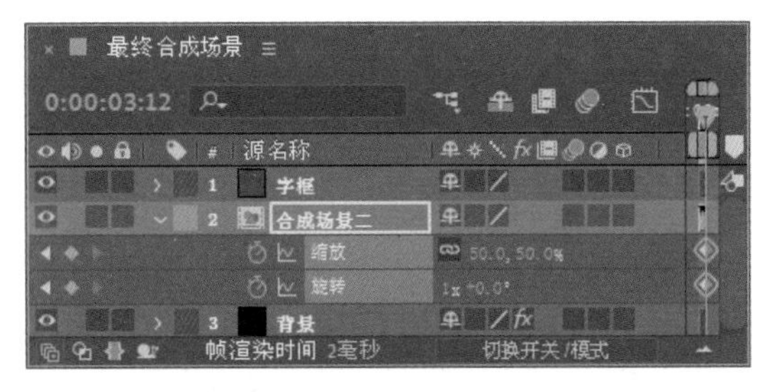

图9.676

10 执行菜单栏中的【图层】|【新建】|【文本】命令，创建文字层，在【合成】窗口输入“DECISION”，设置字体为“金桥简粗黑”，字体大小为130，字体颜色为墨绿色（R：0，G：46，B：46），如图9.677所示。

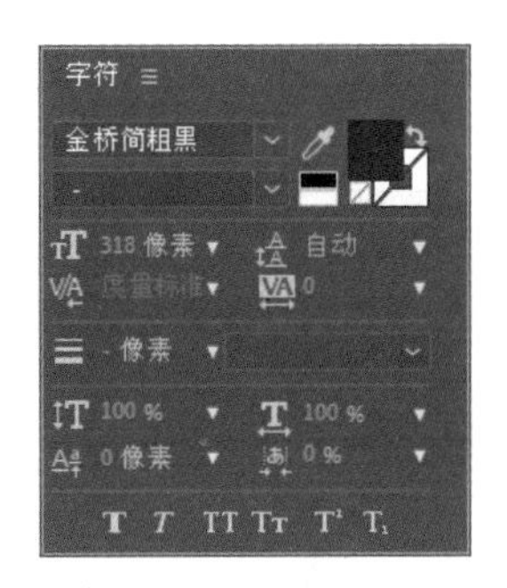

图9.677

11 选择【DECISION】层，按R键展开【旋转】选项，设置【旋转】为（0x-12.0°），如图9.678所示。

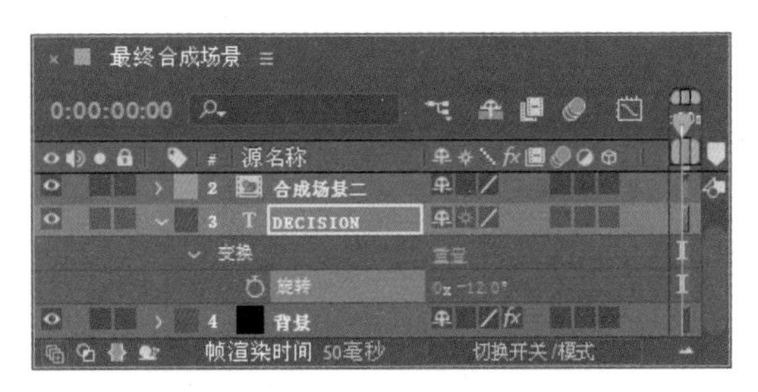

图9.678

12 在【时间线】面板中按Ctrl+Y组合键打开【纯色设置】对话框，设置纯色层【名称】为“波浪”，【颜色】为墨绿色（R：0，G：68，B：68），如图9.679所示。

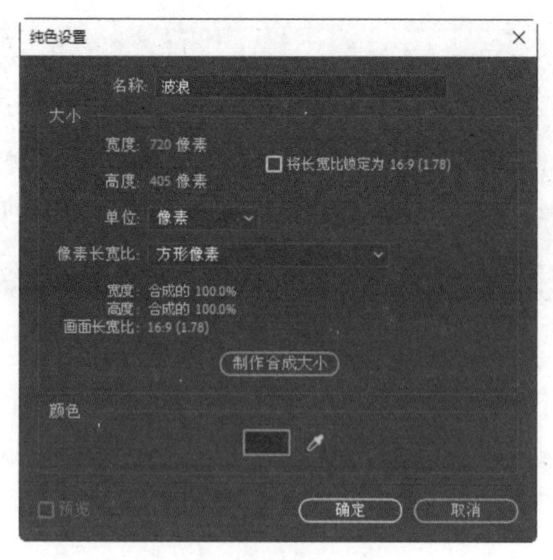
图 9.679

13 在【效果和预设】面板中展开【扭曲】特效组，双击【波纹】特效，如图 9.680 所示。

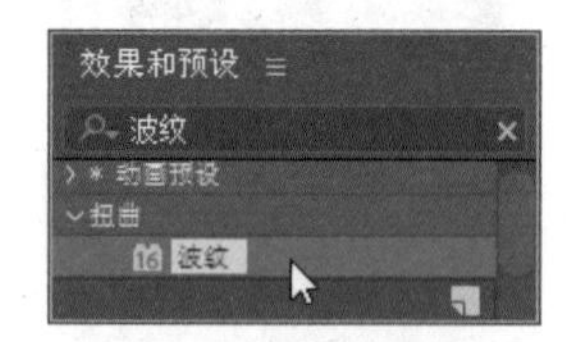
图 9.680

14 在【效果控件】面板中设置【半径】为100.0，【波纹中心】为（360.0，160.0），【波形速度】为 2.0，【波形宽度】为 49.0，【波形高度】为 46.0，如图 9.681 所示。

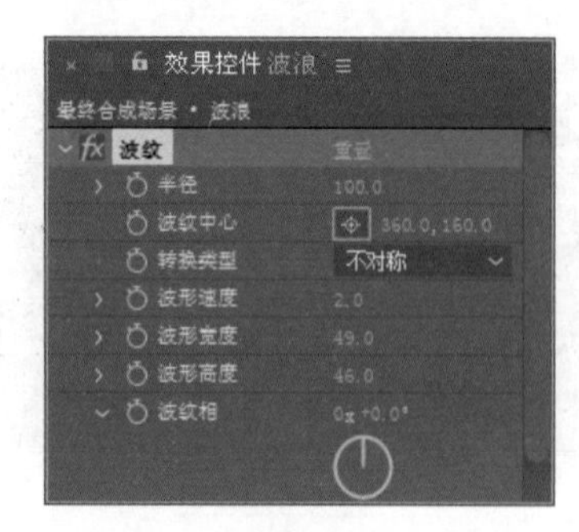
图 9.681

15 调整时间到 0:00:03:12 的位置，选择【波浪】层和文字层，按 P 键展开【位置】选项，设置【波浪】层【位置】为（360.0，636.0），单击【位置】的码表按钮，设置文字层【位置】为（27.0，−39.0），单击【位置】的码表按钮，在此添加关键帧，如图 9.682 所示。

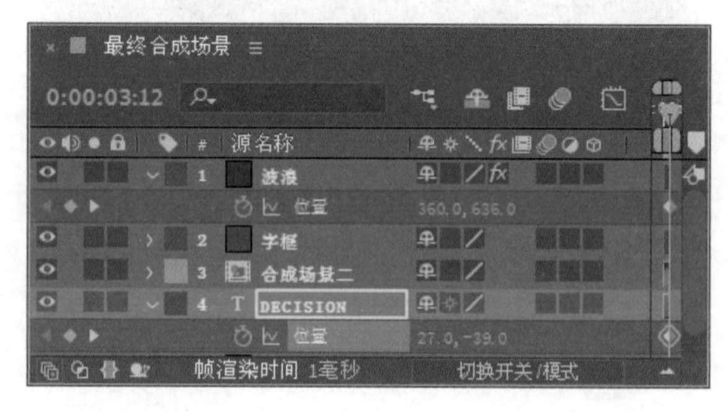
图 9.682

16 调整时间到 0:00:03:13 的位置，设置【波浪】层【位置】为（360.0，471.0），文字层【位置】为（27.0，348.0），系统自动添加关键帧，如图 9.683 所示。

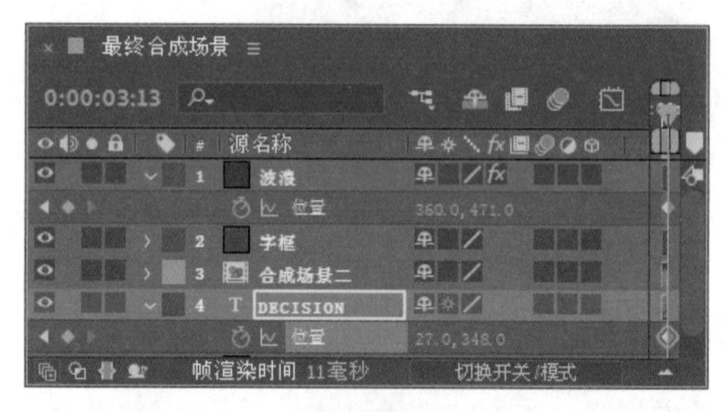
图 9.683

17 在【时间线】面板中单击【运动模糊】按钮，启用除【背景】层外其他图层的【运动模糊】，如图 9.684 所示。

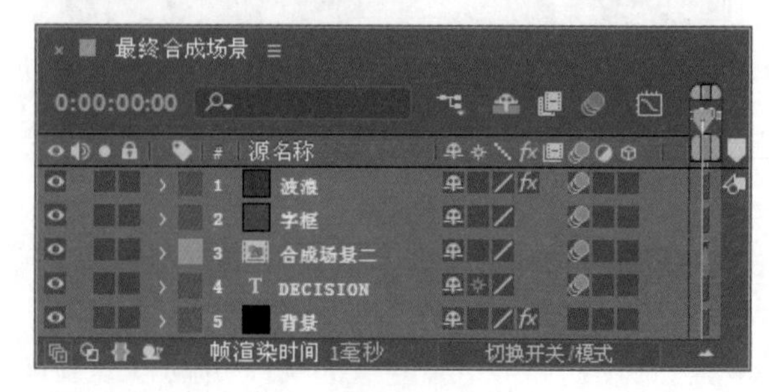
图 9.684

18 这样就完成了“电视栏目包装——公益宣传片”的整体制作，按小键盘上的0键，可在【合成】窗口中预览动画。

9.8 课后上机实操

本章通过两个课后上机实操，帮助读者了解商业案例的制作方法，让读者加深电视栏目包装制作的印象、巩固商业栏目包装的制作方法和技巧，以便更快地将软件操作融入到工作中。

9.8.1 上机实操1——高楼坍塌

实例解析

本例主要讲解【破碎】特效及【Particle（粒子）】特效的使用。完成的动画流程画面如图9.685所示。

难易程度：★★☆☆☆

工程文件：第9章\高楼坍塌

图9.685

知识点

1．破碎

2．Particular（粒子）

具体操作过程可扫描二维码查看。

教学视频

9.8.2 上机实操 2——神秘宇宙探索

实例解析

“神秘宇宙探索”是一个探索类节目的栏目片头。本例主要应用 Trapcode 为 After Effects 提供的光、3D 笔触、星光和粒子插件组合，制作发光字体、带有光晕的流动线条以及辐射状的粒子效果，为读者展示一个融合了 Trapcode 强大魅力的探索类节目的片头。动画流程如图 9.686 所示。

难易程度：★★★☆☆

工程文件：第 9 章\神秘宇宙探索

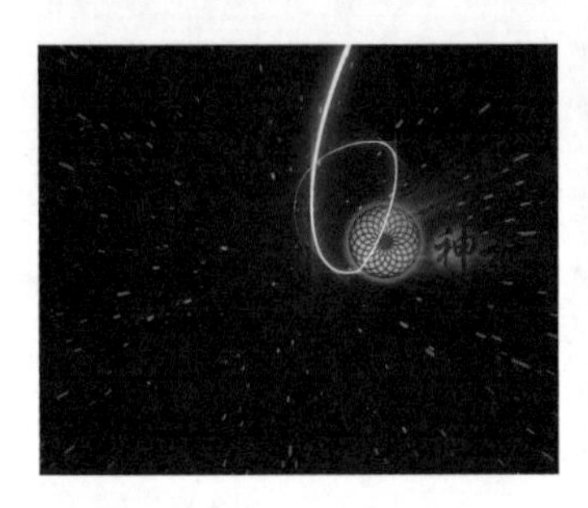
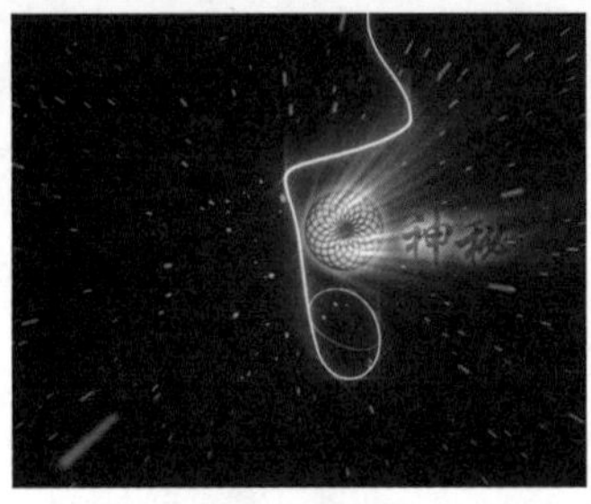

图 9.686

知识点

1．梯度渐变
2．CC Particle World（CC 粒子世界）
3．泡沫
4．发光
5．预合成
6．斜面 Alpha

具体操作过程可扫描二维码查看。

教学视频